동물
보건사

과목별 문제집

동물보건사 자격시험 연구회 편저

박영story

머리말

반려동물에 대한 관심은 하루가 다르게 증가하고 있고, 관련된 산업도 지속적으로 팽창하고 있습니다. 이에 발맞추어 국내 동물의료 수준 역시 지속적으로 상승하고 있으며, 첨단장비의 도입 및 진료 전문화 또한 가속화되고 있습니다. 동물의료의 발전에 있어 장비와 인프라도 중요하지만, 가장 핵심적인 부분은 해당 분야의 전문적인 인력의 양성입니다. 인력 양성을 위한 노력은 기존에는 수의사에만 국한되었으나 최근에는 이를 보조하는 의료 및 서비스 인력으로 확대되고 있습니다. 미국, 일본 등의 나라에서는 오래전부터 전문대학과 일반대학을 통해 의료 및 서비스 관련 교육을 받은 전문인력을 수의테크니션으로 꾸준히 배출하고 있으며, 이는 수준 높은 동물의료 서비스에 있어 절대적으로 중요한 영역을 차지하고 있습니다. 국내에서도 이러한 동물의료 선진국의 시스템에 발맞추어 동물의료보조 전문인력에 대한 체계를 수립하였으며, 그 결과 2022년 2월 27일 농림축산식품부 주관 동물보건사 시험이 처음으로 시행되어 관련 인력을 배출하게 되었습니다.

동물보건사 시험은 국가공인 시험으로서 시험을 준비하는 수험생들에게 많은 어려움이 있을 것으로 예상되는 바, 이를 돕기 위해 반려동물 분야의 전문가들이 힘을 모아 「동물보건사 과목별 문제집」을 출간하게 되었습니다. 본 문제집은 특례대상자로서 동물보건사 시험 응시 자격이 있는 현직 테크니션들과 동물보건사 양성기관 인증을 통과한 대학을 졸업하여 시험을 응시하게 될 학생들을 대상으로 하며, 다음과 같은 강점이 있습니다.

첫째, 반려동물 분야의 전문가들이 엄선한 출제 예상문제 및 최신 복원문제들로만 구성하였습니다. 여기에 교육 실무진의 감수·검토를 더해 문제의 완성도를 높였습니다.

둘째, 수험생들이 시험 전에 최대한 많은 문제를 접할 수 있도록 과목당 최소 50문제 이상의 문제를 담았습니다. 방대한 시험 범위를 실제 출제영역에 맞춤으로써 한 권으로 실전 대비가 가능합니다.

셋째, 쉬운 문제부터 어려운 문제까지 모두 풀어볼 수 있도록 다양한 난이도로 구성하였습니다. 해설은 간결하고 명료하면서도 핵심내용을 쉽게 이해할 수 있도록 집필하였습니다.

동물보건사 시험에 응시하는 모든 여러분들이 노력한 만큼 좋은 결과를 얻을 수 있기를 바라며, 모쪼록 본 교재가 수험생들의 시험 준비에 좋은 길라잡이가 될 수 있기를 진심으로 기원합니다.

저자진 일동

시험 소개

동물보건사란?

동물병원 내에서 수의사의 지도 아래 동물의 간호 또는 진료 보조 업무에 종사하는 사람으로서 농림축산식품부장관의 자격인정을 받은 사람(수의사법 제2조 제4호)

동물보건사의 업무

동물보건사의 업무는 동물병원 내에서 수의사의 지도 아래 동물의 간호 또는 진료 보조 업무를 수행하는 것으로 '동물의 간호 업무'와 '동물의 진료 보조 업무'로 나뉨(수의사법 제16조의5 제1항)

동물의 간호 업무	동물에 대한 관찰, 체온·심박수 등 기초 검진 자료의 수집, 간호 판단 및 요양을 위한 간호
동물의 진료 보조 업무	약물 도포, 경구 투여, 마취·수술의 보조 등 수의사의 지도 아래 수행하는 진료의 보조

시험 과목

시험 과목	시험 교과목		문항수
기초 동물보건학	• 동물해부생리학 • 동물공중보건학 • 동물보건영양학	• 동물질병학 • 반려동물학 • 동물보건행동학	60
예방 동물보건학	• 동물보건응급간호학 • 의약품관리학	• 동물병원실무 • 동물보건영상학	60
임상 동물보건학	• 동물보건내과학 • 동물보건임상병리학	• 동물보건외과학	60
동물 보건·윤리 및 복지 관련 법규	• 수의사법	• 동물보호법	20

◎ 시험 방법

필기시험(방식: 객관식 5지 선다형, 배점: 문제당 1점)

◎ 시험 시간

교시	시험과목	시험시간	비고
1교시	• 기초 동물보건학(60문제) • 예방 동물보건학(60문제)	10:00~12:00	120분
2교시	• 임상 동물보건학(60문제) • 동물 보건 · 윤리 및 복지 관련 법규(20문제)	12:30~13:50	80분

※ 응시자는 시험 시행일 09:20까지 해당 시험실에 입실하여 지정된 좌석에 앉아야 함

◎ 합격자 기준

각 과목당 시험점수 100점을 만점으로 40점 이상이며, 전 과목의 평균 점수가 60점 이상인 자

◎ 시험 응시

• 응시료: 20,000원
• 응시 방법: https://www.e-revenuestamp.or.kr 에서 전자수입인지 구매 후 동물보건사 자격시험 관리시스템(www.vt-exam.or.kr)에서 파일 업로드

구성과 특징

CHAPTER

01 동물해부생리학

★★☆
01 다음 세포에 대한 설명 중 옳지 **않은** 것은?

① 세포는 모든 동식물을 구성하는 기본 단위이다.
② 세포는 생명 기능 수행의 최소 단위이다.
③ 세포는 기존 세포가 분열하여 만들어진다.
④ 세포는 외부 환경변화나 자극에도 내부 상태를 일정하게 유지하려는 조절과정인 항상성을
   유지한다.
⑤ 모든 세포는 움직일 수 있는 섬모와 편모를 가지고 있다.

해설
모든 세포가 섬모와 편모를 가지고 있지는 않다. 섬모와 편모가 없는 세포도 존재한다.

정답 ⑤

★★☆
02 다음 중 세포질에 대한 설명으로 옳지 **않은** 것은?

① 세포에서 핵을 제외한 모든 부분이다.
② 세포소기관들을 지탱해주는 역할을 한다.
③ 인지질로 구성된 이중막인 세포막 또는 원형질막으로 둘러싸여 있다.
④ 세포질은 세포의 모양 및 항상성을 유지하게 해준다.
⑤ 세포의 성장, 생식에 필요한 DNA와 단백질을 가지고 있다.

해설
세포 중 핵에 대한 설명이다. 세포질은 핵을 제외한 부분을 뜻한다.

정답 ⑤

Check Point

• 반려동물 전문 집필진이 엄선한 핵심문제와 출제 예상문제만을 담았습니다.

• 방대한 시험 범위를 실제 출제 영역에 맞춰 구성하였습니다.

• 문제별 중요도 표시를 통해 중점적으로 학습해야 할 내용을 알 수 있습니다.

2022

제1회 복원문제

001 다음 중 혈액에 대한 설명으로 옳지 <u>않은</u> 것은?

① 세포질 내에 과립이 없는 백혈구는 무과립구라 하며 림프구와 단핵구가 이에 속한다.

② 단핵구는 크기가 적혈구의 3배 이상인 가장 많은 백혈구로, 세포질이 풍부하고 포식작용(탐식작용)을 하며 조직으로 이동하면 대식세포라 부르고, 조직 손상 및 감염 시 1~2일 후 조직으로 이동한다.

③ 백혈구는 동물체에서 면역을 담당하는 세포들로, 세포질 내에 과립을 가진 백혈구를 과립구라 하며 호중구, 호산구, 호염구가 있다.

④ 호염구는 진한 푸른색의 큰 염기성 과립이

⑤ 호산구는 2개의 엽으로 분엽된 핵으로, 붉은색 산성 과립을 띠며 과립 내에는 단백분해효소가 함유되어 기생충 면역과 알레르기 반응에 관여한다.

002 심장에 대한 다음 설명 중 옳지 <u>않은</u> 것은?

① 심장은 근육성 기관으로, 혈액을 주기적으로 박출하여 전신을 순환할 수 있도록 도와주는 장기이며 혈관과 연결되어 있다.

② 심장은 심방중격과 심실중격에 의해 좌우로 나뉘어 있다.

③ 심장이 수축과 이완을 통해 혈액을 박출하기 위해서는 주기적인 수축신호가 필요하다.

④ 방실결절의 수축파동이 좌우 심방으로 퍼져 심방 수축이 일어난다.

⑤ 신경전달물질 없이 전기적 신호를 발생시켜 심장과 심실에 전달하는 근육조직이 변화되어 생긴 특수기관을 자극전도계라 한다.

003 소화기관 중 하나인 혀의 기능으로 옳지 <u>않은</u> 것은?

① 맛 감각 또는 미각 수용체인 맛봉오리를 포함한다.

② 음식물 섭취에 도움을 준다.

③ 체온 조절에 도움을 준다.

④ 유성생식을 통해 동물의 종이 지속적으로 영속할 수 있도록 한다.

⑤ 음식물의 식괴 형성에 도움을 준다.

Check Point

• 2024~2022년 최신 복원문제 3회분을 수록하였습니다.

• 친절한 해설과 함께라면 어려운 문제도 쉽게 이해할 수 있습니다.

• 이론과 연계되는 해설로 문제풀이와 복습을 한번에 정리할 수 있습니다.

차 례

동물보건 · 윤리 및 복지 관련 법규

최신 복원문제

동물보건사 과목별 문제집

PART

01

기초 동물보건학

CHAPTER 01 동물해부생리학

★★★
01 다음 세포에 대한 설명 중 옳지 않은 것은?

① 세포는 모든 동식물을 구성하는 기본 단위이다.
② 세포는 생명 기능 수행의 최소 단위이다.
③ 세포는 기존 세포가 분열하여 만들어진다.
④ 세포는 외부 환경변화나 자극에도 내부 상태를 일정하게 유지하려는 조절과정인 항상성을 유지한다.
⑤ 모든 세포는 움직일 수 있는 섬모와 편모를 가지고 있다.

해설
모든 세포가 섬모와 편모를 가지고 있지는 않다. 섬모와 편모가 없는 세포도 존재한다.

정답 ⑤

★★★
02 다음 중 세포질에 대한 설명으로 옳지 않은 것은?

① 세포에서 핵을 제외한 모든 부분이다.
② 세포소기관들을 지탱해주는 역할을 한다.
③ 인지질로 구성된 이중막인 세포막 또는 원형질막으로 둘러싸여 있다.
④ 세포질은 세포의 모양 및 항상성을 유지하게 해준다.
⑤ 세포의 성장, 생식에 필요한 DNA와 단백질을 가지고 있다.

해설
세포 중 핵에 대한 설명이다. 세포질은 핵을 제외한 부분을 뜻한다.

정답 ⑤

★★☆

03 다음 중 세포에 대한 설명으로 옳지 <u>않은</u> 것은?

① 핵에만 DNA가 있다.

② 골지체에서는 단백질 농축과 탄수화물 합성을 한다.

③ 리소좀은 가수분해 효소를 함유하고 있다.

④ 리소좀은 단백질, 탄수화물, 지방 등을 파괴하고 용해한다.

⑤ 섬모는 짧고 수가 많으며, 편모는 수가 적고 길이가 길다.

해설

미토콘드리아에도 자체적인 DNA와 리보솜을 함유하고 있다.

정답 ①

★★★

04 다음 중 조직이나 기관 사이의 틈을 메우고 결합시켜 지지하는 조직으로 옳은 것은?

① 상피조직   ② 결합조직   ③ 근육조직

④ 신경조직   ⑤ 순환조직

해설

결합조직에 대한 설명이다. 동물에서 가장 많고 널리 분포되어 있으며 연골, 뼈, 힘줄, 혈액 등이 있다.

정답 ②

★★★

05 신축성 있고 가늘고 긴 근육세포로 이루어져 몸을 움직이게 하는 조직으로 옳은 것은?

① 상피조직   ② 결합조직   ③ 근육조직

④ 신경조직   ⑤ 순환조직

해설

근육조직에 대한 설명이다. 종류로는 골격근, 내장근, 심장근 등이 있다.

정답 ③

★★☆

06 다음 <보기> 중 배등자세(VD, Ventro‒dorsal)에 해당하는 것으로 옳은 것을 모두 고른 것은?

─── <보기> ───

ㄱ. 등쪽이 바닥에 닿고 배쪽이 하늘을 향하는 자세
ㄴ. 배쪽이 바닥에 닿고 등쪽이 하늘을 향하는 자세
ㄷ. 사람의 경우 똑바로 누운 자세
ㄹ. 오른쪽 옆면이 바닥에 닿고 왼쪽 옆면이 하늘을 향하는 자세

① ㄱ   ② ㄴ   ③ ㄱ, ㄴ
④ ㄱ, ㄷ   ⑤ ㄴ, ㄹ

해설

배등자세는 등쪽이 바닥에 닿고 배쪽이 하늘을 향하는 자세로, 사람의 경우 똑바로 누운 자세이다.

정답 ④

★★☆

07 다음 중 피부의 구성이 아닌 것은?

① 표피   ② 진피   ③ 중피
④ 기름샘   ⑤ 땀샘

해설

체강(심막강, 흉막강, 복막강)을 덮는 단층편평상피를 중피라고 한다. 피부는 표피, 진피, 피부밑조직, 피부 부속기관으로 구성되며 피부 부속기관에는 털, 기름샘, 땀샘 등이 있다.

정답 ③

★★☆

08 다음 중 피부의 특징으로 옳지 않은 것은?

① 체중의 약 11~25%의 비율을 차지하며 몸에서 가장 넓게 분포한다.
② 외부로부터의 자극이나 병원균으로부터 신체를 보호하는 역할을 한다.
③ 체내 수분을 보존하고 근육과 기관을 보호하는 상피조직으로 구성된다.
④ 감각기관으로 압력, 긴장, 가려움과 운동에 관한 정보를 중추신경계에 전달한다.
⑤ 모든 동물의 종류나 부위에 상관없이 같은 두께와 유연성의 차이를 가진다.

해설

피부는 동물의 종류나 부위에 따라 두께와 유연성의 차이를 보인다.

정답 ⑤

09 표피의 특성으로 옳지 <u>않은</u> 것은?

① 피부 바깥에 가장 가까운 부분이다.

② 가장 위에 위치한 세포들은 편평한 모양을 띤 중층편평상피세포로 구성되어 있다.

③ 중층편평상피세포는 세포분열이 느린 세포이다.

④ 표피는 각화됨에 따라 기저층 → 유극층 → 과립층 → 각질층으로 변화한다.

⑤ 기저층에서 각질화까지 3주, 각질화에서 탈락까지 3주가 소요된다.

해설

중층편평상피세포는 기저층, 유극층, 과립층, 투명층, 각질층으로 구분된다. 세포분열을 통해 빠르게 재생하는 세포로, 마모가 잘되는 부위인 피부, 식도, 항문, 질 등에 주로 분포한다.

정답 ③

★★★

10 진피의 특성으로 옳지 <u>않은</u> 것은?

① 엘라스틴 및 콜라겐 섬유의 치밀한 기질 속에 섬유모세포가 존재하는 치밀섬유성 결합조직이다.

② 과도한 압력으로부터 피부조직을 보호한다.

③ 혈관, 신경, 피부 부속기관을 비롯한 섬유성 결합조직으로 구성된다.

④ 혈관계나 신경계, 림프계 등이 복잡하게 얽혀 있는 형태를 띠며 표피에 영양분을 공급하여 표피를 지지하고, 피부의 다른 조직들을 유지하고 보호해 주는 역할을 한다.

⑤ 비만세포, 큰포식세포가 산재하여 분포하여 면역반응의 역할을 한다.

해설

피부밑조직의 기능이다. 피부밑조직은 과도한 압력으로부터 피부조직을 보호하고 지방세포나 지방조직 덩어리를 가진 성긴 결합조직으로 구성된다.

정답 ②

★★☆

11 피부 부속기관에 대한 설명으로 옳지 <u>않은</u> 것은?

① 털, 기름샘, 땀샘이 존재한다.
② 털주머니에는 기름샘과 부분분비샘이 존재한다.
③ 발 볼록살에는 지방조직 내에 존재하는 샘분비샘이 있어 수액성 분비물을 분비한다.
④ 털은 털망울의 털기질과 진피유두 사이에서 생성된다.
⑤ 털갈이는 새롭게 성장한 털이 오래된 털을 밀어내어 털이 빠지는 것을 뜻한다.

해설
털빠짐은 새롭게 성장한 털이 오래된 털을 밀어내어 털이 빠지는 것을 말한다. 낮과 밤의 길이 차이, 온도 등에 영향을 받아 일시적·주기적으로 발생하는 것을 털갈이라고 한다.

정답 ⑤

★★☆

12 다음 중 두개골에 대한 설명으로 옳지 <u>않은</u> 것은?

① 뇌를 감싸는 구조이다.
② 유아기 때 골화된 섬유관절을 이루어 한 개의 뼈로 이루어져 있고, 성장함에 따라 연골화된다.
③ 외이, 중이, 내이를 포함한 귀가 위치한다.
④ 측두골 바닥에 내이와 외이를 연결하는 중이 구조물인 고실불룩이 존재한다.
⑤ 두개골의 바닥은 뇌신경 및 혈관들이 지나가는 작은 구멍들과 함께 뇌로부터 척수가 지나가는 후두골 사이에 난 큰 후두구멍이 존재한다.

해설
두개골은 신생 시 여러 개의 두개골 뼈가 섬유관절을 이루며 결합되어 있고, 나이가 들면 대부분 골화되어 뼈들 사이의 봉합은 불분명해진다.

정답 ②

13 다음 중 머리뼈에 대한 설명으로 옳지 않은 것은?

① 하악골, 양쪽 턱뼈는 성장이 완료된 후 융합되어 하나의 뼈가 된다.

② 두개골과 관절하여 움직임이 가능하다.

③ 개의 경우 평균적으로 하악치 중 앞니 3개, 송곳니 1개, 작은어금니 4개, 큰어금니 3개가 존재한다.

④ 턱관절은 볼록한 융기 부분이 반대쪽의 다소 편평한 뼈와 만나 접고 펴는 운동을 하는 관절이다.

⑤ 부비동은 머리의 무게를 가볍게 하고 호흡할 때 공기를 데워주는 환기작용 역할을 한다.

해설

턱관절은 단지 한쪽 면으로 시계추 운동기능을 하는 경첩관절이다. 1축 관절이라고도 하며, 하나의 축 주위의 제한된 회전 운동만이 가능하다. 경첩관절의 종류로는 턱관절, 팔꿈치, 무릎관절, 손마디관절이 있다.

정답 ④

14 뼈의 발생에 대한 설명 중 옳지 않은 것은?

① 연골 형태 안에 있는 초자연골의 내강이 형성된다.

② 골막혈관이 내강으로 침입하고 해면골이 형성된다.

③ 골수강이 형성되고 1차 골화중심이 나타난다.

④ 골단의 골화 성장이 끝나면 골단판(성장판)과 관절연골에만 유리연골이 남게 된다.

⑤ 유리연골 형태를 둘러싸는 뼈테두리(골륜)가 형성되어 1차 골화중심을 형성한다.

해설

골수강이 형성되고 2차 골화중심이 나타난다. 이후 골단의 골화 성장이 끝나면 골단판(성장판)과 관절연골에만 유리연골이 남게 된다.

정답 ③

★★★

15 다음 중 뼈의 기능으로 옳지 <u>않은</u> 것은?

① 무거운 장기나 근육들을 지지하는 지지기능
② 뇌, 척수, 장기 등 주요 장기를 보호하는 보호기능
③ 뼈 안쪽의 골수에서 혈구세포를 생성하는 조혈기능
④ 독성물질을 분해·대사하여 배설될 수 있는 형태로 만들어 소변이나 담즙을 통해서 배출하는 해독기능
⑤ 지방과 칼슘, 인 등의 무기질 등을 축적하여 필요에 따라 혈류로 공급하는 저장기능

해설

해독기능은 뼈의 기능이 아니고 간의 기능 중 하나이다. 뼈는 추가적으로 골격근의 고정장치로서 근 수축 시 지지를 하며 지렛대 역할을 하는 운동기능이 있다.

정답 ④

★★★

16 다음 중 뼈에 대한 설명으로 옳지 <u>않은</u> 것은?

① 장골, 좌골, 치골이 결합되어 하나의 뼈를 구성한다.
② 늑골은 13쌍으로 구성되어 있으며 13쌍의 늑골은 흉골과 관절한다.
③ 성장 중인 강아지 관골은 생후 12주가 지나면 완전히 융합된다.
④ 개, 고양이와 같은 사족동물은 앞발과 척추가 연결되지 않는다.
⑤ 골막은 관절면을 제외한 뼈의 바깥 부분을 덮는 거친 섬유막으로 된 결합조직을 뜻한다.

해설

늑골은 13쌍으로 구성되어 있고 흉골과 직접 관절하는 9쌍의 참늑골과 관절하지 않는 4쌍의 거짓늑골(거짓 갈비뼈)로 구성되어 있다.

정답 ②

★★★
17 다음 중 관절에 대한 설명으로 옳지 <u>않은</u> 것은?

① 관절은 뼈와 뼈가 연결되는 부위를 뜻한다.
② 관절은 뼈와 뼈가 연결되어 움직일 수 있는 가동성을 획득한다.
③ 윤활관절에는 뼈와 뼈 사이 관절낭으로 둘러싸인 관절강이 있다.
④ 앞다리 관절에는 어깨관절, 앞다리굽이관절, 앞발목관절, 앞발가락관절이 있다.
⑤ 무릎관절에는 십자인대가 있어 무릎관절의 운동을 지탱해준다.

해설

치밀한 결합조직에 의해 뼈가 결합되어 운동이 크게 제한되는 부동관절이 존재한다. 부동관절에는 봉합관절, 인대연결관절, 못막이 관절이 있다.

정답 ②

★★★
18 다음 중 관절에 대한 설명으로 옳지 <u>않은</u> 것은?

① 윤활관절의 관절면은 관절연골(유리연골)로 덮여 있다.
② 곁인대는 관절낭 바깥에 위치하여 관절을 보강하는 역할을 한다.
③ 회전관절의 예로는 어깨관절과 대퇴관절이 있다.
④ 연골관절은 대부분 일시적이고, 성장 중지 후 소멸되거나 연골이 뼈로 대체된다.
⑤ 관절강 내의 윤활액은 관절을 이루는 뼈와 뼈 사이에서 관절연골의 마찰을 줄여 관절 움직임을 부드럽게 하고, 연골에 영양분을 공급하는 역할을 한다.

해설

회전관절은 둥근 고리 안에 직선 형태인 뼈의 관절로, 환축추관절이 여기에 해당한다. 어깨관절과 대퇴관절은 절구에 공이가 들어간 형태로 넓은 반경의 운동을 하는 절구관절이다.

정답 ③

★★★
19 다음 중 근육의 특징으로 옳지 <u>않은</u> 것은?

① 척추동물 체중의 약 40%를 차지한다.

② 체온을 조절하고 자세 유지 및 운동이 가능하도록 한다.

③ 구조와 기능에 따라 골격근, 심장근, 평활근의 3가지 근육으로 구분한다.

④ 여러 개의 근원섬유 근절로 구성된다.

⑤ 다수의 엽록소 세포소기관이 존재하여 영양분을 생성한다.

해설

엽록소는 식물세포에 존재하며 에너지를 생산한다. 근육에는 미토콘드리아가 있어 영양분을 소모하여 에너지를 만들어낸다.

정답 ⑤

★★★
20 다음 중 씹을 때 관여하는 근육이 <u>아닌</u> 것은?

① 관자근(temporalis muscle)　　　　② 깨물근(masseter muscle)

③ 익상근(pterygoid muscle)　　　　④ 두힘살근(digastricus muscle)

⑤ 넙다리 두갈래근(biceps femoris)

해설

넙다리 두갈래근(biceps femoris)은 넓적다리 뒷부분에 위치한 근육으로, 무릎을 굽힐 수 있게 해준다.

정답 ⑤

★★★
21 다음 <보기>의 설명에 해당하는 조직의 명칭으로 옳은 것은?

─── <보기> ───

- 근육을 뼈에 부착시키는 역할을 함
- 근육의 일부이며 규칙적으로 배열된 교원섬유다발로 구성

① 인대　　　　　② 힘줄　　　　　③ 막성뼈

④ 콜라겐　　　　⑤ 치밀결합

해설

힘줄은 근육을 뼈에 부착시키는 역할을 하고, 근육의 일부이며 규칙적으로 배열된 교원섬유다발로 구성된다.

정답 ②

★★★

22 다음 <보기>의 설명에 해당하는 조직의 명칭으로 옳은 것은?

─────── <보기> ───────

- 뼈와 뼈를 연결하고 관절 움직임을 활성화하여 그 지원을 제공하고 운동을 억제하는 결체 조직섬유
- 다량의 교질과 탄력성 섬유가 들어 있어 탄력성이 있음

① 인대   ② 힘줄

③ 교원섬유다발   ④ 결합조직

⑤ 중층편평상피조직

해설

뼈와 뼈를 연결하고 관절 움직임을 활성화하여 그 지원을 제공하고, 운동을 억제하는 결체 조직섬유는 인대이다.

정답 ①

★★★

23 다음 중 근육에 대한 설명으로 옳지 <u>않은</u> 것은?

① 근섬유는 동물의 근육 및 근조직을 구성하는 기본단위로 평활근과 심장근은 다핵세포로, 골격근은 단핵세포로 구성되어 있다.

② 근세포에는 다수의 미토콘드리아 세포소기관이 존재한다.

③ 심장근은 짧고 분지된 세포로, 줄무늬 형태로 배열되어 심장에 위치한다.

④ 평활근은 느린 불수의적 운동을 하며 소화관이나 동맥에 분포한다.

⑤ 골격근은 뼈에 부착되어 뼈의 운동을 할 수 있게 하는 수의근이다.

해설

평활근과 심장근은 단핵세포로, 골격근은 다핵세포로 구성되어 있다.

정답 ①

24 다음 중 근육에 대한 설명으로 옳지 <u>않은</u> 것은? ★★★

① 여러 개의 근절이 근원섬유를 이루고 근원섬유가 모여서 근섬유가 되며, 근섬유는 근섬유 다발을 이루고 근섬유 다발이 모여서 근육이 된다.

② 근육은 미오신과 액틴 필라멘트가 교차하여 생긴 근절이라는 기본구조로 구성된다.

③ 액틴 필라멘트가 미오신 필라멘트 사이로 미끄러져 들어가 근원섬유 분절이 짧아지면서 근육 수축이 발생한다.

④ 미오신의 머리가 액틴에 부착되고 액틴과 미오신의 길이가 짧아져 근절 중앙으로 끌어당기는 역할을 한다.

⑤ 근육 수축 시 ATP와 칼슘이온을 사용하게 되어 열이 발생한다.

해설

액틴 필라멘트가 미오신 필라멘트 사이로 미끄러져 들어가 근원섬유 분절이 짧아지면서 근육 수축이 발생되는데, 이때 액틴 또는 미오신 자체의 길이는 변함이 없다.

정답 ④

25 다음 중 신경계통의 특징으로 옳지 <u>않은</u> 것은? ★★★

① 내·외부자극을 인지한다.

② 자극을 통합·분석한다.

③ 필요한 자극을 생성하는 역할을 한다.

④ 전기적 신호전달은 광범위한 범위에 간접적으로 정보를 전달한다.

⑤ 신경세포는 자극 인지, 통합, 분석, 자극 생성 및 전달이라는 역할을 수행하기 적합한 구조를 가지고 있다.

해설

신경계는 전기적 신호전달을 통해 제한된 범위에 직접적으로 정보를 전달하고, 내분비계는 화학적 신호전달을 통해 광범위하게 간접적으로 정보를 전달한다.

정답 ④

★★☆
26 시냅스에 대한 설명으로 옳지 <u>않은</u> 것은?

① 절전신경의 세포체에서 받은 신호가 축삭을 통해 이동한다.
② 축삭말단에 있던 연접소포가 축삭말단의 세포막과 융합한다.
③ 신경전달물질이 연접틈새로 배출된다.
④ 절전신경의 세포체 부위에 있는 수용체에 포착하여 자극정보를 전달한다.
⑤ 신경세포가 만나는 부위를 시냅스라 한다.

해설

신경전달물질은 절전신경에서 배출되어 절후신경의 세포체 부위에 있는 수용체에 포착하여 자극정보를 전달한다.

정답 ④

★★★
27 자율신경계 중 교감신경의 작용에 해당하는 것만을 <보기>에서 <u>모두</u> 고른 것은?

──── <보기> ────
| ㄱ. 혈압 증가 | ㄴ. 소화액 분비 촉진 |
| ㄷ. 동공확대 | ㄹ. 심박수 증가 |

① ㄱ
② ㄴ, ㄷ
③ ㄱ, ㄴ, ㄹ
④ ㄱ, ㄷ, ㄹ
⑤ ㄱ, ㄴ, ㄷ, ㄹ

해설

교감신경은 낮에 활동할 때 혹은 운동 시에 주로 활성화된다. 동공을 확대시키고 심장의 박동수를 높이며, 혈관을 수축시켜 혈압을 올리고 소화관의 운동을 감소시킨다.

정답 ④

★★★
28 중추신경계의 보호 시스템에 대한 설명으로 옳지 <u>않은</u> 것은?

① 전두골, 두정골, 측두골, 후두골, 접형골 등으로 이루어진 두개강이 뇌를 감싸 물리적 충격으로부터 뇌를 보호한다.

② 뇌척수막에서 뇌척수액을 생성하여 뇌와 척수에 영양공급을 한다.

③ 거미막 과립은 거미막하 공간에 존재하며 뇌척수액 흡수 및 뇌압 유지의 기능을 한다.

④ 뇌 모세혈관은 편평상피세포가 밀착연접으로 연결되어 물질의 통과를 제한한다.

⑤ 뇌척수막은 뇌와 척수 주변을 감싸고 있는 막으로 경막, 거미막, 연막의 3개의 막으로 구성되어 있다.

> **해설**
> 각 뇌실의 맥락얼기에서 뇌척수액이 생성되면 뇌실의 연결통로인 뇌실사이구멍, 중뇌수도관을 거쳐 척수중심관과 거미막하 공간으로 흘러가 뇌와 척수 주위를 흐르게 된다. 이를 통해 뇌와 척수에 영양을 공급하고 갑작스러운 움직임 또는 충격으로부터 뇌를 보호한다.

> **정답** ②

★★★
29 다음 중 신경계통의 특징으로 옳지 <u>않은</u> 것은?

① 뇌에서 31쌍의 뇌신경이 나오고, 척수에서 12쌍의 척수신경이 나온다.

② 경수 6번부터 흉수 2번 분절에서 뻗어나온 척수신경은 상완신경얼기를 이룬 후 다시 분지하여 앞다리로 가는 신경가지를 만든다.

③ 요수 4번에서 천수 3번으로 뻗어나온 척수신경은 허리엉치신경얼기를 이룬 후 다시 분지하여 뒷다리로 가는 신경가지를 만든다.

④ 교감신경은 공포, 흥분과 관련된 신경이다.

⑤ 부교감신경은 이완, 안정과 관련된 신경이다.

> **해설**
> 뇌에서 12쌍의 뇌신경이 나오고, 척수에서 31쌍의 척수신경이 나온다.

> **정답** ①

30 다음 중 신경계에 대한 설명으로 옳지 않은 것은?

① 소뇌, 교뇌, 연수를 포함하여 후뇌라고 한다.

② 연수 뒤쪽으로 척수가 시작된다.

③ 소뇌는 내분비계에 속한 뇌하수체와 함께 호르몬 분비 조절 및 호르몬 생성에 관여한다.

④ 중뇌는 간뇌와 뇌교를 연결하는 뇌로, 좌우 대뇌반구 사이에 위치하여 뇌줄기를 구성한다.

⑤ 교뇌와 연수에 호흡조절 중추와 혈압조절 중추가 존재한다.

해설

소뇌는 협조운동, 미세운동 조절에 관여한다. 시상하부는 내분비계에 속한 뇌하수체와 함께 호르몬 분비 조절 및 호르몬 생성에 관여한다.

정답 ③

31 다음 중 감각에 대한 설명으로 옳지 않은 것은?

① 내장감각은 내장기관에 분포하는 감각신경이다.

② 각 신체 부위에 위치한 감각신경이 자극되어 정보가 전달된다.

③ 중추신경계는 운동신경과 감각신경으로 구분할 수 있다.

④ 특수감각은 특수한 기관을 통해 정보가 수집되는 것으로, 혀에 의한 미각, 코에 의한 후각, 눈에 의한 시각, 귀에 의한 청각과 평형감각이 여기에 속한다.

⑤ 표재감각은 온각, 통각, 촉각과 같이 체표에서 수집되는 감각이다.

해설

말초신경계는 운동신경과 감각신경으로 구분할 수 있다. 중추신경계는 뇌와 척수로 구성되어 있으며 말초신경계에서 느끼는 감각을 수용하고 조절하며 운동, 생체 기능을 조절하는 기능을 수행한다.

정답 ③

32 다음 중 눈의 구조와 기능에 대한 설명으로 옳지 <u>않은</u> 것은?

① 안구의 앞부분은 투명한 각막으로 구성되어 있다.
② 홍채는 동공의 크기를 조절한다.
③ 중막은 다른 말로 포도막이라고 한다.
④ 맥락막은 혈관이 발달되어 안구 구조물에 영양분과 산소를 공급한다.
⑤ 중막은 질긴 불투과성 막으로, 안구의 형태를 유지하는 역할을 한다.

해설

공막은 질긴 불투과성 막으로, 안구의 형태를 유지하는 역할을 한다. 중막은 많은 혈관이 분포하며 홍채, 모양체와 맥락막으로 구성되어 있고, 각막과 공막에 의해 보호되며 망막에 영양을 공급한다.

정답 ⑤

33 다음 중 귀의 구조와 기능에 대한 설명으로 옳지 <u>않은</u> 것은?

① 8번 신경과 속귀신경이 관여한다.
② 달팽이관의 정원창에서 진동이 시작되어 난원창에서 진동이 소실된다.
③ 멀미는 시각정보와 위치평형정보의 부조화에 의해 발생한다.
④ 머리의 움직임은 관성으로 인한 림프의 흐름을 통해 팽대능에 있는 감각털을 움직여 감각세포를 통해 신경에 자극한다.
⑤ 청각은 고막을 통해 공기의 진동을 이소골의 진동으로 바꾸며, 림프의 진동을 통해 청신경을 자극하여 대뇌로 연결한다.

해설

달팽이관의 난원창에서 진동이 시작되어 정원창에서 진동이 소실된다.

정답 ②

★★☆
34 다음 중 코의 구조와 기능에 대한 설명으로 옳지 <u>않은</u> 것은?

① 코는 호흡과 후각의 기능을 담당하는 기관이다.

② 앞쪽은 연골, 뒤쪽은 뼈로 구성된다.

③ 비중격에 의해 좌우 비강으로 나뉘며, 비강 내에는 비갑개와 사골갑개가 있어 공기와 접촉하는 표면적이 증가되어 있다.

④ 공기 속 냄새입자인 화학물질이 비강 뒤쪽으로 이동하여 후각상피를 덮고 있는 점막에 부착된다.

⑤ 후각신경(1번 뇌신경)을 통해 후각망울을 지나 소뇌에 전사되는 과정으로 후각이 전달된다.

해설
후각 수용기세포(화학 수용기세포)의 감각털에 포착되어 후각신경(1번 뇌신경)을 통해 후각망울을 지나 대뇌에 전사되는 과정으로 후각이 전달된다.

정답 ⑤

★★☆
35 다음 중 혀의 구조와 기능에 대한 설명으로 옳지 <u>않은</u> 것은?

① 구강 내 저작과정에서 용출된 화학 입자가 미공을 통해 미각세포의 감각털에 도달하여 미각세포를 흥분시킨다.

② 미각세포 배쪽에는 7, 9, 10번 감각신경섬유가 분포한다.

③ 혀는 음식물을 저작하여 연하시키는 데 관여하는 구강 내 장기이며, 미각도 담당한다.

④ 혀의 배쪽과 경구개 및 후두 부위에는 미각을 담당하는 미뢰(맛봉오리)라는 특수한 구조물이 분포하고 있다.

⑤ 미뢰는 섬모상피세포인 미각세포와 지지세포로 구성되어 있으며 혀의 등쪽면은 미공으로 열린 구조이다.

해설
혀의 등쪽과 후두덮개 및 연구개 부위에는 미각을 담당하는 미뢰(맛봉오리)라는 특수 구조물이 분포하고 있다.

정답 ④

★★★
36 다음 중 특수감각의 기능에 대한 설명으로 옳지 않은 것은?

① 특수한 기관을 통해 정보가 수집되는 감각이다.
② 후각(코)은 물리적 자극을 물리수용기세포로 감지한다.
③ 시각(눈)은 광자극을 광수용기세포로 감지한다.
④ 청각(귀)은 물리적 자극을 코르티기관 감각세포로 감지한다.
⑤ 미각(혀)은 화학자극을 화학수용기세포로 감지한다.

[해설]
후각(코)은 화학자극을 화학수용기세포로 감지한다.

[정답] ②

★★★
37 다음 중 혈액에 대한 설명으로 옳지 않은 것은?

① 혈액은 혈장이라 불리는 수용매체에 다양한 세포가 부유해 있는 결합조직으로 영양물질, 노폐물, 산소, 이산화탄소, 호르몬 등을 운반하는 역할과 수분 평형 조절, 혈액 내 pH 조절, 체열의 분산, 면역작용, 혈액 응고작용과 같은 조절의 역할을 담당한다.
② 성견 혈액의 약 55%가 액체성분인 혈장이고, 약 45%가 세포성분으로 구성되어 있다.
③ 세포성분의 대부분은 백혈구가 차지하고 있으며 적혈구와 혈소판이 소량 포함되어 있다.
④ 적혈구가 부족하여 에리스로포이에틴이 방출되면 골수의 조혈모세포가 분화하여 적혈구를 만들게 된다.
⑤ 성숙 적혈구가 되기 전에는 세포 속에 핵이 존재하지만, 순환 혈액 속으로 빠져나온 성숙 적혈구는 핵이 없으므로 적혈구는 중심이 오목한 원반 모양을 하게 된다.

[해설]
세포성분의 대부분은 적혈구가 차지하고 있으며, 백혈구와 혈소판이 소량 포함되어 있다.

[정답] ③

38 다음 중 체순환(대순환)의 경로를 순서대로 올바르게 나열한 것은?

① 좌심실 → 대동맥 → 모세혈관 → 대정맥 → 우심방
② 대동맥 → 좌심실 → 모세혈관 → 대정맥 → 우심방
③ 우심방 → 좌심실 → 모세혈관 → 대정맥 → 대동맥
④ 대동맥 → 좌심실 → 모세혈관 → 대정맥 → 우심방
⑤ 우심방 → 대동맥 → 모세혈관 → 대정맥 → 좌심실

해설

체순환(대순환)은 좌심실 → 대동맥 → 모세혈관 → 대정맥 → 우심방의 경로로 흐른다.

정답 ①

39 다음 중 혈액에 대한 설명으로 옳지 <u>않은</u> 것은?

① 백혈구는 동물체에서 면역을 담당하는 세포들로, 세포질 내에 과립을 가진 백혈구를 과립구라 하며 호중구, 호산구, 호염구가 있다.
② 세포질 내에 과립이 없는 백혈구는 무과립구라 하며 림프구와 단핵구가 이에 속한다.
③ 호산구는 2개의 엽으로 분엽된 핵으로, 붉은색 산성 과립을 띠며 과립 내에는 단백분해효소가 함유되어 기생충 면역과 알러지 반응에 관여한다.
④ 단핵구는 크기가 적혈구의 3배 이상인 가장 많은 백혈구로, 세포질이 풍부하고 포식작용(탐식작용)을 하며 조직으로 이동하면 대식세포라 부르고, 조직 손상 및 감염 시 1~2일 후 조직으로 이동한다.
⑤ 호염구는 진한 푸른색의 큰 염기성 과립이 있으며 비만세포와 함께 히스타민을 방출하여 급성 알러지 반응에 관여한다.

해설

단핵구는 총 백혈구의 약 1% 정도인 백혈구로 크기가 적혈구의 3배 이상이며, 세포질이 풍부하며 포식작용(탐식작용)을 한다.

정답 ④

40 심장에 대한 다음 설명 중 옳지 <u>않은</u> 것은?

① 심장은 심방중격과 심실중격에 의해 좌우로 나뉘어 있다.

② 심장은 근육성 기관으로, 혈액을 주기적으로 박출하여 전신을 순환할 수 있도록 도와주는 장기이며 혈관과 연결되어 있다.

③ 심장이 수축과 이완을 통해 혈액을 박출하기 위해서는 주기적인 수축신호가 필요하다.

④ 신경전달물질 없이 전기적 신호를 발생시켜 심장과 심실에 전달하는 근육조직이 변화되어 생긴 특수기관을 자극전도계라 한다.

⑤ 방실결절의 수축파동이 좌우 심방으로 퍼져 심방 수축이 일어난다.

해설
동방결절의 수축파동이 좌우 심방으로 퍼져 심방 수축이 일어나고, 심실사이중격의 상부에 위치한 방실결절로 흥분이 전달된다.

정답 ⑤

41 다음 중 태아순환에 대한 설명으로 옳지 <u>않은</u> 것은?

① 태아는 모체로부터 온 혈액을 통해 영양분과 산소를 공급받는다.

② 태아는 경구 섭취를 하지 않아 간문맥 순환이 불필요하다.

③ 체순환이 불필요하고, 혈액순환을 줄이기 위한 우회로를 가지고 있다.

④ 난원공은 우심방과 좌심방 사이에 위치한 구멍이다.

⑤ 동맥관은 심장에서 뻗어나온 두 개의 큰 동맥(폐동맥 및 대동맥)을 연결하는 태아의 혈관이다.

해설
태아는 폐호흡을 하지 않아 폐순환이 불필요하다. 혈액순환을 줄이기 위한 난원공과 동맥관을 지나는 우회로를 가지고 있다.

정답 ③

★★★
42 다음 중 순환에 대한 설명으로 옳지 <u>않은</u> 것은?

① 정맥은 심장으로 들어가는 혈액이 지나가는 혈관이다.
② 동맥은 심장으로부터 나오는 혈액을 받아주는 혈관이다.
③ 동맥은 탄성이 있어 강한 압력을 견딜 수 있다.
④ 조직액은 혈액순환 과정에서 혈액이 모세혈관에 이르면 모세혈관의 교질삼투압이 조직보다 높아 혈장이 누출된 것을 뜻한다.
⑤ 림프관은 한쪽 끝이 열려 있는 구조로, 개방형 순환계를 가진다.

해설
조직액은 혈액순환 과정에서 혈액이 모세혈관에 이르면 모세혈관의 정수압이 조직보다 높아 혈장이 누출된 것을 뜻한다. 이후 순환과정 중 정맥쪽 모세혈관에서는 조직액이 모세혈관으로 재흡수가 되는데, 이때는 정맥쪽 교질삼투압이 높아 흡수가 된다. 하지만 누출된 조직액이 100% 흡수되지 못하고 남게 되며, 림프계는 이를 순환 혈액으로 되돌리기 위한 시스템을 뜻한다.

정답 ④

★★☆
43 다음 중 호흡에 대한 설명으로 옳지 <u>않은</u> 것은?

① 호흡은 가스교환 작용을 하며 혈액 내 산소와 이산화탄소 분압을 유지 및 조절하는 과정이다.
② 외호흡은 폐환기를 통해 폐포와 폐포 모세혈관 사이에서 가스교환이 이루어지는 호흡이다.
③ 내호흡은 조직과 조직 모세혈관 사이에서 가스교환이 이루어지는 호흡이다.
④ 내호흡을 통해서 동물체의 혈액 내 산소 및 이산화탄소 분압과 pH가 조절된다.
⑤ 태아는 호흡을 하지 않는다.

해설
태아는 외호흡을 하지 않지만 내호흡을 진행할 수 있다.

정답 ⑤

★★★
44 다음 중 호흡기계와 상관이 <u>없는</u> 기관은?

① 코   ② 인두   ③ 기관지
④ 핵공   ⑤ 폐

해설
핵막을 가로지르는 거대한 단백질 복합체를 의미한다.

정답 ④

45 ★★★ 다음 중 호흡기관에 대한 설명으로 옳지 <u>않은</u> 것은?

① 페로몬을 감지하는 특수기관인 서골코기관(vomeronasal organ, jacobson organ)이 존재한다.

② 흡기 시 인두를 통해 갑개가 있는 비도를 지나 뒤콧구멍을 거쳐 비공으로 흘러간다.

③ 인두는 호흡기계와 소화기계가 함께 사용하는 기관이다.

④ 후두덮개는 음식물을 먹을 때 닫힌다.

⑤ 후두덮개는 공기가 들어가고 나올 때 열린다.

해설

비공을 통해 갑개가 있는 비도를 지나 뒤콧구멍을 거쳐 인두로 흘러간다.

정답 ②

46 ★★★ 다음 중 기관에 대한 설명으로 옳지 <u>않은</u> 것은?

① 윤상연골후두의 마지막 연골과 연결된다.

② 정상적인 상황에서는 항상 열린 상태를 유지한다.

③ 기관근과 C 모양의 기관연골(기관륜)이 존재한다.

④ 기관은 돌림인대에 의해 연결된다.

⑤ 기관 점막에는 편모상피세포가 있어, 이물질을 바깥으로 이동시킨다.

해설

기관 점막에는 섬모상피세포가 있어, 이물질을 바깥으로 이동시킨다.

정답 ⑤

47 <보기>는 흡기 시 공기의 흐름이다. ㉠에 해당하는 호흡기계의 구조물로 옳은 것은?

――――――――――――― <보기> ―――――――――――――

코(비공 → 비강 → 뒤콧구멍) → 인두(코인두) → (㉠) → 기관 → 기관지(주기관지 → 엽기관지 → 구역기관지) → 세기관지 → (㉡)

① 폐포   ② 입   ③ 입인두
④ 후두   ⑤ 기관근

해설

흡기 시 공기는 코(비공 → 비강 → 뒤콧구멍) → 인두(코인두) → 후두 → 기관 → 기관지(주기관지 → 엽기관지 → 구역기관지) → 세기관지 → 폐포의 흐름을 가진다.

정답 ④

48 <보기>는 흡기 시 공기의 흐름이다. ㉡에 해당하는 호흡기계의 구조물로 옳은 것은?

――――――――――――― <보기> ―――――――――――――

코(비공 → 비강 → 뒤콧구멍) → 인두(코인두) → (㉠) → 기관 → 기관지(주기관지 → 엽기관지 → 구역기관지) → 세기관지 → (㉡)

① 코   ② 입   ③ 입인두
④ 후두   ⑤ 폐포

해설

흡기 시 공기는 코(비공 → 비강 → 뒤콧구멍) → 인두(코인두) → 후두 → 기관 → 기관지(주기관지 → 엽기관지 → 구역기관지) → 세기관지 → 폐포의 흐름을 가진다.

정답 ⑤

★★☆
49 다음 중 폐활량의 정의로 옳은 것은?

① 휴식 시 매 호흡당 들숨과 날숨의 양
② 정상호흡 후 강제로 더 내보낼 수 있는 양
③ 최대 들숨(흡기) 후 최대 날숨(호기)으로 내보낼 수 있는 공기의 총량
④ 흡입된 공기 중 허파꽈리에 가지도 못하고 밖으로 나가는 기관 내에 잔존하는 공기량
⑤ 강제호기 후 남은 양

> **해설**
> 폐활량은 최대 들숨(흡기) 후 최대 날숨(호기)으로 내보낼 수 있는 공기의 총량을 뜻한다.

> **정답** ③

★★★
50 다음 중 남은 공기량(잔기량)의 정의로 옳은 것은?

① 휴식 시 매 호흡당 들숨과 날숨의 양
② 정상호흡 후 강제로 더 내보낼 수 있는 양
③ 최대 들숨(흡기) 후 최대 날숨(호기)으로 내보낼 수 있는 공기의 총량
④ 흡입된 공기 중 허파꽈리에 가지도 못하고 밖으로 나가는 기관 내에 잔존하는 공기량
⑤ 강제호기 후 남은 양

> **해설**
> 남은 공기량(잔기량)은 강제호기 후 남은 양으로, 최대로 내쉬어도 폐에 남은 공기량을 뜻한다.

> **정답** ⑤

★★★
51 소화기관 중 하나인 혀의 기능으로 옳지 <u>않은</u> 것은?

① 유성생식을 통해 동물의 종이 지속적으로 영속할 수 있도록 한다.
② 음식물 섭취에 도움을 준다.
③ 맛 감각 또는 미각 수용체인 맛봉오리를 포함한다.
④ 음식물의 식괴 형성에 도움을 준다.
⑤ 체온 조절에 도움을 준다.

> **해설**
> 유성생식을 통해 동물의 종이 지속적으로 영속할 수 있도록 하는 것은 생식기관이다.

> **정답** ①

★★☆

52 다음 중 소화에 대한 설명으로 옳지 <u>않은</u> 것은?

① 소화란 섭취된 음식물이 작은창자 벽을 통해 흡수될 수 있는 작은 크기로 부서지는 과정을 거쳐 혈액으로 흡수되는 것이다.
② 소화의 과정은 효소라는 화학물질에 의해 발생된다.
③ 영양소의 흡수가 일어나는 주요 부위는 작은창자의 융모이다.
④ 융모의 모세혈관으로 아미노산과 단당류가 흡수된다.
⑤ 융모의 모세혈관으로 지방성분이 흡수된다.

해설
융모의 암죽관으로 지방성분이 흡수된다.

정답 ⑤

★★★

53 다음 중 쓸개에 대한 설명으로 옳은 것은?

① 쓸개즙을 생산한다.
② 쓸개관을 통해 위로 배출된다.
③ 아밀라아제를 활성화시킨다.
④ 지방을 유화하는 효소들이 쉽게 반응할 수 있도록 지방 표면적을 넓혀준다.
⑤ 지방을 지방산과 글리세롤로 분해하는 효소를 생성·저장·분비한다.

해설
쓸개는 간에서 생성한 쓸개즙을 저장·분비하며, 쓸개관을 통해 십이지장으로 배출한다. 또한 지방분해효소인 리파제를 활성화한다. 쓸개즙은 지방 분해를 도와주는 작용을 하지만, 그 자체가 지방분해효소는 아니다.

정답 ④

★★★
54 간의 기능과 특징에 대한 내용으로 옳지 <u>않은</u> 것은?

① 쓸개즙을 생성한다.

② 글리코겐 저장과 해당작용을 하는 탄수화물 대사기능이 있다.

③ 알부민, 피브리노겐, 프로트롬빈, 글로불린과 같은 혈장단백을 생성하는 단백질 대사기능이 있다.

④ 지용성 비타민 A, D, E, K와 일부 수용성 비타민을 저장하는 비타민 저장기능이 있다.

⑤ 인간은 전신간문맥단락이 있어 성장기 이후에도 간을 거치지 않고 전신혈관으로 혈액이 흐른다.

> 해설
>
> 출생 이전에는 전신간문맥단락이 있어 간을 거치지 않고 전신혈관으로 혈액이 흐르지만, 출생 이후에는 퇴화하게 된다.

> 정답 ⑤

★★★
55 다음 중 위액 분비에 대한 설명으로 옳지 <u>않은</u> 것은?

① 잔세포(술잔세포, 배상세포), 으뜸세포, 벽세포가 있다.

② 으뜸세포에서는 펩시노겐을 분비한다.

③ 벽세포에서 염산을 분비한다.

④ 잔세포에서 점액 분비를 통해 알칼리성의 장막층을 이루어 위점막 표면을 덮으며 위벽을 보호한다.

⑤ 펩신은 염산에 의해 펩시노겐으로 활성화되어 단백질을 소화한다.

> 해설
>
> 펩시노겐은 염산에 의해 펩신으로 활성화되어 단백질을 소화한다.

> 정답 ⑤

★★☆

56 비뇨기계통의 주요 기능에 대한 설명으로 옳지 <u>않은</u> 것은?

① 삼투압 조절을 한다.
② 체액량 및 화학적 조성 조절을 한다.
③ 질소 노폐물과 과도한 수분 제거를 하는 배설기능을 한다.
④ 에리스로포이틴을 분비하여 적혈구 형성기능을 한다.
⑤ 지용성 비타민 A, D, E, K와 지용성 노폐물의 배출을 진행한다.

해설

비뇨기계통은 수용성 비타민과 노폐물을 배출한다.

정답 ⑤

★★★

57 비뇨기계 생식기계의 해부생리에 대한 설명으로 옳지 <u>않은</u> 것은?

① 흉강 안에 위치한다.
② 생식기계통과 발생학적으로 유래가 같고 해부학적으로 서로 긴밀하다.
③ 비뇨기계통, 생식기계통은 요도를 공유한다.
④ 수컷은 음경을 통해, 암컷은 질을 통해 외부와 소통한다.
⑤ 한 쌍의 콩팥, 한 쌍의 요관, 한 개의 방광과 한 개의 요도로 구성되어 있다.

해설

비뇨기계는 복강, 골반강 내에 존재한다.

정답 ①

★★☆

58 다음 중 신장에 대한 동물 간의 비교해부학에 대한 설명으로 옳지 <u>않은</u> 것은?

① 동물마다 신장 모양이 다르고 내부 구조와 기능에 큰 차이가 있다.
② 소의 신장은 긴 타원형으로, 표면에 많은 고랑이 있어서 약 20개의 신장엽을 이루고 있다.
③ 말의 신장 중 오른쪽 콩팥은 심장 모양이다.
④ 말의 신장 중 왼쪽 콩팥은 콩 모양이다.
⑤ 돼지의 신장은 좀 더 납작한 모양이다.

해설

동물마다 신장 모양이 다르지만, 내부 구조와 기능에는 큰 차이가 없다.

정답 ①

★★☆

59 비뇨기계 해부생리에 대한 설명으로 옳은 것은?

① 한 쌍의 콩팥, 한 쌍의 요관, 한 개의 방광과 두 개의 요도로 구성되어 있다.

② 요관은 내장 복막의 주름인 요관막에 의해 배쪽 벽쪽에 연결되어 있다.

③ 요도는 오줌을 일시적으로 저장하는 주머니로, 평활근으로 구성되며 골반 내에 존재한다.

④ 신장의 피막은 이행상피로 구성되어 있어 수축과 확장이 가능하다.

⑤ 콩팥문(hilus renalis)은 동맥과 정맥, 신경, 요관 등이 출입한다.

해설

① 한 개의 요도로 구성되어 있다.

② 등쪽 벽쪽에 연결되어 있다.

③ 오줌을 일시적으로 저장하는 곳은 방광이다.

④ 방광, 요도, 요관이 이행상피로 구성되어 있다.

정답 ⑤

★★★

60 다음 <보기>에서 신장 혈류의 순서를 올바르게 나열한 것은?

─────── <보기> ───────

ㄱ. 대동맥에서 콩팥동맥   ㄴ. 소엽사이동맥

ㄷ. 토리모세혈관그물   ㄹ. 소엽사이정맥

ㅁ. 콩팥정맥

① ㄱ → ㄴ → ㄷ → ㄹ → ㅁ   ② ㄱ → ㄹ → ㄴ → ㄷ → ㅁ

③ ㄱ → ㄹ → ㄷ → ㅁ → ㄴ   ④ ㅁ → ㄴ → ㄷ → ㄹ → ㄱ

⑤ ㅁ → ㄹ → ㄴ → ㄷ → ㄱ

해설

신장의 혈류는 대동맥 → 콩팥동맥(심박출량의 20% 정도) → 소엽사이동맥 → 토리모세혈관그물(질소노폐물 제거) → 소엽사이정맥 → 콩팥정맥의 순서로 흐른다.

정답 ①

61 다음 중 생식에 대한 설명으로 옳지 <u>않은</u> 것은?

① 어떠한 동물의 종이 지속적으로 영속할 수 있도록 한다.
② 수컷의 생식기관과 암컷의 생식기관은 완벽한 차이를 보인다.
③ 포유동물은 성별이 구분되고 유성생식을 한다.
④ 무성생식은 유전적 다양성을 확보할 수 있다.
⑤ 유성생식을 통해 태어난 태아는 유전자가 섞임으로써 부모와 다른 유전자를 가진다.

해설

유성생식은 유전적 다양성을 확보할 수 있다. 무성생식은 성 구분 없이 생식이 가능하지만, 유전적 다양성을 확보할 수는 없다.

정답 ④

62 다음 중 고환에 대한 설명으로 옳지 <u>않은</u> 것은?

① 정자 형성과정을 통해 정자를 생산한다.
② 정자의 이동과 생존을 돕는 액체를 생산한다.
③ 정자 형성, 2차 성징, 성적 행동에 영향을 미치는 테스토스테론을 분비한다.
④ 정자 형성은 체온에 비해 낮은 온도에서 활발하다.
⑤ 구연산과 아연 성분을 배출하여 요로에 존재하는 세균을 죽이는 살균작용을 한다.

해설

구연산과 아연 성분을 배출하여 요로에 존재하는 세균을 죽이는 살균작용을 하는 기관은 전립샘이다.

정답 ⑤

63 개와 고양이의 생식기관의 차이에 대한 설명으로 옳은 것은?

① 고양이의 음경은 골반의 궁둥활에서부터 넙다리 사이의 샅 부위를 따라 앞쪽으로 위치한다.
② 개의 음경은 고양이보다 짧다.
③ 고양이의 음경 귀두 표면에는 가시 모양의 구조물이 있다.
④ 개는 음경뼈가 존재하지 않는다.
⑤ 개의 음경은 음경 끝이 항문 아래쪽에 뒤쪽으로 개구한다.

해설
① 개의 음경은 골반의 궁둥활에서부터 넙다리 사이의 샅 부위를 따라 앞쪽으로 위치한다.
② 개의 음경은 고양이보다 길다.
④ 개와 고양이 모두 음경뼈가 존재한다.
⑤ 고양이의 음경은 음경 끝이 항문 아래쪽에 뒤쪽으로 개구한다.

정답 ③

64 다음 중 자궁에 대한 설명으로 옳지 않은 것은?

① 성장하는 태아를 단단히 보호하는 역할을 한다.
② 초기 배아의 생존을 위한 적합한 환경을 제공한다.
③ 태반을 통하여 태아에게 영양분 공급환경을 제공한다.
④ 자궁근육층은 원주상피, 분비조직, 혈관으로 구성되어 초기 배아에게 영양분을 제공하고 태반을 지지한다.
⑤ 자궁근육층은 민무늬근육층으로, 분만 시 강한 수축력으로 태아를 밀어내는 역할을 한다.

해설
자궁속막은 원주상피, 분비조직, 혈관으로 구성되어 초기 배아에게 영양분을 제공하고, 태반을 지지한다. 자궁근육층은 분만 시 강한 수축력으로 태아를 밀어내는 역할을 한다.

정답 ④

65 정자의 형성과 성숙에 대한 설명 중 옳지 <u>않은</u> 것은?

① 정자는 고환의 정세관 내에서 형성되고, 부고환에서 성숙변화를 거쳐 방출된다.
② 머리, 목, 꼬리(중편부, 으뜸부, 끝부분)로 구성되어 있다.
③ 정자의 머리는 유전물질을 담고 있는 핵과 난막 분해효소를 담고 있는 첨체로 이루어져 있다.
④ 중편의 미토콘드리아에서 에너지를 공급한다.
⑤ 꼬리는 섬모 구조로, 정자의 운동기관이다.

해설
꼬리는 편모 구조로, 정자의 운동기관이다.

정답 ⑤

66 다음 중 감수분열에 대한 설명으로 옳지 <u>않은</u> 것은?

① 수컷은 1개의 정원세포로부터 1개의 정자와 3개의 극체가 형성된다.
② 암컷은 1개의 난원세포로부터 1개의 난자와 3개의 극체가 형성된다.
③ 감수분열을 통해 염색체 수는 반으로 감소한다.
④ 두 번의 감수분열을 통해 정자와 난자가 형성된다.
⑤ 난자의 분열과정 중 세포질의 불균등 분열로 극체가 형성된다.

해설
수컷은 1개의 정원세포로부터 4개의 정자가 형성된다.

정답 ①

67 호르몬의 특징 중 옳지 <u>않은</u> 것은?

① 생체조직 내에서 생성되며, 극히 미량으로 효과적인 기능을 한다.
② 특정조직 또는 기관의 기능을 조절할 수는 있으나 새로운 기능을 만들어내지는 못한다.
③ 호르몬의 분비는 항상성을 유지하여 조건에 관계없이 항상 일정한 양을 분비한다.
④ 호르몬의 생체 내의 조절작용은 신경계에 의한 조절작용과 밀접한 관련을 맺어 기능을 나타낸다.
⑤ 호르몬은 끊임없이 생성되고 배설되며 분해된다.

해설
호르몬의 분비는 여러 조건에 따라 변화한다.

정답 ③

68 다음 중 갑상샘에 대한 설명으로 옳지 <u>않은</u> 것은?

① 기관의 앞쪽 기관지 고리의 배쪽 중간에 위치한다.

② 샘세포를 둘러싸고 있는 많은 여포가 이루어진 장기이다.

③ 갑상샘자극호르몬(TSH)과 티록신(T4), 삼요오드타이로닌(T3)을 분비한다.

④ 요오드(아이오딘)는 갑상샘호르몬의 재료이다.

⑤ 갑상샘호르몬은 거의 모든 체세포의 바탕질 대사에 관여하여 에너지 생성을 증가시키고 성장발육을 촉진한다.

해설
갑상샘자극호르몬(TSH)은 뇌하수체에서 생성되는 호르몬이다.

정답 ③

69 내분비계에 대한 설명으로 옳지 <u>않은</u> 것은?

① 부신은 콩팥 앞쪽 끝에 존재한다.

② 갑상샘에서 분비되는 칼시토닌은 혈중 칼슘농도를 낮춘다.

③ 부갑상샘에서 분비되는 파라토르몬(PTH)은 혈중 칼슘농도를 올린다.

④ 부갑상샘에서 분비되는 파라토르몬(PTH)은 뼈에 칼슘을 저장한다.

⑤ 혈당이 높으면 인슐린 분비가 촉진된다.

해설
뼈에 칼슘을 저장하는 호르몬은 칼시토닌이다.

정답 ④

70 다음 중 뇌하수체에서 분비되는 호르몬이 <u>아닌</u> 것은?

① TSH(갑상샘자극호르몬) ② GH(성장호르몬)

③ ACTH(부신피질자극호르몬) ④ Prolactin(젖분비자극호르몬)

⑤ Glucagon(글루카곤 혈당 증가호르몬)

해설
글루카곤은 이자의 알파세포에서 생산되는 펩타이드 호르몬이다.

정답 ⑤

***
71 심장에서 시작된 혈액의 순환으로 폐까지만 갔다가 다시 심장으로 돌아오는 순환을 뜻하는 폐순환(소순환)의 경로를 <보기>에서 순서대로 올바르게 나열한 것은?

———————— <보기> ————————
ㄱ. 좌심방   ㄴ. 폐동맥
ㄷ. 폐   ㄹ. 폐정맥
ㅁ. 우심실

① ㄱ → ㄴ → ㄷ → ㄹ → ㅁ   ② ㄱ → ㄹ → ㄴ → ㄷ → ㅁ
③ ㅁ → ㄴ → ㄷ → ㄹ → ㄱ   ④ ㅁ → ㄴ → ㄹ → ㄷ → ㄱ
⑤ ㅁ → ㄹ → ㄴ → ㄷ → ㄱ

해설
폐순환은 우심실이 수축하여 혈액이 폐동맥으로 방출 → 폐(폐포 모세혈관) → 폐정맥 → 좌심방의 순서로 흐른다.

정답 ③

***
72 다음 중 간문맥 순환에 대한 설명으로 옳지 않은 것은?

① 예외적인 순환으로 소화기로부터 직접적으로 혈액을 간으로 전달한다.
② 장에서 흡수된 영양분을 간으로 보내는 역할을 한다.
③ 앞, 뒤 장간막의 정맥은 대정맥으로 연결된다.
④ 임신 중의 태아는 경구섭취를 하지 않아 간문맥 순환이 발달되어 있지 않다.
⑤ 간문맥은 간을 통하여 간정맥, 대정맥을 거쳐 우심방으로 흐른다.

해설
소화기로부터 나온 혈액은 간을 거쳐 온몸을 흐르는 혈관으로 흐른다. 태아는 경구섭취를 하지 않아 혈액순환을 줄이기 위한 우회로를 가지고 있어 앞, 뒤 장간막의 정맥이 전신정맥과 연결이 되지만 출생 이후 퇴화되는데, 이 혈관이 남아있을 경우 간문맥전신단락증(PSS, Porto Systemic Shunt)이라는 질병을 발생하게 한다. 간에서 물질교환을 진행한 후 앞뒤 장간막 정맥으로 흐르고, 이 혈관은 대정맥으로 들어가지 않고 간으로 들어가기 위해 간문맥 순환을 만든다.

정답 ③

73 다음 중 호흡에 대한 설명으로 옳은 것은?

① 흡기(들숨)에는 폐에서 공기가 나오고, 호기(날숨)에는 폐로 공기가 들어간다.
② 안정적인 흡기(들숨) 시에는 에너지를 사용하지 않는다.
③ 안정적인 호기(날숨) 시에는 에너지를 사용한다.
④ 흡기 시에는 외늑간근과 횡격막근이 수축한다.
⑤ 호기 시에는 배쪽 호흡근을 사용한다.

해설

흡기(들숨)에는 폐에서 공기가 들어가고, 호기(날숨)에는 폐로 공기가 나오는 과정이다. 안정적인 흡기(들숨)는 외늑간근과 횡격막근이 수축을 하여 에너지를 사용하는 과정이고, 호기(날숨)는 외늑간근과 횡격막근이 이완을 하여 에너지를 사용하지 않는 과정이다. 안정적인 호흡 과정에서는 배쪽 호흡근을 사용하지 않지만 운동을 하거나 흥분 시 호흡의 깊이가 깊어지는 경우 배쪽 호흡근을 작동하여 호흡을 한다.

정답 ④

74 다음 중 신경조직에 대한 설명으로 옳지 않은 것은?

① 자극, 인지, 통합, 분석, 자극 생성 및 전달 역할을 위한 구조를 가지고 있다.
② 모든 신경세포는 세포체, 축삭, 감각수용기로 구성되어 있다.
③ 세포체는 핵, 수상돌기, 수지상돌기가 다수 존재한다.
④ 축삭은 세포체에서 길게 뻗어 있고 끝에서 분지되어 축삭말단을 구성하고 있어 다른 세포에 정보를 전달하기에 적합하다.
⑤ 신경세포는 다른 신경세포나 조직에 정보를 전달한다.

해설

감각수용기는 감각신경 말단에서만 존재하는 기관으로, 생명체 내·외부 환경의 자극에 반응하여 감각을 전달한다. 감각수용기는 각 수용기에 맞는 적합자극에 반응하여 신호 전달을 시작한다.

정답 ②

75 다음 중 평형감각에 대한 설명으로 옳지 <u>않은</u> 것은?

① 평형감각은 몸의 움직임을 인지하는 감각이다.

② 몸의 위치나 회전 등을 느끼는 감각으로, 중력이 자극이 되어 일어난다.

③ 전정기관과 반고리관의 내림프액의 이동을 감각수용기가 인지를 한다.

④ 전정기관은 회전감각을 감각하고, 반고리관은 위치를 느낀다.

⑤ 3개의 반고리관(세반고리관)이 서로 직각을 이루고 있어, 회전이 발생할 때 속에 있는 림프가 움직이게 되어 감각을 느낄 수 있다.

[해설]

전정기관은 위치를 감각하고, 반고리관은 회전감각을 느낀다.

[정답] ④

76 유전과 관련된 용어에 대한 설명으로 옳지 <u>않은</u> 것은?

① 유전자: 특징들을 결정하는 것으로, 세포의 핵 내에 존재하는 염색체에 존재한다.

② 염색체: 이중나선 구조로 DNA로 되어 있다.

③ 우성유전자: 상대 대립유전자보다 그 효과가 더 잘 드러나지 않는 한쪽 유전자를 뜻한다.

④ DNA의 염기: 아데닌, 티민, 구아닌, 시토신의 4종류가 있으며 염기서열이 유전정보를 나타낸다.

⑤ 염기쌍: 아데닌과 티민, 구아닌과 시토신이 결합한다.

[해설]

우성유전자는 상대 대립유전자보다 그 효과가 더 잘 드러나는 한쪽 유전자를 뜻한다. 상대 대립유전자보다 그 효과가 더 잘 드러나지 않는 한쪽 유전자를 뜻하는 것은 열성유전자다.

[정답] ③

★★☆

77 해부학적 단면을 나타내는 용어에 대한 설명으로 옳지 <u>않은</u> 것은?

① 단면: 해부학적으로 사용되는 동물 신체의 절단 면

② 정중단면: 머리, 몸통, 사지를 오른쪽과 왼쪽이 똑같게 세로로 나눈 단면

③ 시상단면: 정중단면과 평행하게 머리, 몸통, 사지를 통과하는 단면

④ 등단면: 긴 축에 대하여 직각으로 머리, 몸통, 사지를 가로지르는 단면

⑤ 축: 몸통 또는 몸통의 어떤 부분의 중심선

해설

가로단면에 대한 설명이다. 가로단면은 긴 축에 대하여 직각으로 머리, 몸통, 사지를 가로지르는 단면을 뜻하며, 등단면은 정중단면과 가로단면에 대하여 직각으로 지나는 단면이다.

정답 ④

★★☆

78 다음 중 근섬유의 특징으로 옳지 <u>않은</u> 것은?

① 동물의 근육 및 근조직을 구성하는 기본 단위이다.

② 직경 10~100 ㎛, 길이 5~10cm이다.

③ 육안으로 식별이 불가능하다.

④ 단핵 또는 다핵세포이다.

⑤ 다수의 미토콘드리아, 세포소기관이 존재한다.

해설

근섬유는 육안으로 식별이 가능하다.

정답 ③

★★☆
79 중추신경계의 보호 시스템에 대한 설명으로 옳은 것은?

① 두개골은 척수를 보호하는 뼈이다.

② 뇌실계통에서 생성된 뇌척수액은 갑작스러운 움직임 또는 충격으로부터 뇌를 보호한다.

③ 뇌와 척수에는 혈관이 직접적으로 연결되어 영양을 공급한다.

④ 뇌척수막은 뇌와 척수 주변을 감싸고 있는 막으로 경막, 거미막, 연막, 횡격막으로 구성된다.

⑤ 혈액뇌장벽은 물리적 자극으로부터 뇌를 보호하는 시스템이다.

해설

① 두개골은 뇌를 보호하는 뼈이다.

③ 뇌실계통에서 생성된 뇌척수액은 갑작스러운 움직임 또는 충격으로부터 뇌를 보호하고, 뇌와 척수에 영양을 공급하는 역할을 한다.

④ 뇌척수막은 뇌와 척수 주변을 감싸고 있는 막으로 경막, 거미막, 연막 3개의 막으로 구성되어 있다.

⑤ 두개골, 뇌실계통, 뇌척수막이 물리적 충격으로부터 뇌를 보호한다면, 혈액뇌장벽은 화학적 자극으로부터 뇌를 보호한다.

정답 ②

★★☆
80 다음 중 혈당조절에 대한 설명으로 옳은 것은?

① 혈당조절은 인슐린의 단독작용으로 작용한다.

② 혈당이 높아지면 연수에서 인지를 하게 된다.

③ 교감신경은 췌장의 랑게한스섬 베타세포를 자극하게 되어 인슐린이 분비되어 혈당을 감소시킨다.

④ 혈당이 낮아지면 랑게한스섬 알파세포에 작용하여 글루카곤을 분비하고, 부신속질에 작용하여 아드레날린을 분비한다.

⑤ 혈당이 낮아지면 뇌하수체의 ACTH호르몬으로 부신피질에서 무기질 코르티코이드를 분비하여 혈당을 증가시킨다.

해설

① 혈당의 조절은 인슐린의 단독작용으로만 이루어지는 것이 아니라 글루카곤, 아드레날린, 당질 코르티코이드 등 다양한 작용을 통해 이루어진다.

② 혈당이 높아지면 간뇌에서 인지를 하고 연수에 작용하게 된다.

③ 부교감신경은 췌장의 랑게한스섬 베타세포를 자극하게 되어 인슐린이 분비되어 혈당을 감소시킨다.

④ 혈당이 낮아지면 간뇌에 인지되어 연수와 뇌하수체에 작용을 한다. 연수의 교감신경은 랑게한스섬 알파세포에 작용하여 글루카곤을 분비하고, 부신속질에 작용하여 아드레날린을 분비한다.

⑤ 혈당이 낮아지면 뇌하수체의 ACTH호르몬으로 부신피질에서 당질 코르티코이드를 분비하여 혈당을 증가시킨다.

정답 ④

CHAPTER

02 **동물질병학**

★★★
01 다음 중 선천면역(비특이적 면역)의 주체 또는 방식이 <u>아닌</u> 것은?

① 눈물 　　　　　　　　　　② 미세아교세포
③ 쿠퍼세포 　　　　　　　　④ B세포
⑤ 침

해설

림프구인 B세포는 후천면역의 주체이며, 특정 병원체가 들어왔을 때 활성화되어 그 병원체의 특이적인 표면의 영역을
인식하여 면역반응을 도출하여 방어작용을 한다.

정답 ④

★★☆
02 다음 <보기>에서 설명하는 세포의 명칭으로 옳은 것은?

───── <보기> ─────

후천면역의 주체로, 특정 병원체가 들어왔을 때 그 병원체의 특이적인 표면 영역을 인식하여
활성화된 후 플라스마세포나 메모리세포로 분화

① T세포 　　　　　　　　　　② 미세아교세포
③ 쿠퍼세포 　　　　　　　　④ B세포
⑤ 줄기세포

해설

림프구인 B세포는 후천면역의 주체이며, 특정 병원체가 들어왔을 때 활성화되어 그 병원체의 특이적인 표면의 영역을
인식하여 면역반응을 도출하며 방어작용을 하며 플라스마 세포나 메모리 세포로 분화된다.

정답 ④

★★☆

03 다음 중 염증 반응의 주된 증상이 <u>아닌</u> 것은?

① 황달   ② 발적   ③ 발열

④ 부종   ⑤ 통증

해설

황달은 눈의 흰자위나 피부, 점막에 빌리루빈이 과다하게 쌓여 노랗게 변하는 현상으로 간질환, 용혈성 빈혈, 패혈증 등이 주 원인이다.

정답 ①

★★☆

04 다음 <보기>에서 세균의 특징으로 옳은 것을 <u>모두</u> 고른 것은?

──── <보기> ────

ㄱ. 세포의 구조를 가지며 유전 물질로 DNA를 가진다.
ㄴ. 세포 분열에 의해 증식하며 단독으로 단백질을 합성한다.
ㄷ. 스스로 에너지를 만들어낼 수 없으며 영양분이 포함된 배양액에서 증식이 불가하다.
ㄹ. 전자현미경으로만 관찰이 가능하다.

① ㄱ, ㄴ   ② ㄴ, ㄷ

③ ㄱ, ㄴ, ㄹ   ④ ㄴ, ㄷ, ㄹ

⑤ ㄱ, ㄴ, ㄷ, ㄹ

해설

세균은 스스로 에너지를 만들어낼 수 있으며, 영양분이 포함된 배양액에서 증식할 수 있고 크기는 보통 0.2~10nm 정도여서 일반적으로 광학현미경으로 관찰이 가능하다.

정답 ①

★★☆

05 다음 <보기>에서 바이러스의 특징으로 옳은 것을 <u>모두</u> 고른 것은?

─── <보기> ───

ㄱ. 유전물질로 DNA를 가진 것과 RNA를 가진 것이 있다.
ㄴ. 세포분열을 하지 않고 숙주세포를 이용하여 DNA를 복제한 후 숙주세포를 파괴하고 탈출하여 증식한다.
ㄷ. 단독으로 단백질을 합성할 수 없으며 스스로 에너지를 만들어낼 수 없고, 배양액에서는 증식할 수 없다.
ㄹ. 광학현미경으로 관찰 가능하다.

① ㄱ, ㄴ
② ㄴ, ㄷ
③ ㄱ, ㄴ, ㄷ
④ ㄴ, ㄷ, ㄹ
⑤ ㄱ, ㄴ, ㄷ, ㄹ

해설
바이러스는 크기가 매우 작아서 전자현미경으로만 관찰 가능하다.

정답 ③

★★★

06 다음 중 내부 기생충으로 옳은 것은?

① 모낭충(Demodex)
② 지알디아(Giardiasis)
③ 개선충(Scabies)
④ 귀 진드기(Ear mite)
⑤ 벼룩(Pulex irritans)

해설
지알디아(Giardiasis)는 원충성 기생충으로, 감염 시 사람과 동물의 장내에 기생한다.

정답 ②

07 다음 <보기>에서 심장의 구조에 대한 설명으로 옳은 것을 <u>모두</u> 고른 것은?

<보기>

ㄱ. 2심방 2심실로 구성
ㄴ. 심장은 심실중격(interventricular septum)에 의해 좌우로 분리
ㄷ. 삼첨판(mitral valve)은 승모판이라 불리며, 좌심방과 좌심실을 연결
ㄹ. 이첨판(bicuspid valve)은 우심방과 우심실을 연결

① ㄱ, ㄴ
② ㄴ, ㄷ
③ ㄱ, ㄴ, ㄷ
④ ㄱ, ㄴ, ㄹ
⑤ ㄱ, ㄷ, ㄹ

해설
• 승모판은 이첨판(bicuspid valve)의 다른 이름이며 좌심방과 좌심실을 연결한다.
• 삼첨판은 우심방과 우심실을 연결한다.

정답 ①

08 다음 중 선천적으로 태아 때 뚫린 난원공이 성장을 하여도 닫히지 않아 발생하는 심장질환으로, 무증상인 경우가 많지만 심장사상충 감염 시 치명적인 질환의 명칭으로 옳은 것은?

① 승모판 폐쇄부전
② 심방중격 결손증
③ 심실중격 결손증
④ 동맥관 개존증
⑤ 폐동맥 협착증

해설
심방중격 결손증은 난원공이 닫히지 않아 발생하는 심장질환으로, 심장사상충 감염 시 심장 내에서 구멍을 통해 심장사상충이 이동하므로 매우 치명적이다.

정답 ②

09 다음 중 Fallot 4징을 구성하는 해부학적 이상이 <u>아닌</u> 것은?

① 우심실 비대
② 대동맥우방편위
③ 심실중격 결손증
④ 동맥관 개존증
⑤ 폐동맥 협착증

해설
팔롯사징은 우심실 비대, 대동맥우방편위, 심실중격 결손증, 폐동맥 협착증 등 4가지 선천적 심장질환이 동시에 발생하는 질환이다.

정답 ④

***
10 다음 중 심장사상충을 주로 감염시키는 매개체의 명칭으로 옳은 것은?

① 모낭충   ② 모기   ③ 개선충

④ 귀 진드기   ⑤ 벼룩

> **해설**
> 심장사상충에 감염된 개의 혈액을 모기가 흡혈할 때 자충을 함께 흡혈하고, 다른 개를 흡혈할 때 전염된다.

> **정답** ②

***
11 다음 중 <보기>에서 설명하는 질환의 명칭으로 옳은 것은?

─── <보기> ───

선천적으로 코가 짧아 입천장과 연구개가 늘어져 기도를 막는 증상으로 퍼그, 시츄, 페키니즈, 불독 등에게 자주 발병하는 질환

① 비염   ② 폐렴   ③ 기흉

④ 기관 협착증   ⑤ 단두종 증후군

> **해설**
> 단두종 증후군은 주둥이가 짧은 퍼그, 시츄, 페키니즈, 불독 등 단두종에게 호발하며 호흡장애가 주 증상이다.

> **정답** ⑤

***
12 다음 중 <보기>에서 설명하는 질환의 명칭으로 옳은 것은?

─── <보기> ───

기관을 구성하는 물렁뼈가 약해져 기도가 눌려 발생하는 호흡곤란과 기침, 경련이 주 증상이며 노령견 및 요크셔테리어 품종에서 자주 발병하는 질환

① 비염   ② 폐렴   ③ 기흉

④ 기관 협착증   ⑤ 단두종 증후군

> **해설**
> 기관지 협착증은 노령과 유전적 원인으로 주로 발생하며, 기관이 좁아져 호흡곤란이 발생하는 질환이다.

> **정답** ④

★★★
13 다음 중 개 종합백신(DHPPL)으로 예방할 수 없는 질병은?

① 파보 바이러스성 장염(Parvovirus Enteritis)
② 개 허피스바이러스(Canine Herpes Virus)
③ 개 홍역(Canine Distemper)
④ 파라 인플루엔자(Parainfluenza Infection)
⑤ 렙토스피라증(Leptospirosis)

해설
종합백신(DHPPL)의 이니셜 H가 지칭하는 질병은 전염성 간염(Infectious Hepatitis)이다.

정답 ②

★★★
14 개가 다음 <보기>의 증상을 보이는 경우 유추할 수 있는 질병으로 옳은 것은?

──────── <보기> ────────

- 3~8주령: 심근염, 급사
- 이유 후 연령층: 혈변, 심한 구토, 출혈성 설사, 탈수, 백혈구 감소
- 장점막상피세포 파괴, 융모 위축, 설사

① 파보 바이러스성 장염(Parvovirus Enteritis)
② 개 허피스바이러스(Canine Herpes Virus)
③ 개 홍역(Canine Distemper)
④ 파라 인플루엔자(Parainfluenza Infection)
⑤ 렙토스피라증(Leptospirosis)

해설
파보 바이러스성 장염은 심한 혈변, 구토, 설사를 주 증상으로 한다.

정답 ①

★★★
15 개가 다음 <보기>의 증상을 보이는 경우 유추할 수 있는 질병으로 옳은 것은?

───────── <보기> ─────────
- 신경: 신경친화성 바이러스로 뇌 침투 시 후구마비, 전신성 경련 등 신경증상 발생
- 호흡기: 노란 콧물과 눈곱, 결막염, 발열, 기침 발생
- 소화기: 식욕부진, 구토, 설사 발생
- 피부: 피부각질 발생

① 파보 바이러스성 장염(Parvovirus Enteritis)
② 개 허피스바이러스(Canine Herpes Virus)
③ 개 홍역(Canine Distemper)
④ 파라 인플루엔자 감염(Parainfluenza Infection)
⑤ 렙토스피라증(Leptospirosis)

해설
디스템퍼(개 홍역)는 신경친화성 바이러스로, 뇌 침투 시 신경이상 증상이 발생한다.

정답 ③

★★★
16 다음 중 Canine adenovirus로 인해 발병하며, 간 병변을 유발하는 심한 전신성 증상과 자견에게서 간염, 안구 각막 혼탁, 발열, 침울 등을 유발하는 질환의 명칭으로 옳은 것은?

① Parvovirus Enteritis ② Canine Hepatitis
③ Canine Distemper ④ Parainfluenza Infection
⑤ Leptospirosis

해설
전염성 간염(Canine Hepatitis)은 개과의 동물에게 간염을 일으킨다.

정답 ②

17 다음 중 여러 마리의 개가 견사를 공유하는 환경에서 자주 발병하기 때문에 견사(Kennel)와 기침(Cough)이 합쳐진 "켄넬코프"라는 병명으로도 불리는 호흡기 질환의 명칭으로 옳은 것은?

① 파보 바이러스성 장염(Parvovirus Enteritis)

② 개 허피스바이러스(Canine Herpes Virus)

③ 개 홍역(Canine Distemper)

④ 개 전염성 기관 기관지염(Canine Infectious tracheobronchitis)

⑤ 렙토스피라증(Leptospirosis)

해설

켄넬코프와 개 전염성 기관 기관지염은 동일한 질병이다.

정답 ④

18 다음 <보기>에서 설명하는 질병의 명칭으로 옳은 것은?

─────── <보기> ───────

- 개, 고양이, 야생 너구리, 박쥐, 여우 등이 교상 시 침을 통해 중추신경계와 뇌에 바이러스가 도달하여 발생한다.
- 공격성, 동공 확장, 경련, 침 흘림의 증상을 보인다.
- 치사율 100%인 인수공통질병이다.

① 광견병(Rabies)

② 개 허피스바이러스(Canine Herpes Virus)

③ 개 홍역(Canine Distemper)

④ 파보 바이러스성 장염(Parvovirus Enteritis)

⑤ 렙토스피라증(Leptospirosis)

해설

광견병(Rabies)은 휴전선 인근 지역에서 너구리를 통해 개에게 주로 전염되며 치사율 100%의 인수공통전염병이다.

정답 ①

★★☆
19 다음 중 세균에 의해 발병하는 개의 질병이 <u>아닌</u> 것은?

① 부르셀라증   ② 살모넬라증
③ 캠필로박터증   ④ 파상풍
⑤ 개 홍역

해설
개 홍역은 Canine distemper virus의 감염으로 발생한다.

정답 ⑤

★★★
20 다음 중 고양이 5종 종합백신으로 예방할 수 <u>없는</u> 질병은?

① 고양이 전염성 비기관지염(FVR, Feline Viral Rhinotracheitis)
② 범백혈구 감소증(FPL, Feline Panleukopenia)
③ 칼리시 바이러스(FCV, Feline Calici Virus)
④ 고양이 전염성 복막염(FIP, Feline Infectious Peritonitis)
⑤ 고양이 백혈병 바이러스(FeLV, Feline Leukemia Virus)

해설
고양이 5종 종합백신은 전염성 비기관지염(FVR, Feline Viral Rhinotracheitis), 범백혈구 감소증(FPL, Feline Panleukopenia), 칼리시 바이러스(FCV, Feline Calici Virus), 고양이 백혈병 바이러스(FeLV, Feline Leukemia Virus), 클라미디아(Chlamydia)를 예방할 수 있다.

정답 ④

21 다음 <보기>에서 설명하는 질병의 명칭으로 옳은 것은?

─── <보기> ───

- 고양이 허피스 바이러스(Herpes virus)에 의해 발병한다.
- 급성 상부호흡기 증상이 나타나고 감염된 고양이의 분비물로 질병이 전파된다.
- 특히 어린 고양이에게 치명적인 질병이다.

① 고양이 전염성 비기관지염(FVR, Feline Viral Rhinotracheitis)
② 고양이 백혈병 바이러스(FeLV, Feline Leukemia Virus)
③ 칼리시 바이러스(FCV, Feline Calici Virus)
④ 클라미디아(Chlamydia)
⑤ 범백혈구 감소증(FPL, Feline Panleukopenia)

해설

고양이 전염성 비기관지염(FVR, Feline Viral Rhinotracheitis)은 허피스 바이러스(Herpes virus)에 의해 발병하며 고열, 재채기, 결막염, 기침, 콧물 등 급성 상부호흡기 증상이 나타난다. 감염된 고양이의 분비물로 질병이 전파되며 특히 어린 고양이에게 치명적이다.

정답 ①

22 다음 <보기>에서 설명하는 질병의 명칭으로 옳은 것은?

─── <보기> ───

- 고양이 파보장염, 홍역으로 불리는 질병이다.
- 소장염증을 일으키며 전염성이 높고 백혈구가 급속도로 감소되는 바이러스성 장염으로, 감염된 고양이의 분비물로 질병이 전파된다.
- 특히 어린 고양이에게 치명적인 질병이다.

① 고양이 전염성 비기관지염(FVR, Feline Viral Rhinotracheitis)
② 고양이 백혈병 바이러스(FeLV, Feline Leukemia Virus)
③ 칼리시 바이러스(FCV, Feline Calici Virus)
④ 클라미디아(Chlamydia)
⑤ 범백혈구 감소증(FPL, Feline Panleukopenia)

해설

범백혈구 감소증(FPL, Feline Panleukopenia)은 고양이 파보장염, 홍역이라 불리며 소장염증을 일으키며 전염성이 높고 백혈구가 급속도로 감소되는 바이러스성 장염으로 감염된 고양이의 분비물로 질병이 전파되는, 특히 어린 고양이에게 치명적인 질병이다.

정답 ⑤

★★★

23 다음 <보기>에서 고양이 3종 종합백신으로 예방할 수 있는 질병을 <u>모두</u> 고른 것은?

─────────── <보기> ───────────

ㄱ. 고양이 전염성 비기관지염(FVR, Feline Viral Rhinotracheitis)
ㄴ. 고양이 백혈병 바이러스(FeLV, Feline Leukemia Virus)
ㄷ. 칼리시 바이러스(FCV, Feline Calici Virus)
ㄹ. 클라미디아(Chlamydia)
ㅁ. 범백혈구 감소증(FPL, Feline Panleukopenia)

① ㄱ, ㄴ, ㄷ   ② ㄱ, ㄷ, ㅁ
③ ㄴ, ㄷ, ㄹ   ④ ㄴ, ㄹ, ㅁ
⑤ ㄷ, ㄹ, ㅁ

해설

고양이 3종 종합백신은 전염성 비기관지염(FVR, Feline Viral Rhinotracheitis), 범백혈구 감소증(FPL, Feline Panleukopenia), 칼리시 바이러스(FCV, Feline Calici Virus)를 예방할 수 있다.

정답 ②

★★★

24 다음 <보기>에서 설명하는 질병의 명칭으로 옳은 것은?

─────────── <보기> ───────────

• 상재하는 곰팡이가 환기불량과 과습으로 인해 과증식하여 감염된다.
• 갈색 염증성 분비물이 발생하며 발가락과 겨드랑이가 붓고, 악취가 나는 것이 주 증상이다.
• 말티즈, 푸들, 시츄에게 자주 발병한다.

① 아토피   ② 지루증
③ 말라세치아   ④ 옴
⑤ 모낭충

해설

곰팡이의 한 종류인 Malassezia가 주 원인인 질병으로, 감염되면 갈색 염증성 분비물이 발생하며 발가락과 겨드랑이가 붓고 악취가 발생한다. 말티즈, 푸들, 시츄에게 특히 자주 발병한다.

정답 ③

★☆☆
25 다음 <보기>에서 털갈이를 하지 않고 털이 계속 자라기 때문에 털빠짐이 적어 탈모 발생 시 내분비 장애, 기생충 등의 질병 검사가 필요한 품종을 <u>모두</u> 고른 것은?

--- <보기> ---

ㄱ. 푸들   ㄴ. 포메라니안
ㄷ. 말라뮤트   ㄹ. 말티즈
ㅁ. 요크셔테리어

① ㄱ, ㄴ, ㄷ   ② ㄱ, ㄷ, ㅁ
③ ㄱ, ㄹ, ㅁ   ④ ㄴ, ㄷ, ㄹ
⑤ ㄷ, ㄹ, ㅁ

해설

시츄, 요크셔테리어, 슈나우져, 베들링턴 테리어, 말티즈, 푸들 등은 털빠짐이 적은 품종이기 때문에 탈모가 발생할 경우 내분비 장애, 기생충 등의 질병 검사를 할 필요가 있다.

정답 ③

★☆☆
26 다음 중 햇빛이 부족한 영국이 원산지로서 멜라닌 색소가 적은 콜리 종 또는 털이 하얀 개들이 여름에 강한 햇빛에 노출되면 코나 눈꺼풀이 붉게 변하고, 코 끝을 계속 핥아 코 끝에 상처가 발생하는 질병의 명칭으로 옳은 것은?

① 백선   ② 소양증
③ 지루증   ④ 농피증
⑤ 일광성 피부염

해설

일광성 피부염은 일명 콜리 노우즈(Collie nose)라 불리는 질병이다. 햇빛이 부족한 영국이 원산지로서 멜라닌 색소가 적은 콜리 종 또는 털이 하얀 개들이 여름에 강한 햇빛에 노출되면 코나 눈꺼풀이 붉게 변하고, 코 끝을 계속 핥아 코 끝에 상처가 발생하는 질병이다.

정답 ⑤

★★★

27 다음 중 불스 아이(Bull's eye)라 불리기도 하며, 면역 약화, 노령 등으로 면역력과 피부 저항력이 저하되어 세균 등이 번식하여 얼굴, 겨드랑이, 허벅지 등의 피부가 붉게 변하며 화농이 발생하고 환부가 부풀어 오르는 질병의 명칭으로 옳은 것은?

① 백선
② 소양증
③ 지루증
④ 농피증
⑤ 일광성 피부염

해설

농피증은 불스 아이(Bull's eye)라 불리기도 하며 면역 약화, 노령 등으로 면역력과 피부 저항력이 저하되어 세균 등이 번식하여 얼굴, 겨드랑이, 허벅지 등의 피부가 붉게 변하는 피부병이다.

정답 ④

★★★

28 다음 중 식도염(Esophagitis)에 대한 설명으로 옳지 <u>않은</u> 것은?

① 식도염은 하부 식도괄약근의 기능 이상을 유발하여 위식도 역류가 발생한다.
② 마취 시 전 마취제 및 마취제 중 일부가 하부 식도괄약근 긴장도 완화를 유발하여 발생한다.
③ 예방을 위해 마취 전 최대한 사료를 많이 먹여 위산의 분비를 촉진한다.
④ 단두종은 식도열공탈장으로 인해 위식도 역류가 빈번하여 식도염 발생 위험이 높다.
⑤ 식도염이 악화되면 식도협착으로 진행된다.

해설

마취 시 식도염 예방을 위해 금식시키고, 필요 시 위가 비어있도록 위장관 운동 촉진제를 투여한다.

정답 ③

29 다음 중 거대식도증(Megaesophagus)에 대한 설명으로 옳지 <u>않은</u> 것은?

① 거대식도증은 식도 근육층이 약해져 식도가 넓어진 상태를 의미한다.
② 치료 시 고형의 사료를 최대한 많이 급여하여 연동운동을 활성화시킨다.
③ 식도의 기능 이상으로 연동운동이 어렵고, 음식물이 정체되며 오연으로 인한 질병이 발생한다.
④ 대사질환, 식도폐쇄, 중증 근무력증, 자율신경이상 등이 주된 발병 원인이다.
⑤ 조영제를 사용한 흉부 방사선 검사를 통해 진단하며 오연성 폐렴의 여부도 함께 확인한다.

해설
캔, 미트볼, 죽형 등의 부드러운 습식사료를 소량으로 여러 번에 걸쳐서 제공한다.

정답 ②

★★☆

30 다음 중 위염(Gastritis)에 대한 설명으로 옳지 <u>않은</u> 것은?

① 위벽에 생긴 염증을 의미한다.
② 상하거나 날 음식물, 독성 물질, 과량의 사료 섭취 또는 위내 이물에 의해 발생한다.
③ 복통과 식욕 저하, 무기력 증상을 보이며 심한 구토 시 탈수를 동반하기도 한다.
④ 만성위염은 2~3일간의 대증요법으로 치료 가능하나, 급성위염은 기저질환의 감별이 필요하다.
⑤ 24시간 금식 후 소화가 잘되고 지방 함량이 적은 사료를 소량으로 자주 급여한다.

해설
급성위염은 2~3일간의 대증요법으로 치료 가능하나, 만성위염은 기저질환의 감별 및 치료가 필요하다.

정답 ④

31 다음 중 위확장염전(Gastric dilation and volvulus)에 대한 설명으로 옳지 않은 것은?

① 위에 가스가 차고 꼬여서 배출로가 막히게 되는 응급질환이다.
② 위가 커지고 꼬이며 대동맥을 압박하여 동맥환류가 감소하고 심박출량이 감소한다.
③ 위 혈관의 순환을 방해하여 위 점막의 손상과 함께 괴사와 천공이 발생한다.
④ 위장관 점막의 손상으로 세균과 균독소가 혈액 중으로 전파되어 혈압과 심박출량이 감소하고 저혈량성 쇼크가 발생한다.
⑤ 위 삽관 또는 투관을 통해 위 내 압력을 감소시켜 응급처치 및 치료를 한다.

해설

위확장염전은 위가 커지고 꼬이며 대정맥을 압박하여 정맥환류가 감소하고 심박출량이 감소한다.

정답 ②

32 다음 중 반려견이 섭취 시 다이프로필 설파이드(Dipropyl sulfides)가 적혈구 막을 산화시켜 적혈구 용혈 부작용이 발생할 수 있는 식재료는?

① 양파   ② 포도   ③ 자일리톨
④ 초콜릿   ⑤ 아보카도

해설

문제의 설명은 양파, 마늘 섭취 시의 부작용이며 양파, 초콜렛 섭취 시에는 테오브로민, 메틸잔틴으로 인한 경련, 심장독성, 췌장염 등의 부작용이 발생한다. 자일리톨 섭취 시에는 저혈당, 간독성이 나타날 수 있으며, 포도 섭취 시에는 급성신부전(AKI)이 발생할 수 있다. 아보카도 섭취 시에는 퍼신(persin)의 독성 발현 위험이 있다.

정답 ①

33 다음 중 섭취 시 혈중 인슐린 농도를 상승시켜 저혈당을 유발하며, 간독성의 부작용이 발생할 수 있는 식재료는?

① 양파   ② 포도   ③ 자일리톨
④ 초콜릿   ⑤ 아보카도

해설

문제의 설명은 자일리톨 섭취 시 부작용이다. 양파, 마늘 섭취 시에는 적혈구 용혈이, 초콜렛 섭취 시에는 테오브로민, 메틸잔틴으로 인한 경련, 심장독성, 췌장염 부작용이 발생한다. 포도 섭취 시에는 급성신부전(AKI)이 발생할 수 있으며, 아보카도 섭취 시에는 퍼신(persin)의 독성 발현 위험이 있다.

정답 ③

★★☆

34 다음 중 장염(enteritis)에 대한 설명으로 옳지 <u>않은</u> 것은?

① 이자, 간, 쓸개 등 주요 장기 이상 및 췌장염, 장중첩 등의 영향을 받는다.

② 파보, 코로나바이러스 감염증, 기생충, 염증성 장질환, 위장관의 종양 등이 주 원인이다.

③ 위장관의 출혈이 동반되는 경우 혈액이 섞인 구토나 검은색 변 또는 혈변이 발생한다.

④ 분변검사, 혈액검사, 복부 방사선검사 및 초음파 검사 등으로 진단한다.

⑤ 체력회복을 위해 지방 함량이 높은 사료를 자주 급여하고 간식을 주기적으로 제공한다.

해설

24시간 절식 후 소화가 잘되고 지방 함량이 적은 식이를 소량씩 여러 번에 걸쳐 급여한다.

정답 ⑤

★★☆

35 다음 중 소장성 설사의 특징으로 옳지 <u>않은</u> 것은?

① 분변 횟수가 매우 급격히 증가한다. ② 체중 감소가 발생한다.

③ 구토가 발생한다. ④ 변의 양이 증가한다.

⑤ 소화액의 영향으로 혈변은 드물다.

해설

소장성 설사는 대장에서 수분 흡수가 어느 정도 이루어지므로, 분변 횟수는 평소와 동일하거나 약간 증가한다.

정답 ①

★★☆

36 다음 중 위장관 폐쇄(Gastrointestinal obstruction)의 특징으로 옳지 <u>않은</u> 것은?

① 근육으로 이루어진 관형 소화장기인 위의 유문부 또는 내부 공간이 막히는 질환이다.

② 소화기능이 저하되고 가스와 소화물질이 폐쇄 부위 앞에 축적되어 설사를 유발한다.

③ 복부 촉진과 복부 방사선검사 및 복부 초음파, 내시경을 통해 진단한다.

④ 외과수술 혹은 위내시경을 통해 위장관의 폐쇄 원인을 제거하여 치료한다.

⑤ 강아지는 이물에 의한 위장관 폐쇄가 많으므로, 이물을 섭취하지 않도록 주의한다.

해설

위장관 폐쇄가 발생하면 소화기능이 저하되고 가스와 소화물질이 폐쇄 부위 앞에 축적되어 구토를 유발한다.

정답 ②

37 다음 <보기>에서 설명하는 질병의 명칭으로 옳은 것은?

> ─────── <보기> ───────
>
> • 장의 일부분이 다른 부위로 말려 들어가는 질병으로, 1년 이하의 어린 개에게서 주로 발생한다.
> • 장의 운동성이 변화하며 장이 부분적으로 혹은 완전 폐쇄되며, 혈액공급이 저하되어 장벽의 괴사 혹은 천공이 발생할 수 있다.

① 위장관 폐쇄　　　　　　② 위확장염전
③ 장염　　　　　　　　　　④ 장중첩
⑤ 일광성 피부염

해설

장중첩은 장의 일부분이 다른 부위로 말려 들어가는 질환으로, 장의 운동성이 변화하며 장이 부분적으로 혹은 완전 폐쇄되며 혈액공급이 저하되어 장벽의 괴사 혹은 천공이 발생한다.

정답 ④

38 다음 <보기>에서 설명하는 질병의 명칭으로 옳은 것은?

> ─────── <보기> ───────
>
> • 위와 인접한 중요 장기로, 소화효소와 혈당을 조절하는 인슐린을 분비하는 장기에 염증이 생겨서 발생하는 질병이다.
> • 소화효소들이 복강 내에 새어나와 간, 담낭, 장 등 인접한 복강장기를 손상시켜 염증이 심화되며, 괴사뿐만 아니라 전신적인 합병증을 유발한다.

① 간염　　　　　　　　　　② 췌장염
③ 위염　　　　　　　　　　④ 장염
⑤ 폐렴

해설

췌장은 소화효소와 혈당을 조절하는 인슐린을 분비하는 장기이다. 췌장에 염증이 생겨서 소화효소들이 복강 내에 새어나와 간, 담낭, 장 등 인접한 복강장기를 손상시켜 염증이 심화되며, 괴사뿐만 아니라 전신적인 합병증을 유발하는 질환을 췌장염이라 한다.

정답 ②

39 다음 중 췌장염 발병 시 수치가 가장 급격히 증가하는 혈액화학 검사 항목은?

① Bilirubin
② BUN
③ Lipase
④ Creatinine
⑤ SDMA

해설

③ 리파아제(lipase)는 지방을 소화하는 소화효소로 췌장의 외분비샘에서 생성된다. 정상적인 상태에서 리파아제는 소장으로 분비된 뒤 활성화되지만, 급성췌장염에서는 복부와 혈액 중으로 새어나가므로 농도의 증가 시 급성췌장염을 의심할 수 있다.

① Bilirubin: 간질환 또는 용혈성 빈혈 시 증가한다.
② BUN: 간에서 처리된 아미노산의 분해 시 생성되며 신장질환 시 수치가 상승한다.
④ Creatinine: 골격근에서 주로 생성되며 신부전 및 신장의 75% 이상 손상 시 수치가 상승한다.
⑤ SDMA: 신장의 25~40% 손상 상태에서 신부전의 조기 진단에 도움을 주는 지표이다.

정답 ③

40 다음 <보기>에서 설명하는 장기에 염증이 발생하는 질병의 명칭으로 옳은 것은?

— <보기> —

- 복부 앞쪽에 위치한 적갈색의 장기로, 신체에서 다양한 기능을 담당한다.
- 에너지 대사, 단백질 합성, 탐식작용을 수행한다.
- 약물 및 독성물질의 해독과 배설에 관여한다.
- 담즙을 생성하고 호르몬 균형을 유지한다.

① 간염
② 췌장염
③ 위염
④ 장염
⑤ 폐렴

해설

<보기>의 설명은 간에 대한 설명이며, 간에 염증이 발생하는 질환을 간염이라고 부른다.

정답 ①

41 다음 중 간염(hepatitis)의 특징으로 옳지 <u>않은</u> 것은?

① 무기력, 체중 감소, 구토 및 식욕부진, 설사, 황달 등이 주 증상이다.

② 개 전염성 간염증, 렙토스피라, 테리어 종의 경우 구리배설 장애가 주 발병 원인이다.

③ 혈액, 요, 응고계, 복부 방사선, 초음파 검사 및 간 생검(biopsy)을 통해 진단한다.

④ 발병 초기부터 명확한 증상을 보이기 때문에 조기 진단이 가능하다.

⑤ 염증 지속 시 간경화(cirrhosis) 및 간부전(hepatic failure)으로 진행된다.

> **해설**
> 간은 침묵의 장기로, 간염 초기에는 증상을 거의 보이지 않지만 염증이 지속되어 간섬유화, 간경화, 간부전으로 진행되며 증상이 나타나기 시작한다.

> **정답** ④

42 다음 <보기>에서 지방간의 특징으로 옳은 것을 <u>모두</u> 고른 것은?

─────── <보기> ───────

ㄱ. 간세포에 지방이 축적되어 간의 기능이 저하되는 질병이다.

ㄴ. 고양이는 주로 알코올 과다 섭취로 인해 지방간이 발생한다.

ㄷ. 식욕부진, 황달, 의식 저하, 경련 등 신경계 증상이 발생한다.

ㄹ. 비만고양이는 발생이 드물고, 식욕 증가 시 발생이 가능하다.

① ㄱ, ㄴ   ② ㄱ, ㄷ

③ ㄱ, ㄹ   ④ ㄴ, ㄹ

⑤ ㄷ, ㄹ

> **해설**
> 지방간은 간세포에 지방이 축적되어 간의 기능이 저하되는 질병이다. 사람의 경우 알코올 과다 섭취로 인해 발생하지만, 고양이는 비만인 경우 잘 발생한다. 2~3일간의 절식에 의해 지방을 에너지원으로 사용하기 위해 분해하는 과정에서 과부하가 걸려 간세포에 지방이 축적되어 간 기능이 저하된다.

> **정답** ②

★★★
43 다음 중 항문낭과 관련된 질환의 특징으로 옳지 <u>않은</u> 것은?

① 2개의 항문 괄약근 사이에 위치한 주머니성 구조물로, 항문의 양쪽에 위치한다.
② 피부기름샘과 땀샘으로 덮여 있어 독특한 냄새를 가진 갈색 액체를 생산한다.
③ 항문낭 매복, 항문낭염, 항문낭 농양이 대표적인 질환이다.
④ 고양이에게 주로 발생하며, 개는 15kg 이상의 대형견에서 자주 발생한다.
⑤ 스쿠팅(scooting)을 보이며 배변 시 통증이 발생한다.

해설
개에게서 주로 발생하며, 15kg 이하의 소형견에서 자주 발생한다.

정답 ④

★★★
44 다음 중 항문낭 질환의 발생 시 나타나는 증상으로, 반려견이 엉덩이를 바닥에 대고 긁는 행동을 지칭하는 용어로 옳은 것은?

① 마운팅(Mounting)　　　　② 마킹(Marking)
③ 패들링(Paddling)　　　　④ 스쿠팅(Scooting)
⑤ 팬팅(Panting)

해설
④ 스쿠팅(scooting): 항문낭 질환 발생 시 나타나는 증상으로, 반려견이 엉덩이를 바닥에 대고 긁는 행동
① 마운팅(mounting): 반려견이 사람이나 봉제인형, 다른 개를 상대로 올라타며 교미 흉내를 내는 행동
② 마킹(marking): 소변으로 냄새를 남기는 영역표시 행위
③ 패들링(paddling): 노를 젓는 모양처럼 걸을 때마다 바깥쪽으로 발이 돌아가는 부정보행
⑤ 팬팅(panting): 혀를 내밀고 헉헉거리는 행동

정답 ④

★★★

45 다음 <보기>에서 골절에 대한 설명으로 옳은 것을 <u>모두</u> 고른 것은?

<보기>

ㄱ. 연부조직의 손상 정도에 따라 전위골절, 비전위골절로 구분한다.
ㄴ. 골절선의 방향에 따라 불완전골절, 완전골절, 분쇄골절로 구분한다.
ㄷ. 골격 외부 고정을 위해 석고 붕대(cast), 부목(splint)을 사용한다.
ㄹ. 어린 동물은 골절에 의해 성장판이 손상되면 뼈의 길이 성장이 방해되어 골 변형이 발생한다.

① ㄱ, ㄴ   ② ㄱ, ㄷ   ③ ㄱ, ㄹ
④ ㄴ, ㄹ   ⑤ ㄷ, ㄹ

해설
ㄱ. 연부조직의 손상 정도에 따라 폐쇄성 골절, 개방성 골절로 구분한다.
ㄴ. 골절선의 방향에 따라 가로, 세로, 사선, 나선 골절로 구분한다.

정답 ⑤

★★☆

46 윤활관절의 구조물 중 관절의 윤활 역할을 하는 윤활액을 분비하는 곳은?

① 관절연골   ② 관절강   ③ 윤활막
④ 관절 주머니   ⑤ 인대

해설
윤활관절은 관절의 윤활 역할을 하는 윤활액과 윤활액을 분비하는 윤활막으로 구성된다.

정답 ③

★★★

47 다음 중 정강뼈(경골, tibia)가 앞쪽으로 전위되는 것을 방지하는 인대가 퇴행성 변화와 외부의 충격에 의해 부분적으로 혹은 완전히 파열되는 질환은?

① 퇴행성 관절염   ② 슬개골 탈구   ③ 고관절 탈구
④ 십자인대 단열   ⑤ 고관절 이형성증

해설
십자인대 단열은 정강뼈(경골, tibia)가 앞쪽으로 전위되는 것을 방지하는 인대로, 십자인대의 퇴행성 변화와 외부의 충격에 의해 십자인대가 부분적으로 혹은 완전히 파열되는 질환을 뜻한다.

정답 ④

48 다음 중 앞십자인대가 파열되면 관절의 비정상적인 전방 전위가 반복되어 관절 사이의 반월상 연골이 손상되며, 관절연골이 비정상적으로 마모되면 발생할 수 있는 질환은?

① 퇴행성 관절염 　　② 슬개골 탈구 　　③ 고관절 탈구
④ 십자인대 단열 　　⑤ 고관절 이형성증

해설

앞십자인대가 파열되면 관절의 비정상적인 전방 전위가 반복되어 관절 사이의 반월상 연골이 손상되며, 관절연골이 비정상적으로 마모되면 퇴행성 관절염이 발생하기도 한다.

정답 ①

49 다음 중 골관절염에 대한 설명으로 옳지 <u>않은</u> 것은?

① 운동 혹은 긴 휴식 후 파행(절뚝거림)을 보이거나 뻣뻣한 걸음걸이를 보인다.
② 뻣뻣하거나 토끼가 뛰는 듯한 걸음걸이(bunny hopping gait)를 보인다.
③ 관절이 비후되거나 아픈 다리의 근육을 쓰지 않아 근육이 위축된다.
④ 증세 완화와 통증 감소를 위해 운동은 최소화한다.
⑤ 오메가3 지방산, 글루코사민, 콘드로이틴 등의 영양제가 증상 완화에 효과적이다.

해설

아픈 다리의 근육을 쓰지 않아 근육이 위축되지 않도록 목줄 및 하네스를 착용한 가벼운 산책, 수영 등의 저강도 운동을 실시한다.

정답 ④

50 다음 중 앞쪽 미끄러짐 검사(cranial drawer test)와 정강뼈 압박 검사(tibial compression test)로 진단 가능한 질환은?

① 퇴행성 관절염 　　② 슬개골 탈구 　　③ 고관절 탈구
④ 십자인대 단열 　　⑤ 고관절 이형성증

해설

앞십자인대 파열은 뒷다리의 파행이 주 증상이며 신체검사, 방사선 사진, 앞쪽 미끄러짐 검사, 정강뼈 압박 검사를 통해 진단 가능하다.

정답 ④

★★★

51 다음 <보기>에서 설명하는 질환의 명칭으로 옳은 것은?

─────── <보기> ───────

허벅지 앞쪽의 근육과 정강이뼈를 이어주는 역할을 담당하며, 넙다리뼈(femur)의 원위부에 위치한 V자 모양의 넙다리뼈 활차구(도르래고랑, femoral trochlear groove)와 닿아 있고, 무릎을 구부리거나 펴면 대퇴구의 활차구 안에서 앞뒤로 미끄러지며 관절의 움직임을 원활하게 해주는 뼈가 원래 위치에서 이탈하여 발생하는 질환이다.

① 퇴행성 관절염   ② 슬개골 탈구
③ 고관절 탈구   ④ 십자인대 단열
⑤ 고관절 이형성증

해설

슬개골이 활차구의 이상 혹은 외상에 의해 넙다리뼈의 활차구에서 이탈하게 되는 것을 슬개골 탈구(patellar luxation)라고 한다. 슬개골이 안쪽으로 빠지는 경우를 내측 탈구, 바깥쪽으로 빠지는 경우를 외측 탈구라고 부른다.

정답 ②

★★★

52 다음 중 patellar luxation에 대한 설명으로 옳지 <u>않은</u> 것은?

① 대형견에서 주로 발생하며 노령일 때 급진적으로 진행된다.
② 무릎관절의 안정성이 떨어져 앞십자인대 단열 등의 무릎질환의 위험성이 높다.
③ 슬개골이 안쪽으로 빠지는 경우를 내측 탈구, 바깥쪽으로 빠지는 경우를 외측 탈구라 한다.
④ 슬개골 내측 탈구 환자에게는 다리 변형이 발생한다.
⑤ 무릎뼈의 관절 마모로 인해 파행 증상을 보이는 환자에게는 수술을 권장한다.

해설

슬개골 탈구(patellar luxation)는 소형견에서 주로 발생하며, 성장 중에 시작되어 일생 동안 점진적으로 진행된다.

정답 ①

53 다음 <보기>에서 설명하는 슬개골 탈구의 단계로 옳은 것은?

──────── <보기> ────────

- 무릎뼈가 항상 탈구되어 있으며 인위적인 힘을 가해도 원래 위치로 되돌릴 수 없다.
- 다리뼈와 관절의 이상이 현저하게 관찰된다.
- 환자는 무릎관절을 펼 수 없고, 뒷몸통의 1/4이 구부린 자세로 걷는다.

① 1단계   ② 2단계
③ 3단계   ④ 4단계
⑤ 5단계

해설
슬개골 탈구 단계는 총 4단계이며, <보기>의 설명은 4단계에 대한 설명이다.

정답 ④

54 다음 중 둥근 공 모양의 넓적다리뼈 머리 부분(대퇴골두, femur head)과 골반뼈의 절구(관골구, acetabulum) 사이에 형성된 골반과 다리를 연결하는 관절이 외상에 의해 넙다리뼈 머리가 골반뼈의 절구에서 벗어나 발생하는 질환의 명칭으로 옳은 것은?

① 퇴행성 관절염   ② 슬개골 탈구
③ 고관절 탈구   ④ 십자인대 단열
⑤ 고관절 이형성증

해설
고관절(엉덩관절, hip joint)은 둥근 공 모양의 넓적다리뼈 머리 부분(대퇴골두, femur head)과 골반뼈의 절구(관골구, acetabulum) 사이에 형성된 관절로, 골반과 다리를 연결한다. 고관절이 낙하 혹은 교통사고 등의 외상에 의해 넙다리뼈 머리가 골반뼈의 절구에서 벗어난 것을 고관절 탈구라고 부른다.

정답 ③

★★★
55 다음 중 고관절 탈구에 대한 설명으로 옳지 <u>않은</u> 것은?

① 고관절 탈구 시 좌우 넙다리뼈 큰돌기가 비대칭으로 촉진된다.
② 앞등쪽 엉덩관절 탈구에서는 발이 몸 바깥쪽으로, 무릎이 안쪽으로 회전된 자세를 보인다.
③ 급성탈구 시 폐쇄 조작으로 넙다리뼈 머리를 절구 안으로 되돌리거나 외과 수술이 필요하다.
④ 만성탈구 시 넙다리뼈 머리와 목절제술 또는 엉덩관절 치환술 등 수술적 치료가 필요하다.
⑤ 뒷다리 안정화를 위해 Ehmer slings를 통해 뒷다리에 체중이 실리는 것을 방지한다.

> **해설**
> 앞등쪽 엉덩관절 탈구에서는 발이 몸 안쪽으로, 무릎이 바깥쪽으로 회전된 전형적인 자세를 보인다.

> **정답** ②

★★☆
56 다음 중 고관절의 비정상적 발달로 인해 고관절 내 넙다리뼈 머리가 부분적으로 빠져 있는 아탈구 질환의 명칭으로 옳은 것은?

① 퇴행성 관절염　　　② 슬개골 탈구　　　③ 고관절 탈구
④ 십자인대 단열　　　⑤ 고관절 이형성증

> **해설**
> 고관절 이형성증(hip dysplasia)은 고관절의 비정상적 발달로 인해 고관절 내 넙다리뼈 머리가 부분적으로 빠져 있는(아탈구, subluxation) 질환으로, 고관절의 절구의 패임이 얕거나 넙다리뼈 머리 부분이 골반뼈와 잘 맞물리지 않는다.

> **정답** ⑤

★★☆
57 다음 중 고관절 이형성증에 대한 설명으로 옳지 <u>않은</u> 것은?

① 고관절의 비정상적 발달로 인해 넙다리뼈 머리가 부분적으로 빠져 있는 아탈구 질환을 뜻한다.
② 고관절의 절구의 패임이 얕거나 넙다리뼈 머리 부분이 골반뼈와 잘 맞물리지 않는다.
③ 소형견에서 유전적 요인으로 발생하며, 어린 암컷은 중성화 수술이 주 원인이다.
④ 토끼가 뛰는 듯한 걸음걸이(bunny hopping gait)가 발생한다.
⑤ 영향을 받은 다리 근육을 사용하지 않아 근육이 위축된다.

> **해설**
> 대형견에서 유전적 요인으로 발생하며, 어린 수컷은 중성화 수술로 인해 발생한다.

> **정답** ③

★★☆

58 다음 중 OFA(Orthopedic Foundation for Animal) 검사, Penn Hip 검사, 오토라니검사 (ortolani test) 등을 통해 진단 가능한 질환의 명칭으로 옳은 것은?

① 퇴행성 관절염 　　　　　　　　② 슬개골 탈구
③ 고관절 탈구 　　　　　　　　　④ 십자인대 단열
⑤ 고관절 이형성증

해설

고관절 이형성증의 진단
• OFA(Orthopedic Foundation for Animal) 검사: 2살 이상에서 진단 가능
• Penn Hip 검사: 4개월령 이상에서 방사선검사를 통해 진단 가능
• 오토라니검사(ortolani test): 고관절이 마찰되면서 나는 소리 검사를 통해 확인 가능

정답 ⑤

★★★

59 다음 <보기>에서 설명하는 질환의 명칭으로 옳은 것은?

─────────── <보기> ───────────

• 십이지장과 위에 인접하고 외분비 기능과 내분비 기능을 모두 가진 장기에 염증이 생기는 질환이다.
• 그 외에 다양한 원인에 의해 인슐린이 부족하거나 인슐린 저항성이 생겨 발생한다.

① 갑상선 기능항진증 　　　　　　② 부신피질 기능항진증
③ 갑상선 기능저하증 　　　　　　④ 부신피질 기능저하증
⑤ 당뇨병

해설

췌장(이자)은 복부 십이지장과 위에 인접한 장기로, 소화효소를 만들어서 십이지장으로 분비하는 외분비 기능과 인슐린 등의 호르몬을 분비하는 내분비 기능을 모두 가진 혼합샘이다. 췌장에 생긴 염증 또는 그 외에 다양한 원인에 의해 인슐린 이 부족하거나 인슐린 저항성이 생겨 발생하는 질환을 당뇨병이라 한다.

정답 ⑤

★★★
60 다음 중 당뇨병에 대한 설명으로 옳지 <u>않은</u> 것은?

① 다양한 원인에 의해 인슐린이 부족하거나 인슐린 저항성이 생기는 질병이다.
② 인슐린 부족으로 혈당의 농도가 내려가고 소변량이 감소하여 수분 섭취가 감소한다.
③ 케톤체가 많아지면서 당뇨병성 케톤산증을 유발한다.
④ 사료를 많이 먹는 다식(polyphagia) 증상을 보이지만 체중은 감소한다.
⑤ 인슐린 투여, 식이조절 및 체중유지로 관리하며 당뇨병의 근본 원인을 치료해야 한다.

해설
인슐린이 부족하면 당이 세포 안으로 흡수되지 못하고 혈액 중 당의 농도가 높아진다. 혈당이 일정 수준을 넘어서면 남은 당들은 소변을 통해 몸 밖으로 배출되는데, 삼투압에 의해 소변량이 증가하므로 개는 수분을 보충하기 위해 계속 물을 마시게 된다.

정답 ②

★★★
61 다음 중 목에 위치한 내분비샘으로 뇌하수체의 신호를 받아 요오드에 의해 만들어지는 호르몬을 분비하여 우리 몸의 기초대사와 성장발육을 조절하는 기관의 기능이 과도하여 다음, 다뇨 등의 증상이 나타나는 질환의 명칭으로 옳은 것은?

① 갑상선 기능저하증   ② 부신피질 기능항진증
③ 갑상선 기능항진증   ④ 부신피질 기능저하증
⑤ 요독증

해설
갑상선(thyroid gland)은 목의 배쪽 부위에 위치한 내분비샘으로, 뇌하수체에서 분비되는 갑상선 자극 호르몬의 신호를 받아 요오드에 의해 만들어지는 갑상선 호르몬인 티록신(Thyroxine; T4), 삼요오드티로닌(Triiodothyronine; T3)을 분비한다. 갑상선 기능항진증이 발병하면 식욕이 증가함에도 체중이 감소하며 다음·다뇨, 발열, 흥분, 심박증가 증상이 나타난다.

정답 ③

62 다음 중 갑상선 기능항진증에 대한 설명으로 옳지 <u>않은</u> 것은?

① 갑상선 호르몬이 과도하게 분비되는 질환으로, 나이 든 고양이에게서 주로 발생한다.

② 부교감신경이 항진되어 호흡과 심박이 느려지고 무기력한 모습을 보인다.

③ 다음·다뇨 증상이 발생한다.

④ 갑상선 종양의 경우 수술적으로 갑상선을 제거하고 갑상선호르몬 약을 투여해야 한다.

⑤ 요오드가 제한된 처방식(Hill's y/d)을 급여하여 갑상선 호르몬의 농도를 감소시킨다.

해설

갑상선 기능항진증이 발병하면 교감신경이 항진되고, 식욕이 증가함에도 체중이 감소하며 다음·다뇨, 발열, 흥분, 심박 증가 증상이 나타난다.

정답 ②

63 다음 중 갑상선 기능저하증에 대한 설명으로 옳지 <u>않은</u> 것은?

① 갑상선 호르몬이 부족해서 발생하는 질환으로, 중년령의 개에게서 많이 발생한다.

② 갑상선의 염증 및 위축으로 인한 갑상선 자극호르몬(TSH)의 분비가 감소한다.

③ 대사 감소로 인한 체중 증가, 무기력을 동반하며 추위에 예민해지고 의식 혼탁, 탈모가 발생한다.

④ 호르몬 불균형으로 발정기가 지속되고 성욕 증가로 인한 마운팅(mounting)이 증가한다.

⑤ 갑상선 호르몬 대체제(levothyroxine)를 복용하여 치료한다.

해설

갑상선 기능저하증이 발병하면 무발정기가 지속되고 성욕이 감소한다.

정답 ④

64 다음 중 신장의 머리 쪽에 위치하며, 뇌하수체에서 분비된 자극호르몬에 의해 스테로이드 호르몬을 분비하는 기관의 호르몬이 과도하게 분비되어 발생하는 질병의 명칭으로 옳은 것은?

① 갑상선 기능저하증   ② 쿠싱증후군

③ 갑상선 기능항진증   ④ 에디슨병

⑤ 당뇨병

> 해설
>
> 부신(adrenal gland)은 신장의 머리 쪽(cranial)에 위치하며, 부신의 바깥층을 피질, 안쪽을 수질이라 부른다. 부신피질 기능항진증은 부신피질호르몬이 과도하게 분비되어 생기는 병으로, 다른 이름으로는 쿠싱증후군(Cushing's syndrome)이 있다.

> 정답 ②

★★☆

65 다음 <보기>에서 설명하는 호르몬의 명칭으로 옳은 것은?

───── <보기> ─────

- 부신피질에서 분비되는 스트레스 호르몬의 일종이다.
- 스트레스 상황에서 신체 반응을 유도하고 체내 혈당 조절, 항염증 작용을 담당하는 호르몬이다.
---

① 미네랄코르티코이드(mineralocorticoid)

② 알도스테론(aldosterone)

③ 티록신(thyroxine)

④ 코티솔(cortisol)

⑤ 에리스로포이어틴(Erythropoietin)

> 해설
>
> 코티솔(cortisol)은 부신피질에서 분비되는 스트레스 호르몬의 일종으로, 스트레스 상황에서 신체 반응을 유도하고 체내 혈당 조절, 항염증 작용을 담당한다.

> 정답 ④

66 다음 중 부신피질 기능항진증에 대한 설명으로 옳지 <u>않은</u> 것은?

① 중년령~고연령의 개에게서 주로 발생한다.
② 뇌하수체의 종양, 부신의 종양, 스테로이드 호르몬의 다량 투여 시 발생한다.
③ 에디슨병이라 불리기도 한다.
④ 다음·다뇨, 다식, 팬팅(panting), 대칭형 탈모가 발생한다.
⑤ 글루코코르티코이드 생성 세포를 파괴하는 약물을 사용하여 치료한다.

해설
부신피질 기능항진증은 쿠싱증후군이라 불리며, 에디슨병은 부신피질 기능저하증의 다른 명칭이다.

정답 ③

★★★

67 다음 중 신장의 머리 쪽에 위치하며, 뇌하수체에서 분비된 자극호르몬에 의해 스테로이드 호르몬을 분비하는 기관의 호르몬이 부족하게 분비되어 발생하는 질병의 명칭으로 옳은 것은?

① 갑상선 기능저하증　　② 쿠싱증후군　　③ 갑상선 기능항진증
④ 에디슨병　　⑤ 당뇨병

해설
부신(adrenal gland)은 신장의 머리 쪽(cranial)에 위치하며, 부신의 바깥층을 피질, 안쪽을 수질이라 부른다. 부신피질 기능저하증은 부신피질호르몬이 부족하게 분비되어 생기는 병으로, 다른 이름으로는 에디슨병(Addison's disease)이 있다.

정답 ④

★★★

68 비타민 D가 결핍될 경우 나타나는 질병은?

① 구루병　　② 야맹증　　③ 각기병
④ 에디슨병　　⑤ 당뇨병

해설
비타민 D가 부족할 경우 다리뼈의 변형, 성장장애, 골연화를 유발하는 구루병이 발생한다. 비타민 A가 부족할 경우 야맹증, 비타민 B1이 부족할 경우 보행장애를 유발하는 각기병이 발생한다.

정답 ①

69 다음 중 부신피질 기능저하증에 대한 설명으로 옳지 <u>않은</u> 것은?

① 코르티솔을 충분히 분비하지 못하여 스트레스 상황에서 증상이 악화된다.

② 스테로이드제를 장기간 복용하다가 갑작스럽게 투약을 중지한 경우 발생하기도 한다.

③ 자가 면역 매개 질병, 부신의 종양, 부신의 적출로 인한 호르몬 감소가 주 원인이다.

④ 스트레스에 약한 증상을 보이며 혈중 전해질 검사 시 저나트륨혈증과 고칼륨혈증이 나타난다.

⑤ 쿠싱증후군(Cushing's syndrome)이라고도 불린다.

해설
부신피질 기능항진증은 쿠싱증후군이라고도 불리며, 에디슨병은 부신피질 기능저하증의 다른 명칭이다.

정답 ⑤

70 다음 <보기>에서 설명하는 질환의 명칭으로 옳은 것은?

─── <보기> ───

• 정상적으로 소변으로 배출되어야 하는 물질이 신장기능 저하와 함께 체내에 축적되어 발생하는 질환이다.
• 소화관의 궤양, 염증 및 출혈, 구토, 빈혈, 두통, 의식 저하 등의 증상을 보인다.

① 유선염   ② 쿠싱증후군
③ 당뇨병   ④ 에디슨병
⑤ 요독증

해설
요독증은 정상적으로 소변으로 배출되어야 하는 요독성 물질이 신장기능 저하와 함께 체내에 축적되어 발생하는 증상으로, 소화관의 궤양, 염증 및 출혈, 구토, 빈혈, 두통, 의식 저하 등의 증상이 발생한다.

정답 ⑤

71 다음 중 급성신부전에 대한 설명으로 옳지 **않은** 것은?

① 양파, 마늘 등 신장 독성물질의 과량 섭취 시 발생 가능하다.

② 혈액 화학검사 시 BUN의 농도가 증가하며 고칼륨혈증이 발생한다.

③ 소변을 통한 수분 배출 애로로 인한 과수화로 인해 폐수종 등의 호흡부전이 발생한다.

④ 신장투석 등을 이용하여 혈액 중 질소화합물의 농도를 감소할 필요가 있다.

⑤ 신장기능 저하로 노폐물 배출에 문제가 생겨 요독증이 발생한다.

해설

포도, 백합(고양이), 자동차 부동액 등 신장 독성물질의 과량 섭취 시 급성신부전이 발생할 수 있다. 양파와 마늘의 다이프로필 설파이드(Dipropyl sulfides) 성분이 적혈구 막을 산화시켜 적혈구를 용혈시키며, 생양파, 조리양파, 건조 혹은 분말 형태 모두 증상을 유발할 수 있다.

정답 ①

72 다음 중 만성신부전에 대한 설명으로 옳지 **않은** 것은?

① 신장기능의 75% 이상이 손상되어야 증상이 나타난다.

② 만성사구체 신염, 간질성 신염, 수신증 등 신장기능의 이상으로 발생한다.

③ 혈액 화학검사 중 BUN, Creatinine의 정확도가 매우 높아 주 측정 항목으로 활용된다.

④ 혈액 화학검사 중 SDMA(symmetric dimethyl arginine) 측정으로 조기 진단이 가능하다.

⑤ 요독증, 빈혈을 치료해야 하며 탈수와 전해질의 교정이 필요하다.

해설

혈액검사 중 BUN은 식이에 영향을 많이 받으며, Creatinine은 체중의 영향을 받을 뿐만 아니라 신장의 75%가 손상되어야 이들 수치가 상승한다. 따라서 신장의 상태를 평가하기 위한 조기 지표로는 SDMA(symmetric dimethyl arginine)가 주로 사용된다.

정답 ③

★★★
73 다음 중 신장 손상의 비율이 25~40% 내외여도 신부전 조기진단에 도움을 주는 혈액 화학검사 시의 측정 항목으로 옳은 것은?

① Bilirubin
② BUN
③ Lipase
④ Creatinine
⑤ SDMA

해설
⑤ SDMA(symmetric dimethyl arginine): 신부전 상태를 평가하기 위한 조기 지표로, 신장 손상 비율이 25~40% 내외여도 조기 진단이 가능하다.
① Bilirubin: 간질환 또는 용혈성 빈혈 시 증가한다.
② BUN: 간에서 처리된 아미노산 분해 시 생성되며, 신장의 75% 이상 손상 시 수치가 상승한다.
③ Lipase(리파아제): 지방을 소화하는 소화효소로 췌장의 외분비샘에서 생성된다. 정상적인 상태에서 리파아제는 소장으로 분비된 뒤 활성화되지만, 급성췌장염에서는 복부와 혈액 중으로 새어나가므로 농도 증가 시 급성췌장염을 의심할 수 있다.
④ Creatinine: 골격근에서 주로 생성되며 신부전 발생 또는 신장의 75% 이상 손상 시 수치가 상승한다.

정답 ⑤

★★★
74 다음 중 비뇨기계 결석에 대한 설명으로 옳지 <u>않은</u> 것은?

① 결석의 주된 발생 원인은 음식과 함께 섭취된 소화되지 않는 단단한 이물질이다.
② 혈뇨, 빈뇨, 배뇨 곤란과 통증의 증상이 발생한다.
③ 결석 부위에 따라 신결석, 요관결석, 방광결석, 요도결석으로 구분한다.
④ 복부 방사선검사, 복부 초음파검사를 통해 결석을 확인할 수 있다.
⑤ 외과적 수술이 필요하며, 초음파를 통해 결석을 제거한 후 원인질환을 치료한다.

해설
결석은 소변이 농축되어 소변 속 미네랄들이 뭉쳐져 돌의 형태로 형성된 것이다.

정답 ①

75 다음 중 잠복고환에 대한 설명으로 옳지 않은 것은?

① 한쪽 혹은 양쪽 고환이 음낭으로 내려오지 못하고 고샅관 혹은 복강에 남아있는 상태를 뜻한다.
② 고환 종양, 양성 전립선 비대증, 전립선염, 불임으로 발전할 가능성이 높다.
③ 신체검사 시 음낭 내에 고환이 없으면 복부초음파를 통해 잠복고환의 위치를 확인할 수 있다.
④ 잠복고환인 개는 테스토스테론에 의한 마킹과 수컷 공격성을 보이지 않으며 짝짓기가 불가능하다.
⑤ 중성화 수술을 통해 치료하며 종양과 전립선 질환 또한 예방할 수 있다.

해설
잠복고환인 개도 남성호르몬(테스토스테론)에 의한 마킹과 수컷 공격성, 짝짓기 행동을 보이나, 유전질환이므로 잠복고환이 발생한 개의 교배는 권장하지 않는다.

정답 ④

76 다음 <보기>에서 설명하는 질병의 명칭으로 옳은 것은?

─── <보기> ───

방광의 꼬리 쪽에 위치하여 요도를 둘러싸고 있는 남성 생식기관으로, 정액을 생성하여 정자의 운동을 돕고 좌우 총 2개의 엽으로 구성되며, 표면이 매끄럽고 촉진 시 이동성이 있는 장기가 과도하게 커져서 하부요로기, 소화기, 생식기에 증상이 발생하는 질병

① 잠복고환   ② 양성 전립선 비대증
③ 갑상선 기능항진증   ④ 에디슨병
⑤ 쿠싱증후군

해설
전립선은 방광의 꼬리 쪽에 위치하며 요도를 둘러싸고 있는 남성 생식기관으로, 정액을 생성하여 정자의 운동을 돕는다. 정상 전립선은 좌우 총 2개의 엽으로 구성되며, 표면이 매끄럽고 촉진 시 이동성이 있으며 통증이 없다. 위의 <보기>는 양성 전립선 비대증에 대한 설명이다.

정답 ②

77 다음 중 유선염(Mastitis)에 대한 설명으로 옳지 <u>않은</u> 것은?

① 반려동물의 4~5쌍의 유선이 세균 감염에 의한 염증이 생기는 질환이다.

② 유방이 단단해지고 열감이 있으며, 붓고 통증을 보이고 이로 인해 새끼를 돌보지 않는다.

③ 발정기 수컷과 발정 후기 거짓 임신개에게서 발병하고 어릴수록 발병 위험이 높다.

④ 비위생적 환경에서 포유 중 새끼의 발톱 혹은 이빨에 의한 상처를 통해 감염된다.

⑤ 예방을 위해 새끼들은 인공 포유를 하거나 4~5주령이 되면 이유를 시작해야 한다.

해설

유선염(Mastitis)은 분만 후 암컷과 발정 후기 거짓 임신개에게서 발병하고, 특히 노령견의 발병 위험이 높다.

정답 ③

78 다음 <보기>에서 자궁축농증(Pyometra)에 대한 설명으로 옳은 것을 <u>모두</u> 고른 것은?

─── <보기> ───

ㄱ. 화농성 자궁 염증에 의해 자궁 내부에 농이 쌓이는 질환이다.

ㄴ. 고령이며 출산경험이 많거나, 스테로이드 호르몬 주사를 맞은 이력이 없는 경우에 자주 발생한다.

ㄷ. 방사선 및 초음파 검사를 통해 자궁 뿔의 확장과 자궁 내 액체성분의 저류를 확인한다.

ㄹ. 예방을 위해 교배 시 4세 이상의 반려견을 대상으로 호르몬 주사를 권장한다.

① ㄱ, ㄴ
② ㄱ, ㄷ
③ ㄱ, ㄹ
④ ㄴ, ㄷ
⑤ ㄷ, ㄹ

해설

ㄴ. 중년령의 미출산 암컷이거나, 스테로이드 호르몬 주사를 맞은 이력이 있는 경우에 자주 발생한다.

ㄹ. 자궁축농증을 예방하기 위해 교배용 견은 4살 이하까지를 권장하며, 교배를 위한 호르몬 주사의 사용은 권장하지 않는다.

정답 ②

79 다음 중 난산(dystocia)에 대한 설명으로 옳지 <u>않은</u> 것은?

① 출산 시 태아 또는 신생아의 건강이상 및 사망을 총칭하는 응급상황을 뜻한다.

② 일반적인 출산 예정일(교배 허용일로부터 90일)이 지나도 출산을 하지 않는 상태를 뜻한다.

③ 보스턴테리어, 불독, 프렌치불독, 페키니즈 등의 단두종에게서 자주 발생한다.

④ 자궁무력증, 산도 이상 및 탈장, 외음부의 부종, 자궁 염전이 주 발병 원인이다.

⑤ 질 검사, 복부 방사선 검사를 통해 태아의 크기, 숫자, 위치를 확인하여 진단한다.

해설
일반적인 출산 예정일은 첫 교배 허용일로부터 64~66일 사이이다.

정답 ②

80 임신기간 중 태아의 골격 발달 및 산후 젖 생산에 의한 칼슘 소모에 의해 체내혈중 칼슘 농도가 급격하게 저하되어 발생하는 응급질환의 명칭으로 옳은 것은?

① 유선염   ② 쿠싱증후군   ③ 산욕열

④ 에디슨병   ⑤ 당뇨병

해설
산욕열(유열)은 주로 임산 후반기 혹은 수유기 초반에 발생하며, 저칼슘혈증(hypocalcemia)의 증상인 근육 연축, 마비, 경련 등을 보이기 때문에 자간증(eclampsia), 산후 마비(puerperal tetany)로도 불린다.

정답 ③

81 다음 <보기>에서 설명하는 질환의 명칭으로 옳은 것은?

―――――― <보기> ――――――

뇌실계통과 거미막밑공간을 순환하며 물리적 충격으로부터 머리뼈 안의 압력을 일정하게 유지하는 뇌척수액의 순환경로가 폐쇄되어 축적되고, 그 결과 뇌실이 커지고 뇌가 압박을 받아 신경증상을 유발하면서 발생하는 질환이다.

① 뇌수막염   ② 쿠싱증후군   ③ 뇌종양

④ 에디슨병   ⑤ 수두증

해설
수두증은 뇌척수액의 순환 경로가 폐쇄되어 발생하며, 토이종과 단두종에서 선천적인 이상으로 인해 자주 발생한다. 이러한 환자는 두상이 돔형이고 천문(fontanelle)이 열린 경우가 많다.

정답 ⑤

82 다음 중 뇌수막염(Meningoencephalitis)에 대한 설명으로 옳지 <u>않은</u> 것은?

① 세균, 바이러스 등의 감염 또는 면역 매개반응에 의해 뇌수막에 염증이 생기는 질환이다.
② 전뇌에 병변이 있는 경우 선회, 경련, 행동변화, 시력상실 증상이 발생한다.
③ 뇌간의 병변은 어지럼증, 균형장애, 운동실조증 등 전정기계 증상을 보인다.
④ 혈액 화학검사 중 SDMA(symmetric dimethyl arginine) 측정으로 조기 진단이 가능하다.
⑤ 증상에 대해 대증요법 후 진단 결과에 따라 항생제나 면역 억제제 등의 원인요법을 실시한다.

해설

MRI, CT, 뇌척수액 검사를 통해 뇌의 염증의 원인 진단이 가능하다. SDMA(symmetric dimethyl arginine)는 신부전 상태를 평가하기 위한 혈액 화학검사 지표로, 신장 손상 비율이 25~40% 내외인 경우에도 조기 진단에 도움을 준다.

정답 ④

83 다음 중 추간판탈출증(Intervertebral disk disease)에 대한 설명으로 옳지 <u>않은</u> 것은?

① 척추사이원반의 탄력성이 떨어지고 내용물이 돌출되어 척수를 압박하는 질환이다.
② 탈출된 디스크가 압박하는 신경의 위치 및 손상 정도에 따라 다양한 증상이 발현한다.
③ 경추 추간판 탈출 시에는 하반신 마비증상을 보이며, 흉요추 추간판 탈출 시에는 사지 마비 증상을 보인다.
④ 품종 소인(breed risk)은 닥스훈트, 페키니즈, 토이푸들, 비글 등이 있다.
⑤ CT와 MRI를 통해 탈출된 위치와 신경 손상의 정도를 확진하고 수술적 교정을 실시한다.

해설

경추 부위에 이상이 있는 경우 목통증과 함께 목을 아래로 내리고 있거나 사지 마비 등의 증상을 보일 수 있다. 흉요추 추간판 탈출 시에는 등을 구부리고 다니고, 안아 올릴 때 통증반응을 보이며 하반신 마비증상을 보일 수 있다.

정답 ③

84 다음 <보기>에서 설명하는 질환의 명칭으로 옳은 것은?

─── <보기> ───

잇몸과 잇몸뼈 주변의 치주인대까지 염증이 진행되어 치아 주위 조직이 손상되고, 이것이 뼈에 흡수되면서 이빨이 흔들리게 되며 치아와 잇몸 사이의 치주낭이 깊어지는 질환이다.

① 치주염
② 치은염
③ 구내염
④ 유치잔존
⑤ 충치

해설

치석이 쌓여 치아와 잇몸 사이가 벌어지고, 그 사이로 세균이 증식하면서 잇몸과 치아 주위 조직에 염증이 생기는 질환을 치주질환이라고 한다. 병의 정도에 따라 치은염과 치주염으로 구분할 수 있는데 <보기>는 치은염이 심해져 치주염으로 진행되는 경우에 대한 설명이다.

정답 ①

85 다음 <보기>에서 설명하는 질환의 명칭으로 옳은 것은?

─── <보기> ───

• 눈꺼풀 가장자리의 일부 혹은 전체가 안구 방향으로 말려 들어간 질환이다.
• 눈 주위의 털이나 눈썹이 각막과 결막을 자극하여 각막염이나 결막염을 일으킬 수 있다.

① 안검외번증
② 안검내번증
③ 제3안검 탈출증
④ 백내장
⑤ 녹내장

해설

안검내번증 발생 시 눈물, 눈곱 등의 눈 분비물이 많아진다. 또한 각막염이나 결막염이 발생하면 눈에 가려움증이나 통증을 느끼게 되어 눈을 비비거나 눈꺼풀에 경련을 보이기도 한다. <보기>는 안검내번증에 대한 설명이다.

정답 ②

86 다음 <보기>에서 설명하는 질환의 명칭으로 옳은 것은?

> ─────── <보기> ───────
> • 눈꺼풀의 가장자리가 안구로부터 멀어져 바깥쪽으로 말려 내려간 상태를 뜻한다.
> • 각막이나 결막이 노출되기 때문에 염증이 생기거나 안구 표면에 상처가 생기기 쉬운 질환이다.

① 안검외번증   ② 안검내번증
③ 제3안검 탈출증   ④ 백내장
⑤ 녹내장

해설

안검외번증은 블러드 하운드, 세인트 버나드, 그레이트 댄 등의 대형견에서는 품종 소인(breed risk)이다. 각막염이나 결막염을 동반한 경우 이에 대한 치료를 실시하며, 안검외번증이 심한 경우에는 수술적으로 교정한다. <보기>는 안검외번증에 대한 설명이다.

정답 ①

87 다음 <보기>에서 제3안검 탈출증에 대한 설명으로 옳은 것을 <u>모두</u> 고른 것은?

> ─────── <보기> ───────
> ㄱ. 제3안검이 변위되어 돌출된 질환으로 결막염이나 각막염을 유발한다.
> ㄴ. 제3안검을 완전히 절제 시 눈물 생성능력이 증가하여 유루증의 위험이 증가한다.
> ㄷ. 안구 함몰 및 돌출, 제3안검의 종양이 주 원인이며 비글, 코카스파니엘의 품종 소인이다.
> ㄹ. 매끄럽고 둥근 파란색의 돌출물 형태로 관찰되므로 '블루아이'라고도 부른다.

① ㄱ, ㄴ   ② ㄱ, ㄷ
③ ㄱ, ㄹ   ④ ㄴ, ㄹ
⑤ ㄷ, ㄹ

해설

ㄴ. 제3안검을 완전히 절제 시, 눈물 생성능력이 감소하여 건성각결막염의 위험이 증가한다.
ㄹ. 매끄럽고 둥근 붉은색의 돌출물 형태로 관찰되므로 '체리아이'라고 부른다.

정답 ②

88 다음 <보기>에서 설명하는 질환의 명칭으로 옳은 것은?

★★★

> ──────── <보기> ────────
>
> 안방수가 적절하게 배출되지 못하면 안구 내에 안방수가 축적되어 안압이 상승한다. 이 안압 상승으로 인해 망막의 시신경이 손상되어 결국 시야 결손이 나타나는 질환이다.

① 안검외번증   ② 안검내번증
③ 제3안검 탈출증   ④ 백내장
⑤ 녹내장

해설

녹내장은 동공이 열려있어(산동) 눈의 반사광이 증가하여 평상시보다 녹색 또는 붉은색으로 보이며, 안압이 높아져 눈이 튀어나와 보이고 시력장애 및 실명을 유발한다.

정답 ⑤

89 다음 중 섭취 시 테오브로민, 카페인, 메틸잔틴으로 인한 과흥분, 심장독성, 경련, 췌장염 등의 부작용이 발생할 수 있는 식재료의 명칭으로 옳은 것은?

★★★

① 양파   ② 포도
③ 자일리톨   ④ 초콜릿
⑤ 아보카도

해설

문제는 초콜릿 섭취 시의 부작용에 대한 설명이다. 양파, 마늘의 섭취 시에는 적혈구 용혈이 발생하며 자일리톨의 섭취 시에는 저혈당, 간독성이 나타날 수 있다. 포도의 섭취 시 급성신부전(AKI)이 발생할 수 있으며 아보카도의 섭취 시에는 퍼신(persin)의 독성 발현 위험이 있다.

정답 ④

90 다음 <보기>에서 종양에 대한 설명으로 옳은 것을 <u>모두</u> 고른 것은?

★★☆

──────── <보기> ────────

ㄱ. 신체를 구성하는 세포가 비정상적으로 자라서 생긴 덩어리를 의미한다.
ㄴ. 성장속도가 느리고 전이되지 않는 종양을 음성 종양이라고 한다.
ㄷ. 성장속도가 빠르고 순환계를 통해 전이되는 종양을 양성 종양이라고 한다.
ㄹ. 주 발생 원인은 노화, 발암성 물질, 방사선, 자외선, 바이러스, 유전적 요인 등이다.

① ㄱ, ㄴ ② ㄱ, ㄷ
③ ㄱ, ㄹ ④ ㄴ, ㄷ
⑤ ㄷ, ㄹ

해설

ㄴ. 성장속도가 느리고 전이되지 않는 종양을 양성 종양이라고 한다.
ㄷ. 성장속도가 빠르고 순환계를 통해 전이되는 종양을 악성 종양이라고 한다.

정답 ③

CHAPTER 03 동물공중보건학

★★★
01 소위 광우병으로도 알려져 있는 소해면상뇌증(BSE, Bovine Spongiform Encephalopathy)에 대한 설명으로 옳지 <u>않은</u> 것은?

① 다른 질병에 비해 잠복기가 길어 쉽게 찾아내기 어렵다.

② 확진은 사망한 후에야 가능하다.

③ 양의 스크래피에서 기원한 것으로 추측되며, 소가 양의 육골분(meat and bone meal)을 섭취한 것이 원인이다.

④ 광우병에 걸린 소를 먹으면 사람도 비슷한 병변을 보이는 변형 크로이펠츠야콥병(vCJD) 질병에 걸릴 수 있는 것으로 보고되고 있다.

⑤ 광우병에 걸린 소는 대증요법과 항생제 투여를 통해 즉시 처치를 시작한다.

해설

광우병의 잠복기는 2~8년 사이로 매우 긴 편이라 동물의 전염 여부를 쉽게 알 수 없으며, 사망 후 뇌의 빗장(obex) 부분에 대한 조직검사를 해봐야 확진할 수 있다. 소가 주저앉거나(downer cow) 보행실조 등의 신경증상을 보이게 되면 해당 질병을 의심해볼 수 있다. 광우병이 의심되는 소는 별다른 치료 없이 즉시 살처분된다.

정답 ⑤

★★★
02 다음 중 광우병의 원인체로 옳은 것은?

① 바이러스

② 리케치아

③ 곰팡이

④ 세균

⑤ 프리온

해설

광우병의 원인체인 프리온은 단백질성 감염성 입자(Proteinaceous Infectious Particle)로서, DNA 등의 유전물질이 없음에도 질병을 전염시킬 수 있는 특이한 병원체이다.

정답 ⑤

★★☆
03 광견병에 대한 설명으로 옳지 <u>않은</u> 것은?

① 개의 경우 백신접종을 통해 예방할 수 있다.
② 개과 동물뿐만 아니라, 다른 온혈동물에서도 감염이 가능하다.
③ 동물은 감염되어 신경증상을 보이지만 사람은 그렇지 않다.
④ 국내에서는 야생 너구리가 전파에 큰 역할을 하고 있다.
⑤ 침 속에 있는 바이러스는 광견병을 옮기는 주된 역할을 한다.

해설
국내에서는 휴전선 인근에서 지속적으로 발생이 보고되고 있으며, 야생너구리가 전파에 큰 역할을 하는 것으로 알려져 있다. 사람이 광견병에 걸리게 되면 개와 비슷하게 신경증상을 보이며 사망한다. 개의 경우 백신을 접종하여 예방하고, 사람도 백신이 있으나 흔하게 맞지는 않는다.

정답 ③

★★★
04 동물에게서 동물 혹은 동물에게서 사람으로 광견병이 전파될 때 가장 흔한 전파경로는?

① 교상(물거나 할큄) 전파   ② 비말 전파   ③ 호흡 전파
④ 식품매개 전파   ⑤ 수직 전파

해설
광견병은 개는 물론 대부분의 온혈동물이 걸릴 수 있는 질병으로서, 주로 물려서 전파된다. 사람이 동물에 물려 광견병이 전파되면 되면 신경을 타고 머리쪽(위쪽)으로 전파된다. 만약 머리를 물리게 되면 질병의 경과가 짧아져 손이나 발을 물리는 것보다 위험하다.

정답 ①

★★★
05 다음 <보기>의 밑줄친 <u>이것</u>의 명칭으로 옳은 것은?

─── <보기> ───
<u>이것</u>을 만들어내는 세균은 극한상황(건조, 소독제, 열 등)에 있을 때에도 생존이 가능하다.

① 핵소체   ② 편모   ③ 아포(spore)
④ 세포벽   ⑤ 세포막

해설
세균이 아포를 형성하면 극한의 환경에서도 오랫동안 생존할 수 있다. 파상풍을 일으키는 클로스트리듐 테타니(*Clostridium tetani*), 식중독을 일으키는 바실러스 세레우스(*Bacillus cereus*) 등이 대표적인 아포 형성 세균(spore forming bacteria)이다.

정답 ③

★★★
06 다음 중 <보기>에서 설명하는 질병의 명칭으로 옳은 것은?

――――――――― <보기> ―――――――――

- 창상 등을 통하여 토양 및 환경으로부터 감염되어 후궁반장(opisthotonos),
  냉소 등을 보이며 몸의 강직성, 수축성 경련 및 마비를 동반하는 질병
- 그 원인체를 현미경으로 보면 오른쪽과 같은 모양을 보임

① 브루셀라증   ② 결핵
③ 캠필로박터 식중독   ④ 파상풍
⑤ 보툴리누스 중독증

해설

파상풍은 클로스트리듐 테타니(*Clostridium tetani*)라는 세균에 의해 발생되는 질병으로서, 몸의 강직성, 수축성 마비와 경련, 후궁반장, 근육의 괴사 등을 일으킨다. 사람과 동물 사이의 감염은 드문 편이고, 사람과 동물 모두 자연환경을 통해 감염된다. 보통 창상(wound) 등을 통하여 토양, 환경, 나무, 녹슨 못 등을 통해 감염된다. 원인체는 아포를 가지고 있으며, 현미경으로 볼 때 북채(drumstick) 모양으로 <보기>와 같이 보인다. 북채의 가운데 동그란 것이 아포이다.

정답 ④

★★★
07 투베르쿨린 피부반응(Tuberculin skin test)은 사람과 동물에서 무엇을 검사하기 위한 방법인가?

① 구제역   ② 브루셀라증
③ 살모넬라   ④ 결핵
⑤ 광견병

해설

결핵의 원인체는 마이코박테리움(*Mycobacterium* spp.)이라 불리는 그람양성의 결핵균으로서 배양 시 발육속도가 늦는 것이 특징이다. 진단은 균을 동정할 수 있으나 기간이 오래 걸리고, 직접 현미경으로 보거나 피부접종을 통해 발적 여부를 진단하는 투베르쿨린 반응(Tuberculin skin test)으로 확인이 가능하다.

정답 ④

★★☆

08 다음 중 결핵에 대한 설명으로 옳지 <u>않은</u> 것은?

① 결핵병 양성소 농장의 종사자는 소와의 직접 접촉에 의한 감염 예방을 위해 보호장구를 착용하여야 한다.

② 소 결핵균인 *Mycobacterium bovis*의 경우 오염된 우유를 먹고 사람이 감염될 수 있다.

③ 원인체는 세균으로, 결핵균은 배양이 가능하나 성장속도가 매우 느리다.

④ 국내에서는 발생이 드물지만, 미국에서는 발생이 흔하다.

⑤ 사람이 감염되면 치료기간이 길고, 약을 꾸준히 복용하지 않을 경우 내성균이 생겨 재발하는 경우가 있다.

> **해설**
>
> 결핵은 결핵균에 의한 사람, 소, 돼지, 개 등 다양한 동물의 만성전염병이다. 후진국병으로 인식됨에도 국내에서 발생이 많은 편이고, 미국이나 유럽은 발생이 적다. 사람끼리는 호흡기나 비말을 통해 인형결핵(*Mycobacterium tuberculosis*) 감염이 가능하다. 동물로부터는 사람이 우유를 먹고 소 결핵(우형결핵, *Mycobacterium bovis*)에 걸리는 경우가 있다.

> **정답** ④

★★★

09 다음 중 구제역에 걸리지 <u>않는</u> 동물은?

① 소　　　　　　　② 면양　　　　　　　③ 돼지
④ 말　　　　　　　⑤ 염소

> **해설**
>
> 말은 단제류로서 구제역에 걸리지 않는다. 보기의 다른 동물들은 우제류로서 모두 구제역에 걸릴 수 있다.

> **정답** ④

10 다음 중 탄저균에 대한 설명으로 옳지 않은 것은?

① 생물학적 무기로 사용될 수 있다.

② 동물이 감염되어 사후강직, 급성 패혈증, 천연공에서 타르양의 혈액배설 등을 보이며 사망한다.

③ 원인체는 세균으로, 아포를 형성하는 바실러스 안트라시스(*Bacillus anthracis*)가 원인
이다.

④ 소와 직접 접촉한 경우에 주로 감염되며, 고기의 섭취를 통해서는 감염되지는 않는다.

⑤ 피부, 경구, 호흡기 등을 통해 사람에게 감염될 수 있으며 치사율도 높은 편이다.

해설

주로 초식동물에게 발생되는 급성열성전염병으로서, 원인체는 바실러스 안트라시스(*Bacillus anthracis*)라는 아포 형성 세균이다. 탄저에 걸린 소 등의 초식동물을 먹고 사람도 전염되는 경우가 많기 때문에 탄저에 걸린 동물의 사체는 먹어서도, 함부로 취급해서도 안 된다.

정답 ④

★★☆
11 브루셀라(Brucella)에 걸린 소에게서 주로 나타나는 현상이 아닌 것은?

① 수소의 고환염   ② 암소의 불임증

③ 착유하고 있는 소의 유량 감소   ④ 암소의 유산 및 사산

⑤ 암소의 심한 설사 및 혈변

해설

브루셀라증은 브루셀라 균이 원인이 되며, 대부분의 포유동물이 감염된다. 동물에서는 주로 생식기 쪽에 증상을 일으키며 암컷의 경우 유산, 수컷의 경우 불임이 발생한다. 수컷은 고환과 부고환에 염증이 생기기도 한다. 소가 감염되면 체중 감소와 유량 감소를 보이므로 경제적으로도 큰 피해를 줄 수 있다. 브루셀라에 걸린 소는 별다른 치료 없이 살처분한다.

정답 ⑤

★★☆
12 Milk ring test(밀크링 테스트)는 다음 중 어떤 질병을 우유에서 찾아내는 방법인가?

① 구제역   ② 탄저   ③ 브루셀라

④ 결핵   ⑤ 광우병

해설

사람의 경우 살균되지 않은 유제품 등을 섭취하여 브루셀라에 감염되는 경우가 많으므로 공중보건학적으로 매우 중요하다. 밀크링 테스트(milk ring test)는 브루셀라에 걸린 소의 군집을 확인하는 효과적인 검사방법이다.

정답 ③

★★★
13 다음 중 <보기>에서 설명하는 질병의 명칭으로 옳은 것은?

─── <보기> ───

이 질병의 원인체는 62.2℃에서 30분간 가열 시 사멸하는 것으로 밝혀졌으며, 이것 때문에 우유의 저온살균기준법(63℃/30min)이 생겨났다.

① Q열　　　　　　　　② 구제역　　　　　　　　③ 브루셀라

④ 소결핵　　　　　　　⑤ 살모넬라 감염증

해설

Q열은 리켓치아의 일종인 *Coxiella burnetii*가 원인이 된 질병으로서 설치류에서 많이 발견되며, 사람의 경우 동물에 직·간접적으로 접촉하거나 우유를 섭취하여 발생한다. 내열성이 있기 때문에 우유 살균에 있어 매우 중요한 세균이다. 저온살균의 기준은 63~65℃에서 30분간 가열인데, 이러한 기준은 Q열의 원인체를 사멸하기 위한 것이다.

정답 ①

★★★
14 다음 중 <보기>에서 설명하는 질병의 명칭으로 옳은 것은?

─── <보기> ───

쥐의 오줌을 통해 사람에 감염되는 세균성 인수공통전염병으로서 홍수 및 장마 이후에 물이 매개가 되어 감염되는 경우가 많다. 물이 감염과 밀접한 관련이 있어 농부, 하수도 인부 등 물을 접촉하며 일하는 사람이 걸릴 수 있는 직업병이기도 하다.

① 쯔쯔가무시　　　　　　　　　② 광견병

③ 서나일뇌염　　　　　　　　　④ 브루셀라증

⑤ 렙토스피라증

해설

렙토스피라병(Leptospirosis)은 렙토스피라(*Leptospira* spp.)라는 그람음성세균에 의한 질병이다. 환경과 밀접하게 연관되어 있고, 사람과 동물(특히 설치류)와의 직·간접적인 접촉이 원인이다. 특히 균이 오줌으로 배설되기 때문에 사람이 쥐의 오줌 등에 오염된 물이나 하수에 노출되면 감염된다. 감염된 사람과 동물은 고열, 황달, 용혈 등을 보이며 간과 신장의 기능부전을 동반한다.

정답 ⑤

★★★
15 다음 중 <보기>에서 설명하는 질병의 명칭으로 옳은 것은?

─────── <보기> ───────

소, 양 등이 감염될 경우 유산, 뇌염 등을 일으키고 사람도 감염될 수 있으며, 특히 임산부의 감염 시 유산, 기형아 출산 등이 발생할 수 있다. 사람이 감염될 때는 주로 식품으로 매개되는 질병이다.

① 일본뇌염　　　　　　　　　　② 구제역
③ 리스테리아증　　　　　　　　④ 살모넬라증
⑤ 캠필로박터증

해설

리스테리아증은 리스테리아 모노사이토제네스(*Listeria monocytogenes*)라는 그람양성균에 의해 발생된다. 소, 양 등 초식동물의 경우 오염된 사료를 통해 감염되며, 사람의 경우 주로 식품 매개로 감염된다. 사람에게는 뇌수막염, 심내막염, 패혈증 등을 일으킬 수 있으며 임산부가 감염될 경우 유산의 원인이 되기도 한다.

정답 ③

★★★
16 다음 중 동물공중보건학의 영역으로 가장 거리가 먼 영역은?

① 환경위생　　　　　　　　　　② 식품위생
③ 역학　　　　　　　　　　　　④ 인수공통전염병
⑤ 임상간호학

해설

임상간호학을 제외하고는 모두 동물공중보건학의 중요한 영역이다. 이외에 사료위생, 도축위생, 사양위생, 방역, 해외전염병관리 등도 중요한 영역에 속한다. 공중보건은 개인의 치료보다는 집단의 예방을 중시하는데 임상간호학은 개인의 치료에 초점을 맞추기 때문에 성격상 가장 거리가 멀다.

정답 ⑤

17 다음 중 세균과 바이러스의 차이점으로 옳은 것은?

① 바이러스는 아포를 생산하는 경우가 있으나 세균은 그렇지 못하다.

② 세균은 세포 외에서도 생존과 증식이 가능하나, 바이러스는 반드시 세포 및 숙주가 있어야 한다.

③ 일반적인 세균의 크기는 바이러스보다 작다.

④ 바이러스는 세균과 달리 그람 염색에 따라 분류가 가능하다.

⑤ 바이러스는 세균과 달리 편모를 가지고 움직인다.

해설

세균은 크기가 크고 운동을 위한 편모 등을 가지고 있으며, 그람 염색에 따른 분류가 가능하다. 몇몇 세균은 극한 환경에서 살아남기 위한 아포(spore)라는 기전을 가지고 있으나 바이러스는 그렇지 않다. 세균은 무생물(토양, 배지, 수중 등)에서도 증식이 가능하나, 바이러스는 숙주 및 세포가 존재해야 그 안에서 기생하며 증식할 수 있다.

정답 ②

18 다음 중 <보기>에서 설명하는 개념의 명칭으로 옳은 것은?

─── <보기> ───

이 개념은 인간과 동물, 그리고 환경이 하나로 연결되어 있다는 인식이다. 의학과 수의학 등의 경계가 없으며 하나의 건강을 지향한다는 이론으로, 최근 공중보건학에서 가장 중요한 이슈 중 하나이다.

① 건강증진론　　　　　　　　　② 예방의학 이론

③ 원헬스(one-health) 이론　　　④ 공중위생 이론

⑤ 역학연구론

해설

원헬스 이론은 인간과 동물, 그리고 환경이 하나로 연결되어 있다는 인식으로서 하나의 건강을 지향하기 위해 학문적인 경계를 허무는 노력의 일환이다. 최근 원헬스는 공중보건뿐만 아니라 다른 보건 분야에서도 중요한 이슈이다.

정답 ③

★★★
19 다음 중 <보기>에서 설명하는 질병의 명칭으로 옳은 것은?

─── <보기> ───

• 주로 설치류가 가지고 있으며, 진드기가 매개가 되어 사람에게 감염될 수 있다.
• 사람이 감염될 경우 발열, 오한, 구토 등의 증상과 함께 피부에 붉은 구진과 발진을 보인다.
• 가을철에 유행하며 국내에서도 꾸준히 발생되고 있는 질병이다.

① 렙토스피라증　　　　　　　　　② 쯔쯔가무시병
③ 서나일뇌염　　　　　　　　　　④ 결핵
⑤ 브루셀라

해설

주로 아시아권 나라에서 발생하며 최근 국내에서도 주로 가을철에 많이 보고되고 있는 질병이다. 털진드기 내에 있는 *Orientia tsutsugamushi*라는 리켓치아에 의해 발생된다. 사람의 경우 진드기에 물린 후 두통, 고열, 오한 등을 보이며 물린 자리에 반흔과 발적이 올라올 수 있다. 심하면 심근염과 폐렴 등을 보일 수 있고 신경증상을 보이기도 한다.

정답 ②

★★★
20 다음 사진은 에볼라, 말버그열과 같이 매우 위험한 병원체를 다루는 모습이다. 해당 사진의 Biosafety level(BSL) 수치로 가장 적합한 것은?

① level 1　　　　　　② level 2　　　　　　③ level 3
④ level 4　　　　　　⑤ level 5

해설

에볼라, 말버그열은 매우 위험한 병원체로서 Biosafety level(BSL) 4에서 다룰 수 있다. Biosafety level(BSL) 4는 가장 높은 병원체 방역 수준으로서, 이를 갖춘 실험실은 매우 희소하다.

정답 ④

21 다음 중 보툴리누스 중독(Botulism)에 관한 설명으로 옳지 <u>않은</u> 것은?

① 식품위생에 있어서는 통조림의 위생관리가 중요하다.

② 클로스트리듐 보툴리눔(*Clostridium botulinum*)이 생성하는 독소가 원인이 된다.

③ 주로 강직되는 형태의 마비가 온다.

④ 영아 보툴리누스의 경우 꿀이 원인이다.

⑤ 사람뿐만 아니라 소, 말, 양 등도 걸릴 수 있으며, 동물 등에서 감염되어 음식을 잘 씹지 못하거나 침을 흘리는 등의 증상을 보일 수 있다.

> **해설**
> 클로스트리듐 보툴리눔(*Clostridium botulinum*)이 생성하는 신경독소(botulinum toxin)가 원인이 되는 질병으로, 사람과 동물 모두 이완되는 형태(flaccid)의 마비가 온다. 소, 말, 조류가 많이 걸리며, 사람과 동물 모두 경구감염이나 창상성 감염으로 감염된다. 사람은 특히 오염된 통조림의 섭취를 주의해야 하며 1살 이하의 어린이는 벌꿀을 섭취해서는 안된다.

> **정답** ③

22 앵무새 등의 조류가 원인이 되어 전파될 수 있는 질병으로, 사람이 감염되는 경우 급성 호흡기 감염을 일으킬 수 있어 앵무병이라고 불린다. 이 질병의 속(genus)명은?

① 클라미디아   ② 캠필로박터

③ 살모넬라   ④ 에볼라

⑤ 크립토코커스

> **해설**
> 앵무병의 원인체인 클라미디아 시타시(*Chlamydia psittaci*)는 조류에서 중요한 인수공통전염병이다. 앵무새, 칠면조, 잉꼬 등의 조류와 다양한 포유류가 감염될 수 있으며 사람의 경우 면역력이 떨어진 상태에서 질병에 걸리게 된다. 조류 배설물에 대한 환경 소독이 필요하며, 특히 수입애완조류의 수송 스트레스가 질병과 관계가 있기 때문에 장기간 수송 후 검역을 철저히 해야 한다.

> **정답** ①

★★★
23 복합 인수공통전염병(Saprozoonoses)의 일종으로서, 질병 전파에 있어 척추동물과 비동물성(토양, 유기물, 식물 등)의 매개체가 필요한 질병으로 옳은 것은?

① 무구조충증　　　　　　　　　　② 유구조충증
③ 광견병　　　　　　　　　　　　④ 폐흡충증
⑤ 파상풍

해설
복합 인수공통전염병(Saprozoonoses)의 경우 병원체의 완전한 성숙과 전파력을 위해서는 동물이 아닌 토양과 같은 무생물이 필요하다. 파상풍, 간질증 등이 대표적인 예이다. 참고로 복합 인수공통전염병은 부생성 인수공통전염병이라고도 불린다.

정답 ⑤

★★★
24 다음 중 병원균의 발달을 위해서 1종 이상의 무척추 동물이 필요한 인수공통전염병의 형태로 옳은 것은?

① 메타 인수공통전염병(Metazoonoses)
② 복합 인수공통전염병(Saprozoonoses)
③ 순환 인수공통전염병(Cyclozoonoses)
④ 직접 인수공통전염병(Direct Zoonoses)
⑤ 동물에서 사람으로의 인수공통전염병(Anthropozoonoses)

해설
메타 인수공통전염병(Metazoonoses)은 병원체의 완전한 성숙을 위해서는 척추동물뿐만 아니라 달팽이, 진드기, 모기와 같은 무척추 동물이 필요하다. 라임병, 페스트, 간디스토마, 트리파노소마증, 폐흡충증 등이 그 예이다. 참고로 직접 인수공통전염병(Direct Zoonoses)은 병원체의 성장과 질병 유발에 단 1종의 동물이나 사람이 필요하며, 순환 인수공통전염병(Cyclozoonoses) 병원체의 완전한 성숙을 위해서는 2종 이상의 동물 또는 사람이 필요하다.

정답 ①

25 리켓치아 감염증(Rickettsioses)에 대한 설명으로 옳지 <u>않은</u> 것은?

① 포유류가 숙주가 되는 경우가 많다.

② 절지동물(Arthropod)이 매개체(vector)가 되는 경우가 많다.

③ 그람 양성의 세균이다.

④ 혈관의 내피에 감염될 수 있다.

⑤ 쯔쯔가무시는 리켓치아가 원인이 되는 질병이다.

해설

리켓치아와 클라미디아는 반드시 숙주세포 내에서만 증식하는 기생성 세균으로서 그람음성으로 염색된다. 진드기나 벼룩 등의 절지동물(Arthropod)이 매개체(vector)가 되어 인간에게 심각한 질병을 야기하는 경우가 있으며, 대표적인 리켓치아성 전염병으로는 쯔쯔가무시가 있다.

정답 ③

26 다음 <보기>에서 모기가 질병을 매개하는 매개체(vector)를 <u>모두</u> 고른 것은?

──────── <보기> ────────

ㄱ. 페스트

ㄴ. 서나일뇌염

ㄷ. 라임병

ㄹ. 뎅기열

① ㄱ, ㄴ　　　　　　　② ㄱ, ㄷ　　　　　　　③ ㄱ, ㄹ

④ ㄴ, ㄷ　　　　　　　⑤ ㄴ, ㄹ

해설

진드기가 매개하는 인수공통전염병은 라임병, 쯔쯔가무시, louping ill 등이 있고, 모기가 매개하는 인수공통전염병은 서나일뇌염, 일본뇌염, 뎅기열, 황열, Eastern equine encephalomyelitis, Western equine encephalomyelitis, Venezuelian equine encephalomyelitis, Rift valley fever 등이 있다. 페스트는 쥐에 있는 벼룩이 매개체이다.

정답 ⑤

★★★
27 동물에서 사람으로 또는 동물에서 동물로 일본뇌염을 매개하는 매개체는?

① 진드기   ② 파리   ③ 모기

④ 바퀴벌레   ⑤ 거머리

해설

일본뇌염은 주로 아시아 지역에서 발생하는 전염병으로, 원인체는 플라비바이러스(Flavivirus)이고 빨간집모기라고 불리는 *Culex* 속의 모기가 매개한다.

정답 ③

★★★
28 다음 <보기>의 ㉠~㉢에 들어갈 단어가 올바르게 나열된 것은?

> ─── <보기> ───
>
> 질병은 임의로 발생하는 것이 아니며, 여러 요인들에 의해 발생되지만 주로 세 가지 주된 요인의 상호작용에 의해 발생한다. 다음의 그림은 질병 발생의 3요소를 지렛대 모양으로 나타낸 것이다.
>
>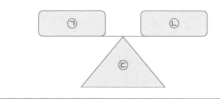

	㉠	㉡	㉢
①	병인(병원체)	숙주	환경
②	환경	병인(병원체)	숙주
③	환경	숙주	독력
④	독력	숙주	병인(병원체)
⑤	병인(병원체)	환경	독력

해설

질병이란 숙주, 원인체, 환경요건 간의 상호작용을 통해 발생하며, 이 세 가지의 균형이 깨졌을 때 질병이 증가하거나 감소하게 된다. 이 중에서 환경은 지렛대의 아래축을 차지하며, 환경의 변화에 따라 병인(병원체)에 유리하게 작용할 수도, 숙주에 유리하게 작용할 수도 있다.

정답 ①

★★☆
29 다음 중 병원체가 잠입한 시간부터 발병까지의 시간을 뜻하는 기간의 명칭으로 옳은 것은?

① 발병기 ② 전염기

③ 회복기 ④ 감염기

⑤ 잠복기

해설

문제는 잠복기에 관한 설명이다. 잠복기에는 본격적인 질병의 증상이 나타나지 않으며 발병기에 들어서야 질병의 증상이 나타나고, 이후 숙주는 회복되거나 사망한다.

정답 ⑤

[30~31] 다음 <보기>를 보고 물음에 답하시오.

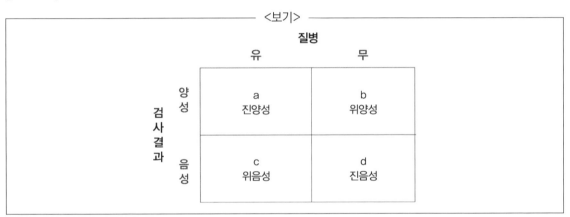

★★★
30 위 <보기>의 표에서 민감도를 구하는 공식으로 옳은 것은?

① a/a+c ② a/a+b ③ d/b+d

④ d/c+d ⑤ c/b+d

해설

민감도를 구하는 공식은 a/a+c이다. ②번은 양성검사 예측치, ③번은 특이도, ④번은 음성검사 예측치이다.

정답 ①

★★★
31 위 <보기>의 표에서 a+d/a+b+c+d의 값을 구한 경우, 이 공식이 뜻하는 것은?

① 정확도   ② 정밀도

③ 반복성   ④ 재현성

⑤ 특이도

해설

a+d/a+b+c+d 값은 진단검사의 정확도를 구하는 공식이다.

정답 ①

★★★
32 다음 중 <보기>에서 설명하는 질병의 형태로 옳은 것은?

─────── <보기> ───────

질병의 유행에 있어서 어떤 질병이 집단에서 예측 가능한 규칙성을 가지고 오랜 기간 동안 빈도 면에서만 단지 근소하게 변동하면서 발생하는 행태

① 산발병(sporadic)   ② 유행병(epidemic)

③ 대유행(pandemic)   ④ 지방병(endemic)

⑤ 질병 발생(outbreak)

해설

산발병은 어떤 질병이 집단 단위 내에서 드물게, 그리고 불규칙하게 발생(sporadic)하는 형태이며, 유행병은 어떤 질병이 특정한 시간 구간에 집단 내에서의 발생빈도가 예상빈도를 분명히 초과하는 경우(epidemic)이다. 범유행(대유행)은 코로나19처럼 아주 넓은 지역에 걸친 대규모의 유행(pandemic)을 의미한다.

정답 ④

★★★
33 다음 <보기>의 빈칸에 공통으로 들어갈 단어로 옳은 것은?

─────── <보기> ───────

아래의 그림은 코로나19의 세계적인 감염 양상이다. 아래 그림과 같이 코로나19가 많은 나라에 광범위하게 전파되었을 때 WHO에서는 (　　　　　)을 선언하기도 했다. (　　　　　)이란 전염병이 아주 넓은 지역에 걸쳐 대규모로 전파되어 유행하는 상황을 의미한다.

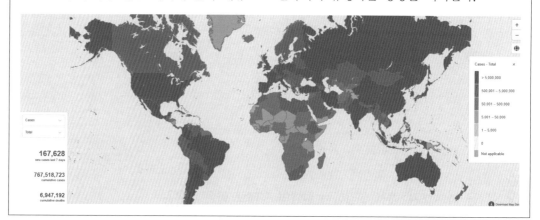

① 산발병(sporadic)　　　　　　　② 유행병(epidemic)
③ 대유행(pandemic)　　　　　　　④ 지방병(endemic)
⑤ 지역병

해설
판데믹(pandemic)이라고도 불리는 대유행은 코로나19처럼 아주 넓은 지역에 걸친 대규모의 유행을 의미한다.

정답 ③

★★☆
34 검역 및 방역의 원칙에 대한 설명으로 옳지 않은 것은?

① 국외에서 유행하는 전염병에 대한 침입 방지가 중요하다.
② 농산물이나 축산물은 식품의 일종이기 때문에 검역의 대상이 아니다.
③ 전염경로에 대해 철저하게 소독해야 한다.
④ 곤충이나 벌레를 구제하는 것도 중요하다.
⑤ 검역 및 방역 담당자에 대한 철저한 위생교육이 중요하다.

해설
농산물과 축산물은 질병을 일으키는 세균이나 곤충 등의 매개가 될 수 있기 때문에 중요한 검역 대상이다.

정답 ②

35 수계유행 및 수인성 전염병이 발생하였을 때의 특징이 <u>아닌</u> 것은?

① 환자는 같은 날 다수 발생했다가 그 후에 감소된다.

② 유행 초기에는 남녀노소의 구분이 없다.

③ 잠복기가 짧은 급성이고 사망률이 높다.

④ 장마나 상수도 오염이 있을 때 증가한다.

⑤ 이상계절요인이 원인이 되기도 한다.

해설

수계유행은 잠복기가 길고 사망률이 낮은 특징을 가지고 있다. 환자는 다수 발생된 후에 감소하고, 상하수를 통해 감염되는 경우가 많아 유행 시 남녀노소의 구분이 없다. 장마, 이상계절요인 등으로 인해 증가하기도 한다.

정답 ③

★ ★ ★
36 다음 중 <보기>에서 설명하는 감염의 형태로 옳은 것은?

―――――――― <보기> ――――――――

• 병원체에 오염된 물건이 전염원이 있는 곳에서 시간적·거리적으로 상당히 떨어져서 감염을 일으키는 경우이다.

• 편지나 물건 등을 통해서 감염이 전염될 수도 있다.

① 비말핵전염
② 수계전염
③ 식품전염
④ 공기전염
⑤ 개달전염

해설

개달물이란 병원체의 전파가 가능한 공기, 토양, 물, 우유 등의 음식을 제외한 모든 비활성매체를 일컫는 말이다. 편지라는 개달물을 통해 균이 묻어서 편지를 보내는 사람과 받는 사람간의 감염이 성립되었다면 개달전염(혹은 매개물전염, fomite transmission)이라고 볼 수 있다.

정답 ⑤

★★★
37 다음 중 <보기>에서 설명하는 용어의 명칭으로 옳은 것은?

> ─────────── <보기> ───────────
>
> 어떤 질병의 발생률을 대상집단 중에서 일정기간에 새로 발생한 환축 수로 표시한 것으로,
> 이 질병에 걸릴 확률 또는 위험도의 직접 추정을 가능하게 하는 측정이다.

① 유병률　　　　　　　　　　　② 이환율
③ 발병률　　　　　　　　　　　④ 사망률
⑤ 발생률

해설
유병률(prevalence rate)은 어느 시점 또는 일정기간 동안의 대상집단에 존재하는 환축의 비율이다. 이환율(morbidity rate)은 유병률과 거의 동일한 개념으로서, 현재는 유병률이라는 용어를 더 흔하게 사용한다. 발병률(attack rate)은 폭발 기간 중에 이환되는 특정한 동물의 비율에 사용하는 개념이다. 사망률은 일정기간 내 발생한 사망건수, 즉 그 동물집단 내에 있는 동물들이 어떠한 질병에 이환되어 사망할 확률이다.

정답 ⑤

★★★
38 질병, 상해, 건강증진 등 인구집단의 건강상태의 분포와 그 결정요인을 탐구하는 학문을 무엇이라고 하는가?

① 공중보건학　　　　　　　　　② 전염병학
③ 환경위생학　　　　　　　　　④ 식품위생학
⑤ 역학

해설
문제는 역학에 대한 설명으로, 역학을 통해 질병의 분포와 발생패턴 등을 연구하게 된다. 코로나19와 같은 감염병뿐만 아니라 비만, 당뇨병, 암과 같은 비감염병의 분포와 결정요인에 대한 연구도 포함된다.

정답 ⑤

★★★
39 다음 중 <보기>에서 설명하는 연구의 명칭으로 옳은 것은?

── <보기> ──

- 연구대상 집단을 질병 발생 이전에 확정하고, 관찰기간 중 집단에 발생하는 질병발생빈도 등과 같은 변동요인을 추적·관찰하는 연구이다.
- 같은 특성을 가진 집단을 의미하기도 한다.

① 환축－대조군 연구　　　　　② 단면 연구
③ 코호트(Cohort) 연구　　　　④ 현장추적 연구
⑤ 병행 연구

해설

코호트는 집단을 의미하는 용어로서, 질병 발생 이전에 특정 코호트(집단)를 지정하고 향후 해당 집단의 질병 발생 연구를 추적하는 방법이다. 후향적 코호트 연구와 전향적 코호트 연구가 있으며 환축－대조군 연구, 단면 연구 등 다른 역학 연구에 비해 시간과 비용이 많이 들어간다.

정답　③

★★★
40 다음 중 <보기>의 경우에 가장 의심되는 원인 세균의 명칭으로 옳은 것은?

── <보기> ──

덜 익힌 분쇄 소고기를 먹고 구토와 출혈성 설사를 보이다가 증상이 악화되어 용혈성 요독 증후군(HUS, Hemolytic uremic syndrome)을 보였다.

① 바실러스 세레우스　　　　　② 캠필로박터 제주니
③ 리스테리아 모노사이토제네스　④ 병원성 대장균
⑤ 살모넬라

해설

병원성 대장균 중에서 O157:H7 같은 혈청형은 용혈성 요독 증후군(HUS) 등의 합병증을 보이며, 신장에 큰 손상을 줄 수 있다.

정답　④

41 생선회나 덜 조리된 해산물을 섭취했을 때 식중독이 발생한 경우에 가장 가능성이 높은 식중독 세균은?

① 장염비브리오
② 캠필로박터 제주니
③ 클로스트리듐 퍼프린젠스
④ 바실러스 세레우스
⑤ 병원성 대장균

해설

장염비브리오(*Vibrio parahaemolyticus*) 세균은 굴, 생선회 등의 해산물을 통해 식중독을 일으킨다. 일반적인 세균은 바닷물에서 생존이 불가능하지만, 장염비브리오 균은 높은 염도를 견딜 수 있는 호염성 세균으로서 해산물에서 많이 발견된다.

정답 ①

42 저온에서 증식이 가능한 식중독 세균은 냉장제품에서도 철저한 관리가 필요하다. 다음 <보기>의 식중독 세균 중 저온에서도 생장이 가능한 세균을 <u>모두</u> 고른 것은?

<보기>

ㄱ. 살모넬라
ㄴ. 클로스트리듐 퍼프린젠스
ㄷ. 리스테리아 모노사이토제네스
ㄹ. 여시니아 엔테로콜리티카

① ㄱ, ㄴ
② ㄱ, ㄷ
③ ㄱ, ㄹ
④ ㄴ, ㄷ
⑤ ㄷ, ㄹ

해설

<보기> 중 리스테리아 모노사이토제네스, 여시니아 엔테로콜리티카 이 2개의 세균은 식중독을 일으키는 세균 중 대표적인 호냉성(psychrotrophic) 세균으로서 저온에서도 생장이 가능하다.

정답 ⑤

★★★
43 다음 <보기> 중 열과 극한 환경에서 저항성이 높은 아포(spore)를 생산하는 식중독 세균을 모두 고른 것은?

───────────── <보기> ─────────────

ㄱ. 병원성 대장균   ㄴ. 클로스트리듐 퍼프린젠스
ㄷ. 바실러스 세레우스균   ㄹ. 장염비브리오균

① ㄱ, ㄴ   ② ㄱ, ㄷ
③ ㄱ, ㄹ   ④ ㄴ, ㄷ
⑤ ㄷ, ㄹ

해설

일반적인 세균은 아포를 형성하지 않고, 몇몇 특정한 세균만 아포를 형성한다. 클로스트리듐과 바실러스 속(genus)의 세균은 모두 아포를 생성하는 특징을 가지고 있다.

정답 ④

★★★
44 다음 중 노로바이러스에 관한 설명이 잘못된 것은?

① 세포배양에서 증식이 잘 되는 편이다.
② 노로바이러스 감염에 대한 백신을 만드는 것은 쉽지 않다.
③ 사람과 사람 간의 감염도 가능하다.
④ 사람에게 가장 흔하게 식중독을 일으키는 바이러스성 식중독이다.
⑤ 한국에서는 겨울철 굴의 섭취를 주의해야 한다.

해설

노로바이러스는 세포배양이 어렵기 때문에 검출 및 백신 제조 등이 제한적이고 연구가 어려운 점이 있다. 노로바이러스는 식품을 통해서 많이 감염되나, 사람간의 토사물 등을 통한 감염도 가능하다. 겨울철에 가장 흔한 식중독이며 원인은 굴 등의 해산물 혹은 집단급식 등이다.

정답 ①

★★★

45 <보기>와 같은 식중독 사고가 발생한 경우 질병을 일으킨 것으로 가장 의심되는 식중독 세균은?

───── <보기> ─────

철수는 6월에 등산을 가면서 오전 10시에 식당에서 김밥을 포장했다. 철수는 오후 2시경 산 정상에 올라 김밥을 먹고 하산하여 집으로 돌아왔다. 집으로 돌아온 철수는 오후 5시경부터 극심한 구토와 복통 증상을 보이며 응급실에 실려 가게 되었다.

① 클로스트리듐 퍼프린젠스 ② 비브리오콜레라
③ 캠필로박터 제주니 ④ 병원성 대장균
⑤ 황색포도상구균

해설

여름철 김밥, 초밥, 즉석조리식품 등에서 제조과정 중 오염되어 식중독을 일으키는 식중독균 중에서 가장 흔한 세균은 황색포도상구균이다. 이 균은 사람의 손에 많이 존재하기 때문에 사람의 손을 거치는 김밥, 초밥, 즉석식품 등에 오염되는 경우가 많다. 황색포도상구균으로 인한 식중독은 독소형 식중독이기 때문에 잠복기가 짧아서 섭취 후 3~4시간이 경과하면 증상을 보이기 시작하고, 주된 증상은 구토이다.

정답 ⑤

★★★

46 다음 중 식육 및 어육가공품 등에서 가장 흔하게 사용되는 발색제 및 보존제로서 발암물질인 나이트로사민(nitrosamine)을 생성하기도 하는 것은?

① 살리실산 ② 사카린
③ 안식향산나트륨 ④ 아질산나트륨
⑤ 소르빈산칼륨

해설

아질산나트륨은 식육제품 및 어육제품을 분홍색 등으로 보이게 하는 발색제인 동시에 보존제로서 식육을 오래 보존할 수 있게 하는 역할도 하고 있다. 현재 상당히 많은 식육가공품에서 사용되고 있으나 발암물질 논란이 있어 사용량이 규제되고 있다.

정답 ④

★★★
47 다음 중 <보기>에서 설명하는 기법의 명칭으로 옳은 것은?

─── <보기> ───

식품의 생산·가공·포장·유통의 전 과정에서 안전에 해로운 영향을 미칠 수 있는 위해요소를 분석하고, 이러한 위해 요소를 방지·제거하거나 안전성을 확보할 수 있는 단계에 중요관리점을 설정하여 과학적·체계적으로 식품을 중점관리하는 사전 위해관리 기법이다.

① 해썹(HACCP)
② GAP
③ KS인증
④ PGI
⑤ 유기농인증

해설

해썹(HACCP)은 Hazard Analysis Critical Control Points의 약자로서, 식품 생산부터 소비에 이르기까지의 위해요소를 분석하여 그것을 제어하는 모든 과정을 일컫는 말이다.

정답 ①

★★☆
48 다음 중 <보기>에서 설명하는 물질의 명칭으로 옳은 것은?

─── <보기> ───

식품을 제조·가공 또는 보존하는 과정에서 식품에 넣거나 섞는 물질 또는 식품을 적시는 공정 등에 사용되는 물질을 말한다. 이 경우 기구·용기·포장을 살균·소독하는 데에 사용되어 간접적으로 식품으로 옮아갈 수 있는 물질을 포함한다.

① 식품첨가물
② 식품보존료
③ 유화제
④ 감미료
⑤ 식품화합물

해설

<보기>는 식품첨가물에 대한 설명이다. 식품보존료, 유화제, 감미료 등은 식품첨가물의 일종이다.

정답 ①

49 약산성의 성질을 이용하여 식품을 보존시키는 역할을 하는 식품첨가물은?

① 아스파탐　　　　　　　② 사카린　　　　　　　③ 설탕

④ 아질산나트륨　　　　　⑤ 안식향산

해설

안식향산(Benzoic acid)은 식품보존제의 일종으로, 약한 산성의 성질을 지니고 있다. 아스파탐, 사카린 등은 감미료이며, 아질산나트륨은 식육가공품에서 보존제 및 발색제의 역할을 한다.

정답 ⑤

50 우유 속의 효소 중 저온살균처리 완전여부 검사에 이용하는 것은?

① 아밀라아제(amylase)　　　　　　② 리파아제(lipase)

③ 갈락타제(galactase)　　　　　　 ④ 포스파타제(phosphatase)

⑤ 카탈라제(catalase)

해설

포스파타제는 우유 속에 자연적으로 존재하는 효소의 일종이다. 원유 내 함량은 다양하게 존재하며, 우유류 저온살균의 간접적인 지표로 사용된다.

정답 ④

51 다음 <보기>의 인수공통전염병 중 세균에 오염된 우유의 섭취를 통해 발생 가능한 질병을 모두 고른 것은?

```
──────────────── <보기> ────────────────
ㄱ. 리스테리아증              ㄴ. 결핵
ㄷ. 파상풍                    ㄹ. 광견병
```

① ㄱ, ㄴ　　　　　　　② ㄱ, ㄷ　　　　　　　③ ㄱ, ㄹ

④ ㄴ, ㄷ　　　　　　　⑤ ㄷ, ㄹ

해설

파상풍의 경우 대표적인 부생성 인수공통전염병(saprozoonoses)으로서, 주로 토양 등의 환경에서 상처를 통해 사람 또는 동물에 감염되는 질병이다. 광견병은 너구리 등 야생동물에 물렸을 때(교상) 발생하며, 섭취로는 발생하지 않는다. 리스테리아증, 결핵은 모두 살균되지 않은 원유를 통해 감염될 수 있다.

정답 ①

52 다음 <보기>는 원유의 위생등급 기준이다. ㉠, ㉡에 들어갈 단어가 올바르게 짝지어진 것은?

─── <보기> ───

구분	위생등급	기준
㉠	1급 A	3만 미만 개/ml
	1급 B	3만~10만 미만
	2급	10만~25만 미만
	3급	25만~50만 이하
	4급	50만 초과
㉡	1급	20만 미만 개/ml
	2급	20만~35만 미만
	3급	35만~50만 미만
	4급	50만~75만 이하
	5급	75만 초과

	㉠	㉡
①	세균수	체세포수
②	유당 분자수	단백질 분자수
③	단백질 분자수	유당 분자수
④	체세포수	세균수
⑤	체세포수	곰팡이수

해설

원유의 등급 판정은 세균수 및 체세포수를 기준으로 한다. 세균수의 경우 원유 1ml당 총 세균수가 10만 마리 미만이어야 하며 이것은 다시 1등급 A(3만 마리 미만), 1등급 B(3만~10만 마리 미만)로 세분화된다. 체세포수의 경우 1ml당 20만 개 미만이면 1등급을 받을 수 있다.

정답 ①

★★★
53 다음 <보기>의 살균법은 어떤 식품을 살균할 때 사용하는 용어인가?

─────── <보기> ───────
- 저온 장시간 살균법(LTLT)
- 고온 단시간 살균법(HTST)
- 초고온 순간 살균법(UHT)

① 계란   ② 식육
③ 가공육   ④ 우유
⑤ 수산물

해설
<보기>에서 제시된 살균법은 우유 속의 세균을 살균할 때 사용하는 방법이다. LTLT법은 63~65℃에서 30분간 살균하며, HTST법은 72~75℃에서 15초 정도 살균한다. UHT법은 130~140℃ 사이에서 2~3초간 살균한다.

정답 ④

★★★
54 다음 중 역학의 연구 범위와 가장 거리가 먼 것은?
① 질병의 빈도 및 질병 발생의 분포에 관한 연구
② 종양이 발생한 개인의 임상치료제에 관한 연구
③ 집단의 건강상태에 관한 연구
④ 전염병의 발생 양상에 관한 연구
⑤ 질병 발생의 결정인자에 관한 연구

해설
역학은 질병 발생의 분포 및 결정인자에 관련된 연구로서 개인보다는 집단에, 치료보다는 진단과 예방에 더욱 초점을 맞춘다. 개인의 임상치료에 관련된 연구 또한 역학의 범위일 수는 있으나, 제시된 보기 중에서는 가장 거리가 멀다.

정답 ②

★★★

55 다음 중 <보기>에서 설명하는 용어의 명칭으로 옳은 것은?

― <보기> ―

• 돼지에서 볼 수 있는 상태로서, 수송 및 도살 시의 스트레스 등으로 인해 식육의 육질이 손상되어 상품가치가 떨어지는 것이다.
• 근육에서 다량의 육즙이 관찰되며 watery pork라고도 부른다.

① DFD(dark, firm, dry)
② PFN(pale, firm, non-exudative)
③ PSE(pale, soft, exudative)
④ RFN(reddish pink, firm, non-exudative)
⑤ RSE(reddish pink, soft, exudative)

해설

<보기>는 PSE 상태의 고기 육질에 관한 묘사이다. PSE는 Pale(창백하고), Soft(조직이 무르고), Exudative(육즙이 새어나오는)의 약자이다. RFN은 정상육을 의미한다.

정답 ③

★★★

56 다음 중 수분활성도가 가장 높은 식품은?

① 잼   ② 건조과일   ③ 쿠키
④ 분유   ⑤ 신선야채

해설

수분활성도는 식품 내 미생물이 이용 가능한 자유수를 나타내는 지표로서, 수분활성도가 높으면 미생물의 성장이 용이하다. 일반적으로 건조된 식품에서 낮고 야채, 과일 등 물기가 많은 식품에서 높다. 그러나 잼, 염장식품 등과 같이 소금이나 설탕 등이 들어가게 되면 수분활성도가 감소한다.

정답 ⑤

★★★
57 다음 중 미생물의 오염으로부터 식품을 오랫동안 보존할 수 있는 조건이 <u>아닌</u> 것은?

① 진공포장 ② 소금에 절인 음식

③ 높은 수분활성도 ④ 산성 환경에 보관된 식품

⑤ 보존제가 들어간 식품

> 해설

수분활성도가 낮을수록 미생물에 대한 오염이 적다. 산소와의 접촉을 줄이거나, 소금에 절여 수분활성도를 낮추거나, 산도를 낮추거나, 보존제 등의 식품첨가제를 넣게 되면 식품 내 미생물의 생장 가능성이 낮아진다.

> 정답 ③

★★☆
58 다음 중 <보기>에서 설명하는 곰팡이 독소의 명칭으로 옳은 것은?

──────── <보기> ────────

• 곰팡이 독소 중 에스트로겐 관련 곰팡이 독소이다.
• 보리, 율무, 옥수수 등에 감염될 수 있다.
• 주로 돼지에서 문제가 되는 경우가 많다.

① 아플라톡신B2(Aflatoxin) ② 아플라톡신G2(Aflatoxin) ③ 오클라톡신(Ochratoxin)
④ 젤라레논(Zearalenone)   ⑤ 푸모시닌(Fumonisin)

> 해설

젤라레논은 대표적인 내분비계 곰팡이 독소이다. 이 곰팡이 독소는 농장의 가축, 특히 돼지에게 발생하는 다양한 곰팡이 중독증과 연관되어 있는 것으로 알려졌다.

> 정답 ④

★★★
59 **다음 중 식품 내 곰팡이와 독소에 관한 설명으로 옳지 <u>않은</u> 것은?**

① 급성적인 식중독보다는 만성적인 식중독을 일으킨다.

② 열을 가하여 조리해도 쉽게 사라지지 않는 경우가 많다.

③ 주로 간이나 신장에 영향을 준다.

④ 사료나 곡류를 보관할 때 매우 주의해야 한다.

⑤ 곰팡이가 생긴 부분만 떼어내고 먹으면 된다.

해설

곰팡이 독소는 사람이나 동물의 간, 신장에 영향을 주며 주로 만성적인 식중독을 일으킨다. 사료, 곡류 등에서 저장조건에 따라 발생되는 경우가 많고, 대부분 내열성으로서 가열하여 섭취하여도 식중독을 일으킬 수 있기 때문에 식품 보관 시 주의를 기울여야 한다. 곰팡이가 있는 부분을 떼어내고 먹어도 독소 자체는 식품 내에 그대로 잔류할 수 있다.

정답 ⑤

★★★
60 **원유 및 우유 가공품 등에서 문제가 되는 곰팡이 독소로서, 국내 기준이 0.5ppb로 정해져 있는 독소는?**

① 아플라톡신M1

② 아플라톡신B1

③ 파튤린(patulin)

④ 삭시톡신(saxitoxin)

⑤ 테트로도톡신(TTX, tetrodotoxin)

해설

아플라톡신M1은 원유에서 가장 중요한 곰팡이 독소이다. 국내에는 원유, 우유류, 산양유, 조제유류, 영아용 조제식, 성장기용 조제식, 영·유아용 이유식 등에 대하여 아플라톡신 M1의 기준이 존재한다(0.5ppb 이하). 아플라톡신B1은 곡류나 사료 등에서 발견된다.

정답 ①

★★☆
61 다음 중 식품의 종류와 관련 독소가 바르게 짝지어진 것은?

① 조개 - 테트로도톡신(TTX) ② 감자 - 솔라닌(solanine)

③ 복어 - 테트라민(tetramine) ④ 버섯 - 베네루핀(venerupin)

⑤ 옥수수 - 아루테린(aluterin)

> **해설**
> • 조개: 삭시톡신, 베네루핀
> • 복어: 테트로도톡신
> • 버섯: 버섯독
> • 옥수수: 아플라톡신, 오클라톡신

> **정답** ②

★★★
62 다음 <보기>에서 조개 및 패류의 독소에 의한 설명으로 옳은 것을 <u>모두</u> 고른 것은?

─────── <보기> ───────

ㄱ. 플랑크톤에 있는 독소가 먹이사슬을 통해 조개로 전달된다.

ㄴ. 봄철에는 패류의 섭취로 인한 식중독의 위험이 가장 적다.

ㄷ. 기억상실을 일으키는 조개독소도 있다.

ㄹ. 조개의 관자에 가장 많은 독소가 포함되어 있다.

① ㄱ, ㄴ ② ㄱ, ㄷ ③ ㄱ, ㄹ

④ ㄴ, ㄷ ⑤ ㄷ, ㄹ

> **해설**
> ㄱ. 조개의 독소는 조개 자체에서 유래한 것이 아니라 플랑크톤에 있는 독소가 먹이사슬을 통해 조개로 전달된 것이다.
> ㄴ. 날씨가 따뜻한 봄 등은 산란기로서 패류독소로 인한 식중독의 위험성이 크다.
> ㄷ. 조류로 인한 식중독은 기억상실, 신경증상, 설사 등의 다양한 증상을 일으킨다.
> ㄹ. 조개에서 독소가 가장 많이 포함되어 있는 부위는 중장선(中腸線)이라는 곳으로, 검은색의 내장이다.

> **정답** ②

★★☆
63 다음 <보기> 중 인수공통전염병으로 묶인 것은?

─────────── <보기> ───────────
ㄱ. 살모넬라증　　　　　　　　　ㄴ. 포충증
ㄷ. 무구조충증　　　　　　　　　ㄹ. 파보장염

① ㄱ, ㄴ　　　　　　　② ㄱ, ㄷ　　　　　　　③ ㄱ, ㄴ, ㄷ

④ ㄱ, ㄴ, ㄹ　　　　　⑤ ㄴ, ㄷ, ㄹ

해설

파보장염은 파보바이러스(Parvovirus)가 원인이 되어 어린 개, 고양이 등에서 심한 설사와 장염을 일으키는 질병으로서 치사율이 높은 바이러스성 질병이다. 파보장염의 경우 사람에게는 감염되지 않는다. <보기>의 다른 질병은 사람에게 감염 가능한 인수공통전염병으로서 살모넬라증은 세균, 포충증과 무구조충증은 기생충이 원인이다.

정답 ③

★★☆
64 다음 중 환경호르몬에 속하지 않는 것은?

① 프탈레이트　　　　　　　　② 다이옥신

③ 비스페놀A　　　　　　　　④ 파라벤

⑤ 독시사이클린

해설

환경호르몬은 인공화합물에 존재하면서 체내에서 호르몬과 유사한 작용을 하며 체내의 내분비시스템을 교란하는 물질이다. 보기의 다른 물질들은 모두 환경호르몬이지만 독시사이클린은 환경호르몬이 아닌 항생제의 한 종류이다.

정답 ⑤

★★☆
65 정상적인 공기 조성에서 가장 많은 비율을 차지하는 성분은?

① 질소　　　　　　　　　　　② 산소

③ 이산화탄소　　　　　　　　④ 메탄가스

⑤ 일산화탄소

해설

공기의 성분은 대부분 질소(78%)와 산소(21%)로 이루어져 있으며, 가장 많은 비율을 차지하는 성분은 질소이다.

정답 ①

★★★
66 다음 중 질병을 일으키는 원인체가 <u>다른</u> 하나는?

① 유구조충증　　　　　　　　② 광견병
③ 구제역　　　　　　　　　　④ 코로나 19
⑤ 웨스트나일병

> **해설**
>
> 유구조충증(갈고리촌충, *Taenia solium*)은 돼지에서 문제가 되며 원인체는 기생충이다. 보기의 다른 질병들은 모두 바이러스가 원인이다.

> **정답** ①

★★★
67 다음 <보기> 중 좋은 계란의 조건을 <u>모두</u> 고른 것은?

─────── <보기> ───────

ㄱ. 난백계수가 높은 계란
ㄴ. 흔들어도 소리가 나지 않는 계란
ㄷ. 검란기로 보았을 때 핑크색으로 보이는 계란
ㄹ. 난각 표면에 광택이 나고 미끈한 껍질을 가진 계란

① ㄱ, ㄴ　　　　　　　② ㄱ, ㄷ　　　　　　　③ ㄱ, ㄴ, ㄷ
④ ㄱ, ㄴ, ㄹ　　　　　⑤ ㄴ, ㄷ, ㄹ

> **해설**
>
> 신선한 달걀은 광택이 나고 미끈한 껍질보다는, 까칠까칠하고 광택이 없는 껍질을 가지고 있어야 한다. 나머지 보기는 신선한 계란의 특징이다.

> **정답** ③

★★★

68 다음 중 <보기>에서 설명하는 질병의 원인이 되는 금속은?

─────── <보기> ───────

일본의 도야마현에서 수질오염으로 인해 일어난 사고로서 이환되면 관절 등에 심한 통증을 수반하고 심하면 사망에 이르게 하는 질병으로, 이따이이따이 병이라고 부른다.

① 카드뮴   ② 납
③ 수은   ④ 아연
⑤ 구리

해설

이따이이따이 병의 원인은 중금속인 카드뮴이다. 함께 언급되는 공해병으로는 미나마타 병이 있으며, 미나마타 병의 경우 수은이 질병의 원인이다.

정답 ①

★★☆

69 다음 중 수돗물의 염소 소독의 특징이 <u>아닌</u> 것은?

① 타 소독제에 비해 소독력이 좋은 편이다.
② 소독 후 잔류하지 않는다.
③ 염소 특유의 냄새가 난다.
④ 타 소독제에 비해 가격이 저렴하다.
⑤ 오존과 함께 국내 정수장에서 대표적으로 사용하는 소독법이다.

해설

염소는 소독의 잔류효과가 크며, 이것은 소독에 있어서 장점으로 작용한다. 다만 잔류염소로 인해 특유의 수돗물 냄새가 나게 된다.

정답 ②

70 다음 <보기>의 인수공통전염병 중에서 설치류가 주로 일으키는 질병을 모두 고른 것은?

───────────── <보기> ─────────────

ㄱ. 렙토스피라   ㄴ. 캠필로박터 감염증
ㄷ. 살모넬라 감염증   ㄹ. 서교증

① ㄱ, ㄴ   ② ㄱ, ㄷ   ③ ㄱ, ㄹ
④ ㄴ, ㄷ   ⑤ ㄷ, ㄹ

해설

캠필로박터 및 살모넬라는 오염된 가금류 등을 섭취하여 발생하며 고기의 섭취가 직접적인 원인이 되는 경우가 많다. 서교증(쥐물음열)과 렙토스피라는 설치류가 주 원인이 된다.

정답 ③

71 다음 중 <보기>에서 설명하는 물질의 명칭으로 옳은 것은?

───────────── <보기> ─────────────

• 생명체의 정상적인 내분비 기능에 영향을 주는 합성 또는 자연적인 모든 화학물질을 의미한다.
• 피부, 호흡, 섭취 등으로 유입되어 생식이상, 성장발달이상, 면역저하, 발암 등을 일으킬 수도 있다.

① 환경호르몬   ② 방사능
③ 축산폐기물   ④ 중금속
⑤ 항생제

해설

환경호르몬 혹은 내분비교란물질이라고 부르는 이 물질은 생체 내의 일반호르몬과 달리 환경이나 생물체 내에서 쉽게 분해되지 않고 안정하여, 생체 내에 잔존하면서 내분비 물질인 호르몬의 작용을 교란하게 된다.

정답 ①

72 다음 중 <보기>에서 설명하는 국제기구의 이름으로 옳은 것은?

―――――――― <보기> ――――――――

1924년 전세계가 동물질병을 체계적으로 대비하고자 설립한 국제기구로 현재 총 182개국이 멤버로 등록되어 있다. 동물건강과 복지를 개선하는 권한이 부여되어 있으며 구제역, 광우병, 광견병 등 동물과 인간에게 전염될 수 있는 다양한 질병의 발생·예방·통제에 관한 내용을 공유하고 있다.

① WHO(World Health Organization)
② OIE(Office International des Epizooties)
③ CDC(Centers for Disease Control and Prevention)
④ US FDA(US Food and Drug Administration)
⑤ FAO(Food and Agriculture Organization of the United Nations)

해설
<보기>는 국제동물보건기구에 대한 설명이며 OIE라고 부른다. WHO는 세계보건기구, CDC는 미국 질병통제예방센터, US FDA는 미국 식품의약품안전처, FAO는 유엔식량농업기구를 의미한다.

정답 ②

★★☆
73 다음 중 <보기>에서 설명하는 물질의 명칭으로 옳은 것은?

―――――――― <보기> ――――――――

단백질 함량을 높게 하기 위해 분유, 사료 등에 첨가되기도 하였으며 신장에 독성이 있다. 사료와 분유 등에 식품첨가물로 사용되면서 중국, 한국, 미국 등에서 큰 문제를 일으켰으며, 이 물질이 포함된 분유를 먹고 영유아가 사망하는 사례도 보고되었다.

① 카제인   ② 구연산
③ 유청   ④ 멜라민
⑤ 아스파탐

해설
멜라민은 공업물질의 일종으로, 2008년 중국에서 생산된 분유 등에 첨가되어 식품안전상으로 큰 문제를 일으키기도 하였다. 질소를 포함하고 있기 때문에 우유 및 분유의 단백질 함량을 높이는 데 악용되었으며, 이로 인해 섭취한 영유아들이 사망하기도 하였다.

정답 ④

74 다음 중 <보기>의 ㉠, ㉡에 들어갈 숫자가 올바르게 연결된 것은?

―――――――――――――――― <보기> ――――――――――――――――

해썹(HACCP)의 관리는 세계 공통으로 (㉠)원칙 (㉡)절차에 의한 체계적인 접근 방식을 사용한다. (㉠)원칙은 HACCP 관리계획 수립에 있어 단계별로 적용되는 주요원칙이며, (㉡)절차는 준비단계와 본단계 (㉠)원칙 등으로 구성된 HACCP의 관리체계 구축절차이다.

	㉠	㉡
①	7	12
②	5	10
③	3	8
④	7	15
⑤	5	12

해설

해썹(HACCP)은 준비단계 5절차와 본단계인 HACCP 7원칙을 포함한 총 12단계의 절차로 구성된다. 따라서 정답은 7원칙 12절차이다.

정답 ①

75 소독, 세척, 살균, 멸균 등은 모두 미생물을 제어하는 기술이다. 다른 방법과 비교했을 때 멸균이 가지고 있는 차별점으로 옳은 것은?

① 위해세균만 사멸시킨다.
② 세균은 물론 바이러스까지 사멸시킨다.
③ 세균의 아포까지 사멸시킨다.
④ 다른 방법에 비해 빠르고 간편한 방법이다.
⑤ 물체의 표면에 있는 세균만 죽이는 방법이다.

해설

아포는 특정 세균이 만들어내는 형태로서 열, 건조, 영양부족 등에 높은 내성을 가지고 있다. 멸균은 이러한 내열성 아포까지 사멸시키는 것을 의미한다.

정답 ③

76 다음 중 이질에 대한 설명으로 옳지 않은 것은?

① 손의 위생이 중요하다.

② 국내에서는 발생이 적고 대부분 동남아 여행 등 해외 유입된 환자들이다.

③ 전염성이 매우 높다.

④ 심한 구토를 보이는 것이 특징이다.

⑤ 인수공통전염병이나, 사람과 사람 간의 감염이 주로 문제가 된다.

해설

이질은 *Shigella* spp.라는 세균이 원인으로서 인수공통전염병이나, 동물보다는 사람 사이에 주로 전염되는 질병이다. 전염성이 높고 장염을 일으키며 주된 증상은 설사와 그로 인한 탈수이다. 후진국병으로서 국내에서는 발생이 드물고, 국내 발생의 경우 대부분 동남아 등을 여행하고 온 입국자들에 의한 경우가 많다. Fecal-to-oral(대변-구강 감염) 경로를 통해 감염되기 때문에 손의 위생이 가장 중요하다.

정답 ④

★★☆

77 공통전파체로 인한 전파는 오염된 전파체가 동시에 많은 감수성 숙주에게 전파되어 폭발적인 감염자를 발생시킬 수 있는 전파 방법이다. 다음 <보기>에서 여기에 해당하는 공통전파체를 모두 고른 것은?

───── <보기> ─────	
ㄱ. 물	ㄴ. 우유
ㄷ. 식품	ㄹ. 비말핵

① ㄱ, ㄴ

② ㄱ, ㄷ

③ ㄱ, ㄴ, ㄷ

④ ㄱ, ㄷ, ㄹ

⑤ ㄴ, ㄷ, ㄹ

해설

공통전파체로 인한 전파는 물이나 우유, 혹은 식품의 경우처럼 동시에 많은 사람이 공통된 것을 섭취하여 폭발적인 감염자를 발생시키는 경우이다. 비말핵의 경우 공기에 의한 전파를 일으키며 공통전파체로 볼 수 없다.

정답 ③

78 다음 <보기>의 밑줄친 <u>이 질병</u>의 명칭으로 옳은 것은?

★★★

> ──────── <보기> ────────
>
> <u>이 질병</u>은 진드기가 원인이 되어 이동홍반(혹은 유주성 홍반, erythema migrans)을 보이는 것이 특징인 질병으로, 국내에서는 거의 발생하지 않고 미국 등 해외에서 주로 발생한다. 해외에서는 <u>이 질병</u>을 대상으로 반려견이 백신을 맞기도 하나 국내에서는 백신을 맞지 않는다.

① 중증열성혈소판감소증후군(SFTS) 　② 아나플라즈마 감염증
③ 바베시아 감염증 　　　　　　　　　④ 쯔쯔가무시
⑤ 라임병

해설

라임병(Lyme Disease)에 대한 설명이다. <보기>의 모든 질병은 진드기가 매개하는 질병이다. 라임병의 경우 이동홍반(혹은 유주성 홍반, erythema migrans)을 보이는 것이 특징이다. 특히 라임병의 경우 <보기>의 다른 질병들과 달리 국내에서는 발생이 거의 없다.

정답 ⑤

79 영아 보툴리누스증(Infant Botulism)의 주된 원인은?

★★☆

① 통조림 　　　　　　　　　　　② 레토르트식품
③ 분유 　　　　　　　　　　　　④ 모유
⑤ 꿀

해설

보툴리누스증은 보툴리누스균(Clostridium botulinum)이 산생하는 독소로 인해 각종 신경증상을 일으키는 질병이다. 다양한 감염경로가 있을 수 있으며, 식품으로 인한 감염의 경우 손상되거나 포장에 문제가 있는 통조림, 병조림, 레토르트 식품 등이 원인이다. 영아 보툴리누스증이라고 하여 1세 미만의 영아에서 발생하는 경우가 있는데, 이때의 주된 원인은 오염된 벌꿀로 알려져 있으므로 영아에게는 꿀을 먹이지 않는 것이 좋다.

정답 ⑤

★★☆
80 다음 <보기>의 ㉠, ㉡에 들어갈 단어가 올바르게 짝지어진 것은?

─────── <보기> ───────
렙토스피라에 사람이 감염되면 주로 (㉠)과 (㉡)에 질병(부전)을 일으킨다.

	㉠	㉡
①	간	신장
②	심장	신장
③	폐	관절
④	간	관절
⑤	심장	소장

해설

렙토스피라병(Leptospirosis)은 렙토스피라(*Leptospira* spp.)라는 그람음성세균에 의한 질병이다. 사람과 동물에서 고열, 황달, 용혈 등을 보이며 간과 신장의 기능부전을 동반한다.

정답 ①

CHAPTER 04 반려동물학

★★★
01 다음 중 동물의 진화에 대한 설명으로 옳지 <u>않은</u> 것은?

① 인간의 목적에 맞게 선택적 교배가 이루어지면서 개의 다양성이 생겨났다.

② 개는 고양이에 비해 적응력이 부족하여 사람과의 유대관계를 형성하는 데 매우 오랜 시간이 걸렸다.

③ 동물은 수렵시대에서 정착 농경사회로 진입하면서 사람과 공생관계를 형성하였고 가축화되었다.

④ 고양이는 곡물창고의 유해동물 퇴치용으로 인간에게 유입되기 시작했다.

⑤ 가축의 개념에서 정서적인 부분을 더하여 인간이 동물과 감정을 교류하는 존재로 인식되었다.

해설
개들은 적응력이 뛰어난 동물로, 고양이들보다 먼저 인간과 유대관계를 형성하였다.

정답 ②

★★★
02 다음 중 <보기>에서 설명하는 강아지의 품종으로 옳은 것은?

─── <보기> ───
이집트 원산의 사냥개로, 뛰어난 시각과 빠른 스피드로 동물을 탐지·추적·공격하는 수렵견으로 인기를 끌다가 중세 유럽에서는 왕족의 상징이 되기도 하였다.

① 웰시코기
② 스탠다드 푸들
③ 세인트 버나드
④ 그레이하운드
⑤ 달마티안

해설
<보기>는 수렵견에 해당하는 그레이하운드에 대한 설명이다.

정답 ④

★★☆

03 다음 중 <보기>에서 설명하는 고양이의 품종으로 옳은 것은?

─── <보기> ───

- 터키 앙카라 원산의 장모종 고양이로, 외향적이고 사교적이며 노는 것을 좋아한다.
- 늘씬하게 빠진 포린 타입의 체형을 가지고 있다.

① 터키시앙고라 　　② 노르웨이숲 　　③ 러시안블루
④ 페르시안 　　　　⑤ 먼치킨

해설
① <보기>는 터키시앙고라 고양이 품종에 대한 설명이다.
② 중장모를 가지며, 튼튼하고 호기심이 많아 산책 교육이 되었을 경우, 목줄을 매고 산책을 하기도 한다.
③ 피모는 이중으로 구성되어 있고 라이트 블루색으로 낯가림이 있지만 보호자에게 애교가 많다.
④ 장모종에 속하며 성격이 차분하고, 굵고 짧은 다리와 꼬리를 가지고 있으며 코가 납작하다.
⑤ 미국이 원산지이며 단모종으로 팔다리가 짧고 허리가 길다.

정답 ①

★★☆

04 다음 중 어린 자견에 대한 설명으로 옳지 않은 것은?

① 생후 2주 정도까지 해당하는 신생아기이다.
② 듣지도 보지도 못하여 먹고 자는 데에만 거의 모든 노력을 기울인다.
③ 어미 없이도 성장이 가능한 조성성 동물에 해당한다.
④ 모견의 뱃속에서 어느 정도 항체를 가지고 태어나 초유를 통해 질병의 저항력을 얻는다.
⑤ 스스로 배변활동이 어려워 모견이 자견의 배나 항문을 자극해 배변 유도를 한다.

해설
어린 자견의 시기에는 부모 없이는 움직임도 제대로 가눌 수 없는 만성성 동물에 해당한다. 이행기(과도기)에 와서야 스스로 배설이 가능해진다.

정답 ③

★★★
05 새로운 것을 경험하면서 알게 되는 것을 배우고 받아들이는 시기는?

① 신생아기 ② 사회화기 ③ 청소년기
④ 청년기 ⑤ 노령기

해설
① 신생아기에는 시각·청각의 기능은 갖추어져 있지 않지만 촉각·후각·미각이 갖추어져 있다.
② 외부자극에 반응하고 다양한 환경에 익숙하게 만들어주기 좋은 사회화기(감각기 시기)는 생후 20일~12주로, 애착 형성이 가능한 시기이다.

정답 ②

★★★
06 다음 중 사회화 교육에 대한 설명으로 옳은 것은?

① 모든 문제 행동을 예방할 수 있는 매우 중요한 시기이다.
② 장기적으로 꾸준한 교육을 시행해야 한다.
③ 선천적인 기질을 바꿀 수 있도록 교육을 강행해야 한다.
④ 강한 자극에 노출시켜 처음부터 나쁜 습관을 갖지 않도록 교육한다.
⑤ 문제 행동이 교정되면 교육시기가 끝난 것으로 보면 된다.

해설
개의 성격이 형성되는 사회화 시기에는 감각기능 및 운동기능이 발달하며, 놀이 행동이 시작되고 성견의 행동을 모방하기 시작한다. 또한 동물과 사람, 사물과 환경에 애착 형성이 가능하기 때문에 무리 없이 자극적이지 않게 교육을 지속적으로 관리하는 것이 필요하다.

정답 ②

★★★
07 개의 특성에 대한 설명으로 <u>잘못된</u> 것은?

① 개는 정체시력보다 동체시력이 발달하였다.
② 개가 냄새를 잘 맡을 수 있도록 촉촉한 코를 유지시켜준다.
③ 품종에 관계없이 모든 개는 후각이 발달되어 있다.
④ 개는 맛을 느낄 수 없다.
⑤ 개의 청각은 후각 다음으로 발달하였다.

해설
미각보다 후각을 사용해 음식을 먹기는 하지만 단맛, 신맛, 짠맛, 쓴맛을 느낄 수 있다.

정답 ④

★★☆
08 반려동물을 입양한 보호자의 행동으로 적절하지 <u>않은</u> 것은?

① 반려동물 입양 전 위험한 물건이나 부서지면 안 되는 물건 등이 반려동물에게 닿지 않도록 미리 정리해둔다.
② 원래 있던 곳에서 먹던 먹이가 있었다면 일부 가져와 먼저 주어 음식 적응을 돕는다.
③ 기르던 동물과 잘 지낼 수 있도록 서로의 향에 익숙해질 때까지 공간을 분리해 돌봐준다.
④ 입양한 후 기운이 없고 움직임이 적다면 하루 정도 지켜보다가 병원에 데리고 간다.
⑤ 입양 후 집에 도착하면 바로 반려동물을 계속 만지며 스킨십을 해준다.

해설
입양 후 가능하면 스스로 환경에 적응할 수 있게 필요 이상 건드리지 않도록 하루 정도 지켜보도록 한다.

정답 ⑤

★★☆
09 다음 중 반려동물의 사양관리 방법으로 옳은 것은?

① 건사료를 잘 씹지 못하는 강아지의 경우라면 2~3일 정도만 사료를 물에 불려서 준다.
② 성장속도가 빠른 시기에는 사료의 양을 줄여 많이 커지지 않도록 한다.
③ 비만인 고양이는 사료를 하루에 한 번만 급여하도록 한다.
④ 성견, 성묘가 된 후에도 자견, 자묘용 사료를 좋아하면 계속 급여해도 된다.
⑤ 노령견, 노령묘가 된 후에는 충분한 영양 섭취를 위해 사람이 먹는 음식을 함께 급여한다.

해설
치아 건강을 유지하기 위해 단단한 건사료에 적응할 수 있도록 유도한다.

정답 ①

★★☆
10 다음 중 고양이의 습성에 대한 설명으로 <u>틀린</u> 것은?

① 세력권을 가지고 자신의 구역엔 자기 냄새를 표시한다.
② 정해진 곳에 배변하는 습성을 가지고 있다.
③ 행동 개시를 할 때 발톱갈기를 한다.
④ 땀을 흘려 체온을 조절한다.
⑤ 단독생활을 좋아하나 상황에 따라 무리지어 생활하기도 한다.

해설
고양이는 헐떡이거나 스스로 그루밍을 하여 체온을 조절한다.

정답 ④

11 고양이의 신체적 특징으로 옳은 것은?

① 고양이는 교미번식을 하는 동물이다.

② 가까이 있는 것을 잘 본다.

③ 개보다 청력이 떨어진다.

④ 꼬리가 짧은 고양이는 높은 곳을 올라갈 수 없다.

⑤ 고양이의 긴 수염은 이동하는 데 불편할 수 있으므로 잘라준다.

해설

고양이는 사람이 들을 수 없는 소리까지도 들을 수 있으며 개보다 청력이 뛰어나다. 고양이는 계절 번식성 다발정 동물로 교미번식을 하며, 번식기 동안의 발정은 10~14일 주기로 반복된다.

정답 ①

12 다음 중 고양이 품종에 대한 설명으로 옳은 것은?

① 코리안 숏헤어도 아메리칸 숏헤어처럼 전세계 품종묘로 등재되어 있다.

② 소말리는 아비시니안의 육종 과정에서 발생한 장모종이다.

③ 모든 대형묘들은 특별한 훈련 없이도 산책이 가능하다.

④ 스코티시 폴드는 모두 귀가 접힌 채로 태어난다.

⑤ 꼬리가 없거나 짧은 고양이는 모두 맹크스이다.

해설

소말리는 단모종인 아비시니안의 돌연변이로 태어난 장모종이다.

정답 ②

13 개의 품종별 견종이 잘못 짝지어진 것은?

① 목양견-셔틀랜드 쉽독 ② 조렵견-포인터 ③ 수렵견-진돗개
④ 사역견-세퍼드 ⑤ 호위견-시츄

해설

시츄는 애완견으로 분류되며 치와와, 말티즈, 비숑, 푸들 등이 있다.

정답 ⑤

14 개의 품종별 특징을 잘못 설명한 것은?

★★☆

① 목양견 – 가축을 돌보는 데 사용된다.

② 조렵견 – 새를 사냥하는 데 사용된다.

③ 수렵견 – 특정 장소를 지키기 위해 사용된다.

④ 사역견 – 특수한 목적을 가지고 일을 하는 데 사용된다.

⑤ 테리어 그룹 – 농장에서 작은 동물을 사냥하는 데 사용된다.

해설

수렵견은 동물을 탐지·추적·공격하는 등 사냥을 하기 위해 사용된다.

정답 ③

15 개의 예방접종에 대한 설명으로 가장 적절한 것은?

★★☆

① 모견의 초유를 먹고 자란 강아지는 수동면역을 가지고 있기 때문에 예방접종을 따로 해주지 않아도 된다.

② 아픈 증상이 나타났을 때 치료하기 위한 방법 중 하나이다.

③ 예방접종은 태어나서 한 번만 해줘도 해당 질병을 예방할 수 있다.

④ 예방접종 후에도 항체가 생성되지 않았다면 해당 백신은 추가로 접종할 수 있다.

⑤ 예방접종이 끝날 때까지 외부 환경에 노출되지 않도록 집에만 있어야 한다.

해설

질병에 방어할 수 있는 항체를 생성하기 위해 예방접종을 하는 것이기 때문에, 방어항체가 생성되지 않았다면 추가로 접종해 인공능동면역을 생성시켜주는 것이 안전하다.

정답 ④

16 다음 중 강아지 종합백신 DHPPL 예방접종의 병원체가 아닌 것은?

★★☆

① 홍역   ② 개독감   ③ 켄넬코프

④ 전염성간염   ⑤ 파보바이러스장염

해설

종합백신 DHPPL에는 홍역, 개전염성간염, 파보바이러스장염, 개독감, 렙토스피라 총 5개의 예방접종 병원체가 포함되며 그 중 렙토스피라는 인수공통감염병에 해당된다.

정답 ③

17 다음 <보기>에서 설명하는 질환의 명칭으로 옳은 것은?

> ─────── <보기> ───────
> • 눈꺼풀이 안쪽으로 말려들어가 있는 상태로, 털이 눈동자를 찌르고 자극하여 각막 표면에 통증을 일으킨다.
> • 샤페이에게서 자주 볼 수 있는 안구 질환이다.

① 녹내장　　　　　　　② 결막염　　　　　　　③ 안검내번증
④ 제3안검 탈출증　　　⑤ 유루증

해설

<보기>는 안검내번증에 대한 설명이다.
① 안압이 상승하여 나타난 질병이다.
④ 체리아이(순막노출증)라고 부르며 매끄럽고 둥근 붉은색의 부위가 노출된 상태로 주로 눈이 돌출되어 있는 견종인 잉글리쉬 불독, 불테리어, 복서, 스파니엘, 페키니즈 및 비글 등에서 많이 발생한다.

정답 ③

18 건강한 강아지를 선택하는 방법으로 적절하지 <u>않은</u> 것은?

① 얌전하게 움직임 없이 가만히 있다.
② 눈곱이 없고 결막에 충혈이 없으며 맑고 총명한 눈을 가졌다.
③ 귀 안은 분비물이 없고 냄새가 나지 않는다.
④ 털에 윤기가 나며 탈모가 없고 항문 부위가 청결하다.
⑤ 잇몸은 냄새가 나지 않고 분홍빛을 띤다.

해설

아파서 움직임이 없을 수 있기 때문에 다른 건강상태도 파악하도록 한다.

정답 ①

★★★
19 반려동물의 건강한 치아를 유지하기 위한 관리법으로 적절한 것은?

① 치아에 무리가 가지 않도록 매일 부드러운 습식사료만 급여한다.
② 매일 양치질을 해주도록 한다.
③ 양치질을 매일 한다면 스케일링 검진은 받지 않아도 된다.
④ 치아관리를 위해 매일 단단한 뼈를 씹도록 제공한다.
⑤ 치아 질환이 생기지 않도록 필요 없는 치아는 모두 뽑아둔다.

해설

양치질을 통해 치아 질환을 예방할 수 있도록 한다.

정답 ②

★★★
20 원충이나 감염된 쥐, 새 등에 의해 전염되며 사람과 고양이에게 공통으로 나타나는 인수공통감염병으로 옳은 것은?

① 톡소플라즈마   ② 전염성 복막염   ③ 콕시디움 감염증
④ 클라미디아   ⑤ 범백혈구감소증

해설

문제는 톡소포자충에 감염된 쥐, 새 등에 의해 전염되는 톡소플라즈마에 대한 설명이다.

정답 ①

★★★
21 고양이나 토끼에게서 나타나는 헤어볼(모구증)의 원인으로 옳지 않은 것은?

① 장 내에 남아 변비가 생기거나 식욕을 떨어뜨릴 수 있다.
② 스스로 그루밍하는 고양이의 특성에 의한 질병이다.
③ 삼킨 털은 구토나 배설로 나온다.
④ 헤어볼 예방을 위해 자주 빗질해준다.
⑤ 단모종에게서는 볼 수 없는 질병이다.

해설

모구증(헤어볼)은 섭취한 털이나 이물질 등이 배출되지 못하고 위를 막아 발생하는 질병으로 털 길이에 상관없이 털을 핥고 다듬는 고양이의 습성에 의해 털을 많이 삼켜서 나타나는 질병이다. 이로 인해 소화 기능을 멈추게 하여 식욕이 없어지며, 배변에도 이상이 나타난다.

정답 ⑤

★★★
22 다음 중 결핍 시 심근 비대증을 유발할 수 있는 고양이의 필수 영양소는?

① 비타민

② 타우린

③ 단백질

④ 미네랄

⑤ 마그네슘

> **해설**
> 고양이에게 타우린이 결핍되면 시력장애와 심근비대증과 같은 심장질환을 일으킬 수 있다.

> **정답** ②

★★★
23 고양이의 질병 예방을 위한 설명으로 옳지 <u>않은</u> 것은?

① 생후 6~8주령부터 3~4주 간격으로 3종 예방접종을 실시해준다.

② 비뇨기계 질환 예방을 위해 신선한 물을 자주 섭취할 수 있도록 한다.

③ 그루밍을 하는 고양이는 구강 내 세균 번식이 쉬워 치아관리에 신경써줘야 한다.

④ 산책을 하지 않는 고양이라면 따로 심장사상충 예방을 해주지 않아도 된다.

⑤ 고양이도 항문낭에 항문낭액이 축적되므로 염증이 발생하지 않도록 관리한다.

> **해설**
> 중간 숙주인 모기나 유충에 의해 나타나는 혈액 내 기생충성 질환이기 때문에 집에서 기르는 고양이도 심장사상충에 대한 예방이 필요하다.

> **정답** ④

★★★
24 다음 중 인수공통감염병에 해당하지 <u>않는</u> 것은?

① 광견병

② 클라미디아

③ 브루셀라

④ 톡소플라즈마

⑤ 강아지 아토피

> **해설**
> 유전적 원인이나 음식, 환경 등에 대한 과민반응을 보이는 아토피는 전염성을 지닌 피부병이 아니다.

> **정답** ⑤

25 다음 중 브러싱의 효과가 <u>아닌</u> 것은?

① 피부에 적당한 자극을 줌으로써 신진대사와 혈액순환 개선에 도움을 줄 수 있다.
② 각질을 형성해 목욕의 횟수를 증가시킬 수 있다.
③ 보호자와의 교감을 통해 신뢰를 쌓을 수 있다.
④ 피부의 유분 조절을 통해 윤기 나는 피모를 유지할 수 있다.
⑤ 피모의 더러운 이물질을 제거하고 털이 엉키는 것을 방지할 수 있다.

해설
피부의 각질을 제거해주고 새로운 세포가 증식할 수 있도록 도와준다.

정답 ②

26 다음 중 올바른 귀 관리 방법이 <u>아닌</u> 것은?

① 귓속 통풍에 신경써서 관리하도록 한다.
② 귓속에 이물질이 남지 않도록 매일 면봉을 사용하여 완벽하게 이물질을 제거해준다.
③ 반려동물 귀 전용 세정액을 이용해 주 1회 정도 관리해준다.
④ 목욕할 때 귀에 물이 들어가지 않도록 주의한다.
⑤ 귀 진드기 등으로 인한 귓병이 생겼을 경우 고름을 억지로 닦아 자극을 주려고 하지 말고
  병원에서 치료받도록 한다.

해설
면봉 등으로 귓속에 자극을 주는 것은 위험할 수 있기 때문에 필요시 반려동물 귀 전용 세정액을 사용해 관리해주도록 한다.

정답 ②

27 다음 중 반려동물의 발톱관리 방법으로 옳은 것은?

① 개는 산책을 통해 발톱이 갈리기 때문에 따로 잘라 줄 필요는 없다.
② 고양이들은 스크래처에 스스로 발톱을 갈기 때문에 그냥 놔둬도 된다.
③ 발톱을 자주 깎지 않도록 가능하면 짧게 잘라주도록 한다.
④ 발톱을 깎는 것이 하나의 놀이처럼 느껴지도록 어릴 때부터 훈련하도록 한다.
⑤ 발톱 깎는 것에 반려동물이 스트레스를 받는다면 평생 깎지 않도록 발톱을 뽑아준다.

해설
발톱이 너무 길면 발가락 기형이나 다리 관절에 무리가 올 수 있기 때문에 발톱 깎는 것이 스트레스가 되지 않도록 잘 관리해야 한다.

정답 ④

★★★
28 반려동물의 목욕 순서가 올바르게 나열된 것은?

① 브러싱－항문낭 짜기－샴푸－헹굼－드라이 ② 항문낭 짜기－샴푸－헹굼－브러싱－드라이

③ 드라이－샴푸－헹굼－브러싱－항문낭 짜기 ④ 샴푸－헹굼－드라이－항문낭 짜기－브러싱

⑤ 브러싱－샴푸－헹굼－드라이－항문낭 짜기

해설

브러싱을 통해 털 정리를 해준 후 목욕을 한다. 항문낭을 짜게 되면 냄새가 심하기 때문에 가급적 목욕 전에 시행하도록 한다.

정답 ①

★★★
29 다음 중 반려동물의 위생·미용관리 방법으로 가장 적절한 것은?

① 반려동물의 샴푸는 털의 특성, 피부상태에 따라 사람이 사용하는 것을 선택해도 된다.

② 목욕시키기 어렵다면 털을 다 밀어 관리한다.

③ 발바닥 털도 정기적으로 클리핑 해주어 보행이 불편하지 않도록 한다.

④ 장모종의 경우에만 미용관리에 신경써주면 된다.

⑤ 고양이는 스스로 그루밍할 수 있기 때문에 어떠한 위생·미용관리도 해주지 않는다.

해설

발바닥 털이 길게 자라 발바닥 패드를 덮는 경우라면 쉽게 미끄러지며, 관절에 이상이 생기거나 슬개골 탈구의 원인이 되기도 한다.

정답 ③

★★★
30 다음 중 동물보호의 기본원칙에 해당하지 <u>않는</u> 것은?

① 동물이 본래의 습성과 신체의 원형을 유지하면서 정상적으로 살 수 있도록 한다.

② 동물이 갈증 및 굶주림을 겪거나 영양이 결핍되지 아니하도록 한다.

③ 동물이 정상적인 행동을 표현할 수 있고 불편함을 겪지 아니하도록 한다.

④ 동물이 언제 어디에서나 자유로울 수 있도록 한다.

⑤ 동물이 공포와 스트레스를 받지 아니하도록 한다.

해설

동물이 고통·상해 및 질병으로부터 자유롭도록 한다.

정답 ④

★★★
31 동물의 적정한 사육·관리 방법에 해당하지 않는 것은?

① 소유자 등은 동물에게 적합한 사료와 물을 공급한다.

② 소유자 등은 관리대상 동물이 다른 새로운 장소로 옮긴 경우라면 가급적 신경쓰지 않도록 한다.

③ 동물의 종류, 크기, 특성, 건강상태, 사육목적 등을 고려하여 최대한 적절한 사육환경을 제공해야 한다.

④ 소유자 등은 동물이 질병에 걸리거나 부상 당한 경우에는 신속하게 치료하거나 그밖에 필요한 조치를 하도록 노력해야 한다.

⑤ 전염병 예방을 위해 예방접종을 실시하고, 개는 구충제의 효능 지속기간이 끝나기 전에 주기적으로 구충을 해야 한다.

해설

소유자 등은 동물을 관리하거나 다른 장소로 옮긴 경우 그 동물이 새로운 환경에 적응하는 데 필요한 조치를 하도록 노력하여야 한다.

정답 ②

★★★
32 등록대상동물에 대한 내용으로 옳지 않은 것은?

① 등록대상동물의 소유자는 동물의 보호와 유실·유기 방지를 위하여 동물등록대행기관, 관할 지자체에 등록대상동물을 등록 신청한다.

② 등록대상동물을 잃어버린 경우에는 등록대상동물을 잃어버린 날부터 10일 이내에 신고하여야 한다.

③ 등록대상동물의 소유권을 이전 받은 경우 소유권을 이전 받기 전 기존 주소지를 관할하는 지자체에 10일 이내 신고하여야 한다.

④ 소유자 등은 등록대상동물을 기르는 곳에서 벗어나게 하는 경우 소유자의 연락처 및 동물등록번호 등을 표시한 인식표를 등록대상동물에게 부착하여야 한다.

⑤ 고양이는 등록대상동물에 해당되지 않는다.

해설

등록대상동물의 소유권을 이전 받은 경우 소유권을 이전 받은 날로부터 30일 이내 자신의 주소지를 관할하는 지자체에 신고하여야 한다.

정답 ③

33 「동물보호법」에 따른 맹견에 해당하지 <u>않는</u> 품종은?

① 도사견과 그 잡종의 개
② 로트와일러와 그 잡종의 개
③ 아메리칸 핏불테리어와 그 잡종의 개
④ 스태퍼드셔 불테리어와 그 잡종의 개
⑤ 셰퍼드와 그 잡종의 개

해설
「동물보호법」에 따르면 셰퍼드는 맹견에 해당하지 않는다. ①~④번과 함께 아메리칸 스태퍼드셔 테리어와 그 잡종의 개가 맹견에 포함된다.

정답 ⑤

34 「동물보호법」에 따른 맹견 관리에 대한 설명으로 옳지 <u>않은</u> 것은?

① 소유자 등 없이 맹견을 기르는 곳에서 벗어나지 아니하도록 한다.
② 3개월 이상인 맹견을 동반하고 외출할 때에는 목줄 및 입마개 등 안전장치를 하도록 한다.
③ 맹견이 사람에게 신체적 피해를 주는 경우 소유자 등의 동의 없이 맹견에 대하여 필요한 조치를 취할 수 있다.
④ 어린이집이나 유치원에 맹견이 출입할 때는 맹견을 컨트롤할 수 있는 훈련 전문가가 동반되어야 한다.
⑤ 맹견의 소유자는 맹견의 안전한 사육 및 관리에 관한 교육을 정기적으로 받아야 한다.

해설
어린이집이나 유치원에는 맹견이 출입할 수 없다.

정답 ④

35 다음 중 유실·유기동물 보호센터의 기능으로 옳지 <u>않은</u> 것은?

① 유실·유기동물의 판매
② 유실·유기동물의 구조·보호조치
③ 보호동물의 공고
④ 유실·유기동물 발생 예방 교육
⑤ 유실·유기동물의 반환 및 인도적 처리

해설
유실·유기동물의 판매는 보호센터의 기능이 아니다.

정답 ①

★★☆
36 다음 중 동물학대행위에 해당하지 않는 것은?

① 같은 종류의 다른 동물이 보는 앞에서 죽음에 이르게 하는 행위

② 사람의 생명·신체·재산의 피해 등 정당한 사유에 의해 동물을 죽음에 이르게 하는 행위

③ 고의로 사료 또는 물을 주지 아니하는 행위로 인하여 동물을 죽음에 이르게 하는 행위

④ 도박·광고·오락·유흥의 목적으로 동물에게 상해를 입히는 행위

⑤ 살아있는 상태에서 동물의 신체를 손상하거나 체액을 채취하는 등 고통을 주는 행위

해설

동물로 인한 사람의 생명·신체·재산의 피해 등 정당한 사유 없이 죽음에 이르게 하는 행위는 동물학대행위에 해당한다.

정답 ②

★★☆
37 반려동물의 소화구조에 대한 설명으로 옳은 것은?

① 개는 잡식성 동물로 사람이 먹는 음식은 모두 먹을 수 있다.

② 개는 위가 많이 확장되지 않아 음식을 조금씩 자주 나누어 먹어야 한다.

③ 고양이는 한 번에 많은 양을 먹어 위에 저장시켜 둔다.

④ 고양이는 육식동물로 탄수화물 소화가 어려워 적정량을 먹도록 한다.

⑤ 고양이는 음식을 잘게 다져 씹어 먹기 때문에 바로 소화시킬 수 있다.

해설

고양이는 소화가 어려운 탄수화물을 많이 섭취하게 되면 혈당이 높아져 당뇨병이 일어날 수 있기 때문에 탄수화물의 함량이 36% 이하인 주식을 선택하여 급여하도록 한다.

정답 ④

38 개와 고양이를 위한 필수 영양소에 대한 설명으로 <u>잘못된</u> 것은?

① 물은 하루에 먹는 칼로리만큼 충분히 공급되어야 한다.

② 육식동물인 고양이도 탄수화물을 적정량 섭취하도록 한다.

③ 지방을 흡수하면 비만의 원인이 되기 때문에 가급적 급여하지 않도록 한다.

④ 개는 10종, 고양이는 11종의 필수아미노산을 필요로 하며 음식물을 통해서 공급해주어야 한다.

⑤ 개와 고양이는 비타민C를 체내에서 스스로 만들 수 있기 때문에 과다하게 섭취하지 않도록 한다.

> 해설
> 에너지를 가장 많이 공급할 수 있는 지방은 필수 영양소이기 때문에 적정량 급여하여야 한다.

> 정답 ③

39 반려동물 식품을 선택할 때 반드시 고려해야 할 사항이 <u>아닌</u> 것은?

① 기호성 ② 흡수율

③ 영양균형 ④ 원료의 안전성

⑤ 브랜드 인지도

> 해설
> 반려동물에게 좋은 식품을 급여하기 위해서는 기호성, 흡수율, 영양균형, 원료의 안전성을 고려해야 한다.

> 정답 ⑤

40 다음 중 반려견이 먹어도 되는 식재료는?

① 블루베리 ② 포도

③ 초콜릿 ④ 마카다미아

⑤ 양파

> 해설
> 항산화물질이 풍부한 블루베리는 건강한 반려견에게 적정량 급여가 가능한 식재료이다. 반려견의 소화를 돕기 위해 잘게 다져주거나 익혀주는 것이 좋다.

> 정답 ①

★★★
41 개와 고양이의 식이를 결정할 때 영양학적 요구량에 영향을 미치지 <u>않는</u> 요인은?

① 견/묘종의 활력도　　② 견/묘종의 나이　　③ 견/묘종의 털 길이
④ 중성화 여부　　⑤ 스트레스

해설
털 길이는 영양학적 요구량에 영향을 미치지 않는다.

정답 ③

★★★
42 비만인 반려동물을 위한 옳은 다이어트 식습관이 <u>아닌</u> 것은?

① 하루에 필요한 에너지 총량을 구한 후 1일 급여량을 선택한다.
② 목표체중을 정한 후 지속적으로 체중 변화를 확인한다.
③ 섬유소가 풍부하고 저칼로리의 다이어트 사료를 선택한다.
④ 목표체중에 도달할 때까지 사료를 계속 줄여 급여한다.
⑤ 목표체중에 달성한 후에도 지속적으로 관리해준다.

해설
1주일에 몸무게의 1% 정도를 감소시킨다는 목표를 정한 후 체중변화를 확인하면서 급여량을 조절해야 한다.

정답 ④

★★★
43 반려동물의 사료 급여에 대한 내용으로 가장 적절한 것은?

① 고양이에게 강아지 사료를 지속적으로 급여해도 된다.
② 반려동물이 주식을 먹지 않으면 주식 대신 잘 먹는 간식을 지속적으로 급여한다.
③ 강아지가 일정시간 이내에 음식을 먹지 않으면 자율 급식으로 변경해준다.
④ 반려동물에게 사료를 급여하는 사람이 여러 명이라면 하루에 먹을 양을 계산하여 1일 급식 상자에 보관하여 급여하도록 한다.
⑤ 간식은 보호자가 주고 싶을 때마다 지속적으로 급여한다.

해설
반려동물의 건강을 유지하기 위해 하루에 정해진 양만큼 급여하도록 가족 간에 규칙을 정하는 것이 좋다. 매일 급여상자에 하루에 먹을 양을 보관한 후 상자 안에 있는 정해진 양만 급여할 수 있도록 한다.

정답 ④

★★★
44 반려동물관리를 위한 용품에 대한 설명으로 잘못된 것은?

① 반려견 외출을 위한 리드줄은 2m 이내의 길이를 선택한다.
② 반려동물의 이동가방은 반려동물이 편안한 상태로 앉거나 엎드릴 수 있는 크기가 적당하다.
③ 사람보다 약한 피부를 가진 반려동물에게는 알칼리성 샴푸를 사용한다.
④ 반려동물에게 사람 치약을 사용하지 않도록 한다.
⑤ 발톱갈기가 본능인 고양이에게는 스크래처를 필수적으로 구매해줘야 한다.

해설
사람보다 약한 피부를 가진 반려동물에게는 중성 샴푸를 사용한다.

정답 ③

★★☆
45 다음 중 고양이 화장실에 대한 설명으로 옳은 것은?

① 두부모래는 천연 두부를 이용해 만들었기 때문에 고양이들이 먹어도 된다.
② 고양이의 화장실을 선택할 때 크기와 개수는 고려하지 않아도 된다.
③ 벤토나이트 모래는 물에 잘 녹기 때문에 변기에 버린다.
④ 고양이 모래는 보호자가 관리하기 편한 것으로만 선택하면 된다.
⑤ 고양이가 화장실을 사용할 때 불안해하지 않을 위치를 선택해 놔둔다.

해설
고양이가 화장실 사용에 불편함이 없도록 안정된 위치에 두는 것이 좋다.

정답 ⑤

★★★
46 다음 <보기>와 같은 질병이 발생할 수 있는 품종이 아닌 것은?

────── <보기> ──────
• 증상: 선천적으로 코가 짧아서 호흡하기 어렵고 숨을 쉴 때마다 코골이가 심하다.
• 원인: 선천적으로 코가 짧고 입천장과 목젖에 해당하는 연구개가 늘어져 숨을 막는다.

① 시추　　　　　② 불독　　　　　③ 동경이
④ 페키니즈　　　⑤ 보스턴테리어

해설
① 시추는 티베트가 원산지이며 기품 있는 분위기의 풍부한 피모를 가졌고 양쪽 눈 사이가 넓은 편이다.
③ 동경이는 현재 경주에서 사육 중인 천연기념물 540호로, 진돗개와 외모가 비슷한 편이지만 꼬리가 없거나 5cm로 짧은 것이 특징이다.

정답 ③

★ ★ ★
47 반려동물의 장난감에 대한 설명으로 적절하지 <u>않은</u> 것은?

① 반려동물이 좋아한다면 재질의 안전성과 위생은 고려하지 않아도 된다.

② 장난감을 이용해 놀이를 함으로써 보호자와의 유대관계를 형성할 수 있다.

③ 장난감을 통한 놀이 또는 훈련이 즐겁고 새로운 자극을 주는 시간이 될 수 있도록 사용하지 않을 때는 장난감을 반려동물이 보이지 않는 곳에 보관해둔다.

④ 매일 다양한 장난감으로 새로운 자극을 줄 수 있도록 놀아준다.

⑤ 장난감이 단순한 놀이의 개념뿐 아니라 다양하고 즐거운 훈련이 될 수 있도록 교육한다.

해설
대부분의 장난감은 반려동물이 입으로 물고 놀 수 있기 때문에 재질의 안전성을 고려하고 위생에 신경쓰도록 한다.

정답 ①

★ ★ ★
48 반려견의 생리에 대한 설명으로 옳은 것은?

① 체온(℃)은 약 36.5~37.0℃ 사이이다.

② 소형견이 대형견보다 맥박이 빠르다.

③ 정상 혈압은 수축기 120~170mmHg, 이완기 70~120mmHg이다.

④ 호흡수는 평균 5~10회/분이다.

⑤ 영구치는 총 30개로 상악과 하악의 개수가 다르다.

해설
① 체온(℃)은 약 38~39℃ 사이이다.
② 맥박은 소형견 80~120회/분, 대형견 60~80회/분으로 임신 중이거나 운동·흥분 상태에 따라 다를 수 있다.
③ 정상 혈압은 수축기 120~130mmHg, 이완기 80~90mmHg이다.
④ 호흡수는 평균 18~25회/분이다.
⑤ 영구치는 총 42개로 상악과 하악의 개수가 다르다.

정답 ②

★★☆
49 반려동물 훈련에 필요한 자세와 마음가짐으로 적절하지 <u>않은</u> 것은?

① 반려동물과의 유대관계를 형성한다.
② 반려동물에게 훈련이 하나의 놀이처럼 즐거운 시간이 되도록 한다.
③ 훈련을 시키는 사람의 기분에 따라 강도가 달라질 수 있다.
④ 가장 효율적이며 효과적인 방법을 찾는다.
⑤ 훈련을 시키는 사람은 평정심을 유지하고 단호한 태도를 가져야 한다.

해설

훈련을 할 때는 반려동물에게 일관성 있는 태도로 자신 있는 모습과 모범을 보여야 한다.

정답 ③

★★☆
50 다음 중 개의 훈련 시기에 따른 설명이 올바르게 짝지어진 것은?

① 생후~8주: 낯선 환경에 최대한 많이 노출시키도록 한다.
② 8주~12주: 신체적 교감을 자주 해주며 보호자와 유대관계를 먼저 형성한다.
③ 12주~5개월: 기본 복종훈련을 강행한다.
④ 5개월~1년: 독스포츠 훈련을 교육한다.
⑤ 1년 이후: 더 이상의 훈련을 진행할 수 없다.

해설

사회화기에는 보호자와의 유대관계를 기반으로 사회 적응을 시켜주고, 12주~5개월에는 사회성을 강화시키기 위한 다양한 기초훈련을 진행하도록 한다. 5개월~1년에는 기본 복종훈련을, 1년 이후에는 특수훈련을 진행하는 것이 적절하다.

정답 ②

★★☆
51 다음 중 개의 행동에 따른 의미를 <u>잘못</u> 해석한 것은?

① 보호자의 눈을 바라보기－보호자를 좋아한다는 의미이다.
② 급한 상황에서 하품하기－불안, 스트레스를 받고 있다.
③ 기지개를 펴기－상대와의 충돌을 피하기 위해 진정시키려는 신호이다.
④ 코를 날름 핥기－불안한 마음을 스스로 진정시키려고 한다.
⑤ 엎드리기－공격을 하기 위한 자세이다.

해설

엎드리는 경우는 자신을 두려워한다고 느끼는 상대방에게 흥분하지 말고 진정하라는 의미를 갖는다.

정답 ⑤

★★☆

52 다음 중 고양이의 신체적 언어의 의미를 <u>잘못</u> 해석한 것은?

① 눈의 동공이 크게 열림 – 겁을 먹어 두려울 때 나타난다.
② 꼬리를 꼿꼿하게 세움 – 기분이 좋을 때 나타난다.
③ 몸을 아치형으로 부풀림 – 방어적으로 공격할 자세를 나타낸다.
④ 꼬리를 바닥에 탁탁 세게 침 – 같이 놀자는 의미를 나타낸다.
⑤ 수염이 앞으로 향해 있음 – 주변 반응에 대한 호기심을 나타낸다.

해설
꼬리를 바닥에 세게 치는 것은 상대방의 행동에 불만족을 표현하는 것으로, 그만하라는 의미로 해석된다.

정답 ④

★★☆

53 반려동물 훈련에 따른 보상과 처벌 중 부적절한 방법은?

① 잘못된 행동을 제거하기 위해 처벌은 무조건 강하게 적용한다.
② 목표행동은 쉽게 정한다.
③ 좋은 행동 강화를 위해 보상은 많이 받을 수 있도록 한다.
④ 어떤 보상이 언제 어떻게 주어질지 예측하지 못하도록 다양하게 시도한다.
⑤ 어떠한 행동에 대해 보상과 처벌을 할 것인지 명확하게 하고, 그러한 행동을 하는 순간 바로 보상과 벌을 주도록 한다.

해설
너무 강한 처벌은 정신적·육체적 손상 등의 부작용이 따라올 수 있으며 공격성을 유발할 수 있기 때문에 주의해야 한다.

정답 ①

★★☆

54 반려동물 훈련 시 처벌의 방법으로 옳은 것은?

① 도구를 이용해 처벌한다.
② 반려동물이 자기의 행동과 처벌의 상관관계를 이해할 수 있도록 한다.
③ 반려동물의 이름을 명확히 부르며 처벌한다.
④ 반려동물을 아이 다루듯 어르고 달래며 처벌한다.
⑤ 동일한 상황에 대한 처벌은 때에 따라서 다르게 적용될 수도 있다.

해설
반려동물을 처벌할 때에는 반려동물이 행동한 행동과 처벌의 상관관계를 이해할 수 있도록 처벌해야 하는 행동을 했을 때 그 즉시 이루어지도록 해야 한다.

정답 ②

55 ★☆☆ 다음 <보기>에서 설명하는 용어의 명칭으로 옳은 것은?

─────── <보기> ───────

동물이 반응을 일으키기에 충분한 강도의 자극을 주어, 동물이 그 반응이 일어나지 않을 때까지 반복하는 행동 수정법

① 탈감작　　② 자극일반화　　③ 홍수법　　④ 반응형성　　⑤ 소거

> **해설**
> <보기>는 자극에 반복적으로 노출해 그 자극에 대한 반응이 감소하는 순화의 홍수법에 대한 설명이다.

> **정답** ③

56 ★★☆ 다묘 가정에서 고양이들 사이의 갈등을 해결하는 방법으로 옳지 <u>않은</u> 것은?

① 고양이가 좋아하는 페로몬 향을 이용한다.
② 고양이들에게 다양한 자극을 줌으로써 서로에게 집중할 수 있는 시간을 최소화한다.
③ 격리를 통해 각자 진정할 수 있는 시간과 공간을 준다.
④ 먹을 것을 끊임없이 제공해 풍족함을 인식시켜준다.
⑤ 물, 음식!, 화장실 등을 다양한 곳에 두어 풍부한 환경을 만들어 영역이 겹치지 않도록 해준다.

> **해설**
> 다묘 가정에서의 갈등은 먹이부족으로 인한 갈등만 있는 것이 아니기 때문에 다양한 자극과 풍부한 환경을 제공해 에너지를 분출할 수 있도록 한다.

> **정답** ④

57 ★★☆ 동물과의 상호작용을 통해 얻을 수 있는 효과가 <u>아닌</u> 것은?

① 스트레스를 해소할 수 있다.
② 긴장감과 불안감을 감소시킬 수 있다.
③ 새로운 지식과 기술 습득이 가능하다.
④ 타인에 대한 이해력과 배려심을 향상시킬 수 있다.
⑤ 우울감을 증가시킬 수 있다.

> **해설**
> 동물과의 유대관계를 통한 상호작용은 우울감을 경감시키고, 동물과의 다양한 놀이 활동을 통해 기분을 개선하며 흥미 유발이 가능하다.

> **정답** ⑤

★★★

58 다음 중 반려동물에 대한 설명으로 옳은 것은?

① 고기, 알 등을 얻기 위한 목적으로 사육하는 동물

② 반려 목적으로 동료, 가족의 일원으로 사람과 함께 사는 동물

③ 다양한 실험을 하기 위해 태어난 동물

④ 사람에게 즐거움의 도구로 활용되기 위해 사육하는 동물

⑤ 광고, 홍보 목적을 위해 사육하는 동물

해설

사람과 동물과의 관계가 사람에게 일방적 관계에서 쌍방적 관계로 변화하기 시작한 개념으로 1983년 애완동물의 가치성을 재인식하여 사람과 더불어 사는 의미의 반려동물이라는 단어로 바꾸어 사용하도록 제안되었다.

정답 ②

★★★

59 다음 <보기>에서 고령기 반려동물의 식이에 대한 설명으로 옳은 것을 <u>모두</u> 고른 것은?

─────── <보기> ───────

ㄱ. 고령기에 체중이 증가하면 관절에 부담이 가고 다양한 질병을 유발할 수 있다.

ㄴ. 고령기에는 무리해서라도 운동을 강행하여 면역력을 증진시킬 수 있도록 한다.

ㄷ. 고령이 되면 기초대사량이 증가하기 때문에 쉽게 살이 찌지 않는다.

ㄹ. 과다한 인과 나트륨, 단백질 섭취는 신장기능을 저하시킬 수 있으므로 주의한다.

① ㄱ, ㄹ   ② ㄴ, ㄷ

③ ㄱ, ㄴ, ㄷ   ④ ㄱ, ㄴ, ㄹ

⑤ ㄴ, ㄷ, ㄹ

해설

고령기에는 기초대사가 감소하기 때문에 식이 조절과 적정한 운동량 조절이 필요하다.

정답 ①

★★☆

60 다음 <보기>에서 개의 번식생리에 대한 설명으로 잘못된 것을 <u>모두</u> 고른 것은?

───────── <보기> ─────────

ㄱ. 암캐의 첫 성성숙 징후는 8~11개월 사이로, 수컷과 접촉하려고 노력한다.

ㄴ. 소형견일수록 암캐의 발정주기가 짧으며 2년에 3회 정도 발정이 온다.

ㄷ. 개의 임신기간은 평균 63일 정도로, 임신기간 중에는 칼로리가 낮은 노령견용 사료를 자주 먹이도록 한다.

ㄹ. 보호자가 어미개의 모든 분만과정을 돕도록 한다.

① ㄱ, ㄴ   ② ㄱ, ㄹ

③ ㄴ, ㄷ   ④ ㄷ, ㄹ

⑤ ㄴ, ㄷ, ㄹ

해설

임신기간 중에는 유지기의 2배 이상의 에너지양을 필요로 하기 때문에 영양가가 풍부하고 칼로리가 높은 자견용 사료를 조금씩 자주 먹어도 좋다. 분만은 어미개가 스스로 알아서 한다면 어미에게 모든 것을 맡겨 두는 것이 가장 좋고, 보호자는 조심스럽게 관찰만 하다가 정상적으로 분만을 하지 못할 때 도와주도록 한다.

정답 ④

★★★

61 고슴도치를 키우기에 적절한 사육 방법에 해당하지 <u>않는</u> 것은?

① 고슴도치 사육의 최적 온도는 24~30℃로, 겨울철에는 온열기구 등을 사용해 동면을 방지해야 한다.

② 고슴도치 사육의 적정 습도는 40%이다.

③ 베딩을 충분히 깔아준 사육장 안에는 화장실, 식이그릇 외에 은신처, 쳇바퀴 등을 넣어준다.

④ 고슴도치 전용사료만 급여하도록 한다.

⑤ 고슴도치가 보호자의 냄새에 익숙해지도록 충분한 적응기간을 가진 후 천천히 스킨십하도록 한다.

해설

고단백 · 저지방식 전용사료와 함께 귀뚜라미, 밀웜 등의 곤충과 채소, 과일 등을 소량 급여하면 좋다.

정답 ④

★★☆

62 기니피그의 습성 및 특징에 대해 잘못 설명한 것은?

① 청각이 발달해있지 않다.

② 앞발가락은 4개, 뒷발가락은 3개이며 뒷발의 발끝과 뒤꿈치까지 털이 나지 않고 맨살로 되어있어 미끄러지는 것을 막아준다.

③ 이빨은 총 20개이며 평생 계속 자라기 때문에 단단한 것으로 갉아서 길이를 조절할 수 있도록 해준다.

④ 정상체온은 38~39℃이고 평균 수명은 3~7년이다.

⑤ 항문 주위낭이나 소변에 의한 후각소통을 한다.

해설
기니피그는 소리를 통해 소통이 가능하며 약 11가지의 울음소리를 낸다.

정답 ①

★★☆

63 햄스터의 번식생리에 대한 설명으로 옳은 것은?

① 생후 6개월 이상이 되어야 성숙해서 번식이 가능하다.

② 추운 겨울에 번식하기 좋다.

③ 번식 속도가 느리기 때문에 암수를 함께 키워도 새끼를 보기 어렵다.

④ 새끼는 털을 가지고 태어나며 암수(부모)가 함께 기른다.

⑤ 임신기간은 약 17~20일 정도이며 개체, 나이에 따라 다르지만 보통 3~12마리 정도 새끼를 낳는다.

해설
설치목 쥐과에 속하는 포유인 햄스터의 수명은 2~3년으로 낮에는 굴 속에 숨어서 하루 평균 6~8시간 수면을 취하고 저녁에 활동을 한다. 생후 2개월 반 이상이 되면 번식이 가능하며, 번식 속도가 매우 빠르고 따뜻한 시기에 번식하기 좋다. 새끼는 털 없이 빨갛게 태어나고 어미 혼자 새끼를 기른다.

정답 ⑤

★☆☆
64 다음 <보기>는 토끼의 어떤 질병에 대한 설명인가?

─────── <보기> ───────

- 소화시키기 힘든 이물을 먹거나 헤어볼 등의 원인으로 인해 장내 정상 미생물이 파괴되어 가스가 차고 장운동이 안 되는 질병이다.
- 충분한 건초를 급여해 예방하도록 한다.

① 비절병   ② 고창증
③ HBS   ④ 림프선염
⑤ 족피부염

해설
고창증에 대한 설명이다. ①번은 얇은 털로만 되어 있는 토끼의 발바닥이 딱딱한 방바닥이나 철망 위에서 생활하게 될 경우, 토끼의 비절 부근이 빨개지고 염증이 생기는 질병을 말한다.

정답 ②

★☆☆
65 소형 앵무의 종류와 특징이 잘못 연결된 것은?

① 잉꼬-가장 일반적인 앵무새로 검은색 칼깃을 가지고 있다.
② 모란 앵무-꼬리가 짧고 색깔이 아름다우며 공격성이 있다.
③ 왕관 앵무-머리 위에 가늘고 긴 우관이 있고 말을 배우고 흉내도 잘 낸다.
④ 금강 앵무-점잖은 성격으로 온순하며 노래를 잘 부른다.
⑤ 코뉴어 앵무-애교가 많고 활발하며 사람과 노는 것을 즐긴다.

해설
금강 앵무는 중대형 앵무에 속하며 쉽게 길들일 수 있지만 낯선 사람이나 동물을 공격할 수 있다.

정답 ④

66 동물병원을 방문하는 반려동물의 스트레스를 줄이기 위한 방법으로 잘못된 것은?

① 어려서부터 동물병원에 대한 스트레스를 받지 않도록 가급적 동물병원에 가는 것을 늦춘다.

② 집에서도 이동가방을 하우스처럼 사용함으로써 이동가방에 대한 두려움을 줄인다.

③ 집에서도 보호자가 눈, 귀, 치아, 털 등을 자주 만지고 검사해 동물병원에서 핸들링을 쉽게
받아들일 수 있도록 연습한다.

④ 동물병원의 냄새나 소리에 익숙해지도록 어려서부터 미리 경험을 하게 해준다.

⑤ 동물병원이 아닌 다양한 곳으로의 외출을 시도해 두려움을 줄일 수 있도록 한다.

해설

어려서부터 외부 자극이나 새로운 환경에 빨리 배우고 적응할 수 있도록 사회화 시기에 동물병원에 대한 긍정적인 경험을
할 수 있도록 한다.

정답 ①

★★☆

67 넥 칼라에 대한 설명으로 옳지 않은 것은?

① 다양한 재질과 크기를 가지고 있으며 동물의 목에 착용한다.

② 상처를 보호하기 위한 목적으로 착용한다.

③ 동물이 불편해하면 바로 벗겨주도록 한다.

④ 착용할 때는 칼라와 동물의 목 사이에 사람의 두 손가락이 들어갈 수 있는 공간을 확보하여
착용한다.

⑤ 익숙해질 때까지 보호자가 지켜봐주도록 한다.

해설

넥 칼라는 대부분 금방 익숙해지기 때문에 상처가 완전히 치유될 때까지 착용하도록 한다.

정답 ③

68 반려견 배변 실수의 원인과 치료 방법에 대한 설명으로 옳지 <u>않은</u> 것은?

① 청결하지 못한 환경: 배변패드 수를 늘려준다.
② 마킹: 마킹을 하면 강력한 처벌을 준다.
③ 흥뇨: 배변 장소에서 배설을 한 경우 그 행동에 대해 즉시 칭찬하고 보상하도록 한다.
④ 노견: 규칙적인 생활을 할 수 있도록 하고 가급적 스트레스를 주지 않도록 노력한다.
⑤ 분리 불안: 분리 불안을 극복하기 위한 훈련을 시행한다.

해설

강력한 처벌은 공격성 유발 등 부정적인 결과를 초래할 수 있기 때문에 주의한다.

정답 ②

69 다음 중 아픈 노묘가 보이는 행동으로 적절하지 <u>않은</u> 것은?

① 캣타워 등 높은 곳에 점프하지 않는다.
② 그루밍을 하지 않는다.
③ 화장실이 아닌 다른 곳에서 배변을 본다.
④ 스킨십을 해주면 그르릉거리며 편안한 자세를 취한다.
⑤ 움직임이 거의 없다.

해설

아플 경우에는 만지는 것을 피하거나 아무런 반응을 보이지 않고 오히려 공격적으로 반응하는 경우가 많다.

정답 ④

70 다음 중 반려견의 우위성 공격 행동이 <u>아닌</u> 것은?

① 보호자가 혼을 내면 공격한다.
② 좋아하는 장난감을 가져가면 공격한다.
③ 보호자 근처에 낯선 사람이 가거나 터치를 하면 공격한다.
④ 보호자가 자신을 쓰다듬을 때 공격한다.
⑤ 영유아가 지나가면 자세를 낮추고 조용히 다가가 공격한다.

해설

우위성 공격 행동은 개가 인식하는 자신의 사회적 순위가 위협받을 때 그 순위를 과시하기 위해 보이는 공격 행동이다.
⑤번은 작고 어린 영유아를 사냥감으로 인식해서 공격할 때 나타나는 포식성 공격 행동이다.

정답 ⑤

★★☆
71 다음 중 태국 코랫 지방이 원산인 단모종의 품종묘는?

①

②

③

④

⑤

해설

④ 태국 코랫 지방이 원산지인 Korat은 하트 모양의 얼굴 형태를 가지며 양쪽 귀 사이가 많이 벌어져 있지 않은 것이 특징적이다.

① 영국이 원산지인 British shorthair는 코가 짧은 편이며 둥글고 통통한 볼살을 가지고 있다.

② 프랑스가 원산지인 Chartreux는 머리가 크고 둥글며 짧은 목과 다리를 가지고 있다.

③ 러시아에서 유래되어 영국에서 품종으로 등록된 Russian blue는 포린(foreign) 체형으로 양쪽 귀 사이가 벌어져 있으며 이마에서 코까지 평평하게 이어져 있다.

⑤ Oriental shorthair는 샴고양이가 개량된 품종묘로 오리엔탈(oriental)의 마른 체형이며 길게 뻗은 코와 큰 귀를 가지고 있다.

정답 ④

72 다음 중 토끼의 품종과 사진이 바르게 연결된 것은?

① Lop ear ② Dutch ③ Lionhead

④ Dwarf ⑤ Polish

④ Dwarf는 집토끼 중 가장 작은 종류로 머리가 둥글고 귀가 짧고 작은 것이 특징이다.
① Dutch는 코와 신체의 앞부분은 하얗고 눈과 귀 주변, 몸 뒤쪽은 검정 또는 갈색인 것이 특징이다.
② Lionhead는 사자와 같이 갈기가 덥수룩한 머리털을 가지고 있다.
③ Lop ear는 길게 늘어진 귀가 특징이다.
⑤ Flemish giant는 집토끼 중 초대형에 속하며, Polish는 Dwarf와 같이 집토끼 중 가장 작은 종에 속한다.

정답 ④

73 다음 중 앵무새에 대한 설명으로 옳은 것은?

① 암컷 잉꼬의 납막은 파란색이다.
② 모든 앵무새는 훈련을 통해 사람의 말을 따라 할 수 있다.
③ 날개의 질병 예방을 위해 성체가 되기 전 윙컷을 해야 한다.
④ 중대형 앵무새의 수명은 소형 앵무새보다 짧다.
⑤ 기낭을 통한 호흡에 의해 가볍게 날 수 있다.

해설
수컷 잉꼬의 납막은 파란색이다. 반려앵무의 경우 멀리 날아가 유실될 경우를 방지하기 위해 윙컷을 하는 경우가 있다.

정답 ⑤

★★☆
74 반려견의 질병에 대한 관리 방법으로 가장 적절한 것은?

① 피부병이 발생하면 항생제, 스테로이드를 이용해 피부병이 더 확장되지 않도록 해야 한다.
② 코가 짧아 호흡이 어려운 단두종 증후군의 경우 산책을 해서는 안 된다.
③ 거대식도 질병이 있는 대형 품종에게는 서서 식사할 수 있도록 높은 위치의 식기를 준비해 둔다.
④ 췌장염으로 식욕이 없어 잘 먹지 못하는 개에게 에너지 제공을 위해 지방이 풍부한 재료를 급여하도록 한다.
⑤ 유루증에는 소간파우더를 먹이면 눈물이 멈추는 효과를 볼 수 있다.

해설

피부병은 원인에 따라 처방법이 다르기 때문에 반드시 원인을 파악하여 관리하도록 한다. 단두종 증후군의 경우 목이 졸리지 않는 줄을 선택하고 호흡을 힘들어하지 않는지 주의 깊게 확인하도록 하며, 덥거나 습한 날씨를 피해 산책하도록 한다. 췌장염에는 필수지방산 외에는 지방이 적은 재료를 선택하여 식이조절을 할 수 있도록 한다.

정답 ③

★★☆
75 반려동물(봉사동물: 장애인 보조견 등 제외)과 함께 이동 수단을 이용할 때의 주의사항으로 가장 적합한 것은?

① 개를 좋아하는 버스 기사님의 경우 반려견을 안고 타는 것을 허락할 수 있다.
② 비행기의 경우 항공사마다 운송약관과 영업지침에 따라 차이가 있기 때문에 반드시 사전에 미리 확인 후 예약을 진행한다.
③ 자차 운전 시 반려동물이 불안해하면 운전자의 무릎에 앉힌 채로 운전해도 된다.
④ 열차를 탈 때는 전용가방을 이용하여야 하며, 옆자리에 사람이 없다면 반려동물이 불안해하지 않도록 가방을 열어 둔다.
⑤ 택시 이용 시 반드시 펫택시(반려동물 탑승 가능 택시)를 예약해야만 탑승이 가능하다.

해설

이동수단을 이용할 때는 전용 이동가방을 사용해야 하며, 승객에게 불편을 줄 염려가 없도록 안전조치를 취해야 한다. 각 운송회사의 운송약관과 영업지침에 따라 차이가 있을 수 있으므로 확인을 한 후 이용하도록 한다.

정답 ②

76 다음 중 반려견 예방접종 시기로 옳은 것은?

① 2차(8주): 코로나 장염 백신 1차
② 3차(10주): 인플루엔자 백신 1차
③ 4차(12주): 인플루엔자 백신 2차
④ 5차(14주): 켄넬코프 백신 2차
⑤ 6차(16주): 광견병

해설
- 1차(6주): 종합백신 1차+코로나 장염 백신 1차
- 2차(8주): 종합백신 2차+코로나 장염 백신 2차
- 3차(10주): 종합백신 3차+켄넬코프(기관지염) 백신 1차
- 4차(12주): 종합백신 4차+켄넬코프(기관지염) 백신 2차
- 5차(14주): 종합백신 5차+인플루엔자 백신 1차
- 6차(16주): 광견병+인플루엔자 백신 2차

정답 ⑤

77 다음 중 특수동물에 대한 설명으로 옳은 것은?

① 모든 동물병원에서 특수동물 진료가 가능하기 때문에 특수동물을 키우기 전 가까운 동물병원과 야간에 응급으로 이용할 수 있는 근처 병원을 미리 알아두도록 한다.
② 앵무새는 귀가 없어 청각이 발달되어 있지 않다.
③ 자토에게는 칼슘 함량이 높은 티모시 건초를 급여하도록 한다.
④ 햄스터는 후각보다 시각이 발달해 있어 야행성인 햄스터는 밤에 보호자를 더 잘 인식한다.
⑤ 기니피그는 울음소리를 통해 소통을 할 수 있다.

해설
① 모든 동물병원에서 특수동물 진료가 가능한 것이 아니기 때문에 특수동물을 키우기 전 미리 진료가 가능한 병원을 파악해두도록 한다.
② 앵무의 경우 귀가 있고 청각도 발달되어 있다.
③ 자토의 경우 칼슘 함량이 높은 알팔파 건초를, 성토의 경우 티모시 건초를 급여하도록 한다.
④ 햄스터는 시각보다 후각이 발달해 있다.
⑤ 기니피그의 유선은 한 쌍으로 앞발에는 각각 4개의, 뒷발에는 각각 3개의 발가락이 있다.

정답 ⑤

78 다음 <보기>에서 설명하는 품종견에 해당하는 것은?

<보기>

대한민국에서 수렵과 경비를 위해 길러지던 토종개로, 천연기념물 제53호에 해당되는 품종견이다.

---

①

②

③

④

⑤

해설

① <보기>는 진돗개에 대한 설명이다. 진돗개는 역삼각형의 머리에 곧게 선 귀가 앞으로 약간 숙여져 있는 것이 특징이며, 꼬리는 굵고 짧은 것이 말려 있다.

② 천연기념물 제368호에 해당하는 삽살개는 사자를 닮고 온몸이 긴 털로 덮여 있으며 귀가 늘어진 특징을 가지고 있다.

정답 ①

79 고양이의 3종 종합백신이 바르게 나열된 것은?

① 고양이 범백혈구 감소증, 고양이 바이러스성 비기관염, 클라미디아
② 고양이 범백혈구 감소증, 고양이 바이러스성 비기관염, 고양이 칼리시 바이러스
③ 고양이 범백혈구 감소증, 고양이 전염성 복막염, 고양이 칼리시 바이러스
④ 고양이 바이러스성 비기관염, 고양이 칼리시 바이러스, 고양이 백혈병
⑤ 고양이 전염성 복막염, 클라미디아, 고양이 백혈병

해설

고양이 3종 종합백신은 고양이 범백혈구 감소증(FPV), 고양이 바이러스성 비기관염(FVR), 고양이 칼리시 바이러스(FCV)의 3개 병원체에 대한 예방이다.

정답 ②

80 어떤 반려동물을 입양할지 고민하는 보호자에게 답변할 수 있는 가장 적절한 상담 내용은?

① 다른 사람들이 많이 키우지 않는 특별한 품종을 선택할 수 있도록 유도한다.
② 적절한 비용에 맞춰 선택할 수 있도록 금액을 먼저 안내한다.
③ 가족의 성향과 주거환경을 고려하여 그에 적합한 반려동물을 입양할 수 있도록 상담한다.
④ 안락사 위기에 처한 유기동물을 입양하라고 무조건 추천한다.
⑤ 먼저 입양 후 키워보고 본인에게 맞는 반려동물로 변경 가능하다고 상담한다.

해설

반려동물의 평생을 함께 가족으로 지내야 하기 때문에 보호자와 가족 모두의 성향에 적합한 동물을 선택할 수 있도록 상담하고, 함께 거주할 환경(아파트, 주택 등)에 적합한 반려동물을 선택할 수 있도록 상담한다. 반려동물의 성향, 특징 등을 알지 못한 상태에서 입양하게 될 경우, 문제행동을 보이거나 입양자의 특성과 맞지 않다고 파양을 하는 경우가 생길 수 있다. 그렇기 때문에 안락사 위기의 유기동물을 추천하고 싶다면 임시보호할 수 있는 방법을 함께 안내하여 추후 결정을 진행할 수 있도록 정확하게 설명한다.

정답 ③

CHAPTER 05 동물보건영양학

★★☆
01 다음 중 지방분해효소인 리파아제(Lipase)가 위 안에서는 지방 소화를 하지 못하는 이유로 <u>옳은</u> 것은?

① 생성 및 분비량(分泌量)이 너무 적기 때문에

② 미생물의 발효작용으로 지방이 분해되기 때문에

③ 펩신과 길항작용(拮抗作用)을 하기 때문에

④ pH가 너무 낮아 활성화되지 못하기 때문에

⑤ 위액에 리파아제가 녹기 때문에

해설

리파아제는 위의 pH가 너무 낮아 활성화되지 않고, 위 내용물과 함께 pH 5.5~7.5인 소장으로 이행되어 지방 소화에 이용된다.

정답 ④

★★★
02 다음 중 탄수화물의 소화효소(Digestive enzyme)로 <u>옳은</u> 것은?

① 펩티다아제(Peptidase)

② 아밀라아제(Amylase)

③ 트립신(Trypsin)

④ 스테압신(Steapsin)

⑤ 프로테아제(Protease)

해설

아밀라아제, 말타아제, 락타아제, 수크라아제는 탄수화물 소화효소(Digestive enzyme)이며 전분을 단당류로 분해하는 데 관여한다.

정답 ②

03 영양소의 흡수과정 중 킬로미크론(Chylomicron)을 <u>형성하는 것은?</u>

① 무기질(미네랄) ② 전분

③ 탄수화물 ④ 지방

⑤ 비타민

> **해설**
> 킬로미크론은 지방의 소화 흡수과정 중에 혈류 속에 볼 수 있는 유화된 지방입자를 말한다.

> **정답** ④

04 수분(물, Water)이 체온을 조절하는 데 효과적인 이유로 <u>옳은 것은?</u>

① 영양소의 가수분해와 흡수를 돕기 때문이다.

② 이온화하는 힘이 낮기 때문이다.

③ 분자량이 적기 때문이다.

④ 비열(比熱)이 작은 물질이기 때문이다.

⑤ 증발열이 크기 때문이다.

> **해설**
> 수분은 비열이 커서 영양소 산화로 생성되는 열을 효과적으로 흡수하여 급격한 체온의 상승을 막아주고, 증발열이 커서 체온을 발산할 수 있다.

> **정답** ⑤

05 영양소 중에서 지방이 탄수화물보다 대사수(Metabolic water) 생성량이 많은 이유로 <u>옳은 것은?</u>

① 질소 및 산소원자가 적게 들어있기 때문에

② 수소가 적게 들어있기 때문에

③ 질소가 많이 들어있기 때문에

④ 탄소 및 수소원자가 많이 들어있기 때문에

⑤ 다량의 산소와 결합되었기 때문에

> **해설**
> 지방이 탄수화물보다 대사수(Metabolic water) 생성량이 많은 이유는 탄소 및 수소원자가 많이 들어있기 때문이다.

> **정답** ④

06 사료용 고구마 원물(Raw Material)에 수분이 80% 들어있고 단백질이 2% 들어있을 때, 이 고구마 고형물(Dry Matter, DM)에 대한 **단백질 함량(%)은?**

① 10%   ② 20%   ③ 30%   ④ 35%   ⑤ 40%

해설

수분 함량이 80%일 때 단백질이 2%라고 했을 때, 만일 수분이 0%인 경우 단백질은 몇 %가 되는지를 계산하는 문제이다. 이 경우에는 수분 함량이 80%이면 고형물이 20%이므로 2%를 20으로 나누면 그 비율을 산출할 수 있다. 계산하면 10%가 된다.

정답 ①

07 다음 중 동물체에서 에너지의 이용반응이 순서대로 배열된 것은?

① 소화·흡수 – 산화적 인산화 – 대사물질 중간분해 – TCA회로
② 소화·흡수 – 산화적 인산화 – TCA회로 – 대사물질 중간분해
③ 소화·흡수 – TCA회로 – 대사물질 중간대사 – 산화적 인산화
④ 소화·흡수 – 대사물질 중간분해 – 산화적 인산화 – TCA회로
⑤ 소화·흡수 – 대사물질 중간분해 – TCA회로 – 산화적 인산화

해설

동물체에서 에너지의 이용반응의 순서는 소화·흡수 – 대사물질 중간분해 – TCA회로 – 산화적 인산화이다.

정답 ⑤

08 다음의 단당류(Monosacchaide) 중에서 육탄당(Hexose)이 **아닌 것은?**

① 포도당   ② 과당
③ 갈락토오스   ④ 만노오스
⑤ 리보오스

해설

리보오스, 아라비노오스, 자일로오스는 오탄당이다.

정답 ⑤

★★☆
09 탄수화물(Carbohydrate) 대사에 대한 설명으로 옳은 것은?

① 글루코오스 신합성은 NADPH의 주요 생성경로이다.
② TCA회로에 의한 반응은 미토콘드리아에서 이루어진다.
③ 글리코겐의 혈당 조절에는 타이록신이 관여한다.
④ 해당은 호기적 상태에서 이루어진다.
⑤ 간이나 신장에서 갈락토오스 신합성이 일어난다.

해설
TCA 회로는 생체 내에서 에너지 획득을 위한 가장 효율적인 산화과정으로, 미토콘드리아에서 진행된다.

정답 ②

★★☆
10 다음 중 동물세포의 활동이나 세포막의 구조 형성에 관여하는 인지방은?

① 카일로미크론(Chylomicron)
② 피토스테롤(Phytosterol)
③ 세레브로사이드(Cerebroside)
④ 중성지방(Triglyceride)
⑤ 레시틴(Lecithin)

해설
동식물세포의 활동이나 세포막의 구조 형성에 관여하는 인지방은 레시틴이다.

정답 ⑤

★★☆
11 사료의 에너지 평가방법 중에서 전분가(Starch Value)와 스칸디나비안 사료단위(Scandinavian feed units) 사이에서 가장 크게 차이가 나는 부분은?

① 단백질 계수
② 지방 계수
③ 섬유질 계수
④ 당분 계수
⑤ 무기질 계수

해설
전분가(SV)와 스칸디나비안 사료단위(SFU) 사이에 가장 크게 차이가 나는 부분은 단백질 계수이다.

정답 ①

★★☆

12 다음 중 적게 섭취할 경우 케톤증(Ketosis)이 쉽게 발생하는 영양소로 <u>옳은 것은?</u>

① 사료지방　　　　　　　　　　② 아미노산
③ 전분사료　　　　　　　　　　④ 무기질(미네랄)
⑤ 비타민

해설
당질 대사의 장해나 중독증 또는 탄수화물의 섭취량이 매우 낮아 필요한 에너지의 대부분이 지방의 산화로 공급될 때 케톤증이 발생한다.

정답 ③

★★☆

13 다음 중 황(Sulfur, S)을 함유하고 있는 아미노산만을 <u>올바르게 나열한 것은?</u>

① 티로신, 프롤린　　　　　　　② 라이신, 시스틴
③ 트립토판, 류신　　　　　　　④ 메치오닌, 라이신
⑤ 메치오닌, 시스틴

해설
함황 아미노산: 시스틴, 메티오닌, 시스테인

정답 ⑤

★★☆

14 다음 중 운반 기능을 가지고 있는 <u>색소단백질(Chromoprotein)은?</u>

① 히스톤　　　　　　　　　　　② 프로타민
③ 헤모글로빈　　　　　　　　　④ 알부민
⑤ 프롤라민

해설
헤모글로빈은 색소를 함유하는 단백질이며, 척추동물에서는 호흡계에 관여하여 적혈구 속에서 산소를 운반한다.

정답 ③

15 다음 중 지용성 비타민 D의 생리적 기능으로 가장 적절한 것은?

① 피부병의 발생을 억제한다.

② 장으로부터 칼슘 흡수를 돕는다.

③ 철분의 흡수를 촉진한다.

④ 망막 내 빛에 민감한 로돕신(Rhodopsin)의 재생을 돕는다.

⑤ 혈액의 응고를 예방한다.

해설

지용성 비타민 D는 소장의 칼슘 흡수를 돕고, 골 조직에의 칼슘 축적에 관여하며 혈중 칼슘 농도 유지와 인산이온에 중요한 역할을 한다.

정답 ②

16 다양한 비타민의 특성을 설명한 다음의 설명 중 옳은 것은?

① 비타민 B_6는 간이나 근육에 축적된다.

② 비타민 K는 뇌연화증 예방에 효과적이다.

③ 아스코르브산(Ascorbic acid)의 결핍증으로는 괴혈병이 있다.

④ 캐로틴(Carotene)은 체내 축적이 되지 않는다.

⑤ 비타민 E는 혈액 응고 및 단백질 합성에 관여한다.

해설

아스코르브산(비타민 C)은 체내 축적이 매우 제한되어 있으므로 정기적인 공급이 필요하며, 결핍 시 괴혈병의 원인이 된다.

정답 ③

17 무기질(미네랄) 중에서 요오드(Iodine, I)를 합성물질로 이용하는 호르몬은?

① 에스트로겐(Estrogen) ② 에피네프린(Epinephrine)

③ 아드레날린(Adrenalin) ④ 티록신(Thyroxine)

⑤ 프로스타글란딘(Prostaglandins)

해설

요오드(I)를 합성물질로 이용하는 호르몬은 티록신(Thyroxine)이다.

정답 ④

18 조단백질(Crude Protein) 함량이 45%인 목화씨깻묵의 단백질 소화율은 80%이다. 이 사료의 가소화조단백질(Digestible Crude Protein, Dcp)로 <u>옳은</u> 것은?

① 32%　　　　　　　② 40%　　　　　　　③ 36%

④ 28%　　　　　　　⑤ 45%

해설

가소화조단백질 = 조단백질 함량×단백질 소화율 = 45×0.8 = 36%

정답 ③

19 위(Stomach)에 있는 염산(Hydrochloric Acid, Hcl)의 주요 기능으로 <u>옳은</u> 것은?

① 위에서 미생물에 의해 일어나는 발효 및 부패를 억제한다.

② 섭취한 사료지방을 유화시켜 소화를 촉진한다.

③ 사료 내용물의 Ph를 조절하여 위 점막을 보호한다.

④ 콜레스테롤이 혈관 내에서 침전이 없이 녹아 있도록 한다.

⑤ 위 내용물의 양에 관계없이 항상 일정하게 분비된다.

해설

위에 있는 염산(Hydrochloric Acid, Hcl)의 주요 기능은 위에서 미생물에 의해 일어나는 발효 및 부패를 억제하는 것이다.

정답 ①

20 다음 중 K^+, Na^+의 세포 내 이동과 췌장액, 소화액 등의 분비에 있어서 공통적인 특징으로 <u>옳은</u> 것은?

① 소화 내용물의 이동과 분해에 관여한다는 점

② 체온유지를 위한 에너지 대사 경로인 점

③ 물질의 능동 운송으로 ATP를 필요로 한다는 점

④ 압력확산을 통한 물질의 이동 형태인 점

⑤ 아세틸 CoA의 가수분해반응과 활성 아미노산 합성반응에 관여한다는 점

해설

소화액, 췌장액 등의 분비와 Na^+, K^+의 세포 내 이동의 공통적 특징은 물질의 능동 운송으로 ATP를 필요로 한다는 점이다.

정답 ③

★★☆
21 가소화에너지를 알기 위해서는 총에너지에서 특정 손실에너지를 제하면 된다. 다음 <보기>의 빈칸에 들어갈 손실 에너지의 종류로 **옳은** 것은?

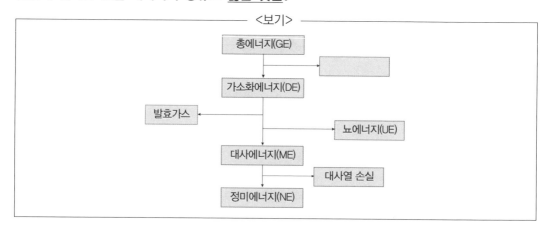

① 분으로 손실되는 에너지
② 가스로 손실되는 에너지
③ 소변으로 손실되는 에너지
④ 발효로 손실되는 에너지
⑤ 체온으로 손실되는 에너지

해설
가소화에너지는 총에너지에서 분으로 손실한 에너지를 제한 나머지이다.

정답 ①

★★☆
22 다음 중 CO_2-바이오틴 효소복합체를 중간산물로 형성하는 대사작용은?

① 포도당 합성
② 지방산 합성
③ 비타민 합성
④ 아미노산 합성
⑤ 비타민 합성

해설
CO_2-바이오틴 효소복합체를 중간산물로 형성하는 대사작용은 지방산 합성이다.

정답 ②

★★☆
23 다음 중 요소합성(Urea Synthesis) 회로에 관여하는 아미노산으로 <u>옳은</u> 것은?

① 오르니틴(Ornithine), 시트룰린(Citrulline)

② 프롤린(Proline), 티로신(Tyrosine)

③ 카테콜라민(Catecholamine), 류신(Leucine)

④ 글리신(Glycine), 알라닌(Alanine)

⑤ 시스틴(Cysteine), 메티오닌(Methionine)

해설

체내에서 단백질 대사를 통해서 생성되는 암모니아태 질소는 간장에서 요소로 합성되어 배설되거나 체내에 이용된다. 이와 같은 요소합성 회로에는 오르니틴(Ornithine), 시트룰린(Citrulline), 아지닌(Arginine) 등 세 가지 아미노산이 관여한다.

정답 ①

★★☆
24 다음 중 <보기>의 빈칸에 들어갈 단어로 <u>옳은</u> 것은?

———————— <보기> ————————
생물가(Biological Value)란 (   )을 평가하는 단위이다.

① 단백질의 사료가치　　　　　② 사료의 에너지 균형

③ 동물의 수명　　　　　　　　④ 지방의 조성분

⑤ 에너지 소비

해설

생물가(Biological Value)란 단백질의 사료가치를 평가하는 단위이다.

정답 ①

25 영양소의 흡수에 관한 다음의 설명 중 <u>사실과 다른</u> 것은?

① 포도당의 흡수는 단순확산 경로로 흡수된다.

② 반추동물의 휘발성 지방산은 주로 위(胃)에서 흡수된다.

③ 아미노산은 소장에서 혈액을 통하여 흡수된다.

④ 지방 분해물은 킬로미크론을 형성하여 흡수된다.

⑤ 영양소는 살아가는 데 필요한 에너지와 몸을 구성하는 물질이다.

해설

포도당과 같은 단당류는 종류에 따라 단순확산과 활성흡수 방법으로 흡수된다. 예를 들어 프록토오스(Fructose)나 만노오스(Mannose)와 같은 경우는 단순확산 경로로 흡수되나, 포도당과 갈락토오스(Galactose)는 활성흡수 경로로 흡수된다.

정답 ①

26 수분(물, Water)이 체내에서 산화작용으로 생성되는 열을 효과적으로 흡수할 수 있는 이유로 가장 적합한 것은?

① 영양소의 대사작용을 촉매하기 때문에

② 물질의 이온화하는 힘이 우수하기 때문에

③ 비열이 가장 큰 물질이기 때문에

④ 우수한 용매제이기 때문에

⑤ 동물 체중에서 물의 비중이 매우 작기 때문에

해설

동물체 내부에서 물은 차지하는 비중도 가장 높을 뿐만 아니라 생리적 기능이 매우 다양하다. 그중 하나가 물의 비열이 커서 대사열을 효과적으로 흡수하는 점이다. 따라서 산화작용을 통해서 생성되는 많은 열을 적절히 관리할 수 있다.

정답 ③

27 지방의 영양학적 중요성을 설명한 다음 내용 중 <u>사실과 다른 것은?</u>

① 지방은 사료의 기호성을 증진시킨다.

② 비타민 A, D, E, K의 공급원이다.

③ 지방산은 필수지방산의 공급원이다.

④ 면역물질의 주성분이다.

⑤ 동물체 내 중요 기관을 충격으로부터 보호하며 체온 손실을 방지한다.

해설

면역물질은 질병에 대한 항체를 가진 물질로, 단백질이 주성분이기 때문에 면역단백질이라고도 한다.

정답 ④

28 당질대사의 장해가 있는 경우, 과잉 생산 시 케톤증(Ketosis)을 유발하는 <u>원인이 되는 물질은?</u>

① 아세틸 Coa ② 사염화탄소(Ccl₄) ③ 콜린(Choline)

④ 시스테인(Cysteine) ⑤ 레시틴(Lecithin)

해설

동물체 내 대사 중 당질대사는 포도당 에너지를 공급하는 중요한 대사과정이다. 따라서 탄수화물대사가 지속적으로 이루어지는데, 이때 만일 탄수화물의 공급이 잘 되지 않거나 어떠한 이유로 탄수화물대사 장해가 오면 생물체가 필요로 하는 에너지를 지방대사를 통해서 얻게 된다. 이 경우 과다하게 생성되는 아세틸 Coa를 다 처리하지 못하는 관계로, 남는 아세틸 Coa가 케톤체가 되는 것이다.

정답 ①

29 단백질대사로 발생되는 암모니아의 일부는 혈류를 따라 순환하며 간장에서 요소로 합성 배설되기도 한다. 다음 중 이때 암모니아의 운반체로 <u>이용되는 것은?</u>

① 시트룰린(Citruline) ② 글루타민(Glutamine) ③ 오르니틴(Ornithine)

④ 아르기닌(Arginine) ⑤ 이소류신(Isoleucine)

해설

아미노산의 분해로 생성되는 암모니아는 다시 아미노산의 합성원료로 이용되거나 요소로 합성되어 배설되기도 한다. 혈류에서 암모니아는 독성을 일으키기 쉬운데, 이 독성을 방지하는 운반체로 글루타민, 아스파라긴 등이 이용된다. 오르니틴(Ornithune), 시트룰린(Citrulline), 아지닌(Arginin) 등은 요소를 합성하는 회로를 구성하는 주요 아미노산이다.

정답 ②

30 지용성 비타민 E의 생리적 기능에 대한 다음의 설명 중 옳은 것은?

① 체세포 내·외부에서 지방의 산화를 방지한다.
② 세포조직의 형성과 유지에 필수적인 물질이다.
③ 모든 질병에 대한 저항력을 향상시킨다.
④ 피부의 각질화나 점막의 경화 현상을 막아준다.
⑤ 적혈구의 성숙과 건강한 신경조직 유지에 필수적인 물질이다.

해설

비타민 E는 지용성 비타민으로, 체내외 지방의 산화를 억제하는 항산화제로서 기능을 가지고 있다. 따라서 리놀렌산과 같은 필수지방산의 보존에도 매우 중요한 역할을 한다. 비타민 E는 번식에도 중요하기 때문에 결핍인 경우 암컷의 경우 유산과 사산이 쉽게 발생하고, 수컷의 경우 정자 생산이 어려워지기도 한다. 병아리의 뇌연화증, 송아지의 근육백화증 예방에도 중요한 비타민이다.

정답 ①

31 수용성 비타민 중에는 체내 대사과정에 중요한 조효소의 구성성분으로 이용되는 것이 많다. 다음 중 Nad(Nicotinamide Adenine Dinucleotide)를 구성하는 비타민으로 옳은 것은?

① 티아민(Thiamin) ② 판토텐산(Pantothenic acid)
③ 나이아신(Niacin) ④ 비오틴(Biotin)
⑤ 콜린(Choline)

해설

티아민(Thiamin)은 산화적 탈탄산화 작용에 조효소로서 역할을 하며, 판토텐산(Pantothenic Acid)은 보조효소인 Coa의 구성성분이다. Nad는 Nicotineamide Adenine Dinucleotide의 약자로, 니아신을 주요 구성성분으로 하고 있다.

정답 ③

32 다음 중 공통적 기능을 가진 무기질(미네랄)의 연결이 잘못된 것은?

① Ca, P−골격의 주요 구성물질 ② Na, Cl−체액의 삼투압 조절
③ Zn, Se−적혈구의 구성 ④ Mg, Mn−효소의 활성화
⑤ AS, Mo−필수무기질(미네랄)

해설

동물체 내 영양소로서의 무기질(미네랄)은 하나하나가 독립적으로 기능하기도 하지만, 두 개 이상의 무기질(미네랄)들이 서로 협동적 또는 길항적으로 기능을 발휘하기도 한다. 아연(Zn)과 셀레늄(Se)은 서로 연관되는 기능이 없다. 아연은 정상적인 성장에 관여하는 무기질(미네랄)이다. 셀레늄은 비타민 E와 특별한 관계를 가지며, 이 비타민의 결핍을 예방하는 역할을 하기도 한다.

정답 ③

★★☆

33 다음 무기질(미네랄) 중 중독성이 강한 것은?

① 황(S)　　　　　　　　② 코발트(Co)　　　　　　③ 칼륨(K)

④ 납(Pb)　　　　　　　 ⑤ 나트륨(Na)

해설

필수무기질(미네랄)도 너무 많이 섭취하면 중독을 일으키거나 동물에 해로운 경우가 있으며, 중독성 무기질(미네랄)이라도 최소 허용량은 특별히 해롭지 않은 것으로 알려져 있다. 여러 가지 무기질(미네랄) 중 납은 중독성이 강한 무기질(미네랄)로 분류되어 있다.

정답 ④

★★☆

34 대사체중이란 동물(가축)의 기초대사열 생산을 토대로 만들어진 체중단위이다. 다음 중 대사체중$(Wkg)^{0.75}$의 산출 기초가 되는 것은?

① 열 생산량과 사료 섭취량　　　　　② 체중과 사료의 소화율

③ 체표면적과 기초대사율　　　　　　④ 에너지 섭취량과 체온

⑤ 배설량과 에너지 효율

해설

대사체중이란 동물(가축)의 기초대사율 생산을 토대로 만든 체중단위이다. 대사체중은 체중의 0.75승$(Wkg)^{0.75}$으로 표시하며 무게단위는 kg이다. 체표면적과 기초대사율이 산출의 기초가 된다.

정답 ③

★★★

35 수용성 비타민(Water-soluble vitamin)의 주요 특성에 대한 설명으로 옳은 것은?

① 니아신은 FAD분자의 구성성분이다.

② 판토텐산은 CoA를 구성하는 성분이다.

③ 리보플라빈은 NAD의 주요 구성성분이다.

④ 티아민은 아미노기 전이효소를 구성하는 물질이다.

⑤ 폴라신은 지방용매에 불용성인 Monocarboxylic acid이다.

해설

니아신은 NAD의 구성성분이며, 리보플라빈은 FDA의 구성성분이다. 티아민은 탄수화물 대사를 조절하는 데 관여하고, 폴라신은 엽산으로 알려져 있으며 골수에서 정상적으로 적혈구를 형성하는 데 관여한다.

정답 ②

36 탄수화물의 대사에 관련한 내용으로 옳지 않은 것은?

① 글리코겐은 비축 탄수화물로 포도당의 중합체이다.
② 당분해 회로를 EMP(Embden−Meyerhof−Parnas pathway)라고도 한다.
③ 피루브산의 산화는 TCA 회로 안에서 진행된다.
④ 유산(Lactic acid)은 포도당의 신합성에 이용될 수 있다.
⑤ 탄수화물 섭취가 부족할 때는 글리코겐이 분해되어 포도당으로 분해된다.

> **해설**
> 동물체 안에서 에너지 생성은 해당과 TCA회로를 통한 호기적 과정을 통해서 생성된다. 특히 TCA회로는 에너지 생성에 중요한 회로로, 그 과정으로 이행하는 데 피루브산의 산화과정이 필수적으로 필요하다. 즉 피루브산의 산화는 TCA회로 밖에서 이루어진다.

> **정답** ③

37 다음 중 휘발성 지방산(Volatile Fatty Acid, Vfa)에 해당하는 것은?

① 올레산(Oleic acid)
② 라우르산(Lauric acid)
③ 프로피온산(Propionic acid)
④ 유산(Lactic acid)
⑤ 리놀렌산(Linolenic acid)

> **해설**
> 휘발성 지방산(Volatile Fatty Acid, Vfa)이란 대부분 탄소수가 4 이하인 저급지방산이다. 이와 같은 지방산은 미생물에 의하여 생성되며 그 중 대표적인 것으로는 초산, 프로피온산, 낙산 등이 있다.

> **정답** ③

38 다음 중 유도지방(Derived Fat)에 속하면서 혈액 내 지방의 운반에 관여하는 것은?

① 플라스말로겐(Plasmalogen)
② 레시틴(Lecithin)
③ 세팔린(Cephaline)
④ 콜레스테롤(Cholesterol)
⑤ 포스포이노시티드(Phosphoinositide)

> **해설**
> 콜레스테롤은 대표적인 유도지방(Derived fat)이다. 모든 세포와 혈액에 존재하면서 혈액 내 지방의 운반에 관계하며, 스테로이드 호르몬의 전구물질로도 이용된다.

> **정답** ④

39 다음 아미노산(Amino Acid)의 특징에 관한 내용 중 올바르게 설명된 것은?

① 대부분의 아미노산은 탄소수가 적은 지방산의 유도체이다.
② 시스테인(Cysteine)은 대치가 불가능한 필수 아미노산이다.
③ 트립토판(Tryptophan)은 황을 함유하고 있는 아미노산이다.
④ 리이신(Lysin)은 메티오닌을 대체할 수 있는 아미노산이다.
⑤ 세린(Serine)은 필수아미노산으로, 체내 질소의 평행에 중요한 아미노산이다.

해설
아미노산은 대부분 수용성으로 탄소수가 적은 지방산의 유도체이다. 이들 아미노산 간의 결합을 펩티드 결합이라고 하며, 이 결합을 통해서 단백질이 구성되는 것이다.

정답 ①

40 지용성 비타민(Fat-soluble vitamins)과 생리적 기능이 올바르게 연결된 것은?

① 비타민 E는 혈액을 응고시키는 기능을 한다.
② 비타민 A는 산화작용을 제한하는 작용을 한다.
③ 비타민 K는 빈혈증을 예방하는 기능을 한다.
④ 비타민 D는 뼈 조직에 칼슘의 축적을 돕는다.
⑤ 비타민 A, D, E, K는 모두 물에 잘 녹는다.

해설
지용성 비타민에는 A, D, E, K 등이 있다. 그중 비타민 D는 장으로부터 칼슘의 흡수를 돕고, 골 조직에 칼슘의 축적을 돕는 등 생리적 기능을 함으로써 골격의 형성에 중요한 역할을 한다.

정답 ④

41 다음 중 주요 무기질(미네랄)의 생리적 기능에 대한 설명으로 옳은 것은?

① 코발트는 티록신의 분비에 관여한다.
② 아연과 요오드는 혈액 응고에 필수적 역할을 한다.
③ 나트륨, 칼륨, 염소는 체액의 삼투압 조절에 관여한다.
④ 철분과 구리는 신경과 근육의 자극 전달에 관여한다.
⑤ 코발트는 연결조직, 뼈 및 단백질의 형성에 관여한다.

해설

체액은 세포 내액과 세포 외액으로 구성된다. 이들 체액은 삼투압의 조절을 통하여 물질대사에 관여하는데 그 조절에 나트륨, 칼륨, 염소가 중요한 역할을 하는 것이다.

정답 ③

★★☆
42 다음 중 지용성 비타민 E와 특별하게 관련이 되는 무기질(미네랄)은?

① 셀레늄　　　② 망간　　　③ 몰리브덴　　　④ 마그네슘　　　⑤ 나트륨

해설

셀레늄은 과거에 중독물질로 알려져 있다가 1970년대에 필수무기질(미네랄)로 분류된 중요한 무기질(미네랄)이며, 비타민 E와 특별한 관계를 가지고 있다. 비타민 E의 결핍 시 셀레늄을 공급하면 그 증세를 호전시킬 수 있으며 때로는 셀레늄이 비타민 E의 효과를 증진시키기도 한다.

정답 ①

★★★
43 항생물질 첨가제를 적절하게 사용하지 못하였을 때 예상되는 심각한 문제점으로 옳은 것은?

① 비병원성 세균의 전이성 저항인자를 가지는 계통으로 전환된다.
② 체지방의 과다 축적으로 육질의 저하현상을 유발한다.
③ 번식용 가축의 내분비 불균형으로 수정률이 저하된다.
④ 조직의 기형적 성장으로 가축의 경제수명이 단축된다.
⑤ 항균제에 의한 환경오염을 가능한 최소한으로 한다.

해설

사료첨가제로서의 효능이 알려지면서 성장 촉진과 사료 효율 개선을 위하여 많은 종류의 항생물질이 가축에 이용되기도 하였다. 그러나 항생물질은 반복적으로 사용하면 내성이 생기는 치명적인 문제점을 가지고 있다. 뿐만 아니라 비병원성 세균까지 전이성 저항인자를 갖게 하는 문제점이 발견되면서 현재는 항생제의 사용을 크게 제한하고 있다.

정답 ①

★★☆

44 동물이 섭취한 총 질소 섭취량이 30g, 분 중 질소의 함량이 20g, 뇨 중 질소의 함량이 5g일 때의 생물가로 **옳은** 것은?

① 20%   ② 30%   ③ 40%

④ 50%   ⑤ 60%

해설

생물가 = (섭취한 질소 − 분질소 − 뇨질소)/(섭취한 질소 − 분질소)×100 = (30 − 20 − 5)/(30 − 20)×100 = 50%

정답 ④

★★☆

45 수분(물, Water)의 생리적 기능에 대한 설명 중 **사실과 다른** 것은?

① 영양소의 가수분해와 흡수를 돕는다.

② 비열이 작아서 환경온도에 잘 적응한다.

③ 영양소를 효과적으로 희석하고 운반한다.

④ 증발열이 커서 체온을 효과적으로 잘 조절한다.

⑤ 영양소 산화로 생성되는 열을 효과적으로 흡수한다.

해설

생체 안에서 물의 기능이 다양한 이유는 각종 체액을 구성하기 때문이다. 체내 대사과정에서 물질의 이동에도 중요한 역할을 하지만, 비열이 커서 산화작용으로 생성되는 열을 효과적으로 흡수하여 체온을 잘 유지하기도 한다.

정답 ②

★★☆

46 ph가 낮은 강산성 환경에서만 활성화되는 **소화 효소는?**

① 스테압신(Steapsin)   ② 펩신(Pepsin)

③ 프티알린(Ptyalin)   ④ 트립신(Trypsin)

⑤ 아밀라제(Amylase)

해설

염산은 펩시노겐을 활력이 있는 펩신으로 만든다.

정답 ②

★★☆
47 담관(bile duct)이 연결되어 열리는 부위는?

① 공장(Jejunum)
② 십이지장(Duodenum)
③ 결장(Colon)
④ 회장(Ileum)
⑤ 간(Liver)

 해설

담관은 간에서 만들어지는 담즙을 십이지장으로 보내는 관이다.

정답 ②

★★☆
48 마그네슘(Mg)과 망간(Mn)의 공통적인 생리적 효과는?

① 효소의 활성화
② 에너지의 발생
③ 산 염기의 평형
④ 체액의 삼투압 조절
⑤ 단백질 합성

해설

마그네슘(Mg)과 망간(Mn)의 공통적인 생리적 효과는 효소의 활성화이다.

정답 ①

★★☆
49 목화씨깻묵에 조단백질이 50% 들어있고 단백질의 소화율은 80%일 때, 목화씨깻묵의 가소화조단백질(DCP)은?

① 35%
② 40%
③ 45%
④ 25%
⑤ 50%

 해설

DCP = 조단백질(%)×소화율 = 50×0.8 = 40%

정답 ②

50 다음 <보기> 중 담낭에서 분비되는 담즙산에 대한 설명으로 <u>옳은 것을 모두 고른 것</u>은?

─── <보기> ───

ㄱ. 단백질을 가수분해한다.
ㄴ. 지방의 유화작용으로 지방의 소화를 촉진한다.
ㄷ. 일종의 지방분해 효소이다.
ㄹ. 콜레스테롤이 혈관 내에서 침전 없이 녹아있도록 한다.
ㅁ. 췌장에서 분비되는 리파아제를 활성화시킨다.
ㅂ. 지방을 지방산으로 분해한다.

① ㄱ, ㄷ, ㅁ   ② ㄴ, ㄹ, ㅁ
③ ㄴ, ㄹ, ㅂ   ④ ㄷ, ㄹ, ㅂ
⑤ ㄹ, ㅁ, ㅂ

[해설]
ㄴ. 담즙산은 지방의 유화작용으로 지방의 소화를 촉진한다.
ㄹ. 담즙산은 콜레스테롤이 혈관 내에서 침전 없이 녹아있도록 한다.
ㅁ. 담즙산은 췌장에서 분비되는 리파아제를 활성화시킨다.

[정답] ②

51 아미노산에 대한 설명으로 <u>옳지 않은 것</u>은?

① 아미노산들은 Peptide 결합으로 구성되어 있다.
② 동물성 단백질에 구성되어 있는 아미노산은 20여 종이다.
③ 체내에서 합성되지 않거나, 합성되더라도 극히 소량이라 반드시 사료를 통해서 공급해 주어야 하는 것을 필수아미노산이라고 한다.
④ 중성아미노산은 1개의 아미노기와 1개의 카르복실기로 되어 있다.
⑤ 염기성아미노산은 1개의 아미노기와 2개의 카르복실기로 되어 있다.

[해설]
염기성아미노산은 2개의 아미노기와 1개의 카르복실기로 되어 있다.

[정답] ⑤

★★☆

52 필수지방산(Essential fatty acids, EFA)이 결핍되었을 경우 발생하는 질환으로 <u>옳은</u> 것은?

① 골연화증   ② 피부병   ③ 빈혈증

④ 용혈증   ⑤ 야맹증

> **해설**
>
> 필수지방산(Essential fatty acids, EFA)의 결핍 증상에는 성장 저하, 음수량 증가 및 부종 발생, 미생물 감염의 증가, 성성숙 지연 및 번식장애, 피모불량 및 피부병 유발, 세포막 손상 등이 있다.

> **정답** ②

★★☆

53 세포 내에서 혐기성 조건에서 이루어지는 당대사의 주요 경로로, 글루코오스가 피루브산이나 유산(Lactic acid)으로 분해되는 과정을 뜻하는 용어는?

① 해당작용   ② TCA 회로   ③ 산화적 인산화

④ 당신생   ⑤ 합성작용

> **해설**
>
> 세포 내에서 혐기성 조건에서 이루어지는 당대사의 주요 경로로, 글루코오스가 피루브산이나 유산(Lactic acid)으로 분해되는 과정을 해당작용이라고 한다.

> **정답** ①

★★★

54 다음 <보기>에서 필수지방산(Essential fatty acid, EFA)의 결핍 시 발생하는 증세에 대한 설명으로 <u>옳은</u> 것을 모두 고른 것은?

───── <보기> ─────

ㄱ. 상피조직의 각질현상이 발생한다.
ㄴ. 성성숙의 지연과 번식활동의 이상이 초래된다.
ㄷ. 부종이 발생한다.
ㄹ. 간에는 지방이 과다하게 비축된다.

① ㄱ   ② ㄱ, ㄴ   ③ ㄱ, ㄴ, ㄷ

④ ㄱ, ㄷ, ㄹ   ⑤ ㄱ, ㄴ, ㄷ, ㄹ

> **해설**
>
> 필수지방산의 결핍 시 상피조직의 각질현상이 발생하고, 성성숙의 지연과 번식활동의 이상이 초래되며 부종이 발생하고 간에는 지방이 과다하게 비축된다.

> **정답** ⑤

★★☆

55 영양소의 산화 중 β-산화(Oxidation)와 관련이 있는 영양소는?

① 비타민   ② 아미노산
③ 지방산   ④ 글루코오스
⑤ 유당

해설

β-산화(Oxidation)는 지방산의 산화와 관련이 있다.

정답 ③

★★★

56 단백질의 중요성에 대한 다음 <보기>의 설명 중 옳은 것을 모두 고른 것은?

─── <보기> ───

ㄱ. 효소의 주성분으로 생체 내에서 일어나는 화학반응의 촉매역할을 한다.
ㄴ. 지용성 비타민의 공급원이다.
ㄷ. 유전현상 및 생명현상에 관여하는 기본물질이다.
ㄹ. 생체의 방어기능을 담당하는 항체의 주성분이다.
ㅁ. 가장 효율적인 에너지 공급원이다.

① ㄱ, ㄴ, ㅁ   ② ㄱ, ㄷ, ㄹ
③ ㄴ, ㄷ, ㄹ   ④ ㄴ, ㄷ, ㅁ
⑤ ㄷ, ㄹ, ㅁ

해설

단백질은 효소의 주성분으로 생체 내에서 일어나는 화학반응의 촉매역할을 하고, 유전현상 및 생명현상에 관여하는 기본물질이며 생체의 방어기능을 담당하는 항체의 주성분이다.

정답 ②

★★★

57 다음 <보기>에서 비타민의 생리적 기능에 대한 설명으로 <u>옳은 것을 모두 고른 것은?</u>

―――――― <보기> ――――――

ㄱ. 모든 비타민은 전구물질이 존재한다.
ㄴ. 조효소의 구성성분으로 에너지 발생에 관계한다.
ㄷ. 비타민은 에너지원으로 이용된다.
ㄹ. 성장률, 사료효율, 번식활동 등의 생산성을 향상시킨다.
ㅁ. 여러 가지 영양소의 산화를 방지해 준다.
ㅂ. 피부병, 빈혈증, 신경증세 등을 막아준다.
ㅅ. 모든 비타민은 체내에서 합성된다.

① ㄱ, ㄷ, ㅁ, ㅅ
② ㄴ, ㄹ, ㅁ, ㅂ
③ ㄴ, ㄹ, ㅂ, ㅅ
④ ㄷ, ㄹ, ㅁ, ㅂ
⑤ ㄹ, ㅁ, ㅂ, ㅅ

해설
비타민은 조효소의 구성성분으로 에너지 발생에 관여하고 성장률, 사료효율, 번식활동 등의 생산성을 향상시키며, 여러 가지 영양소의 산화를 방지해 주고 피부병, 빈혈증, 신경증세 등을 막아준다.

정답 ②

★★☆

58 다음 중 소장(Small intestine)에서의 칼슘의 흡수 및 골 조직의 칼슘 축적을 돕는 비타민으로, 결핍 시 구루병이 발생하는 <u>비타민은?</u>

① 비타민 A
② 비타민 D
③ 비타민 E
④ 비타민 K
⑤ 비타민 B_{12}

해설
비타민 D는 소장에서의 칼슘의 흡수 및 골 조직의 칼슘 축적을 돕는 비타민으로, 결핍될 경우 구루병이 발생한다.

정답 ②

★★★

59 다음 <보기>에서 무기질(미네랄)의 생리적 특성에 대한 설명으로 <u>옳은 것을 모두 고른 것은?</u>

<보기>

ㄱ. 골격의 구성물질이다.
ㄴ. 체액의 삼투압을 조절한다.
ㄷ. 세포막의 투과성 조절로 영양소의 이동을 조절한다.
ㄹ. 효소의 활성제 역할을 한다.
ㅁ. 에너지 발생을 위한 작용을 조절한다.
ㅂ. 호르몬의 분비와 비타민의 합성에 관여한다.

① ㄱ, ㄴ, ㄷ   ② ㄱ, ㄴ, ㄷ, ㄹ
③ ㄱ, ㄴ, ㄷ, ㄹ, ㅁ   ④ ㄱ, ㄴ, ㄷ, ㄹ, ㅂ
⑤ ㄱ, ㄴ, ㄷ, ㄹ, ㅁ, ㅂ

해설

무기질(미네랄)은 골격의 구성물질로서 체액의 삼투압을 조절하고, 세포막의 투과성 조절로 영양소의 이동을 조절한다. 또한 효소의 활성제 역할을 하고, 에너지 발생을 위한 작용을 조절하며 호르몬의 분비와 비타민의 합성에 관여한다.

정답 ⑤

★★☆

60 다음 중 칼슘(Ca)의 공급 부족 시에 분비되어 골격으로부터 칼슘 동원을 촉진하는 <u>호르몬은?</u>

① 올레인산   ② 메치오닌
③ 안드로겐   ④ 파라토르몬
⑤ 에스트로겐

해설

파라토르몬(Parathormone)은 부갑상샘의 주세포에서 분비되는 호르몬으로, 84개의 아미노산 단일 사슬로 이루어진 폴리펩티드성 칼슘조절 호르몬이다.

정답 ④

★★★

61 다음 중 <보기>에서 설명하는 무기질(미네랄)의 명칭으로 <u>옳은 것은?</u>

───── <보기> ─────

항산화효과, 항암효과 및 면역증진효과가 있는 무기질(미네랄)이다. 최근 영양학적인 관심이 집중되고 있는 물질이나, 과량으로 공급되었을 경우 근육백화증(White muscle disease)을 초래할 수 있다.

① 셀레늄   ② 칼륨   ③ 수은
④ 납   ⑤ 코발트

해설

<보기>는 영양무기질(미네랄) 19종 중 셀레늄에 대한 설명이다.

정답 ①

★★★

62 다음 중 <보기>에서 설명하는 성분의 명칭으로 <u>옳은 것은?</u>

───── <보기> ─────

- 반소에스트(van Soest) 분석방법 중 하나이다.
- 세포막 성분으로 헤미셀룰로오스, 셀룰로오스, 리그닌, 실리카 등이 포함된다.
- 중성세제에 끓여도 용해되지 않고 남는다.

① NDS(Neutral detergent solubles)   ② NDF(Neutral detergent fiber)
③ ADF(Acid detergent fiber)   ④ ADL(Acid detergent lignin)
⑤ NDF+ADF

해설

- NDS(Neutral detergent solubles): 중성세제에 용해되는 물질(세포내용물)
- NDF(Neutral detergent fiber): 중성세제에 용해되지 않는 물질(세포막 성분)
- ADF(Acid detergent fiber): 산성세제에 용해되지 않는 물질(셀룰로오스, 리그닌, NDF - ADF = 헤미셀룰로스)
- ADL(Acid detergent lignin): 리그닌의 함량 분석

정답 ②

63 다음 <보기>의 공식에서 빈칸에 들어갈 단어로 <u>옳은 것은?</u>

---------------------- <보기> ----------------------
(   ) = 가소화 조단백질 + (2.25*가소화 조지방) + 가소화 조섬유 + 가소화 가용무질소물
----

① GE   ② NE   ③ TDN

④ SFU   ⑤ SV

해설

Total Digestible Nutrient(TDN, 가소화영양소 총량) = 가소화 조단백질 + (2.25*가소화 조지방) + 가소화 조섬유 + 가소화 가용무질소물

정답 ③

★★☆

64 다음 중 반려동물(가축)의 사료첨가제로서 병원성 미생물의 성장을 억제하고 환경오염을 줄이며, 잔류독성 및 내성의 위험이 적은 미생물 유래의 <u>사료첨가제는?</u>

① 항생제   ② 호르몬제   ③ 항산화제

④ 생균제   ⑤ 유화제

해설

생균제는 반려동물(가축)의 사료첨가제로서 병원성 미생물의 성장을 억제하고 환경오염을 줄이며, 잔류독성 및 내성의 위험이 적은 미생물 유래의 사료첨가제이다.

정답 ④

★★☆

65 첨가효과가 뛰어나지만, 잔류독성으로 인한 환경 및 축산물의 오염 문제와 내성균주의 생성으로 인하여 사용이 규제되고 있는 <u>사료 첨가제는?</u>

① 항생제   ② 호르몬제   ③ 항산화제

④ 생균제   ⑤ 유화제

해설

첨가효과가 뛰어나지만, 잔류독성으로 인한 환경 및 축산물의 오염 문제와 내성균주의 생성으로 인하여 사용이 규제되고 있는 사료 첨가제는 항생제이다.

정답 ①

66 ★★☆

섭취한 사료단백질의 양은 200g이고 분으로 배설한 단백질은 40g이다. 이 사료단백질의 소화율로 옳은 것은?

① 50%   ② 60%   ③ 70%
④ 80%   ⑤ 90%

해설

사료의 소화율은 섭취한 사료 영양소의 양에 대한 가소화 영양소 양의 비율이다. 문제에서 소화율(%)을 구하려면 가소화 단백질의 양을 알아야 하는데, 이것은 섭취한 사료단백질 양에서 분 단백질 양을 빼면 알 수 있다. 이렇게 얻은 수치로 단백질의 소화율을 계산하면 된다. 소화율(%) = (흡수한 영양소/섭취한 영양소)×100 = (160/200)×100 = 80%

정답 ④

67 ★★★

다음 중 수분(물, Water)에 대한 설명으로 옳지 않은 것은?

① 동물 체중의 50~70%가 수분으로 구성되어 있다.
② 가장 중요한 요소로, 체내 수분을 15% 이상 상실하는 경우 사망에 이르게 된다.
③ 건식사료는 수분이 10% 포함되어 있으므로 습식사료의 경우(70~80%)와 비교하여 더 많은 양의 물을 섭취해야 한다.
④ 체내 영양소의 공급과 노폐물 제거에 관여한다.
⑤ 수분 공급과 고혈당·당뇨병 진행의 가속화, 만성신장질환의 위험 증가, 신장 결석의 재발 및 고혈압 등과는 연관이 없다.

해설

수분은 생명 유지에 가장 중요한 영양소로, 체중의 60~70%를 차지한다. 건식사료에는 약 10%, 습식사료에는 70~80%까지도 포함되어 있으며, 사료 자체에 포함된 수분도 필요량에 어느 정도 기여는 하지만 언제나 물을 필요한 만큼 마실 수 있어야만 한다. 반려견이 체수분의 10%를 상실하면 건강상의 이상이 발생하고, 15%를 상실하면 사망에 이르게 된다. 수분 공급이 제대로 되지 않으면 고혈당·당뇨병 진행 가속화, 만성신장질환의 위험 증가, 신장 결석의 재발 및 고혈압 등이 생길 수 있다. 체성분 또한 수분 공급에 있어 중요한 역할을 한다.

정답 ⑤

★★★
68 반려동물에게 먹이지 말아야 하는 유해한 음식에 대한 설명이 <u>올바르게 연결되지 않은 것은?</u>

① 양파−빈혈을 유발한다.

② 포도−신부전을 유발한다.

③ 초콜릿−중독을 유발한다.

④ 자일리톨−저혈당증을 유발하며, 고양이의 경우 증상이 뚜렷하지 않다.

⑤ 사과−아바딘이라 불리는 효소가 비타민 B의 흡수를 방해하고 식중독, 소화불량을 유발한다.

해설
날계란의 흰자 부위의 효소인 아바딘은 비타민 B의 흡수를 방해하고 식중독, 소화불량을 유발한다. 사과는 씨앗의 중심에 독성이 있다.

정답 ⑤

★★★
69 건강한 성견을 위한 식이권장량에 대한 설명으로 <u>옳지 않은 것은?</u>

① 단백질: 15~30% DM ② 섬유: ≤10% DM

③ 지방: >5% DM(리놀렌산 1% DM) ④ 칼슘: 0.5~0.8% DM

⑤ 칼슘, 인 비율: 1:1~2:1

해설
건강한 성견(개)을 위한 식이권장량에서 섬유는 ≤5% DM이어야 한다.

정답 ②

★★★
70 성숙한 고양이를 위한 식이권장량에 대한 설명으로 <u>옳지 않은 것은?</u>

① 단백질: 35~50% DM

② 섬유: ≤5% DM

③ 지방: >9% DM(리놀렌산 1% DM, 아라키돈산 0.02% DM)

④ 칼슘: 0.5~1.8% DM

⑤ 평균 소변의 pH: 5.5~6.0

해설
성숙한 고양이를 위한 식이권장량에서 평균 소변의 pH는 6.2~6.5이다.

정답 ⑤

71 임신한 개의 상태와 급식에 대한 설명으로 옳지 않은 것은?

① 개의 평균 임신기간은 63일이다.

② 새끼를 낳기 전 암캐들의 체중은 임신 전의 체중보다 대략 15~25% 증가한다.

③ 새끼를 낳은 후 암캐들의 체중은 임신 전의 체중보다 5~10% 증가한다.

④ 태아는 40일 이후에 빠르게 성장하며, 임신 6~8주령에 성장이 최대가 된다.

⑤ 식이는 최대칼로리를 제공하기 위해서 매우 소화가 잘 되고 에너지밀도가 높아야 하며, 음식 섭취를 촉진하기 위해서는 다량씩 자주 급여해야 한다.

해설

식이는 최대칼로리를 제공하기 위해서 매우 소화가 잘 되고 에너지밀도가 높아야 하며, 음식 섭취를 촉진하기 위해서 소량씩 자주 급여해야 한다.

정답 ⑤

72 임신한 고양이의 상태와 급식에 대한 설명으로 옳지 않은 것은?

① 고양이의 임신기간은 일반적으로 63~65일이다.

② 체중이 증가하는 양식은 개와 비교했을 때와는 차이가 있으며, 암고양이는 임신 두 번째 주 동안 체중이 증가하기 시작한다.

③ 출산 후 암고양이는 임신기간 동안 증가된 체중의 대략 40%만 빠진다. 출산 후 빠지지 않고 임신기 동안 증가된 60%의 체중은 젖을 생산하는 데 사용된다.

④ 비만인 경우는 사산, 난산과 같은 번식문제를 일으킬 수 있으며, 고양이의 에너지필요량은 임신기간 내내 증가한다.

⑤ 번식하는 고양이를 위한 음식은 대사성산증을 예방하기 위해서 pH 5.5~6.0 사이의 소변을 보도록 조성되어야 하며, 대사성산증은 새끼고양이의 뼈 발육에 부정적인 영향을 미칠 수 있다.

해설

번식하는 고양이를 위한 음식은 대사성산증을 예방하기 위해서 pH 6.2~6.5 사이의 소변을 보도록 조성되어야 한다. 대사성산증은 새끼고양이의 뼈 발육에 부정적인 영향을 미칠 수 있다.

정답 ⑤

73 다음 중 반려동물의 비만에 대한 설명으로 <u>옳지 않은</u> 것은?

① 정상적인 체중보다 20% 이상 살이 찐 반려동물은 비만으로 분류된다.

② 반려동물의 경우 나이가 들어감에 따라 비만율이 증가한다.

③ 비만인 반려동물은 수명이 단축되고 정형외과질환을 겪게 된다.

④ 개에게서의 비만은 기관허탈과 관련이 없다.

⑤ 고양이에게서의 비만은 당뇨병의 주요한 위험요인이다.

> **해설**
> 개의 비만은 기관허탈과 관련이 있다.

> **정답** ④

74 신장질환이 있는 개와 고양이를 위한 식이권장량에 대한 설명으로 <u>옳지 않은</u> 것은?

① 단백질: 개의 경우 ≤15% DM　　　② 단백질: 고양이의 경우 ≤39% DM

③ 인: 개의 경우 0.15~0.3% DM　　　④ 인: 고양이의 경우 0.4~0.6% DM

⑤ 나트륨: 개와 고양이 모두 〈0.25% DM

> **해설**
> 나트륨의 경우 개는 <0.25% DM이며, 고양이는 <0.35% DM이다.

> **정답** ⑤

75 심장병이 있는 개와 고양이를 위한 식이권장량에 대한 설명으로 <u>옳지 않은</u> 것은?

① 개는 0.07~0.25%, 고양이는 0.3%로 나트륨을 제한한다.

② 개와 고양이의 식이에 칼륨을 공급한다.

③ 개와 고양이 모두 20~40mg/kg/day의 마그네슘을 공급한다.

④ 습식사료에는 2000~3000mg/kg/day DM의 타우린을 첨가한다.

⑤ 개와 고양이의 식이에 옥살산염을 첨가한다.

> **해설**
> 옥살산염은 개와 고양이의 요로결석증과 관련한 식이권장량에 이용된다.

> **정답** ⑤

★★☆
76 간질환이 있는 개와 고양이를 위한 식이권장량에 대한 설명으로 <u>옳지 않은</u> 것은?

① 개와 고양이 모두 3~8% DM의 섬유소를 공급한다.

② 개는 0.1~0.25% DM, 고양이는 0.2~0.35% DM로 나트륨을 공급한다.

③ 개와 고양이 모두 0.8~1.0% DM의 칼륨을 공급한다.

④ 개는 0.25~0.40% DM, 고양이는 0.3~0.45% DM의 염소를 공급한다.

⑤ 개는 1.2~2.0% DM, 고양이는 1.5~2.0% DM의 타우린을 공급한다.

해설
아르기닌의 경우 개는 1.2~2.0% DM, 고양이는 1.5~2.0% DM을 공급한다. 타우린의 경우 고양이에만 2500~5000 ppm을 공급한다.

정답 ⑤

★★☆
77 위염이 있는 개와 고양이를 위한 식이권장량에 대한 설명으로 <u>옳지 않은</u> 것은?

① 개는 16~20% DM, 고양이는 30~50% DM의 단백질을 공급한다.

② 개는 〈15% DM, 고양이는 〈22% DM의 지방을 공급한다.

③ 개와 고양이 모두 0.35~0.50% DM의 나트륨을 공급한다.

④ 개와 고양이 모두 0.8~1.1% DM의 칼륨을 공급한다.

⑤ 개는 〉2.0% DM, 고양이는 〉1.5% DM의 염화물을 공급한다.

해설
염화물의 경우 개와 고양이 모두 0.5~1.3% DM을 공급한다.

정답 ⑤

78 기호성이 높은 음식의 공급이 어려울 경우 등 불가피한 사유로 사료의 교체가 이루어져야 할 때, 이에 대한 설명으로 **옳지 않은** 것은?

① 인내를 가지고 새로운 음식에의 지속적인 노출이 중요하다.

② 아프거나 보호자와 떨어져 있는 경우 더욱 주의해야 한다.

③ 교체를 시도했을 때 체중이 10% 이상 감소하는 경우 기존 사료로 수 주간 급여한다.

④ 자율급식보다는 배식이 나을 수 있다.

⑤ 새로운 음식과 기존 음식을 섞어서 제공한다.

해설

새로운 음식과 기존 음식을 동시에 노출시킨다(같은 형태의 밥그릇). → 며칠 내로 새로운 음식을 먹기 시작하면 기존 음식은 점점 줄인다(1~2주간). → 두 음식을 섞어 천천히 새로운 음식의 비중을 높인다.

정답 ⑤

79 반려동물 사료의 급여량 계산에 대한 설명으로 **옳지 않은** 것은?

① 체중과 식품의 kcal/kg을 안다면 급여량을 측정할 수 있다. 모든 동물들은 에너지원을 필요로 하며, 에너지 섭취량과 에너지 소비량이 대등하게 될 때 평형을 이룬다.

② RE(Resting Energy Requirement, 휴식기 에너지 필요량)는 대부분의 에너지 소비량을 차지하며, 조용히 앉아 있으면서 몸의 항상성을 유지하는 데 필요한 에너지를 나타낸다.

③ 체표면적과 체중 둘 다 RER(휴식기 에너지 필요량)을 결정하는 데 중요한 역할을 한다.

④ 총에너지소비량(Total Energy Expenditure)은 연령, 번식상태, 신체조성, 영양상태에는 영향을 받지만 성별에는 영향을 받지 않는다.

⑤ 반려동물의 DER(Dairy Energy Requirement, 일일 에너지 필요량)을 계산해서 급여량을 결정할 수 있다.

해설

총에너지소비량(Total Energy Expenditure)은 성별, 번식상태, 신체조성, 영양상태와 연령에 영향을 받는다.

정답 ④

★★☆

80 동물(가축)의 임신 중 태아의 발달이 빠르게 진행되는 시기로 <u>옳은 것은?</u>

① 임신 전반기

② 임신 중반기

③ 임신 후반기

④ 임신 전반기~중반기

⑤ 임신 전기간

해설

대부분 동물의 태아발육은 임신 초기와 중기에 완만하고 말기에 빠르게 진행된다. 이와 같은 생리현상을 알아야 임신한 가축의 과비나 태아의 발육을 효과적으로 조절할 수 있게 되는 것이다.

정답 ③

CHAPTER 06 동물보건행동학

★☆☆
01 다음 중 <보기>의 빈칸에 공통으로 들어갈 용어로 가장 정확한 것은?

> ─────── <보기> ───────
>
> 유럽에서 (   )이라는 새로운 학문분야가 탄생하여 로렌츠, 틴베르겐 그리고 프리
> 슈 3인의 선구자들이 함께 노벨상(1973년도 의학생리학상)을 수여한 것이 하나의 계기가 되
> 었으며, (   )은 20세기 후반에 대단한 발전을 이루었다.

① 동물영양학   ② 동물번식학   ③ 동물사료학
④ 동물행동학   ⑤ 동물외과학

해설

유럽에서 동물행동학이라는 새로운 학문분야가 탄생하여 로렌츠, 틴베르겐 그리고 프리슈 3인의 선구자들이 함께 노벨상
(1973년도 의학생리학상)을 수여한 것이 하나의 계기가 되어 20세기 후반에 대단한 발전을 이루었다.

정답 ④

★★☆
02 로렌츠, 틴베르겐이 근대 동물행동학의 개척자로서 제창한 기본적인 개념 중에서 현대에도 통용되는
중요한 개념인 생득적 해발기구(Innate Releasing Mechanism)에 대한 설명으로 옳지 않은
것은?

① 학습이나 연습을 필요로 하지 않는다.
② 타 개체를 모방하지 않는다.
③ 환경에서의 영향을 받지 않는다.
④ 열쇠자극이라 불리는 외계로부터의 감각자극이 필요하다.
⑤ 객관적인 개념으로서 동물행동의 기본패턴을 이해하는 데 유용한 개념이다.

해설

생득적 해발기구는 추상적인 개념이지만 동물행동의 기본패턴을 이해하는 데 유용한 개념이다.

정답 ⑤

03 다음 중 동물행동학 연구의 네 가지 분야에 해당하지 않는 것은?

① 행동의 지근요인   ② 행동의 궁극요인

③ 행동의 발달   ④ 행동의 진화

⑤ 행동의 분류

해설

동물행동학 연구의 네 분야는 행동의 지근요인, 행동의 궁극요인, 행동의 발달, 행동의 진화이다.

정답 ⑤

04 현대의 동물행동학을 지지하는 중요한 기본적 개념 중 하나인 적응도(Fitness)라는 개념에 대한 설명으로 옳지 않은 것은?

① 생애번식성공도(Lifetime reproductive success)라고도 하며 수치로 나타낼 수 있다.

② 어느 동물이 낳은 새끼의 수(출산수)와 그 새끼들이 번식연령에 도달하기까지의 생존율의 곱으로 나타낸다.

③ 동물의 행동은 적응도를 가장 높일 수 있는 형태로 진화해 왔다.

④ 적응도를 높이기 위해 동물들이 취하는 전략은 다양하지 않다.

⑤ 어떤 새로운 행동이 적응도의 상승으로 이어지면 그러한 행동변화를 초래한 유전자 변이의 출현 빈도는 다음 세대에도 높아지게 된다.

해설

적응도를 높이기 위해 동물들이 취하는 전략은 매우 다양하다.

정답 ④

★★☆

05 동물들은 동기부여가 없으면 행동은 일어나지 않는다고 알려져 있다. 다음 중 동기부여에 대한 설명으로 <u>옳지 않은</u> 것은?

① 개체의 생존을 위한 식욕, 수면욕, 배설욕, 체온 및 호흡의 유지욕과 같은 항상성(Homeostasis) 의 동기부여가 있다.

② 종의 존속을 위한 성욕과 육아욕과 같은 번식성의 동기부여가 있다.

③ 호기심이나 조작욕, 접촉욕과 같은 외발적 동기부여가 있다.

④ 정동적(Affective) 동기부여가 있다.

⑤ 사회적 동기부여가 있다.

해설

호기심이나 조작욕, 접촉욕과 같은 내발적 동기부여가 있다.

정답 ③

★★☆

06 다음 중 <보기>의 ㉠, ㉡에 들어갈 정확한 용어가 올바르게 나열된 것은?

───── <보기> ─────

(…) 다른 동물의 행동을 흉내 또는 모방이나 경험과 지식을 이용하여 시행착오 없이 갑자기 행동하는 (㉠)이라는 것도 포함되며, (㉡)이라는 현상은 거위나 기러기 등의 조성성(早成性) 조류에서 특히 유명한데 태어난지 얼마 되지 않은 시기에 최초로 본 움직이는 것을 부모로 인식하여 따르거나 그것이 장래의 배우자 선택을 좌우하는 등 장기에 걸쳐 행동에 영향을 미치는 것이다.

	㉠	㉡
①	자연선택설	생득적 해발기구
②	행동의 동기부여	통찰학습
③	임프린팅	통찰학습
④	통찰학습	임프린팅
⑤	경험학습	임프린팅

해설

다른 동물의 행동을 흉내 또는 모방이나 경험과 지식을 이용하여 시행착오 없이 갑자기 행동하는 통찰학습이라는 것도 포함되며, 임프린팅이라는 현상은 거위나 기러기 등의 조성성(早成性) 조류에서 특히 유명한데 태어난지 얼마 되지 않은 시기에 최초로 본 움직이는 것을 부모로 인식하여 따르거나 그것이 장래의 배우자 선택을 좌우하는 등 장기에 걸쳐 행동에 영향을 미치는 것이다.

정답 ④

★★☆
07 동물행동학의 관점에서 동물의 문제행동(이상행동)에 대한 설명으로 <u>옳지 않은 것은?</u>

① 동물이 보이는 행동 레퍼토리가 정상 레퍼토리에서 크게 벗어난 것을 뜻한다.

② 동물이 보이는 행동 레퍼토리가 정상 범위에 있으나, 그 행동이 일어나는 빈도가 정상의 것에 비해 비정상적으로 많은 경우에는 문제행동으로 간주된다.

③ 동물이 보이는 행동 레퍼토리가 정상 범위에 있으나, 그 행동이 일어나는 빈도가 정상의 것에 비해 비정상적으로 적은 경우에는 문제행동이 아니다.

④ 같은 행동이라도 동물이 길러지는 환경에 따라 사정이 달라질 수 있다.

⑤ 문제행동에 대해 생각하는 경우에는 그 행동이 질환에 의해 일어나고 있는지를 우선 확인하는 것이 중요하다.

해설

동물이 보이는 행동 레퍼토리가 정상 범위에 있으나, 그 행동이 일어나는 빈도가 정상의 것에 비해 비정상적으로 적은 경우에도 문제행동으로 간주된다.

정답 ③

★★☆
08 지금까지 동물의 행동발달에 관한 다양한 연구 등을 통해서 많은 것들이 밝혀지고 있으며, 그중에서 오랜 세월에 걸친 연구 성과를 통하여 개의 행동발달 단계가 4단계로 나누어진다는 개념이 제창되었다. 다음 중 그 순서가 올바르게 나열된 것은?

① 신생아기 → 약령기 → 이행기 → 사회화기

② 신생아기 → 이행기 → 약령기 → 사회화기

③ 신생아기 → 사회화기 → 이행기 → 약령기

④ 신생아기 → 약령기 → 사회화기 → 이행기

⑤ 신생아기 → 이행기 → 사회화기 → 약령기

해설

개의 행동발달 단계는 신생아기 → 이행기 → 사회화기 → 약령기의 4단계로 나뉜다.

정답 ⑤

09 개의 행동발달 4단계에 대한 다음 <보기>의 내용에서 ㉠, ㉡에 들어갈 단어가 올바르게 나열된 것은?

— <보기> —

- (㉠): 생후 2~3주까지의 짧은 기간을 말한다. 이 기간에는 눈을 뜨고(생후 13일 전후) 귓구멍이 열려 소리에 반응하게 된다(생후 18~20일). 어미개가 음부를 자극하지 않아도 배설이 가능해지며, 아직 어색하지만 걷기 시작하므로 잠자리 밖으로 나와 배뇨와 배변을 하거나 형제들과 장난치며 놀기 시작한다.
- (㉡): 개가 젖을 떼고 나서 성 성숙에 이르기까지의 기간으로, 견종이나 개체에 따른 차이가 크지만 상한은 대략 6~12개월까지로 보고 있다.

	㉠	㉡
①	신생아기	사회화기
②	신생아기	이행기
③	사회화기	약령기
④	이행기	사회화기
⑤	이행기	약령기

해설

㉠은 이행기, ㉡은 약령기에 대한 설명이다.

정답 ⑤

★★★

10 다음 중 발달행동학적 관점에서 보았을 때 개의 문제행동으로 보기 어려운 것은?

① 공격행동
② 불안과 공포증
③ 분리불안
④ 경계심과 혐오반응
⑤ 꼬리흔들기

해설

공격행동, 불안과 공포증, 분리불안, 경계심과 혐오반응 등이 발달행동학적으로 본 개의 문제행동으로 분류된다.

정답 ⑤

11 발달행동학적 관점에서 본 고양이의 문제행동에 대한 설명으로 <u>옳지 않은</u> 것은?

① 5주 이전에 입양된 새끼고양이는 다른 고양이들과 사회적 교류를 제대로 하지 못하여 결과적으로 사람에게 과도하게 달라붙게 되는 경우가 있다.

② 다른 고양이들과 사회적 교류를 제대로 하지 못한 고양이는 성장함에 따라 다른 고양이에 대해 공격적이 되거나 주인의 주의를 끌기 위해 자학적 행동과 같은 이상행동을 보이게 되는 경우도 있다.

③ 사회화가 충분하지 않은 고양이는 다른 고양이나 새끼고양이가 자신과 동종의 동물이라는 인식을 갖지 못하기 때문에 성장한 뒤의 성 행동이나 육아행동에도 영향을 줄 수 있다.

④ 8주까지 다른 동물종에 대해 제대로 사회화하지 못한 고양이는 사람이나 개에 대해 겁을 먹고 공격적인 태도를 보이게 되는 경우가 많다.

⑤ 고양이에게서 침입자에 대한 공격성이 문제행동으로 인식되는 것은 보통 1~3세이다.

해설

개에게서 침입자에 대한 공격성이 문제행동으로 인식되는 것은 보통 1~3세이다.

정답 ⑤

12 동물행동학적 관점에서 본 생식행동의 다양성과 진화 그리고 배우시스템에 대한 설명으로 <u>옳지 않은</u> 것은?

① 동물은 자신의 적응도를 최대로 높이기 위해 행동을 진화시키고 그 연장으로서 사회, 즉 다른 개체와의 상호관계가 성립해 왔다.

② 많은 동물에게 성선택과 혈연선택이라는 2가지 개념을 적용시킴으로써 형질의 진화를 보다 잘 설명할 수 있다.

③ 일부일처제(Monogamy)에는 늑대, 자칼, 개 등이 해당된다.

④ 일부다처제(Polygamy)에는 사슴, 말, 바다표범 등이 해당된다.

⑤ 일처다부제(Polyandry)에는 침팬지 등이 해당된다.

해설

침팬지 등은 다부다처제(또는 난혼제, Promiscuity)에 해당되며, 일부다처제에는 벌거숭이두더지쥐, 리카온 등이 해당한다.

정답 ⑤

***
13 동물행동학적 관점에서 본 암수의 성행동, 성행동의 발현패턴 그리고 성행동의 매커니즘에 관한 설명으로 **옳지 않은** 것은?

① 암수의 성행동이란 암수의 배우자가 접합한 후 수태하여 새로운 생명이 되기 위한 불가결한 단계로서, 수컷이 정자를 암컷의 생식도 내에 보내는 것을 목적으로 한 일련의 행동이다.

② 생득적 행동(본능행동)은 욕구행동과 완료행동으로 구성되는 하나의 시스템으로, 그 발현은 동기부여의 상승과 신호가 되는 자극이 없어도 진행된다.

③ 성행동의 발현패턴에서 가축화된 동물 중에도 말, 고양이, 양과 같이 여전히 교미계절이 남아있는 동물종도 있으나 야생의 선조종만큼 엄밀하지는 않다.

④ 성행동의 메커니즘에서 발정기에는 성행동의 발현뿐만 아니라 섭식량의 감소나 휴식시간의 단축, 활동량의 상승 등 다른 다양한 행동변화도 동시에 일어난다는 사실이 알려져 있다.

⑤ 성행동의 발현을 담당하는 신경내분비 메커니즘은 시상하부, 하수체, 성선축을 구성하는 호르몬분자의 차이를 보이지 않는다.

해설
생득적 행동(본능행동)은 욕구행동과 완료행동으로 구성되는 하나의 시스템으로, 그 발현에는 동기부여의 상승과 신호가 되는 자극이 필요하다.

정답 ②

***
14 동물행동학적 관점에서 본 초식동물의 성행동, 육식동물의 성행동 그리고 잡식동물의 성행동에 관한 설명으로 **옳지 않은** 것은?

① 암소는 약 21일마다 발정하여 수컷의 교미행동을 허용하며, 발정기의 암컷은 수컷이 승가해도 가만히 있고 도망가지 않는다.

② 암말이 수말에게 보이는 태도는 성주기의 시기에 따라 극단적으로 다르며 발정기에는 독특한 배뇨자세를 보이는 등 수컷을 적극적으로 받아들인다.

③ 개는 몇 년에 한 번의 주기로 발정기가 오는데 그 안에 1번만 배란을 하는 단발정동물이고, 개에게서 관찰되는 독특한 성행동으로는 교미결합(생식기 잠금, genital lock)이 있다.

④ 고양이는 봄부터 여름에 걸친 발정기가 되면 난소에서 난포가 차례로 주기적으로 발육하며 발육의 피크에서는 호르몬의 분비가 높아져 발정행동이 일어난다.

⑤ 돼지의 성주기의 길이는 소와 거의 같지만 발정기는 매우 짧고, 성행동의 특징으로는 발정한 암컷 쪽에서 수컷에게 접근하는 경우가 있다.

해설
돼지의 성주기의 길이는 소와 거의 같지만 발정기는 더 길어 수일간 계속되며, 성행동의 특징으로는 발정한 암컷 쪽에서 수컷에게 접근하는 경우가 있다.

정답 ⑤

다음 <보기>의 ㉠~㉢에 들어갈 정확한 용어가 올바르게 나열된 것은?

<보기>

성행동은 동물 종에 따라 큰 차이를 보이는데, 이는 각각의 동물종이 생태학적 또는 사회적인 환경에 적응하여 특이적인 진화를 이루어 왔기 때문이다. 어느 종에서든 공통되는 것은 성행동의 이성의 (㉠), 성행동의 (㉡), 그리고 암컷에 의한 (㉢)의 허용이라는 3단계로 구성되어 있다는 것이다.

① ㉠ 유인, ㉡ 환기, ㉢ 승가   ② ㉠ 유인, ㉡ 승가, ㉢ 환기
③ ㉠ 환기, ㉡ 유인, ㉢ 승가   ④ ㉠ 환기, ㉡ 승가, ㉢ 유인
⑤ ㉠ 승가, ㉡ 환기, ㉢ 유인

해설
어느 종에서든 공통적으로 성행동의 이성의 유인, 성행동의 환기, 그리고 암컷에 의한 승가의 허용이라는 3단계로 구성되어 있다.

정답 ①

★★★
16 다음 중 개와 고양이의 분만 시의 행동에 관한 설명으로 옳지 않은 것은?
① 개와 고양이는 임신 후기가 되면 음부나 복부를 핥는 경우가 많아진다.
② 분만의 제1단계는 진통기이며, 자궁의 수축이 시작되어 몸의 근육도 긴장된다.
③ 분만의 제2단계는 만출기로 자궁의 수축과 복근의 긴장이 더 강해지고, 이것에 따라 태아는 산도를 상당히 천천히 통과한다.
④ 개와 고양이의 암컷은 분만의 제2단계에서 옆으로 누워서 뒷다리 사이로 고개를 넣어 머리를 뒤로 구부리는 경우도 있다.
⑤ 분만의 제3단계는 태반의 만출기로, 어미는 이 동안에도 신생아를 계속 핥아 털을 깨끗이 한다.

해설
분만의 제2단계는 만출기로 자궁의 수축과 복근의 긴장이 더 강해지고, 이것에 따라 태아는 산도를 상당한 속도로 통과한다.

정답 ③

17 다음 중 개와 고양이의 모성행동에 관한 설명으로 옳지 않은 것은?

① 어미 개와 어미 고양이는 생후 3주 정도까지는 새끼들을 계속해서 핥아 몸을 깨끗이 해준다.

② 어미 개와 어미 고양이는 새끼들의 항문과 음부를 열심히 핥는데 이에 따라 배뇨나 배변이 촉진된다.

③ 배설물은 어미가 바로 먹어버리므로 둥지 안은 청결하게 유지된다.

④ 모자간의 수유(어미측)와 흡유(새끼측)의 관계에는 3단계가 존재한다.

⑤ 제2단계에서부터 새끼들은 모유와 더불어 다른 음식도 먹게 된다.

해설

제3단계가 되면 새끼들은 모유와 더불어 다른 음식도 먹게 된다. 이 시기에는 포유행동이 거의 새끼에 의해 시작되며 곧 젖을 조르는 새끼들을 어미가 피하게 된다.

정답 ⑤

18 다음 중 개와 고양이의 섭식행동에 관한 설명으로 옳지 않은 것은?

① 개는 매우 빠르게 먹는 경향이 있지만, 고양이는 소량의 식사를 몇 번에 걸쳐 나누어 하는 습성이 있다.

② 미각혐오 또는 조건화 미각기피라 불리는 반응은 단 한 번의 경험에 의해서도 강하게 기억된다.

③ 새끼강아지의 경우, 먹이를 놓는 장소가 정해져 있으면 먹이를 둘러싸고 우열순위가 생기는 경우가 많다.

④ 먹이에 대한 기호성은 태어나면서부터 정해져 있는 유전적 요인으로 평생 변하지 않는다.

⑤ 특정 성분이 부족한 상태에 놓이면 동물은 결핍된 성분을 적극적으로 섭취하려는 먹이에 대한 자기선택행동을 보인다.

해설

먹이에 대한 기호성은 태어나면서 정해져 있는 유전적 요인의 영향이 크지만, 그뿐만 아니라 이유 후에 섭취한 먹이의 종류나 그에 따른 정동적인 체험에 의해 개개의 동물에게는 다양한 기호가 생기게 된다.

정답 ④

19 다음 중 개와 고양이의 배설행동과 마킹행동에 관한 설명으로 옳지 않은 것은?

① 개, 고양이 등 둥지나 자신이 거주하는 곳을 깨끗하게 유지하는 성질을 타고난 동물들에게 화장실 교육을 시키는 것은 크게 어렵지 않다.

② 강아지의 경우는 우선 방의 구석을 자신의 둥지라고 생각할 수 있도록 식사나 수면 후와 같이 배설이 일어나기 쉬울 때 화장실에 데려가도록 한다.

③ 고양이의 경우는 화장실의 소재가 중요하며, 적당한 모래를 넣은 화장실을 배치한 방에 고양이를 잠시 가둬두면 화장실의 사용을 학습할 수 있다.

④ 개를 산책에 데리고 가면 여러 장소에서 배뇨를 하려고 하는데 이 행동에는 자신의 영역에 냄새를 묻히는 마킹의 의미가 있다.

⑤ 고양이과 동물에서는 보통의 배뇨와 같은 자세로 엉덩이를 높이고 수직의 대상물을 향해 오줌을 발사하는 오줌스프레이라는 마킹행동이 잘 알려져 있다.

해설

고양이과 동물에서는 보통의 배뇨와는 다른 자세로 엉덩이를 높이고 수직의 대상물을 향해 오줌을 발사하는 오줌스프레이라는 마킹행동이 잘 알려져 있다.

정답 ⑤

20 다음 중 개와 고양이의 그루밍행동(몸단장행동)에 관한 설명으로 옳지 않은 것은?

① 그루밍에는 입에 의한 오랄그루밍(혀와 이를 사용)과 뒷발에 의한 스크래치그루밍, 앞발을 핥아서 얼굴이나 머리를 닦는 행동 등이 있다.

② 복수의 개체가 서로 그루밍을 함으로써 직접 닿지 않는 체표 부위의 손질을 할 수 있는데, 이 상호 간의 그루밍에는 가족이나 무리의 동료 간 친화적 행동으로서의 사회적 의미도 크다.

③ 개, 고양이 등 미숙한 상태로 태어나는 동물에서는 초기의 발달단계에서 어미로부터 받는 보살핌의 질과 양이 그 후의 행동패턴의 발달에 영속적인 영향을 미칠 수 있다.

④ 어린 시기에 어미에게 그루밍 받음으로써 전달되는 체표의 자극은 뇌의 정상발달에는 영향을 주지 않는다.

⑤ 개, 고양이의 새끼들이 제대로 사회화하기 위해서는 사회화기라 불리는 시기가 중요하며, 이러한 발달행동학적으로 중요한 과정에는 어미와 형제의 그루밍이 깊은 관련이 있다.

해설

어린 시기에 어미에게 그루밍 받음으로써 전달되는 체표의 자극은 뇌의 정상발달에 큰 영향을 미친다.

정답 ④

★★★
21 동물의 사회구조 중에서 무리의 구조와 사회적 순위에 관한 설명으로 옳지 않은 것은?

① 많은 동물들이 무리를 이루어 살고 있으며, 무리를 만드는 이유는 개개의 동물들이 존재하고 번식하는 데 유리하기 때문이다.

② 먹이나 휴식장소와 같은 자원은 한정되어 있기 때문에 집단이 커지면 곧 무리 내에서 유한한 자원을 둘러싸고 심각한 경쟁이 일어나게 된다.

③ 개는 사회성을 명확하게 가지고 있는 대표적인 동물로, 무리 내에서는 알파라 불리는 최상위 개체를 정점으로 엄격한 서열을 유지하고 있다.

④ 고양이도 개와 동일하게 명확한 사회성을 갖고 있다.

⑤ 사회적인 동물의 경우는 몸의 크기나 체중, 성별 등의 요소가 승패에 영향을 준다.

해설

고양이는 우리 주변의 동물 중에서 유일하게 이러한 사회성을 명확하게 갖지 않는 동물이다.

정답 ④

★★★
22 다음 중 <보기>의 빈칸에 들어갈 용어로 가장 정확한 것은?

─── <보기> ───

고양이는 원래 비사회적 동물이기 때문에 특정 개체에 대해 친밀한 관계를 구축하기보다 자신의 생활권이나 영역에 대한 강한 연대를 형성한다. 따라서 고양이에게는 (   )가 중요하다.

① 사회적 개체적 거리   ② 사회적 도주거리
③ 사회적 세력권   ④ 사회적 생활권
⑤ 사회적 거리

해설

고양이는 원래 비사회적 동물이기 때문에 특정 개체에 대해 친밀한 관계를 구축하기보다 자신의 생활권이나 영역에 대한 강한 연대를 형성한다. 따라서 고양이에게는 사회적 거리가 중요하다.

정답 ⑤

23 다음 중 동물의 공격행동에 관한 설명으로 옳지 않은 것은?

① 개는 동료 간의 싸움에서는 서로를 물 때 힘을 억제하지만, 이것을 사냥감에 이용하는 경우는 없다.

② 고양이는 보통 사냥감을 잡을 때 송곳니를 사용하여 공격하지만, 고양이 간의 싸움에서는 발톱을 사용하는 경우가 많다.

③ 개와 고양이가 동료끼리 싸우는 경우에는 털을 세우거나 큰 소리를 내며 감정의 고조가 동반되지만, 수렵에서는 그러한 변화가 보이지 않는다.

④ 고양이는 먹이인 설치류나 작은 새에게 소리없이 다가가 충분히 접근한 뒤 타이밍을 보고 공격한다.

⑤ 공격행동은 2마리의 개체 간에서만 보이는 경합적인 상호관계로 도주, 방위적 행동, 공격행동에 관련된 자세나 표정에 의해 알 수 있다.

해설

공격행동은 2마리 또는 그 이상의 개체 간에 보이는 경합적인 상호관계로 도주, 방위적 행동, 공격행동에 관련된 자세나 표정에 의해 알 수 있다.

정답 ⑤

24 동물의 공격행동의 종류 중 다음 <보기>에서 설명하는 것은?

──── <보기> ────

군용견, 경찰견과 같이 공격성을 훈련에 의해 높이는 것은 가능하다. 또한 개가 배달부가 올 때마다 짖어 위협하는 것을 자기학습한 결과, 더 심하게 짖게 되는 경우도 있다. 이 경우 배달부는 용무가 끝나 사라지는 것뿐이지만 개의 입장에서는 자신이 짖어서 상대가 도망갔다고 착각하기 때문에 이 반응이 보상이 되어 공격행동이 강화되는 것이다.

① 경합적 공격 ② 공포에 의한 공격
③ 영역적 공격(또는 사회적 공격) ④ 병적인 공격
⑤ 학습에 의한 공격

해설

<보기>는 학습에 의한 공격과 관련된 내용이다.

정답 ⑤

★★☆
25 다음 중 동물의 위협 및 복종의 행동양식에 관한 설명으로 <u>옳지 않은</u> 것은?

① 동물은 사회적인 상호관계 속에서 항상 먹이나 번식상태, 좋은 보금자리, 휴식장소의 획득과 유지를 위해 경쟁하고 있기 때문에 다양한 적대적 행동이 관찰된다.
② 적대적 행동에는 위협, 도주, 복종, 실제 공격 등이 포함된다.
③ 사회성이 높은 동물 종의 경우 무리의 질서를 유지하는 데 위협과 복종에 관련된 행동은 대단히 중요하다.
④ 동일한 적대적 상황이 발생했을 때 고양이는 위협이나 복종만으로 수습이 된다.
⑤ 개와 같이 사회성이 높은 동물은 한쪽의 위협에 대해 다른 쪽이 복종의 자세를 취하면 그 이상의 싸움으로는 발전하지 않고 적대적 관계가 종료된다.

해설
동일한 적대적 상황이 발생했을 때 고양이는 위협이나 복종만으로는 수습되지 않고, 실제 결투로까지 싸움이 발전하는 경우가 많다. 때문에 야외에서 자유롭게 생활하고 있는 수고양이와 수캐를 포획하여 조사해보면 고양이 쪽이 싸움에 따른 외상을 더 많이 가지고 있다.

정답 ④

★★☆
26 다음 중 동물의 커뮤니케이션에 관한 설명으로 <u>옳지 않은</u> 것은?

① 동물의 커뮤니케이션 방법에는 시각, 청각, 후각에 의한 세 가지의 중요한 형태가 있다.
② 개와 고양이 또는 사람과 개와 같이 다른 동물종 간에도 커뮤니케이션이 성립하며 상호간에 발생시키는 신호나 그에 따른 정동적인 변화 등이 있다.
③ 개가 눈앞의 상대를 쫓아내려고 위협하는 경우 털을 곧게 세우고 송곳니를 드러내며, 상대를 응시하고 낮은 소리로 으르렁거리면서 공격성을 나타내는 냄새를 보낸다.
④ 커뮤니케이션 행동이 진화한 이유 중 하나는 무리 내에서 경합적인 상호작용의 빈도나 정도를 가능한 한 낮추는 것에 있다.
⑤ 어떤 집단 속에서 이용되는 신호의 경우 그 신호가 가진 정보와 사용되는 상황이 중요한 경우에는 복잡하며 일회성으로 사용되기에 신호의 특성이 진화되는 경향은 없다.

해설
어떤 집단 속에서 이용되는 신호의 경우 그 신호가 가진 정보와 사용되는 상황이 중요한 경우에는 더 눈에 띄기 쉽거나 중복되어 사용되는 등 신호의 특성이 진화하는 경향이 있다.

정답 ⑤

27 다음 중 개의 커뮤니케이션 행동에 관한 설명으로 옳지 않은 것은?

① 공격성과 공포의 정도가 다양한 비율로 섞이면서 그때의 기분을 나타내듯이 귀나 꼬리의 위치, 신체 전체의 자세, 얼굴표정 등으로 이루어진 커뮤니케이션 신호가 연속적으로 형태를 만들어간다.

② 성견에서는 만나자마자 서열이 확립되는 경우가 많고, 두 개체 간의 상호관계에서 서로의 상대적 우위와 열위를 전달하는 양식화된 표시행동에 의해 유지된다.

③ 개에게서 특징적인 시각표시로서 한쪽 다리를 들고 배뇨하는 행동이 있다.

④ 후각신호는 종이나 성별, 가족과 무리, 그리고 특정 개체의 정체성에 관련된 매우 많은 정보를 정확하게 전달할 수 있기 때문에 시각이나 청각신호에 비해 시시각각 변화하는 심리상태를 실시간으로 잘 전달할 수 있다.

⑤ 개의 짖는 방법은 상황에 따라 다르며 종류도 다양한데, 조금 익숙해지면 사람도 어느 정도의 식별이 가능하다.

해설

후각신호는 종이나 성별, 가족과 무리, 그리고 특정 개체의 정체성에 관련된 매우 많은 정보를 정확하게 전달할 수 있다. 다만 시각이나 청각신호에 비해 시시각각 변화하는 심리상태를 실시간으로 전달할 수는 없다.

정답 ④

28 다음 중 고양이의 커뮤니케이션 행동에 관한 설명으로 옳지 않은 것은?

① 고양이는 사회적 집단 속에서 조화를 유지하는 것을 중시하여 생활하고 있는 것이 아니므로, 개와 같은 사교적인 동물과는 자세에 따른 커뮤니케이션의 의미가 다소 다를 수 있다.

② 고양이가 다른 고양이에게 능동적으로 접근할 때는 꼬리를 수직으로 올리며, 친한 상대에게 접근하거나 새끼고양이가 어미에게 접근할 때는 꼬리를 더 꼿꼿이 세운다.

③ 고양이는 오줌을 마킹에 잘 사용하는데, 거세하지 않은 수컷고양이에서 특히 그 경향이 강하다.

④ 고양이도 개와 같이 다른 개체가 남긴 오줌 위에 마킹하여 냄새를 은폐하는 일이 잦다.

⑤ 울음소리에 의한 커뮤니케이션은 고양이들 간의 거리를 유지하기 위해 중요하며 기본적으로 비사회적 동물인 고양이들끼리 직접 만나는 일을 방지하고 있다.

해설

고양이는 개와 달리 다른 개체가 남긴 오줌 위에 마킹하여 냄새를 은폐하는 일이 없다.

정답 ④

★★★
29 다음 중 <보기>의 빈칸에 공통으로 들어갈 동물의 학습원리로 옳은 것은?

─── <보기> ───

보통의 동물은 신기한 자극에 노출되면 놀라거나 불안해하며, 이 자극이 고통이나 상해를 입히는 것이 아닌 경우에는 반복노출됨으로써 점착 익숙해진다. 이 과정을 (　　　　)라고 하며 큰 소리, 낯선 인간, 자동차에 타는 것 등이 구체적인 예이다. 일반적으로 약령기의 동물의 경우가 나이를 먹은 동물보다 (　　　　)하기 쉬운 것으로 알려져 있다.

① 고전적 조건화　　　　　　　　② 조작적 조건화
③ 처벌　　　　　　　　　　　　　④ 커뮤니케이션
⑤ 순화(길들임)

해설
<보기>는 동물의 학습원리 중에서 순화(길들임)에 해당하는 내용이다.

정답 ⑤

★★★
30 다음 중 동물의 학습원리 중에서 고전적 조건화와 조작적 조건화에 관한 설명으로 옳지 않은 것은?

① 무조건반응(반사반응)을 일으키는 무조건자극과 반응과는 무관계한 중립자극이 함께 반복하여 주어지면 곧 중립자극만으로도 반사반응을 일으키게 된다. 이것이 고전적 조건화이다.
② 동물은 특정한 자극상황에서 일어나는 반응(행동)에 이어서 보수가 주어지면 다시 같은 상황이 됐을 때 똑같은 행동을 취할 확률이 증가하게 되며, 이것을 조작적 조건화라고 부른다.
③ 고전적 조건화는 자발적인 행동이라기보다는 부수의적·반사적 반응이 주로 관여하고 보수를 필요로 하지 않는다.
④ 조작적 조건화에는 반응 → 자극 → 강화(보수)가 연속성 없이 일어나는 것이 중요하다.
⑤ 조작적 조건화에서는 보상을 말하며, 반려동물에게 조건화를 하는 경우에 강화인자로서 먹이, 칭찬, 쓰다듬기 등이 이용된다.

해설
조작적 조건화에는 자극 → 반응 → 강화(보수)가 이어서 일어나는 것이 중요하다.

정답 ④

31 다음 중 동물의 학습원리 중에서 조작적 조건화의 강화에 관한 설명으로 옳지 않은 것은?

① 강화의 타이밍: 보다 빠르고 확실하게 조건화를 성립시키기 위해서는 반응과 동시에, 또는 직후에 강화가 이루어져야 한다.

② 강화의 정도: 보통은 먹이와 같은 매력적인 보상이 유용하게 사용됨으로써 학습효과를 높여준다.

③ 강화 스케줄: 반응을 가르칠 때는 모든 반응에 대해 강화함으로써 빠르게 학습이 성립된다 (연속강화스케줄).

④ 마이너스 강화: 강화인자의 제시에 따라 반응이 일어날 가능성이 증가하는 조건화를 마이너스 강화라고 한다.

⑤ 2차적 강화인자: 본래의 보상이 아닌, 본래의 보상과 함께 주어짐으로써 강화인자로 작용하는 2차적 보상을 가리킨다.

해설

강화인자의 제시에 따라 반응이 일어날 가능성이 증가하는 조건화를 플러스 강화(양성강화)라고 한다. 반응 후 혐오적인 강화인자가 제거됨에 따라 반응이 일어날 가능성이 증가하는 것을 마이너스 강화(음성강화)라고 한다.

정답 ④

32 다음 중 동물의 학습원리 중에서 조작적 조건화의 소거에 관한 설명으로 옳지 않은 것은?

① 동물의 행동레파토리에서 조건화된 특정 행동반응을 소멸시키는 것을 말한다.

② 고전적 조건화와 조작된 조건화 모두에서 이용되는 전문용어이나 임상적으로는 고전적 조건화에서 특히 중요하다.

③ 조작된 조건화에서는 학습한 반응에 대한 강화가 전혀 주어지지 않으면 그 반응은 최종적으로 소멸된다.

④ 조작된 조건화에 의한 학습이 소거되는 과정에서 때로는 소거버스트라는 현상을 보인다.

⑤ 소거버스트란 지금까지 강화되어 온 반응이 갑자기 강화되지 않게 되었을 때, 한동안 그 반응이 더 빈번하게 보이는(Burst) 것을 말한다.

해설

고전적 조건화와 조작된 조건화 모두에서 이용되는 전문용어이나 임상적으로는 조작된 조건화에서 특히 중요하다.

정답 ②

33 다음 중 동물의 학습원리 중에서 처벌에 관한 설명으로 <u>옳지 않은</u> 것은?

① 특정 반응이 재발할 가능성을 줄이기 위해 그 반응이 가장 클 때나 직후에 큰 소리로 혼내는 것과 같은 혐오자극을 주는 것을 플러스 처벌이라고 한다.

② 좋아하는 간식과 같은 보수가 되는 자극(강화자극)을 배제하는 것을 마이너스 처벌이라고 한다.

③ 처벌을 유용하게 이용하기 위해서는 적절한 타이밍, 적절한 강도 및 일관성이 필요하다.

④ 어쩔 수 없이 처벌을 고려할 경우에도 단지 처벌을 주어 특정 반응을 억제할 뿐만 아니라 동시에 더 적절한 행동을 보이도록 유도한다. 하지만 그 행동에 대해 보수를 줄 기회를 만드는 것은 바람직하지 않다.

⑤ 처벌은 동물에게 직접적으로 주는 직접처벌, 처벌을 주는 인간을 동물이 인식할 수 없도록 원격조작에 의해 주는 원격처벌, 인간과의 상호관계를 중단함으로써 주는 사회처벌의 세 가지로 크게 나뉜다.

> [해설]
> 어쩔 수 없이 처벌을 고려할 경우에도 단지 처벌을 주어 특정 반응을 억제할 뿐만 아니라, 동시에 더 적절한 행동을 보이도록 유도하여 그 행동에 대해 보수를 줄 기회를 만드는 것이 바람직하다.

> [정답] ④

34 다음 중 동물의 문제행동에 관한 설명으로 <u>옳지 않은</u> 것은?

① 이상행동과 사회, 주인에게 불편을 주는 행동 또는 주인의 자산이나 동물 자신을 손상시키는 행동으로 정의하고 있다.

② 동물이 본래 가지고 있는 행동양식(Repertory)을 일탈하는 경우로, 그 대부분은 이상행동의 범주에 들어간다.

③ 동물이 본래 가지고 있는 행동양식의 범주에 있으면서도 그 많고 적음이 정상을 일탈하는 경우로, 성행동이나 섭식행동 등에서 많이 볼 수 있다.

④ 그 많고 적음이 정상을 일탈하지 않더라도 인간사회와 협조되지 않는 경우인데, 이 범주로 분류되는 문제행동은 거의 없다.

⑤ 문제행동의 대부분의 증례에 따른 수의사 및 전문가의 조언은 동물과 대치하여 치료하는 것이 아니라, 주인의 의식이나 행동을 바꾸는 것을 통해 동물의 상황을 개선해야만 한다.

> [해설]
> 일반적으로 인정되고 있는 문제행동은 크게 3가지로 나눌 수 있다. 첫 번째는 동물이 본래 가지고 있는 행동양식을 일탈하는 경우로, 그 대부분은 이상행동의 범주에 들어간다. 두 번째는 동물이 본래 가지고 있는 행동양식의 범주에 있으면서도 그 많고 적음이 정상을 일탈하는 경우로 성행동이나 섭식행동 등에서 많이 볼 수 있다, 세 번째는 그 많고 적음이 정상을 일탈하지 않더라도 인간사회와 협조되지 않는 경우이다.

> [정답] ④

★★★

35 다음 중 개에게서 보이는 주된 문제행동 중 공격행동에 관한 설명으로 옳지 않은 것은?

① 우위성 공격행동: 개가 자신의 사회적 순위를 위협받았다고 느낄 때 일어난다.

② 영역성 공격행동: 개가 자신의 세력권이라 인식하는 장소에 접근하는 개체에 대해 보이는 공격행동이다.

③ 공포성 공격행동: 공포나 불안의 행동학적·생리학적 징후를 동반하는 공격행동이다.

④ 아픔에 의한 공격행동: 아픔을 느낄 때 일어나는 공격행동이다.

⑤ 동종간 공격행동: 가정 밖에서 위협이나 위해를 줄 의지가 있다고 생각되는 개에 대해 보이는 공격행동이다.

해설

동종간 공격행동은 가정 밖에서 위협이나 위해를 줄 의지가 없다고 생각되는 개에 대해 보이는 공격행동이다.

정답 ⑤

★★★

36 개에게서 보이는 주된 문제행동 중 다음 <보기>에서 설명하는 것은?

─── <보기> ───

꼬리 쫓기, 꼬리 물기, 그림자 쫓기, 빛 쫓기, 실제로는 존재하지 않는 파리 쫓기, 허공물기, 과도한 핥기 행동 등 이상빈도나 지속적으로 반복되는 협박적 또는 환각적인 행동을 보이며 발끝이나 옆구리를 계속 핥아 지성피부염(육아종)이 생기는 경우도 있다.

① 분리불안   ② 파괴행동

③ 부적절한 배설   ④ 성행동 결여

⑤ 상동장애

해설

<보기>는 상동장애에 대한 내용이다.

정답 ⑤

37 개에게서 보이는 주된 문제행동 중 다음 <보기>에서 설명하는 것은?

── <보기> ──

한밤중에 일어난다. 허공을 바라보며 집안이나 마당에서 길을 잃거나, 용변을 가리지 못한다. 인지장애 및 관절염, 시각장애, 청각장애, 체력저하, 반응지연 등과 같은 생리학적 변화를 동반하는 경우도 있다.

① 쓸데없이 짖기·과잉포효　　② 관심을 구하는 행동
③ 공포증　　④ 특발성 공격행동
⑤ 고령성 인지장애

해설

<보기>는 고령성 인지장애에 대한 내용이다.

정답 ⑤

38 다음 중 고양이에게서 보이는 주된 문제행동 중 공격행동에 관한 설명으로 옳지 않은 것은?

① 전가성 공격행동: 어떠한 유인에 의해 고양이의 각성도가 높아져 있는 상황에서 일어나는 공격행동으로, 유인과는 무관한 대상을 공격한다.
② 애무유발성 공격행동: 핥고 있는 중에 갑자기 유발되는 공격행동이다.
③ 포식성 공격행동: 주시, 침 흘리기, 몰래 다가가기, 낮은 자세 등의 포식행동에 잇따라 일어나는 공격행동으로 정동반응을 동반하지 않는 것이 특징이다.
④ 놀이 공격행동: 놀이 중이나 그 전후에 보이는 공격행동이다.
⑤ 특발성 공격행동: 예측 불능이지만 원인을 알 수 있는 공격행동이다.

해설

특발성 공격행동은 예측 불가능으로 원인을 알 수 없는 공격행동이다.

정답 ⑤

39 고양이에게서 보이는 주된 문제행동 중 다음 <보기>에서 설명하는 것은?

─── <보기> ───

배변이나 작은 돌 등 일반적으로 먹이라고 생각할 수 없는 물체를 즐겨 섭식하는 행동이다.

① 과잉증(Bulimia)
② 거식증(Anorexia)
③ 이기(Pica)
④ 부적절한 발톱갈기행동(Inappropriate scratching)
⑤ 고령성 인지장애(Geriatric cognitive dysfunction)

해설
<보기>는 이기(Pica)에 대한 내용이다.

정답 ③

40 다음 중 동물의 문제행동치료를 할 때의 주의점에 관한 설명으로 옳지 않은 것은?

① 문제행동의 대부분의 증례에 따르면 동물과 대치하여 치료하는 것이 아니라 주인의 의식이나 행동을 변화시킴으로써 동물의 상황을 개선해야만 한다.
② 치료의 예후가 주인의 납득과 의지에 의존하는 것을 의미한다.
③ 행동치료에서 큰 부분을 차지하는 행동수정법을 치료에 적응하는 경우는 모든 과정을 주인이 담당해야 한다.
④ 행동치료를 시도하려는 이에게 있어서 중요한 것은 다양한 치료방법을 숙지하고 있을 뿐만 아니라, 주인의 인간성을 충분히 이해하여 그에 맞추어 상담을 하고, 또한 의지를 정확히 평가하여 상대가 납득이 가도록 치료방법을 설명할 수 있어야 한다.
⑤ 대학병원이나 시설이 잘 정비된 큰 병원 또는 행동치료 분야에서 경험이 풍부하고 신뢰할 수 있는 곳에서는 각종 문제행동의 근거에 주인과 동물의 꼬여버린 관계가 숨어있는 경우라 할지라도 항상 단순 명쾌한 치료방법을 도출할 수 있다.

해설
각종 문제행동의 근거에는 주인과 동물의 꼬여버린 관계가 숨어있는 경우도 많기 때문에 항상 단순 명쾌한 치료방법을 도출할 수 있는 것은 아니다.

정답 ⑤

★★★
41 다음 중 동물병원에 내원한 겁먹은 개나 고양이의 대처방법에 관한 설명으로 옳지 않은 것은?

① 달래지 않는다.
② 신경을 분산시키는 행동을 취한다.
③ 무서워할 수 있는 자극을 주지 않는다.
④ 입마개를 착용한다.
⑤ 약물에 의한 진정은 고려하지 않는다.

해설
약물에 의한 진정을 고려한다.

정답 ⑤

★★☆
42 동물의 문제행동의 진단치료 과정의 순서로 옳은 것은?

① 주인으로부터 진찰 의뢰 → 후속조치 → 주인에 의한 질문표 기입 → 진찰·카운셀링, 의학적 조사 → 진단·치료방침의 설명
② 주인으로부터 진찰 의뢰 → 주인에 의한 질문표 기입 → 후속조치 → 진찰·카운셀링, 의학적 조사 → 진단·치료방침의 설명
③ 주인으로부터 진찰 의뢰 → 주인에 의한 질문표 기입 → 진찰·카운셀링, 의학적 조사 → 진단·치료방침의 설명 → 후속조치
④ 주인으로부터 진찰 의뢰 → 주인에 의한 질문표 기입 → 진단·치료방침의 설명 → 진찰·카운셀링, 의학적 조사 → 후속조치
⑤ 주인으로부터 진찰 의뢰 → 주인에 의한 질문표 기입 → 진찰·카운셀링, 의학적 조사 → 후속조치 → 진단·치료방침의 설명

해설
동물의 문제행동의 진단치료 과정은 주인으로부터 진찰 의뢰 → 주인에 의한 질문표 기입 → 진찰·카운셀링, 의학적 조사 → 진단·치료방침의 설명 → 후속조치의 순서이다.

정답 ③

43 순화를 응용한 행동수정법 중 다음 <보기>에서 설명하는 것은?

──── <보기> ────

동물이 반응을 일으키기에 충분한 강도의 자극을 동물이 그 반응을 일어나지 않게 될 때까지 반복하여 주는 행동수정법이다. 어린 동물의 경우나 공포의 정도가 약한 경우에 유용하다. 단, 해당 반응이 줄어들기 전에 자극에의 노출을 중지하거나 동물이 회피행동에 의해 자극에서 벗어나는 것을 학습해버리면 효과가 없을 뿐만 아니라, 문제행동을 악화시킬 우려가 있다.

① 자극일반화   ② 홍수법
③ 강화   ④ 소거
⑤ 반응형성

<보기>는 홍수법(Flooding)에 대한 내용이다.

정답 ②

44 순화를 응용한 행동수정법 중 다음 <보기>에서 설명하는 것은?

──── <보기> ────

처음에는 동물이 반응을 일으키지 않을 정도의 약한 자극을 반복하여 주어 반응하지 않는다는 것을 확인한 후, 단계적으로 자극의 정도를 높여가면서 반응을 일으켰던 정도까지 자극을 높여도 반응이 일어나지 않도록 서서히 길들여가는 행동수정법이다. '길항조건부여'와 함께 이용되는 경우가 많다. 특히 성숙한 동물에게 효과적이다.

① 강화   ② 계통적 탈감작
③ 소거   ④ 반응형성
⑤ 자극일반화

해설
<보기>는 계통적 탈감작(Systematic desensitization)에 대한 내용이다.

정답 ②

★★★
45 다음 중 행동수정법을 돕는 도구에 해당하지 <u>않는</u> 것은?

① 체벌   ② 입마개

③ 짖음방지목걸이   ④ 기피제

⑤ 헤드홀터

해설

행동수정법을 돕는 도구에는 헤드홀터, 입마개, 짖음방지목걸이, 먹이를 넣은 타월이나 특별한 장난감, 튀어오름 방지장치, 쥐잡기, 물대포, 전기사이렌, 동전을 넣은 깡통, 페로몬향 물질분무제, 기피제 등이 있다.

정답 ①

★★★
46 다음 중 동물의 행동치료 중 약물요법에 관한 설명으로 <u>옳지 않은</u> 것은?

① 약제나 호르몬제를 사용하여 문제행동을 해결해가는 방법이다.

② 현재 약제 투여만으로 문제행동이 완전히 해소되는 일은 거의 없다.

③ 거의 모든 증례에서 알 수 있듯이 행동수정법에서는 약물요법이 제일 중요하고 가장 큰 비중을 차지하는 형태로 이용된다.

④ 구미에서는 문제행동의 치료 시 이러한 신경전달물질의 기능을 조절하도록 작용하는 다양한 항중추약이 널리 이용되고 있다.

⑤ 어쩔 수 없이 약물요법을 실시할 때는 일반건강진단, 혈액검사, 소변검사, 심전도검사 등의 검사를 하여 동물의 건강상태에 이상이 없다는 것을 확인해둘 필요가 있다.

해설

거의 모든 증례에서 약물요법은 행동수정법을 보조하는 형태로 이용된다.

정답 ③

★★★

47 다음 중 동물의 행동치료 중 의학적 요법에 관한 설명으로 옳지 않은 것은?

① 문제행동치료 시에는 의학적 요법이 고려되는 경우도 많으며 그 중심은 수컷의 거세이다.
② 의학적 요법 중 거세·피임 이외의 것은 대중요법에 지나지 않으며, 통상은 행동수정법의 보조로서 이용되는 정도이다.
③ 대형견은 살상능력이 높기 때문에 과거에 교상사고를 일으킨 경력이 있는 개에 대해서는 송곳니를 절단하는 수술이 필요한 경우가 있다.
④ 고양이의 과도한 발정행동에 대한 치료 이외의 목적으로 피임이 문제행동의 치료에 이용되는 경우는 거의 없다.
⑤ 고양이의 공격행동이나 부적절한 발톱갈기행동에 앞발톱제거술 또는 앞발힘줄절단술이 적용된다. 따라서 앞발톱제거술 또는 앞발힘줄절단술을 하면 이러한 문제는 자연스럽게 해결된다.

해설

고양이의 공격행동이나 부적절한 발톱갈기행동에 앞발톱제거술 또는 앞발힘줄절단술이 적용된다. 이들 수술에 의해서도 문제가 있는 고양이의 동기는 경감되지 않으므로 인간 측의 피해가 줄어드는 경우는 있어도 문제행동이 억제되는 일은 없다. 동물복지 차원에서도 행동수정법이 우선되어야 하며 경우에 따라서는 발톱커버의 적용을 검토한다.

정답 ⑤

★★★

48 다음 중 행동교정 약물 투약의 주의사항에 관한 설명으로 옳지 않은 것은?

① 문제행동을 교정할 때 적절한 약물치료가 병행될 수 있다.
② 약물처방은 동물의 병력 및 문제행동 증상의 정도에 따라 수의사의 진단 하에 처방될 수 있다.
③ 약물치료는 수의사의 처방에 따라 수일에서 수개월 동안 치료받기도 한다.
④ 보호자는 투약 용법을 철저히 준수하고 동물이 임의적으로 먹을 수 있도록 허용한다.
⑤ 복약 중 구토, 설사, 피부발진, 혈뇨, 혈변, 호흡곤란, 발작 등의 증상이 있을 시 투약을 중단하고 담당 수의사와 상담한다.

해설

보호자는 투약 용법을 철저히 준수하고 동물이 임의적으로 먹을 수 없도록 관리를 해야 한다.

정답 ④

★★☆
49 다음 중 동물 응대에 관한 설명으로 <u>옳지 않은</u> 것은?

① 눈을 오랫동안 쳐다보지 말 것

② 머리부터 핸들링하지 말 것

③ 동물의 성격이 어떤지 파악하고, 손대면 싫어하는 곳을 보호자에게 확인할 것

④ 크고 굵은 저음의 소리로 동물의 이름을 부르지 말 것

⑤ 다른 동물과의 접촉은 허용하되, 동물이 병원 내부를 이탈하지 않도록 주의할 것

해설
다른 동물과의 접촉은 되도록 주의시켜야 한다.

정답 ⑤

★★☆
50 다음 중 개의 문제행동 중에서 우위성 공격행동에 관한 설명으로 <u>옳지 않은</u> 것은?

① 개가 먹이나 장난감을 소중하게 지키고 있는데 그것을 가지려고 한 경우의 공격

② 소파나 침대 등 좋아하는 곳에서 자고 있거나 쉬고 있는 것을 방해한 경우의 공격

③ 자신의 주인(리더)이라고 생각하는 사람에게 다른 가족이 접근하거나 만지는 경우의 공격

④ 개를 위에서 덮치거나 눈을 빤히 바라보거나 혼내거나 목줄을 잡아당기거나 요구하지 않았
는데 계속 쓰다듬는 경우의 공격

⑤ 우위성 공격행동은 대부분이 선조부터 내려져오는 성질이지만 적절한 행동치료를 실시하
면 완전히 치유될 수 있음

해설
우위성 공격행동은 대부분이 선조부터 내려져오는 성질이기 때문에 완전히 치유되지 않는 것으로 생각하여야 하며, 개의
생애에 걸쳐 대처를 계속해야만 한다.

정답 ⑤

51 개의 문제행동 중 다음 <보기>에서 설명하는 공격행동은?

— <보기> —

마당, 집안, 차 등 개가 자신의 세력권으로 인식하고 있는 장소나 자신이 보호해야 한다고 인식하고 있는 대상에 접근하는 '위협이나 위해를 가할 의지가 없는' 개체에 대해 보이는 공격행동이다.

① 우위성 공격행동　　　② 공포성 공격행동　　　③ 포식성 공격행동
④ 동종간 공격행동　　　⑤ 영역성 공격행동

해설
영역성 공격행동에 대한 내용이다.

정답 ⑤

52 다음 중 개의 문제행동 중에서 공포성 공격행동의 원인에 관한 설명으로 옳지 않은 것은?

① 과도한 공포나 불안　　　② 선천적 기질　　　③ 사회화 부족
④ 과거의 혐오경험　　　⑤ 과도한 영역방위본능

해설
과도한 영역방위본능은 영역성 공격행동에 해당된다.

정답 ⑤

53 다음 중 개의 문제행동 중에서 가정 내 동종 간 공격행동의 원인에 관한 설명으로 옳지 않은 것은?

① 개들 간의 우열순위의 불안정 또는 결여
② 개의 우위순위에 대한 주인의 부적절한 간섭
③ 주인의 애정을 구하려는 개들 간의 경합
④ 견종에 따른 유전적 경향
⑤ 암컷인 경우

해설
암컷에 비해 수컷은 웅성호르몬인 테스토스테론의 영향을 받기 때문에 개들 간의 공격행동이 나타나기 쉽다.

정답 ⑤

★★★
54 개의 문제행동 중 다음 <보기>에서 설명하는 공격행동은?

————— <보기> —————

예측불능으로 원인을 알 수 없는 공격행동이다. 이는 공격행동을 주인이 사전에 알 수 없으며 전조증상 없이 즉각적으로 발생하는 특징이 있다.

① 영역성 공격행동   ② 공포성 공격행동
③ 포식성 공격행동   ④ 동종간 공격행동
⑤ 특발성 공격행동

해설
특발성 공격행동에 대한 내용이다.

정답 ⑤

★★☆
55 다음 중 개의 문제행동 중에서 분리불안의 원인에 관한 설명으로 옳지 않은 것은?

① 주인의 외출에 대한 순화 부족
② 주인의 갑작스런 생활변화
③ 외출 시나 귀가 시 주인의 애정표현 과다
④ 사회적 동물인 개가 무리의 동료를 항상 필요로 하기 때문
⑤ 주인에 의한 부적절한 강화

해설
주인에 의한 부적절한 강화는 공포증의 원인이다.

정답 ⑤

★★☆
56 다음 중 개의 문제행동 중에서 쓸데없이 짖거나 과잉 포효의 원인에 관한 설명으로 옳지 않은 것은?

① 견종에 의한 유전적 경향   ② 부적절한 강화학습
③ 환경자극   ④ 공포
⑤ 심심하거나 욕구불만

해설
심심하거나 욕구불만은 파괴행동의 원인이다.

정답 ⑤

57 다음 중 개의 문제행동 중에서 부적절한 배설의 원인에 관한 설명으로 <u>옳지 않은</u> 것은?

① 의학적 질환
② 마킹
③ 화장실 교육 부족이나 그 장애
④ 복종배뇨
⑤ 과도한 포식본능

해설
과도한 포식본능은 포식성 공격행동의 원인이다.

정답 ⑤

58 다음 중 개의 문제행동 중에서 상동장애(자기자극행동, Stimming)의 원인에 관한 설명으로 <u>옳지</u>
<u>않은</u> 것은?

① 누구도 신경 써주지 않고 심심한 상태가 계속되는 경우 상동장애가 나타날 수 있다.
② 강한 스트레스 상태, 갈등 상태, 불안 상태가 지속되는 경우 상동장애가 나타날 수 있다.
③ 우발적인 상동행동을 취했을 때 신경전달물질인 엔도르핀이 방출되어 그것에 의해 강화가
　 일어나면 그 행동을 반복하게 되는 경우가 있다.
④ 피부에 특별한 징후가 보이지 않아도 잠재적 소양감 때문에 지성피부염이 일어나는 경우가
　 있다.
⑤ 최근의 동물의료의 발달에 따라 개의 수명이 점차 늘어나 고령으로 인한 문제행동이 나타
　 나기 때문이다.

해설
개의 고령화는 고령성 인지장애의 원인이다.

정답 ⑤

59 다음 중 개의 문제행동 중에서 관심을 구하는 행동의 원인에 관한 설명으로 **옳지 않은** 것은?

① 주인이 항상 동물을 보살피는 경우 그러한 상황이 없어지면 관심을 요하는 행동을 보이게 된다.

② 주인이 동물에게 전혀 신경을 쓰지 않아도 관심을 요하는 행동을 보이게 된다.

③ 복수의 동물이 사육되는 경우나 작은 새끼가 있는 경우에는 주인의 애정을 독점하려고 관심을 요하는 행동이 나타나기도 한다.

④ 과거에 어떠한 의학적 질환을 경험하고 그때 주인의 애정을 독점한 적이 있는 경우 주인의 관심을 얻으려고 당시와 같은 증상을 보이는 경우가 있다.

⑤ 피부에 특별한 징후가 보이지 않아도 잠재적 소양감 때문에 지성피부염이 일어나는 경우가 있다.

해설

지성피부염은 상동장애의 원인이다.

정답 ⑤

★★★
60 다음 <보기>는 고양이의 문제행동 중에서 스프레이행동과 부적절한 배설의 차이점에 관한 표이다. ㉠~㉣에 들어갈 단어가 **올바르게** 나열된 것은?

<보기>

특징	스프레이행동	부적절한 배설
자세	일반적으로 서서 한다. (앉아서 하는 경우도 있음)	앉아서 한다.
배설량	㉠	㉡
화장실의 사용	일반적인 배설 시에 사용한다.	일반적으로 사용하지 않는다.
대상 장소	일반적으로 수직면, 정해진 장소(수평면인 경우도 있음)	좋아하는 장소
소변행동	㉢	㉣

	㉠	㉡	㉢	㉣
①	적다	적다	화장실	부적절한 장소
②	많다	적다	화장실	부적절한 장소
③	적다	많다	화장실	부적절한 장소
④	많다	많다	부적절한 장소	화장실
⑤	적다	많다	부적절한 장소	화장실

해설

㉠ 적다, ㉡ 많다, ㉢ 화장실, ㉣ 부적절한 장소

정답 ③

61 고양이의 문제행동 중 다음 <보기>에서 설명하는 공격행동은?

─────────── <보기> ───────────

고양이는 개와 달리, 엄밀한 사회순위를 확립하여 그것을 유지하는 일은 없다. 단, 고양이도 사회적 순위를 인식하는 것은 가능하며 그 순위는 상황에 따라 달라질 것이다. 주인이 어렸을 때부터 귀여워하여 멋대로의 행동을 허용받고 자라면 점차 오만해져 주인에 대해 지배적인 행동을 보이게 된다. 이와 같은 고양이는 주인으로부터의 요구가 마음에 들지 않을 때는 공격적인 반응을 보이게 된다.

① 우위성 공격행동　　　② 공포성 공격행동　　　③ 전가성 공격행동
④ 애무유발성 공격행동　　⑤ 영역성 공격행동

해설
<보기>는 우위성 공격행동에 대한 내용이다.

정답 ①

62 고양이의 문제행동 중 다음 <보기>에서 설명하는 공격행동은?

─────────── <보기> ───────────

고양이는 세력권을 가지고 있으며 그것을 지키는 본능이 있는 동물이다. 도시나 집안에 살고 있는 고양이의 경우, 서로의 세력권에 엄밀한 경계가 존재하지 않고 각각이 일부 중첩되어 있는 것이 보통이다. 때로는 그것이 싸움으로 발전하는 경우가 있다.

① 우위성 공격행동　　　　　② 공포성 공격행동
③ 놀이 공격행동　　　　　　④ 애무유발성 공격행동
⑤ 영역성 공격행동

해설
<보기>는 영역성 공격행동에 대한 내용이다.

정답 ⑤

★★★
63 고양이의 문제행동 중 다음 <보기>에서 설명하는 공격행동은?

───────── <보기> ─────────

흥분하여 공격성이 나타날 수 있는 고양이에게 접근함으로써 공격을 유발한 대상이 아닌, 죄 없는 대상에게 공격을 가하는 것을 말한다. 흥분하기 쉬운 고양이에서는 이러한 종류의 공격 행동이 많이 보이는데 보통 주인은 원인을 못 보고 지나치기 때문에 '어떤 징조나 원인도 없 이 갑자기 고양이가 공격했다'는 증상으로 내원하는 경우가 많다.

① 공포성 공격행동   ② 영역성 공격행동
③ 전가성 공격행동   ④ 애무유발성 공격행동
⑤ 놀이 공격행동

[해설]
<보기>는 전가성 공격행동에 대한 내용이다.

[정답] ③

★★★
64 고양이의 문제행동 중 다음 <보기>에서 설명하는 공격행동은?

───────── <보기> ─────────

고양이가 쓰다듬어 달라는 표정으로 무릎 위에 와 앉았는데도 쓰다듬어 주면 갑자기 물어버 리는 경우가 있다. 수컷에게서 많이 볼 수 있으며 원인은 아직 밝혀지지 않았다.

① 놀이 공격행동   ② 공포성 공격행동
③ 전가성 공격행동   ④ 애무유발성 공격행동
⑤ 영역성 공격행동

[해설]
<보기>는 애무유발성 공격행동에 대한 내용이다.

[정답] ④

65 고양이의 문제행동 중 다음 <보기>에서 설명하는 <u>공격행동</u>은?

─────── <보기> ───────

강아지풀과 같은 고양이의 놀이 중에는 수렵본능을 불러일으키는 것이 적지 않다. 특히 새끼 고양이의 경우는 이러한 놀이에 열중해 있는 동안 흥분하여 공격적으로 행동하는 경우가 자주 있다. 이와 같은 상황을 허용하고 오랫동안 계속하면, 흥분하여 곧바로 공격적이 되어버리므로 주의해야 한다.

① 공포성 공격행동
② 놀이 공격행동
③ 우위성 공격행동
④ 애무유발성 공격행동
⑤ 전가성 공격행동

해설

<보기>는 놀이 공격행동에 대한 내용이다.

정답 ②

66 다음 중 고양이의 문제행동 중에서 부적절한 발톱갈기행동의 원인에 관한 설명으로 <u>옳지 않은</u> 것은?

① 마킹을 갱신하기 위해 다양한 장소에서 자주 발톱갈기행동을 하는 개체가 있다.
② 오래된 발톱을 제거하기 위해 다양한 장소에서 발톱갈기행동을 하는 개체가 있다.
③ 준비되어 있는 발톱갈기 장소나 소재에 불만이 있어 부적절한 장소에서 발톱갈기행동을 하는 개체가 있다.
④ 좁은 장소에서 해방해주기 바라면서 문 등에서 발톱갈기행동을 하는 경우가 있다.
⑤ 발톱을 갈아 뒷발의 오래된 발톱을 제거하기 위해서 발톱갈기행동을 하는 경우가 있다.

해설

고양이는 발톱을 갈아 앞발의 오래된 발톱을 제거한다. 뒷발의 발톱은 자기가 물어뜯어 제거한다.

정답 ⑤

67 다음 중 동물의 문제행동의 예방 방법으로 적절하지 않은 것은?

① 적절한 반려동물을 선택한다.

② 충분한 사회화 경험을 제공한다.

③ 강아지 교실 및 고양이 교실에 참가하여 교육을 듣는다.

④ 주인과 개의 원만한 관계를 구축한다.

⑤ 개선을 위해서 행동수정법보다는 약물요법과 의학적 요법을 위주로 사용한다.

해설

문제행동의 개선을 위해서는 행동수정법, 약물요법, 의학적 요법을 함께 사용한다.

정답 ⑤

68 동물의 문제행동의 예방 중 다음 <보기>에서 설명하는 것은?

———— <보기> ————

문제행동은 주인이 문제라는 것을 인식해야 비로소 치료 대상이 될 수 있다. 그러나 주인이 인식하지 못하는 단계에서도 섭식장애나 이기, 지성피부염 등은 동물의 건강을 직접적으로 위협하기 쉬우며, 분리불안이나 각종 공포증은 주인이 모르는 새에 동물의 정신을 갉아먹고는 한다. 공격행동, 쓸데없이 짖기, 파괴행동, 부적절한 배설 등도 주인이 견디는 것만으로는 끝나지 않는 경우가 많다. 이러한 문제를 안고 있기 때문에 맞거나 무시당하는 동물도 불행하지만, 물릴지 모른다는 공포에 떨면서 보살피는 주인이 반려동물과 생활하는 즐거움을 충분히 누리고 있다고는 생각하기는 힘들다.

① 적절한 반려동물의 선택

② 충분한 사회화

③ 강아지 교실 및 고양이 교실의 참가

④ 주인과 개의 관계 구축

⑤ 주인의 계발

해설

<보기>는 주인의 계발에 대한 내용이다.

정답 ⑤

69 다음 중 동물의 후각장애에 대한 해결방법으로 <u>적절하지 않은</u> 것은?

① 산책할 때 바람이 부는 반대 방향으로 간다.

② 뜨겁거나 매운 음식은 피하고, 가급적 음식은 따뜻하게 데워준다.

③ 음식을 줄 때 보호자가 음식을 먹는 흉내를 내고 제공한다.

④ 목욕 후 드라이할 때 더운 바람은 사용하지 않는다.

⑤ 미끄럽지 않은 바닥재를 깔아준다.

> 해설
> 골격문제의 해결방법 중 하나가 미끄럽지 않은 바닥재를 깔아주는 것이다.

> 정답 ⑤

★★★
70 동물행동학 연구에는 <보기>와 같이 네 가지 분야가 있으며, 행동학 연구를 이해하기 위해서는 각 과정에서 바라보는 시각이 필요하다. ㉠~㉣에 들어갈 단어가 <u>올바르게 나열된</u> 것은?

<보기>

반려동물 행동학	연구 분야	행동학 이해 관점
지근요인	㉠	행동의 차이
궁극요인	㉡	행동의 의미
발달	㉢	행동의 성장
진화	㉣	행동의 진화

	㉠	㉡	㉢	㉣
①	생물학적 의미를 연구	행동학의 메커니즘 연구	개체발생을 연구	계통발생을 연구
②	행동학의 메커니즘 연구	개체발생을 연구	생물학적 의미를 연구	계통발생을 연구
③	행동학의 메커니즘 연구	생물학적 의미를 연구	계통발생을 연구	개체발생을 연구
④	계통발생을 연구	생물학적 의미를 연구	개체발생을 연구	행동학의 메커니즘 연구
⑤	행동학의 메커니즘 연구	생물학적 의미를 연구	개체발생을 연구	계통발생을 연구

> 해설
> ㉠ 행동학의 메커니즘 연구, ㉡ 생물학적 의미를 연구, ㉢ 개체발생을 연구, ㉣ 계통발생을 연구

> 정답 ⑤

★★★
71 다음 중 반려견의 사회화의 결정적 시기 또는 민감기에 가장 가까운 개월령 수는?

① 2~4개월　　　　　　　　② 6~12개월

③ 12~16개월　　　　　　　④ 16~20개월

⑤ 20개월 이상

해설
2~4개월령의 반려견들은 어미견의 젖을 깨물던 습관이 남아 보호자의 손이나 발을 깨무는 행동, 지정된 장소에 대소변을 보는 것에 대한 이해 부족으로 인해 아무 곳에서나 대소변을 보는 행동들에 대한 교정이 필요해진다. 또한 자신의 대변을 먹는 행동인 식분 증상을 보이기도 한다.

정답 ①

★★★
72 다음 <보기>의 빈칸에 공통으로 들어갈 용어로 옳은 것은?

──────── <보기> ────────

개는 불안하고 긴장되거나, 불편함을 표현할 때 특정 행동신호를 보낸다. 이를 (　　　　)이 라고 부른다. (　　　　)이라는 용어는 노르웨이의 반려견 행동전문가인 투리드 루가스 (Turid Rugaas)가 선구자로서 처음 책에서 사용한 용어이다. (　　　　)은 긴장을 해소·해결하기 위한 행동이기도 하며, 이를 알아채고 매너있게 행동하면 개는 대상에 대한 경계를 풀거나 친절함을 느끼고 더욱 친화적으로 다가올 수 있게 된다.

① 마킹　　　　　　　　　② 카밍시그널

③ 조작적 조건화　　　　　④ 정적 강화

⑤ 부적 강화

해설
<보기>는 '개'의 시그널 중에서 카밍시그널에 대한 설명이다.

정답 ②

★★★
73 다음 중 반려견의 스트레스 시그널에 해당되지 <u>않는</u> 것은?

① 섭취 거부
② 과도한 털빠짐
③ 수컷의 생식기 돌출
④ 긴장으로 인한 근육 떨림
⑤ 마킹하기

해설
스트레스 시그널의 종류에는 섭취 거부, 발바닥의 땀 분비, 과도한 털빠짐, 수컷의 생식기 돌출, 생식기 핥기, 가쁜 호흡과 과도한 침 분비, 볼에 바람 넣기, 낑낑거리는 소리, 소변 지림, 머리 뒤로 귀를 납작하게 넘기기, 긴장으로 인한 근육 떨림, 얼굴의 근육 경직 등이 있다. 마킹은 자연적인 현상으로, 영역을 표시하는 행동이다.

정답 ⑤

★★★
74 다음 <보기>의 밑줄친 <u>이 행동</u>의 명칭으로 옳은 것은?

─── <보기> ───

<u>이 행동</u>이란 간식을 미끼처럼 활용해 반려견이 간식을 따라 자석처럼 움직일 수 있도록 만들어주는 훈련 방법이다. 간식을 좋아하는 반려견들에게 새로운 행동을 수월하게 가르쳐 줄 수 있는 좋은 훈련 방법이다.

① 차징
② 캡처링
③ 타겟팅
④ 루어링
⑤ 큐잉

해설
<보기>는 아이컨택 훈련 중에서 루어링에 대한 설명이다.

정답 ④

다음 <보기>의 빈칸에 공통으로 들어갈 용어로 **옳은 것은?**

────────────── <보기> ──────────────

(   )이란 반려견이 우리가 원하는 특정 행동을 할 때 순간적으로 포착하여 클리커를 누른 뒤 칭찬과 간식을 제공하여 특정 행동을 반복할 수 있도록 만들어주는 단계이다. (   ) 단계에서는 우리가 원하는 행동이 발생한 즉시 클리커를 눌러야 하며, 이 타이밍이 매우 중요하다.

① 차징   ② 캡처링
③ 타겟팅   ④ 루어링
⑤ 큐잉

해설
<보기>는 아이컨택 훈련 중에서 캡처링에 대한 설명이다.

정답 ②

★★☆
76 다음 <보기>의 밑줄친 <u>이 과정</u>의 명칭으로 **옳은 것은?**

────────────── <보기> ──────────────

<u>이 과정</u>은 클리커 소리와 간식을 반려견에게 연결시켜 클리커 소리가 나면 간식이 나온다는 규칙을 반려견에게 알려주는 과정이다. 클리커를 활용하는 모든 훈련에서 선행되어야 하는 훈련이며 반려견이 클리커 소리를 즐거운 감정과 연결하게 되는 단계이다. 항상 클리커 소리가 간식보다 먼저 발생해야 하며, 그 순서가 바뀌면 반려견이 헷갈려 하고 이해하지 못하므로 주의한다.

① 차징   ② 캡처링
③ 타겟팅   ④ 루어링
⑤ 큐잉

해설
<보기>는 아이컨택 훈련 중에서 차징에 대한 설명이다.

정답 ①

77 다음 중 반려견이 <보기>의 특성을 보이는 개월령 수는?

───── <보기> ─────

반려견들은 활동성이 폭발함에 따라 집안 물건들을 아무렇게나 씹어 망가뜨리는 행동이 나타날 수 있다. 또한 산책을 막 시작하는 개월 수이기 때문에 목줄이나 하네스 착용에 어려움을 겪을 수 있으며, 산책 중 나타나는 다양한 자극들을 받아들이지 못해 무작정 줄을 끌기만 하거나 반대로 얼어붙어 아예 움직이지 못하는 행동을 보일 수 있다.

① 2~4개월　　　　　　　　　　② 4~6개월
③ 6~12개월　　　　　　　　　④ 12~16개월
⑤ 16~20개월

해설
<보기>는 반려견의 4~6개월의 특성에 대한 설명이다.

정답 ②

78 다음 <보기>에서 반려견의 감각능력 훈련에 사용되는 감각기능을 모두 고른 것은?

───── <보기> ─────

시각, 미각, 청각, 후각

① 시각, 미각　　　　　　　　　② 미각, 청각
③ 시각, 미각, 후각　　　　　　④ 미각, 청학, 후각
⑤ 시각, 청각, 후각

해설
반려견의 감각능력 훈련에는 시각, 청각, 후각이 사용되지만, 미각은 해당되지 않는다.

정답 ⑤

★★★
79 다음 중 반려견이 자신의 변을 먹는 행동을 지칭하는 용어는?

① 분리불안   ② 고립장애   ③ 식분증

④ 하울링   ⑤ 마킹

해설
반려견이 자신의 변을 먹는 행동을 식분증이라고 부른다.

정답 ③

★★★
80 다음 <보기>에서 설명하는 방식의 명칭으로 옳은 것은?

<보기>

- 한번에 원하는 행동을 만들지 않고, 단계별로 원하는 행동을 만들어 나가는 방식
- 한번에 만들기 어려운 행동을 반려견에게 훈련해야 할 때 활용하기 좋음

① 차징   ② 캡처링   ③ 타겟팅

④ 세이핑   ⑤ 큐잉

해설
<보기>는 훈련방법 중 세이핑에 대한 설명이다.

정답 ④

동물보건사 과목별 문제집

예방 동물보건학

CHAPTER 07 동물보건응급간호학

★★☆

01 다음 중 Triage에 대한 설명으로 옳지 <u>않은</u> 것은?

① 의학적 심각성에 따라 응급실에 오는 동물을 분류하고 가장 아픈 동물을 먼저 돌보는 원칙이다.
② 빠른 시간 내에 응급 정도의 파악을 위해 필요하다.
③ 응급환자의 객관적인 구분을 위해 필요하다.
④ 응급실 내의 빠른 진료를 위해 먼저 온 환자 순서대로 처치한다.
⑤ 기도, 호흡, 순환을 확인한다.

해설
Triage는 즉각적인 개입이나 소생술이 필요한 심각성에 따라 응급실에 오는 동물을 분류하고 가장 아픈 동물을 먼저 돌보는 원칙이다.

정답 ④

★★★

02 다음 중 Triage에 대한 설명으로 옳은 것은?

① 실제 환자를 직접 확인해야만 가능하다.
② 전화로 Triage를 한다면 직접 평가하기에 제한이 있으므로 시간을 들여 상세히 확인한다.
③ 직관력이 중요한 상황이므로 조직화된 Triage보다는 틀에 얽매이지 않은 사고가 중요하다.
④ 빠른 판단과 처리를 위해 기록을 남기는 것은 불필요하다.
⑤ 호흡곤란, 발작, 출혈과 같이 즉각적인 진료가 필요한 경우 내원의 필요성을 안내한다.

해설
호흡, 발작, 출혈과 같이 즉각적인 진료가 필요한 경우 내원의 필요성을 안내한다. 실제 환자를 직접 확인하지 않아 제한되지만, 간략하고 조직화된 시스템화를 통해 필요한 정보를 통화로도 알 수 있다. 추후 사고 예방과 전달을 위한 기록이 필요하다.

정답 ⑤

03 다음 보호자의 호소사항 중 가능한 빨리 병원에 내원하여 진료를 받아야 하는 상황이 <u>아닌</u> 것은?

① 호흡곤란 ② 창백한 점막 ③ 갑작스러운 쇠약
④ 빠른 복부팽만 ⑤ 탈모

해설
탈모는 응급내원에 해당하는 사항이 아니다. 빠른 진료가 필요한 경우는 호흡곤란, 창백한 점막, 갑작스러운 쇠약, 빠른 복부팽만, 소변을 못 보는 경우, 독극물 섭취, 외상성 부상, 심한 구토, 혈액성 구토, 비생산적인 구역질, 신경계증상 또는 발작, 난산, 광범위한 상처, 출혈 등이 있다.

정답 ⑤

04 다음 보호자의 호소사항 중 가능한 빨리 병원에 내원하여 진료를 받아야 하는 상황이 <u>아닌</u> 것은?

① 호흡곤란 ② 신경계증상 또는 발작 ③ 과식, 식욕증진
④ 난산 ⑤ 광범위한 상처

해설
과식은 응급내원에 해당하는 사항이 아니다. 빠른 진료가 필요한 경우는 호흡곤란, 창백한 점막, 갑작스러운 쇠약, 빠른 복부팽만, 소변을 못 보는 경우, 독극물 섭취, 외상성 부상, 심한 구토, 혈액성 구토, 비생산적인 구역질, 신경계증상 또는 발작, 난산, 광범위한 상처, 출혈 등이 있다.

정답 ③

05 다음 중 응급내원 환자의 도착 시 준비해야 할 내용으로 옳지 <u>않은</u> 것은?

① 민첩하고 침착하게 대응한다.
② 우선순위에 따라 보호자를 포함한 기타 모든 사람들의 위험상황을 식별하고 공감하도록 한다.
③ 위험성에 대한 의심이 들 때는 확신이 설 때까지 판단하고 관찰한다.
④ 위험환자 내원 시 다른 스태프들에게 알린다.
⑤ 통증상황에 대해 판단하고 환자의 안전과 자신의 안전을 확보한다.

해설
위험성에 대한 어떠한 의심이라도 있다면 다른 스태프에게 도움을 요청하여 절대 위험에 빠지지 않도록 한다.

정답 ③

★★☆
06 다음 <보기> 중 개의 정상적인 활력징후로 옳은 것을 <u>모두</u> 고른 것은?

─────── <보기> ───────
ㄱ. 심박수: 분당 60~120회   ㄴ. 모세혈관충만도: 2초 이내
ㄷ. 호흡수: 분당 40회   ㄹ. 점막 색: 촉촉한 핑크색

① ㄱ   ② ㄴ   ③ ㄱ, ㄴ

④ ㄱ, ㄷ   ⑤ ㄱ, ㄴ, ㄹ

> **해설**
>
> **개의 정상 활력징후**
>
> 호흡수: 분당 15~30회, 심박수: 분당 60~120회, 점막 색: 촉촉한 핑크색, 모세혈관충만도: 2초 이내여야 한다. 분당 40회
> 는 이상이 있는 빠른 호흡수에 해당한다.
>
> **정답** ⑤

★★★
07 신체검사 시 관찰해야 하는 점막의 상태와 상황으로 옳지 <u>않은</u> 것은?

① 핑크색: 정상   ② 빨간색: 울혈성, 중독, 치은염, 패혈증

③ 창백한 색: 빈혈, 쇼크   ④ 파란색, 청색: 황달, 간부전

⑤ 초콜릿 갈색: 양파 중독

> **해설**
>
> 점막색이 청색을 띠고 있다면 산소공급장애나 호흡곤란의 상황이다. 황달이나 간부전은 노란빛을 띤다.
>
> **정답** ④

★★★
08 신체검사 시 관찰해야 하는 점막의 상태와 상황으로 옳지 <u>않은</u> 것은?

① 핑크색: 급성중독

② 빨간색: 울혈성, 중독, 치은염, 패혈증

③ 창백한 색: 빈혈, 쇼크

④ 파란색, 청색: 청색증(산소공급장애), 호흡곤란

⑤ 노란색: 황달, 간부전

> **해설**
>
> 핑크색의 점막은 정상 상태이다.
>
> **정답** ①

09 응급환자의 일차평가 A CRASH PLAN에 대한 설명으로 옳지 <u>않은</u> 것은?

① A 기도: 기도가 막혀 있지는 않는지 확인한다.

② C 심혈관계: 심장이 박동하고 있는지 확인한다.

③ R 호흡: 호흡은 하고 있는지 확인한다.

④ A 급성: 급성으로 일어날 이벤트는 없었는지 확인한다.

⑤ S 척추: 형태적 이상이 있는지 확인하고 일차평가 시 촉지하지는 않는다.

해설

A CRASH PLAN의 A는 기도와 복부를 뜻한다. 복부의 이상이 없는지 확인은 하되, 일차평가 시 추가손상을 막기 위해 촉지하지는 않는다.

정답 ④

10 다음 중 일차평가에 대한 설명으로 옳지 <u>않은</u> 것은?

① 활력 징후에 대한 정상범위와 비교하여 모든 결과를 기록해야 한다.

② A CRASH PLAN을 토대로 실시한 일차평가와 신체검사를 바탕으로 의료서비스의 범위와 정도를 기록한다.

③ A CRASH PLAN에서 환자의 기도, 호흡, 순환 등 생존상 문제가 있다면 빠르게 검사를 진행하여 이차평가를 진행하여 생존을 확보할 수 있는 정보를 얻는다.

④ 즉각적인 응급치료가 필요한지 확인한다.

⑤ 어떤 치료가 시작되는지, 의료서비스의 비용은 어느 정도인지 확인한다.

해설

생존에 직결한 문제가 있다면 우선적으로 생존을 확보한 이후에 문제점을 자세히 평가하기 위해 이차평가를 진행한다.

정답 ③

★★★
11 응급환자의 일차평가 A CRASH PLAN에 대한 설명으로 옳지 <u>않은</u> 것은?

① H 머리: 형태적 이상은 없는지, 의식의 정도는 어떤지 확인한다.
② P 골반 및 항문 부위: 외상이나 손상의 징후가 있는지 확인한다.
③ L 다리: 형태적 이상은 없는지 확인한다.
④ A 동맥 및 정맥: 탈수나 쇼크의 징후는 없는지 확인한다.
⑤ N 금지: 평소 알러지가 있는지, 기존에 관리하던 질병이 있는지 확인한다.

> 해설
> N은 신경으로, 다리나 꼬리를 움직일 수 있는지와 경련이 있는지를 확인한다.

> 정답 ⑤

★★★
12 다음 중 빈호흡 또는 호흡곤란의 일반적인 원인이 <u>아닌</u> 것은?

① 상부기도폐쇄 　　　　　　② 피부병
③ 폐렴, 심인성 폐부종 　　　④ 천식
⑤ 빈혈

> 해설
> 피부병은 일반적인 빈호흡 또는 호흡곤란의 일반적인 원인이 아니다. 일반적인 원인으로는 상부기도폐쇄, 폐렴, 심인성 폐부종, 천식, 빈혈, 호흡곤란, 마비, 폐 혈전색전증, 횡격막 또는 흉벽 파열 등이 있다.

> 정답 ②

★★★
13 다음 중 신경계 평가에 대한 항목으로 옳지 <u>않은</u> 것은?

① 장소에 대해 인지하고 있는지 확인한다.
② 통증 자극에 반응하는지를 확인한다.
③ 동공의 크기 및 대칭 정도를 확인한다.
④ 항문반사를 확인한다,
⑤ 점막의 색깔을 확인한다.

> 해설
> 점막색의 확인은 호흡계 및 순환계 평가에 대한 항목이다.

> 정답 ⑤

★★☆

14 다음 중 임신환자가 응급상황인 경우 확인해야 할 내용으로 옳지 <u>않은</u> 것은?

① 모체는 정상이라도 태아는 응급상황일 수 있으므로 태아도 확인해야 한다.

② 외부 반응 또는 빛에 대해 정상적으로 반응하는지 확인한다.

③ 방사선이나 초음파로 정말 임신이 확정되었는지 확인한다.

④ 이전에 임신한 적이 있는지와 임신으로 인한 합병증을 확인한다.

⑤ 진통이 있다면 언제부터인지, 얼마나 되었는지 확인한다.

해설

외부 반응 또는 빛에 대해 정상적으로 반응하는지 확인을 하는 것은 신경계 평가이다.

정답 ②

★★★

15 응급환자의 분류방법에 대한 설명으로 옳지 <u>않은</u> 것은?

① 조직화된 접근방식을 사용하면 환자를 적절하게 분류하는 데 도움이 된다.

② 전쟁 중 인명피해를 분류하기 위해 개발되었지만, 동물환자를 다루는 수의학계에서 널리 받아들여지고 있다.

③ 색상기준이라면 상태에 맞게 적절한 색상으로 표시해야 한다.

④ 한 번 정한 치료기준은 이후에 재평가를 할 필요는 없다.

⑤ 여러 평가방법이 있지만 치료를 기다릴 수 있을 정도로 안정된 동물들과 즉각적인 처치가 필요한 경우를 나누게 된다.

해설

한 번 정한 치료기준은 치료나 처치 이후 재평가하여 재분류한다. 이후 급성으로 인한 상태 악화의 가능성도 있으므로 안정적이었던 동물도 주기적으로 평가하여야 한다.

정답 ④

★★☆

16 쇼크환자에 대한 설명으로 옳지 <u>않은</u> 것은?

① 쇼크는 조직으로의 산소 전달 부족으로 정의된다.

② 쇼크의 존재를 감지해야 한다.

③ 평균 동맥 혈압이 60mmHg 미만일 경우 뇌, 심장, 중요장기에 손상이 있을 수 있다.

④ 탈수 상태와 쇼크 상태는 동일한 현상이다.

⑤ 쇼크의 종류로는 저혈량성, 심원성, 폐쇄성, 분포성 쇼크가 있다.

해설

쇼크 상태는 탈수와는 다른 상태이다. 탈수는 쇼크와 달리 매우 중증의 탈수가 아니라면 생명을 위협하는 경우가 드물다. 쇼크는 혈관계의 체액손실을 뜻하며, 탈수는 간질 및 세포 내 공간에서 체액손실을 의미한다.

정답 ④

★★★

17 다음 중 쇼크에 대한 설명으로 옳지 <u>않은</u> 것은?

① 심인성 쇼크는 신체에 필요한 혈액을 충족하기에 충분히 박출할 수 없는 생명을 위협하는 상태이다.

② 폐쇄성 쇼크는 혈액의 흐름이 물리적으로 막혀 발생한다.

③ 분포형 쇼크는 심장의 박출력이 정상 이상인 경우에도 발생할 수 있다.

④ 쇼크증상을 호소하는 환자에게는 수액처치와 산소공급을 해주어 스트레스가 없는 편안한 환경을 제공해주어야 한다.

⑤ 쇼크 상태에서는 저체온을 유지하는 것이 생존에 도움이 된다.

해설

심정지로 인한 뇌손상을 최소화하는 치료 방법이다. 쇼크환자의 경우 급격히 체온이 떨어질 수 있어 체온유지에 신경써야 하며, 수액으로 인한 체온저하를 막기 위해 수액가온기를 사용할 수 있다.

정답 ⑤

★★★
18 출혈 억제 방법으로 옳지 <u>않은</u> 것은?

① 출혈 확인 시 첫 번째로 지혈대를 사용하여 출혈 위쪽 팔다리를 피가 나지 않을 때까지 압박하며 동맥을 압박할 수 있을 정도로 조여 지혈한다.

② 혈관출혈점을 시각화 할 수 있는 경우 겸자로 직접 지혈한다.

③ 흡수 패드와 코반과 같은 점착 붕대로 출혈 부위를 직접 압박한다.

④ 냉찜질을 통해 혈관을 수축시켜 출혈을 줄인다.

⑤ 직접적인 지압을 통해 최소 5분 이상 압박한다.

해설
지혈대는 이차적인 부작용이 많아 일반적 지혈방법이 듣지 않는 경우 최후로 사용한다.

정답 ①

★★★
19 호흡곤란 환자 내원 시의 적절한 처치로 옳지 <u>않은</u> 것은?

① 상기도(코, 입, 목) 혹은 하기도(기관, 기관지, 폐)에서 발생할 수 있다.

② 질식의 증상으로는 점막의 청색증, 호흡곤란, 빈맥, 호흡정지가 있다.

③ 상기도(코, 입, 목) 혹은 하기도(기관, 기관지, 폐)의 문제가 아니라면 흉강, 통증, 가스흡입 등을 확인한다.

④ 중추신경계의 문제가 있어도 반사작용에 의해 호흡은 일정하게 유지될 수 있다.

⑤ 호흡기계와 심혈관계는 밀접하게 연결되어 일반적으로 하나의 변화가 다른 하나에 반영된다.

해설
중추신경계의 문제가 있을 경우에도 호흡곤란이 발생할 수 있다.

정답 ④

★★☆

20 출혈에 대한 설명으로 옳지 <u>않은</u> 것은?

① 육안으로 확인되지 않더라도 내부출혈이 가능하다.

② 생명을 위협하는 출혈의 일반적인 징후로는 매우 붉은 점막, 느리고 강한 맥박, 정상 이하의 온도, 느린 모세관 충만 정도, 기립불가가 있다

③ 대부분의 보호자가 출혈의 정도를 과대평가한다.

④ 출혈환자의 정보기록으로는 손상된 혈관 유형, 시작 시점, 출혈의 양상이 있다.

⑤ 내부출혈은 창백한 점막, CRT 지연, 혼수상태가 나타날 수 있다.

해설

생명을 위협하는 출혈의 일반적인 징후로는 창백한 점막, 빠르고 약한 맥박, 정상 이하의 온도, 느린 모세관 충만 정도, 기립불가가 있다.

정답 ②

★★☆

21 의식 불가환자에 대한 설명으로 옳지 <u>않은</u> 것은?

① 무의식을 일으키는 원인으로는 간질, 호흡정지, 심정지, 중독, 감전 등이 있다.

② 무의식이란 의식이 없는 상태로 주변 환경이나 자극에 반응이 거의 없거나 완전히 없는 상태를 의미한다.

③ 의식이 없다면 환자를 편안한 자세로 눕히고 기도, 호흡, 순환을 확인한다.

④ 발작을 하고 있다면 억지로 보정하거나 제지하지 말아야 한다.

⑤ 빛과 소음, 통증 반응을 통하여 환자가 정신이 회복될 수 있도록 자극을 한다.

해설

의식이 없다면 환자를 편안한 자세로 눕히고 기도, 호흡, 순환을 확인한다. 검사를 위한 자극 외에는 추가 손상과 뇌압 상승을 방지하기 위해 과도한 자극을 하지 않는다.

정답 ⑤

22 상처가 난 환자가 내원할 경우의 올바른 처치가 <u>아닌</u> 것은?

① 상처는 신체의 내부 혹은 외부 어디에나 조직의 연속성이 끊어지는 것이다.

② 모든 출혈에 대하여 지혈을 진행한다.

③ 조직이나 장기가 노출되었다면 식염수로 건조해지지 않도록 한다.

④ 초기관리로 이물 및 세균 감염이 가능할 수 있으므로 식염수로 세척하고 멸균거즈로 이물질을 긁어낸다.

⑤ 피하조직의 손상이 있을 경우 개방성, 피부 전체를 관통하지 않았을 경우 폐쇄성으로 분류한다.

해설

식염수로 세척 및 멸균거즈를 이용한 드레싱을 진행한다. 과도한 세척 및 병변부 제거는 추가 손상의 가능성이 있다.

정답 ④

23 다음 중 화상환자에 대한 설명으로 옳지 <u>않은</u> 것은?

① 극도의 건조열이 조직의 파괴를 일으키며 발생하는 현상이다.

② 화상의 정도는 즉각적으로 확인할 수 있다.

③ 표재성 화상은 피부 표면에만 발생한 화상을 의미한다.

④ 화상 직후 해당 부위를 최소 10분 이상 찬물로 씻어내야 한다.

⑤ 심한 화상은 쇼크를 유발할 수 있다.

해설

화상의 정도는 곧바로 나타나지 않고 며칠이 지난 후 나타나는 경우가 많다.

정답 ②

PART 02

***

24 고열 혹은 일사병의 환자에 대한 설명으로 옳지 **않은** 것은?

① 개와 고양이는 피부에 땀샘이 없어 과도한 체온 상승이 일어날 수 있다.

② 단두종, 비만의 개는 열사병의 위험도가 더 높다.

③ 쇼크가 발생할 수 있으므로 수액치료를 위한 장비를 준비한다.

④ 직접 물을 뿌리거나 얼음 또는 알코올을 환자에게 뿌려 열기를 식혀준다.

⑤ 선홍색 점막, 구토, 흥분, 불안, 의식저하가 일어날 수 있다.

해설
직접 물을 뿌리거나 얼음 또는 알코올을 환자에게 뿌려 열기를 식혀주는 등의 극단적인 조치는 피해야 한다.

정답 ④

***

25 골격계의 손상이 발생했을 때의 처치로 옳지 **않은** 것은?

① 출혈이 있다면 지혈 조치를 한다.

② 환부의 상처를 깨끗이 닦고 멸균적 처치를 실시한다.

③ 오염 방지를 위한 드레싱을 실시한다.

④ 골절면의 추가 손상, 의인성 손상의 위험성이 있으므로 외상이 없다면 붕대는 필요하지 않다.

⑤ 골절의 충격에 따른 내부장기의 이상 유무를 확인한다.

해설
필요시 지지 붕대를 적용한다. 고정되지 않은 골격계의 손상은 추가 손상의 위험성이 크다.

정답 ④

***

26 골격손상 환자에 대한 설명으로 옳지 **않은** 것은?

① 직접적·간접적·병리학적·선천적 이상이 원인이 될 수 있다.

② 염좌는 앞발목과 뒷발목 부위에서 가장 흔하게 발생한다.

③ 초기치료는 온찜질을 하여 회복을 유도하고, 이후 냉찜질을 이용하여 염증을 줄여준다.

④ 사육장에는 침구류를 넉넉히 두어 편안하게 처치한다.

⑤ 과도한 운동을 제한한다.

해설
초기치료는 냉찜질을 하여 통증을 줄여주고, 이후 온찜질을 통해 회복을 돕고 염증반응을 줄여준다.

정답 ③

★★★
27 다음 <보기>에서 개에게 중독증상을 일으킬 수 있는 물질로 옳은 것을 <u>모두</u> 고른 것은?

<보기>

ㄱ. 초콜릿   ㄴ. 포도
ㄷ. 자일리톨   ㄹ. 수박

---

① ㄴ   ② ㄷ   ③ ㄱ, ㄴ
④ ㄱ, ㄴ, ㄷ   ⑤ ㄱ, ㄴ, ㄷ, ㄹ

해설
초콜릿의 테오브로민 성분은 침 흘림, 구토, 설사, 호흡수 증가, 체온 상승을 유발할 수 있다. 포도는 신부전을 유발할 수 있으며, 자일리톨은 저혈당의 위험성이 있다.

정답 ④

★★★
28 눈의 부상에 대한 설명으로 옳지 <u>않은</u> 것은?

① 간접적인 외상이나 이물질 또는 화학물질의 노출이 있을 수 있다.
② 눈 부상 시 안검 등의 부종이 있을 수 있다.
③ 양쪽 눈을 동시에 비교해 검사하고 차이점이 있으면 기록한다.
④ 눈이 아프다면 눈물이 날 수 있게 혼자 비빌 수 있도록 한다.
⑤ 멸균수나 생리식염수로 눈을 촉촉하게 유지한다.

해설
추가 손상을 방지하기 위해 엘리자베스 칼라를 착용시켜야 한다.

정답 ④

★★★
29 난산에 대한 원인으로 옳지 <u>않은</u> 것은?

① 일차성 완전 무력증   ② 거대 태아   ③ 태아 사망
④ 정상태위   ⑤ 질중격형성증

해설
정상태위는 태아의 위치가 정상적으로 위치하는 것을 뜻한다. 이상태위 시 난산의 가능성이 있다.

정답 ④

★★☆
30 제왕절개에 대한 설명으로 옳지 <u>않은</u> 것은?

① 자궁근막 수축 호르몬 처방에도 반응하지 않을 때 진행해야 한다.
② 산모의 산도이상이나 난산 시 진행한다.
③ 모체의 질병이나 외상이 있다면 제왕절개는 위험하므로 하지 않는다.
④ 태아가 거대하거나 기형이거나 혹은 사망하였다면 진행한다.
⑤ 태아뿐만 아니라 모체의 생명에도 위협이 될 수 있으므로 빠른 결정이 필요하다.

해설
모체의 난산, 외상, 감염성 질병의 징후가 있다면 제왕절개가 필요하다.

정답 ③

★★★
31 응급실의 준비사항으로 옳지 <u>않은</u> 것은?

① 모든 구성원은 필요한 모든 응급장비 및 약품의 준비구역과 위치를 잘 알고 있어야 한다.
② 다른 진료에 방해가 되지 않게 하거나 응급실 인원의 방해를 막기 위해 기본 진료공간과 최대한 떨어진 곳에 배치한다.
③ 조명이 밝고 환기가 잘되며 넓고 깔끔해야 한다.
④ 필수 스태프 외에는 출입의 제한이 가능해야 한다.
⑤ 질서정연하고 체계적인 방식으로 구성되어야 한다.

해설
영상진단 영역과 수술실에 쉽게 접근할 수 있는 위치에 있어야 한다.

정답 ②

★★★
32 다음 중 응급실 필수 비품이 <u>아닌</u> 것은?

① 포대비품
② 이송 및 구속도구
③ 보온 및 냉각도구
④ 석션기
⑤ 초음파 진단기

해설
초음파 진단기와 같은 영상장비는 필수적이지만 반드시 응급실 내부에 존재할 필요는 없다.

정답 ⑤

★★★
33 다음 중 응급실 환자 평가를 위한 장비가 아닌 것은?

① 혈구측정기　　　　② 생화학 분석기　　　　③ 뇨 스틱 및 굴절계
④ 현미경　　　　　　⑤ Crash cart

해설
응급카트(Emergency cart)는 응급 시의 검사·치료에 사용하는 기구나 약품을 담아두는 카트이다. 응급상황 발생 시 즉시 사용이 가능하도록 한 곳에 필요한 물품을 잘 정리하고 갖추어 놓은 것으로, 신속한 처치를 가능할 수 있게 한다.

정답　⑤

★★★
34 환자의 이송 및 구속도구의 쓰임새에 대한 설명으로 옳은 것은?

① 수납을 진행하지 않은 상태로 도주할 경우를 대비하기 위함이다.
② 응급환자들은 쉽게 흥분할 수 있어 처치 중인 스태프들이 다칠 수 있고, 추가적인 환자의 안전을 위하여 필요하다.
③ 다른 동물을 해칠 수 있어 필요하다.
④ 고가의 검사기기의 손상을 방지할 목적이다.
⑤ 전염병의 위험이 있어 추가 전염을 방지하기 위하여 사용된다.

해설
응급환자들은 쉽게 흥분할 수 있어 처치 중인 스태프들이 다칠 수 있고, 추가적인 환자의 안전을 위하여 필요하다.

정답　②

★★★
35 가습장치가 부착된 산소조절공급장치가 필요한 이유로 옳은 것은?

① 정전기가 발생하게 되어 화재의 위험성이 있기 때문이다.
② 순수한 산소를 사용할 경우 고가의 산소를 많이 쓰게 되므로 수분을 섞어 쓴다.
③ 순수한 산소는 수분이 없어 환자에게 직접 제공 시 호흡기를 건조하게 한다.
④ 순수한 산소를 공급할 경우 산소중독의 위험성이 있다.
⑤ 순수한 산소의 압력이 너무 높아 환자에게 손상을 입힐 수 있다.

해설
순수한 산소는 수분이 없어 환자에게 직접 제공 시 호흡기와 안구를 건조하게 한다.

정답　③

36 다음 중 Crash cart에 준비해 두는 것이 권장되는 비품이나 물품이 <u>아닌</u> 것은?

① 사이즈별 기관삽관 튜브　　　　　② 후두경
③ 석션유닛　　　　　　　　　　　　④ 향정신성 의약품
⑤ 심폐소생 약물

해설

향정신성 의약품은 잠금장치가 설치된 장소에 보관해야 한다. 위급하게 필요한 경우가 있을 가능성이 높으므로 보관 위치를 항상 잘 숙지하여야 한다.

정답 ④

37 응급실의 준비과정으로 옳지 <u>않은</u> 것은?

① 비상상황에 대해 정기적으로 훈련되도록 조직해야 한다.
② 응급동물환자는 극도의 흥분상태일 수도 있어 준비를 해야 한다.
③ 입마개는 환자의 안전을 위하여 FDA와 같은 식품의약국에 허가받은 제품만을 사용한다.
④ 보호장비에는 가죽장갑, 일회용 장갑, 일회용 앞치마, 페이스바이저 등이 있다.
⑤ 소모품의 유통기간을 확인하여 사용기간이 지난 물품은 폐기한다.

해설

동물 간의 개체 차이로 인해 기성품의 장착이 어려울 수도 있으므로, 환자에게 상처나 위해를 입힐만한 재질이 아니라면 즉석에서 동원해 만들 수도 있다.

정답 ③

38 응급환자의 각 상황별로 루틴하여 체크해야 하는 항목과 점검빈도로 옳지 <u>않은</u> 것은?

① 동맥카테터: 1시간마다　　　　　② 계속 누워있는 환자: 8시간마다
③ 환자 체온: 2~6시간　　　　　　④ 호흡기계: 1~6시간
⑤ 정맥카테터: 4시간마다

해설

계속 누워있다면 욕창이나 무기폐의 가능성이 있으므로 적어도 4시간마다 확인해야 한다.

정답 ②

★★☆

39 다음 중 Crash cart에 준비해 두는 것이 권장되는 비품이나 물품이 <u>아닌</u> 것은?

① 심장 제세동기　　　　　　　　　② 마취기

③ 심폐소생 약물　　　　　　　　　④ 종류별 주사기 및 주사바늘

⑤ 처치도구 세트

해설

마취기가 필요한 경우가 많으므로 마취기계는 가기 쉬운 곳 혹은 이동하기 쉬운 곳에 배치해야 한다. Crash cart에 마취기가 들어가기에는 부피가 부족하고 이동성이 떨어져 권장되지는 않는다.

정답 ②

★★★

40 다음 중 Crash cart에 준비해 두는 것이 권장되는 약품이 <u>아닌</u> 것은?

① 에피네프린　　　　　　　　　② 포도당 50%

③ 도파민　　　　　　　　　　④ 중탄산나트륨

⑤ 향정신성 의약품

해설

향정신성 의약품은 잠금장치가 설치된 장소에 보관해야 한다.

정답 ⑤

★★☆

41 응급실의 준비사항으로 옳지 <u>않은</u> 것은?

① Crash cart의 매 점검은 사용 후 혹은 사용하지 않더라도 매주 한 번 이상 해야 한다.

② 응급실의 스태프는 비상상황에 대해 정기적으로 훈련되도록 조직되어야 한다.

③ 응급약물 복용량 차트를 비치하는 것이 유용하다.

④ Crash cart의 위치를 누구나 알 수 있도록 공지하며, 필요시 바로 쓸 수 있도록 정해진 자리에 비치한다.

⑤ 환자의 체온이 낮다면 가습장치가 부착된 산소조절기에 온수를 채워 넣는다.

해설

산소조절기의 가습장치에는 증류수를 채워 넣어야 한다.

정답 ⑤

42 다음 중 응급처치의 목적이 <u>아닌</u> 것은?

① 동물의 생명을 구한다.

② 통증과 불편감 및 고통을 경감한다.

③ 동물의 합병증 발생을 예방하고 부가적인 상해를 입지 않도록 한다.

④ 동물이 한 생명으로서 의미 있는 삶을 영위할 수 있도록 한다.

⑤ 치료를 계속해도 의미가 없고 고통이 수반되는 상황이라면 빠른 결정을 내릴 수 있다.

해설

응급처치의 목적은 아니다. 치료의 포기결정은 응급처치 이후 몇 단계의 평가과정이 더 필요한 상황이다.

정답 ⑤

43 다음 중 응급처치의 개념이 <u>아닌</u> 것은?

① 질병이나 외상으로 생명이 위급한 상황에 처해있는 대상자에게 행해지는 즉각적이고 임시적인 처치를 의미한다.

② 처치자의 신속 정확한 행동이 중요하다.

③ 응급처치에 따라 삶과 죽음이 좌우되거나 회복기간을 단축시킬 수 있다.

④ 정확한 응급처치를 위해 지속적인 교육과 훈련이 필요하다.

⑤ 의학적 심각성에 따라 응급실에 오는 동물을 분류하고 가장 아픈 동물을 먼저 돌보는 원칙이다.

해설

이 설명은 응급환자의 내원 시 중증환자를 분류하는 방법이다.

정답 ⑤

44 응급상황에 대한 사전준비에 대한 내용으로 옳지 <u>않은</u> 것은?

① 사고상황에 대한 역할분담을 한다.

② 사고 당한 동물을 보살피고 응급처치하는 역할이 있다.

③ 보호자와 응급실 혹은 구조대에게 연락하는 역할이 있다.

④ 필요 시 대피를 주도하는 역할이 있다.

⑤ 응급상황 시 보호자의 동의보다는 자율적인 판단이 중요하다.

해설

환자의 기본정보를 미리 수집하고 응급상황에 대해 필요한 정보를 미리 보호자에게 받아두는 것이 필요하다.

정답 ⑤

★★☆
45 다음 중 도움을 요청해야 하는 응급상황이 <u>아닌</u> 것은?

① 의식이 없거나 혼미한 상황   ② 심정지, 호흡곤란, 급성흉통

③ 급성복통   ④ 부위가 큰 화상

⑤ 외이염

해설
외이염의 경우에는 당장 도움을 요청해야 하는 응급상황이 아니다.

정답 ⑤

★★★
46 다음 중 도움을 요청해야 하는 응급상황이 <u>아닌</u> 것은?

① 독성물질 중독   ② 갑작스러운 실명

③ 개방성 골절, 다발성 외상   ④ 피부병, 탈모

⑤ 지혈이 되지 않는 출혈

해설
피부병, 탈모의 경우에는 당장 도움을 요청해야 하는 응급상황이 아니다.

정답 ④

★★★
47 다음 중 응급처치의 기본원칙이 <u>아닌</u> 것은?

① 사고상황의 파악   ② 의식상태, 맥박, 호흡유무 확인

③ 출혈 정도의 확인   ④ 응급처치와 동시에 구조 요청

⑤ 치료비용의 안내 및 수납

해설
치료비용의 안내 및 수납은 처치 이후 또는 이전에 진행되어야 한다.

정답 ⑤

★★★
48 다음 중 심폐소생술의 절차가 <u>아닌</u> 것은?

① 품종별 심장압박 위치는 다르다.
② 흉부압박은 분당 100~120회의 속도로 진행한다.
③ 구강과 기도에 이물이 있다면 제거한다.
④ 처치자의 입으로 동물의 입을 덮고 코로 1~1.5초간 숨을 불어넣는다.
⑤ 의식의 유무와 상관없이 심장 혹은 호흡정지가 있다면 지체 없이 바로 실시한다.

해설
의식의 확인 여부는 필수적이다.

정답 ⑤

★★★
49 다음 중 기관 내 삽관의 절차가 <u>아닌</u> 것은?

① 적당한 크기의 기관 내 튜브 선택
② 적절한 크기의 후두경 선택
③ 보조자는 기관 삽관을 할 수 있도록 보정
④ 기관 튜브를 이용하여 기관 진입부 확인 후 후두경을 기관으로 삽입
⑤ 고정 후 기관 커프 팽창

해설
후두경을 이용하여 기관 진입부 확인 후 기관튜브를 기관으로 삽입해야 한다.

정답 ④

★★★
50 기관 삽관의 제거방법으로 옳지 <u>않은</u> 것은?

① 빈 주사기를 사용하여 커프를 푼다.
② 튜브에 연결된 산소줄 혹은 앰부백을 제거한다.
③ 환자에서 기관튜브를 제거한다.
④ 다음 사람을 위해 준비된 모든 장비를 배치한다.
⑤ 삽관 제거 시 저항하여 튜브를 씹는다면 무리해서 **빼지** 말고 유지한다.

해설
튜브를 씹을 경우 기관으로 들어갈 수 있으므로, 호흡에 방해되지 않도록 구강에 부드러운 천과 같은 물건을 입에 넣어 씹을 수 없게 끼운다.

정답 ⑤

★★★

51 **기관 절개에 대한 설명으로 옳지 않은 것은?**

① 상부기관이 막혀 호흡부전의 상황이 예상될 때 실시한다.

② 목의 피부와 기도를 연결하는 부위에 실시한다.

③ 일시적 혹은 영구적으로 장착이 가능하다.

④ 잘 장착되었다면 특별한 관리 없이 유지가 가능하다.

⑤ 절개 수술로 인한 합병증과 절개관 제거 후 합병증이 발생할 수 있다.

해설

장착 이후에는 매일 소독하고 분비물 제거 및 개통성의 확인이 필요하다.

정답 ④

★★★

52 **<보기>에서 기관 내관의 소독 절차를 올바른 순서로 나열한 것은?**

───── <보기> ─────

ㄱ. 멸균된 세척솔이나 멸균면봉을 이용하여 내관을 닦은 후 생리식염수로 닦는다.

ㄴ. 마른 거즈로 내관의 물기를 닦는다.

ㄷ. 내관을 끼우기 전 외관을 흡입한다.

ㄹ. 소독된 내관을 삽입 후 내관이 빠지지 않게 잠금장치를 잘 장착한다.

ㅁ. 기관절개 부위의 피부 소독을 진행하고 절개 부위를 마른 멸균거즈로 건조한다.

① ㄱ－ㄴ－ㄷ－ㄹ－ㅁ   ② ㄱ－ㄹ－ㄴ－ㄷ－ㅁ

③ ㄱ－ㄹ－ㄷ－ㅁ－ㄴ   ④ ㅁ－ㄴ－ㄷ－ㄹ－ㄱ

⑤ ㅁ－ㄹ－ㄴ－ㄷ－ㄱ

해설

내관, 외관, 피부의 순으로 소독을 실시한다.

정답 ①

★★★
53 다음 중 기관절개 시 간호관리 물품이 <u>아닌</u> 것은?

① 멸균생리식염수   ② 멸균장갑   ③ 방수포

④ 간호기록지   ⑤ 수혈용 혈액팩

해설

수혈용 혈액팩은 기관절개 시의 간호관리 물품에는 해당하지 않는다.

정답 ⑤

★★★
54 동물의 체온관리에 대한 설명으로 옳지 <u>않은</u> 것은?

① 체온이 낮다면 핫팩, 수액 가온기, 온풍기를 이용하여 올려준다.

② 체온을 올려줄 경우 화상에 주의한다.

③ 적정 체온이 되었다면 체온에 대한 모니터링은 중지한다.

④ 고체온이라면 겨드랑이에 아이스팩, 물에 적신 수건을 올리거나 냉풍기를 이용하여 체온을 낮추어준다.

⑤ 고체온 시에도 얼음 혹은 냉수를 뿌리는 등의 급격한 체온관리는 피한다.

해설

적정 체온 이후에도 과도한 처치로 고체온 혹은 저체온이 되지 않도록 체온을 지속적으로 모니터링한다. 체온조절능력이 떨어진 경우에는 다시 체온이상이 될 가능성이 높다.

정답 ③

★★★
55 활력징후에 대한 설명으로 옳지 <u>않은</u> 것은?

① 신체적 상태가 항상성 있게 정상범주 내로 조절되고 있는지를 반영한다.

② 활력징후가 괜찮다면 큰 이상이 없는 상태이다.

③ 활력징후의 변화는 건강상태의 변화를 반영한다.

④ 체온, 호흡, 맥박, 혈압을 통해 활력징후를 평가할 수 있다.

⑤ 동물의 종류 및 품종 그리고 연령에 따라 정상치가 다르다.

해설

항상성 유지로 인해 현재 활력징후가 괜찮을 수도 있지만, 이후 항상성 조절이 안 될 정도로 상태가 악화된다면 활력징후는 이후에 변할 가능성이 높다. 현재의 활력징후와 변화되어 가는 과정을 기록하는 것도 중요한 역할 중 하나이다.

정답 ②

★★☆
56 활력징후의 대표적인 네 가지 측정값이 <u>아닌</u> 것은?

① 혈압   ② 맥박   ③ 호흡수

④ 체온   ⑤ 의식

해설

활력징후의 대표적인 네 가지 요소는 체온, 호흡, 맥박, 혈압의 측정값을 말한다.

정답 ⑤

★★★
57 다음 중 심전도 검사의 목적이 <u>아닌</u> 것은?

① 심장 리듬을 확인하고 심박동수를 측정한다.

② 부정맥, 맥박의 난조, 심장리듬의 이상을 진단하고 심박동수를 측정한다.

③ 협심증, 심근경색 등의 허혈성 심장병과 고혈압으로 심근이 비대해지는 것을 진단한다.

④ 심장병의 진행이나 회복 상태를 확인하고 시술이나 처치 과정의 심장평가를 진행한다.

⑤ 심장질환의 악화로 인한 폐부종, 호흡곤란, 흉수, 복수를 확인 및 관찰한다.

해설

호흡곤란의 악화로 인한 폐부종, 호흡곤란, 흉수, 복수의 확인은 영상검사로 진행할 수 있다.

정답 ⑤

★★☆
58 심전도 검사의 방법과 관리에 대한 설명으로 옳지 <u>않은</u> 것은?

① 안정한 상태로 반듯이 눕히고, 전극을 붙일 피부를 알코올로 닦는다.

② 적절한 위치에 전극을 붙여 심장의 활동에 의해서 근육이나 신경에 전달되는 전류의 변화를 유도하여 기록한다.

③ 검사는 1시간 정도 소요된다.

④ 흉통과 같은 호소가 있을 경우에는 기록지의 해당 시간에 표시한다.

⑤ 전극을 붙인 위치와 연결 상태가 정확해야 올바른 결과를 볼 수 있다.

해설

심전도 검사는 5~10분 정도 소요되며, 심전도만으로 진단이 되는 경우는 곧바로 설명을 들을 수 있다. 심전도상 이상이 있는 경우는 심박동수, 리듬, 곡선이 비정상이다.

정답 ③

59 ★★★ 다음 중 개의 수혈에 관한 설명으로 옳지 <u>않은</u> 것은?

① 개의 혈액형은 염색체상의 우세한 특성으로 구별된다.

② 27kg 혹은 더욱 큰 공혈견은 부작용 없이 최소한 2년에 매 3주 정도 500ml의 혈액을 기증할 수 있다.

③ 응고부전이 있는 경우 수혈을 진행하면 수혈팩의 항응고제로 인하여 위험해질 수 있다.

④ 조직에 산소공급이 어려울 정도로 떨어진 빈혈 환자에게는 전혈 혹은 농축적혈구 수혈이 필요하다.

⑤ 혈장, 냉동혈장, 냉동침전물의 수혈도 가능하다.

해설

응고인자가 부족하여 응고부전이 있는 경우에는 수혈이 필수적이다.

정답 ③

60 ★★★ 개와 고양이에게 하루에 투여하는 전혈의 적정 용량으로 옳은 것은?

① 5ml/kg   ② 10ml/kg   ③ 20ml/kg

④ 30ml/kg   ⑤ 40ml/kg

해설

전혈은 20ml/kg 투여 가능하다. 혈장의 투여량은 5~20ml/kg이며, 응집인자 공급을 위해서는 9ml/kg가 추천된다.

정답 ③

61 ★★★ 전혈의 저장에 대한 설명으로 옳지 <u>않은</u> 것은?

① 적혈구는 채혈 12~72시간 내에 기능하지 않는다.

② CPDA-1을 사용해 채혈하면 35일간 저장할 수 있다.

③ 헤파린을 사용해 채혈하면 48시간까지만 저장할 수 있다.

④ 혈액은 냉장보관하여야 오래 보관할 수 있다.

⑤ 한번 저장된 혈액을 섭씨 10℃ 이상 올리거나 용기를 열면 24시간 이내에 사용하거나 폐기한다.

해설

혈소판은 채혈 12~72시간 내에 기능하지 않는다. 적혈구와 단백질은 CPDA-1을 사용해 채혈하면 35일간 저장할 수 있다.

정답 ①

62 다음 중 수혈의 경로로 옳지 <u>않은</u> 것은?

① 경정맥 ② 요골 피부정맥 ③ 복강
④ 골수강 ⑤ 동맥

해설

수혈 경로로는 정맥, 골수강, 복강 투여가 있다.

정답 ⑤

63 다음 중 수혈속도에 대한 설명으로 옳지 <u>않은</u> 것은?

① 위급한 환자의 상태를 호전시키기 위하여 초기속도는 최대속도로 설정한다.

② 쇼크 상태의 환자는 균형전해질액의 투여와 함께 22kg/h 이상의 정맥투여가 필요하다.

③ 정상 혈량을 가진 만성 빈혈환자에게는 맥관 과부하를 피하기 위해 4~5시간 이상 동안 4~5ml/kg/h의 정맥투여를 추천한다.

④ 성묘의 정맥을 통한 전혈투여는 30분 이상에 걸쳐 40ml 이상을 투여하는 것이 안전하다.

⑤ 심부전 또는 신부전이 있다면 최대속도는 4ml/kg/h의 속도로 투여한다.

해설

처음에는 부적합반응을 확인하기 위해 정맥투여 속도를 낮추고, 10~30분 후에 문제가 생기지 않는다면 속도를 높인다.

정답 ①

64 비경구 영양공급에 대한 설명으로 옳지 <u>않은</u> 것은?

① 1일 필요한 열량과 단백질 요구량을 계산하여 정맥으로 투여한다.

② 1일 열량 요구량은 기초에너지 소비량에 환자의 생체 상태에 따른 요인을 곱하여 계산한다.

③ 단백질 요구량은 체중에 비례하여 투여한다.

④ 포도당액 7%와 지질액 30%를 투여한다.

⑤ 환자 상태에 따라 전해질과 복합비타민을 투여한다.

해설

단백질 요구량은 성체, 단백상실 상태, 간부전, 신부전 상태에 따라 다르게 투여한다. 간부전 및 신부전 시에 과도한 단백질 공급은 치료에 악영향을 줄 수 있다.

정답 ③

★★☆
65 소화관을 통한 영양공급에 대한 설명으로 옳지 <u>않은</u> 것은?

① 맛이 있고, 쉽게 소화되어야 한다.
② 여러 시판제품이 있으며 자가 조제하여 급여할 수도 있다.
③ 식욕이 없거나 구강 외상, 수술로 인하여 구강을 쓸 수 없는 경우에는 튜브를 삽입할 수 있다.
④ 튜브 삽입의 위치는 비강, 구강, 위내, 공장 절개방법이 있다.
⑤ 튜브를 삽입하여 투여하는 경우 환자에 맞도록 자가 조제하여 급여한다.

> **해설**
> 튜브를 삽입하여 투여하는 경우 소화의 정도, 정확한 열량 계산, 튜브의 막힘을 막기 위하여 전용 제품을 사용한다.

> **정답** ⑤

★★★
66 의약품의 보관에 대한 설명으로 옳지 <u>않은</u> 것은?

① 본래의 효능과 효과를 위해서는 종류와 형태별로 올바르게 보관을 하는 것이 중요하다.
② 의약품 사용설명서나 약품용기에 표시된 보관기준에 따라 보관한다.
③ 보관법이 다양하므로 올바른 보관방법을 숙지하고 지키는 것이 중요하다.
④ 보관법을 적절하게 지켰다면 표시된 유통기한보다 사용기한이 긴 점을 감안하여 유통기한이 지나도 사용 가능하다.
⑤ 의약품은 제품마다 보관장소, 보관온도가 다르다.

> **해설**
> 유통기한이 지난 약품은 변질되어 부작용 혹은 원하는 약효가 일어나지 않을 수 있어 폐기한다.

> **정답** ④

★★☆
67 다음 중 의약품의 옳은 보관에 대한 설명이 <u>아닌</u> 것은?

① 가루약은 조제 특성상 알약보다 유효기간이 길다.
② 습기에 약하므로 건조한 곳에 보관한다.
③ 냉장고나 화장실 등에 보관하는 것은 피하도록 한다.
④ 색이 변했거나 굳었다면 폐기한다.
⑤ 냉장보관 또는 차광보관을 필요로 하는 가루약이 있을 수 있다.

> **해설**
> 가루약은 기존의 제형보다 표면적이 넓어 변질될 가능성이 높아 유효기간이 짧다.

> **정답** ①

68 다음 중 시럽형 의약품의 보관에 대한 설명으로 옳지 <u>않은</u> 것은?

① 시럽약은 특별한 지시사항이 없었다면 실온보관한다.
② 흔들거나 섞게 될 경우 변질될 가능성이 높아 진행하지 않는다.
③ 냉장보관 또는 차광보관을 필요로 하는 시럽약이 있을 수 있다.
④ 복용 전 반드시 시럽의 색이나 냄새를 확인한다.
⑤ 오염되지 않도록 입구의 청결에 주의한다.

해설

시럽은 시간이 지날 경우 분리될 가능성이 있어 복용 전 흔들어 섞는다.

정답 ②

69 다음 중 의약품의 보관에 대한 설명으로 옳지 <u>않은</u> 것은?

① 좌약은 체온에서 쉽게 녹도록 만들어졌기 때문에 직사광선이 강하거나 온도가 높은 곳을 피해 보관한다.
② 안약은 다른 환자와 함께 사용하지 않는다.
③ 안약 투여 시 정확한 점안을 위하여 눈꺼풀에 입구가 닿아도 무방하다.
④ 안약은 개봉 후 한 달 이내에 사용한다.
⑤ 안약은 다른 약에 비해 오염되거나 변질될 가능성이 높다.

해설

안약은 다른 약에 비해 오염되거나 변질될 가능성이 높으므로 약품의 입구가 사용 부위에 직접 닿지 않도록 한다.

정답 ③

70 다음 중 심정지 또는 부정맥에 사용하는 약물이 <u>아닌</u> 것은?

① 아데노신
② 아트로핀
③ 에피네프린
④ 리도카인
⑤ 미다졸람

해설

미다졸람은 benzodiazepine 계열 CNS 억제제이다. 안정을 유도하고 단기간의 진단적 검사, 발작약물로 사용된다.

정답 ⑤

71 다음 중 약물의 명칭과 사용법의 연결이 옳지 <u>않은</u> 것은?

① 푸로세마이드(Furosemide) – 이뇨제

② 미다졸람(Midazolam) – 최면 진정제, 항경련제

③ 베쿠로늄브롬화물(Vecuronium Bromide) – 근이완제

④ 도부타민(Dobutamine) – 강심제

⑤ 노르에피네프린(Norepinephrine) – 마취제

해설

노르에피네프린은 도파민, L – 도파(L – dopa)와 함께 카테콜아민 계열의 신경전달물질이다. 응급약물이며 혈압 하강 시 혈관 수축의 용도로 사용된다.

정답 ⑤

72 심폐소생술 중의 약물 투여 경로로 옳지 <u>않은</u> 것은?

① 정맥 내 투여   ② 기관 내 투여

③ 골간 투여   ④ 심장 내 투여

⑤ 안약 점안

해설

안약 점안은 심폐소생술 중의 약물 투여 경로로 사용되지 않는다.

정답 ⑤

73 수액요법에 대한 설명으로 옳지 <u>않은</u> 것은?

① 탈수되거나 산염기평형의 불균형을 일으킨 동물에 수분, 전해질 및 영양분을 공급한다.

② 수술 전 절식에 의한 체액변화를 수액을 통해 보정한다.

③ 수술에 의한 출혈로 인하여 순환계에 이상이 있을 경우 수액요법을 사용한다.

④ 수액의 종류에는 비교질성 용액, 교질성 용액, 혈액대용제 및 전혈이 있다.

⑤ 수액은 항상성을 통해 배출이 가능하므로 적정 용량보다 약간 초과하여 공급한다.

해설

신기능과 심기능이 떨어져 있는 경우에 과도한 수액 공급은 상태를 악화시킬 수 있다.

정답 ⑤

★★★
74 수액요법에 대한 설명으로 옳지 않은 것은?

① 진정제나 마취제는 심수축력을 약화시키고, 혈관을 이완시켜 혈압이 감소하기 때문에 수액을 통해 혈류량을 유지해야 한다.

② 현존결핍량, 유지용량, 상실량을 고려하여 투여한다.

③ 현존결핍량은 질환의 경과 중에 구토, 설사 등으로 배설되는 수분량이다.

④ 유지량은 동물의 피부, 호흡, 분변, 소변 등으로 배설되는 정상적인 상실량이다.

⑤ 탈수되거나 산염기평형의 불균형을 일으킨 동물에게 수분, 전해질 및 영양분을 공급한다.

해설

체액상실량은 질환의 경과 중에 구토, 설사 등으로 배설되는 수분량이다. 현존결핍량은 현재 탈수 등으로 잃어버린 체액량을 뜻한다.

정답 ③

★★☆
75 수액의 종류에 대한 설명으로 옳지 않은 것은?

① 수액의 종류에는 교질성 용액, 비교질성 용액, 혈액대용제 및 전혈이 있다.

② 고장성 수액으로 가장 많이 사용되는 것은 고장성 생리식염수 3%, 5%, 7%가 있다.

③ 혈액대용제는 산소를 운반할 수 있는 능력이 있다.

④ 고장성 수액은 세포 외액으로부터 혈관 내로 수분을 흡수하여 혈류량을 증가시킨다.

⑤ 교질성 수액은 비교질성 수액에 비해 혈류량을 증가시키는 효과는 적지만 전해질 불균형을 해소시킬 수 있다.

해설

교질성 수액은 비교질성 수액에 비해 혈류량을 효과적으로 늘릴 수 있는 수액이다. 분자량이 클수록 작용시간이 길다.

정답 ⑤

★★★
76 응급약물의 관리지침으로 옳지 않은 것은?

① 환자에게 안전하고 신속한 약물 투여가 가능하도록 관리하여야 한다.
② 응급차트에는 개봉 여부를 알 수 있도록 봉인스티커를 부착한다.
③ 응급약물을 사용한 후에는 약물 목록에 기록한다.
④ 응급차트의 약물 목록을 매일·월간 관리하여 유효기간 등의 관리 상태를 점검한다.
⑤ 응급약물의 추가·삭제·목록의 변경은 담당자가 편의와 실용성에 맞게 조절한다.

해설
응급차트의 약물 추가·삭제·목록의 변경은 병원장 또는 담당 수의사와 논의 후 결정한다.

정답 ⑤

★★☆
77 다음 중 수액의 부작용에 대한 설명으로 옳지 않은 것은?

① 적용이 잘못될 경우에는 부작용을 일으켜 오히려 병상을 악화시킨다.
② 정상적인 신장기능을 가진 경우에 여분의 수분은 소변으로 배설된다.
③ 수액속도는 부족한 수분량을 보충할 때까지 맥관 과부하 속도 이내 최대속도로 공급한다.
④ 혈장나트륨이 부족할 경우에는 고장용액을 투여한다.
⑤ 신장기능에 장애가 있을 때 수분 투여량이 지나치면 세포외액이 희석된다.

해설
심장기능이 정상적이지 않을 때, 과도한 속도의 수액이 들어갈 경우에는 심장부담이 발생하여 폐수종, 호흡곤란이 발생할 수 있다.

정답 ③

★★★
78 다음 중 심박출과 혈압을 조절하는 약물이 아닌 것은?

① 글루콘산칼슘(Calcium gluconate) ② 도파민(Dopamine)
③ 도부타민(Dobitamine) ④ 리도카인(Lidocaine)
⑤ 디곡신(Digoxin)

해설
리도카인은 국소마취제이자 항부정맥제이다.

정답 ④

★★☆

79 정맥카테터의 장착에 대한 설명으로 옳지 <u>않은</u> 것은?

① 정맥공급은 가장 많이 활용할 수 있는 수액공급의 경로이다.
② 수액 장착 전 혈관이 있는 위치의 털을 삭모한다.
③ 수액 장착 전 감염을 막기 위해 소독제로 소독한다.
④ 수액 장착 후 의료용 테이프를 이용하여 고정한다.
⑤ 장착된 수액은 12시간마다 확인한다.

해설
정맥카테터는 4시간마다 확인하여 개통성 여부와 오염 여부를 확인한다.

정답 ⑤

★★☆

80 골수강 내 수액 장착에 대한 설명으로 옳지 <u>않은</u> 것은?

① 혈관이 허탈되거나 어린 동물에게의 정맥주사가 곤란한 경우 사용한다.
② 대퇴골의 대퇴돌기 오목, 상완골의 대결절, 경골능, 복장뼈에서 가능하다.
③ 피모를 삭모하고 국소마취제를 사용하여 골수강 내 바늘을 통해 골수강까지 관통한다.
④ 수액을 데워서 사용하는 것을 추천한다.
⑤ 새에서는 요골 부위를 사용한다.

해설
복장뼈는 혈관 연결이 잘 되어 있지 않고, 흉강으로 천자가 되는 등 위험성이 높기 때문에 사용되지 않는다.

정답 ②

CHAPTER 08 동물병원실무

★★★
01 다음 중 동물보건사의 직업적 행동과 자세에 대한 설명으로 적절하지 <u>않은</u> 것은?

① 자신의 직업에 대한 열정을 가지고 최선을 다하는 천직의식 및 소명의식이 필요하다.

② 안락사와 중성화 수술을 무조건 거절할 수 있는 생명존중 사상과 단호함이 필요하다.

③ 자신이 하는 일이 사회적으로 중요한 역할이라 믿고 업무를 수행하는 직분의식이 필요하다.

④ 직업적 양심과 동료에 대한 기본적 예의와 정직함이 필요하다.

⑤ 한 분야에 깊이 있는 지식과 경험을 쏟아야 하는 전문가의식이 필요하다.

> **해설**
> 동물에 대한 사랑과 측은지심을 바탕으로, 생명존중 사상과 봉사의식을 기반으로 안락사와 중성화 수술에 대해 대처하되 환자와 보호자의 전후사정을 참고해야 한다. 과학적 근거에도 불구하고 무조건적으로 반대하는 것은 지양해야 한다.

> **정답** ②

★★★
02 다음 중 <보기>에서 설명하는 단어는?

> ───── <보기> ─────
> • 사람과 사람 사이에 생기는 상호신뢰관계를 말하는 심리학 용어이다.
> • 서로 마음이 통한다든지, 어떤 일이라도 터놓고 말할 수 있거나 말하는 것이 충분히 감정 적·이성적으로 이해할 수 있는 상호 관계를 의미하는 단어이다.

① 라포   ② 메라비언의 법칙

③ 빈발효과   ④ 초두효과

⑤ 최신효과

> **해설**
> <보기>는 라포(Rapport)에 대한 설명이다.

> **정답** ①

03 다음 중 <보기>에서 설명하는 단어는?

> ─────── <보기> ───────
>
> 상대방의 인상이나 호감의 결정 시 보디랭귀지는 55%, 목소리는 38%, 말의 내용은 7%만 작용한다는 내용의 주장이다.

① 라포
② 메라비언의 법칙
③ 빈발효과
④ 초두효과
⑤ 최신효과

해설

심리학자이자 UCLA의 교수였던 앨버트 메라비언(Albert Mehrabian)이 발표한 이론으로, 상대방에 대한 인상이나 호감을 결정하는 데 있어서 보디랭귀지는 55%, 목소리는 38%, 말의 내용은 7%만 작용한다는 주장이다.

정답 ②

PART 02

04 다음 중 <보기>에서 설명하는 단어는?

> ─────── <보기> ───────
>
> • 고객과의 첫인상의 중요성에 대한 심리학자 솔로몬 애쉬(Solomon Eliot Asch)의 주장이다.
> • 처음 제시된 정보 또는 인상이 나중에 제시된 정보보다 기억에 더 큰 영향을 끼친다는 내용이다.

① 라포
② 메라비언의 법칙
③ 빈발효과
④ 초두효과
⑤ 최신효과

해설

초두효과(Primacy effect)에 대한 설명이다.

정답 ④

05 다음 중 동물보건사의 옳은 외형적 이미지와 복장에 대한 설명으로 옳지 <u>않은</u> 것은?

① 편안한 신발을 착용하되 앞이 막힌 신발을 신어 날카로운 수술도구 등의 낙하로 인한 안전사고를 예방한다.

② 다른 동물의 털이 붙어있는 복장으로 새로운 환자를 보정할 시 위생상 위해할 뿐만 아니라 전문성이 없어 보이므로 주의한다.

③ 불필요한 마찰이 있을 수 있는 주렁주렁한 귀걸이와 라텍스 글로브 등의 보호장비를 훼손할 수 있는 반지, 팔찌 등은 근무 시 착용을 지양한다.

④ 필요 이상으로 너무 긴 손톱은 바이러스를 옮기거나 세균 번식의 위험이 있으므로 개인위생상 문제가 없도록 관리한다.

⑤ 머리색은 근무에 특별한 영향을 주지 않으므로 자유분방하게 개성을 표현하고, 고객 응대 차원에서 동물에게서 나는 각종 냄새가 몸에 배지 않도록 향수를 수시로 분무한다.

해설

과도한 염색과 부스스한 머리카락은 진료 스태프의 전문성에 대한 신뢰감을 떨어뜨릴 수 있다. 또한 과도한 향수의 사용은 반려동물에게 거부감을 일으킬 수 있으므로 과도한 사용을 지양한다.

정답 ⑤

06 다음 중 국내외 동물보건사 제도의 도입 과정 및 내용에 대한 설명으로 옳지 <u>않은</u> 것은?

① 일본은 2019년 「애완동물간호사법」이 제정되어 법률에 의한 국가자격 형태로 운영 중이다.

② 미국은 동물보건사를 'Vet Technician'과 'Vet Assistant'로 구분하였다.

③ 미국에서 Vet Assistant가 되기 위해서는 2년제 이상의 관련 대학을 졸업한 후 국가고시인 VTNE를 합격해야 한다.

④ 미국 동물보건사의 경우 경력을 쌓게 되면 특정 분야의 스페셜리스트(Veterinary Technician Specialist)가 될 수 있는 기회를 부여받는다.

⑤ 대한민국은 2022년 2월 제1회 동물보건사 국가자격증 시험을 시행하였다.

해설

Vet Technician은 미국의 테크니션 교육 프로그램이 있는 2년제 혹은 4년제 대학을 졸업한 후, 테크니션 국가고시인 VTNE(Veterinary Technician National Examination)를 합격하고 본인이 일하고자 하는 주에서 LVT(Licensed Veterinary Technician), RVT(Registered Veterinary Technician), CVT(Certified Veterinary Technician) 중 해당하는 자격을 취득해야 한다.

정답 ③

07 다음 중 동물병원의 소득과 연관이 큰 경영기법에 필수적으로 포함되지 않는 것은?

① 경영방침 & 리더십과 동기 부여

② 재무데이터 점검주기 & 협상기술

③ 직원의 자기계발 & 고객 로열티

④ 사업의 다각화 & 부동산 자산 확대

⑤ 고객 유지 & 신규고객 창출

해설

전문직종의 경우 사업의 전문화 및 내실화를 우선 완료한 이후에 사업의 다각화를 선택적으로 수행하는 것이 좋다. 융자를 통한 부동산 자산의 확대는 무리한 고정비용의 지출로 인해 안정적인 경영에 위협요소로 작용하므로 신중해야 한다.

정답 ④

★★★

08 다음 중 동물병원의 수가 제도 변화에 대한 내용으로 옳지 않은 것은?

① '동물 의료수가제'는 1999년도에 폐지된 후 각 병원마다 위치, 장비, 투자비용 등에 따라 진료비를 자유롭게 조정하는 것이다.

② '동물 의료수가제'는 위법성이 없으므로 부활시켜 동물병원의 위치, 장비, 투자비용에 따른 진료비용의 차이를 최소화시켜야 한다.

③ 수술 등 중대 진료를 하는 경우에는 동물의 소유자 등에게 진단명, 진료의 필요성, 후유증 등의 사항을 설명하고, 서면으로 동의를 받도록 해야 한다.

④ 진료항목에 대한 진료비용을 동물의 소유자 등이 쉽게 알 수 있도록 고지하고, 고지한 금액을 초과하여 진료비용을 받을 수 없도록 한다.

⑤ 동물병원 개설자가 고지한 진료비용 및 그 산정기준 등에 관한 현황을 조사·분석하여 그 결과를 공개할 수 있도록 한다.

해설

동물 의료수가제는 가격 담합의 소지가 있어 공정거래법 위반사항이며, 동물 의료수가제의 폐지는 병원의 담합을 막고 경쟁을 통한 병원비의 하락 유도가 목적이다.

정답 ②

09 다음 중 동물병원의 비대면 상담 시 쿠션 화법에 대한 내용으로 옳지 <u>않은</u> 것은?

① 쿠션화법이란 고객과 관계를 부드럽고 만족스러운 관계로 증진시키는 응대 방법이다.

② 고객에게 단답형으로 응대 시 차가운 느낌을 주고 고객의 분노를 유발할 수 있다.

③ 말의 충돌을 피하기 위해서도 충격 완충 장치가 필요하며, 직접적인 충격을 최소화하고 상대방의 마음을 자극하지 않는 충격흡수용 언어를 '쿠션언어'라고 한다.

④ 쿠션언어는 말 앞에 붙이기만 하면 상대방에게 상처를 주지 않고도 정확한 의미 전달을 할 수 있고, 상대방에 대한 배려 또한 느낄 수 있다.

⑤ 담당자가 아니어서 답변이 불확실할 경우 "기다리세요", "없습니다", "모릅니다" 등의 단답형 쿠션화법 단어를 사용해야 한다.

> **해설**
> 담당 업무가 아니어서 응대가 어려운 경우라도 '죄송합니다만', '고맙습니다만', '번거로우시겠지만', '바쁘시겠지만' 등의 쿠션화법 단어를 사용해야 한다.

> **정답** ⑤

★★★
10 다음 중 동물병원의 비대면 상담에 대한 내용으로 옳지 <u>않은</u> 것은?

① 비대면 상담은 고객이 처음 서비스를 받는 단계이며 동물병원과 나의 첫 이미지를 결정한다.

② 대면 상담과 다르게 표정이 보이지 않아 의사와 감정이 왜곡될 수 있음을 주의한다.

③ 비대면 상담의 기본 기술은 친절, 정확, 신속, 예의이다.

④ 전화 상담 시 소속과 이름은 가장 나중에 밝혀 민원과 항의를 대비한다.

⑤ 정확한 상담을 위하여 날짜, 시간, 이름 또는 차트번호, 전화번호, 내용을 기록한다.

> **해설**
> 전화 상담 시 인사와 소속, 이름을 밝히는 첫 멘트는 정확하고 명확히 따뜻한 미소와 함께 하고, 중요한 내용은 2번 복창하여 확인한다.

> **정답** ④

11 다음 중 고객불만 관리의 필요성에 대한 설명으로 옳지 **않은** 것은?

① 통상적으로 불만고객 1명은 다수의 예비고객에게 부정적 영향을 미친다.

② 불만을 제기한 고객이 만족스러운 결과와 해결책을 얻을 경우 더욱 충성하게 된다.

③ 고객불만 감소를 위해 CCTV 설치 확대, 위반사항 발생 시 즉시 징계 등 내부 통제를 강화한다.

④ 내부 직원들의 CS교육과 기본 인성 및 소양교육을 실시할 필요가 있다.

⑤ 고객의 불만이 표출되지 않더라도 만족도 조사를 실시하여 관리할 필요가 있다.

해설

고객불만 감소를 위해서는 자율적인 내부 직원의 동기 부여, 권한 위임 등의 인적자원관리에 대한 강화가 필요하다.

정답 ③

★★★

12 다음 중 유기동물의 신고 및 대응 방법에 대한 설명으로 옳지 **않은** 것은?

① 유기동물을 발견할 경우 지자체 동물보호 관할 부서 또는 유기동물 보호센터에 신고한다.

② 공고 후 10일이 경과하여도 주인을 찾지 못한 경우, 지자체로 동물 소유권이 이전된다.

③ 유실·유기된 동물들은 동물보호 관리시스템에 모두 등록하도록 되어 있다.

④ 유기 고양이는 유기동물 신고 시에 출동 의무 대상은 아니다.

⑤ 동물을 유기하거나 학대할 경우 2년 이하의 징역 또는 2천만 원 이하의 벌금이 부과된다.

해설

2021년 2월 12일부터 동물을 유기하거나 학대할 경우 3년 이하의 징역 또는 3천만 원 이하의 벌금으로 처벌이 강화되었다.

정답 ⑤

13 다음 중 내장형 또는 외장형 무선식별장치를 사용한 동물등록 방법에 대한 설명으로 옳지 <u>않은</u> 것은?

① 해외 입국 동물의 경우, 대부분 15자리 숫자를 사용하며 그대로 등록 가능하다.
② 동물보호관리시스템에 접속하면 마이크로칩번호의 조회가 가능하다.
③ 동물의 체내에 마이크로 칩을 삽입할 경우 반영구적으로 사용 가능하다.
④ 작은 소형견 칩의 경우 살이 많은 대형견에게 삽입 시 칩 스캐너에 리딩이 되지 않기도 한다.
⑤ 삽입 시 부작용의 최소화를 위해 꼬리 부위에 삽입하며 시술은 동물보건사가 진행한다.

> **해설**
> 삽입 시 등 쪽 어깨 사이의 피부 아래 부위에 삽입하며 시술은 수의사가 진행한다.

> **정답** ⑤

14 <보기>에서 동물등록 단계를 옳은 순서로 나열한 것은?

———— <보기> ————

ㄱ. 동물보호관리시스템에 접속하여 신청서의 내용을 입력한다.
ㄴ. 1개월 이내에 동물등록증이 나오면 보호자에게 배부한다.
ㄷ. 신청서 작성 후 무선식별장치 중 내장형은 삽입하고, 외장형은 번호를 확인하여 등록한다.
ㄹ. 행정기관으로 보호자가 작성한 신청서를 팩스 또는 이메일로 전송하고, 원본은 직접 제출한다.

① ㄱ－ㄹ－ㄷ－ㄴ
② ㄷ－ㄱ－ㄹ－ㄴ
③ ㄷ－ㄴ－ㄱ－ㄹ
④ ㄹ－ㄱ－ㄷ－ㄴ
⑤ ㄹ－ㄷ－ㄱ－ㄴ

> **해설**
> 동물등록은 ㄷ → ㄱ → ㄹ → ㄴ의 순서대로 진행한다.

> **정답** ②

★★★
15 다음 중 동물등록 방법에 대한 설명으로 옳지 <u>않은</u> 것은?

① 내장형 무선식별장치 개체 삽입과 외장형 무선식별장치 부착의 2가지 방법이 있다.

② 내장형 무선식별장치의 시술 시 부작용 비율이 매우 높기 때문에 미국, 유럽의 경우 외장형 무선식별장치의 부착을 권장한다.

③ 반려동물은 어린 시기에 백신접종을 하기 때문에 주로 동물병원에서 동물등록이 진행된다.

④ 마이크로칩번호가 있는 경우 보호자가 직접 동물보호관리시스템에 접속하여 등록 가능하다.

⑤ 유기와 분실 방지를 위해 내장형 무선식별장치를 사용하는 것을 권장한다.

해설

내장형 무선식별장치 시술의 부작용 비율은 1% 미만이며 미국, 유럽의 경우 내장형 무선식별장치의 시술이 대세이다.

정답 ②

★★★
16 다음 중 동물등록법에 대한 설명으로 옳지 <u>않은</u> 것은?

① "등록대상동물"이란 동물의 보호, 유실·유기 방지, 질병의 관리, 공중위생상의 위해 방지 등을 위하여 등록이 필요하다고 인정하여 대통령령으로 정하는 동물이다.

② 동물등록의 대상으로 대통령령으로 정하는 동물에는 "주택, 준주택에서 기르거나 반려의 목적으로 기르는 2개월령 이상의 개"가 해당된다,

③ 동물병원에서 등록할 때 고양이는 기타에 "고양이"라고 기입하거나 반려견과 동일하게 신청하는 등의 방법을 사용한다.

④ 등록대상동물의 분실 시 10일 이내 신고하여야 하고, 변경사유가 발생한 경우 변경사유 발생일 30일 이내에 신고하여야 한다.

⑤ 고양이는 지역에 따라 차이가 있으나, 반려의 목적으로 기르는 경우 2019년 2월부터 동물등록이 의무화 되었다.

해설

고양이는 지역에 따라 차이가 있으나, 반려의 목적으로 기르는 경우 2019년 2월부터 동물등록 신청이 가능하게 되었으며 현재 반려견처럼 의무화 된 것은 아니다.

정답 ⑤

★★★

17 다음 중 동물등록제에 대한 설명으로 옳지 <u>않은</u> 것은?

① 동물의 보호와 유실·유기 방지 등을 위하여 2014년 1월 1일부터 전국 의무 시행 중이다.

② 등록대상 동물의 소유자가 미등록 시 과태료 부과가 가능하다.

③ 동물등록의 대행자가 없는 시·도의 조례로 정하는 도서 지역 등의 경우 소유자의 선택에 따라 등록하지 않을 수 있다.

④ 반려동물을 잃어버렸을 때 동물보호관리시스템에 접속하여 등록정보를 통해 소유자를 쉽게 찾을 수 있다.

⑤ 3개월령 이상 강아지는 동물 등록이 의무이다.

해설

2021년 2월 이후 2개월령 이상 강아지는 동물 등록이 의무이다.

정답 ⑤

★★☆

18 다음 중 반려동물의 출입국 관리에 대한 설명으로 옳지 <u>않은</u> 것은?

① 해외로 나가는 경우에는 반드시 동물검역을 받아야 한다.

② 대한민국에서 광견병 비발생 국가 입국 시에는 검역조건이 엄격하다.

③ 동물검역 시 요구되는 사항은 국제 표준화 되어 있어 표준화된 매뉴얼을 준수해야 한다.

④ 동물검역은 출국공항과 입국공항 양쪽에서 모두 이루어진다.

⑤ 대한민국은 광견병 발생 국가이며, 발생 위험도가 높은 비청정 국가로 분류된다.

해설

동물검역 때 요구되는 사항들은 국가별로 다르며, 단지 준비하면 되는 것이 아니라 해당 시술이나 증명이 이루어지는 방법, 순서, 횟수, 시기 등을 규정대로 준수해야 한다. 현재 표준화된 국제 매뉴얼은 없다.

정답 ③

★★★
19 다음 중 반려동물의 출입국 관리 시 준비사항에 대한 설명으로 옳지 <u>않은</u> 것은?

① 광견병 접종 증명서

② 5종 종합백신 예방접종 및 건강진단서

③ 주요 전염병 검사 결과지

④ 내장형 또는 외장형 무선식별장치(마이크로칩) 삽입

⑤ 내·외부 기생충 구제 증명서

해설

해외 출국을 위한 검역 시에는 내장형 무선식별장치를 삽입한 경우만 인정된다.

정답 ④

★★★
20 다음 중 동물보건사가 할 수 있는 업무가 <u>아닌</u> 것은?

① 임상병리검사　　　② 외래동물간호　　　③ 재활운동

④ 침습적 의료행위　　⑤ 원무관리

해설

현재 수의사법상 동물보건사의 침습적 의료행위는 법으로 금지되어 있다.

정답 ④

★★★
21 다음 중 동물병원의 4P 마케팅 전략의 종류가 <u>아닌</u> 것은?

① Product(제품)　　　　　　　② Price(가격)

③ Promotion[촉진(유인)정책]　④ People(인력)

⑤ Place(유통정책)

해설

4P 마케팅 전략

• Product(제품): 제품의 품질, 선호, 브랜드(네이밍, 포장 등) 등 부가적 가치, 본질적 가치, 소비자의 니즈

• Price(가격): 가성비, 비교우위, 프리미엄, 박리다매

• Promotion[촉진(유인)정책]: SNS를 통한 라이브 광고, PPL, 방문판매, 1+1, 유머광고, 컨텐츠 광고, 뉴스 광고

• Place(유통정책): 온라인, 오프라인, 온오프 병행, 채널별 제품 구분, 구분한 유통망을 통해 가능한 수익 여부

정답 ④

★☆☆
22 다음 중 동물병원의 4S 마케팅 전략의 종류가 <u>아닌</u> 것은?

① Sacrifice(희생)　　　　　　　　② Speed(속도)

③ Spread(확산)　　　　　　　　　④ Strength(강점)

⑤ Satisfaction(만족)

해설

4S 마케팅 전략
- Speed(속도): 시장의 진입 속도
- Spread(확산): 사업의 확장 진행
- Strength(강점): 강점 강화
- Satisfaction(만족): 고객 만족 향상, 고객 불만 해소

정답　①

★★★
23 다음 중 효율적인 동물병원 예약제의 운영에 대한 설명으로 옳지 <u>않은</u> 것은?

① 예약 접수 시 고객의 휴대폰 번호 확인 및 수정을 진행하고, 전날 또는 당일에 예약일정 확인문자를 발송한다.

② 최소 분기별로 환자정보를 업데이트하며 예약 부도율이 높은 고객에 대해서는 별도로 관리한다.

③ 정확한 통계 측정을 위한 예약 준수 여부 및 취소 여부를 확인 및 입력한다.

④ 최대한 많은 예약을 받고, 예약 부도 시 응급환자의 대응 및 수의사의 휴식시간으로 활용한다.

⑤ 계절별, 요일별 통계를 기반으로 업무량을 예측하여 진료 인력과 기자재를 관리한다.

해설

예약 타임 테이블 작성 시 기존 통계를 기반으로 완충 시간대를 삽입하여 응급환자 대응 및 수의사 피로도 조절에 활용한다.

정답　④

24 다음 중 인스타그램, 유튜브 등의 온라인 SNS를 통한 병원홍보 및 홈페이지 관리방법에 대한 설명으로 옳지 않은 것은?

① 매일 방문하는 고객들에게 새로운 콘텐츠를 제공하고 그 정보가 고객에게 유용하다는 느낌을 갖도록 해야 한다.

② 정보가 넘치는 온라인 상황임을 감안하여 핵심적이고 원하는 정보를 최대한 눈에 띄는 곳에 배치한다.

③ 다른 경쟁 온라인 매체를 모니터링하고, 장점을 벤치마킹하며 단점을 개선하는 차별화를 추진한다.

④ 고객과의 쌍방향 소통을 중요시하며 고객의 칭찬을 유도하되 불만, 불평은 즉각 해소시킨다.

⑤ 반려인의 관심이 높은 최신 동물학대 동영상을 찾아 자주 게시하고 해당 영상의 주체에 대한 댓글 작성을 활성화시킨다.

해설

동물학대 동영상의 SNS 게시는 동물보호법 위반이며, 가치관의 차이에 따른 비난으로 인한 명예훼손 및 모욕죄 성립에 주의하여야 한다.

정답 ⑤

25 다음 중 동물병원 운영에 관한 법률을 위반하여 벌칙 및 과태료의 대상이 아닌 것은?

① 박사 수료 상태로 겸임교수로 근무 중이나 박사 학위자로 기재하고 공표한 자

② 부적합 판정을 받은 동물진단용 특수의료장비를 사용한 자

③ 관계 공무원의 검사를 거부, 방해, 기피하거나 거짓보고한 자

④ 정당한 사유 없이 동물의 진료를 거부하거나 무자격자에게 진료행위를 한 자

⑤ 현장 실습을 위해 동물병원에서 동물보건 관련대학 졸업 전 근무 중인 자

해설

현재 동물보건사 자격증 없이 동물병원에서 근무하는 것은 합법이며, 동물보건사 양성기관 인증을 위해 동물병원에서 120시간 이상의 현장실습이 의무이다.

정답 ⑤

★★★

26 다음 중 수의 의무기록의 기능에 대한 설명으로 적합하지 <u>않은</u> 것은?

① 질병의 진단, 경과, 치료에 대한 진행과정을 문서로 기록하여 질병에 대한 정보를 제공한다.

② 의사소통 수단으로 사용되어 정확한 진료, 중복된 치료 및 처치 등의 실수를 사전에 예방한다.

③ 법률로 작성이 의무화되어 있지 않으나, 법원에서 증거 채택이 가능한 법적 문서로 인정된다.

④ 수의 의무기록을 근거로 업무량, 매출 분석, 예산 편성, 재고 유지, 마케팅 전략을 수립할 수 있다.

⑤ 과거 질병 발병 및 치료에 대한 자료로 활용되어 질병 재발 시 유용한 정보를 제공한다.

> **해설**
>
> 「수의사법」 및 「수의사법 시행규칙」 제13조에 의거하여 수의사는 진료부나 검안부를 갖추어 두고 진료내용을 기록하고 서명하여야 하며, 「전자서명법」에 따른 전자서명이 기재된 전자문서로 의무적으로 작성하여 1년 이상 보존해야 한다.
>
> **정답** ③

★★★

27 다음 중 수의간호기록작성(SOAP법)에 대한 설명으로 적합하지 <u>않은</u> 것은?

① SOAP는 Subscribe + Official + Attitude + Project의 이니셜을 의미한다.

② 주관적 자료는 주 호소 내용(CC)을 신체검사 결과를 바탕으로 육안(눈)으로 주관적으로 관찰한 내용을 기록하는 것이다.

③ 객관적 자료는 체온, 맥박수, 호흡수, 체중, CRT, 배변 횟수 및 양, 소변 양, 혈액 현미경검사 등 임상병리검사 결과를 기록하는 것이다.

④ 평가는 주관적·객관적 자료를 바탕으로 환자의 생리, 심리, 환경 상태를 고려하여 전체적으로 평가를 실시하고, 환자의 문제점과 변화 상태를 의미한다.

⑤ 계획은 환자가 불편해하지 않도록 환자의 회복을 도와주기 위한 보호자 교육, 투약, 일일 산책 및 운동, 물리치료, 소독 및 붕대처치 등 간호중재 계획을 수립 및 실시한다.

> **해설**
>
> 수의간호기록 작성을 의미하는 SOAP는 Subjective(주관적 자료) + Objective(객관적 자료) + Assessment(평가) + Plan(계획)의 이니셜을 의미한다.
>
> **정답** ①

28 다음 중 바이러스까지 사멸 가능하며 경제성까지 고려한 락스의 소독 배율로 가장 적정한 것은?

① 1:150 　　② 1:100 　　③ 1:30 　　④ 1:5 　　⑤ 1:1

해설

락스는 바이러스 소독 시 30~40배, 일반 소독 시 150배 희석하여 사용한다.

정답 ③

29 차아염소산 나트륨(락스)을 물과 희석 시 기화되어 동물보건사의 몸에 해로울 위험이 있기 때문에, 희석 시 주의해야 하는 물의 온도 범위 중 가장 위험한 범위는?

① 60℃ 이상 　　　② 40℃ 이상 　　　③ 20℃ 이상

④ 10℃ 이상 　　　⑤ 0℃ 이상

해설

차아염소산 나트륨(락스)은 가격이 저렴하고 빠른 효과와 바이러스(파보) 사멸이 가능한 높은 소독력을 보유한 최고의 소독제이지만, 뜨거운 물(60도 이상)과 희석하거나 뜨거운 환경에 노출 시 염소가 기화되어 동물보건사의 몸에 해로우므로 주의해야 한다.

정답 ①

30 다음 <보기>에서 설명하는 소독제의 명칭으로 옳은 것은?

─── <보기> ───

• 유기물이 있어도 소독력이 강하다.
• 금속을 부식시키지 않아 플라스틱, 고무, 카테터, 내시경 등 오토클레이브에 넣을 수 없는 물품을 소독한다.
• 낮은 수준의 소독이 필요한 경우 독성이 강하고 비경제적이기 때문에 권장되지 않는다.

① 차아염소산 나트륨 　　② 알코올 　　③ 크레졸 비누액

④ 글루타 알데하이드 　　⑤ 과산화수소

해설

글루타 알데하이드는 유기물이 있어도 소독력이 강하고 금속을 부식시키지 않아 플라스틱, 고무, 카테터, 내시경 등 오토클레이브에 넣을 수 없는 물품을 2% 용액에 10시간 침적(유효기간 약 2주)시킨다. 독성이 강하므로 마스크, 보호안경, 장갑 착용 후 피부에 닿지 않도록 주의해야 하며, 환기가 잘 되는 곳에서 잠금이 확실한 용기에 담아 흡입을 최소화한다.

정답 ④

★★☆
31 다음 <보기>에서 설명하는 소독제의 명칭으로 옳은 것은?

> ─── <보기> ───
>
> • 100%가 아닌 70~90%일 때 최적의 살균력을 보인다.
> • 자극성이 강하여 상처 재생에 방해가 되므로 개방성 상처에는 분무하지 않는다.
> • 주사 전 피부소독, 직장 체온계 등 기구소독에 사용하며 금속을 부식시킬 수 있으므로 주의한다.

① 차아염소산 나트륨　　　　　② 알코올
③ 포비돈 요오드　　　　　　　④ 글루타 알데하이드
⑤ 과산화수소

해설
<보기>는 알코올에 관한 설명이다.

정답 ②

★★★
32 다음 중 위해의료폐기물의 보관 및 처리에 대한 설명으로 옳지 않은 것은?

① 동물의 장기, 조직, 사체, 혈액, 고름 등 조직물류 폐기물은 4℃ 이하에서 15일 동안 보관 가능하다.
② 배양액, 배양용기, 시험관, 슬라이드, 장갑 등 병리계 폐기물은 15일 동안 보관 가능하다.
③ 주사바늘, 봉합바늘, 수술용 칼날, 깨진 유리 기구 등 손상성 폐기물은 30일 동안 보관 가능하다.
④ 폐기백신, 폐기약제 등 생물·화학 폐기물은 15일 동안 보관 가능하다.
⑤ 일반 폐기물이 의료 폐기물과 혼합되면 일반 폐기물로 간주된다.

해설
일반 폐기물이 의료 폐기물과 혼합되면 의료 폐기물로 간주된다.

정답 ⑤

★ ★ ★

33 다음 중 의료용 폐기물의 보관에 대한 설명으로 옳지 <u>않은</u> 것은?

① 폐기물 발생 즉시 전용용기에 보관하며 밀폐 포장하며 재사용을 금지한다.

② 봉투형 용기＋상자에 규정된 Bio Hazard도형 및 취급 시 주의사항을 표시한다.

③ 용기의 신축성을 감안하더라도 용량의 110%를 넘지 않고, 보관기간을 초과하여 보관을 금지한다.

④ 냉장시설에는 온도계가 부착되어야 하며, 보관창고는 주 1회 이상 소독한다.

⑤ 특히 주사기와 주사침을 분리하여 전용 용기에 배출하는 것을 습관화한다.

> **해설**
> 폐기물이 넘치지 않도록 용량의 80% 이내로 넣고, 보관기간을 초과하여 보관을 금지한다. 조직류 폐기물은 4℃ 이하에서 냉장보관한다.

> **정답** ③

★ ★ ★

34 다음 중 반려동물에 의한 안전사고 예방에 대한 설명으로 옳지 <u>않은</u> 것은?

① 반려동물의 심리상태가 불안하면 반려동물에게 가까이 가거나 큰소리를 내지 않도록 하고 필요시 입마개 착용을 고려한다.

② 교상(물림)이 발생할 경우 흐르는 물에 수 분간 씻어 세균 감염의 위험성을 줄인다.

③ 상처를 압박·지혈하고 병원으로 신속히 이동하여 파상풍, 광견병의 감염 여부를 확인한다.

④ 인수공통전염병에 감염되지 않도록 소독 및 안전장비를 착용하고 발적, 알러지, 고열, 소양감 등의 증상이 발생할 경우 신속히 병원에서 감염 여부를 확인한다.

⑤ 사람의 파상풍 예방주사의 면역 유지기간은 1년 내외로, 안전을 위해 매년 접종을 권장한다.

> **해설**
> 파상풍 예방주사의 면역 유지기간은 약 10년 동안 유효하므로 매년 접종은 필수가 아니다.

> **정답** ⑤

35 다음 중 수의사법에서 제시하는 동물병원의 필수 구비시설이 <u>아닌</u> 것은?

① 진료실 　　　　　　　　　　　② 재활치료실

③ 조제실 　　　　　　　　　　　④ 수도시설 및 의료장비

⑤ 처치실

해설

동물병원은 수의사법에 의거하여 진료실, 처치실, 조제실 및 위생관리에 필요한 수도시설 및 의료장비를 보유하여야 한다.

정답 ②

36 다음 중 자력에 의하여 발생하는 자기장을 이용하여 생체의 임의의 단층상을 얻을 수 있는 동물병원 의료장비는?

① I.C.U 　　　　　　　　　　　② Nebulizer

③ Autoclave 　　　　　　　　　④ MRI

⑤ CT

해설

MRI는 Magnetic Resonance Imaging의 약어로, 자력에 의하여 발생하는 자기장을 이용하여 생체의 임의의 단층상을 얻을 수 있는 장치이다.

정답 ④

37 다음 중 엑스선을 여러 각도에서 신체에 투영하고 이를 컴퓨터로 재구성하여 신체 단면을 영상으로 처리할 수 있는 동물병원 의료장비는?

① I.C.U 　　　　　　　　　　　② Nebulizer

③ Autoclave 　　　　　　　　　④ MRI

⑤ CT

해설

CT는 Computed Tomography의 약어로, 엑스선을 여러 각도에 신체에 투영하고 이를 컴퓨터로 재구성하여 신체 단면을 영상으로 처리하는 장치이다.

정답 ⑤

38 다음 중 수술 이후 호흡이 안 좋거나 경련 또는 산소치료가 필요한 중환자에게 필요한 항균, 항온, 항습, CO_2 자동 배출, 산소 공급이 가능한 격리된 공간을 제공하는 동물병원 의료장비는?

① I.C.U   ② Nebulizer   ③ Autoclave

④ MRI   ⑤ CT

해설

집중치료 부스(I.C.U)는 중환자의 집중치료를 위해 항균, 항온, 항습, CO_2 자동 배출, 산소 공급이 가능한 격리된 공간이다. 수술 이후 호흡이 안 좋거나 경련 또는 산소치료가 필요한 중환자에게 필요하다.

정답 ①

39 다음 중 혈액 내에 존재하는 무기 및 유기성분, 효소정량 등 각종 물질의 농도 측정을 통해 진단에 도움을 주는 임상병리검사 장비는?

① I.C.U   ② Nebulizer   ③ Autoclave

④ Biochemistry   ⑤ CBC

해설

혈액화학분석기(Biochemistry)는 혈액 내에 존재하는 무기 및 유기성분, 효소정량 등 각종 물질의 농도 측정을 통해 진단에 도움을 주는 가장 고가의 핵심 임상병리 검사 장비이다.

정답 ④

40 다음 중 적혈구, 백혈구, 혈소판 등 혈구 검사를 진행하는 혈액 검사기기로서 환자의 체액량의 변화, 염증, 혈액 응고 이상, 빈혈 등의 진단에 도움을 주는 동물병원 의료장비는?

① I.C.U   ② Nebulizer   ③ Autoclave

④ Biochemistry   ⑤ CBC

해설

자동혈구분석기(CBC)는 적혈구, 백혈구, 혈소판 등 혈구 검사를 진행하는 혈액 검사기기로서 환자의 체액량의 변화, 염증, 혈액 응고 이상, 빈혈 등을 진단하는 데 도움을 주는 장비이다.

정답 ⑤

★★☆
41 다음 중 X선 촬영 시 발생하는 유해한 방사선을 차단하기 위한 보호복 제작에 주로 사용되는 금속은?

① 철(Fe) ② 납(Pb) ③ 알루미늄(Al)
④ 구리(Cu) ⑤ 리튬(Li)

해설

납(Pb)은 방사선 차폐가 가능하여 보호복 및 방사선 차폐시설의 설치 시 사용된다.

정답 ②

★★☆
42 121~132℃에서 7~15분 동안 고온·고압의 증기를 이용하여 미생물의 단백질 파괴를 통해 사멸시키는 장비로, 금속 재질의 수술기구 멸균에 사용되며 고무, 플라스틱 제품은 고열로 인해 변형되므로 사용해서는 안 되는 동물병원 의료장비는?

① I.C.U ② Nebulizer ③ Autoclave
④ Biochemistry ⑤ CBC

해설

고압증기멸균기(Autoclave)에 대한 설명이다. 해당 장비 사용 시 멸균 여부를 확인하기 위해 멸균소독테이프를 부착한다. 수술포 포장의 멸균 소독 시 2주 동안 유효하다.

정답 ③

★★★
43 다음 중 병원성 미생물의 유전물질 변이와 파괴를 일으켜 성장 및 번식을 억제시키며, 제품의 변형이 없고 잔류물의 위험이 없으나 빛과 접촉한 부분만 살균이 되는 전자기파의 종류는?

① X선 ② 적외선 ③ 가시광선
④ 자외선 ⑤ 전파

해설

자외선(UV, ultraviolet light)에 대한 설명이다.

정답 ④

★★☆

44 다음 중 물질이 방출하는 복사 에너지가 온도에 따라 달라지는 원리를 이용하여 온도측정에 사용되는 전자기파는?

① X선   ② 적외선   ③ 가시광선

④ 자외선   ⑤ 전파

> **해설**
>
> 적외선(IR, infrared light)은 보이지 않지만 열을 효과적으로 전달하는 전자기파이다. 열선이라고도 부르며 적외선 온도계를 통해 체온측정이 가능하다.

> **정답** ②

★★☆

45 다음 중 호흡기 질환에 사용되는 약물을 흡입할 수 있도록 분무(기체) 형태로 바꿔주는 장비로, 약물 투여 또는 급여가 어려운 동물에게 효과적이며 특수동물의 치료에도 효과적인 동물병원 의료장비는?

① I.C.U   ② Nebulizer   ③ Autoclave

④ MRI   ⑤ CT

> **해설**
>
> 문제는 네블라이저(Nebulizer)에 대한 설명이다.

> **정답** ②

★★★

46 다음 중 반려견과 반려묘가 모두 등장뇨인 값은?

① 0.032   ② 1.033   ③ 2.034

④ 3.035   ⑤ 4.036

> **해설**
>
> 뇨비중계는 오줌 내에 수분과 수분 외 물질의 비중을 측정하여 질병 유무를 확인하는 장비이다. 뇨비중은 정상 반려견은 1.015~1.045, 정상 반려묘는 1.020~1.040가 정상 범주이다.

> **정답** ②

★★★
47 차트에 사용되는 표준화된 의학용 약어 중 하루에 2번을 의미하는 것은?

① BW ② BID ③ BAR
④ BM ⑤ BUN

해설
- BID: 하루 2번(twice daily)을 의미한다.
- BW: body weigh의 약자로 체중을 의미한다.
- BM: bowel movement의 약자로 배변을 의미한다.
- BAR: bright, alert and responsive의 약자로 밝고 활발하며 즉시 반응을 의미한다.
- BUN: blood urea nitrogen의 약자로 혈액, 요소, 질소를 의미한다.

정답 ②

★★★
48 차트에 사용되는 표준화된 의학용 약어 중 도착 시 사망을 의미하는 것은?

① HBC ② BM ③ DOA
④ CRT ⑤ CPR

해설
- DOA: dead on arrival의 약자로 도착 시 사망을 의미한다.
- CPR: CardioPulmonary Resuscitation의 약자로 심폐소생술을 의미한다.
- HBC: hit by car의 약자로 교통사고를 의미한다.
- BM: bowel movement의 약자로 배변을 의미한다.
- CRT: capillary refill time의 약자로 모세혈관 재충만 시간을 의미한다.

정답 ③

★★★
49 차트에 사용되는 표준화된 의학용 약어 중 혈액, 요소, 질소를 의미하는 것은?

① BW ② BID ③ BAR
④ BM ⑤ BUN

해설
- BUN: blood, urea, nitrogen의 약자로 혈액, 요소, 질소를 의미한다.
- BW: body weigh의 약자로 체중을 의미한다.
- BM: bowel movement의 약자로 배변을 의미한다.
- BAR: bright, alert and responsive의 약자로 밝고 활발하며 즉시 반응을 의미한다.
- BID: 하루 2번(twice daily)을 의미한다.

정답 ⑤

★★☆

50 차트에 사용되는 표준화된 의학용 약어 중 심폐소생술을 의미하는 것은?

① HBC ② BM ③ DOA

④ CRT ⑤ CPR

해설
- CPR: CardioPulmonary Resuscitation의 약자로 심폐소생술을 의미한다.
- HBC: hit by car의 약자로 교통사고를 의미한다.
- BM: bowel movement의 약자로 배변을 의미한다.
- DOA: dead on arrival의 약자로 도착 시 사망을 의미한다.
- CRT: capillary refill time의 약자로 모세혈관 재충만 시간을 의미한다.

정답 ⑤

★★★

51 차트에 사용되는 표준화된 의학용 약어 중 사료를 급여하지 않는 금식을 의미하는 것은?

① OHE ② OE ③ PCV

④ NPO ⑤ PHx

해설
- NPO: nothing per oral의 약자로 사료를 급여하지 않는 금식을 의미한다.
- OE: Orchidectomy의 약자로 고환절제술을 의미한다.
- PCV: packed cell volume의 약자로 적혈구 용적을 의미한다.
- OHE: ovariohysterectomy의 약자로 난소자궁절제술을 의미한다.
- PHx: Past history의 약자로 과거병력을 의미한다.

정답 ④

★★★

52 차트에 사용되는 표준화된 의학용 약어 중 모세혈관 재충만 시간을 의미하는 것은?

① HBC ② BM ③ DOA

④ CRT ⑤ CPR

해설
- CRT: capillary refill time의 약자로 모세혈관 재충만 시간을 의미한다.
- CPR: CardioPulmonary Resuscitation의 약자로 심폐소생술을 의미한다.
- HBC: hit by car의 약자로 교통사고를 의미한다.
- BM: bowel movement의 약자로 배변을 의미한다.
- DOA: dead on arrival의 약자로 도착 시 사망을 의미한다.

정답 ④

53 차트에 사용되는 표준화된 의학용 약어 중 난소자궁절제술을 의미하는 것은?

① OHE　　　　　　② OE　　　　　　③ PCV
④ NPO　　　　　　⑤ PHx

> 해설
> • OHE: ovariohysterectomy의 약자로 난소자궁절제술을 의미한다.
> • OE: Orchidectomy의 약자로 고환절제술을 의미한다.
> • PCV: packed cell volume의 약자로 적혈구 용적을 의미한다.
> • NPO: nothing per oral의 약자로 금식을 의미한다.
> • PHx: Past history의 약자로 과거병력을 의미한다.

> 정답　①

54 차트에 사용되는 표준화된 의학용 약어 중 교통사고를 의미하는 것은?

① HCT　　　　　　② HBC　　　　　　③ HW
④ HWP　　　　　　⑤ DOA

> 해설
> • HCT: hematocrit의 약자로 적혈구용적을 의미한다.
> • HBC: hit by car의 약자로 교통사고를 의미한다.
> • H: heartworm의 약자로 심장사상충을 의미한다.
> • HWP: Heart worm preventative의 약자로 심장사상충 예방약을 의미한다.
> • DOA: dead on arrival의 약자로 도착 시 사망을 의미한다.

> 정답　②

55 차트에 사용되는 표준화된 의학용 약어 중 고양이 백혈병 바이러스를 의미하는 것은?

① FeLV　　　　　　② FIP　　　　　　③ FVR
④ FCV　　　　　　⑤ FPL

> 해설
> • FeLV: Feline Leukemia Virus의 약자로 고양이 백혈병 바이러스를 의미한다.
> • FIP: Feline Infectious Peritonitis의 약자로 고양이 전염성 복막염을 의미한다.
> • FVR: Feline Viral Rhinotracheitis의 약자로 고양이 전염성 비기관지염을 의미한다.
> • FCV: Feline Calici Virus의 약자로 고양이 칼리시 바이러스를 의미한다.
> • FPL: Feline Panleukopenia의 약자로 범백혈구 감소증을 의미한다.

> 정답　①

★★☆

56 차트에 사용되는 표준화된 의학용 약어 중 요검사를 의미하는 것은?

① OHE   ② OE   ③ PCV

④ UA   ⑤ PHx

> **해설**
> - OHE: ovariohysterectomy의 약자로 난소자궁절제술을 의미한다.
> - OE: Orchidectomy의 약자로 고환절제술을 의미한다.
> - PCV: packed cell volume의 약자로 적혈구 용적을 의미한다.
> - UA: urinalysis의 약자로 요검사를 의미한다.
> - PHx: Past history의 약자로 과거병력을 의미한다.

> **정답** ④

★★★

57 차트에 사용되는 표준화된 의학용 약어 중 하루에 한 번을 의미하는 것은?

① QID   ② QOD   ③ TPR

④ TID   ⑤ SID

> **해설**
> - QID: four times a day의 약자로 하루에 4번을 의미한다.
> - QOD: every other day의 약자로 하루 걸러를 의미한다.
> - TPR: Temperature, Pulse, Respiration의 약자로 체온, 맥박수, 호흡을 의미한다.
> - TID: three times a day의 약자로 하루에 세 번을 의미한다.
> - SID: once a day 의 약자로 하루에 한 번을 의미한다.

> **정답** ⑤

★★★

58 차트에 사용되는 표준화된 의학용 약어 중 적혈구 용적을 의미하는 것은?

① OHE   ② OE   ③ PCV

④ NPO   ⑤ PHx

> **해설**
> - PCV: packed cell volume의 약자로 적혈구 용적을 의미한다.
> - OE: Orchidectomy의 약자로 고환절제술을 의미한다.
> - OHE: ovariohysterectomy의 약자로 난소자궁절제술을 의미한다.
> - NPO: nothing per oral의 약자로 사료를 급여하지 않는 금식을 의미한다.
> - PHx: Past history의 약자로 과거병력을 의미한다.

> **정답** ③

★★☆

59 차트에 사용되는 표준화된 의학용 약어 중 체중을 의미하는 것은?

① BW   ② BID   ③ BAR

④ BM   ⑤ BUN

해설

• BW: body weight의 약자로 체중을 의미한다.
• BM: bowel movement의 약자로 배변을 의미한다.
• BAR: bright, alert and responsive의 약자로 밝고 활발하며 즉시 반응을 의미한다.
• BUN: blood, urea, nitrogen의 약자로 혈액, 요소, 질소를 의미한다.
• BID: 하루 2번(twice daily)을 의미한다.

정답 ①

★★☆

60 차트에 사용되는 표준화된 의학용 약어 중 체온, 맥박, 호흡을 의미하는 것은?

① QID   ② QOD   ③ TPR

④ TID   ⑤ SID

해설

• QID: four times a day의 약자로 하루에 4번을 의미한다.
• QOD: every other day의 약자로 하루 걸러를 의미한다.
• TPR: Temperature, Pulse, Respiration의 약자로 체온, 맥박수, 호흡을 의미한다.
• TID: three times a day의 약자로 하루에 세 번을 의미한다.
• SID: once a day의 약자로 하루에 한 번을 의미한다.

정답 ③

의약품관리학

★★★
01 약물동태학은 약물을 환자 동물에게 투여한 후 체내에서 발생하는 복잡한 일련의 약물의 변화에 관련된 내용이다. 약물동태학의 관점에서 약물이 들어와서 나갈 때까지 겪게 되는 4가지의 과정을 바르게 묶은 것은?

① 흡수, 분포, 대사, 분해
② 흡수, 분포, 대사, 배설
③ 투여, 분포, 대사, 배설
④ 투여, 흡수, 변환, 배설
⑤ 투여, 분포, 변환, 분해

해설

약물은 흡수, 분포, 대사, 배설이라는 일련의 과정을 거쳐 체내에 들어와서 작용한 후 체외로 빠져나간다. 약물동태학 혹은 약동학은 약이 몸 안으로 흡수되고, 분포되었다가 대사, 배설을 통해 몸 밖으로 나갈 때까지 혈액과 각 조직에서 발견되는 약의 농도가 시간에 따라 변화하는 과정을 설명하는 방법이다. 약물동태학에서 흡수(absorption), 분포(distribution), 대사(metabolism), 배설(excretion)의 첫글자를 따서 ADME라고 지칭하기도 한다.

정답 ②

★★☆
02 의약품 설명서상에 '사용상의 주의사항'으로 표기되며 금기, 이상반응, 상호작용 등에 관련된 내용을 지칭하는 용어로 옳은 것은?

① 의약품의 유효성
② 의약품의 안전성
③ 의약품의 안정성
④ 의약품의 유통기한
⑤ 의약품의 대상연령

해설

의약품의 안전성은 사람 및 동물에게 의약품이 안전한지의 여부이다. 안전성과 안정성은 다른 개념인데, 안정성은 사용기한 동안 변하지 않고 동일한 약효를 나타내야 하는 것을 의미하며, 설명서에서는 '저장방법 및 사용(유효)기간'으로 표기된다.

정답 ②

★★★
03 다음 중 약물이 흡수되어 전신 순환에 도달하는 정도를 일컫는 단어는?

① 부작용(adverse effect)　　　　　② 치료지수(therapeutic index)
③ 약물효능(efficacy)　　　　　　　④ 약물안전성(safety)
⑤ 생체이용률(bioavailability)

> **해설**
> 생체이용률은 전신 내 도달하는 약물의 양이다. 약물이 대사되는 정도가 높으면 생체이용률이 낮아 치료효과가 감소한다.

> **정답** ⑤

★★★
04 다음 중 약물의 생체이용률(bioavailability)이 가장 높은 형태는?

① 경구투여　　　　　② 정맥투여　　　　　③ 국소투여
④ 복강내투여　　　　⑤ 피내투여

> **해설**
> 약물을 정맥에 투여하면 곧바로 전신순환에 도달되며 모두 흡수되어 생체이용률이 100%이다. 정맥투여는 대사가 이루어지는 소장 및 간을 경유하지 않고 직접 전신혈관계로 유입되기 때문에 생체이용률이 높다.

> **정답** ②

★★☆
05 다음 중 <보기>에서 설명하는 주사방법의 명칭으로 옳은 것은?

--- <보기> ---

- 약물을 피부 아래 결합조직으로 직접 주사하는 방법으로서 흡수는 느리지만 일정하게 흡수된다.
- 강아지 및 고양이의 종합백신을 비롯하여, 동물병원에서 가장 흔하게 사용되는 투여경로의 일종이다.

① 정맥주사(intravenous injection)　　　② 복강내주사(intraperitoneal injection)
③ 피하주사(subcutaneous injection)　　④ 근육주사(intramuscular injection)
⑤ 피내주사(intradermal injection)

> **해설**
> 피부 아래쪽의 피하조직에 놓는 주사는 피하주사이다. 경구투여보다 빠른 효과를 보이는 것이 장점이고, 신체에 고루 발달된 조직이기 때문에 효과가 좋다. 또한 근육주사에 비해 신경이나 혈관의 손상 우려가 적고 통증이 적다.

> **정답** ③

★★☆
06 다음 <보기>의 밑줄친 이 기관의 명칭으로 옳은 것은?

───── <보기> ─────

대사는 약물을 투여한 형태에서 신체에서 제거가 가능한 형태로 화학적 변화를 일으키는 과정이다. 약물은 다양한 기관에서 대사되어 생체 내 변환이 이루어지지만, 주로 <u>이 기관</u>이 대사를 담당한다.

① 신장　　　　　　　　　　② 소장
③ 폐　　　　　　　　　　　④ 간
⑤ 비장

해설
약물의 대사는 간에서 가장 활발하게 이루어진다. 대다수의 화학물질은 체내 대사효소에 의해 대사된 후, 성질이 다른 대사물질로 변환되고, 이후 체외로 배설된다.

정답 ④

★★☆
07 다음 중 <보기>에서 설명하는 과정의 명칭으로 옳은 것은?

───── <보기> ─────

약물은 약효를 나타내는 농도로 표적기관에 도달하게 된다. 이것은 흡수된 약물이 흡수부위에서 작용부위로 운반되는 과정을 의미하는 용어로서, 약물은 흡수 부위에서 혈장으로, 혈장에서 간질액으로, 간질액에서 세포로 이동하여 세포수용체와 결합하여 약물작용을 이룬다.

① 약물흡수　　　　　　　　② 약물분포
③ 약물대사　　　　　　　　④ 약물배설
⑤ 약물평형

해설
약은 흡수된 후 혈류를 타고 전신으로 분포하게 되는데, 이는 혈관 밖의 조직으로 약물이 확산되어 나감을 의미한다. 약물분포는 혈액과 신체 내 다양한 조직(지방, 근육, 뇌 등) 간의 약물 이동과 조직 내 약물의 상대 비율을 나타낸다.

정답 ②

★★☆
08 다음 <보기>의 밑줄친 이 기관의 명칭으로 옳은 것은?

─────── <보기> ───────

약물은 대사과정을 거친 후 체내에서 체외로 제거된다. 약물은 땀이나 호흡 등을 통해 다양한 경로로 배설될 수 있지만, 이 기관을 통해 제거되는 경우가 가장 많다.

① 신장   ② 비장   ③ 간
④ 폐   ⑤ 담낭

해설

대부분의 약물은 신장에서 여과된 후 최종적으로 소변으로 배출된다.

정답 ①

★★☆
09 약물은 일반적인 화학물질로서 화학명, 일반명(성분명), 상표명 등이 모두 다르다. 다음 중 일반명이 아닌 상표명인 것은?

① 바이트릴   ② 파모티딘   ③ 메트로니다졸
④ 이버멕틴   ⑤ 케토코나졸

해설

바이트릴(Baytril®)은 엔로플록사신(enrofloxacin)의 상품명이다. 상품명이기 때문에 제조사마다 이름이 다를 수 있다. 다른 약물은 모두 일반명(성분명)이다.

정답 ①

★★★
10 경구투여 액제의 한 종류로, 좋은 냄새와 단맛이 있어 내복하기 쉽도록 만든 에탄올 함유 제제의 명칭은?

① 엘릭서(혹은 엘릭시르, elixir)   ② 시럽(syrup)
③ 유화액(혹은 에멀젼, emulsion)   ④ 현탁액(suspension)
⑤ 혼합제(mixture)

해설

어떤 약은 약물 성분이 물에는 잘 녹지 않기 때문에 소량의 알코올 성분을 가해서 제조할 수 있다. 이런 액체 형태의 약물을 엘릭서(Elixir)약 또는 엘릭시르 제라고 한다. 소량의 감미료 등을 함께 넣을 수 있다.

정답 ①

★ ★ ★

11 다음의 투여 경로 중 투여가 가장 간편한 것은?

① 직장투여   ② 근육투여   ③ 경구투여

④ 정맥투여   ⑤ 피하투여

해설

경구투여는 입을 통해 투여하는 방법으로서 다른 방법에 비해 투여가 간편하다는 장점이 있다. 피하투여, 정맥투여, 근육투여는 주사를 통한 투여방식으로서 경구투여에 비해 훨씬 번거롭고 통증이 수반된다.

정답 ③

★ ★ ★

12 다음 중 원하는 효과를 달성하는 약물의 능력과 독성효과를 생성하는 경향 사이의 관계로서 일종의 약물안전성에 대한 측정치를 뜻하는 것은?

① 약물효능(efficacy)   ② 약물 부작용

③ 약물 상호작용   ④ 약물안정성(stability)

⑤ 치료지수(therapeutic index)

해설

치료지수는 약물안전성에 대한 측정치로서, 이 값이 높다는 것은 유효용량과 독성 간의 간격이 넓어 더 안전하다는 의미이다. 이 값이 낮으면 간격도 좁아지기 때문에 낮은 용량에서도 독성을 보일 수 있어 위험하다.

정답 ⑤

★ ★ ★

13 처방전에 t.i.d라는 용어가 기재되어 있을 때 투여해야 하는 약의 하루 투여 횟수는?

① 한 번   ② 두 번   ③ 세 번

④ 네 번   ⑤ 다섯 번

해설

t.i.d(ter in die)는 1일 3회(three times a day)를 의미한다. s.i.d는 1일 1회, b.i.d는 1일 2회, q.i.d는 1일 4회이다.

정답 ③

★★☆

14 다음 중 <보기>에서 설명하는 투여 방법의 명칭으로 옳은 것은?

─── <보기> ───

- 약물투여의 한 방법으로, 지속적으로 약물을 넣어주어 유효한 혈중농도를 유지해주는 방법이다.
- 주로 진통제 등을 사용할 때 연속적인 통증 경감효과 등을 얻기 위해 사용한다.
- 아래의 사진과 같은 기계를 사용하여 투여하게 된다.

① CRI 투여방법　　　② 근육투여　　　③ 복강내투여
④ 피내투여　　　　　⑤ 정맥투여

해설

CRI는 Constant rate infusion의 약자로, 지속적으로 약물을 넣어주는 것을 의미한다. 진통제에 있어서는 펜타닐이 이러한 방식으로 약물을 투여한다. 사진으로 제시된 기계의 명칭은 syringe pump이다.

정답 ①

★★☆

15 다음 중 일반적으로 백신을 보관하는 방법으로 옳은 것은?

① 그늘지고 서늘한 곳에서 보관　　② 상온에서 보관
③ 냉동보관　　　　　　　　　　　④ 초저온보관
⑤ 냉장보관

해설

대부분의 백신은 냉장보관하게 된다. 상온으로 나온 지 1시간이 지난 백신은 폐기하는 것이 바람직하다.

정답 ⑤

★★★
16 약물 투여는 대상자나 용량 등에 착오가 있으면 큰 문제가 생길 수 있기 때문에 신중해야 하며 투약 전 주요사항을 재차 확인해야 한다. 다음 중 약물투여 시 반드시 체크해야 할 사항이 <u>아닌</u> 것은?

① 이 약물이 처방된 약물인가?

② 이 용량이 처방된 용량인가?

③ 정확한 투여 경로로 투여하고 있는가?

④ 이 환자가 맞는가?

⑤ 정기적으로 약물을 투여할 때 동일한 동물보건사가 투약하고 있는가?

해설

기본간호(인의)에서 투약의 원칙은 7Right로 불리기도 하며 정확한 약물, 정확한 용량, 정확한 대상자, 정확한 경로, 정확한 시간, 정확한 교육, 정확한 기록을 의미한다. 다만 투약하는 사람은 투약 시마다 바뀌어도 된다.

정답 ⑤

★★★
17 처방전에 사용되는 용어 중 다음의 사진에 표시된 부분을 의미하는 용어는?

① AD   ② OD   ③ AS

④ AU   ⑤ OU

해설

오른쪽 귀는 AD, 왼쪽 귀는 AS, 양쪽 귀는 AU로 표기한다. 오른쪽 눈은 OD, 왼쪽 눈은 OS, 양쪽 눈은 OU로 표기한다.

정답 ①

18 다음 중 의약품의 처방 및 보호자 교육 등에 있어 동물보건사의 영역이 <u>아닌</u> 것은?

① 경구투여 제제를 처방 받은 개의 보호자에게 투여방법에 대해 설명한다.
② 경구투여 제제를 처방 받은 개의 보호자에게 투여간격에 대해 설명한다.
③ 경구투여 제제를 처방 받은 개의 보호자를 위해 투여방법을 직접 시범으로 보여준다.
④ 백신을 접종한 개의 보호자에게 예상 가능한 부작용에 대해 설명한다.
⑤ 백신을 접종하기 위해 방문한 개에게 백신을 직접 투여한다.

해설

경구투여 제제를 투약하거나 관련하여 보호자 교육을 시키는 것은 동물보건사의 직무 범위에 포함된다. 그러나 진단, 수술, 처방을 비롯하여 백신주사 등의 침습적인 행위는 수의사의 직무이다.

정답 ⑤

19 다음 중 근육투여 경로를 의미하는 의학용어는?

① IV   ② IM   ③ SC
④ IP   ⑤ ID

해설

- IV: intravenous, 정맥주사
- SC: subcutaneous, 피하주사
- IP: intraperitoneal, 복강내주사
- ID: intradermal, 피내주사

정답 ②

20 처방전에 약물이 쓰여 있고 그 옆에 PRN이라는 용어가 있을 때, 해당 약물에 알맞은 복용 간격은?

① 하루 두 번   ② 하루 세 번
③ 하루 한 번   ④ 이틀에 한 번
⑤ 약물이 필요할 때마다

해설

Pro re nata의 약자로서 필요 시(PRN, as needed)를 의미한다. 가령 진정제를 처방하면서 처방간격이 PRN으로 되어 있으면 일정시간마다 먹일 필요는 없고, 다만 약물이 필요한 것으로 판단될 때마다(개가 흥분하거나 하는 등) 약을 먹이라는 의미이다.

정답 ⑤

★★★

21 다음 <보기>의 빈칸에 들어갈 숫자로 옳은 것은?

— <보기> —

체중이 10kg인 비글에게 3mg/kg의 용량으로 태블릿(tablet) 형태의 약물을 투여하려고 한다. tablet은 한 알에 60mg이다. 1회 복용 시 이 개가 복용해야 하는 태블릿의 개수는 (   )개이다.

① 1/4
② 1/2
③ 1
④ 2
⑤ 3

해설

체중이 10kg인 비글에게 필요한 총 약의 용량은 30mg이다(3mg/kg×10kg). 한 태블릿당 60mg이 들어있기 때문에 반 태블릿(1/2)을 복용하면 된다.

정답 ②

★★☆

22 다음 <보기>의 빈칸에 들어갈 숫자로 옳은 것은?

— <보기> —

체중이 20kg인 리트리버에게 10mg/kg, b.i.d로 약물을 투여하고자 한다. 이 개가 하루 동안 섭취하는 약물의 총량은 (   )mg이다.

① 100
② 200
③ 300
④ 400
⑤ 500

해설

체중이 20kg인 리트리버가 필요한 1회 복용당 약물의 양은 200mg이다(10mg/kg×20kg). b.i.d로 투여하면 하루 두 번 투여하므로 하루에 복용하는 양은 400mg이 된다.

정답 ④

★☆☆
23 다음 <보기>의 빈칸에 들어갈 내용으로 옳은 것은?

─────── <보기> ───────

A씨가 근무하는 동물병원의 한편에 왼쪽의 사진과 같이 생긴 약이 쌓여 있다. 이 약의 역할은 (　　　　　　　)이다.

① 심장사상충 예방　　　　　　② 소화제
③ 기침억제제　　　　　　　　　④ 마취제
⑤ 이뇨제

해설
<보기>의 사진은 레볼루션(revolution)이라는 심장사상충 예방약이다. 성분은 Selamectin이고, 개와 고양이에서 널리 사용하는 약물이다.

정답　①

★☆☆
24 다음의 백신 중 첫 백신을 가장 늦게 맞는 백신은?

① 광견병 백신　　　　　　　　② 개코로나장염 백신
③ 개인플루엔자 백신　　　　　④ 개종합 백신
⑤ 개보더텔라 백신

해설
개와 고양이는 보통 6~8주에 첫 백신을 시작한다. 보통 종합백신을 가장 먼저 맞게 되며, 첫 백신을 가장 나중에 맞는 백신은 광견병 백신으로서 14~16주령에 접종한다. 광견병 백신은 첫 백신 접종 이후 1~3년 간격으로 재접종(booster)한다.

정답　①

★★☆

25 다음 중 응급카트에서 보유하고 있는 응급의약품의 종류가 <u>아닌</u> 것은?

① 아트로핀   ② 바소프레신

③ 파모티딘   ④ 도부타민

⑤ 에피네프린

해설
보기의 다른 약물은 심혈관계에 작용하는 약물로서, 응급카트에서 심박이나 혈압 등에 문제가 생겼을 때 사용 가능하다. 파모티딘은 위에 작용하는 약물로서 응급으로 사용되지는 않는다.

정답 ③

★★☆

26 다음 중 의약품의 성질이 <u>다른</u> 하나는?

① 독시사이클린   ② 푸로세마이드

③ 메트로니다졸   ④ 세팔렉신

⑤ 클린다마이신

해설
보기의 다른 약물은 세균을 죽이는 항생제이며, 푸로세마이드는 소변의 배출을 촉진하는 이뇨제이다.

정답 ②

★★☆

27 마약류는 마약, 향정신성 의약품, 대마로 분류된다. 다음 중 향정신성 의약품에 속하지 <u>않는</u> 마약류는?

① 케타민   ② 프로포폴

③ 졸피뎀   ④ 디아제팜

⑤ 펜타닐

해설
보기의 다른 약물은 향정신성 의약품이다. 펜타닐은 마약류 중 마약에 속하는 약물로서, 향정신성 의약품에 비해 더 엄격한 규제를 받는다.

정답 ⑤

28 다음 중 간질에 가장 일차적으로 사용되는 주사제는?

① 케타민　　　　　　② 프로포폴　　　　　　③ 펜타닐
④ 디아제팜　　　　　　⑤ 메트로니다졸

해설

주사제로서는 디아제팜이 일차적으로 사용된다. 응급한 상황 등이 있을 때 정맥주사를 통해 간질을 억제한다. 프로포폴 등의 마취제는 여러 가지 항간질제의 시도가 듣지 않았을 때 사용할 수 있으나 일차적으로 사용하지는 않는다. 병원에 따라 다르지만 일차적인 주사제로는 디아제팜보다 미다졸람을 더 선호하기도 한다.

정답 ④

---

29 다음 중 <보기>에서 설명하는 물질의 명칭으로 옳은 것은?

―― <보기> ――

- 특정 약물이나 독소를 흡착하여 상부 위장관에서 전신 흡수를 방지하거나 줄이는 데 사용되기 때문에 중독 등에서 효과적으로 사용된다.
- 무취, 무미의 검정색 분말이다.

① 활성탄　　　　　　② 밀크시슬　　　　　　③ 비타민C
④ 아포몰핀　　　　　　⑤ 과산화수소

해설

<보기>는 활성탄에 대한 설명이다. 특정한 해독제가 없는 중독의 경우 활성탄 등을 사용하여 체내에서 흡수를 줄이고, 체외로 빠르게 배출시키는 것이 좋다.

정답 ①

---

30 백신을 맞고 알레르기 반응 등의 급성 염증을 보이는 환자가 내원했을 때 사용 가능한 제제로 가장 적절한 것은?

① 항히스타민제　　　　② 지사제　　　　　　③ 위보호제
④ 항생제　　　　　　⑤ 이뇨제

해설

항히스타민제는 염증 매개물질인 히스타민에 의한 알레르기 증상을 완화시키는 약물로, 알레르기 등의 치료에 널리 사용해 왔다. 아나필락시스(anaphylaxis) 등 백신에서의 알레르기 반응은 일반적으로 항히스타민과 더불어 스테로이드 제제를 함께 사용한다.

정답 ①

31 덱스메데토미딘을 투여 받고 마취가 잘 깨지 않는 고양이 환자에게 가장 효과적으로 사용할 수 있는 투여제는?

① 아티파메졸   ② 프로포폴   ③ 자일라진

④ 날록손   ⑤ 플루마제닐

해설

덱스메데토미딘, 메데토미딘 등은 알파2 아드레날린 수용체(alpha2 – adrenoceptor)에 작용하여 진정효과를 유도한다. 이것의 길항제는 아티파메졸이 있으며, 덱스메데토미딘 등의 사용으로 인해 서맥(심장이 느리게 뜀)이 있거나 마취가 잘 깨지 않는 경우에 사용할 수 있다.

정답 ①

32 오피오이드 계열의 마약성 진통제의 사용으로 인해 호흡억제가 일어날 때 가장 효과적으로 사용 가능한 길항제는?

① 아티파메졸   ② 플루마제닐   ③ 케타민

④ 디아제팜   ⑤ 날록손

해설

날록손은 대표적인 오피오이드 계열의 마약성 진통제의 길항제이다. 플루마제닐은 벤조디아제핀의 길항제이고 아티파메졸은 메데토미딘, 덱스메데토미딘, 자일라진 등 알파2 아드레날린 작용제의 길항제이다.

정답 ⑤

33 다음 중 세균을 제거하는 약물을 지칭하는 용어는?

① 항곰팡이제   ② 항균제   ③ 항바이러스제

④ 소염제   ⑤ 구충제

해설

세균을 제거하는 약물은 항균제 또는 항생제라고 부른다. 항곰팡이제는 곰팡이를, 항바이러스제는 바이러스를 제거한다. 소염제는 염증을 완화시키며, 구충제는 기생충을 제거한다.

정답 ②

★★★
34 특정 약을 투여했더니 고양이의 눈동자가 <보기>와 같이 A 형태에서 B 형태로 바뀌었다. 이때 투여한 약의 종류는?

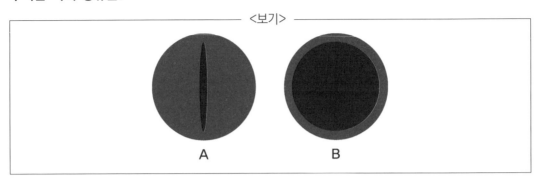

① 파모티딘　　　　　② 트라마돌　　　　　③ 아트로핀

④ 프로포폴　　　　　⑤ 말로피탄트

해설

아트로핀(atropine)은 알칼리성 유기물인 알칼로이드의 일종으로, 신경전달물질인 아세틸콜린의 무스카린 수용체와 결합하여 부교감신경을 억제하는 역할을 한다. 아트로핀을 투여하면 심박이 빨라지고, 침 분비가 감소하며, 동공이 커지게 된다 (산동). 비슷한 작용을 보이는 약물로 글리코피롤레이트(glycopyrrolate)가 있다.

정답 ③

★★☆
35 다음 중 <보기>에서 설명하는 약물의 명칭으로 옳은 것은?

― <보기> ―

• 해리성 약물(Dissociative)에 속하여 비자발적 근육강직, 기억상실 등의 증상을 보이며, 마취제 투여 시 눈을 뜨고 있는 경우도 많다.
• 내장통증이 제거되지 않기 때문에 경미한 시술 등에서 추천된다.

① 프로포폴　　　　　② 펜타닐　　　　　③ 하이드로몰폰

④ 케타민　　　　　⑤ 자일라진

해설

케타민은 NMDA 수용체 길항제로서 대표적인 해리성 마취제이다. 해리성 마취제를 투여하면 심혈관계기능, 자발적인 호흡, 반사작용은 정상적으로 유지되면서 진통, 진정, 기억상실 등을 보이게 된다. 마취효과 자체는 뛰어나지만 내장통(visceral pain)에는 효과가 적다.

정답 ④

36 다음 중 상품명 럼푼이 뜻하는 약물은?

① 프로포폴　　　　② 펜타닐　　　　③ 하이드로몰폰
④ 케타민　　　　　⑤ 자일라진

해설
동물병원에서는 럼푼 주사액(Rompun Injection)이라는 이름으로 많이 불리는 이 약은 알파2 아드레날린 작용제인 자일라진의 상품명이다. 주로 케타민과 합제하여 간단한 처치 및 수술 등에서 마취제로 사용된다.

정답 ⑤

37 기침을 막거나 억제하는 약물을 일컫는 말로서, 켄넬코프(Kennel cough)와 같이 마른기침 등이 있을 때 기침증상 완화를 위해 가장 선호되는 약물의 종류는?

① 진해제(antitussives)　　　　② 거담제(expectorants)
③ 기관지 이완제(bronchodilators)　　　　④ 마취제(anesthesia medications)
⑤ 항생제(antibiotics)

해설
진해거담제는 호흡기도의 분비물인 가래를 제거하고 기침을 진정시켜주므로 기침약으로 흔히 사용된다. 이것을 나누어 진해제와 거담제로 봤을 때, 마른기침 등에 직접적인 효과가 있는 것은 진해제이다. 거담제 역시 객담을 제거하여 기침을 해소하는 데 사용되지만 주로 젖은기침에서 사용된다.

정답 ①

38 다음 <보기>에서 진통효과가 있는 약물을 모두 고른 것은?

―――――――― <보기> ――――――――
ㄱ. 뷰토판올　　　　　　　ㄴ. 펜타닐
ㄷ. 하이드로몰폰　　　　　ㄹ. 트라마돌

① ㄱ, ㄴ　　　　② ㄱ, ㄴ, ㄷ　　　　③ ㄱ, ㄴ, ㄹ
④ ㄴ, ㄷ, ㄹ　　　⑤ ㄱ, ㄴ, ㄷ, ㄹ

해설
<보기>의 약물은 모두 오피오이드 계열의 진통제로서 진통효과를 가진다.

정답 ⑤

39 다음 중 삼투성 이뇨제의 종류는? ★★☆

① 푸로세마이드　　　② 만니톨　　　③ 스피로노락톤

④ 토르세마이드　　　⑤ 하이드로 티아지드(hydrochlorothiazide)

해설

만니톨은 글리세롤 등과 함께 대표적인 삼투성 이뇨제이다. 푸로세마이드와 토르세마이드는 루프이뇨제, 스피로노락톤은 칼륨보존 이뇨제, 하이드로 티아지드(hydrochlorothiazide)는 티아지드계 이뇨제이다.

정답 ②

40 다음 중 심혈관계에 작용하는 약물로 가장 거리가 먼 것은? ★★☆

① 에피네프린　　　　　　　② 피모벤단

③ 암로디핀　　　　　　　　④ 니트로프루사이드

⑤ 말로피탄트

해설

말로피탄트(Maropitant)는 제토제로서, 동물병원에서는 세레니아(Cerenia®)라는 상품명으로 알려져 있다.

정답 ⑤

41 <보기> 중 구토를 억제시키는 약물이 올바르게 짝지어진 것은? ★★★

<보기>	
ㄱ. 말로피탄트	ㄴ. 온단세트론
ㄷ. 아포몰핀	ㄹ. 3% 과산화수소

① ㄱ, ㄴ　　　　　② ㄱ, ㄷ　　　　　③ ㄱ, ㄹ

④ ㄴ, ㄷ　　　　　⑤ ㄴ, ㄹ

해설

말로피탄트와 온단세트론은 구토를 억제하는 제토제의 역할을 한다. 아포몰핀(apomorphine)과 3% 과산화수소는 오히려 구토를 일으키는 최토제로서 작용을 한다.

정답 ①

★★★
42 다음 <보기>에서 개의 제산제로 옳은 것을 <u>모두</u> 고른 것은?

──────── <보기> ────────

ㄱ. 파모티딘   ㄴ. 시메티딘
ㄷ. 라니티딘   ㄹ. 말로피탄트

① ㄱ, ㄴ   ② ㄱ, ㄴ, ㄷ
③ ㄱ, ㄴ, ㄹ   ④ ㄴ, ㄷ, ㄹ
⑤ ㄱ, ㄴ, ㄷ, ㄹ

해설
말로피탄트는 구토를 억제하는 제토제이다. 다른 약물은 기전은 조금씩 달라도 모두 위산의 분비를 억제하는 역할을 한다.

정답 ②

★★★
43 다음 중 <보기>에서 설명하는 약물의 명칭으로 옳은 것은?

──────── <보기> ────────

• 양귀비에서 유래된 약물을 의미하며, 이것의 수용체는 뇌, 척수, 위장관 등 다양한 조직과 기관에 분포되어 있다.
• 진통효과가 가장 우수한 약물 계열이지만 몇몇 약물은 용량에 따라 마취 시 호흡억제 등의 부작용을 유발하기도 한다.

① 벤조다이아제핀   ② 비스테로이드성 소염제
③ 오피오이드   ④ 스테로이드성 소염제
⑤ 항진균제

해설
<보기>는 오피오이드 계열의 약물에 대한 설명이다. 날록손이 이에 대한 길항제로 사용된다.

정답 ③

★★★
44 다음 <보기> 중 비스테로이드성 소염제(NSAIDs) 계열의 약물이 올바르게 짝지어진 것은?

─────── <보기> ───────

ㄱ. 덱사메타손   ㄴ. 카프로펜

ㄷ. 멜록시캄   ㄹ. 프레비콕스

① ㄱ, ㄴ   ② ㄱ, ㄴ, ㄷ

③ ㄱ, ㄴ, ㄹ   ④ ㄴ, ㄷ, ㄹ

⑤ ㄱ, ㄴ, ㄷ, ㄹ

해설

비스테로이드성 소염제(non‒steroidal anti‒inflammatory drugs, NSAIDs)는 진통, 소염, 해열 등을 위해 사용되는 약물이다. 덱사메타손은 스테로이드성 소염제이다. 나머지는 모두 비스테로이드성 소염제로 동물병원에서 널리 사용되는 약물이다.

정답 ④

★★☆
45 경구용제의 일종으로 의약품을 낱알이나 알갱이 모양으로 만든 제제의 형태를 지칭하는 용어는?

① 캡슐제   ② 산제

③ 과립제   ④ 액상제

⑤ 정제

해설

• 캡슐제: 젤라틴 등의 캡슐에 약물과 첨가제를 넣은 형태
• 산제: 의약품을 분말상 혹은 미립상으로 만든 것
• 액상제: 액상의 형태로 투여하는 모든 약물
• 정제: 의약품에 첨가제를 가하여 일정한 형성으로 압축 제조한 것

정답 ③

★★★
46 다음 중 약물로서 서방정의 의미는?

① 약물이 서서히 방출되는 형태의 정제 ② 물과 접촉 시 발포하며 용해되는 정제

③ 혀 밑에서 용해되는 정제 ④ 코팅이 되지 않은 정제

⑤ 설탕 등으로 코팅을 한 정제

해설
- 서방정: 약물이 서서히 방출되어 약물효과가 오래 지속되도록 한 정제
- 발포정: 물과 접촉 시 발포하며 용해되는 정제
- 설하정: 혀 밑에서 용해되는 정제
- 나정: 코팅이 되지 않은 정제
- 코팅정: 코팅이 되어 있는 정제
- 당의정: 설탕 등으로 나정을 코팅한 정제

정답 ①

[47~49] 다음 <보기>를 보고 물음에 답하시오.

─────── <보기> ───────

★★★
47 약물이 위 <보기>의 형태로 되어 있는 경우에 유추할 수 있는 제형은?

① 연고제 ② 외용제 ③ 경구제

④ 주사제 ⑤ 분무제

해설
주사제는 앰플(ampule)이나 바이알(vial)의 형태로 되어 있다. <보기> 사진의 형태는 앰플의 형태로서, 커팅한 후 주사기로 액을 빼내어 주사제로서 사용한다.

정답 ④

★★★
48 위 <보기>의 형태에서 아래 사진처럼 찍혀있는 까만색 또는 빨간색 점이 의미하는 것은?

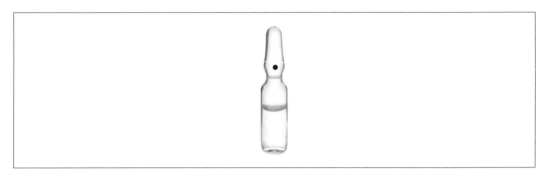

① 앰플이 사용된 적 없는 새 것임을 의미한다.
② 앰플을 냉장 보관해야 함을 의미한다.
③ 앰플을 파쇄할 때 힘을 주는 방향을 의미한다.
④ 앰플 내의 약물이 차광이 필요한 약물임을 의미한다.
⑤ 앰플 내의 약물이 향정신성 의약품임을 의미한다.

해설
제시된 사진은 OPC(one point cut) 앰플로서 유리파편을 최소화하기 위한 앰플이다. 머리쪽에는 점(one point)이 있으며, 점의 아래쪽에는 V자형 홈이 있다. 점을 앞으로 오게 잡고 반대방향으로 힘을 가하여 앰플을 절단하면 유리파편이 최소화된다.

정답 ③

★★☆
49 위 <보기>의 앰플(ampule)에는 약물이 갈색병에 들어 있다. 다음 중 갈색병을 사용하는 가장 큰 목적은?

① 유통기한을 연장하기 위해　　② 다른 약물과 구분하기 위해
③ 빛을 차단하기 위해　　　　　④ 향정신성 의약품에 대한 표시를 위해
⑤ 정맥주사제에 대한 표시를 위해

해설
갈색병에 들어있는 제품은 차광이 목적이며, 보관 시에도 서늘하고 그늘진 곳에 보관해야 한다.

정답 ③

★★★
50 다음의 사진으로 제시된 연고의 적용 대상은?

① 곰팡이　　　　　　② 바이러스　　　　　　③ 기생충
④ 세균　　　　　　　⑤ 리켓치아

해설

에스로반(무피로신 성분)은 많은 동물병원에서 널리 사용되는 항생연고로서 피부에 감염된 세균을 죽이는 데 사용된다.

정답 ④

★★★
51 다음 중 심장사상충 예방약이 <u>아닌</u> 것은?

① 이버멕틴(Ivermectin)　　　　　　② 셀라멕틴(Selamectin)
③ 밀베마이신(Milbemycin)　　　　　④ 목시덱틴(Moxidectin)
⑤ 아폭솔라너(Afoxolaner)

해설

이버멕틴, 셀라멕틴, 밀베마이신, 목시덱틴 이 네 가지는 대표적인 심장사상충 예방약이다. 아폭솔라너는 진드기, 벼룩 등 외부기생충 제제이다. 상품명 넥스가드의 주성분이다. 다만 넥스가드가 업그레이드된 형태인 넥스가드 스펙트라의 경우 밀베마이신이 함께 포함되어 있어 외부기생충 외에 심장사상충 예방의 효과가 있다.

정답 ⑤

★★☆
52 어린 강아지를 병원에 데리고 갔더니 수의사가 예방 목적으로 펜벤다졸(fenbendazole)을 처방하였다. 이 약의 목적으로 옳은 것은?

① 위해세균 제거　　　② 내부기생충 구제　　　③ 영양성분 보충
④ 비타민 보충　　　　⑤ 항바이러스제

해설

펜벤다졸은 어린 동물의 내부기생충(회충 등)의 구제에 널리 사용되는 약물이다.

정답 ②

★★☆
53 고양이의 기관 내 삽관 시 인두를 마비시키기 위해 고양이 목의 안쪽에 분무할 수 있는 약물은?

① 리도카인 ② 케타민 ③ 프로포폴
④ 디아제팜 ⑤ 미다졸람

해설

삽관 등에서 기도를 노출시키기 위해 리도카인 분무액을 마취제로서 사용하며, 개보다는 고양이에게 주로 사용한다. 케타민과 프로포폴 등도 마취의 용도로 사용하지만 분무가 아닌 주사 형태로 사용된다.

정답 ①

★★★
54 약물을 기화기 또는 분무기를 사용하여 액체 형태를 기체 형태로 전환함으로써 약물을 흡기 공기로 환자에게 전달하는 투여경로는?

① 경구(oral) 투여 ② 비경구(parenteral) 투여
③ 정맥(intraveneous) 투여 ④ 흡입(inhalation) 투여
⑤ 국소(topical) 투여

해설

문제는 흡입 투여에 대한 설명이다.

정답 ④

★★☆
55 치료지수(TI, Therapeutic index)와 약물 투여의 관계로 옳은 것은?

① 치료지수가 높을수록 안전하다.
② 치료지수가 높을수록 위험하다.
③ 치료지수가 높을수록 부작용을 일으킬 수 있다.
④ 치료지수가 높을수록 치료효과가 높다.
⑤ 치료지수가 높을수록 가격이 비싸진다.

해설

치료지수는 약물안전성에 대한 측정치로서, 이 값이 높다는 것은 유효용량과 독성 간의 간격이 넓어 더 안전하다는 의미이다. 이 값이 낮으면 간격도 좁아지기 때문에 낮은 용량에서도 독성을 보일 수 있어 위험하다.

정답 ①

★★★
56 다음의 약물 중 내분비계의 이상으로 인해 사용하는 약물이 <u>아닌</u> 것은?

① 미토탄(Mitotane)
② 트릴로스탄(Trilostane)
③ 인슐린(Insuline)
④ 트리메토프림(Trimethoprim)
⑤ 메티마졸(Methimazole)

해설

미토탄과 트릴로스탄은 부신피질 기능항진증, 메티마졸은 갑상선 기능항진증, 인슐린은 당뇨병 등에 사용되며, 이러한 질환은 모두 내분비계(호르몬) 질환이다. 트리메토프림은 항생제이다.

정답 ④

★★☆
57 간에 존재하는 효소복합체로서 우리 몸에 들어온 이물질을 해독하는 작용을 하며, 약물 대사과정에 있어서 매우 중요한 물질은?

① Cytochrome P450
② 아밀라아제(amylase)
③ 락타아제(lactase)
④ Aspartate aminotransferase(AST)
⑤ alanine aminotransferase(ALT)

해설

소화기관에 흡수된 약물들은 모두 간을 통과하여 순환계로 들어가기 전에 Cytochrome P450 효소에 의해 대사가 일어나게 된다. 아밀라아제와 락타아제는 소화효소, AST와 ALT 등은 간 손상 등을 평가하는 효소이다.

정답 ①

58 다음 <보기>의 밑줄친 <u>이 물질</u>의 명칭으로 옳은 것은?

─────── <보기> ───────

약물은 혈액으로 들어가서 약리작용을 나타낸다. 이때 혈액 내에 단독으로 존재(유리형 약물)하거나 다른 물질과 결합(비활성형 약물)하는 형태로 존재한다. 이때 약물은 주로 혈장 내 <u>이 물질</u>과 결합한다.

① 콜레스테롤　　　　　　　　　② 지방
③ 백혈구　　　　　　　　　　　④ 단백질
⑤ 포도당

해설

약물은 유리형(free)의 형태로 존재하여 약물효과를 나타내고, 일부의 형태는 다른 물질과 결합하여 비활성의 상태로 존재한다. 이때 결합은 알부민이나 글리코프로테인과 같은 단백질과 결합한다.

정답 ④

59 약물의 반감기(half time)에 대한 설명으로 옳은 것은?

① 약물의 반감기가 짧을수록 약물의 투여 간격은 짧아진다.
② 약물의 반감기가 짧을수록 약물의 투여 간격은 길어진다.
③ 약물의 반감기와 투여 간격은 관계가 없다.
④ 약물의 반감기가 짧을수록 약물은 혈액에 오래 머물러 있다.
⑤ 반감기가 짧은 약물의 경우 경구제제의 형태로만 투여되어야 한다.

해설

약물의 반감기는 약물의 농도가 반으로 줄어드는 데 걸리는 시간이다. 반감기가 짧을수록 약물이 혈액에 짧게 머무르기 때문에, 일정한 약물 농도를 체내에서 유지하기 위해서는 약물의 투여 간격도 짧아져야 한다.

정답 ①

★★☆

60 항생제는 세균의 단백질, DNA, 세포벽 등을 표적으로 한다. 다음의 항생제 중에서 세균의 DNA를 표적으로 하는 약물 계열은?

① 퀴놀론(quinolones) 계 ② 아미노글리코사이드(aminoglycosides) 계

③ 테트라사이클린(tetracycline) 계 ④ 베타락탐(beta-lactam) 계

⑤ 클로르암페니콜(chloramphenicol) 계

해설

퀴놀론계 약물은 세균의 DNA의 합성을 방해한다. 베타락탐계는 세균의 세포벽을 타겟으로 하며 보기의 다른 항생제는 단백질 합성(리보솜)을 타겟으로 한다.

정답 ①

PART 02

★★☆

61 미생물을 제거하는 다음의 약물 종류 중 타겟으로 하는 미생물이 다른 하나는?

① 트리메토프림(trimethoprim) ② 세파졸린(cefezolin)

③ 팜시클로버(famciclovir) ④ 테트라사이클린(tetracycline)

⑤ 반코마이신(vancomycin)

해설

팜시클로버는 허피스(herpes) 등 바이러스를 제거하는 약물이다. 보기의 다른 약물은 세균을 제거하는 역할을 한다.

정답 ③

★★☆

62 다음 <보기>의 위장관 약물 중 위(stomach)에서 효과를 보이는 약물로 짝지어진 것은?

──────── <보기> ────────
ㄱ. 파모티닌　　　　　　　　　　ㄴ. 라니티딘 ㄷ. 시메티딘　　　　　　　　　　ㄹ. 락툴로즈

① ㄱ, ㄴ ② ㄱ, ㄴ, ㄷ ③ ㄱ, ㄴ, ㄹ

④ ㄴ, ㄷ, ㄹ ⑤ ㄱ, ㄴ, ㄷ, ㄹ

해설

락툴로즈(lactulose)는 위보다는 결장에 작용하여 변을 부드럽게 하기 때문에 변비 등에서 사용된다. 락툴로즈는 흡수가 되지 않는 설탕으로 결장의 미생물에 의해 발효되어 생성된 유기산이 결장액 분비와 추진운동을 증가시킨다. <보기>의 다른 약물은 위 내에서 위산의 분비를 감소시키는 역할을 한다.

정답 ②

★★☆

63 약의 설명서에 나온 다음의 투여방법 중 약물이 신체의 가장 깊은 곳으로 투여되는 경우는?

① 피부에 도포
② 피부에 분무(spray)
③ 근육투여(intradermal)
④ 피하투여(subcutaneous)
⑤ 피내투여(intramuscular)

해설

피부는 표피(epidermis), 진피(dermis)로 되어 있고 아래쪽에 피하(subcutis)와 근육(muscle)이 위치한다. 피부도포 및 분무제(spray)는 피부 표면에 도포하는 방식이고, 피내는 dermis, 피하는 subcutis, 근육은 muscle에 투여하는 방식이다. 근육투여가 가장 아래쪽, 즉 신체의 가장 깊은 곳으로 투여하는 방법이다.

정답 ③

★★☆

64 약물을 1:8로 희석해서 새로운 용액을 만들고자 한다. 약물이 1㎖일 때 섞어주어야 하는 생리식염수 (희석액)의 양은?

① 0.125㎖
② 3㎖
③ 7㎖
④ 8㎖
⑤ 16㎖

해설

1:8 희석에서 8은 용액의 총량을 의미한다. 따라서 약물 1㎖와 희석액 7㎖를 섞으면 1:8 희석이 된다.

정답 ③

★★★

65 구매한 약용샴푸의 성분 중에 클로르헥시딘(chlorhexidine)이 있을 때, 이 성분의 사용 용도는?

① 세균을 죽일 때
② 피모를 윤기나게 할 때
③ 말라세치아 등의 효모를 죽일 때
④ 탈모를 방지할 때
⑤ 털에 엉긴 지저분한 물질을 씻어낼 때

해설

클로르헥시딘은 소독제로도 사용되며 항생 및 항균의 목적으로 구균 등의 세균을 죽일 때 사용한다. 특히 피부 표면에 있는 세균 등을 죽일 때 사용한다.

정답 ①

★★★
66 0.9%인 생리식염수를 2L 만들 때 필요한 염화나트륨의 양은?

① 1.8g   ② 18g   ③ 180g

④ 4.5g   ⑤ 45g

해설

1L는 1,000ml이고 이는 물에서 1,000g와 동일하다. 0.9% 생리식염수는 1,000g(1L)당 염화나트륨이 9g인 셈이므로, 2,000g(2L)이면 18g이 된다.

정답 ②

★★★
67 다음 <보기>의 빈칸에 들어갈 숫자로 옳은 것은?

———————————— <보기> ————————————

급성 심부전이 있는 10kg의 시바견에게 도파민 10mcg/kg/min을 투여할 예정이다. 이 개가 1시간 동안 투여 받는 도파민의 총량은 (   )mg이다.

① 0.06   ② 0.6   ③ 6

④ 1   ⑤ 10

해설

$10mcg/kg/min \times 10kg \times 60min/h = 6000mcg/h$
∴ $6000mcg/h = 6mg/h$

정답 ③

★★☆
68 다음 물질 중 사용하는 목적이 <u>다른</u> 하나는?

① 과산화수소   ② 알코올   ③ 포비돈 요오드

④ 미코나졸   ⑤ 차아염소산나트륨

해설

미코나졸은 곰팡이 등을 죽이기 위한 목적으로 약용샴푸나 외용제 등에 포함하여 사용하는 경우가 많다. 다른 보기들은 모두 약제보다는 주로 소독약으로 사용된다.

정답 ④

★★☆
69 약물 재고관리에 대한 설명으로 옳지 <u>않은</u> 것은?

① 약물의 보관방법에 대해 숙지하여 상온, 냉장, 냉동 등을 구분하여 보관한다.

② 유통기한을 감안하여 선입선출(First in, first out)한다.

③ 유통기한이 빨리 다가오는 것부터 판매한다.

④ 케타민 등 향정신성 의약품은 높은 곳에 보관하여 다른 직원들의 손이 닿지 않게 한다.

⑤ 병원 내에서 사용빈도가 높은 약물은 비축된 약물이 떨어지지 않도록 재고관리 및 약품주문에 신경써야 한다.

해설

향정신성 의약품은 높은 곳이나 손이 닿지 않는 곳이 아닌 잠금장치가 설치된 장소에 보관하여, 저장시설 등에 대한 이상유무를 정기적으로 점검해야 한다.

정답 ④

★★★
70 다음 수액성분 중 등장성 요액이 <u>아닌</u> 것은?

① 생리식염수

② 링거 젖산용액(Lactated Ringer's Solution)

③ 노모솔R(Normosol-R)

④ 플라즈마 라이트(Plasma-Lyte)

⑤ 5% 식염수

해설

일반적인 생리식염수 내 염화나트륨의 농도는 0.9%이며 이것이 등장액 기준이다. 5%는 고장액으로서 특수한 용도에서 사용한다.

정답 ⑤

★★★
71 <보기>에서 지용성 비타민을 <u>모두</u> 고른 것은?

─────── <보기> ───────
ㄱ. 비타민A   ㄴ. 비타민B
ㄷ. 비타민C   ㄹ. 비타민D

① ㄱ, ㄴ   ② ㄱ, ㄷ   ③ ㄱ, ㄹ
④ ㄴ, ㄷ   ⑤ ㄷ, ㄹ

해설
A, D, E, K는 지용성 비타민이며 B, C는 수용성 비타민이다. 비타민B에는 시아노코발라민(Vit B_{12}), 리보플라빈(Vit B_2), 염산티아민(Vit B_1) 등이 있다.

정답 ③

★★★
72 눈 질환으로 내원한 강아지를 진료하기 위해서 수의사가 쉬르머 눈물 검사(Schirmer tear test)를 가져오도록 요청했을 때, 이 검사의 목적으로 옳은 것은?

① 눈물 양의 측정   ② 눈물 내 염화나트륨(NaCl)의 농도 측정
③ 눈물 내 세균의 오염도 측정   ④ 눈물 내 염증세포의 유무 측정
⑤ 각막 궤양의 여부 측정

해설
이 검사는 눈물의 양을 측정하기 위한 검사로서, 안구건조증 등이 의심될 때 이를 진단하기 위해 사용한다.

정답 ①

★★★
73 개가 이물을 삼킨 것으로 의심될 때, 구토 유발을 위해 경구로 사용할 수 있는 약물은?

① 3% 과산화수소수   ② 세레니아   ③ 트라넥삼산
④ 메트로니다졸   ⑤ 70% 알코올

해설
제조된 지 오래되지 않은 3% 과산화수소를 사용하여 구토를 유발할 수 있다. 트라넥삼산 역시 구토 유발이 가능하지만, 경구가 아닌 정맥투여를 통해 구토를 유발한다. 세레니아는 말로피탄트의 상품명으로서 오히려 구토를 억제하는 역할을 한다. 수의사에 따라 다르지만 과산화수소의 경구투여는 위나 식도에 자극을 주기 때문에 주사제제(트라넥삼산, 아포몰핀 등)를 먼저 시도하기도 한다.

정답 ①

★★★
74 경구제제를 투여하는 과정에 대한 설명으로 옳지 <u>않은</u> 것은?

① 고양이와 같이 약을 쉽게 먹일 수 없는 경우에는 알약 디스펜서를 사용할 수 있다.

② 개에게 알약을 먹이는 경우, 약을 밀어 넣은 후 콧등에 바람을 불면 삼키게 된다.

③ 처방식 등에 섞어서 스트레스 없이 먹게 하는 것도 좋다.

④ 알레르기가 없다면 피넛버터, 짜먹는 치즈, 필포켓(pill pocket) 등을 사용하여 먹인다.

⑤ 동물은 약물 투여 시 스트레스를 많이 받기 때문에 어느 정도 저항이 있더라도 최대한 빨리 투여하는 것이 좋다.

해설

저항을 최소화하고 신속하게 투여하는 것은 권장되나, 약을 너무 빨리 투여하게 되면 약이 기도로 넘어가 오연성 폐렴 등이 생길 수 있기 때문에 주의해야 한다.

정답 ⑤

★★★
75 고양이의 광견병 접종은 피하접종이며 오른쪽 다리의 아래쪽에 접종하는 것이 추천되는 이유는?

① 다리쪽이 다른 부위에 비해 통증을 느끼는 민감도가 낮기 때문에

② 향후 백신접종으로 인한 육종(Sarcoma)이 발생했을 때 절제할 수 있도록 하기 위해서

③ 다리쪽이 다른 부위에 비해 약물의 흡수가 빠르기 때문에

④ 가장 부작용이 적은 부위이기 때문에

⑤ 놓을 때 고양이의 저항이 적은 부위이기 때문에

해설

광견병 백신은 부작용이 많은 백신 중 하나이다. 특히 고양이에서는 10,000마리 중 1~2마리 꼴로 접종부에 육종(sarcoma)이 발생한다. 이러한 상황이 생겼을 때 절제를 통해 종양 부위를 제거하기 때문에, 애초에 절제가 용이한 다리 아래쪽에 하도록 권장한다. 한편 고양이 FeLV 백신의 경우 왼편 다리의 아래쪽에 접종하는 것을 권장한다.

정답 ②

76 다음의 약물이 개와 고양이에 사용되는 부위는?

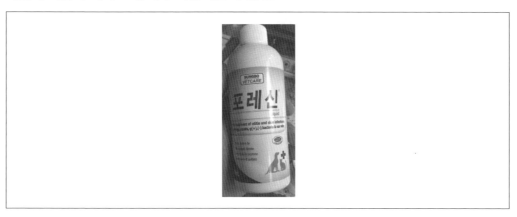

① 귀　　　　　　　　② 눈　　　　　　　　③ 피부

④ 항문　　　　　　　⑤ 구강

해설

사진으로 제시된 포레신은 외이염 등이 있을 때 귀에 점적하는 약물로서, 항생제와 스테로이드 제제 등이 포함되어 있다. 외이염에서 가장 흔하게 사용되는 약물로 동물병원에서 널리 사용된다.

정답 ①

77 다음 <보기> 중 간손상이 있을 때 사용하는 약물이 올바르게 짝지어진 것은?

――――――――――― <보기> ―――――――――――

ㄱ. 우르소데옥시콜산(ursodeoxycholic acid)

ㄴ. VitE

ㄷ. 프레드니솔론

ㄹ. 실리마린(silymarin)

① ㄱ, ㄴ　　　　　　② ㄱ, ㄴ, ㄷ　　　　　　③ ㄱ, ㄴ, ㄹ

④ ㄴ, ㄷ, ㄹ　　　　⑤ ㄱ, ㄴ, ㄷ, ㄹ

해설

<보기>에서 프레드니솔론 등의 스테로이드 제제는 처방 수준에 따라 오히려 간수치를 상승시킬 수 있는 제제로서 간손상이 있는 개에서는 사용에 유의해야 한다. 나머지 다른 약물들은 모두 간수치를 낮추거나 간을 회복시키는 역할을 한다.

정답 ③

★★☆
78 다음 중 복용 시 수의사의 처방이 필요한 약물은?

① 유산균　　　　　　　② VitC　　　　　　　③ 오메가3 지방산
④ 아목시실린　　　　　⑤ 초록잎홍합추출물

해설

아목시실린(Amoxicillin)은 항생제이다. 항생제, 항균제 등은 수의사의 처방이 필요하며, 기타 호르몬제, 마취제, 전문지식이 필요한 약품, 생물학적 제제 등도 수의사 처방대상 동물용 의약품이다. 보기의 다른 약물들은 시중에서 쉽게 구할 수 있는 영양제 성분으로서 수의사의 처방이 필요 없다.

정답　④

★★☆
79 식욕이 저하된 고양이의 식욕을 촉진하기 위해 약물(appetite stimulants)을 사용한다면 추천할 수 있는 것은?

① 미르타자핀　　　　　② 카프로펜　　　　　③ 멜록시캄
④ 세파졸린　　　　　　⑤ 케토코나졸

해설

미르타자핀(mirtazapine)은 식욕을 촉진하는 대표적인 약물이며 디아제팜, 스테로이드 등도 식욕촉진의 효과가 있다. 카프로펜, 멜록시캄은 비스테로이드성 소염제이고 세파졸린은 항생제, 케토코나졸은 항진균제이다.

정답　①

★★☆
80 귀에 사용하는 다음 <보기>의 약물 중 항생제로만 짝지어진 것은?

──────── <보기> ────────
| ㄱ. 엔로플록사신 | ㄴ. 겐타마이신 |
| ㄷ. 토브라마이신 | ㄹ. 클로트리마졸 |

① ㄱ, ㄴ　　　　　　　② ㄱ, ㄴ, ㄷ　　　　　③ ㄱ, ㄴ, ㄹ
④ ㄴ, ㄷ, ㄹ　　　　　⑤ ㄱ, ㄴ, ㄷ, ㄹ

해설

클로트리마졸은 항진균제로서 귀의 말라세치아 등의 효모, 곰팡이 등을 제거하는 데 사용된다. <보기>의 다른 약물은 항균제로서 세균 제거가 목적이다.

정답　②

CHAPTER

10 동물보건영상학

★★★
01 다음 <보기> 중 영상진단학에서 다루는 장비로만 묶은 것은?

─────── <보기> ───────

ㄱ. X-ray 기계   ㄴ. MRI 기계

ㄷ. CBC 기계   ㄹ. 검안경

① ㄱ, ㄴ   ② ㄱ, ㄷ   ③ ㄱ, ㄹ

④ ㄴ, ㄷ   ⑤ ㄴ, ㄹ

해설

CBC는 혈액검사기기의 한 종류로서, 혈구검사를 위해 사용하는 기계이다. 검안경은 눈을 검사하는 기구로서 영상진단학과는 관계가 없다.

정답 ①

★★★
02 다음 중 최초의 X선을 발견한 사람은?

① 막스 폰 라우에   ② 빌헬름 뢴트겐   ③ 로버트 코흐

④ 루이스 파스퇴르   ⑤ 제임스 왓슨

해설

최초로 X선을 발견한 사람은 빌헬름 뢴트겐으로, 노벨물리학상을 수상했다. 이후 다양한 개발과 연구를 통하여 현재 형태의 X선 촬영이 가능하게 되었다.

정답 ②

★★☆

03 **<보기>에서 X선의 특징으로 옳은 것을 모두 고른 것은?**

┌─────────────── <보기> ───────────────┐
│ ㄱ. 지속적으로 노출되면 DNA가 손상되어 질병을 일으킬 수 있다. │
│ ㄴ. X선은 물질의 밀도가 높을수록 잘 투과한다. │
│ ㄷ. 눈이나 냄새 등으로 느껴지지 않는다. │
│ ㄹ. 직선으로 주행한다. │
└───────────────────────────────────┘

① ㄱ, ㄴ   ② ㄱ, ㄴ, ㄷ   ③ ㄱ, ㄷ, ㄹ

④ ㄴ, ㄷ, ㄹ   ⑤ ㄱ, ㄴ, ㄷ, ㄹ

해설

X선은 물질의 밀도가 높아지면 대상을 잘 투과하지 못한다. 따라서 밀도가 높은 뼈, 쇠 등은 투과하지 못하고 사진상에서 하얀색으로 나오게 된다. <보기>의 다른 설명은 모두 맞는 이야기이다.

정답 ③

★★★

04 **다음 중 엑스레이 광선의 발생에 대한 설명으로 옳지 않은 것은?**

① 전자(electron)가 텅스텐 등으로 된 타겟을 충돌하면서 광선이 발생된다.

② 광선은 X선관이라고도 부르는 x-ray tube(튜브)에서 만들어진다.

③ 튜브의 바로 아래쪽에 있는 물체는 1차적으로 광선에 노출된다.

④ 전자는 양극(anode)에서 음극(cathode)으로 진행한다.

⑤ 투과력이 높기 때문에 방사선 안전에 항상 유의해야 한다.

해설

전자는 튜브 내의 음극에서 양극으로 진행하며 이때 텅스텐 등의 타겟을 충돌하며 아래쪽으로 X선이 산란된다. 이 광선을 통해 X선 촬영을 하게 된다.

정답 ④

★★★
05 <보기>에서 엑스레이 피폭 정도를 일컫는 단위가 올바르게 짝지어진 것은?

─────────── <보기> ───────────
ㄱ. 시버트(sievert, Sv)   ㄴ. 볼티지(voltage, V)
ㄷ. 렘(rem)   ㄹ. 밀리암페어(milliampere, mA)

① ㄱ, ㄴ   ② ㄱ, ㄷ
③ ㄱ, ㄹ   ④ ㄴ, ㄷ
⑤ ㄴ, ㄹ

해설
피폭량을 나타내는 단위는 시버트(Sv) 혹은 렘(rem) 등을 사용한다. 참고로 일반인의 인공 방사선에 의한 연간 피폭허용량은 1mSv이다.

정답 ②

★★★
06 납, 콘크리트 등을 주로 사용하며, 방사선이 인체 및 환경에 피해를 주는 것을 막기 위해 방사선을 흡수하거나 산란시켜 그 영향을 감소시키는 것을 뜻하는 용어는?

① 피폭   ② 차폐
③ 선량   ④ 노출
⑤ 보호

해설
문제는 차폐(shielding)에 대한 설명이다. X선 촬영을 할 때에는 적절한 차폐를 통해 피폭되는 양을 최소화해야 한다. 피폭은 이것과 상반되는 개념으로서, 가지고 있는 높은 에너지가 원인이 되어 인체에 피해를 주는 상태를 일컫는 말이다.

정답 ②

★★☆
07 다음 중 방사선 안전수칙에 관한 설명으로 옳지 **않은** 것은?

① 기형아 출산 등의 위험이 있으므로 임산부는 방사선에 노출되지 않는 것이 좋다.

② 촬영 시에는 최소한의 인원만 있어야 한다.

③ 선량한도를 초과하는 것을 피하기 위해 교대로 촬영하는 것이 좋다.

④ 방사선 피폭의 안전한 농도라는 것은 없기 때문에 합리적으로 달성 가능한 가장 낮은 수준으로 유지해야 한다.

⑤ 2차 광선에 노출되는 경우에는 개인보호 장구 착용의 필요성이 없다.

> **해설**
> 1차 광선은 빔에 직접적으로 노출되는 광선이며, 2차는 간접적으로 노출되는 광선으로서 위해성은 2차 광선이 훨씬 덜하다. 그러나 1차든 2차든 피폭에 있어서 완전히 안전한 양이라는 것은 없다. 그러므로 2차 광선에 노출되는 때에도 반드시 동일하게 개인보호 장구를 착용해야 한다.

> **정답** ⑤

★★★
08 엑스레이를 찍을 때 광선의 범위를 설정하는 장치의 명칭은?

① 시준기(collimator) ② 튜브(Tube) ③ 필름(Film)
④ 디텍터(Detector) ⑤ 필라멘트(Filament)

> **해설**
> 시준기(collimator)란 X선관(튜브) 아래쪽에 위치하여 광선의 범위를 설정해주는 역할을 하는 장치이다. 이것을 잘 조절하여 동물의 크기에 맞춰 광선의 범위가 적절히 설정되어야 불필요한 피폭이 없고, 사진이 정확하게 나온다.

> **정답** ①

★★★
09 대비도(contrast, 혹은 대조도)는 촬영된 사진 내의 인접한 두 부분의 밀도 차이를 의미하며, 대비도가 낮으면 장기의 구분이 어렵다. 다음 중 노출조건을 조절할 때 대비도와 가장 관계가 깊은 노출조건은?

① mAs ② SID(Source Image Distance)
③ s ④ Collimator 크기
⑤ kVp

> **해설**
> 대비도와 가장 관계가 깊은 노출조건은 kVp이다.

> **정답** ⑤

★★★

10 노출조건을 조절하는 과정에서 mAs를 높이는 경우, 광선의 양과 사진에 관한 설명으로 옳은 것은?

① 투과되는 광선의 양이 증가하므로 사진이 더 까맣게 나온다.
② 투과되는 광선의 양이 증가하므로 사진이 더 하얗게 나온다.
③ 투과되는 광선의 양이 감소하므로 사진이 더 까맣게 나온다.
④ 투과되는 광선의 양이 감소하므로 사진이 더 하얗게 나온다.
⑤ 둘 다 별다른 차이가 없다.

해설

mAs는 전자의 양이고, 이것이 늘어나면 광선도 강해진다. 그렇게 되면 투과가 잘 되기 때문에 X선 사진은 더 까맣게 나온다. 반대로 mAs를 줄이면 사진은 더 하얗게 나온다.

정답 ①

★★★

11 mAs에 관한 설명으로 옳지 <u>않은</u> 것은?

① 100mA를 0.1초간 쏘았으면 10mAs가 된다.
② mA가 늘어나면 전자의 수가 늘어나 X선 광선량이 증가한다.
③ 기계는 최대한 s(노출시간)를 높여서 세팅하는 것이 좋다.
④ 음극쪽인 Cathode의 영향을 받는다.
⑤ 엑스레이 촬영 시 중요한 노출조건 중 하나이다.

해설

동물은 움직임이 많기 때문에 노출시간을 최소로 한다. 이때 mAs는 일정하게 맞춰야 하기 때문에 mA를 최대로 한다.

정답 ③

12 엑스레이는 까맣고 하얀 것의 조합으로 사진을 구분한다. 다음 중 가장 까만 부분과 가장 하얀 부분이 순서대로 나열된 것은?

① [까맣다] 가스 → 지방 → 연부조직(물) → 금속 → 뼈 [하얗다]
② [까맣다] 가스 → 지방 → 연부조직(물) → 뼈 → 금속 [하얗다]
③ [까맣다] 지방 → 가스 → 뼈 → 연부조직(물) → 금속 [하얗다]
④ [까맣다] 지방 → 연부조직(물) → 가스 → 뼈 → 금속 [하얗다]
⑤ [까맣다] 가스 → 연부조직(물) → 지방 → 뼈 → 금속 [하얗다]

해설
가스 및 공기는 밀도가 낮기 때문에 X선이 잘 투과하여 가장 까맣게 나온다. 그 다음 순서가 지방, 연부조직(물과 동일), 뼈(혹은 미네랄), 금속 등이다.

정답 ②

13 다음 중 X선과 거리의 관계에 대한 설명으로 옳은 것은?

① 거리가 2배 증가하면 X선의 강도는 2배 증가한다.
② 거리가 2배 증가하면 X선의 강도는 4배 증가한다.
③ 거리가 2배 증가해도 X선의 강도는 동일하다.
④ 거리가 2배 증가하면 X선의 강도는 1/4로 줄어든다.
⑤ 거리가 2배 증가하면 X선의 강도는 1/2로 줄어든다.

해설
거리가 증가하면 제곱승에 반비례하여 X선의 강도가 줄어든다. 따라서 거리가 2배 증가하면 X선의 강도는 1/4로 줄어든다. 이것은 방사선 안전에 있어 중요한 요소인데, 거리를 멀게 함으로써 피폭량을 크게 줄일 수 있기 때문이다.

정답 ④

★★★
14 다음 <보기> 중 엑스레이 촬영의 원칙으로 옳은 것을 <u>모두</u> 고른 것은?

─────── <보기> ───────

ㄱ. 보고자 하는 부위를 중앙에 놓고 촬영한다.
ㄴ. 정자세로 촬영한다.
ㄷ. 평행이 되는 두 상을 촬영한다.
ㄹ. 차폐를 해서 촬영자를 보호해야 한다.

① ㄱ, ㄴ   ② ㄱ, ㄴ, ㄹ   ③ ㄱ, ㄷ, ㄹ
④ ㄴ, ㄷ, ㄹ   ⑤ ㄱ, ㄴ, ㄷ, ㄹ

해설
X선 촬영 시의 중요 원칙 중의 하나는 반드시 직각이 되는 두 장의 사진을 촬영해야 한다는 점이다. 가령 흉부나 복부를 촬영할 때 VD(복배상)와 RL(오른쪽 외측상)을 함께 찍는 것이다. 이것을 통해 진단을 더 용이하게 할 수 있으며, orthogonal view(직각 촬영)라고도 부른다. <보기>의 다른 설명은 모두 옳은 원칙이다.

정답 ②

★★★
15 다음 중 복부의 엑스레이 촬영에서 기본이 되는 두 사진으로 짝지어진 것은?

① 오른쪽 외측상(RL, right lateral)－배복상(DV, dorsoventral)
② 왼쪽 외측상(LL, left lateral)－복배상(VD, ventrodorsal)
③ 오른쪽 외측상(RL, right lateral)－복배상(VD, ventrodorsal)
④ 왼쪽 외측상(LL, left lateral)－배복상(DV, dorsoventral)
⑤ 오른쪽 외측상(RL, right lateral)－왼쪽 외측상(LL, left lateral)

해설
복부의 기본적인 엑스레이 촬영은 RL과 VD이다. 다만, 이물 등이 있을 때 등에 LL을 함께 찍을 수도 있다. 흉부의 경우 RL과 VD를 기본으로 찍지만, LL을 반드시 포함시키는 경우도 많으며 이것은 병원에 따라 다르다. 또한 기본적인 약어를 알고 있는 것이 좋은 이유는 실제 동물병원에서 VD, DV와 같은 약어를 주로 사용하지만, 복배상, 배복상 등의 한글도 사용하기 때문에 모두 알고 있어야 헷갈리지 않기 때문이다.
• R(right): 오른쪽
• L(left): 왼쪽
• L(lateral): 외측상
• V(ventral): 배쪽
• D(dorsal): 등쪽

정답 ③

★★☆
16 수의사가 동물보건사에게 개를 인계하면서 복부를 DV로 찍어줄 것을 요청하였을 때, X−ray 광선이 동물에게 통과되는 과정으로 옳은 것은?

① 방사선 광선은 배쪽으로 들어가서 등쪽으로 나온다.
② 방사선 광선은 등쪽으로 들어가서 배쪽으로 나온다.
③ 방사선 광선은 오른쪽 옆구리로 들어가서 왼쪽 옆구리로 나온다.
④ 방사선 광선은 왼쪽 옆구리로 들어가서 오른쪽 옆구리로 나온다.
⑤ 방사선 광선은 등쪽으로 들어가서 오른쪽 옆구리로 나온다.

해설

촬영자세의 표시는 방사선 광선이 먼저 통과한 부위를 기술하고 나중에 통과한 부위를 기술한다. DV는 dorsoventral의 약자로서, 광선이 등(dorsal)으로 들어가서 배(ventral)로 나온다는 뜻이다. DV를 한글로 하면 배복상이며 등을 뜻하는 배(背)와 배를 뜻하는 복(腹)을 써서 광선이 등으로 들어와서 배로 나간다는 의미이다.

정답 ②

★★☆
17 다음 중 <보기>의 ㉠, ㉡에 들어갈 단어가 올바르게 짝지어진 것은?

─── <보기> ───

왼쪽 외측상(left lateral)은 동물 신체의 (㉠)이 바닥에 닿아있는 것이고, 배복상(DV, dorso−ventral)은 몸의 (㉡)이 바닥에 닿아있는 것이다.

① ㉠ 우측, ㉡ 배 부분 　　　② ㉠ 우측, ㉡ 등 부분
③ ㉠ 좌측, ㉡ 배 부분 　　　④ ㉠ 좌측, ㉡ 등 부분
⑤ ㉠ 좌측, ㉡ 가슴 부분

해설

외측상을 부를 때에는 바닥에 붙어있는 면이 동물의 어느 쪽인지를 기준으로 한다. 동물이 왼쪽 옆구리를 바닥에 대고 누웠으면 왼쪽 외측상이 된다. 배복상(DV)의 경우, 광선이 등에서 들어와서 배로 나가기 때문에 배를 바닥에 대고 누워있는 형태(엎드린 자세)가 된다.

정답 ③

★★☆
18 다음 중 방사선에 대한 설명으로 옳지 <u>않은</u> 것은?

① 자연방사선과 인공방사선이 있으며, CT 촬영으로 인해 방사선에 노출된다면 인공방사선에 노출된 것이다.
② 지속적으로 노출되어 돌연변이가 발생되며 이것은 후손까지 영향을 미칠 수 있다.
③ 장기간 노출되면 암에 걸릴 수도 있다.
④ 방사선은 눈에 보이는 광선이다.
⑤ 방사선은 우리 몸의 DNA를 바꾸어 놓을 수 있다.

해설
방사선은 눈에 보이지도 않고 느껴지지도 않는데, 이것이 방사선의 가장 위험한 점이다. 노출되는 사실을 모르기 때문에 계속 누적되면 암이나 백혈병 등의 질병이 발생할 수 있다. 특히 장기간 노출 후 발병되는 경우가 많아 발병 후에도 원인을 추적하기 어렵다.

정답 ④

★★☆
19 방사선의 위험성을 줄이기 위한 방법으로 옳지 <u>않은</u> 것은?

① 노출되는 시간을 최대한 늘려야 한다.
② 보호구를 착용해서 차폐에 신경 쓴다.
③ 동물을 잡고 있는 보조자는 빔에서 최대한 멀리 떨어진다.
④ 시준기(collimator)의 범위를 적절히 줄여서 찍는 사람이 광선에 노출되는 양을 줄인다.
⑤ 방사선을 찍을 때에는 찍는 인원을 최대한 줄여 최소한의 인원만 광선에 노출되도록 한다.

해설
노출시간이 길어질수록 광선의 양은 증가하고, 자연스럽게 피폭되는 양도 늘어난다. 따라서 피폭을 줄이기 위해서는 노출시간을 최소화해야 한다. 노출시간, 빔에서의 거리, 개인 보호구 착용 등이 방사선 안전에서 가장 중요한 요소이다.

정답 ①

★ ★ ★
20 간질이 있어 동물병원에 온 환자의 두개골을 X-ray 촬영했을 때 별다른 이상을 발견할 수 없는 경우, 그다음으로 가장 추천될 수 있는 영상진단 촬영방법은?

① 내시경   ② MRI

③ C-arm   ④ 초음파

⑤ 조영촬영

해설

뇌, 척수 등 중추신경계에 문제가 있을 경우에는 MRI를 촬영하는 것이 추천된다. 가격이 비싸기 때문에 X선 촬영을 먼저 하는 경우가 많지만 정확한 진단은 어렵다. 간질, 디스크와 같은 중추신경계쪽 질환을 진단하는 데에는 MRI가 유용하게 사용된다.

정답 ②

★ ★ ★
21 일반적으로 사용하는 방사선 보호구가 <u>아닌</u> 것은?

① 납으로 된 치마(apron)

② 납으로 된 갑상선 보호구

③ 고글

④ 납 장갑

⑤ 납 부츠

해설

X선 촬영 시에 테이블의 아래쪽은 보통 차폐하지 않는다. 따라서 부츠 등의 보호구는 사용하지 않는다.

정답 ⑤

22 다음 사진의 방사선 촬영 시 촬영이 이루어져야 하는 시기는?

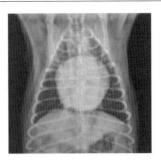

① 최대흡기   ② 최대호기   ③ 최소흡기

④ 최소호기   ⑤ 관계없음

해설
<보기>는 흉부방사선 촬영이다. 흉부 방사선 촬영 시에는 흉강이 가장 커지는 최대흡기 때를 포착하여 페달을 눌러 촬영하게 된다. 호기 때 촬영하게 되면 검게 보여야 하는 부분이 하얗게 나올 수 있어 오진하게 되는 경우가 있다. 다만 동물이 흥분하여 호흡이 빨라지면 흡기의 포착이 힘들 수도 있다.

정답 ①

★★★

23 개가 다음 사진과 같은 자세에서 방사선 촬영을 한 경우, 해당하는 자세의 명칭으로 옳은 것은?

① 왼쪽 외측상(left lateral)   ② 오른쪽 외측상(right lateral)

③ 배복상(DV, dorso-ventral)   ④ 복배상(VD, ventro-dorsal)

⑤ 중앙상(central view)

해설
왼쪽이 바닥에 닿아있고, 옆쪽을 찍는 것이기 때문에 왼쪽 외측상(left lateral)이다.

정답 ①

★★★
24 방사선, 초음파, CT, MRI 등의 디지털 의료영상이미지를 DICOM 형태로 전환하여 저장하는 시스템의 명칭으로 옳은 것은?

① PACS(Picture Archiving and Communication System)
② 전자차트 시스템
③ 네트워크(Network)
④ EMR(Electronic Medical Record)
⑤ OCS(Order Communicating System)

해설

문제는 의료영상저장전송시스템(PACS, Picture Archiving and Communication System)에 대한 설명이다. PACS(Picture Archiving and Communication Systems)는 다양한 의료장비로부터 검사한 영상 및 기타 정보를 디지털 형태로 획득(acquisition)한 후 고속의 통신망(network)을 통해 전송한다. 이후 디지털 정보 형태로 영상정보를 저장하고 영상 조회장치를 통하여 표시되는 영상을 이용하여 환자를 진료하는 포괄적인 디지털 영상관리 및 전송 시스템을 의미한다.

정답 ①

★★★
25 다음 중 <보기>의 ㉠, ㉡에 들어갈 단어가 올바르게 짝지어진 것은?

― <보기> ―

복부 방사선 촬영 시 촬영된 사진은 (㉠)에서부터 (㉡)까지가 반드시 포함되도록 찍는다.

	㉠	㉡
①	횡격막	엉덩이 관절(hip joint)
②	횡격막	비장
③	횡격막	마지막 요추
④	흉강 입구	폐의 끝부분
⑤	흉강 입구	마지막 요추

해설

복부촬영의 범위는 횡격막에서 엉덩이 관절(hip joint)까지이며, RL 및 VD 모두 동일하다. 복부촬영 시 이 범위가 모두 나오지 않으면 재촬영이 요구된다. 엉덩이 관절을 포함하기 위한 랜드마크(landmark)로 대퇴 큰돌기(혹은 대퇴전자, greater trochanter)가 사용된다.

정답 ①

★★☆

26 오른쪽 외측상(RL, right lateral)으로 복부촬영 시 일반적으로 시준기(collimator)의 가운데 부분(센터)이 위치하는 곳은?

① 대퇴골 큰돌기(greater trochanter)
② 칼돌기(xiphoid process)
③ 흉강 입구
④ 견갑골 뒤쪽
⑤ 마지막 갈비뼈

해설

RL로 복부를 촬영할 때 시준기를 맞추는 기준은 다음과 같다.
• 앞쪽: 칼돌기(Xiphoid process)에서 3칸 정도의 갈비뼈 사이 공간(intercostal space)만큼 앞쪽으로 전진
• 가운데: 13번째(혹은 마지막) 갈비뼈
• 뒤쪽: 대퇴골의 큰돌기(대퇴전자라고도 부름)

정답 ⑤

★★☆

27 다음 중 <보기>의 ㉠, ㉡에 들어갈 단어가 올바르게 짝지어진 것은?

─── <보기> ───

두개골 촬영 시 기본적으로 (㉠)과 (㉡)을 포함하여 최소한 2장의 사진을 찍어야 한다.

	㉠	㉡
①	오른쪽 외측상(right lateral, RAT)	배복상(DV)
②	왼쪽 외측상(left lateral, LAT)	배복상(DV)
③	오른쪽 외측상(right lateral, RAT)	복배상(VD)
④	왼쪽 외측상(left lateral, LAT)	복배상(VD)
⑤	중앙상(central view)	복배상(VD)

해설

흉부와 복부의 경우 VD가 기본이지만 두개골의 경우 DV를 기본으로 찍는다. 이것은 아래턱이 편평하여 테이블에 수평으로 자세를 취하게 되고, 이로 인해 좌우대칭의 사진을 찍기에 더욱 용이하기 때문이다.

정답 ①

28 ★★★ 조영 방사선 검사에 관련된 설명으로 옳지 <u>않은</u> 것은?

① 조영제는 경우에 따라 사료와 섞어 덩어리처럼 주기도 한다.

② 조영 방사선 검사는 이물, 천공, 폐색, 기능이상 등을 평가하기 위해 수행한다.

③ 조영 검사는 식도 및 상부 위장관 등 위장관 조영만을 의미한다.

④ 사용하는 부위에 따라 요오드 및 비요오드계 조영제를 구분해서 사용해야 한다.

⑤ 바륨, 개스트로그라핀(gastrografin), 옴니파큐(omnipaque) 등이 병원에서 주로 사용되는 조영제이다.

해설

조영에는 비뇨기, 척수 조영 등 소화기를 제외하고도 다양한 조영이 존재한다. 다만 병원에서 가장 흔하게 하는 조영은 소화기를 보기 위한 위장관 조영이다.

정답 ③

29 ★★★ 다음 중 강력한 자성을 가지고 있기 때문에 매우 주의해야 하며, 찍는 곳으로 가기 전에 열쇠, 동전 등의 금속물질이 몸에 있는지의 여부를 철저하게 확인해야 하는 영상장비는?

① MRI
② CT
③ 초음파
④ PET
⑤ X-ray 촬영

해설

MRI는 강한 자성이 있어 몸에 금속이 있으면 큰 사고가 날 수 있다. 심장의 페이스 메이커 등의 수술 등으로 인해 몸에 금속이 있는 경우에도 촬영 장소에 대한 입장이 제한된다.

정답 ①

30 다음 중 <보기>의 ㉠, ㉡에 들어갈 영상진단장비가 올바르게 짝지어진 것은?

─────── <보기> ───────

(㉠) 촬영은 좁은 범위나 특정 기관을 자세하게 보는 데 유리하고 (㉡) 촬영은 넓은 범위를 한 번에 보는 데 유리하다. 일례로 동물의 임신 후반기에 태아를 관찰할 때, 개별 태아의 생존이나 심장박동 등을 관찰할 때에는 (㉠)가 효과적이지만, 전체 태아가 몇 마리인지 관찰할 때에는 (㉡)가 더 좋다.

	㉠	㉡
①	초음파	X-ray
②	X-ray	초음파
③	MRI	내시경
④	CT	X-ray
⑤	내시경	X-ray

해설

X선은 넓은 범위를 한 번에 보는 데 유리하고, 초음파는 개별 장기를 보는 데 유리하다. 케이스에 따라 다르지만 영상진단의 경우 일반적인 진료 순서는 X선을 통해 전반적인 이상을 살피고, 구조적인 이상이 있는 장기에 대해 개별적으로 초음파를 보게 된다.

정답 ①

31 근무하고 있는 동물병원에 새로운 동물보건사가 근무하게 되어 X-ray 촬영에 대한 교육을 해야할 때, X-ray 촬영에 대해 알려줄 수 있는 팁이 아닌 것은?

① 복부 방사선 촬영 시에는 VD(복배상)을 먼저 찍고 그 후에 lateral(외측상)을 찍는 것이 좋다.
② X-ray 촬영 시 동물의 움직임으로 인해 사진이 흔들렸다면 재촬영 해야 한다.
③ 촬영 시에는 보호장구를 착용하고 1차 광선에서 적당히 떨어져서 보정하는 것이 좋다.
④ 동물을 적정하게 보정하기 위해 웻지(wedge), 샌드백(sandbags), 타이(ties) 등의 보조적인 장비를 활용할 수 있다.
⑤ 동물이 스트레스로 인해 숨을 심하게 헐떡거리거나 혀가 파래지면 일단 촬영을 멈추는 것이 좋다.

해설

VD 자세는 등을 대고 눕는 자세인데, 사람과 달리 네 발을 사용하는 동물에게는 매우 스트레스가 가는 자세이다. 따라서 일단 스트레스가 적은 외측상을 먼저 찍고 VD를 찍는 것이 좋다. 반대가 되면 동물이 스트레스를 받은 상태에서 외측상을 또 찍어야 하기 때문에 추천되지 않는다.

정답 ①

★★☆
32 다음의 사진은 VD로 복부를 찍는 모습이다. 이 개의 자세에 대한 설명으로 가장 적합한 것은?

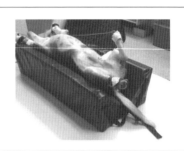

① 배가 바닥에 맞닿는 sternal recumbency이다.
② 등이 바닥에 맞닿는 sternal recumbency이다.
③ 배가 바닥에 맞닿는 dorsal recumbency이다.
④ 등이 바닥에 맞닿는 dorsal recumbency이다.
⑤ 오른쪽 옆구리가 아래쪽으로 가는 우측 횡와위(right lateral)이다.

해설

VD로 촬영할 때에는 등이 아래쪽으로 가는 형태로 찍는다. 등(dorsal)이 닿는다고 하여 이러한 형태를 dorsal re-cumbency라고 부른다. 반대 개념은 배를 대고 누운 형태인데, 흉골(sternum)이 닿는다고 하여 sternal recumbency 라고 부른다. 영문 표현이지만 동물병원에서 종종 사용하는 표현이다.

정답 ④

★★★
33 복부 및 흉부는 VD로 찍는 경우가 많지만, 반드시 DV로 찍어야 하는 경우가 있다. 이 경우에 해당하는 것을 <보기>에서 모두 고른 것은?

─────── <보기> ───────
ㄱ. 임신해서 배가 빵빵한 푸들   ㄴ. 심장병을 앓고 있는 말티즈
ㄷ. 쉽게 흥분하여, 혀가 파래지기도 하는 포메라니안
ㄹ. 복수가 차서 숨을 헐떡이는 비글

① ㄱ, ㄴ   ② ㄱ, ㄷ   ③ ㄱ, ㄴ, ㄷ
④ ㄱ, ㄷ, ㄹ   ⑤ ㄱ, ㄴ, ㄷ, ㄹ

해설

일반적으로 복부 및 흉부는 VD로 촬영하지만, 호흡에 문제가 있거나 심장에 문제가 있는 등 VD자세를 취했을 때 건강상의 이상이 발생할 수 있는 경우에는 DV로 촬영한다. 예시로는 임신을 했거나 호흡이 곤란한 경우 등이 있으며, <보기>의 ㄱ~ㄹ는 모두 이러한 상황에 해당한다.

정답 ⑤

34 다음 사진으로 제시된 영상진단기기의 명칭으로 옳은 것은?

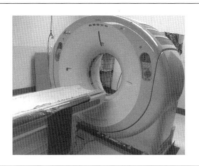

① CT   ② C−arm   ③ MRI

④ X−ray 촬영   ⑤ 초음파

<보기> 사진의 영상진단기기는 CT 장비이다.

정답 ①

★★☆
35 다음 <보기>의 밑줄친 이 영상진단검사의 명칭으로 옳은 것은?

─── <보기> ───

주로 이 영상진단검사를 하고 있을 때 동물의 특정 장기에 직접 주사바늘을 넣어 미세바늘흡
인세포검사인 FNA(fine needle aspiration cytology)를 하기도 한다.

① 초음파 검사   ② CT   ③ MRI

④ 위장관 조영검사   ⑤ X−ray 촬영

해설

초음파 검사를 할 때 방광천자, FNA 검사를 같이 한다. 이를 초음파 유도(Ultrasound guided)라고 하는데 초음파를
통해 직접 바늘이 들어가는 것을 확인하면서 특정 장기에 바늘을 삽입하는 것이 가능하기 때문이다.

정답 ①

36 X-ray 촬영 시 동물보건사의 역할이 <u>아닌</u> 것은?

① 동물의 보정
② 시준기(Collimator)의 범위 조정
③ 노출조건의 조정
④ 사진의 평가 및 재촬영
⑤ 사진의 해석 및 진단

해설

사진의 해석과 이를 통한 진단은 수의사의 몫이다. 동물보건사의 역할은 가장 질 좋은 사진을 빠르고 정확하게 찍는 것이다.

정답 ⑤

37 다음 <보기>의 밑줄친 <u>이 값</u>의 명칭으로 옳은 것은?

─── <보기> ───

<u>이 값</u>은 Santes의 법칙에 따라 구한다. 촬영하고자 하는 부위의 두께(cm)×2+40(SID)+ grid factor를 한 값이다. 따라서 두께가 두꺼워지고 체중이 증가하면 <u>이 값</u>도 증가한다.

① mAs
② mA
③ SID
④ s
⑤ kVp

해설

<보기>는 Sante's rule이라고 하여 kVp를 구하는 방법이다. 동물 몸 두께(thickness)의 두 배에 일반적인 SID 값인 40과 grid factor 값을 더해 산정한다. 다만 동물병원에는 동물의 체중과 촬영 부위에 따른 kVp 값과 mAs 값을 미리 설정해 놓은 경우가 많기 때문에, kVp를 구하기 위해 촬영 때마다 일일이 계산할 필요는 없다. 어떤 기계는 몸의 두께 등을 재서 수치를 넣으면 기계에서 자동으로 노출조건을 세팅하기도 한다.

정답 ⑤

38 200mA로 엑스레이를 0.1초간 촬영했을 때의 mAs는?

① 200
② 40
③ 20
④ 2
⑤ 0.2

해설

mAs는 mA와 s를 곱한 값이다. 두 개를 곱하면 20이 된다.

정답 ③

★★★
39 방사선에 있어서 완전히 안전한 농도라는 것은 없기 때문에 노출 및 피폭수준을 합리적으로 달성 가능한 가장 낮은 수준으로 유지해야 한다는 방사선 방어의 원칙을 설명한 용어는?

① 정당화(Justification)

② 최적화(Optimization)

③ 선량한도화(Dose limitation)

④ 차폐(shielding)

⑤ ALARA(As Low As Reasonably Achievable)

해설

방사선 방어의 기본 원칙인 ALARA(As Low As Reasonably Achievable)를 설명한 내용이다. 국제 방사선 방어위원회(ICRP)에서는 방사선 방어에 관한 많은 권고를 하고 있다. ICRP26에 따른 방사선 방어의 목표는 "방사선 피폭에 의한 결정적 영향의 발생을 방지하고 확률적 영향의 발생확률을 합리적으로 달성할 수 있는 한 낮게 유지한다."이다.

정답 ⑤

★★☆
40 일반적으로 최대흡기에 흉부 방사선을 촬영하지만, 흉부 방사선 촬영 시 최대흡기와 최대호기를 나누어서 찍어야 하는 질병의 명칭은?

① 기관허탈   ② 좌심부전

③ 우심부전   ④ 폐수종

⑤ 기관지염

해설

문제는 기관허탈(tracheal collapse)에 관련된 설명이다. 기관허탈이 있으면 기관의 직경이 좁아지는데, 흡기와 호기를 모두 찍어 비교하면서 진단하게 된다.

정답 ①

41 X-ray로 관절 촬영 시 특정한 뼈만 찍고 싶을 때의 촬영 방법은?

① 특정 뼈와 더불어 위쪽의 관절이 나오게 한다.
② 특정 뼈와 더불어 아래쪽의 관절이 나오게 한다.
③ 특정 뼈와 더불어 위아래의 관절이 모두 나오게 한다.
④ 특정 뼈만 찍어야 하기 때문에 관절을 포함시켜서는 안 된다.
⑤ 특정 뼈와 더불어 위아래의 관절이 모두 나오게 한 후, 사진 편집을 통해 관절 부위는 잘라낸다.

해설

특정한 뼈만 찍을 때에는 찍으려고 하는 관절을 중심에 두고 위쪽과 아래쪽의 관절이 포함되게 찍는 것이 좋다. 가령 상완골(humerus)을 찍는다면, 상완골을 중심으로 위쪽의 견관절과 아래쪽의 주관절을 포함시킨다.

정답 ③

42 위내 이물의 여부를 가장 정확하게 확인할 수 있는 영상진단장비이기도 한 다음 사진의 장비 명칭은?

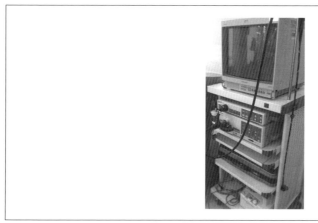

① C-arm   ② X-ray   ③ CT
④ MRI   ⑤ 내시경

해설

X선 촬영, 초음파, 방사선 조영 모두 위내 이물에 대한 진단이 가능하다. 그러나 흑백으로 명암을 통해서 진단하기 때문에 진단이 되지 않거나 형태가 불확실한 경우도 많다. 이에 비해 내시경 촬영은 카메라를 통해 관찰하는 방법이기 때문에 이물을 직접 관찰할 수 있다.

정답 ⑤

★★★
43 식도 조영 시 조영제를 먹게 한 후 최초 촬영이 가능한 시기는?

① 조영제를 먹은 즉시 ② 조영제를 먹고 5분 후

③ 조영제를 먹고 10분 후 ④ 조영제를 먹고 30분 후

⑤ 조영제를 먹고 1시간 후

해설

조영제는 식도를 금방 통과하여 위로 들어가게 된다. 식도의 이상을 관찰하기 위해서 조영을 하는 경우에는 조영제를 먹은 즉시 촬영을 하는 것이 좋다.

정답 ①

★★☆
44 개의 흉부 X-ray 촬영을 오른쪽 외측상(right lateral)과 복배상(VD) 자세로 촬영한 후 사진이 제대로 찍혔는지 평가하고자 한다. 다음 중 평가의 요소가 <u>아닌</u> 것은?

① 검게 표시되는 폐가 사진상에서 잘려있는지 여부

② 오른쪽 외측상에서 좌우의 갈비뼈가 서로 겹쳐있는지 여부

③ VD상에서 좌우의 갈비뼈가 대칭적인지의 여부

④ 사진이 흔들렸는지의 여부

⑤ 개의 팔꿈치 관절(주관절, elbow joint)이 함께 나왔는지의 여부

해설

흉부 방사선 촬영 시에는 폐가 잘리면 안 된다. 또한 정자세로 찍어야 하기 때문에 VD상에서는 좌우의 갈비뼈가 대칭이어야 하고, 외측상에서는 갈비뼈가 겹쳐보여야 한다. 사진이 흔들리거나 정확하지 않으면 재촬영하도록 한다. 흉강 입구부터 촬영 범위에 들어가게 되기 때문에 주관절보다는 견관절이 함께 나오게 된다.

정답 ⑤

★★☆
45 리트리버의 복부를 촬영하는데 시준기(collimator)를 가장 크게 조절해도 시준기 범위에 복부가 다 들어가지 않은 경우의 촬영방법으로 옳은 것은?

① 상복부만 촬영한다.
② 하복부만 촬영한다.
③ 상복부와 하복부로 나누고 가운데 일정 부분이 겹치도록 두 장을 찍어 모든 해부구조 (anatomy)가 포함되도록 한다.
④ 동물과 시준기(collimator) 사이의 간격을 넓혀 가급적 한 장에 모든 해부구조(anatomy) 가 다 들어오도록 한다.
⑤ X-ray 대신 다른 영상진단장비를 활용한다.

해설
개가 너무 크다면 두 장, 경우에 따라 세 장으로 나누어 찍어 전 범위를 다 확인할 수 있어야 한다. 이때 일정 부분은 겹치게 찍는 것이 좋다.

정답 ③

★★★
46 초음파를 할 때 주사기를 찔러 넣어 방광에 있는 소변을 채취할 때 쓰는 용어는?

① 방광절개   ② 자연배뇨   ③ 방광천자
④ 방광절제   ⑤ 방광파열

해설
천자(centesis)는 바늘 등으로 뚫는 것 등을 의미한다. 초음파 가이드를 통해 방광을 천자하여 소변을 주사기로 채취하는 과정은 소변검사 등을 위해 동물병원에서 자주 하는 처치법이다.

정답 ③

★★☆
47 다음 중 반드시 마취가 수반되는 X-ray 촬영은?

① 복부 방사선 촬영   ② 흉부 방사선 촬영   ③ 치아 방사선 촬영
④ 척추 방사선 촬영   ⑤ 어깨관절 방사선 촬영

해설
치아 방사선의 경우 입을 벌리고 여러 각도에서 찍는 경우가 많아 마취한 상태에서 촬영한다. 이때 두개골 방사선도 마취하는 경우가 많다. 그 외에 일반적인 복부나 흉부 방사선의 경우 개를 다루기 어렵거나 크기가 너무 큰 경우에 마취하게 된다.

정답 ③

48 다음 중 일반적인 동물병원에서 다른 조영법에 비해 더 흔하게 사용하는 조영법은?

① 위장관 조영
② 폐 혈관 조영
③ 콩팥 조영
④ 방광 조영
⑤ 척수 조영

해설

병원에 따라 다를 수 있지만, 위장관 조영이 다른 조영에 비해 흔하게 사용된다. 위장관 이물 등으로 동물이 내원하는 경우가 많기 때문이다.

정답 ①

49 조영제는 양성 조영제와 음성 조영제가 있다. 일반적으로 공기(가스)를 사용하는 음성 조영제가 X-ray 상에서 띠는 색깔은?

① 흰색
② 회색
③ 진회색
④ 연회색
⑤ 검은색

해설

음성 조영제는 공기(가스)로서 밀도가 낮기 때문에 방사선의 투과력이 높다. 그렇게 되면 사진상에서 검은색으로 나온다.

정답 ⑤

50 다음 중 위장관 조영 시 황산 바륨(Barium sulfate) 조영제의 사용을 금해야 하는 경우로 옳은 것은?

① 식도 이물
② 위 이물
③ 식도 천공
④ 식도 게실
⑤ 식도 협착

해설

천공이 있을 때 흡수가 불량한 비요오드계 조영제인 바륨계 조영제의 사용은 권장되지 않는다. 천공된 곳을 중심으로 다른 기관에 영향을 줄 수 있기 때문이다. 이때는 요오드계 조영제인 가스트로그라핀을 사용하는 것이 추천된다.

정답 ③

★★★
51 요오드계 조영제에 대한 설명으로 옳지 <u>않은</u> 것은?

① 대표적인 상품명으로 옴니파큐(Omnipaque)가 있다.

② 체내에 흡수되지 않는 조영제이다.

③ 신장이나 척수 조영에 사용된다.

④ 양성 조영제의 일종이다.

⑤ X-ray가 비투과되기 때문에 사진상에서 하얗게 나온다.

해설

요오드계 조영제는 체내에 흡수되며, 비요오드계 조영제는 체내에 흡수되지 않는다. 방사선의 투과력이 낮은 양성 조영제이기 때문에 사진상에서 하얗게 나온다.

정답 ②

★★☆
52 방광 조영에 대한 설명으로 옳지 <u>않은</u> 것은?

① 배뇨곤란, 빈뇨, 혈뇨 등 소변과 관련된 질병이 있을 때 사용한다.

② 조영제를 요도를 통해 주입한다.

③ 황산 바륨(Barium sulfate)을 주로 사용한다.

④ 방광이중조영술이라고 하여 양성 조영제와 음성 조영제를 함께 사용하여 조영할 수 있다.

⑤ 요도카테터를 사용하여 방광의 요를 먼저 제거한다.

해설

바륨계 조영제는 위장관 조영을 할 때 주로 사용된다. 방광 조영 시에는 옴니파큐(Omnipaque)를 양성 조영제로 사용하고, 필요에 따라 음성 조영제인 공기(가스)를 함께 사용한다. 이를 방광이중조영술이라고 한다.

정답 ③

53 다음 <보기>의 밑줄친 <u>이 영상진단기술</u>의 명칭으로 옳은 것은?

★★☆

---<보기>---

척수 조영은 전신마취 및 고도의 숙련된 기술이 필요한 기술로서, 최근에는 사용도가 많이 줄어들었다. 사용도가 많이 줄어든 원인은 <u>이 영상진단기술</u>이 전보다 보편화되어 척수 조영을 대체하고 있기 때문이다.

① 내시경   ② Fluoroscopy
③ 초음파   ④ X-ray
⑤ MRI

해설
MRI를 통해 디스크와 같은 척추, 척수의 질환의 정확한 진단이 가능하다. 가격의 부담이 있으나 진단에 있어서는 MRI가 더 정확하고 비침습적이라고 할 수 있다.

정답 ⑤

PART 02

54 다음 중 방사선 촬영과 비교하였을 때 초음파 검사의 장점이 <u>아닌</u> 것은?

★★★

① 방사선을 사용하지 않기 때문에 피폭 우려가 없다.
② 장기나 혈류의 상태 및 움직임을 실시간으로 확인할 수 있다.
③ 뼈의 상태를 보는 데 유용하다.
④ 비침습적인 검사로서 합병증의 우려가 적다.
⑤ 검사의 준비가 쉽고 신속하고 간편한 검사이다.

해설
뼈를 보는 데는 방사선 촬영이 더 유용하다. 내부 장비 및 연부조직을 볼 때, 특히 특정 장기를 관찰할 때 초음파가 더 낫다고 할 수 있다.

정답 ③

55 다음 중 척추 촬영에 대한 설명으로 옳지 <u>않은</u> 것은?

① 기본 촬영은 RL와 VD이다.

② 척추가 곧게 펴진 형태가 되도록 촬영하는 것이 좋다.

③ 디스크 등을 진단할 때 활용 가능하지만, 확진을 위해서는 MRI 촬영 등이 필요하다.

④ 척추에 문제가 있는 동물은 통증이 심한 경우가 많기 때문에 주의해야 한다.

⑤ 반드시 경추, 흉추, 요추 등이 한 장에 모두 나오게 찍어야 한다.

> **해설**
>
> 경추, 흉추, 요추는 사진 한 장에 나오게 하기가 어려울뿐더러 이렇게 찍는 것이 진단에 유리하지도 않다. 병변이 있는 곳을 중심으로 따로 촬영하는 것이 권장된다.

> **정답** ⑤

56 흉부 방사선을 찍을 때, 반드시 포함되어야 하는 부위가 <u>아닌</u> 것은?

① 심장   ② 우측폐   ③ 좌측폐

④ 횡격막   ⑤ 인두

> **해설**
>
> 흉부 촬영의 범위는 흉강의 입구부터 횡격막을 포함한 폐의 말단부까지이다. 흉강 입구에서 시작하기 때문에 인두는 사진에 포함되지 않는다.

> **정답** ⑤

57 흉부 방사선이 제대로 나왔는지를 평가한 내용으로 옳지 <u>않은</u> 것은?

① VD에서 가시돌기(spinous process)는 척추몸체(vertebral body)의 중심에 있어야 한다.

② RL에서 좌우측의 갈비뼈는 서로 겹쳐보여야(superimposed) 한다.

③ 좌측 혹은 우측을 구분하는 마커(R or L)가 함께 포함되어 촬영되었다.

④ 시준기(collimator)의 중심은 6번째 갈비뼈에 위치한다.

⑤ 등쪽의 가시돌기(spinous process)가 잘리지 않고 사진에 포함되어 있다.

> **해설**
>
> 흉부촬영에서 시준기(collimator)의 중심은 견갑골 후면에 위치하고 있어야 한다. 참고로 흉부나 복부를 평가할 때 VD에서 가시돌기(spinous process)는 vertebral body의 중심에 있어야 한다. 이렇게 되면 척추의 가운데 부분에 눈물방울 형태의 모습이 보이게 된다.

> **정답** ④

58 두개골(skull)의 방사선 촬영 시 확인 가능한 부분이 <u>아닌</u> 것은?

① 송곳니   ② 비강   ③ 뇌

④ 하악   ⑤ 고실

해설

두개 내의 뇌는 확인이 불가능하지만 기타 이빨, 비강, 하악, 귀의 고실 등은 확인이 가능하다. 다만 송곳니 등의 이빨을 자세히 보기 위해서는 치아 방사선을 따로 촬영하는 것이 좋다.

정답 ③

59 다음 중 가장 하얗게 보이는 것은?

① 뼈   ② 폐   ③ 방광

④ 간   ⑤ 삼킨 동전

해설

삼킨 동전은 금속이기 때문에 방사선 상에서 미네랄인 뼈보다 훨씬 하얗게 보인다. 폐는 가스로 차있기 때문에 가장 검게 보이고, 연부조직으로 된 방광과 간이 그 다음으로 검게 보인다. 뼈는 하얗게 보이지만 동전만큼은 아니다.

정답 ⑤

60 SID(Source-Image Distance)에 대한 설명으로 옳지 <u>않은</u> 것은?

① SID가 변경되면 mAs의 재조정이 필요하다.

② X선 튜브의 초점으로부터 검출기까지의 거리이다.

③ SID가 커질수록 피폭량은 감소한다.

④ SID와 X선의 강도는 비례한다.

⑤ SID는 일반적으로 40인치(100cm)로 사용한다.

해설

SID는 튜브(선관)로부터 검출기까지의 거리이기 때문에, 이 거리가 멀어질수록 X선의 강도는 낮아진다고 볼 수 있다.

정답 ④

★★★

61 방사선 작업을 할 때 외부 피폭선량을 낮추기 위한 3대 조건을 <보기> 중에서 올바르게 짝지은 것은?

<보기>

ㄱ. 시간   ㄴ. 체중
ㄷ. 표면적   ㄹ. 거리
ㅁ. 차폐

① ㄱ, ㄴ, ㄷ   ② ㄱ, ㄷ, ㅁ
③ ㄱ, ㄹ, ㅁ   ④ ㄴ, ㄷ, ㄹ
⑤ ㄴ, ㄹ, ㅁ

해설

피폭을 낮추기 위한 3대 조건은 시간, 거리, 차폐이다. 노출시간이 짧아야 하고, 광원으로부터 거리가 멀어야 하며, 광선과 작업자 사이에는 차폐가 되어야 한다. 이것은 일반적인 방사선 작업은 물론 X-ray를 촬영할 때에도 동일하게 해당된다.

정답 ③

★★☆

62 다음 중 산란 등으로 생긴 상의 왜곡 등을 방지하고, 사진의 해상도와 선명도를 높이기 위해 사용하는 일종의 필터링 장치의 명칭으로 옳은 것은?

① 필름(film)   ② 카세트(casset)
③ 그리드(grid)   ④ 선관(tube)
⑤ 타겟(target)

해설

문제는 그리드에 대한 설명이다. 방사선이 몸을 통과할 때 광선의 산란이 일어나는데, 이것을 최소화하여 필름이나 디텍터에 좋은 영상을 전달해주는 역할을 한다.

정답 ③

63 다음 <보기>의 밑줄친 이것의 명칭으로 옳은 것은?

─────── <보기> ───────

이것은 반사력이 높아 초음파를 관찰할 때 방해요소가 된다. 이것을 최소화하기 위해 초음파 전에 삭모(hair clipping)를 하고 젤을 바르기도 한다.

① 공기   ② 수분

③ 모공   ④ 각질

⑤ 피부

해설

초음파는 물체를 지나게 되면서 음파가 에너지와 투과율, 반사율 등을 잃는 감쇠(attenuation)라는 현상이 일어나는데, 반사(reflection)는 이 감쇠의 원인 중 하나이다. 털은 초음파의 웨이브가 반사되게 하여 체내로 투과되지 못하게 하는 주요 원인이기 때문에 삭모하는 것이 도움이 된다. 젤을 바르는 것도 탐촉자와 피부 모공 속의 공기와의 음향 저항을 감소시키기 위함이다.

정답 ①

64 다음 중 마취를 하지 않고 2살 비글의 복부 방사선을 촬영한다고 가정할 때 필요한 최소한의 인원은?

① 1명   ② 2명

③ 3명   ④ 4명

⑤ 5명

해설

동물은 움직이기 때문에 항상 보정인원이 필요하다. 한 명이 앞쪽에서 머리(혹은 귀)와 앞다리를 잡고, 다른 한 명이 뒷다리를 잡아 보정한다. 촬영은 둘 중 한명이 페달을 밟아 촬영할 수 있다. 어린 강아지 및 소형견의 경우와 같이 개의 크기가 작거나 마취를 하는 경우에는 1명이 촬영하는 것도 가능하다.

정답 ②

★★☆

65 시준기(Collimator)를 동물의 몸에 맞게 정확하게 맞췄을 때의 장점으로 옳지 <u>않은</u> 것은?

① 산란되는 빛을 감소시킨다.

② 사진이 더 선명하게 나온다.

③ 보정하는 사람에 대한 피폭량이 감소한다.

④ 방사선에 노출되는 시간이 짧아진다.

⑤ 원하는 부위를 정확하게 찍을 수 있다.

> **해설**
>
> 시준기는 광선을 평행하게 만들어서 산란되는 빛을 줄여준다. 쓸데없이 산란되는 빛이 감소하기 때문에 사진의 퀄리티가 상승하고 사람에 대한 피폭량이 감소한다. 노출되는 시간과는 관계 없다.

> **정답** ④

★★☆

66 다음 중 고관절을 포함한 골반 부위를 VD(복배상)로 찍을 때 포함되어야 하는 촬영 범위로 옳은 것은?

① 장골 날개 바로 위부터 무릎관절까지

② 장골 날개 바로 위부터 대퇴골두까지

③ 장골 날개 바로 위부터 대퇴 큰돌기까지

④ 치골부터 무릎관절까지

⑤ 치골부터 대퇴골두까지

> **해설**
>
> 고관절 부위를 촬영할 때에는 골반 전체와 더불어 무릎관절도 포함되어야 한다. 따라서 VD 촬영 시 골반 경계의 위쪽인 장골날개(장골익)가 잘리지 않아야 하며, 아래쪽으로는 무릎관절까지 포함되어야 한다.

> **정답** ①

★★☆

67 최적화된 초음파 검사를 위해 조절해야 하는 것이 <u>아닌</u> 것은?

① Death   ② Gain   ③ Focus

④ TGC   ⑤ mAs

> **해설**
>
> mAs는 X선 사진을 찍을 때 조절해야 하는 노출조건이다.

> **정답** ⑤

★★★

68 다음 중 Sector(소접촉면) 탐촉자의 초음파가 가장 유용하게 사용되는 장기는?

① 신장   ② 간   ③ 방광

④ 뼈   ⑤ 심장

해설

심장초음파 검사에 가장 유용하게 사용하는 탐촉자는 sector형(소접촉면)이다. 복부의 다른 장기는 linear(선형) 및 convex(볼록면) 탐촉자로 확인 가능하다. 뼈의 경우 초음파보다는 X선이 더 효과적이다.

정답 ⑤

★★☆

69 막대 모양의 탐촉자로서 스캔면이 편평한 Linear형의 탐촉자에 대한 설명으로 옳지 <u>않은</u> 것은?

① 고주파로 스캔속도가 빠르고 해상도가 좋다.
② 탐촉자의 머리 부분이 작고 접촉면이 좁다.
③ 초음파가 직각으로 들어간다.
④ 탐촉자 넓이만큼의 시야만 가질 수 있다.
⑤ 깊이가 얕은 장기검사에 유용하다.

해설

Linear형은 탐촉자의 머리 부분이 다른 것에 비해 크고 접촉면이 넓다. 머리 부분과 접촉면이 좁은 것은 sector형이다. 보기의 다른 설명은 linear에 해당하는 설명이다.

정답 ②

★★★

70 다음 <보기>의 밑줄친 <u>이것</u>의 명칭으로 옳은 것은?

──── <보기> ────

이것은 한 줄기의 초음파 빛을 발사하여 반사되어 돌아오는 반향을 횡축을 시간축으로 하여 기록한 것이다. 일정한 위치에서 시간에 따른 장기의 운동 상태를 나타내는 모드로서 심근 질환의 진단 등 심장 초음파를 할 때 많이 사용한다.

① Doppler mode   ② Q-mode   ③ A-mode
④ M-mode   ⑤ B-mode

해설

M-mode라고 하며 Motion mode의 약자이다. 모션이 wavy line으로 표현된다. A-mode(amplitude mode)는 1D모드로서, 에코의 크기가 피크의 크기로 나타내어진다. B-Mode는 brightness mode로서 2D 이미지이다. Doppler mode는 혈행을 관찰하는 데 사용한다.

정답 ④

71 다음의 방사선 사진에 표시된 장기의 이름으로 옳은 것은?

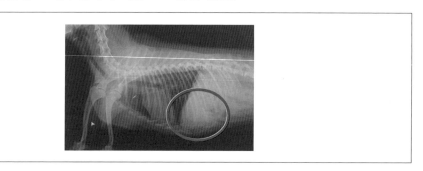

① 간   ② 심장   ③ 신장

④ 방광   ⑤ 폐

간은 엽으로 인해 약간 뾰족하게 보이며, 복부에서 횡격막 바로 뒤쪽에 위치한다.

정답 ①

72 종양이 발생하여 종양에 대한 형태 및 다른 기관으로의 전이 여부를 확인하고자 한다. 가격을 고려하지 않는다고 가정했을 때, 가장 정확하게 진단할 수 있는 영상 장비는?

① 초음파   ② Fluoroscopy

③ CT   ④ 내시경

⑤ X선 촬영

종양의 형태 파악 및 침습 여부의 확인은 CT가 가장 정확하다. 물론 초음파나 방사선으로도 확인이 가능하지만, CT에 미치지는 못한다.

정답 ③

★★★
73 다음 <보기>의 밑줄친 <u>이 영상장비</u>의 명칭으로 옳은 것은?

──────── <보기> ────────

<u>이 영상장비</u>는 자석으로 구성된 장치에서 체내에 고주파를 쏘아 신체 부위에 있는 수소원자 핵을 공명시켜 조직에서 나오는 신호의 차이를 디지털 정보로 변환하여 영상화한다.

① 초음파   ② Fluoroscopy
③ CT   ④ MRI
⑤ X선 촬영

해설
<보기>는 자기공명영상장치(MRI, Magnetic Resonance Imaging)에 대한 설명이다. 강력한 자석(마그넷)을 이용하기 때문에 사고의 우려가 있어 촬영 시 금속 등의 물질의 소지 여부를 반드시 체크해야 한다. 스캔하는 소리도 매우 커서 귀마개 등을 하고 있어야 한다.

정답 ④

★★★
74 다음 중 심장 내의 혈액의 흐름을 관찰하기에 가장 적합한 방법은?

① 도플러(Doppler) Mode   ② Q-mode
③ A-mode   ④ M-mode
⑤ B-mode

해설
도플러(Doppler) Mode는 초음파에서 혈액순환을 측정하는 장치이다. 도플러 모드를 사용하면 소리를 내면서 혈액순환의 확인이 가능하며 혈액순환의 증감, 부정맥 등의 측정도 가능하다. 도플러 모드를 D-mode라고도 부른다.

정답 ①

★★★

75 대학 동물병원에 입사하니 개인 도시미터(personal dosimeter)가 지급되었다. 이것에 대한 설명으로 옳은 것은?

① 촬영 시 주머니에 넣고 방사선에 노출되는 수준을 지속적으로 추적하는 장치이다.

② 일반적으로 1인당 두 개씩 착용하고 있다.

③ 필름배지(films badges)의 형태도 있고 TLD(Thermoluminescent dosimeters) 형태도 있다.

④ 개인적으로 구매하여 착용한다.

⑤ 엑스레이 촬영 전에 장착하고, 촬영이 시작되면 빼놓는다.

> **해설**
>
> 도시미터는 일반적으로 1인당 1개가 지급되며 방사선 촬영 시에 몸에 부착하여 촬영하게 된다. 보통 본인의 이름이 쓰여 있다. 목적은 방사선에 노출되는 방사선량을 평가하기 위한 것으로서, 정기적으로 검사센터에 보내 노출선량을 측정한다.
>
> **정답** ③

★★☆

76 복부 방사선 촬영 시 kVp와 mAs의 기본적인 설정으로 옳은 것은?

① mAs는 높게, kVp는 낮게 설정해 주는 것이 좋다.

② mAs는 높게, kVp도 높게 설정해 주는 것이 좋다.

③ mAs는 낮게, kVp는 높게 설정해 주는 것이 좋다.

④ mAs는 낮게, kVp도 낮게 설정해 주는 것이 좋다.

⑤ mAs와 kVp를 동일하게 설정해 주는 것이 좋다.

> **해설**
>
> kVp가 상승하면 대조도가 감소한다. 복부는 흉부에 비해 장기의 구분이 어려워 대조도가 높아야 한다. 따라서 kVp를 낮게, mAs를 높게 설정해주는 것이 좋다. 반대로 흉부의 경우 폐의 공기 등으로 인해 대조도 자체가 높으므로 kVp를 높게, mAs를 낮게 설정해주는 것이 좋다.
>
> **정답** ①

★★☆
77 흉부 방사선의 VD 촬영 시 보정자별 개를 잡는 부위가 올바르게 짝지어진 것은?

	앞쪽 보정자	뒤쪽 보정자
①	앞다리 및 머리(혹은 귀)	뒷다리
②	앞다리 및 머리(혹은 귀)	꼬리
③	머리(혹은 귀)	꼬리
④	앞다리	뒷다리
⑤	앞다리	꼬리

해설

흉부 방사선을 위한 보정 시, 앞쪽에 있는 사람은 앞다리 외에 머리나 귀를 함께 잡아주어야 한다. VD 포지션에서 머리가 좌우로 움직일 경우 몸의 방향성이 틀어져 좌우 대칭적인 사진을 찍기 어렵다.

정답 ①

★★☆
78 다음의 사진에서 좌측 폐의 위치는?

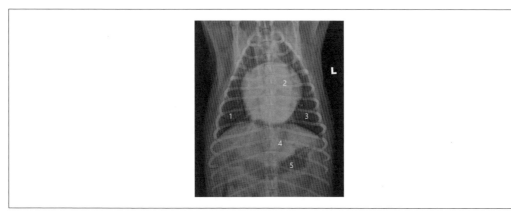

① 1   ② 2   ③ 3

④ 4   ⑤ 5

해설

폐는 공기가 많아 까맣게 보이며 척추를 중심으로 양측에 자리하고 있다. L이라고 쓰인 것은 왼쪽(left)을 의미한다. 따라서 왼쪽 폐는 3번이다. 흉부를 찍을 때 까만 폐의 부분이 사진상에서 잘리면 반드시 재촬영해야 한다. 따라서 동물보건사는 폐의 모양과 위치를 기억해두는 것이 좋다. 1번은 우측 폐, 2번은 심장(정상적인 형태는 아님), 4번은 간, 5번은 위이다.

정답 ③

[79~80] 다음 <보기>를 보고 물음에 답하시오.

<보기>

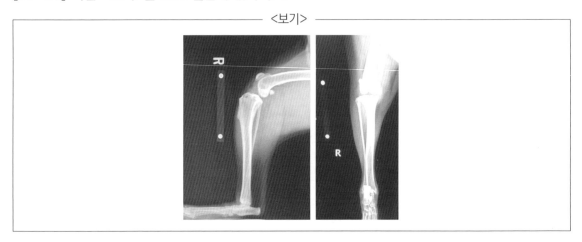

★★☆
79 위 <보기>의 사진에서 촬영된 개의 관절은?

① 주관절(혹은 팔꿈치관절, elbow joint)

② 슬관절(혹은 무릎관절, stifle joint)

③ 앞발목관절(carpal joint)

④ 견관절(혹은 어깨관절, shoulder joint)

⑤ 고관절(혹은 엉덩이관절, hip joint)

해설
<보기>는 무릎 관절을 촬영한 사진이다. 좌측의 사진은 외측상인데 가운데 뼈가 경골(tibia), 위쪽의 뼈가 대퇴골(femur)이 되며 아래쪽은 뒷발목관절(tarsal joint)로 연결되어 있다.

정답 ②

80 위 <보기>의 사진 중 좌측 사진은 가운데 경골(tibia)을 기준으로 위쪽의 뼈와 아래쪽의 뼈가 각각 수직이 되도록 촬영했다. 아래의 사진은 <보기>의 사진을 찍기 위한 모습으로, 일반적으로 이렇게 찍는 이유는 관절의 특정한 질병을 진단하기 위한 목적이 크다. 밑줄친 **특정한 질병**의 명칭으로 옳은 것은?

① 관절염   ② 골종양   ③ 전방십자인대파열

④ 슬개골탈구   ⑤ 골절

해설

사진은 전방십자인대파열(CCLR, Cranial Cruciate Ligament Rupture)을 진단하기 위한 자세이다. 이렇게 찍어서 경골(tibia)과 대퇴골(femur)의 각도를 측정함으로써 파열의 정도를 가늠한다. 보통 CCLR이 있으면 TPLO(Tibial plateau leveling osteotomy)라고 불리는 수술을 통해 교정하기 때문에 이 촬영 자세를 TPLO 포지션이라고 부르는 경우도 있다.

정답 ③

동물보건사 과목별 문제집

PART

03

임상 동물보건학

CHAPTER
11 **동물보건내과학**

★★★
01 신체검사 항목 중 갈비뼈의 만져짐, 허리 모양 등으로 동물의 체형(비만도)을 1에서부터 9까지(혹은 1에서 5까지) 평가하는 항목은?

① BCS
② CRT
③ TPR
④ Tx
⑤ CBC

해설
BCS(Body condition score): 비만도를 숫자로 객관화한 지표, CRT(Capillary refilling time): 탈수평가 지표, TPR: 체온, 맥박, 호흡수를 나타내는 vital sign, Tx(Treatment): 처치, CBC: 혈구검사

정답 ①

★★★
02 활력징후의 관찰 항목으로 옳지 <u>않은</u> 것은?

① T: 일반적으로 직장 내에서 측정한다.
② P: 청진기를 이용하여 1분당 심박수를 파악한다.
③ R: 잇몸 점막 부위를 압박하여 혈류를 차단하고, 정상적인 색으로 돌아오는 시간을 평가한다.
④ CRT: 탈수 평가 지표 중 하나로 사용된다.
⑤ BP: 환경에 따라 다른 값이 나올 수 있어 여러 번 측정하여야 한다.

해설
R은 respiration으로 1분당 호흡수를 뜻한다. 위 설명은 CRT(capillary refilling time)에 대한 설명이다.

정답 ③

★★☆

03 차트에 기입되는 환자 기초평가는 SOAP(Subjective, Objective, Assessment, Plan)에 준해 작성된다. 다음 중 Objective에 해당되는 지표는?

① 활력 정도
② 내복약 처방 내역
③ 원내 주사 처치 내역
④ 다음 내원 시 검사 예정 항목
⑤ 혈액검사 결과

해설
O(Objective)는 객관적인 지표를 기입한다.

정답 ⑤

★★☆

04 청진기가 없을 경우 뒷다리 안쪽(사타구니)에 손을 대고 맥박수를 측정할 수 있는 혈관은?

① 목정맥(jugular vein)
② 요골측피부정맥(cephalic vein)
③ 넙다리동맥(femoral artery)
④ 목동맥(jugular artery)
⑤ 넙다리정맥(femoral vein)

해설
청진기를 이용하지 않을 때는 대퇴 부위 안쪽 넙다리동맥(femoral artery)에 손을 대어 맥박을 확인하고, 심박수를 측정한다.

정답 ③

★★★

05 다음 중 탈수(dehydration)의 평가 항목이 **아닌** 것은?

① CRT(Capillary Refilling Time, 모세혈관 재충만 시간)
② 안구 함몰 정도
③ 피부 탄력의 회복 시간
④ 구강 점막의 건조 정도
⑤ 코에서 흘러나온 분비물의 정도

해설
일반적으로 신체검사상 탈수평가는 모세혈관 재충만 시간(CRT)을 포함하여 안구 함몰 정도, 피부 탄력의 회복 시간, 구강 점막의 건조 정도 등으로 탈수 정도(%)를 추정한다.

정답 ⑤

06 개에게 수혈할 때 가장 적절한 혈액 성분과 그 사용 방법에 대한 설명으로 올바른 것은?

① 신선동결혈장은 혈액의 모든 성분이 포함되어 있으며, 주로 대량 출혈 시 전체 혈액량을 보충하는 데 사용된다.

② 혈장은 혈액에서 적혈구와 백혈구를 제거한 후 사용되며, 주로 빈혈 치료에 사용된다.

③ 적혈구 농축액은 응급 상황에서 혈액의 산소 운반 능력을 높이기 위해 사용된다.

④ 백혈구 농축액은 면역 시스템 강화와 감염 치료를 위해 사용되며, 가장 흔하게 사용되는 수혈 성분이다.

⑤ 혈소판 농축액은 출혈을 예방하고 치료하기 위해 사용되며, 상온에서의 안정성이 높다.

> **해설**
> 적혈구 농축액은 응급 상황에서 혈액의 산소 운반 능력을 높이기 위해 사용되며, 빈혈 등을 교정할 때 사용된다.

> **정답** ③

07 다음 중 수혈에 대한 내용으로 옳지 <u>않은</u> 것은?

① 공혈동물은 백신 접종을 규칙적으로 하였으며, 주혈기생충에 감염되지 않아야 한다.

② 고양이에게는 1차 수혈에서는 치명적인 부작용이 잘 일어나지 않으나, 2차 수혈부터는 항체 생성으로 심각한 부작용이 발생한다.

③ 수혈 부작용으로는 구토, 호흡곤란, 빈맥 등을 보일 수 있다.

④ 냉장 보관하던 혈액은 수혈 전 체온과 비슷한 온도로 천천히 데워야 한다.

⑤ 교차적합시험(Cross-matching)은 수혈 전 검사 항목이다.

> **해설**
> 해당 내용은 개에 해당하는 내용이다. 고양이는 자연발생 동종이계항체를 가지므로 첫 수혈 시에도 교차적합시험을 반드시 실시하여야 한다.

> **정답** ②

08 체액 성분인 수분과 전해질 성분인 나트륨, 칼륨 등이 부족한 상태를 뜻하는 용어는?

① 동통   ② 경련   ③ 순환
④ 탈수   ⑤ 유연

> **해설**
> 탈수(Dehydration)란 수분 및 전해질이 부족한 상태를 뜻한다.

> **정답** ④

09 ★★★ 다음 중 수액처치 방법으로 사용되지 않는 것은?

① 요골측 피부정맥의 정맥카테터를 장착 후 IV 투여
② 복재정맥의 정맥카테터를 장착 후 IV 투여
③ 등쪽 피부 밑 피하공간 확보 후 SC 투여
④ 뒷다리 대퇴즉근(rectus femoris)의 IM 투여
⑤ 전해질 용액의 급여를 통한 PO 투여

해설

정맥투여(IV)나 피하주사(SC), 상황에 따라 경구투여(PO)한다.

정답 ④

10 ★★★ 수액에 대한 설명으로 옳은 것은?

① 혈장보다 낮은 삼투압을 가진 용액을 고장액이라고 한다.
② 등장액의 종류 중 대표적으로 0.9% NaCl이 있다.
③ 장폐색이 있는 환자의 경우 정맥보다는 경구 수액법을 추천한다.
④ 입원이 어렵거나, 혈관 확보가 어려운 경우 정맥수액법을 이용한다.
⑤ 자연낙하(drop)법은 인퓨전 펌프에 비하여 더 정확한 속도로 주입할 수 있다.

해설

혈장의 삼투압보다 낮으면 저장액, 동일하면 등장액, 높으면 고장액이라고 부른다. 경구 수액법은 장폐색이 있거나 구토가 있는 환자에게는 사용할 수 없다.

정답 ②

11 ★★★ 다음 중 처치 용어와 뜻이 올바르게 연결된 것은?

① 정맥주사－SC
② 근육주사－IV
③ 피하주사－IM
④ 경구투약－PO
⑤ 수액처치－IO

해설

정맥주사－IV, 근육주사－IM, 피하주사－SC, 경구투약－PO

정답 ④

12 다음 중 용어와 뜻의 연결이 올바르지 않은 것은?

① QID-1시간에 1번   ② EOD-2일 1회

③ SID-1일 1회   ④ BID-1일 2회

⑤ TID-1일 3회

> **해설**
> QID는 1일 4회를 의미한다.

> **정답** ①

13 피하주사(SC)에 대한 설명으로 옳지 않은 것은?

① 앉은 자세 혹은 엎드린 자세로 보정한다.

② 빠르고 상대적으로 통증이 적은 주사법이다.

③ 주사 과정 중 동물이 불안해하지 않도록 머리는 움직일 수 있도록 해주어야 한다.

④ 약물을 주사하기 전, 피하 공간 삽입 후 음압을 확인하여야 한다.

⑤ 약물의 흡수는 30~45분 정도 서서히 흡수된다.

> **해설**
> 피하주사 시 머리를 움직이지 않도록 고정시켜서 보정해야 한다.

> **정답** ③

14 체내 수분 균형에 대한 설명으로 옳지 않은 것은?

① 체내 수분은 음식물과 마시는 물, 지방과 탄수화물 대사에 의해 섭취하게 된다.

② 수분 손실은 40~60ml/kg/24hr 정도이다.

③ 불감 수분 손실은 피부로 인한 손실을 포함한다.

④ 감각 수분 손실은 호흡으로 인한 손실을 의미한다.

⑤ 수분 공급은 40~60ml/kg/24hr 정도 필요하다.

> **해설**
> 감각 수분 손실은 배뇨작용으로 인한 손실을, 불감 수분 손실은 호흡, 피부, 배변 등으로 인한 손실을 의미한다.

> **정답** ④

★★★☆

15 후지마비 또는 기립불능 환자에 대한 간호로 옳지 <u>않은</u> 것은?

① 안전하게 기댈 수 있는 공간을 선택해야 한다.

② 누워있는 환자는 쉽게 저체온이 될 수 있으므로, 핫팩이나 보온패드를 피부에 직접 접촉하여 체온을 유지해주어야 한다.

③ 소화가 잘되는 식이를 급여하여야 한다.

④ 에너지 요구량은 낮은 편이므로 과체중의 경우 급여량을 줄여야 한다.

⑤ 침하성 폐렴과 욕창 방지를 위하여 4시간 간격으로 자세를 변경해주어야 한다.

해설

움직일 수 없는 환자이기 때문에 화상 가능성을 고려하여, 핫팩이나 보온패드는 직접적으로 피부에 접촉·적용하지 않는다.

정답 ②

★★★

16 다음 중 영양요법에 대한 설명으로 옳은 것은?

① 고양이 사료에는 타우린이 포함되어 있어야 하며, 결핍 시 심장질환과 안과질환 가능성이 있다.

② 필수아미노산은 체내에서 자연적으로 생성되어 사료를 통한 공급이 필요하지 않은 아미노산을 뜻한다.

③ 탄수화물은 소화과정을 통해서 다당류로 합성되어 소장 점막에서 흡수되어 에너지원으로 이용된다.

④ 섭취된 단백질은 필수지방산으로 분해되어 흡수된다.

⑤ 질병 상태에서는 대부분 식욕이 증가하여 필수 영양분이 과다 공급되는 경향이 있어 식이 제한이 필요하다.

해설

고양이는 개와 다르게 반드시 타우린이 포함된 식이를 해야 한다.

정답 ①

★★★

17 9단계로 나뉘는 신체충실지수(BCS, Body condition score)의 기준으로 분류할 때, 고도 비만 환자의 score로 적절한 것은?

① 1   ② 2   ③ 4

④ 5   ⑤ 9

해설

BCS는 1에서 9까지, 혹은 1에서 5까지로 나뉜다. 숫자가 클수록 비만함을 의미한다.

정답 ⑤

★★★

18 모세혈관 재충만 시간(CRT)에 대한 설명으로 옳지 <u>않은</u> 것은?

① 혈액순환의 적절성에 대한 지표로, 환자의 초기 평가에 사용될 수 있다.

② 탈수에 의해 시간이 단축될 수 있다.

③ 저혈압에 의해 시간이 지연될 수 있다.

④ 잇몸을 손가락으로 눌러, 다시 원래의 색으로 돌아오는 시간을 측정한다.

⑤ 측정 시간을 기록하여야 한다.

해설

탈수, 심부전, 저체온증, 전해질 이상, 저혈압 등에 의해 모세혈관 재충만 시간이 지연될 수 있다.

정답 ②

★★★

19 이첨판 폐쇄부전증을 가지고 있는 환자가 호흡곤란으로 응급 내원한 경우, 1차적으로 취해야 할 응급조치가 <u>아닌</u> 것은?

① 산소 처치   ② 정맥카테터 라인 확보   ③ 혈압 안정화

④ 요도카테터 장착   ⑤ 심박수 안정화

해설

폐수종 환자의 경우, 환자의 절대 안정화가 필수이다. 호흡이 어려운 상태이므로 산소 처치 및 심박, 혈압의 안정화를 치료 목표로 삼아야 한다. 응급 처치를 위하여 빠르게 정맥카테터를 확보한다. 진단 및 상태 파악을 위하여 X-ray 촬영 등이 진행되어야 하지만, 환자가 불안정한 상태라면 진단검사는 보류하도록 한다.

정답 ④

★★★
20 다음 <보기>의 상황과 연관된 내과질환과 올바른 간호법이 알맞게 짝지어진 것은?

─── <보기> ───

6살 고양이가 한쪽 뒷다리 통증 호소 및 마비로 응급 내원하였다. 신체검사상 마비된 뒷다리의 냉감 및 발바닥의 색변화(청색)가 확인되었으며, 대퇴동맥의 맥박이 느껴지지 않았다. 또한 항진된 호흡수 및 개구호흡이 관찰되었다.

① 고양이 비대성 심근증(HCM) – 산소처치, 진통, 진정
② 쿠싱(Cushing, Hyperadrenocorticism) – 근육강화, 굴신운동
③ 파보바이러스 감염증(Parvo virus infection) – 유동식 급여
④ 칼리시바이러스 감염증(Calici virus infection) – 네뷸라이저
⑤ 갑상선 기능저하증(Hypothyroidism) – 산소처치

해설
고양이 비대성 심근증(HCM)은 심장의 심실벽이 두꺼워지며 이완기능이 저하되는 질환이다. 울혈성 심부전 및 혈전 발생으로 인한 뒷다리 마비 등이 나타날 수 있다.

정답 ①

★★★
21 다음 중 개 쿠싱에 대한 내용으로 옳지 <u>않은</u> 것은?

① 부신겉질호르몬이 부족해서 생기는 질환이다.
② 다음, 다뇨 증상을 보일 수 있다.
③ 치료제 트릴로스탄(trilostane)은 사료와 함께 급여하는 것을 권장한다.
④ Pot belly가 대표적인 증상이다.
⑤ ACTH 자극검사를 통하여 혈액 중 코르티솔(cortisol) 농도를 검사한다.

해설
쿠싱은 부신겉질기능항진증과 동의어로, 부신겉질호르몬 cortisol이 과다 분비되어 나타난다.

정답 ①

★★☆
22 개의 심장사상충 감염증에 대한 설명으로 옳지 <u>않은</u> 것은?

① 감염된 모기가 심장사상충 유충을 개의 몸 속에 전파한다.

② 성충은 우측 심장과 폐동맥에 침투한다.

③ 외과적 제거와 내과적 치료 방법이 있다.

④ 심장사상충에 이미 감염된 동물에게 심장사상충 예방약 투여 시, 면역반응으로 쇼크가 발생할 수 있다.

⑤ 감염이 확인되면 더 진행되지 않도록 진단과 동시에 성충구제주사(immiticide)를 하여야 한다.

해설
바로 성충구제주사를 하면 혈전, 쇼크 등의 반응이 올 수 있다. 진단을 받았다면 그 정도에 따라 외과적 절제와 내과적 치료 여부를 결정하며, 내과적 치료를 하게 되면 1~2달 정도의 전처치 기간 후에 성충구제주사를 주사한다.

정답 ⑤

★★☆
23 개의 심장사상충 감염증에 대한 설명으로 옳지 <u>않은</u> 것은?

① 심장사상충 키트 검사는 분변을 샘플로 한다.

② 심장사상충 키트 검사는 성충에 대한 검사이다.

③ 심장사상충 치료는 치료제를 주사하거나 외과적 제거를 할 수 있다.

④ 심장사상충은 모기에 의해 전파된다.

⑤ 감염된 동물에게 사상충 예방약 투여 시 과도한 면역반응으로 쇼크가 발생할 수 있다.

해설
심장사상충은 심장, 혈액에 사는 기생충이다. 진단키트 검사의 샘플은 혈액이다.

정답 ①

★★★
24 단두종 증후군에 대한 설명으로 옳지 <u>않은</u> 것은?

① 셔틀랜드 쉽독, 도베르만 등에서 호발한다.

② 연구개가 늘어져서 호흡이 어려운 증상을 보인다.

③ 숨 쉴 때마다 소리가 나거나, 잘 때 코고는 소리가 심할 수 있다.

④ 혀가 파랗게 변하거나 간헐적 기침을 보이기도 한다.

⑤ 필요 시 연구개의 길이를 자르거나 좁아진 콧구멍을 교정하는 수술을 진행한다.

해설
퍼그, 시츄, 불독 등 단두종에서 호발하는 질환이다.

정답 ①

★★★
25 다음 <보기>의 상황에서 내과 간호 시 준비해야 할 것은?

──── <보기> ────

9살 푸들이 다음·다뇨, 체중 감소 등을 주증상으로 내원하였다. 임상병리검사 결과, 고혈당 (543mg/dl), 요당 검출 등이 확인되었다.

① 인슐린　　　　　　　　　② 플로리네프

③ 산소처치　　　　　　　　④ 고지방사료

⑤ 스테로이드

해설
<보기>의 환자의 경우 당뇨(DM, Diabetes Mellitus)로 진단할 수 있다. 개의 당뇨의 경우 대부분 인슐린을 처방받으며, 식이관리와 운동 등을 병행한다.

정답 ①

26 다음 <보기>에서 설명하는 방법의 명칭으로 옳은 것은?

> ───── <보기> ─────
>
> • 주로 네뷸라이저 치료 후 시도하는 방법으로, 흉부순환을 도와주며 침하성 폐렴을 방지하
>   는 방법
> • 두 손을 컵 모양으로 모아 쥐고 양쪽 가슴을 뒤쪽에서 앞쪽으로 두드리는 방법

① 굴신운동　　　　　　② 압박배뇨　　　　　　③ 비식도관
④ 완전비장관영양　　　⑤ 쿠파주

해설

쿠파주는 두 손을 컵 모양으로 모아 쥐고, 양쪽 가슴을 뒤에서 앞쪽으로 두드린다. 보통 5분 정도 반복하여 기침을 유발하
고 흉부순환을 촉진하여 기관지 분비물의 배출을 도와준다.

정답 ⑤

27 5kg의 개가 심한 구토와 설사로 내원하였다. 신체검사상 6% 탈수로 추정되는 경우, 10시간
동안 6% 탈수를 교정하려는 경우에 적합한 수액 속도는? (단, 유지속도＝체중×2.5ml/hr/kg)

① 12.5ml/hr　　　　　② 25ml/hr　　　　　③ 37.5ml/hr
④ 42.5ml/hr　　　　　⑤ 62.5ml/hr

해설

유지수액＝2.5ml/kg/hr×5kg×10hr＝125ml, 탈수량＝5kg×1L/kg×1000ml/L×0.06＝300ml
유지량＋탈수량은 425ml이며, 이를 10시간으로 나누면 42.5ml/hr이다.

정답 ④

28 다음 중 중환자와 수술 후 환자의 산소 공급 방법으로 적절하지 **않은** 것은?

① 마스크를 이용한 산소 공급
② 비강－식도 튜브를 이용한 산소 공급
③ 산소 입원실
④ 인공호흡기 이용
⑤ 넥칼라에 랩을 씌워 산소 공급

해설

비강 산소 카테터를 이용하여 산소를 공급할 수 있다. 비강－식도 튜브는 영양 공급을 위한 튜브이다.

정답 ②

★★☆
29 다음 중 애디슨 질환의 동의어로 옳은 것은?

① 부신겉질기능항진증　　　　　② 부신겉질기능저하증

③ 갑상선기능항진증　　　　　　④ 갑상선기능저하증

⑤ 당뇨

해설

부신겉질기능저하증은 Hypoadrenocorticism, Addison이라고도 한다. 부신겉질기능항진증은 Hyperadrenocorticism, Cushing으로 불린다.

정답 ②

★★☆
30 다음 <보기>의 밑줄친 이 질환의 주요 관리법으로 옳은 것은?

──────── <보기> ────────

이 질환은 식도 근육층이 약화됨으로써 식도가 늘어난 것이다. 늘어난 식도 부위에서 음식물이 위로 넘어가지 못하고, 식도에 정체하거나 역류하는 증상을 보인다.

① 목이 높은 자세로 식이 급여 후 자세 유지

② 식도가 평행하게 엎드린 자세로 식이 급여 후 목이 높은 자세로 변환

③ 단단한 식이 권장

④ 1회 식이량을 많이 먹을 수 있게 유도

⑤ 잠자기 전 식이 급여

해설

식도가 늘어나는 거대식도증(megaesophagus)은 식기를 위쪽에 위치하여 목이 높은 자세로 급여한 후, 한동안 자세를 유지하여 식이가 역류되지 않도록 한다.

정답 ①

31 복강경 검사에 대한 설명으로 옳지 <u>않은</u> 것은?

① 복벽에 0.5~1cm 구멍을 내고 카메라를 삽입해 수술하는 방법이다.

② 감염률이 낮고 수술 후 통증이 적다.

③ 복강경 기구 소독이나 멸균이 필요하다.

④ 마취 모니터링이 필요하다.

⑤ 상대적으로 비침습적인 방법이므로 금식을 요구하지 않는다.

해설

마취가 동반되는 시술 및 수술은 금식을 필수로 한다.

정답 ⑤

32 다음 중 면역의 분류와 특징이 바르게 연결된 것은?

① 선천 면역 - 인공 수동 면역 - 실제로 감염되었다가 회복된 후 보유하고 있는 항체

② 후천 면역 - 물리적 방어벽 - 피부, 점막, 털 등의 물리적 방어벽

③ 선천 면역 - 자연 능동 면역 - 인공적으로 공여 동물이 만든 항혈청이나 고면역혈청을 항체로 주입하는 것

④ 후천 면역 - 인공 능동 면역 - 인공적으로 불활성화 형태의 항원을 접종하여 림프구의 항체 생산을 유도하여 면역을 생성하는 방법

⑤ 선천 면역 - 자연 수동 면역 - 초기의 염증반응으로 비만세포, 호중구, 자연살해세포, 기타 염증인자 등이 작용

해설

인공 능동 면역은 후천 면역의 일종으로, 불활성화 형태의 항원을 접종하여 항체 생산을 유도하여 면역을 생성하는 방법으로 예방접종의 원리이다.

정답 ④

★★★

33 다음 중 예방접종의 원리를 설명할 수 있는 것은?

① 초기 염증 반응　　② 자연 능동 면역　　③ 자연 수동 면역
④ 인공 능동 면역　　⑤ 인공 수동 면역

해설

인공 능동 면역은 후천 면역의 일종으로, 불활성화 형태의 항원을 접종하여 항체 생산을 유도하여 면역을 생성하는 방법으로 예방접종의 원리이다.

정답 ④

★★★

34 백신의 종류에 대한 설명으로 옳지 <u>않은</u> 것은?

① 약독화 생백신이란 살아있는 병원체의 독성을 약화한 것이다.
② 불활성화 백신이란 항원 병원체를 죽이고 면역 항체 생산에 필요한 항원성만 남긴 것이다.
③ 불활성화 백신은 면역결핍 환자의 경우 병원체에 의한 발병 가능성이 존재한다.
④ 약독화 생백신은 불활성화 백신보다 면역 형성능력이 우수하다.
⑤ 불활성화 백신은 약독화 생백신에 비해 면역 지속시간이 짧다.

해설

약독화 생백신은 살아있는 병원체의 독성을 약화한 것이기 때문에 병원성과 항원성을 모두 보유한다. 따라서 면역결핍 환자의 경우 병원체에 의한 발병 우려가 있다.

정답 ③

★★★

35 백신 스케줄에 대한 설명으로 옳지 <u>않은</u> 것은?

① 신생동물의 경우 면역력이 부족하기 때문에 출생 직후 접종을 실시한다.
② 백신 접종 간격은 최소 2~3주가 필요하다.
③ 백신 접종의 간격이 짧으면 첫 번째 백신의 면역원이 두 번째 백신의 항체 형성을 방해한다.
④ 모체이행항체는 2개월 전후로 효력을 상실한다.
⑤ 보통 여러 번의 접종을 통해 더 신속하고 강력한 항체 생산이 가능하다.

해설

초유(출생 후 48시간 이내)에서 모체이행항체를 획득할 수 있다. 이는 백신의 항원을 제거하여 백신의 면역 형성을 방해할 수 있으므로(모체이행간섭), 6~8주령부터 접종을 시작한다.

정답 ①

★★☆
36 백신관리와 스케줄에 대한 설명으로 옳지 <u>않은</u> 것은?

① 보통 여러 번의 접종을 통해 좀 더 신속하고 강력한 항체 생산을 유도한다.

② 개체의 항체 생산 능력과 백신 제제의 특성을 고려한 스케줄 관리가 필요하다.

③ 백신을 접종해도 항체가 생성되기까지는 지연기가 필요하다.

④ 백신을 반복 처치할 경우 최대한의 항체 생성을 유도하기 위해 접종 간격을 가능한 짧게 하 도록 한다.

⑤ 스케줄 관리 시 모체이행항체의 간섭을 고려하여야 한다.

해설

백신을 반복 처치할 경우의 접종 간격은 최소 2~3주가 필요하다. 백신 접종 간의 간격이 짧으면 첫 번째 백신의 면역원이 두 번째 백신의 항체 형성을 방해한다.

정답 ④

★★★
37 개의 초기 1년간의 예방접종에서 권장되는 횟수가 가장 많은 접종은?

① 코로나 장염 백신(Corona)

② 기관지염 백신(Kennel-cough)

③ 종합백신(DHPPL)

④ 광견병 백신(Rabies)

⑤ 인플루엔자 백신(Influenza)

해설

종합백신은 주로 5차까지 권장되며 코로나, 기관지염, 인플루엔자는 각 2회씩, 광견병은 1회씩 권장된다. 추후 매년 추가 접종을 진행한다.

정답 ③

38 다음 <보기>에서 설명하는 질환을 예방할 수 있는 접종은?

─────── <보기> ───────

- 개에게 발생하며 초기에는 고열 및 호흡기와 소화기 증상(콧물, 설사) 등으로 시작하여, 후기에는 중추신경계 염증에 의한 신경증상(경련, 발작)으로 이환될 가능성이 높은 질환
- 어린 자견에게서 많이 관찰되며 주로 비말과 경구를 통해 감염되는 질환

① 코로나 장염 백신(Corona) ② 기관지염 백신(Kennel−cough)
③ 광견병 백신(Rabies) ④ 인플루엔자 백신(Influenza)
⑤ 종합백신(DHPPL)

해설
위의 설명은 개 디스템퍼(Canine distemper, 개홍역)에 관한 설명이다. 개 디스템퍼는 종합백신으로 예방한다.

정답 ⑤

39 다음의 종합백신의 예방 항목 중 인수공통감염병은?

① 개 디스템퍼 ② 개 렙토스피라증
③ 개 전염성 간염 ④ 개 파보바이러스
⑤ 개 파라인플루엔자

해설
개 렙토스피라증(Canine Leptospirosis)은 오염된 물, 소변을 통한 감염병으로 인수공통감염병이다.

정답 ②

40 개 코로나 장염(Canine enteric coronavirus)에 대한 설명으로 옳지 않은 것은?

① 전파는 분변을 통해 이루어진다.
② 주증상은 기침, 콧물 등의 호흡기 증상이다.
③ 치사율이 높지는 않으나 어린 동물에게 위험하다.
④ 수액 및 항생제 등의 대증요법으로 치료한다.
⑤ 예방접종이 가능한 질환이다.

해설
개 코로나 장염은 설사, 탈수, 구토, 식욕부진 등의 소화기 증상이 주증상이다.

정답 ②

41 개 인플루엔자에 대한 설명으로 옳지 <u>않은</u> 것은?

① Canine infulenza A virus가 원인체이다.
② 전파는 주로 비말을 통해 이루어진다.
③ 발열, 기침, 호흡기 증상이 주증상이다.
④ 항생제, 진해제 등의 대증요법으로 치료한다.
⑤ 백신이 개발되어 있지 않으므로 감염되지 않도록 각별히 유의하여야 한다.

해설
개 인플루엔자는 백신 접종이 가능한 질환이다.

정답 ⑤

42 개가 사람을 문 사고가 발생하였을 때 가장 유의하여야 하는 감염병은?

① 광견병   ② 개 코로나 장염
③ 개 전염성 기관지염   ④ 개 인플루엔자
⑤ 개 디스템퍼

해설
광견병은 인수공통전염병이며, 교상 시 구강 내 침을 통하여 전파된다. 개에 의해 교상이 발생한 경우, 해당 개에게 광견병 증상이 관찰되지 않는지 모니터링해야 한다.

정답 ①

43 우리나라에서 주로 사용되고 있는 고양이 4종 종합백신의 항목이 올바르게 나열된 것은?

① 고양이 칼리시 바이러스, 고양이 전염성 복막염, 고양이 클라미디아
② 고양이 바이러스성 비기관지염, 고양이 전염성 복막염, 고양이 백혈병
③ 고양이 전염성 복막염, 고양이 클라미디아, 고양이 백혈병
④ 고양이 바이러스성 비기관지염, 고양이 범백혈구 감소증, 고양이 칼리시 바이러스
⑤ 고양이 클라미디아, 고양이 백혈병, 고양이 칼리시 바이러스

해설
고양이 4종 종합백신: Rhinotracheitis(비기관지염) + Calici(칼리시) + Panluekopnia(범백혈구 감소증) + Chlamydia (클라미디아)

정답 ④

★★☆

44 개 DHPPL 백신과 관련된 감염병이 올바르게 나열된 것은?

① 디스템퍼, 전염성 감염, 코로나, 인플루엔자, 광견병
② 디스템퍼, 전염성 간염, 파보, 파라인플루엔자, 렙토스피라
③ 전염성 감염, 파보, 코로나, 광견병, 인플루엔자
④ 파보, 코로나, 광견병, 인플루엔자, 렙토스피라
⑤ 파보, 코로나, 전염성 간염, 렙토스피라, 파라인플루엔자

해설

DHPPL의 구성: 개 디스템퍼(canine distemper, 개홍역), 개 전염성 간염(infectious canine hepatitis), 개 파보바이러스(canine parvovirus), 개 파라인플루엔자(canine parainfluenza), 개 렙토스피라증(canine leptospirosis)

정답 ②

★★☆

45 다음 중 위생관리 용어의 뜻이 올바르게 연결된 것은?

① 세척(cleaning): 열, ethylenoxide, 방사선을 사용하여 모든 병원체와 세균의 아포까지 사멸
② 세척(cleaning): 소독약을 사용하여 세균의 아포를 제외한 모든 병원체 제거
③ 소독(disinfection): 소독약을 사용하여 세균의 아포를 제외한 모든 병원체 제거
④ 소독(disinfection): 열, ethylenoxide, 방사선을 사용하여 모든 병원체와 세균의 아포까지 사멸
⑤ 멸균(sterilization): 물과 세제를 사용하여 병원체 수를 줄이고 물리적 제거

해설

• 세척(cleaning): 물과 세제를 사용하여 병원체 수를 줄이고 물리적 제거
• 소독(disinfection): 소독약을 사용하여 세균의 아포를 제외한 모든 병원체 제거
• 멸균(sterilization): 열, ethylenoxide, 방사선을 사용하여 모든 병원체와 세균의 아포까지 사멸

정답 ③

★★★
46 감염병 환자가 내원한 경우 소독용 에탄올로 사멸할 수 <u>없는</u> 것은?

① 개 디스템퍼   ② 개 코로나바이러스

③ 고양이 전염성 비기관지염   ④ 개 파보바이러스

⑤ 개 전염성 비기관지염

> **해설**
> 개과 고양이의 파보바이러스는 소독용 에탄올로 소독되지 않는다. 차아염소산나트륨 등을 이용하여야 한다.

> **정답** ④

★★★
47 감염병 환자의 간호에 대한 내용으로 옳지 <u>않은</u> 것은?

① 청소 시에는 격리병동을 1차로 청소 후 청결한 영역을 청소한다.

② 각각의 환자에 대해 별도의 도구를 사용한다.

③ 퇴원 후 케이지 내부를 소독하고, 가능하다면 전체 격리실을 소독한다.

④ 가능한 1회용 장갑을 착용한다.

⑤ 진료에 투입된 사람의 행동 범위와 동선을 제한한다.

> **해설**
> 감염을 최소한으로 하기 위하여 청소 및 처치는 다른 입원환자와 청결한 영역을 먼저 진행하고, 완료 후 감염병 환자의 병동을 다루어야 한다.

> **정답** ①

★★★
48 수혈 환자의 간호에 관한 내용으로 옳지 <u>않은</u> 것은?

① 정맥 내 카테터는 너무 얇지 않은 두께를 이용하여야 한다.

② 처음부터 끝까지 동일 속도를 유지하는 것이 중요하다.

③ 냉장고에 보존하는 혈액은 미리 체온과 비슷하게 데워두면 환자의 체온 유지에 도움이 된다.

④ 공혈동물은 주혈기생충에 감염되지 않아야 한다.

⑤ 혈액형 판정키트로 수 분 내에 혈액형을 확인할 수 있다.

> **해설**
> 수혈 초기에는 낮은 속도로 혈액을 주입하며 부작용을 확인하고, 추후 환자 상태에 따라 5~10ml/kg/hr로 속도를 유지한다.

> **정답** ②

★★☆

49 개 당뇨에 대한 주요 증상과 치료, 보호자 교육내용 등과 관련이 <u>없는</u> 것은?

① 다음, 다뇨의 증상을 나타낸다.

② 임상병리 검사상 혈당이 증가한다.

③ 임상병리 검사상 요당이 검출된다.

④ 인슐린 투여가 필요하다.

⑤ 인슐린 과다 분비가 원인이다.

해설
당뇨의 원인은 인슐린 분비 감소 및 인슐린 저항성 증가이다.

정답 ⑤

★★☆

50 요골측피부정맥(cephalic vein)의 정맥카테터 장착을 위한 보정 시 보정자는 채혈할 앞다리를 움직이지 않도록 지지하며, 엄지와 검지로 앞다리굽이(elbow)를 감싼다. 이후 엄지에 부드럽게 힘을 주고, 약간 바깥쪽으로 회전하는 이유는?

① 회전을 하게 되면 채혈 시 통증을 줄일 수 있다.

② 환자의 긴장도를 낮출 수 있다.

③ 혈관을 노장하는 역할을 하여 혈관 확보 시 잘 보일 수 있게 한다.

④ 보정자가 주사기에 의해 다칠 확률을 없앨 수 있다.

⑤ 카테터 제거 이후 지혈을 빠르게 도와줄 수 있다.

해설
엄지에 부드럽게 힘을 주고, 약간 바깥쪽으로 회전하면 혈관의 위치가 더 쉽게 노출되며 노장된다. 압박대(tourniquet)의 역할을 하는 것이다.

정답 ③

★★★
51 마취 또는 질병 상태의 환자에게 매우 중요한 요소인 산소의 공급 방법에 대한 설명으로 옳지 않은 것은?

① 산소 공급은 산소 농도가 높을수록, 유량이 많을수록 안전하다.
② 입원장에 직접 산소를 투여하는 경우, 입원장을 자주 열어서는 안 된다.
③ 비강에 산소카테터를 장착해서 산소를 투여할 수 있다.
④ 산소를 공급하는 경우 공기가 건조하지 않도록 주의하여야 한다.
⑤ 산소 공급 시 주기적인 혈액 가스 분석을 통해 산소 농도를 조절하는 것이 좋다.

> 해설
> 고농도의 산소 노출 시 독성이 있을 수 있으므로 적정한 속도와 양을 조절하여야 한다.

> 정답 ①

★★☆
52 다음 중 단두종 증후군의 대표적인 증상에 해당하지 않는 것은?

① 연구개 노장　　　② 비공 협착　　　③ 후두 허탈
④ 후두낭 외번　　　⑤ 알레르기성 비염

> 해설
> 단두종 증후군은 퍼그, 시츄, 페키니즈 등의 단두종에서 호발하는 증상이다. 연구개 노장, 비공 협착, 후두 허탈, 후두낭 외번 등에 의하여 숨을 쉴 때마다 소리가 나거나, 코고는 소리가 심하여 비염과 기관지염이 쉽게 발생한다. 다만 이 같은 증상은 과민 반응인 알레르기 반응과는 다르다.

> 정답 ⑤

★★★
53 광견병(Rabies)에 대한 설명 중 옳지 않은 것은?

① 물을 무서워한다고 해서 공수병이라고 부르기도 하는 질병이다.
② 우리나라는 광견병이 발생하지 않는 청정국이다.
③ 광견병 바이러스는 예방접종이 가능하다.
④ 광견병이 의심되는 개에게 물린 개는 교상 직후 백신 접종을 하는 것이 안전하다.
⑤ 광견병에 대한 완치 방법은 현재 알려져 있지 않다.

> 해설
> 우리나라에서는 휴전선 부근에서 광견병이 발생하고 있기 때문에 필수 접종 항목으로 권고된다.

> 정답 ②

54 다음 중 심장질환 환자의 치료 및 관리에 대한 설명으로 옳지 <u>않은</u> 것은?

① 적극적인 수액처치가 필요하다.
② 호흡수, 혈압 등을 지속적으로 확인하여, 환자 상태 평가를 하여야 한다.
③ 필요 시 산소 공급이 필요할 수 있다.
④ 이뇨제를 사용하는 경우 신장(콩팥)의 상태 평가가 중요하다.
⑤ 주기적인 흉부 방사선 평가를 통해 심장과 폐의 상태 평가가 필요하다.

해설

심장질환 환자의 경우 심장의 기능이 저하되어 있을 확률이 높으며, 이 경우의 수액처치는 폐수종 등의 합병증을 유발할 수 있다.

정답 ①

★★★
55 기관허탈, 기관지협착증에 대한 주요 증상, 치료 및 보호자 교육내용 등과 관련이 <u>없는</u> 것은?

① 거위 울음소리   ② 청색증   ③ 단두종, 소형견에 호발
④ 네뷸라이저   ⑤ 체중 증가 권장

해설

기관허탈 환자는 비만 시 임상증상이 악화될 수 있으므로 반드시 체중관리가 필요하다.

정답 ⑤

★★★
56 혈구검사 항목에 대한 내용으로 옳은 것은?

① 혈구검사 평가를 위해서는 일반적으로 헤파린 튜브에 담겨있는 혈장(plasma)을 이용한다.
② WBC는 White blood cell의 약자로, 적혈구의 숫자를 의미한다.
③ RBC는 Red blood cell의 약자로, 적혈구의 숫자를 의미한다.
④ PLT는 혈소판 숫자를 의미하며, 일반적으로 정상 범위보다 낮게 측정되며 임상적인 의미를 부여하지 않는다.
⑤ 혈구검사를 통해 조기 콩팥 손상을 확인할 수 있다.

해설

혈구검사 평가는 EDTA 튜브에 담겨있는 전혈을 이용한다. WBC는 백혈구를 의미하며, PLT는 혈소판을 의미한다. 혈소판이 낮은 경우 혈소판 감소증으로 분류하며, 전신출혈 및 반점 등의 임상증상이 발현될 수 있다.

정답 ③

57 입원 환자의 관리에 대한 설명으로 옳지 <u>않은</u> 것은?

① 전파력이 높은 감염병이 의심되는 경우 격리 간호하여야 한다.

② 모든 입원 환자는 수액 처치가 필요하다.

③ 환자와 접촉 전 손과 옷에 대한 소독 처치가 필요하다.

④ 겁이 많은 환자의 경우 공격성을 보일 수 있으므로 주의가 필요하다.

⑤ 차트에 근거한 모니터링 및 처치가 이루어져야 한다.

해설

입원 환자 중에는 수액 처치가 금기되는 경우도 있다. 수액은 필수 요소가 아니며, 환자의 상태에 따라 조절해야 한다.

정답 ②

58 개 코로나 바이러스 감염증에 대한 설명으로 옳지 <u>않은</u> 것은?

① 고열, 호흡기 증상이 주증상이며, 비말을 통해 전파된다.

② 설사, 탈수, 구토 증상을 유발할 수 있다.

③ 치사율이 높지는 않으나 어린 동물과 면역력이 낮은 동물에게는 위험하다.

④ 수액요법, 항생제 등의 대증요법을 이용하여 치료한다.

⑤ 예방접종으로 항체의 생성을 유도할 수 있다.

해설

개 코로나 바이러스(Canine corona virus) 감염증은 소화기 증상이 주증상이다.

정답 ①

59 개 디스템퍼 바이러스(Canine distemper, 개 홍역) 감염증에 대한 설명으로 옳지 <u>않은</u> 것은?

① 종합접종(DHPPL)으로 항체 생성을 유도할 수 있다.

② 격리 치료가 필요하며, 수액 및 항생제를 이용한다.

③ 발바닥 패드가 딱딱해지는 과각화 증상을 보일 수 있다.

④ 공기를 통해서는 전파가 불가능하다.

⑤ 중추신경계 염증에 의한 신경증상이 나타날 수 있으며, 이 경우 예후가 불량하다.

해설

개 디스템퍼는 비말 및 경구를 통해 감염된다.

정답 ④

★★☆
60 반려동물의 예방접종에 대한 설명으로 옳지 <u>않은</u> 것은?

① 예방접종은 신체검사상 건강한 상태인 것을 확인하고 진행한다.

② 일반적으로 예방접종 주사는 정맥주사를 원칙으로 한다.

③ 과민반응은 접종 후 수 분 내에서 며칠 후까지 다양하게 나타날 수 있다.

④ 과민반응의 종류로는 호흡곤란, 발적 등이 있을 수 있다.

⑤ 과민반응을 보인 경우, 추가 접종 시에도 동일한 반응을 보일 확률이 높다.

해설

기본적으로 피하 및 근육주사를 원칙으로 하지만, 백신의 성상과 종류에 따라 변경될 수 있다.

정답 ②

★★★
61 병원에서 일반적으로 사용하는 소독약이 <u>아닌</u> 것은?

① 에탄올   ② 클로르헥시딘

③ 포비돈   ④ 과산화수소

⑤ Triz-EDTA

해설

Triz-EDTA는 귀 세정제로 이용된다.

정답 ⑤

★★★
62 당뇨 환자의 간호에 관한 설명으로 옳지 <u>않은</u> 것은?

① 신선한 물을 자유롭게 먹을 수 있도록 해주어야 한다.

② 집에서 관리할 인슐린을 처방한 경우, 보호자에게 정맥주사요법을 설명하여야 한다.

③ 인슐린 주사 후 불안, 초조, 쇠약, 발작 등의 저혈당 증상이 나타날 수 있다.

④ 규칙적으로 식사하고 운동하는 관리가 중요하다.

⑤ 주기적인 체중 체크가 필요하다.

해설

병원 내에서 사용하는 인슐린의 경우 근육주사, 정맥주사, 피하주사 등의 방법을 이용하지만, 퇴원 후 가정관리의 경우는 피하주사를 사용하여 관리한다.

정답 ②

★★☆
63 다음 <보기>에서 설명하는 검사법의 명칭으로 옳은 것은?

<보기>

- 개의 췌장염을 진단하는 혈액검사의 한 종류
- 민감도 82% 이상, 특이도 96% 이상의 유용한 검사법
- 혈청을 분리하여 확인 가능한 검사법

① cPLI   ② SDMA
③ CRP   ④ CBC
⑤ SpO2

해설
cPLI(canine pancreatic lipase immunoreactivity)는 췌장에서 발현되는 pancreatic lipase를 검사하는 방법으로, 키트검사를 통해 간단하게 진단할 수 있는 장점이 있다.

정답 ①

★★☆
64 고양이 파보바이러스 감염증에 대한 설명으로 옳지 <u>않은</u> 것은?

① 주로 3~5개월의 고양이가 감염된다.
② 구토, 설사, 기력 저하의 임상증상을 보인다.
③ 분변을 통해 감염된다.
④ 고양이에게서 개로는 바이러스 전파가 불가하다.
⑤ 감염된 환자의 대부분에서 중등도 이상의 염증 상태가 발생하여 혈액검사상 백혈구가 증가한다.

해설
고양이 파보바이러스 감염증은 백혈구 감소증이 동반되어 고양이 범백혈구 감소증(Feline panleukopenia)으로도 불린다.

정답 ⑤

65 활력징후(Vital sign)에 대한 설명으로 옳지 <u>않은</u> 것은?

① 체온은 일반적으로 직장 온도를 측정한다.

② 호흡수는 흉부와 복부의 움직임을 보고 측정한다.

③ 혈압은 순환 혈액량 감소, 심부전, 혈관 긴장도 변화에 의해 변동될 수 있다.

④ 도플러 혈압계로는 이완기 혈압만 확인할 수 있고, 수축기 혈압의 확인은 어렵다.

⑤ 소형견의 경우 맥박 수는 90~160회/분이 정상 범위이다.

해설

도플러 혈압계로는 수축기 혈압만 확인할 수 있고 이완기 혈압의 확인은 어렵다. 오실로메트릭 혈압계의 경우 수축기, 이완기, 평균 혈압의 측정이 가능하다.

정답 ④

★★★

66 기초 환자 평가와 간호 중재가 올바르게 연결되지 <u>않은</u> 것은?

① 식욕부진－스트레스가 적은 환경을 제공하고, 맛있거나 따뜻한 음식을 제공함으로써 식욕을 자극한다.

② 고체온증－시원한 환경을 제공하고, 필요 시 처방된 해열제를 투여한다.

③ 심부전증－상대적으로 높은 염분의 음식을 제공한다.

④ 과체중－1일 요구량에 따른 체중 감소를 위한 식이를 계산하고 적당한 운동을 실시한다.

⑤ 구토－유동식 등 소화되기 쉬운 음식을 제공한다.

해설

심부전증의 간호 중재: 산소 공급을 하며 ECG와 산소포화도, 혈압 등을 통해 환자를 모니터링한다. 영양 공급 시 낮은 염분의 음식을 제공하도록 한다.

정답 ③

67 심전도 검사에 대한 설명으로 옳지 <u>않은</u> 것은?

★★☆

① 심장의 박동 및 수축과 연관되는 전기적 활성도를 관찰하는 검사 방식이다.

② 일반적으로 이마, 가슴, 배, 꼬리 순서로 일직선으로 전극(리드)을 장착한다.

③ 보정 시에 전극끼리 또는 전극과 손가락이 접촉되어서는 안 된다.

④ 전극을 장착하기 전에 알코올이나 젤 등을 바른다.

⑤ 사용 시 전극이 오염되었다면 즉시 닦아서 정리한다.

해설

일반적으로 오른쪽, 왼쪽 앞다리와 뒷다리에 장착한다.

정답 ②

68 수액세트 20drops/ml을 이용하여 300ml을 10시간 동안 투여하고자 할 때의 올바른 속도는?

★★★

① 50drops/분　　　　② 40drops/분　　　　③ 30drops/분

④ 20drops/분　　　　⑤ 10drops/분

해설

총 drops 수는 300ml×20drops/ml=6000drops이다. 이를 10시간 동안 투여하고자 한다면, 6000drops/600min (10hrs×60min)=10drops/분이다.

정답 ⑤

69 수혈요법에 대한 설명으로 옳지 <u>않은</u> 것은?

★★★

① 수혈 속도는 높은 속도에서 시작하여 천천히 속도를 줄여나간다.

② 수혈 시 칼슘(ca)이 함유된 수액과 혈액을 같은 관을 통해 동시에 주입해서는 안 된다.

③ 농축적혈구를 수혈하는 경우 0.9% 생리식염수로 희석하여 사용한다.

④ 냉장 보관된 혈액은 가온하여 사용한다.

⑤ 수혈 전에 수혈bag을 여러 번 흔들어 준다.

해설

수혈은 낮은 속도에서 시작하여 체온, 심박수, 호흡수, 점막 색깔 등을 확인하며 부작용을 체크하면서 천천히 속도를 높여 나간다.

정답 ①

★★★

70 다음 중 수술 8~10시간 전 환자의 보호자에게 고지해야 할 필수 내용은?

① 배뇨 금지   ② 배변 금지   ③ 수면 유도

④ 금식   ⑤ 넥칼라 착용

해설

수술을 포함한 모든 마취는 8~10시간 전 금식을 고지해야 한다. 음식물이 위 내에 저류해 있을 경우 구토, 구역질의 가능성이 있으며, 마취 시 연하반응이 저하되기 때문에 구토물이 기도로 넘어가서 오연성 폐렴을 유발할 수 있다.

정답 ④

★★★

71 설사 환자의 간호에 대한 내용으로 옳지 <u>않은</u> 것은?

① 감염이 의심되면 격리 간호에 착수한다.
② 흡수성 패드와 보온을 포함한 안정된 환경을 제공한다.
③ 체온, 심박수, 호흡수를 관찰·기록하며 탈수 상태를 평가한다.
④ 변이 묻은 환자는 즉시 씻기고 건조한다.
⑤ 분변은 발견 즉시 모두 치워서 일반쓰레기로 폐기한다.

해설

설사환자의 분변은 감염원이 포함되어 있을 수 있으므로 검사를 위한 샘플을 제외하고는 의료폐기물로 처리한다.

정답 ⑤

★★★

72 격리간호에 대한 설명으로 옳지 <u>않은</u> 것은?

① 감염병 환자의 경우 일반 병실과 격리하여야 한다.
② 1회용 장갑, 보호복, 덧버선 등의 개인 보호용 의복을 사용한다.
③ 가장 전염 가능성이 높은 환자부터 처치하여야 한다.
④ 격리실에 있는 환자는 개별 용품을 사용한다.
⑤ 모든 결과는 차트에 기록한다.

해설

의료진에 의한 전파를 방지하기 위하여, 가장 전염 가능성이 높은 환자는 격리실에 있는 다른 환자들의 처치 후에 진행하여야 한다.

정답 ③

73 인공호흡기의 사용에 대한 설명으로 옳은 것은? ★★☆

① 자발 호흡이 확인될 경우 빠르게 발관 후 흡입 산소의 농도 조절이 필요하다.

② 인공호흡기 사용 환자는 저산소혈증 상태에 있으므로, 가능한 고농도의 산소를 공급하여야
   한다.

③ 인공호흡기 사용 환자는 안정화가 중요하므로, 자세 변경을 하지 않는다.

④ 삽관 성공 후에는 감염 가능성을 낮추기 위하여 튜브를 교체하지 않는다.

⑤ 심폐소생술 시 흉부가 물리적으로 압박되므로 인공호흡기를 사용하지 않는다.

해설

자발 호흡이 확인된 이후에는 인공호흡기를 더 이상 사용하지 않는다.

정답 ①

74 신체검사의 종류와 방법이 올바르게 연결된 것은? ★★☆

① 문진: 눈으로 관찰

② 촉진: 몸의 각 부분을 만져보며 확인

③ 시진: 보호자와의 질의응답으로 확인

④ 청진: 몸의 각 부분을 손가락으로 두드리며 확인

⑤ 타진: 청진기로 확인

해설

• 문진: 보호자와의 질의응답으로 확인
• 시진: 눈으로 관찰
• 청진: 청진기로 확인
• 촉진: 몸의 각 부분을 만져보며 확인
• 타진: 몸의 각 부분을 손가락으로 두드리며 확인

정답 ②

75 다음 <보기>에서 설명하는 용어는?

<보기>

- 혈관 속을 흐르는 혈액이 혈관에 미치는 압력을 뜻하며, 실제로 심장에서 밀어낸 혈액이 혈관에 와서 부딪히는 압력을 일컫는 용어
- 심박수와 전신 혈관저항, 일회박출량 등에 의해 결정됨

① 체온
② 맥박
③ 호흡수
④ 혈압
⑤ 모세혈관 재충만 시간

해설

혈압은 신체검사 시의 주요 측정 항목으로, 순환혈액량 감소 및 심부전, 혈관 긴장도의 변화에 의해 변동될 수 있다.

정답 ④

PART 03

76 혈압계의 종류에 따른 특징으로 옳지 않은 것은?

① 도플러 혈압계는 혈류의 소리를 증폭시켜 혈압을 측정하는 방법이다.
② 도플러 혈압계는 수축기, 이완기, 평균 혈압의 측정이 가능하다.
③ 오실로메트릭 혈압계는 혈류의 진동 변화로 혈압을 측정한다.
④ 오실로메트릭 혈압계는 상대적으로 도플러 혈압계에 비해 사용이 간편하다.
⑤ 오실로메트릭 혈압계는 수축기, 이완기, 평균 혈압의 측정이 가능하다.

해설

도플러 혈압계는 환자의 수축기 혈압만 확인할 수 있고, 이완기 혈압의 확인은 어렵다.

정답 ②

77

내시경 검사에 대한 설명으로 옳지 않은 것은?

① 신체 내부를 육안으로 검사하기 위한 검사법이다.

② 검사과정 중 진정과 마취를 시행해야 한다.

③ 검사 전 금식 및 마취 전 검사가 필요하다.

④ 위, 대장, 비강 등을 내시경으로 관찰할 수 있다.

⑤ 위 내시경 시 이물이 발견된다면 즉시 수술을 통해 이물을 제거한다.

해설

내시경은 단순 검사뿐만 아니라 특수조직의 채취 및 제거가 가능하다. 이물의 종류에 따라서 내시경 도구를 이용한 이물 관찰 및 제거가 가능하다.

정답 ⑤

78

다음 기생충 감염병 중 내부기생충 감염병은?

① 진드기   ② 벼룩   ③ 개선충

④ 개회충   ⑤ 개모낭충

해설

진드기, 벼룩, 개선충, 개모낭충 등은 외부기생충 감염병에 해당한다.

정답 ④

79

다음 <보기>의 검사결과를 토대로 의심할 수 있는 질환 중 가장 가능성이 높은 것은?

― <보기> ―

중성화된 13살 암컷 말티즈 환자가 구토, 식욕 절폐 상태로 내원하였다. 혈액검사상 HCT의 감소(22%), BUN 상승(130mg/dl; 참고범위 17.6~32.8), CRE 상승(6.66; 참고범위 0.8~1.8), K^+ 상승(7.18; 참고범위 3.5~5.8)이 확인되었다.

① 부실피질 기능항진증   ② 신(콩팥)부전   ③ 간부전

④ 갑상선 기능저하증   ⑤ 이첨판 폐쇄부전증

해설

신(콩팥)부전의 특징적인 혈액검사 결과는 BUN, Crea, IP의 상승이다. 또한 빈혈 및 전해질 불균형(고칼륨혈증), pH 감소 등이 동반될 수 있다.

정답 ②

★★☆
80 경련 환자의 올바른 간호가 <u>아닌</u> 것은?

① 기도 유지와 환기가 필수적이다.

② 경련 시 자의와 상관없는 배변, 배뇨가 이루어질 수 있으므로, 정확한 확인을 위하여 케이지 바닥과 벽 등에 담요 등을 깔지 않는다.

③ 경련 시 안구 압박이 안정에 도움이 된다.

④ 머리 높이를 몸보다 높여주면 뇌압 상승의 억제에 도움이 된다.

⑤ 경련 시간, 양상, 처치 약물 등을 바로 차트에 기록한다.

해설

경련환자의 입원장은 수건, 담요 등으로 완충하여 경련 시 추가 외상이 없도록 한다.

정답 ②

CHAPTER

12 동물보건외과학

★★★
01 동물보건사는 마취 시 환자의 환기 상태를 주기적으로 평가해야 한다. 모니터상에서 호기말 이산화탄소 농도($EtCO_2$)를 지속적으로 체크하게 되는데, 이때 반려동물의 이상적인 호기말 이산화탄소 농도의 수치로 옳은 것은?

① 15~25mmHg　　　② 25~35mmHg　　　③ 35~45mmHg
④ 45~55mmHg　　　⑤ 55~65mmHg

[해설]
호기말 이산화탄소 농도는 마취 시 35~45mmHg 사이로 유지되는 것이 이상적이다.

[정답] ③

★★☆
02 다음 중 <보기>의 빈칸에 공통으로 들어갈 용어로 옳은 것은?

─── <보기> ───

일반적인 재호흡(rebreathing) 회로의 마취기에는 (　　　　)라는 것이 있으며, 다음의 사진에서 원 모양으로 표시된 부분이기도 하다. (　　　　)의 내부에는 소다라임(sodalime)을 넣어두고 사용한다. 소다라임은 사용한 마취가스에서 이산화탄소를 제거하는 역할을 하고, 이를 통해 가스의 재사용이 가능해진다. 동물보건사는 (　　　　)의 내부에 있는 소다라임을 정기적으로 교체해주어야 한다.

① 캐니스터(canister)　　② 기화기　　　　　③ 호흡백
④ 유량계　　　　　　　⑥ 팝오프 밸브

[해설]
이산화탄소 흡수제(carbon dioxide absorber)인 소다라임은 마취기에 달린 통 안에 두고 사용하게 되는데, 이 통의 명칭이 캐니스터이다. 소다라임은 수명이 다하게 되면 이산화탄소 제거 역할을 하지 못하므로 동물보건사는 정기적으로 캐니스터 내부의 소다라임을 교체해주어야 한다.

[정답] ①

03 다음 <보기>에서 설명하는 부품의 명칭으로 옳은 것은?

─── <보기> ───

호흡 마취기계에서 사용하고 남은 가스의 일부를 외부로 보내는 역할을 하며, 이것을 통해 과도한 압력이 폐로 유도되는 것을 방지하기 때문에 닫힌 상태로 오랜 시간 마취를 유지하면 환자에게 위험할 수 있다. 다음의 마취기 사진에서 원 모양으로 표시된 부품이다. 실수로라도 제때 열지 못하면 동물을 사망에 이르게 할 수 있기 때문에 마취 시 항상 신경써야 하는 부품이기도 하다.

① 산소플러쉬(Oxygen flush) 버튼　　② 기화기
③ 산소유량계　　④ 압력계
⑤ 팝오프(Pop-off) 밸브

해설

팝오프 밸브는 평상시에 반드시 열린 상태로 두어야 한다. 호흡백을 짜거나 마취기계 누출 테스트(leakage test)를 하는 때에 열거나 닫을 수 있으나, 완전히 닫은 상태로 마취가 오래 유지되면 폐압이 올라가 동물이 사망하는 경우가 있으므로 동물보건사는 이 점에 반드시 유의해야 한다.

정답 ⑤

04 마취 시 혈압에 대한 설명으로 옳지 않은 것은?

① 침습적(invasive blood pressure) 혈압측정은 정확한 측정방법이지만 간단한 수술 등에서는 일반적으로 사용하지 않는다.
② 평균혈압(mean arterial pressure)은 수축기와 이완기의 혈압을 통해 계산한다.
③ 마취 시 평균혈압은 동물별로 차이가 있으나, 평균적으로 80~120mmHg 사이로 유지되는 것이 좋다.
④ 혈압이 많이 떨어지게 되면 관류에 심각한 문제가 생길 수 있으므로 즉각적인 대처가 필요하다.
⑤ 수액의 속도를 높이면 혈압이 하강한다.

해설

일반적으로 수액의 속도를 높이면 혈압은 상승한다. 따라서 마취 시 동물의 혈압이 하강하여 조치를 취해야 한다면, 마취의 강도를 줄이거나 수액의 속도를 올려야 한다. 이 방법이 통하지 않으면 혈압을 상승시키는 약물을 사용한다.

정답 ⑤

★★★

05 마취 시 호흡 상태를 모니터링하는 캡노그래프(Capnograph)에서 정상적인 호기말 이산화탄소 농도(EtCO$_2$)의 그래프 모양은?

① 우측이 더 높은 사다리꼴 모양
② 좌측이 더 높은 사다리꼴 모양
③ 좌우의 높이가 동일한 사다리꼴 모양
④ 좌우의 높이가 동일한 정사각형 모양
⑤ 우측으로 갈수록 상승하는 삼각형 모양

해설

동물보건사는 반드시 정상적인 EtCO$_2$의 파형을 기억하고 있어야 한다. 정상적인 파형은 우측이 더 높은 사다리꼴 모양이며, 만약 모양이 정상 파형과 다르거나 또는 간격이 너무 넓거나 짧으면 호흡에 문제가 있는 것이므로 수의사에게 보고해야 한다.

정답 ①

★★☆

06 마취 모니터링을 하던 중 모니터기의 수치에 혈압이 다음 <보기>와 같이 나타났다. <보기> 결과의 의미로 가장 적합한 것은?

―― <보기> ――

120/82(95)

① 수축기 혈압 120mmHg, 이완기 혈압 82mmHg, 평균혈압 95mmHg
② 이완기 혈압 120mmHg, 수축기 혈압 82mmHg, 평균혈압 95mmHg
③ 수축기 혈압 120mmHg, 평균혈압 82mmHg, 이완기 혈압 95mmHg
④ 이완기 혈압 120mmHg, 평균혈압 82mmHg, 수축기 혈압 95mmHg
⑤ 수축기 혈압 120mmHg, 이완기 혈압 82mmHg, 95는 의미 없는 수치임

해설

<보기> 결과는 수축기 혈압 120mmHg, 이완기 혈압 82mmHg, 평균혈압 95mmHg을 의미한다. 수축기 혈압이 가장 수치가 크며, 혈압의 관리는 마취 모니터링 시 매우 중요한 요소이다. 평균혈압이 60mmHg 이하로 떨어지게 되면 조직관류에 심각한 문제가 생기게 되므로 반드시 조치해야 한다. 실질적으로 60mmHg까지 떨어지기 전에(65~70mmHg 사이 정도) 마취를 낮추거나 수액을 올리는 등의 선제적인 대응이 필요하다.

정답 ①

07 다음 <보기>의 밑줄친 이 단계의 명칭으로 옳은 것은?

— <보기> —

이 단계는 본격적인 마취에 앞서 환자를 진정시키고, 통증을 줄이며 근육을 이완하는 목적이다. 이 단계가 잘 수행되면 환자를 다루기 쉽게 만들어 이후의 마취 과정이 원활해지고, 마취에 사용하는 총 약물의 용량도 감소하는 장점이 있다.

① 마취 유지(maintenance) 단계
② 마취 도입(induction) 단계
③ 마취 회복(recovery) 단계
④ 마취 모니터링(monitoring) 단계
⑤ 전마취(pre-anesthetic) 단계

해설

전마취 단계에서는 전마취 약물을 투여함으로써 환자를 다루기 쉽게 하고 이후의 과정을 원활하게 한다. 사용되는 약물에는 진통제, 진정제, 근육이완제 등이 있다. 이 단계에서 약물을 효과적으로 쓰면 본마취 때 사용하는 약물이 줄어들고, 전반적인 마취의 과정이 원활해진다.

정답 ⑤

08 다음 <보기>의 밑줄친 이 약물의 명칭으로 옳은 것은?

— <보기> —

이 약물은 호흡마취 도입(induction) 시 삽관을 위해 사용되는 약물로서 국내의 많은 동물병원에서 가장 널리 사용된다. 정맥에 주사하여 동물의 의식을 잃게 하여 삽관을 용이하게 하며, 마취의 도입과 회복 등이 부드러워 개와 고양이에게 널리 사용한다. 향정신성 의약품으로서 취급과 관리에 매우 주의해야 하는 약물이다.

① 케타민(Ketamine)　　　　② 트라마돌(Tramadol)
③ 프로포폴(Propofol)　　　　④ 디아제팜(Diazepam)
⑤ 펜타닐(Fentanyl)

해설

현재 동물병원에서 가장 널리 사용되는 도입용 마취제는 프로포폴이며, 이 약물은 향정신성 의약품이기 때문에 사용 전후의 관리 및 기록 유지에 항상 주의해야 한다.

정답 ③

★★★
09 다음 중 목에 ET튜브(endotracheal tube)를 기관으로 넣는 과정으로서 기관을 통해 마취제와 산소를 주입하기 위한 목적으로 마취의 도입단계에서 수행하며, 동물보건사의 보정이 중요한 행위는?

① 삽관(Intubation) ② 탈관(Extubation) ③ 인공호흡
④ 기계적 환기 ⑤ IV 카테터

> **해설**
> 삽관은 프로포폴을 통해 동물의 의식을 잃게 만든 직후 실시된다. 동물은 의식이 없는 상태로서 몸을 제대로 가누지 못하기 때문에, 부상을 방지하고 정확한 삽관 유도를 위해서 동물보건사는 동물을 확실하게 보정해야 한다.

> **정답** ①

★★★
10 다음 중 산소가 마취 기화기를 우회(bypass)하게 함으로써 환자에게 산소를 100% 공급하기 위한 장치는?

① 산소플러시(Oxygen flush) 버튼 ② 산소유량계
③ 압력계 ④ 기화기
⑤ 호흡백(reservoir bag)

> **해설**
> 산소가 기화기를 우회하게 되면 마취제와 섞이지 않은 순수한 산소가 동물에게 공급되어 동물이 마취에서 깨어나게 된다. 이 버튼은 동물이 너무 깊게 마취되어 깨워야 할 때 사용하게 되는 버튼으로서, 단순히 호흡백을 부풀리기 위한 용도로서 함부로 사용하게 되면 의도치 않게 동물이 마취에서 깰 수 있다.

> **정답** ①

★★☆
11 마취 시 기계를 통해 혈압을 측정할 수 있지만 경우에 따라 혈압을 따로 측정하지 않고 수술하는 경우도 있다. 이 경우 개의 혈압을 수동으로 체크하고자 할 때, 손을 대서 맥박을 느낄 수 있는 부위는?

① 허벅다리 안쪽 ② 허벅다리 바깥쪽 ③ 앞발목 안쪽
④ 뒷발목 안쪽 ⑤ 뒷발목 바깥쪽

> **해설**
> 허벅다리 안쪽에는 대퇴동맥(femoral artery)이 지나가기 때문에 여기를 촉지하여 맥박을 느낄 수 있다. 혈압이 하강하게 되면 맥박 촉지를 할 수 없는 부위이기 때문에, 혈압 측정이 용이하지 않거나 혈압을 따로 재지 않는 간단한 처치 시에 유용하게 활용할 수 있는 방법이다.

> **정답** ①

★★☆

12 마취의 회복단계에 대한 설명으로 옳지 <u>않은</u> 것은?

① 저체온증 등의 부작용이 흔하기 때문에 체온관리에 신경써야 한다.

② 삽입된 ET 튜브가 제거된 후에는 반드시 호흡 여부를 주기적으로 관찰한다.

③ 이미 마취가 깨고 있는 단계이기 때문에 위험성은 낮은 편이다.

④ 의식이 완전히 회복될 때까지 수의사나 동물보건사가 관찰하는 것이 좋다.

⑤ 필요에 따라 진통제를 투여하며, 어린 동물의 경우 저혈당에 유의해야 한다.

해설

회복단계는 마취의 각성이 일어나는 단계로서 사고가 빈번하게 일어날 수 있는 단계이므로 주의해야 한다. 호흡, 진통, 의식의 회복 등을 주기적으로 체크해야 하며, 의식이 돌아온 후에도 비틀거리나 부딪힐 수 있기 때문에 완전히 각성될 때까지는 동물보건사 또는 수의사가 지속적으로 체크해야 한다. 특히 어린 동물은 수술 후 저혈당이 올 수 있기 때문에 시럽이나 당을 공급해주는 것이 필요하다.

정답 ③

PART 03

★★★

13 삽입된 ET 튜브를 제거하는 과정을 탈관(extubation, 관 제거)이라고 한다. 다음 중 개의 탈관에 가장 적합한 시점은?

① 개가 튜브를 깨무는 등의 저작행동을 보일 때

② 다리를 휘젓는 등 약간의 움직임이 있을 때

③ 호흡이 빨라질 때

④ 심박이 빨라질 때

⑤ 눈꺼풀 반사가 돌아올 때

해설

탈관(extubation)을 너무 일찍 하게 되면 추후 응급상황이 발생했을 때 대처하기가 어렵다. 탈관에 가장 좋은 시점은 개가 저작을 할 때이며, 고개를 들거나 흔들어도 탈관할 수 있다. 몸을 약간 움직이거나 호흡, 심박, 눈꺼풀 반사 등의 변화를 보이는 것은 마취가 깨고 있는 증거이기는 하나 저작만큼 좋은 기준은 될 수 없다.

정답 ①

★★★
14 동물보건사는 ECG(electrocardiogram, 심전도)를 촉자(lead)를 통해 동물의 몸에 연결하고, 이를 통해 마취 중의 심장기능을 평가한다. 동물병원에서 흰색, 검은색, 빨간색의 촉자가 있는 ECG를 사용하는 경우 이것을 신체에 바르게 연결한 것은?

① 흰색: 오른쪽 뒷다리, 검은색: 왼쪽 앞다리, 빨간색: 왼쪽 뒷다리
② 흰색: 왼쪽 앞다리, 검은색: 오른쪽 앞다리, 빨간색: 왼쪽 뒷다리
③ 흰색: 왼쪽 앞다리, 검은색: 왼쪽 뒷다리, 빨간색: 오른쪽 뒷다리
④ 흰색: 오른쪽 앞다리, 검은색: 왼쪽 앞다리, 빨간색: 오른쪽 뒷다리
⑤ 흰색: 오른쪽 앞다리, 검은색: 왼쪽 앞다리, 빨간색: 왼쪽 뒷다리

해설

흰색, 검은색, 빨간색의 촉자는 오른쪽 앞다리, 왼쪽 앞다리, 왼쪽 뒷다리에 각각 연결되고, 만약 녹색 촉자가 함께 있다면 오른쪽 뒷다리에 연결하면 된다. 이 방법은 미국에서 사용되는 AAMI(Association for the Advancement of Medical Instrumentation) 타입이다. 만약 동물병원에서 유럽용인 IEC(International Electro – technical Commission) 타입을 사용하고 있다면 부위가 다르게 연결된다. IEC 타입에는 노란색이 함께 구성되어 있어 구분이 가능하다.

정답 ⑤

★★☆
15 주사마취와 호흡마취에 대한 설명으로 옳지 않은 것은?

① 주사마취는 호흡마취에 비해 더 안전하다.
② 호흡마취는 기화기의 조절을 통해 실시간으로 마취의 깊이를 조절하는 것이 가능하다.
③ 호흡마취는 마취기계와 장비가 필요하기 때문에 주사마취에 비해 비용이 더 많이 들어간다.
④ 주사마취는 고양이의 미용 또는 수컷의 중성화와 같은 짧은 시술에 적합하다.
⑤ 시간이 오래 걸리거나 큰 수술에는 호흡마취를 사용하는 것이 바람직하다.

해설

호흡마취는 모니터링하면서 마취의 강도를 실시간으로 조절할 수 있기 때문에 주사마취보다 더 안전하다.

정답 ①

16 마취 시 동물보건사의 역할로 적절하지 <u>않은</u> 것은?

① 마취에 들어가기 전 주요 마취기구를 철저히 점검한다.

② 마취 중에는 마취환자를 모니터링하며 중요한 수치를 점검한다.

③ 심박, 호흡 등 동물의 바이탈(vital)에 이상이 보이면 즉시 약물을 투여한다.

④ 마취 전날 고객에게 연락하여 절식을 요청한다.

⑤ 응급상황이 생겼을 때 수의사를 보조하여 응급처치를 수행한다.

해설

마취에 사용되는 약은 즉각적인 효과를 발휘할 수 있도록 대부분 주사제로 투여된다. 따라서 동물보건사보다는 수의사가 약물의 사용 여부를 판단하고 직접 투여하는 경우가 많다.

정답 ③

17 다음 중 전신마취가 위험한 이유가 <u>아닌</u> 것은?

① 순환계 및 호흡계의 기능을 억제한다.

② 마취에 사용되는 약물은 간이나 신장 등을 통해 대사되면서 기관에 손상을 주기도 한다.

③ 일정기간 면역력을 저하시킬 수도 있다.

④ 마취의 각성이 제대로 되지 않을 경우 응급상황이 발생하여 사망할 수 있다.

⑤ 체온중추를 자극하여 고체온증을 유발한다.

해설

마취는 오히려 저체온증을 유발한다. 따라서 마취의 회복단계에서는 저체온증을 각별히 관리해야 한다. 마취가 깊으면 순환계와 호흡계가 심하게 억제되어 사망의 위험성이 있기 때문에 전신마취는 항상 위험성을 가지고 있다.

정답 ⑤

18 동물보건사는 마취 전 기화기의 마취액이 적절하게 있는지를 미리 평가해야 한다. 다음 중 기화기에서 표시되는 아이소플루란(Isoflurane)의 색깔은?

① 노란색   ② 하늘색   ③ 보라색

④ 검은색   ⑤ 빨간색

해설

아이소플루란은 기화기에서 보라색으로 표시되어 있다. 이를 헷갈려서 다른 마취제를 기화기에 넣는 경우가 없도록 한다.

정답 ③

★★☆

19 기화기의 조절과 호흡마취제에 대한 설명으로 옳지 <u>않은</u> 것은?

① 가급적 0.5단위로 조절하며 급격한 조절은 피하는 것이 좋다.

② 마취가 끝난 후에는 꺼야 한다.

③ 0부터 5까지 있으며, 0으로 갈수록 마취의 강도가 올라간다.

④ Isoflurane은 동물병원에서 가장 흔하게 사용되는 호흡마취제이다.

⑤ 동물보건사는 마취 전에 기화기 내의 마취제 양이 적절한지 반드시 체크한다.

해설

기화기는 0부터 5까지 있으나, 5로 갈수록 마취의 강도가 올라가며 0이 되면 꺼진다. 수의사와 동물의 상태에 따라 다르지만 보통 처음 호흡마취를 시작하는 단계에서는 기화기 2~4 수준으로, 이후 마취를 유지하는 단계에서는 기화기 1~3 수준으로 사용하며, 마취가 종료되면 기화기를 0으로 하여 기화기를 끈다.

정답 ③

★★★

20 수술 전 입원 수속 시에 동물보건사가 보호자와 나눠야 하는 대화가 <u>아닌</u> 것은?

① 시행하는 수술에 대한 설명과 접근법

② 수술 후 보호자의 면회 가능시간

③ 예상 퇴원 날짜

④ 동물의 절식 여부

⑤ 수술 및 마취에 대한 동의 여부

해설

시행하는 수술에 대한 설명 및 접근법은 수의사가 보호자에게 설명하는 영역이다.

정답 ①

★★★
21 최근 동물병원에서는 수술 시 혈관을 일일이 지혈하거나 결찰하는 대신 전기소작법 (Electrocauterization)을 통해 빠르고 효율적으로 혈관을 지혈시킨다. 다음 중 전기소작법에 대한 설명으로 옳지 <u>않은</u> 것은?

① 과하게 사용할 경우 치료가 지연되거나 괴사할 수 있다.
② 동물보건사는 수술 전 기계의 연결 상태와 기계 상태를 체크하는 것이 좋다.
③ 단극성과 양극성 장치가 있으며, 단극성이 더 안전하고 합병증이 적다.
④ 사용 시 화상에 유의한다.
⑤ 리가슈어(LigaSure), 보비(Bovie) 등의 장비가 널리 이용된다.

해설
더 안전하고 합병증이 적은 것은 양극성 장치이다.

정답 ③

★★★
22 다음 <보기>의 밑줄친 <u>이 지혈제재</u>의 명칭으로 옳은 것은?

──── <보기> ────
이 지혈제재는 반합성 밀랍(beewax)과 연화제의 혼합물로서, 뼈의 내강에 눌러 바르거나 출혈 억제를 위하여 뼈의 표면에 적용한다. 흡수가 불량하고 치유가 잘 안될 경우 감염을 촉진하므로 소량씩 사용하는 것이 좋다.

① 본왁스(bone wax)
② 써지셀(Surgicel)
③ 젤폼(Gelform)
④ 보비(Bovie)
⑤ 멸균거즈(gauze)

해설
<보기>는 본왁스에 대한 설명이다. 본왁스는 반투명한 상아색의 지혈물질로서 소량씩 잘라서 지혈에 사용한다.

정답 ①

★★☆
23 다음 <보기>의 밑줄친 <u>이것</u>의 명칭으로 옳은 것은?

---------- <보기> ----------

<u>이것</u>은 지혈제의 일종으로서, 흡수성 젤라틴 스폰지이며 출혈부에 적용시켰을 때 부풀면서 상처 부위를 압박한다. 자체적으로 체내에 흡수될 수 있으나 감염 부위, 뇌 혹은 감염 위험이 높은 부위에는 남겨두지 않아야 한다.

① 본왁스(bone wax)   ② 써지셀(Surgicel)
③ 젤폼(Gelform)   ④ 보비(Bovie)
⑤ 멸균거즈(gauze)

해설
<보기>는 흡수성 젤라틴 스폰지인 젤폼(Gelform)에 대한 설명이다.

정답 ③

★★☆
24 다음 중 써지셀(Surgicel)에 대한 설명으로 옳지 <u>않은</u> 것은?

① 사용이 쉽고 지혈 효과가 좋으며 상처에 바로 적용이 가능하다.
② 몸에서 흡수되지 않는다.
③ 국소출혈 방지용으로 많이 사용한다.
④ 경우에 따라 감염을 촉진시킬 수도 있으므로 주의한다.
⑤ 거즈 형태, 부직포 형태, 솜 형태 등이 있다.

해설
써지셀은 손상된 조직에 녹아들어가면서 작용하므로 몸에서 흡수된다.

정답 ②

★★☆
25 동물병원에서 반려동물의 발톱을 깎을 때 너무 깊이 깎아 출혈이 발생하는 경우가 있다. 이렇게 발톱을 깎다가 생긴 상처를 지혈하는 방법으로 가장 효과적인 것은?

① 지혈파우더　　　　　② 지혈겸자 사용　　　　③ 전기소작법
④ 써지셀　　　　　　　⑤ 혈관 결찰

해설

파우더형 지혈제는 표면에 혈전(clot)을 형성하여 혈액 응고를 촉진해 지혈을 유도한다. 발톱 등에 생긴 상처는 간단하게 지혈되는 경우가 많다. 일반적으로 동물병원에서는 먼저 거즈 등으로 압박하여 지혈해보고, 그래도 효과가 없으면 지혈파우더를 거즈, 면봉 등으로 상처 부위에 소량 묻혀서 지혈한다.

정답 ①

★★☆
26 수술 중 지혈이 제대로 되지 않았을 때 생명이 위험한 이유는?

① 체온이 하강하기 때문에　　　　　　　② 혈압이 하강하기 때문에
③ 호흡수가 하강하기 때문에　　　　　　④ 심박수가 하강하기 때문에
⑤ 호기말 이산화탄소의 농도가 하강하기 때문에

해설

수술 중 지혈이 중요한 이유는 수술 시의 출혈은 급격한 혈압 하강을 유발하여 생명에 위협을 주기 때문이다. 기본적으로 혈압이 하강하면 관류에 큰 문제가 생기고, 심장에도 악영향을 주게 된다.

정답 ②

★★★
27 수술 후 입원한 동물이 헐떡거리면서 호흡수가 상승하는 경우 가장 먼저 신경 써야 하는 것은?

① 수액의 속도　　　　　　　　　② 투여한 항생제의 종류
③ 구토 및 설사 여부　　　　　　④ 심박수의 동반 상승 여부
⑤ 배변 여부

해설

탈수가 있다고 해서 많은 양의 수액을 단시간에 넣게 되면 오히려 과수화(Hyperhydration)가 되어 폐에 물이 찰 수 있고, 이 경우 동물은 헐떡거림을 보일 수 있다. 동물보건사는 입원한 동물의 호흡수를 반드시 주기적으로 체크하며 이를 통해 수액의 양이 적절한지 지속적으로 평가해야 한다. 과수화로 사망하는 경우도 있기 때문에 호흡의 급격한 상승, 헐떡거림 등은 수의사에게 즉각적으로 보고해야 하는 사항이다.

정답 ①

★★★
28 다음 <보기> 중 대부분의 수술 후 투여 혹은 복용하는 약물의 종류를 모두 고른 것은?

─────────── <보기> ───────────
ㄱ. 항생제	ㄴ. 진통제
ㄷ. 제토제	ㄹ. 이뇨제

① ㄱ, ㄴ   ② ㄱ, ㄷ   ③ ㄱ, ㄹ
④ ㄴ, ㄷ   ⑤ ㄴ, ㄹ

해설

대부분의 수술은 수술 후 통증관리를 위해 진통제를, 감염관리를 위해 항생제를 투여 혹은 복용하게 된다. 이 외에도 수술의 종류에 따라 다양한 종류의 약물이 후속적으로 투여된다.

정답 ①

★★☆
29 다음 중 배액의 목적이 아닌 것은?

① 상처를 혐기적인 환경으로 만들어주기 위해
② 수술 후 상처의 삼출물을 빼내기 위해
③ 체내에 고여 있는 삼출물을 빼내기 위해
④ 수술 및 시술 후 분비물의 배액과 출혈을 관찰하기 위해
⑤ 폐쇄된 부위의 체액이 상처 치유를 지연시키는 것을 예방하기 위해

해설

상처가 폐쇄되면 혐기적인 환경이 생성된다. 이로 인해 세균 감염 및 염증 삼출물의 과도 형성이 발생할 수 있으며, 이러한 것들을 억제하기 위해 배액을 하게 된다.

정답 ①

★★★
30 다음 <보기>에서 설명하는 방법의 명칭으로 옳은 것은?

―――――― <보기> ――――――

- 중력 및 체강 사이의 압력 차이를 이용하여 상처의 삼출물을 제거하는 배액법(drainage)의 일종
- 라텍스 등으로 된 고무관을 삽입하고 고정하여 삼출물을 배액하는 방법으로, 동물병원에서 가장 널리 사용하는 방법

① 펜로즈(Penrose) 배액법
② 잭슨 프랫(Jackson-Pratt) 배액법
③ 흉관 삽입튜브(Thoracostomy tubes) 배액법
④ 능동 배액법
⑤ 카테터(catheter) 배액법

해설
펜로즈 배액법은 수동 배액법의 일종으로서 간편하고 효율성이 좋아 가장 널리 사용되는 배액법이다. 라텍스 등의 길쭉한 고무관을 고정하여 삼출물을 외부로 배액한다.

정답 ①

★★☆
31 잭슨 프랫(Jackson-Pratt) 배액법에 대한 설명으로 옳지 <u>않은</u> 것은?

① 개방형 배액관으로 능동 배액법이다.
② 음압을 이용하여 배액한다.
③ 배액된 액체를 모으는 통은 주기적으로 비워준다.
④ 배액량이 감소하기 시작하면 제거할 수 있다.
⑤ 액체를 비운 후 다시 설치할 때에는 다시 음압을 걸어준다.

해설
잭슨 프랫(Jackson-Pratt) 배액법은 능동 배액법인 것은 맞으나, 폐쇄형 배액관을 사용하여 배액된 물질을 통에 모으는 방법이다. 동물보건사는 이 통을 정기적으로 비워줘야 한다.

정답 ①

★★☆
32 결손의 가장자리가 붙어 있으며 깨끗한 외과적 절개, 종이 등에 베인 상처 같이 조직 손상이 적은 상처가 치유되는 방법으로, 육아조직 없이 최소한의 반흔만 남기게 되는 유합의 형태는?

① 1차 유합
② 2차 유합
③ 3차 유합
④ 4차 유합
⑤ 5차 유합

해설

문제는 1차 유합(primary intention)에 관한 설명이다. 2차 유합(secondary intention)은 1차 유합에 비해 상처가 크고, 심한 열상과 같은 조직 손상을 포함한 상처나 욕창을 포함한다. 3차 유합(Tertiary intention)은 피하지방층과 피부층을 봉합하지 않은 상태로서, 삼출물 제거를 위해 의도적으로 개방해 놓은 경우 3차 유합으로 치유된다.

정답 ①

★★☆
33 산책 중 다른 개에게 엉덩이 쪽을 물린 푸들이 병원에 방문했다. 이러한 창상 환자의 내원 시 가장 먼저 해야 하는 처치는?

① 상처 부위를 삭모한다.
② 상처 부위를 드레싱한다.
③ 상처가 몇 개인지 확인한다.
④ 괴사조직을 제거한다.
⑤ 진정, 진통제 등을 투여하여 환자를 안정시킨다.

해설

창상 환자는 교통사고, 교상 등 외상으로 인한 경우가 많으므로, 처음 병원을 방문할 때는 통증이 심해 흥분해 있거나 겁에 질린 상태이다. 따라서 1차적으로 진정제와 진통제 등을 투여해야 수의사와 동물보건사의 부상을 방지할 수 있고 이후의 과정(삭모, 상처 확인, 드레싱 등)이 원활하게 진행될 수 있다.

정답 ⑤

34 다음 <보기>에서 설명하는 드레싱의 명칭으로 옳은 것은?

> ───── <보기> ─────
> • 얇고 반투과성인 필름 접착제를 사용하는 방법으로서, 드레싱 제거 시 들러붙지 않으며 상처사정에 용이
> • 세균과 수분의 침입을 방지하지만 흡수력이 없어 삼출물이 있으면 부적합

① 투명(transparent) 필름드레싱
② 칼슘 알지네이트(calcium alginate) 드레싱
③ 하이드로콜로이드(Hydrocolloid) 드레싱
④ 하이드로젤(Hydrogel) 드레싱
⑤ 폼(foam) 드레싱

해설
<보기>는 투명(transparent) 필름드레싱에 대한 설명이다.

정답 ①

35 다음 <보기>에서 설명하는 드레싱의 명칭으로 옳은 것은?

> ───── <보기> ─────
> • 해초에서 추출한 천연물질로 구성되며 분비물이 많을 경우 사용
> • 흡수력이 좋고 젤을 형성하여 상처 표면을 촉촉하게 유지
> • 2차 드레싱이 필요하고 건조한 상처, 괴사조직으로 덮인 상처 등에는 부적합

① 투명(transparent) 필름드레싱
② 칼슘 알지네이트(calcium alginate) 드레싱
③ 하이드로콜로이드(Hydrocolloid) 드레싱
④ 하이드로젤(Hydrogel) 드레싱
⑤ 폼(foam) 드레싱

해설
<보기>는 칼슘 알지네이트(calcium alginate) 드레싱에 대한 설명이다.

정답 ②

36 다음 <보기>에서 설명하는 드레싱의 명칭으로 옳은 것은?

★★★

─────── <보기> ───────

• 친수성으로 물과 결합하면 교질이 되는 물질의 성질을 이용한 드레싱
• 불투명하고 접착성이 있으며 공기와 물을 통과시키지 않음
• 얇고 납작한 드레싱으로 상처의 삼출물을 흡수해서 부종을 감소시킴
• 방수가 되고 부착 후 3~7일 정도 유지가 가능하나, 감염 상처나 삼출물이 많을 때에는 사용하지 않음

① 투명(transparent) 필름드레싱
② 칼슘 알지네이트(calcium alginate) 드레싱
③ 하이드로콜로이드(Hydrocolloid) 드레싱
④ 하이드로젤(Hydrogel) 드레싱
⑤ 폼(foam) 드레싱

해설

<보기>는 하이드로콜로이드(Hydrocolloid) 드레싱에 대한 설명이다.

정답 ③

37 다음 중 상처 봉합과 개방의 결정에 대한 설명으로 옳지 <u>않은</u> 것은?

★★★

① 상처가 심하게 오염되어 있거나 감염의 우려가 있을 때에는 상처를 즉시 봉합한다.
② 1차 봉합은 가장 간단한 상처관리 방법이지만 상처 합병증을 피하기 위해 적절한 상황에서만 사용한다.
③ 적절하게 절제된 깨끗한 상처는 일반적으로 봉합해도 합병증 없이 치유된다.
④ 봉합이 불가능한 피부 손실이 있거나 봉합할 수 없을 정도로 심하게 감염된 상처는 개방하는 것이 좋다.
⑤ 상처를 개방한 경우 치유될 때까지 필요에 따라 반복적으로 드레싱과 붕대를 교체한다.

해설

상처가 흙이나 오염물질로 인해 지저분하거나 감염의 우려가 있을 때에는 오히려 상처를 개방하여 관리할 필요가 있다. 이때 동물보건사 혹은 보호자는 반복적으로(1~3회/일) 드레싱을 해주면서 상처를 관리해야 한다.

정답 ①

★★★
38 다음 중 앞다리 또는 뒷다리에 붕대를 하는 경우에 대한 설명으로 옳지 <u>않은</u> 것은?

① 근위에서 원위 방향으로 붕대를 한다.

② 붕대를 반 정도 겹치게 하면서 감아 올라간다.

③ 발가락과 패드 사이에 솜을 넣기도 한다.

④ 관절을 자연스러운 각도로 둬야 한다.

⑤ 부목을 사용할 수 있다.

> 해설
>
> 일반적으로 다리 쪽에 붕대를 할 때에는 원위에서 근위 방향으로 올라가면서 한다. 이때 솜 붕대 등은 너무 조이지 않게 감으며, 절반씩 서로 겹치면서(layered) 근위 방향으로 올라간다.

> 정답 ①

★★★
39 다음 중 앞다리에 하는 붕대법으로서, 어깨 골절이나 어깨 탈골 등의 경우 앞다리의 체중 부하를 방지하기 위해 가장 널리 사용하는 붕대법은?

① 벨푸슬링(Velpeau sling) 붕대법

② 에머슬링(Ehmer sling) 붕대법

③ 로버트 존스(Rober Jones) 붕대법

④ 스피카 스플린트(Spica splint) 붕대법

⑤ 타이오버(tie-over) 붕대법

> 해설
>
> 벨푸슬링 붕대법은 앞다리의 체중 부하를 줄여주기 위해 붕대에 앞다리를 거는(현수) 방식으로 붕대를 하게 된다. 반면에 에머슬링, 로버트 존스 붕대법 등은 주로 뒷다리에 하는 방법이다.

> 정답 ①

★★☆
40 붕대는 일정 간격을 두고 갈아주지만 몇몇 경우에서는 즉시 새로 갈아주거나 붕대 위치 등을 교정해주어야 하는 경우도 있다. 다음 <보기> 중 즉시 붕대를 바꿔주어야 하는 경우를 <u>모두</u> 고른 것은?

<보기>

ㄱ. 붕대가 원래 위치에서 미끄러졌다.   ㄴ. 강아지가 붕대를 입으로 풀어버렸다.
ㄷ. 붕대를 통해 분비물이 스며들었다.   ㄹ. 붕대에서 냄새가 나기 시작했다.

---

① ㄱ, ㄴ   ② ㄱ, ㄴ, ㄷ   ③ ㄱ, ㄴ, ㄹ
④ ㄴ, ㄷ, ㄹ   ⑤ ㄱ, ㄴ, ㄷ, ㄹ

해설
위 <보기>의 상황은 모두 즉시 붕대를 갈아주어야 하는 경우이다.

정답 ⑤

★★☆
41 재활간호에 대한 설명으로 옳지 <u>않은</u> 것은?

① 어떤 원인에 의해 기능이 약화되거나 상실된 동물에게 적절한 재활서비스를 제공하여 기능을 회복시키는 특수간호의 영역이다.
② 통증 감소, 염증 완화, 근육 위축 방지, 심폐계 증진 등의 목적이 있다.
③ 수술 후 회복, 근골격계 손상, 디스크, 통증 완화, 마비, 보행장애, 순환장애 등의 경우에 많이 활용된다.
④ 통증평가, 영양간호 등이 동시에 이루어져야 한다.
⑤ 신체 재활 중심이며 심리적 재활은 포함되지 않는다.

해설
재활간호는 놀이치료, 심리치료, 행동교정 등의 심리적 재활도 포함한다.

정답 ⑤

★★☆
42 다음 중 동물보건사의 올바른 붕대법 준비가 <u>아닌</u> 것은?

① 동물을 적정하게 보정하는 것이 중요하다.

② 골절 부위는 근위 및 원위 관절을 적절히 포함한다.

③ 붕대를 최대한 조이게 하여 붕대가 풀어지는 것을 방지한다.

④ 엘리자베스 칼라 등을 이용하여 동물이 붕대를 푸는 것을 방지한다.

⑤ 수의사와 동물보건사는 손을 깨끗이 씻고 드레싱 및 붕대를 해야 한다.

해설

붕대를 너무 조이게 하면 혈액 흐름에 영향을 주기 때문에 동물과 붕대 사이에 손가락이 들어갈 수 있을 정도로 여유 있게 한다.

정답 ③

★★☆
43 붕대법에 대한 설명으로 옳지 <u>않은</u> 것은?

① 일반적으로 상처가 났을 때 붕대법 적용 시에는 2층으로 구성한다.

② 붕대는 상처로 인해 드레싱한 부분을 고정시키는 역할도 한다.

③ 붕대는 지혈과 보온의 기능이 있다.

④ 붕대는 상처를 보호하는 역할을 한다.

⑤ 붕대는 개방형 창상, 골절, 정형외과 수술 후 고정 등에 광범위하게 사용된다.

해설

붕대는 상처가 났을 때 일반적으로 3층으로 구성한다. 1차 층은 드레싱, 2차 층은 솜 붕대, 3차 층은 코반(Coban)과 같은 접착붕대를 사용한다.

정답 ①

44 다음 사진의 기구를 멸균하는 가장 좋은 방법은?

① 압열멸균
② EO(Ethylene oxide)멸균
③ 건열멸균
④ 가열멸균
⑤ 자외선살균

해설

문제의 사진은 전기소작법에 사용하는 리가슈어이다. 리가슈어는 플라스틱으로 된 부분이 있기 때문에 열을 가하지 않는 EO가스멸균이 적합하다.

정답 ②

45 동물병원에서 가장 널리 사용되는 멸균기법은 오토클레이브(autoclave, 고압증기멸균법)이다. 다음 <보기> 중 오토클레이브 사용 시 안전을 위해 주의할 점으로 옳은 것을 모두 고른 것은?

— <보기> —
ㄱ. 오토클레이브를 시작하기 전, 기계의 입구를 확실히 닫아야 한다.
ㄴ. 물건을 심하게 겹쳐서 넣거나 너무 많은 양을 넣지 않는다.
ㄷ. 동물병원의 기구 중 전력 소모가 많은 기구에 속하기 때문에 전기안전에 주의한다.
ㄹ. 물의 양은 최소한으로 넣는 것이 좋다.
ㅁ. 멸균이 끝난 후 물건이 오래 내부에 방치되는 것을 방지하기 위해, 멸균이 끝나면 즉시 문을 열고 물건을 꺼낸다.

① ㄱ, ㄴ
② ㄱ, ㄴ, ㄷ
③ ㄱ, ㄷ, ㄹ
④ ㄴ, ㄷ, ㅁ
⑤ ㄱ, ㄴ, ㄷ, ㄹ

해설

오토클레이브가 끝나고 나서 반드시 압력과 온도를 낮춘 후 문을 열어야 하며, 이 과정은 보통 1시간가량 소요된다. 멸균 직후 그대로 문을 열면 폭발 및 화상의 위험이 있기 때문에 대단히 주의해야 한다. 또한 압력과 온도가 떨어진 후에 문을 열어도 내부의 물건은 여전히 뜨거운 경우가 많으므로, 두꺼운 장갑을 끼고 꺼내거나 물건이 완전히 식을 때까지 기다려야 한다. 한편 물의 양이 적으면 내부의 물질이 타버리기 때문에 물의 양이 충분해야 한다.

정답 ②

★★★
46 다음 <보기> 중 EO가스멸균의 특징으로 옳은 것을 모두 고른 것은?

─────── <보기> ───────
ㄱ. 유독성이 있는 가스를 사용하기 때문에 주의해야 한다.
ㄴ. 고온으로 멸균하는 방식이므로 위험하다.
ㄷ. 플라스틱 같은 물질의 멸균도 가능하다.
ㄹ. 과산화수소를 사용하는 친환경적이고 안전한 멸균방법이다.

① ㄱ, ㄴ   ② ㄱ, ㄷ   ③ ㄱ, ㄹ
④ ㄴ, ㄷ   ⑤ ㄴ, ㄹ

[해설]
EO가스는 오토클레이브 등에 비해 저온으로 멸균하는 방법이기 때문에 화상 등의 위험은 적으나, 유독성이 있는 가스를
사용하므로 환기에 충분히 신경을 써야 한다. 오토클레이브와는 달리 플라스틱 물질의 멸균도 가능하다. 과산화수소를
사용하는 방법은 플라즈마 멸균에 해당하는 사항이다.

[정답] ②

PART 03

★★★
47 수술 후 입원환자의 관리에 대한 사항으로 옳지 않은 것은?

① 케이지 내 분변 등을 청소할 때에는 동물을 옆 케이지에 살짝 옮기거나, 다른 동물보건사가
잡도록 한 후 청소한다.
② 수액을 맞고 있을 때에는 수액줄의 길이 및 끊어짐에 유의한다.
③ 청결 및 감염 방지를 위해 패드 등을 수시로 확인하여 구토와 배설물 등의 여부를 체크
한다.
④ 수술 후 회복이 끝나고 동물이 퇴원한 후에는 소독약을 사용해서 철저히 소독한다.
⑤ 수술 후의 구토, 경련 등은 증상은 모두 진료기록지에 기록되기 때문에, 따로 수의사에게
보고할 필요는 없다.

[해설]
구토, 경련 등은 이상 증상이기 때문에 기록지에 기록할 뿐만 아니라 즉시 수의사에게 보고하는 것이 좋다. 이 경우 수의사
는 제토제나 항경련제 등을 처방할 수 있다. 특히 경련은 응급상황일 수 있으므로 신속하게 알려주는 것이 좋다.

[정답] ⑤

★★☆
48 다음 중 출혈 부위를 잡아 지혈하는 용도로 사용하는 겸자는?

① 모스키토(Mosquito) 겸자   ② 앨리스(Allis) 겸자
③ 밥쿡(Babcock) 겸자   ④ 무구겸자
⑤ 유구겸자

해설

출혈 부위를 잡아 지혈하는 용도로 사용하는 겸자를 지혈겸자(Hemostat forceps)라고 부르며 모스키토 겸자, 켈리 겸자 등이 포함된다. 앨리스 겸자와 밥쿡 겸자는 혈관을 잡기 위한 용도보다는 조직을 잡기 위한 조직겸자(Tissue clamp)에 속한다. 유구겸자는 단순히 이빨이 있는 겸자, 무구겸자는 이빨이 없는 겸자로서, 둘 다 물체나 작은 조직을 들어 올릴 때 사용한다.

정답 ①

★★★
49 다음의 수술용 가위에 대한 표현으로 옳은 것은?

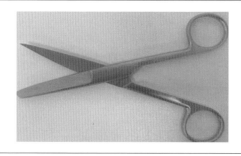

① straight, sharp/blunt   ② curved, blunt/blunt
③ straight, sharp/sharp   ④ straight, blunt/blunt
⑤ curved, sharp/blunt

해설

수술용 가위는 가위의 휜 정도에 따라 straight(직선)/curved(곡선)으로 나누어지며, 가위 날에 따라 날카로우면 sharp, 뭉툭하면 blunt가 된다. 문제의 가위는 뻗어 있는 직선형(straight) 가위이며 한쪽 날은 뾰족하므로 sharp, 다른 한쪽은 뭉툭하므로 blunt이다.

정답 ①

★★★

50 수술용 블레이드(혹은 메스)는 사이즈와 모양에 따라 번호가 매겨져 있다. 다음 <보기>에서 일반적으로 동물병원의 수술 및 처치 시에 가장 빈번하게 사용하는 메스를 <u>모두</u> 고른 것은?

```
──────────────────── <보기> ────────────────────

ㄱ. 10호                          ㄴ. 11호
ㄷ. 12호                          ㄹ. 15호
ㅁ. 20호
```

① ㄱ, ㄴ   ② ㄱ, ㄷ   ③ ㄱ, ㄹ
④ ㄴ, ㄷ   ⑤ ㄴ, ㄹ

 해설

블레이드는 수술의 종류와 목적에 따라 다양하게 사용되고 있으며, 일반적으로 동물병원에서 가장 빈번하게 사용되는 것은 10호와 15호이다.

정답 ③

★★☆

51 아래의 사진은 몇 호 블레이드인가?

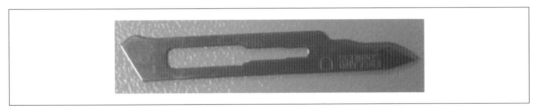

① 10호   ② 11호   ③ 15호
④ 23호   ⑤ 24호

 해설

위의 사진은 15호 블레이드로서, 칼날이 작아 간단한 처치 및 시술에 사용된다.

정답 ③

★★☆
52 스크럽(scrub)은 외과수술 등을 하기 전에 손을 깨끗이 씻는 행위를 말한다. 스크럽하는 동안에 손 끝이 항상 향해야 하는 방향은?

① 왼쪽
② 오른쪽
③ 위쪽
④ 아래쪽
⑤ 몸쪽

해설

손을 항상 위쪽에 두고 손의 위쪽부터 물이 아랫방향으로 흘러내리도록 스크럽을 해야 손쪽으로의 오염을 방지하며 손을 깨끗이 씻을 수 있다. 또한 스크럽을 한 이후에도 손 끝을 항상 위쪽에 두고 있어야 한다.

정답 ③

★★☆
53 세밀하고 얇은 조직에 적합하며, 피하조직을 박리하거나 얇은 조직을 절단하는 데 사용하는 가위는?

① 메첸바움 가위(Metzenbaum scissors)
② 마요 가위(Mayo scissors)
③ 발사가위
④ 붕대가위
⑤ blunt 가위

해설

문제는 메첸바움 가위에 대한 설명이다. 수술 시 메첸바움 가위와 마요 가위를 흔하게 사용하는데, 마요 가위의 경우 좀 더 큰 조직을 절개할 때 적합하다.

정답 ①

★★☆
54 다음 기구의 이름과 용도가 올바르게 짝지어진 것은?

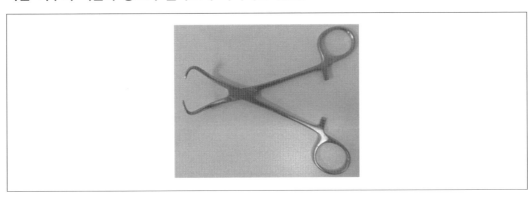

① 백하우스 타올 클램프(Backhaus towel clamp) – 수술포와 조직을 잡아주어 수술 부위를 노출시킬 때 사용
② 켈리(Kelly) 겸자 – 출혈 시 혈관을 잡을 때 사용
③ 유구포셉 – 조직을 잡을 때 사용
④ 올센 헤가(Olsen – hegar) 니들 홀더 – 바늘을 잡을 때 사용
⑤ 마요(Mayo) 가위 – 큰 조직을 자를 때 사용

해설

문제의 사진은 수술포를 고정하는 타올 클램프이다. 보통 수술포와 약간의 조직을 함께 집어 수술 부위를 노출시키고 고정해주는 역할을 한다.

정답 ①

★★☆
55 다음 <보기>에서 스크럽에 많이 사용하는 세정제를 모두 고른 것은?

─── <보기> ───
ㄱ. 포비돈요오드   ㄴ. 알코올
ㄷ. 클로르헥시딘   ㄹ. 차아염소산나트륨

① ㄱ, ㄴ   ② ㄱ, ㄷ   ③ ㄱ, ㄹ   ④ ㄴ, ㄷ   ⑤ ㄷ, ㄹ

해설

스크럽용 솔(brush)은 기포장되어 있는 경우가 많고 여기에는 이미 세정제가 묻어있다. 알코올, 차아염소산나트륨 등은 조직에 자극이 있어 스크럽용으로 적절하지 않다. 보통 포비돈요오드, 클로르헥시딘 등이 기반이 된 세정제가 많이 사용된다.

정답 ②

★★★
56 다음 그림의 봉합사에 대한 설명으로 옳지 <u>않은</u> 것은?

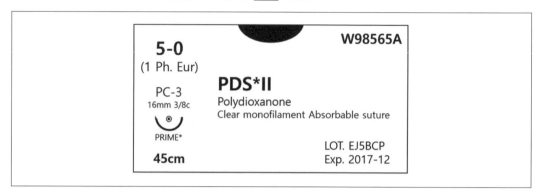

① 유통기한은 2017년 12월이다.
② 5-0 두께의 실로서 4-0보다 두껍다.
③ 흡수성 봉합사로서 녹는 실이다.
④ 다사(multifilament)가 아닌 단사(monofilament)이다.
⑤ 바늘이 달려있는 봉합사이다.

해설

숫자가 작을수록 두께가 두꺼워진다. 따라서 5-0는 4-0보다 가늘다. PDS는 polydioxanone의 상품명으로서 동물병원에서 가장 널리 사용되는 흡수성 단사(monofilament) 중 하나로, 바늘이 달려있는 일회용 봉합사이다. 흡수성(absorable)인지, 단사(monofilament)인지 등의 정보가 포장지에 이미 기재되어 있다.

정답 ②

★★★
57 다음 <보기>에서 흡수성 봉합사(absorbable suture)에 해당하는 것을 <u>모두</u> 고른 것은?

─── <보기> ───
ㄱ. 캣것(catgut)   ㄴ. 나일론(Nylon)
ㄷ. polydioxanone(상품명 PDS)   ㄹ. polyglactin 910(상품명 Vicryl)

① ㄱ, ㄴ   ② ㄱ, ㄷ   ③ ㄱ, ㄴ, ㄷ
④ ㄱ, ㄷ, ㄹ   ⑤ ㄱ, ㄴ, ㄷ, ㄹ

해설

<보기> 중 나일론은 동물병원에서 가장 흔하게 사용하는 비흡수성 봉합사(non-absorbable suture)로서 피부 봉합 등을 할 때 사용한다. 나머지는 모두 흡수성 봉합사이다.

정답 ④

★★★
58 다음 <보기>의 밑줄친 이것의 명칭으로 옳은 것은?

---- <보기> ----

이것은 수술 전날 진행되어야 할 가장 중요한 절차 중 하나이다. 특히 수술환자가 사전 입원 없이 당일 방문하는 경우, 동물보건사가 관련하여 보호자에게 미리 안내해야 한다.

① 전염병검사　　　　　　　　② 백신접종

③ 소변검사　　　　　　　　　④ 수술 예약

⑤ 금식 및 금수

해설
금식과 금수의 안내가 제대로 되지 않으면 당일 수술을 진행할 수 없다. 수술 중 음식물이 역류하면 응급상황이 발생하거나 오연성 폐렴이 발생할 수 있다.

정답 ⑤

★★☆
59 수술 전 삭모 및 수술 부위의 소독으로 옳지 않은 것은?

① 바깥쪽에서 안쪽으로 동심원을 그리며 소독한다.

② 삭모는 수술 부위보다 넓은 범위를 하는 것이 좋다.

③ 수컷 개를 개복할 때에는 포피 세척을 해주는 것이 좋다.

④ 알코올, 클로르헥시딘 등을 각 3번 정도 번갈아가며 닦아낸다.

⑤ 삭모를 한 후에 술부를 소독한다.

해설
수술 부위 소독은 포비돈요오드나 알코올, 클로르헥시딘 등을 사용하여 안쪽에서 바깥쪽으로 동심원을 그리면서 한다.

정답 ①

60 조직겸자(tissue clamp)의 일종으로서, 이빨이 있기 때문에 조직을 잡을 때 손상에 주의해야 하는 겸자는?

① 앨리스(Allis) 겸자　　　　　　　② 밥콕(Babcock) 겸자
③ 도엔(Doyen) 겸자　　　　　　　④ 마요 롭슨(Mayo Robson) 겸자
⑤ 켈리(Kelly) 겸자

> **해설**
> 밥콕(Babcock) 겸자는 크고 손상을 입기 쉬운 조직을 잡을 때 사용하고, 도엔(Doyen) 겸자와 마요 롭슨(Mayo Robson) 겸자는 장 등의 부드러운 조직을 잡을 때 사용한다. 켈리(Kelly) 겸자는 조직을 잡는 용도의 조직겸자(tissue clamp)가 아닌 지혈겸자(hemostat forcep)이다.

> **정답** ①

★★☆

61 수술 시 수술가운의 착용에 대한 설명으로 옳지 <u>않은</u> 것은?

① 일회용 가운도 있고, 세탁하여 재사용하는 용도의 가운도 있다.
② 수술가운은 반드시 멸균하여 사용한다.
③ 일단 가운을 착용한 후에는 오염 구역에 있는 것과 닿아서는 안 된다.
④ 스크럽을 끝내고 손을 닦은 후 가운을 착용하기 때문에, 수술가운은 손을 닦는 타월(huck towel)의 아래쪽에 준비한다.
⑤ 멸균장갑을 착용한 후 가운을 입는다.

> **해설**
> 일반적으로 가운을 먼저 입고 손을 빼지 않은 상태로 멸균장갑을 착용하는 경우가 많다. 이러한 방법을 폐쇄형 글로브 착용(closed gloving)이라고 한다.

> **정답** ⑤

62 다음 중 수술팀과 비수술팀에 대한 설명으로 옳지 <u>않은</u> 것은?

① 비수술팀도 스크럽, 헤어캡, 마스크, 부츠 등은 착용하고 있어야 한다.
② 수술팀의 모든 인원은 스크럽을 해서 일차적으로 손을 깨끗이 해야 한다.
③ 마취팀은 비수술팀으로서 오염된 것을 만질 수 있다.
④ 수술팀과 비수술팀은 서로간에 동선을 제한하여 오염을 방지해야 한다.
⑤ 비수술팀은 수술팀에 함부로 접촉해서는 안 되나, 수술팀은 비수술팀에 접촉할 수 있다.

해설
보통 비수술팀은 오염으로 간주, 수술팀은 멸균으로 간주하고 동선 등을 제한하여 서로 접촉을 하지 않는다. 접촉할 때에는 멸균된 인원이 오염되는 것을 방지해야 한다.

정답 ⑤

63 다음 중 마취가 얕아 동물이 각성될 때 흔히 보일 수 있는 증상이 <u>아닌</u> 것은?

① 호흡이 느려지거나 소실된다.
② 심박이 상승한다.
③ 눈꺼풀 반사에 반응을 보인다.
④ 고개를 들거나 몸을 움직인다.
⑤ 팔다리를 휘젓는 경우도 있다.

해설
마취가 얕아 동물이 각성되면 호흡이 빨라지고 얕아진다. 호흡이 느려지거나 소실되는 것은 오히려 마취가 깊을 때 발생한다. ②~④번은 모두 각성 시에 일어날 수 있는 일이다.

정답 ①

★★☆

64 마취를 하던 중 아래의 사진과 같은 기계를 사용하게 되었다. 다음 중 문제가 발생한 요소로 가장 적합한 것은?

① 순환(심장)　　　　　② 산소포화도　　　　　③ 체온

④ 호흡　　　　　　　　⑤ 혈압

해설

문제의 사진에 나온 장비는 인공호흡용 장비로서 벤틸레이터(ventilator)라고 부르며 기계적 환기를 사용하는 경우에 사용한다. 호흡에 문제가 있다면 마취 모니터상의 캡노그래프(capnograph)가 비정상으로 보이게 된다. 호흡백을 짜거나 회로의 연결을 살펴보는 등 다양한 방법으로 호흡 교정을 시도해보고, 그래도 효과가 없으면 기계적 환기로 전환하게 된다.

정답 ④

★★★

65 다음 <보기>에서 설명하는 측정 항목의 명칭으로 옳은 것은?

────── <보기> ──────

• 헤모글로빈의 산소포화 비율을 나타내며 폐에서 적혈구로 산소가 공급되는 상태를 평가하는 항목
• 혓바닥이나 손, 귀, 잇몸 등 점막이 드러난 부위에 Pulse Oximeter라고 불리는 기계를 집게로 연결하여 측정

① 호기말 이산화탄소 농도($EtCO_2$)　　　② 호흡수

③ 심박수　　　　　　　　　　　　　　　④ 심전도(ECG)

⑤ 산소포화도(SPO_2)

해설

<보기>는 산소포화도에 대한 설명이다. 산소포화도는 적어도 95% 이상을 유지하는 것이 좋으며, 일반적으로 97~99% 수준으로 유지된다.

정답 ⑤

★★★
66 마취 회로에서 가스가 샐 우려가 있는지 확인하는 방법인 마취기계의 누출테스트(Leakage test)에 대한 설명으로 옳지 <u>않은</u> 것은?

① 동물보건사는 마취에 들어가기 전 반드시 테스트 해봐야 한다.
② 압력계의 바늘이 움직이는 여부로 공기가 새는 것을 판단하며, 손가락 등으로 튜브를 막았을 때 바늘이 서서히 떨어져야 정상이다.
③ 팝오프(pop-off) 밸브를 닫고 테스트 한다.
④ 눈에 보이지 않는 마취 회로의 손상을 미리 알 수 있는 장점이 있다.
⑤ 마취 중 공기가 새면 수술실에 있는 인원이 위험할 수 있기 때문에 안전상 매우 중요한 테스트이다.

[해설]
손가락 등으로 튜브를 막았을 때 게이지의 바늘이 떨어지지 않고 고정되어 있어야 누출이 없는 것이다. 바늘이 아래쪽으로 떨어지면 어딘지는 몰라도 공기가 누출되고 있다는 것을 의미한다.

[정답] ②

★★★
67 다음 중 <보기>의 ㉠, ㉡에 들어갈 색깔이 올바르게 연결된 것은?

──────── <보기> ────────

마취기계의 캐니스터(canister) 내 소다라임(soda lime)의 원래 색깔은 (㉠)이다. 하지만 수명이 다하면 (㉡)으로 바뀌게 된다.

	㉠	㉡
①	흰색	보라색
②	흰색	노란색
③	검은색	파란색
④	노란색	파란색
⑤	보라색	흰색

[해설]
캐니스터 내의 소다라임은 원래 흰색이지만, 수명이 다하면 연보라색 혹은 보라색으로 변하고 질감이나 강도도 바뀐다. 그러나 이것은 주관적인 경우도 많고, 부분적으로 색이 변하는 경우도 있기 때문에 보통 동물병원에서는 색깔 변화와 관계없이 정기적으로 소다라임을 교체해주는 경우가 많다.

[정답] ①

68 호흡마취가 안정적으로 되어 한참 수술을 하는 도중에 갑자기 동물이 급격하게 움직이며 팔다리를 휘저었다. 이때 동물보건사로서 올바르게 대처한 경우는?

① 수의사에게 즉시 보고하여 프로포폴 등 적합한 주사제를 투여하도록 한다.
② 마취 기화기를 일단 최대로 올리고 기다린다.
③ 안정될 때까지 팔다리를 꽉 잡고 움직이지 못하도록 한다.
④ 금방 개선되는 경우가 많기 때문에 모니터링 하면서 변화를 살핀다.
⑤ 호흡백을 짜주며 인공호흡을 실시한다.

해설

호흡마취 시 마취를 높여 줄 때에는 기화기의 다이얼을 사용하여 마취를 올리지만, 동물이 갑자기 각성하는 경우에는 정맥주사가 훨씬 효과적이다. 동물이 갑자기 움직이면 부상의 우려가 있기 때문에 즉각적으로 마취해야 하는데, 기화기를 이용한 방법은 다소 시간이 걸려 비효율적이기 때문이다. 따라서 이러한 경우 수의사에게 즉시 보고하여 프로포폴 등의 즉각적인 효과를 기대할 수 있는 주사제를 투여하여 일단 안정시키고, 이후 기화기를 조절해준다.

정답 ①

★★☆
69 마취 기록 시 타임라인은 매우 중요하다. 반드시 기록해야 하는 시간을 다음 <보기>에서 모두 고른 것은?

───── <보기> ─────
ㄱ. ET 튜브를 삽입한 시각   ㄴ. 진통제를 투여한 시각
ㄷ. 마취 기화기를 켠 시각   ㄹ. 마취 기화기를 끈 시각

① ㄱ, ㄴ   ② ㄱ, ㄷ   ③ ㄱ, ㄴ, ㄷ
④ ㄱ, ㄷ, ㄹ   ⑤ ㄱ, ㄴ, ㄷ, ㄹ

해설

삽관 및 발관 시각, 약물투여 시각, 기화기를 켜고 끈 시각은 반드시 기록해야 하는 매우 중요한 요소이다. 특히 기화기를 켜고 끈 시각은 호흡마취의 시작과 종료 시각이기 때문에 중요하다.

정답 ⑤

★★☆
70 수술 후 입원환자의 관리에 대한 설명으로 옳지 <u>않은</u> 것은?

① 마취에서 문제없이 각성되었다면 수술 후에는 건강 상태에 대해 크게 걱정할 필요가 없다.

② 수술부의 염증, 붓기, 출혈 등의 상태를 관찰한다.

③ 구토, 설사 등이 없는지 관찰한다.

④ 수액의 종류와 속도를 관찰한다.

⑤ 자발식욕이 좋다면 회복의 증거가 될 수 있다.

해설

수술 후 환자는 합병증이 생길 수 있기 때문에 일반적으로 중환자에 준하여 관리한다. 수컷 중성화 수술 등의 아주 간단한 수술은 빠르게 퇴원할 수도 있지만, 대부분의 경우에는 완전히 회복될 때까지는 입원시켜 집중 관리하며 상태를 관찰하는 것이 좋다.

정답 ①

★★☆
71 배액관 관리에 대한 설명으로 옳지 <u>않은</u> 것은?

① 배액관이 피부에 단단하게 봉합되었는지 확인한다.

② 배액관의 출구와 입구를 깨끗하고 멸균적으로 관리해야 한다.

③ 드레싱을 이용하여 배액 입구, 뚜껑 등을 깨끗하게 유지해야 한다.

④ 하루 두 번 정도 관찰하고, 능동배액은 양이 많을 때에는 수시로 비워주어야 한다.

⑤ 배액량과 관계없이 상처가 완전히 회복될 때까지는 배액관을 유지시켜야 한다.

해설

배액관은 몸의 내부로 연결된 통로가 되기 때문에 배액량이 줄어들면 제거해주는 것이 감염 방지에 좋다.

정답 ⑤

72 수술이나 처치 후 배액관을 설치한 경우, 회복에 큰 문제가 없을 때 배액량의 일반적인 변화로 옳은 것은?

① 수술이나 처치 직후에 비해 배액량은 지속적으로 감소한다.
② 수술이나 처치 직후에 비해 배액량은 지속적으로 증가한다.
③ 수술이나 처치 직후에 비해 배액량은 변화가 없다.
④ 수술이나 처치 직후에 비해 배액량은 일시적으로 감소하다가 회복되면서 지속적으로 증가한다.
⑤ 수술이나 처치 직후에 비해 배액량은 일시적으로 감소하다가 이후 변화가 없다.

해설
회복이 잘 되고 있다면 내부의 염증 삼출물과 출혈이 감소하면서 배액량은 지속적으로 줄어든다. 배액량이 일정하게 잘 줄어들고 있고 회복의 징후가 보이면 배액관을 제거할 수 있다.

정답 ①

73 다음 중 거즈 카운팅에 대한 설명으로 옳지 <u>않은</u> 것은?

① 수술보조자가 지혈을 위해 거즈 등을 사용했을 경우 반드시 고려해야 한다.
② 수술 전과 봉합을 하기 전 반드시 거즈 카운팅이 정확한지 체크한다.
③ 바닥에 떨어져 있는 거즈 등도 고려해야 한다.
④ 사용된 거즈의 사이즈와 개수를 토대로 대략적인 출혈량을 가늠하는 것이 가능하다.
⑤ 거즈 카운팅이 제대로 되지 않았을 경우에는 체내에 거즈가 남아있게 되는데, 대부분은 체내에 저절로 흡수된다.

해설
거즈 카운팅(gauze counting)은 수술 전과 봉합 직전에 지혈 등에 사용된 거즈의 개수를 수술자와 보조자가 함께 카운팅하는 과정이다. 체내에 거즈나 남아있으면 흡수가 되지 않고 염증의 원인이 되기 때문에 재수술해서 밖으로 꺼내야 한다.

정답 ⑤

★★☆
74 다음 중 지혈에 관련된 설명으로 옳지 <u>않은</u> 것은?

① 혈관의 크기에 따라 사용되는 지혈겸자가 다르다.
② 큰 혈관은 결찰이나 봉합을 이용한 방법이 효과적이다.
③ 혈관이 작거나 지혈 부위가 사소한 경우에는 거즈를 통해 압박 지혈할 수 있다.
④ 전기소작법은 작은 혈관보다는 큰 혈관에 적합한 방법이다.
⑤ 지혈 방법을 선택할 때에는 사용의 편의성, 제품의 비용, 출혈의 정도, 면역원성 등이 다양하게 고려되어야 한다.

해설
보통 2mm 이하의 작은 혈관은 전기소작법을 사용한다. 혈관이 다소 크더라도 전기소작이 되기는 하지만, 확실하게 하기 위해서는 결찰(ligature)을 하는 것이 좋다.

정답 ④

★★★
75 다음 중 수술 후 입원한 환자의 입원 및 관찰기록에 대한 설명으로 옳지 <u>않은</u> 것은?

① 활동성과 같이 주관적인 영역은 기록에서 배제한다.
② 수액을 맞을 때 배뇨량은 중요한 요소이므로 횟수와 양을 잘 기록한다.
③ 약물의 용량, 종류, 투여경로, 간격 등을 잘 기록한다.
④ 환자를 주기적으로 관찰하며 시간대별로 기록한다.
⑤ 통증이 심하거나 구토, 설사 등의 증상을 보이면 즉시 수의사에게 알려준다.

해설
활동성, 자발식욕, 자극에 대한 반응성 등은 주관적인 영역이지만 입원기록에 기록될 수 있다. 예 QAR, BAR 등

정답 ①

76 창상의 치유에 대한 설명으로 옳지 <u>않은</u> 것은?

① 창상의 치유능력은 손상 정도와 건강 상태에 따라 다르다.
② 적절한 영양관리가 필수적이다.
③ 혈액공급이 원활한 부위는 다른 부위에 비해 치료속도가 느리다.
④ 감염 및 이물질이 없어야 치유과정이 증진된다.
⑤ 상처가 없는 피부 및 점막이 감염에 대한 일차 방어선 역할을 한다.

해설
혈액공급이 원활하면 다른 부위에 비해 치료속도가 빠르다.

정답 ③

77 다음 <보기>의 밑줄친 이 과정의 명칭으로 옳은 것은?

—— <보기> ——
상처는 민감하고 세균의 침투가 쉽기 때문에 이를 보호하면서 조직의 회복과 재생을 도
와야 한다. 이 과정을 통해 외부자극을 제어하여 부종을 감소시키고 삼출물 등을 흡수하
며, 더 이상의 오염이나 외상으로부터 상처를 보호할 수 있다. 멸균거즈나 기타 압박대
를 이용하여 상처를 관리하는 과정이다.

① 드레싱(dressing)
② 붕대
③ 관절 고정
④ 괴사조직 제거
⑤ 배액

해설
<보기>의 내용은 상처에 1차적으로 진행되는 드레싱(dressing)에 관한 설명이다.

정답 ①

78 멸균을 하기 위해 수술기구 팩을 준비하는 경우에 대한 설명으로 옳지 <u>않은</u> 것은?

① 수술기구의 손잡이 잠금쇠는 모두 잠가놓는다.
② 수술기구는 같은 방향으로 배열한다.
③ 수술 순서에 따라 먼저 사용하는 수술기구는 위쪽에 배치한다.
④ 수량을 확인한 거즈를 함께 넣어 같이 멸균되도록 한다.
⑤ 수술 종류와 목적에 맞는 적합한 수술기구를 수량에 맞게 넣는다.

해설
수술기구의 손잡이 잠금쇠는 모두 풀어놓은 채로 수술팩을 포장하고 멸균한다.

정답 ①

79 흉부와 복부에 상처가 있어 붕대를 하는 경우에 대한 설명으로 옳지 <u>않은</u> 것은?

① 드레싱으로 상처나 절개 부위가 노출되지 않도록 잘 덮는다.
② 패딩을 최대화하여 붕대를 두껍게 한다.
③ 앞다리나 뒷다리에 비해 붕대가 잘 고정되지 않는 부위이다.
④ 점착성 붕대를 통해 고정시킨다.
⑤ 앞다리나 뒷다리를 활용해서 붕대를 고정한다.

해설
패딩을 너무 두껍게 하면 몸통에서 미끄러지기 때문에 패딩을 최소화 하는 것이 좋다.

정답 ②

80 다음 중 상처 세척에 대한 설명으로 옳지 <u>않은</u> 것은?

① 과산화수소가 가장 추천된다.
② 생리식염수는 소독능력이 없음에도 널리 사용된다.
③ 이상적인 세척액은 소독이 되면서도 치유조직에 독성이 적어야 한다.
④ 일정한 압력을 가하면 효과적일 수 있다.
⑤ 상처를 세척하면 조직의 박테리아 부하를 줄여 상처의 합병증을 줄일 수 있다.

해설
과산화수소는 조직 자극성이 있기 때문에 상처 세척에는 사용하지 않는 것이 좋다. 생리식염수 등을 사용하고, 여건이 따라주지 않으면 수돗물을 사용하는 경우도 있다.

정답 ①

CHAPTER

13 동물보건임상병리학

★★★
01 다음 주사기 바늘(needle) 중 가장 굵은 것은?

① 18G   ② 21G   ③ 23G
④ 26G   ⑤ 30G

해설
주사기 바늘은 게이지 단위 앞의 숫자가 작을수록 굵기가 두껍다.

정답 ①

★★★
02 채혈에 대한 설명으로 옳지 않은 것은?

① 채혈 전 알코올로 소독한다.
② 채혈 후 주사기 내에서 혈구 안정화를 위해 2~3분 정도 후에 검체 튜브로 옮긴다.
③ 거품이 나지 않게 주의하며 항응고제와 섞어야 한다.
④ 항응고제가 처리된 튜브에 혈액을 정해진 용량 이상 넣으면 충분히 응고를 방지할 수 없다.
⑤ 항응고제가 처리된 튜브에 혈액을 정해진 용량보다 너무 적게 넣으면 혈구에 장애를 일으킨다.

해설
채혈 직후 튜브로 옮겨 혈액 샘플이 응고되지 않게 하여야 한다.

정답 ②

★★☆
03 다음의 각 혈액검사 Tube에 있는 혈액을 원심분리 후, 상층 액을 채취했을 때의 용어가 올바르게 짝지어진 것은?

① EDTA tube-혈청, serum
② Heparin(헤파린) tube-혈장, plasma
③ Plain tube-혈장, plasma
④ Citrate tube-혈청, serum
⑤ SST-혈장, plasma

해설

Heparin tube, EDTA tube, Citrate tube는 각각 항응고제 처리가 되어 있고, 원심분리 후 상층 액을 혈장(plasma)이라고 부른다. Plain tube와 SST tube의 경우 항응고제 처리가 되어 있지 않으며, 원심분리 후 상층 액을 혈청(serum)으로 부른다.

정답 ②

★★☆
04 CBC(자동 혈구 분석기) 검사에 대한 설명으로 옳지 <u>않은</u> 것은?

① 혈구 세포들의 크기, 개수, 비율 등을 확인하기 위해 사용되는 검사법이다.
② EDTA tube의 검체를 이용하며 뚜껑의 색은 일반적으로 연보라색이다.
③ WBC(White blood cells)라고 하는 항목은 총 백혈구 수치를 나타내며, 급성 감염, 세균 감염 등의 진단적 의의가 있다.
④ 검체는 혈액 tube를 원심분리 후 상층 액을 이용한다.
⑤ CBC 검사의 결과로 빈혈 유무를 파악할 수 있다.

해설

CBC는 백혈구, 적혈구, 혈소판 등의 혈구를 파악하기 위한 검사로, 원심분리를 이용하지 않고 전혈을 사용한다.

정답 ④

★★☆
05 빈혈 환자가 내원한 경우 결과값이 낮게 나올 것으로 예상되는 혈액검사 항목은?

① WBC
② GLU
③ BUN
④ ALT
⑤ HCT

해설

CBC 검사상에서 빈혈 환자의 경우 HCT(헤마토크리토), HGB(헤모글로빈) 등이 낮게 나온다.

정답 ⑤

★ ★ ★

06 다음 중 백혈구(WBC) 항목에 포함되지 <u>않는</u> 것은?

① 호중구(Neutrophil)　　② 호산구(Eosinophil)　　③ 혈소판(Platelet)

④ 림프구(Lymphocyte)　　⑤ 단핵구(Monocyte)

> **해설**
> 백혈구는 호중구, 호산구, 호염구, 림프구, 단핵구를 통칭하는 용어이다.
>
> **정답** ③

★ ★ ☆

07 혈소판감소증(Thrombocytopenia)을 확인하는 데 필요한 혈액검사 장비는?

① 혈액화학검사(Blood chemistry)

② 요비중검사(USG)

③ 전혈구검사, 자동 혈구 분석기(CBC)

④ 미생물배양검사(Bacteria culture)

⑤ 혈액가스분석(Blood gas analysis)

> **해설**
> CBC 검사의 경우 적혈구, 백혈구, 혈소판 등을 파악할 수 있다. 혈소판감소증의 경우 CBC 검사상에서 PLT 수치가 낮게 측정될 것이다.
>
> **정답** ③

★ ★ ☆

08 다음 중 간부전(liver failure) 환자에서 증가하는 수치가 <u>아닌</u> 것은?

① ALP(Alkaline phosphatase)

② BUN(Blood urea nitrogen)

③ AST(SGOT, Aspartate aminotransferase)

④ ALT(Alanine aminotransferase)

⑤ Bilirubin

> **해설**
> 간 질환에 걸린 경우 ALT, ALP, AST 등이 증가하며, 간부전의 경우 bilirubin이 증가하며 황달 증상이 나타날 수 있다. BUN 수치는 주로 신부전(콩팥 부전), 고단백 식이 등으로 증가한다.
>
> **정답** ②

09 혈액가스분석기(Blood gas analysis)로 파악할 수 있는 부분이 <u>아닌</u> 것은?

① 급성 염증 수치   ② 산 염기 불균형

③ 전해질 불균형   ④ 폐에서의 산소 교환능력

⑤ 산소 투여 시 치료 경과 및 모니터링

해설

혈액가스분석기는 주로 산 염기, 전해질 불균형 및 폐에서의 산소 교환능력, 혈액의 산소 운반능력, 산소 투여 시 치료
경과 및 모니터링에 이용하여 노령견, 응급환자, 수술 전후 환자에게 필수적이다.

정답 ①

★★★

10 특정 질병에서 CBC 검사상으로 측정값이 정확하지 않은 경우 혹은 혈구의 정확한 형태를 파악하기
위한 검사 방법은?

① 혈액가스검사   ② 혈청화학검사

③ 혈액호르몬검사   ④ 혈액도말검사

⑤ 급성염증수치검사

해설

특정 질병에서 동물의 혈구가 조건에 맞지 않아서 자동 혈구 분석기(CBC)의 측정값이 정확하지 않은 경우 또는 형태
파악이 필요한 경우는 슬라이드를 이용하여 혈액을 도말·염색 후 현미경으로 검사한다.

정답 ④

★★★

11 혈액 도말검사, 피부 도말검사, 귀 도말검사 등 현미경 검사를 이용하는 다양한 임상병리검사에서
공통으로 Diff – Quik 염색 방법이 이용된다. 색깔별 염색 순서가 올바르게 배열된 것은?

① 투명색 – 빨간색 – 파란색   ② 투명색 – 파란색 – 빨간색

③ 빨간색 – 파란색 – 투명색   ④ 파란색 – 빨간색 – 투명색

⑤ 빨간색 – 투명색 – 파란색

해설

Diff – Quik 염색법은 투명색 염색약(메탄올)으로 고정한 후 1번 염색약(빨간색), 2번 염색약(파란색) 순서로 염색한다.
그 다음에 흐르는 물에 뒷면을 헹구고 현미경으로 관찰한다.

정답 ①

12 소변 채취법 중 방광 천자에 대한 설명으로 옳지 않은 것은?

① 주사기를 이용하여 방광에서 직접 소변을 채취하는 방법이다.
② 침습적인 검사법으로 환자가 불편한 감각을 느낄 수 있다.
③ 방광에 소변이 충분히 들어 있어야만 가능한 검사법이다.
④ 초음파 기기를 통해 가이드하여 접근하는 것이 좋다.
⑤ 소변 검체에 오염 가능성이 있어 세균 배양에는 적합하지 않은 채취법이다.

해설
무균적인 주사기를 올바르게 이용하여 방광 천자로 샘플링을 한다면 오염 가능성이 매우 낮은 방법이다. 세균 배양이 필요한 경우에는 방광 천자가 가장 선호되는 방법이다.

정답 ⑤

13 다음 중 요스틱 항목으로 확인할 수 없는 것은?

① 혈소판
② pH
③ 잠혈
④ 포도당
⑤ 단백질

해설
요스틱 검사상 잠혈, 빌리루빈, 케톤, 단백질, 포도당, pH 등을 파악할 수 있다. 비중의 경우 스틱 결과보다는 굴절계를 이용한 값을 신뢰한다.

정답 ①

14 FNA(세침흡인세포검사) 검사 방법에 대한 설명으로 옳지 않은 것은?

① 검사 전 병변부를 삭모한다.
② 검사 전 병변부 크기와 위치를 기록한다.
③ 피부 종괴에 대한 검사 방법으로는 적합하지 않은 방법이다.
④ 주사기를 이용할 때 음압 상태로 검체를 채취하나, 상태에 따라 음압을 이용하지 않기도 한다.
⑤ 슬라이드는 염색 후 현미경으로 관찰한다.

해설
FNA 검사법은 체표 종괴에 접근하기 쉬운 검사법이다. 내부 장기의 종괴의 경우 초음파 가이드를 이용하여 진행하며, 너무 깊은 위치의 경우 검사가 어려울 수 있다.

정답 ③

15 요침사 검사에서 현미경으로 관찰할 수 없는 것은?

① 적혈구   ② 백혈구   ③ 세포
④ 크리스탈(결정 성분)   ⑤ 요단백

해설
요침사 검사는 소변을 원심분리 후 침전물을 현미경으로 관찰한다. 혈구 세포(백혈구, 적혈구 등) 및 세포(상피세포, 종양세포), 크리스탈(결정) 등을 확인할 수 있다.

정답 ⑤

16 분변검사에 대한 설명 중 옳지 않은 것은?

① 소화기 질환 진단에 유용한 검사법이다.
② 신선한 샘플을 이용하여야 한다.
③ 여러 부분에서 샘플 채취 시 오염의 원인이 될 수 있기 때문에, 한 곳에서만 채취하여야 한다.
④ PCR 검사의 검체로 분변을 활용할 수 있다.
⑤ 분변검사의 검체 자체에서 충란이나 바이러스 등 감염원이 포함되어 있을 수 있기 때문에 감염에 유의하여야 한다.

해설
국소적으로 샘플링을 하게 되면 주요 세포나 감염원을 놓칠 수 있으므로, 여러 곳에서 샘플링하도록 한다.

정답 ③

17 파보 및 코로나 장염을 확인하기 위해 진단키트를 사용할 때 활용해야 하는 시료는?

① 소변   ② 분변
③ 콧물   ④ 눈곱
⑤ 타액

해설
분변 검체를 이용하여 파보, 코로나, 지알디아 감염 여부를 키트로 확인한다.

정답 ②

18 고양이의 분변검사 슬라이드를 현미경으로 촬영한 다음 사진에서 가장 의심할 수 있는 질병은?

★★☆

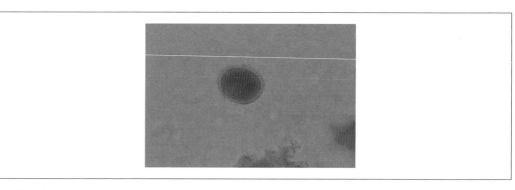

① 외부기생충 감염 ② 내부기생충 감염
③ 세균 감염 ④ 바이러스 감염
⑤ 곰팡이 감염

해설

사진은 고양이 회충(*Toxocara cati*)의 충란이다. 내부기생충 질환에는 회충, 구충, 원충 등이 포함된다.

정답 ②

19 다음 중 조직검사에 관한 내용으로 옳은 것은?

★★☆

① 피부의 작은 종괴의 경우 종괴 제거와 동시에 검체를 채취하여 조직검사를 의뢰할 수 있다.
② 통증이 없는 비침습적인 검사로 마취가 필요하지 않다.
③ FNA(세침흡인세포검사) 검사에 비해 진단 정확도가 떨어진다.
④ 조직 샘플링 이후 알코올 고정액에 고정하여 의뢰한다.
⑤ 출혈이 발생하지 않는 비침습적 검사로 후속 처치가 필요하지 않다.

해설

피부의 작은 종괴의 경우, 종괴 제거 후 조직검사를 의뢰한다. 정확도가 높지만 침습적이고 통증을 수반하는 검사이기 때문에 부분마취 혹은 상황에 따라 진정이 필요하다. 샘플링 후 크기에 따라 봉합이 필요할 수 있으며, 검체는 포르말린 고정액에 고정 후 이동한다.

정답 ①

★ ★ ★
20 곰팡이성 피부염이 의심되는 환자의 경우 유용하게 사용할 수 있는 진단 검사의 방법은?

① CBC   ② 혈액 도말검사   ③ 요비중
④ DTM   ⑤ CPV 키트

해설

DTM 배지에 곰팡이가 자라는 경우 배지의 색이 3~5일 뒤 노란색에서 붉은색으로 바뀌게 된다. 이와 같은 원리로 곰팡이 감염 의심 환자의 털을 배지에 배양하여 감염 여부를 확인한다.

정답 ④

★ ★ ★
21 다음 중 현미경을 사용하는 방법으로 옳지 않은 것은?

① 가장 낮은 배율부터 관찰한다.
② 슬라이드를 적절한 곳에 놓고 고정용 클립으로 고정하여야 한다.
③ 대물렌즈가 슬라이드에 닿지 않도록 유의한다.
④ 이멀젼 오일은 고배율에서 사용한다.
⑤ 미동 나사를 이용해 먼저 초점을 맞춘 후 조동 나사를 돌려 초점을 정확히 한다.

해설

조동 나사를 이용해 초점을 맞춘 후 미동 나사를 이용하여 섬세하게 초점을 정확히 맞춘다.

정답 ⑤

★ ★ ★
22 전혈구검사(CBC)에서 사용되며 용기 색상이 연보라색을 띠는 검체 튜브는?

① EDTA tube   ② Heparin tube
③ Citrate tube   ④ Plain tube
⑤ SST tube

해설

CBC 검사는 연보라색을 띠는 튜브인 EDTA tube를 이용한다. 혈구검사이기 때문에 원심분리하지 않고 전혈 그대로 이용한다.

정답 ①

23 장내 기생충 감염 여부를 진단하기 위해 실시하는 검사 중 기생충란의 비중이 가벼운 원리를 이용하여 황산아연액을 사용하는 것은?

① 잠혈검사 ② 분변부유검사

③ 분변도말검사 ④ 분변키트검사

⑤ 분변육안검사

해설

기생충란의 비중은 1을 약간 넘긴다. 황산아연액의 비중은 1.18로, 기생충란이 분변상에 있다면 부유검사 시 떠오르는 원리를 이용하여 검사하는 방법을 분변부유검사라고 한다.

정답 ②

24 응고계 관련 검사인 aPTT, PT 등을 측정하기 위해서는 혈액을 특수 tube에 넣어야 한다. 이 tube에 처리된 항응고제의 종류와 뚜껑의 색이 올바르게 연결된 것은?

① 시트르산(Citrate) 처리, 빨간색 ② 시트르산(Citrate) 처리, 하늘색

③ 헤파린(Heparin) 처리, 초록색 ④ 헤파린(Heparin) 처리, 하늘색

⑤ EDTA 처리, 보라색

해설

응고계 검사는 시트르산(하늘색) 튜브를 이용한다. 이 튜브는 독성이 낮아 수혈을 위한 채혈에 적합하며, citrate의 항응고 능력은 Ca 이온과 결합하여 작용한다.

정답 ②

★★☆
25 다음 <보기>의 내용 중 빈칸에 들어갈 용어로 옳은 것은?

─── <보기> ───

SST 튜브(Serum separate tube)
• 튜브에 Silica particle이라는 작은 구슬이 있어 응고를 촉진한다.
• 내부에 겔이 들어 있다.
• (   )을 분리해내기 위해 사용한다.

① 응고인자   ② 단백질
③ 항체   ④ 혈청
⑤ 혈장

해설

SST tube는 항응고 성분이 없으며, plain tube에 비해 빠르게 혈액을 굳히고 쉽게 분리할 수 있도록 만들어진 tube이다. 원심분리 후 상층 액인 혈청을 이용하기 위해 사용한다.

정답 ④

★★☆
26 혈청 화학 검체의 올바른 처리 및 보관에 대한 내용으로 옳지 <u>않은</u> 것은?

① 외부 실험실로 보내는 검체의 경우 냉장 포장해야 한다.
② 분리된 혈액은 즉시 검사가 원칙이며, 지연되는 경우 냉장 보관해야 한다.
③ 혈청을 얻기 위해서는 혈액이 굳기 전에 분리하여야 한다.
④ 과도하게 작은 바늘을 이용하거나, 음압이 세게 걸리면 용혈이 발생할 수 있다.
⑤ 12시간 정도 절식 후 검사하는 것이 좋다.

해설

혈청은 항응고제가 처리되지 않은 튜브에서 혈액이 굳은 후 분리하여야 한다.

정답 ③

27 소변검사에 대한 설명으로 옳지 <u>않은</u> 것은?

① 채취 후 즉시 검사해야 한다.
② 즉시 검사가 어려운 경우 냉장 보관 후 6시간 이내에 검사해야 한다.
③ 세균검사는 방광 천자를 통한 뇨를 이용하여야 한다.
④ 굴절계를 이용하여 비중을 측정한다.
⑤ 소변에서 단백질이 양성으로 나오면 당뇨병을 의심한다.

> 해설
> 당뇨병은 혈당(혈중 glucose)이 높아지고, 일정 수준 이상에서는 소변에서 당이 검출된다.

> 정답 ⑤

28 요침사 방법에 대한 내용으로 옳지 <u>않은</u> 것은?

① 신선뇨를 사용한다.
② 원주, 크리스탈 등을 관찰할 수 있다.
③ 원심분리 후 침전된 시료는 요비중과 요스틱 검사에 이용한다.
④ 1000rpm으로 5분 정도 원심분리한다.
⑤ 원심분리 후 상층액을 버리고 침전된 시료를 섞어 검사한다.

> 해설
> 요침사란 소변을 원심분리하여 무거운 성분을 현미경으로 관찰하는 검사법이다. 백혈구, 적혈구, 원주, 세균 등을 확인할 수 있다.

> 정답 ③

29 분변 도말 검사에 대한 설명으로 옳지 <u>않은</u> 것은?

① 분변을 생리식염수와 섞어 검사할 수 있다.
② 분변 시료는 보통 면봉을 이용해 항문에서 채취하거나, 대변에서 바로 채취한다.
③ 관찰할 때는 커버글라스를 시료 위에 올려놓고 관찰한다.
④ 높은 배율에서 낮은 배율로 관찰한다.
⑤ 검사 후에는 감염성 폐기물에 준하여 처리한다.

> 해설
> 모든 현미경 검사는 낮은 배율에서 높은 배율로 관찰한다.

> 정답 ④

30 DTM배지가 진단할 수 있는 항목은?

① 모낭충   ② 피부사상균증

③ Staphylococcus   ④ 개 파보바이러스 감염증

⑤ 고양이 칼리시바이러스 감염증

해설

DTM배지에 피부사상균 환자의 털을 배양한 경우 수 일 내에 색이 변하게 된다.

정답 ②

31 우드램프(Wood lamp) 검사법으로 확인할 수 있는 미생물은?

① 기생충   ② 세균

③ 효모   ④ 곰팡이

⑤ 바이러스

해설

피부에 곰팡이 감염증이 있는 경우, 우드램프를 비추면 애플 그린(apple‒green)색으로 변하게 된다.

정답 ④

32 우드램프(wood lamp) 검사법에 대한 설명으로 옳지 <u>않은</u> 것은?

① 밝은 곳에서 검사를 시행한다.

② 사용하기 전 5~10분 정도 예열이 필요하다.

③ 병변 주위는 애플 그린(apple‒green) 형광색을 띠게 된다.

④ 피부사상균을 검사하려는 방법이나, 모든 피부사상균에 양성을 나타내지는 않는다.

⑤ 탈모 부위를 집중적으로 검사한다.

해설

어두운 곳에서 검사를 시행해야 양성 반응의 색이 잘 관찰된다.

정답 ①

33 피부의 외부기생충 감염 여부를 알기 위해 시행하는 검사법으로, 수술용 칼날의 뒷면으로 피부 표층을 긁어서 현미경으로 보는 방법은?

① 셀로판테이프 압인법　　　　② 피부 소파법

③ 슬라이드 압착법　　　　　　④ 세침흡인세포검사

⑤ 조직검사

해설

피부 소파법(Skin scraping)이란 피부 표층을 블레이드로 긁어내어 모낭충, 개선충 등을 확인하는 방법이다.

정답 ②

34 농포가 있는 병변을 검사할 때 많이 이용하는 방법으로, 농포 등을 터뜨린 후 슬라이드로 해당 부위를 눌러서 검체를 관찰하는 방법은?

① 셀로판테이프 압인법　　　　② 피부 소파법

③ 슬라이드 압착법　　　　　　④ 세침흡인세포검사

⑤ 조직검사

해설

병변을 슬라이드로 압착하여 슬라이드에 묻어나온 것을 염색한 후 현미경으로 관찰하는 방법이다.

정답 ③

35 피부 병변부를 테이프로 압착한 후, 그대로 슬라이드 글라스에 부착하여 현미경으로 검사하는 방법은?

① 셀로판테이프 압인법　　　　② 피부 소파법

③ 슬라이드 압착법　　　　　　④ 세침흡인세포검사

⑤ 조직검사

해설

셀로판테이프를 2~3cm 크기로 병변부에 탈부착 후, 염색과정을 거쳐 관찰한다.

정답 ①

36 다음 <보기>에서 설명하는 것의 명칭은?

<보기>

- 귀에서 가장 흔하게 보이는 효모 감염 중 하나임
- 정상적으로 귀에 살고 있지만, 어떠한 원인에 의하여 그 균형이 깨지며 귀에서 급속도로 증식하게 됨
- 현미경으로 관찰 시 눈사람 모양으로 보임

① 대장균
② 황색포도상구균
③ 슈도모나스균
④ 피부사상균
⑤ 말라세치아

해설

<보기>는 귀 내에 상재하고 있는 효모균인 말라세치아에 대한 내용이다. 아토피성 피부염, 음식 알레르기 등으로 피부 장벽의 균형이 깨지면 과증식하여 외이염을 유발하며, 항진균제로 치료할 수 있다.

정답 ⑤

37 다음 <보기>에서 설명하는 검사법의 검체로 적절한 것은?

<보기>

- 내부기생충 충란과 지알디아, 콕시듐과 같은 원충을 확인하기 좋은 검사법
- 검체를 생리식염수로 액상으로 만든 후 현미경으로 관찰하는 검사법

① 전혈
② 혈청
③ 소변
④ 대변
⑤ 콧물

해설

내부기생충 감염은 분변을 이용하여 현미경으로 충란이나 충체를 확인한다. 분변도말검사, 분변부유검사 등을 이용할 수 있다.

정답 ④

38 소변검사에 대한 설명으로 옳지 <u>않은</u> 것은?

① 채뇨 직후는 성분의 안정성이 없어 검사결과가 정확하지 않기 때문에, 롤러 믹서를 이용하여 15분 정도 안정화 후 검사를 시작한다.

② 요비중은 현재 상태에 따라 다양한 결과를 보이므로, 한번 측정으로 결과를 맹신하여서는 안 된다.

③ 방광 내에 충분한 양의 오줌이 있는 경우 손으로 복부를 압박하여 채뇨할 수 있으나, 방광 파열에 유의하여야 한다.

④ 미오글로빈뇨는 중증 근무력증과 같은 근육 소모성 질환 등에서 나타날 수 있다.

⑤ 농뇨의 경우 소변의 육안검사상 혼탁함을 관찰할 수 있다.

해설
소변 검체는 채뇨 이후 가능한 한 빨리 실시하여야 하고, 검사가 지연된다면 냉장 보관하여야 한다.

정답 ①

39 다음 <보기>에서 설명하는 항목의 명칭으로 옳은 것은?

─── <보기> ───

• 소변이 세뇨관 내에서 정체되었을 때 세뇨관에서 분비되는 점액성 단백 성분과 소량의 혈청 알부민이 결합한 후 세뇨관에서의 강력한 수분 재흡수로 농축되어 젤 형태로 변하여 생기는 것
• 소변검사상 현미경으로 관찰할 수 있음

① 백혈구　　　　　　② 적혈구
③ 요원주　　　　　　④ 빌리루빈
⑤ 요당

해설
요원주(cast)는 세뇨관 상피세포에서 분비되는 점액 단백질에 의해 세뇨관에서 형성된다. 정상적인 소변에도 원주가 포함되어 있지만, 숫자가 증가하는 경우 비뇨기 질환 가능성이 있다.

정답 ③

★★★
40 현미경을 이용한 검사법으로, 세포에 따른 발정주기를 예측하여 가임기를 확인해 볼 수 있는 검사법은?

① Estrogen 농도 측정   ② Progesterone 농도 측정
③ 혈액 도말검사   ④ FNA 검사
⑤ 질 도말검사

해설
질 부위에 0.9% 생리식염수를 도포한 면봉을 삽입한다. 이후 면봉을 회전하여 샘플을 얻고, 슬라이드 글라스에 도말하여 염색 후 관찰한다. 세포와 세균의 양상을 통해 배란주기를 예측할 수 있다.

정답 ⑤

★★★
41 혈청, 혈장의 색 변화와 그 의미의 연결이 올바르지 않은 것은?

① 붉은색−용혈   ② 우윳빛−지질 혈증
③ 우윳빛−잘못된 채혈로 인한 용혈   ④ 노란색−빌리루빈의 존재
⑤ 노란색−심각한 간 손상

해설
잘못된 채혈로 인한 용혈의 경우 붉은색의 혈장이나 혈청이 확인된다.

정답 ③

★★★
42 혈액 도말(Blood smear)검사의 평가 항목이 아닌 것은?

① 혈액 내 빌리루빈 농도   ② 혈구의 구성 비교
③ 혈구 세포의 형태학적 이상 관찰   ④ 혈관 내 기생충
⑤ 혈소판의 형태 평가

해설
빌리루빈의 농도는 혈청 화학검사를 통해 알 수 있다. 도말검사는 현미경을 통한 검사로, 주로 혈구 세포의 비율이나 형태학적 이상 소견 등을 관찰할 수 있다.

정답 ①

★★★

43 다음 검사 항목 중 종류가 <u>다른</u> 하나는?

① ALT(Alanine aminotransferase, GPT)

② Amylase

③ BUN(Blood Urea Nitrogen)

④ WBC(White blood cells)

⑤ ALB(Albumin)

> **해설**
> ALT, BUN, WBC, albumin 등은 혈청 화학검사 항목이다. 백혈구(WBC)는 CBC에서 측정할 수 있다.

> **정답** ④

★★☆

44 혈청 화학검사에 대한 설명으로 옳지 <u>않은</u> 것은?

① ALT(Alanine Aminotransferase)는 주로 간에 존재하며 심근, 골격근, 췌장에도 소량 존재한다.

② ALT(Alanine Aminotransferase)는 간 손상 후 2~3일 이내에 높아지며 14일까지 검출될 수 있다.

③ Albumin은 췌장에서 생성되며 탄수화물을 분해하는 역할을 한다.

④ BUN(Blood Urea Nitrogen)은 간에서 처리된 아미노산으로 콩팥(신장) 손상 시 수치가 증가할 수 있다.

⑤ Glucose는 섭취한 음식이 간에서 분해과정을 거쳐 생성되며 세포 에너지 역할을 한다.

> **해설**
> Albumin은 간세포에서 생성되며 삼투압을 유지하는 역할을 한다.

> **정답** ③

★★☆

45 다음 중 콩팥(신장) 손상 시 수치가 증가하는 항목으로 나열된 것은?

① ALT(Alanine aminotransferase), AST(Aspartate aminotransferase)
② BUN(Blood Urea Nitrogen), Creatinine
③ Amylase, Lipase
④ TP(Total protein), ALB(Albumin)
⑤ Glucose, TG(Triglyceride)

해설

콩팥은 약 2/3 이상 손상 시 BUN, Creatinine, IP(Inorganic Phosphorus) 등이 증가할 수 있다.

정답 ②

★★★

46 다음 <보기>의 상황에서 진단을 위해 가장 권장되는 검사는?

─── <보기> ───

9살 중성화된 암컷 푸들이 다음, 다뇨, 다식, 무기력의 증상이 나타나 병원에 내원하였다. 신체 검사상 좌우 대칭성 탈모와 Pot belly(올챙이 배), 피부가 얇아지고 근육량의 감소 등이 확인되었다.

① X-ray 촬영   ② ACTH 자극시험
③ 뇌척수액(CSF) 검사   ④ 혈액 가스검사
⑤ 요비중검사

해설

<보기>의 증상은 부신겉질 기능항진증(쿠싱)의 대표적인 증상이다. ACTH 자극시험이란 합성 ACTH를 주사하고, 주사 전 및 1시간 후에 채혈하여 혈청을 분리하여 코티솔(Cortisol)을 측정하는 부신겉질 기능항진증의 진단검사이다.

정답 ②

★★★
47 다음 <보기>의 상황에서 추정되는 질환으로 가장 가능성이 높은 것은?

———— <보기> ————

8살 푸들이 허탈, 기면, 식욕부진으로 내원하였다. ACTH 자극검사 결과 코티솔(cortisol)이 2ug/dl 이하로 참조 범위보다 매우 낮게 측정되었다.

① 갑상선 기능항진증 ② 갑상선 기능저하증
③ 부신겉질 기능항진증(쿠싱) ④ 부신겉질 기능저하증(애디슨)
⑤ 당뇨

> **해설**
> 부신겉질 기능저하증(애디슨)은 Glucocorticoid, Mineralocorticoid 분비 감소에 의한 질병이기 때문에, 진단검사 시 cortisol 농도가 2ul/dl 이하로 측정된다.

> **정답** ④

★★★
48 부신겉질 기능저하증 환자의 임상병리 검사상으로 관찰되기 <u>어려운</u> 결과는?

① 저질소혈증 ② 요비중 저하
③ 저나트륨혈증 ④ 고칼륨혈증
⑤ Na:K < 27:1

> **해설**
> 에디슨 질환은 저나트륨혈증, 고칼륨혈증이 특징적으로 나타난다. 또한 고질소혈증, 요비중 저하(1.010~1.025), 저혈당증, 대사성 산증 등이 동반될 수 있다.

> **정답** ①

★★☆
49 갑상선호르몬의 검사 항목이 올바르게 연결된 것은?

① Cortisol, ALKP, ALT ② Cortisol, fT4, tT4
③ fT4, tT4, TSH ④ fT4, tT4, ACTH
⑤ TSH, ACTH, Cortisol

> **해설**
> 뇌하수체에서 TSH가 분비되어 갑상선을 자극하면 T4, T3 등이 갑상선에서 분비된다. ACTH, Cortisol 등은 뇌하수체-부신 관련 호르몬이다.

> **정답** ③

★★☆
50 현미경의 구조에 따른 설명으로 옳지 <u>않은</u> 것은?

① 재물대: 고정용 클립이 있어서 슬라이드 글라스를 고정할 수 있다.

② 재물대: 가운데 구멍이 뚫려 있는 이유는 빛을 통과시키기 위함이다.

③ 조리개: 렌즈로 들어오는 빛의 양과 조리개 구멍의 크기를 조절하여 상의 밝기를 조절하는 장치이다.

④ 대물렌즈: 고배율일수록 렌즈의 길이가 짧아진다.

⑤ 조절 나사: 처음에 상을 찾아갈 때는 조동 나사를, 초점을 정확히 맞출 때는 미동 나사를 이용한다.

해설

대물렌즈는 일반적으로 ×4, ×10, ×40, ×100배율의 4개의 렌즈로 구성되어 있고, 회전판이 있어 돌리며 배율을 바꿀 수 있다. 고배율일수록 렌즈의 길이가 길어지며, ×100배율은 유침오일을 사용하여 관찰한다.

정답 ④

★★☆
51 다음 <보기>의 밑줄친 <u>이 현상</u>의 명칭으로 옳은 것은?

— <보기> —

<u>이 현상</u>은 채혈 시 과도한 외부의 압력으로 적혈구가 터지는 현상으로, 혈장의 색깔이 붉은 색을 나타낸다. <u>이 현상</u>이 심한 검체는 각종 혈액검사에 사용하기 적합하지 않아 주의가 필요하다.

① 응고   ② 지혈

③ 피브리노젠   ④ 혈청

⑤ 용혈

해설

용혈은 채혈 등의 외적인 요인뿐만 아니라, 삼투압 및 체내 항원항체반응 등에 의해서 적혈구가 파열되어 헤모글로빈이 혈장으로 방출되는 현상을 일컫는다. 건강한 개체에서 용혈 증상이 나타났다면 대부분 과도한 압력으로 터지는 경우일 확률이 높다.

정답 ⑤

★★☆

52 다음 <보기>에서 설명하는 용기의 명칭으로 옳은 것은?

─────── <보기> ───────

- 혈액 검체 용기 중 혈장을 이용한 혈액 화학검사에 주로 사용
- 용기 색상은 녹색
- 혈액 응고 과정 중 트롬빈의 형성을 방해하거나 중화함으로써 응고를 방지

① 헤파린 튜브   ② EDTA 튜브
③ SST 튜브   ④ 플레인 튜브
⑤ Citrate tube

[해설]

헤파린 튜브는 초록색을 띠며, 주로 혈청 화학검사나 혈액 가스검사 등에 사용된다.

[정답] ①

★★★

53 분변 부유검사에 대한 설명으로 옳지 **않은** 것은?

① 장내 기생충 감염 여부를 진단하기 위한 검사법이다.
② 기생충란의 비중이 무거운 원리를 이용한 검사법이다.
③ 황산 아연액, 포화 식염수액 등을 이용할 수 있다.
④ 부유액에 분변을 섞고 30분 정도 후 상층액을 이용한다.
⑤ 현미경으로 검사한다.

[해설]

기생충란의 비중이 가벼운 원리를 이용하여 부유액에 띄워 검사한다. 기생충란의 비중은 1을 약간 넘기며, 황산아연액 1.18, 포화식염수액 1.19 등으로 섞은 후 방치하게 되면 상층에 떠오르게 된다.

[정답] ②

★★★
54 내부기생충 질환에 대한 설명으로 옳지 <u>않은</u> 것은?

① 개 회충(*Toxocara canis*)의 성충은 소장에 기생한다.
② 개 회충(*Toxocara canis*)의 증상은 구토, 설사, 빈혈, 장폐색 등이다.
③ 개 구충(*Ancylostoma caninum*)의 증상은 소화기 증상에 국한되어 나타난다.
④ 지알디아는 분변검사 및 키트 검사 등을 통해 진단할 수 있다.
⑤ 지알디아의 증상은 썩는 냄새를 동반한 수양성 설사가 대표적이다.

해설
개 구충의 경우 빈혈, 혈변, 점액변 등이 나타날 수 있다. 또한 자충의 폐 상해로 인하여 호흡기 증상이 발생하는 경우도 있다.

정답 ③

★★★
55 다음 중 소변 검사법에 대한 설명으로 옳은 것은?

① 요비중 검사 시 굴절지수가 높을수록 소변이 농축되어 있다는 것을 의미한다.
② 굴절계 사용 시 알코올을 이용하여 굴절계 눈금을 조정한다.
③ 딥스틱 검사 시 요당, pH 등은 동물에서 적합하지 않아 해석하지 않는다.
④ 딥스틱 검사를 통하여 요원주, 요결정체, 진균 등을 확인할 수 있다.
⑤ 요침사 검사를 통하여 요당 검출 여부를 확인할 수 있다.

해설
굴절계 사용 시 증류수를 이용하여 눈금 보정을 한다. 딥스틱 검사 시 요당, pH, 케톤 등을 확인할 수 있으며, 요침사를 통하여 요원주, 요결정체 등을 관찰할 수 있다.

정답 ①

★★★
56 소변 딥스틱 검사의 결과와 원인이 올바르게 연결된 것은?

① 포도당 – 저혈당성 쇼크   ② 포도당 – 진성당뇨병
③ 케톤 – 혈뇨   ④ 케톤 – 과식
⑤ 혈색소 – 감염

해설
포도당이 검출되는 소변은 신장 역치를 능가하는 고혈당증(진성당뇨병, 쿠싱병) 혹은 세뇨관 질병 등이 원인이다.

정답 ②

★★★
57 소변 검사상 혈색소뇨와 관련이 <u>없는</u> 질환은?

① 용혈성 빈혈　　　　　② 렙토스피라증　　　　　③ 양파 중독

④ 자가면역질환　　　　　⑤ 당뇨

 해설

당뇨 환자에서는 요당이 검출된다.

정답 ⑤

★★☆
58 요침사 검사에서 나타난 다음 결과의 명칭으로 옳은 것은?

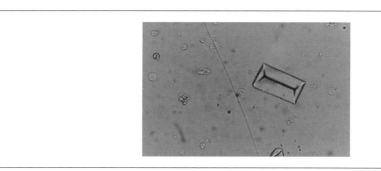

① 수산칼슘　　　　　② 요단백　　　　　③ 요당

④ 스트루바이트　　　　　⑤ 혈색소뇨

해설

요결정체(Crystal)가 모여 요결석을 생성한다. 사진의 길쭉한 모양은 스트루바이트를 나타낸다.

정답 ④

★★☆
59 다음 임상병리 및 진단 검사 중 검체의 종류가 <u>다른</u> 하나는?

① 개 파보바이러스 키트검사　　　　　② 개 코로나바이러스 키트검사

③ 개 모낭충 소파검사　　　　　④ 개 지알디아 키트검사

⑤ 개 회충 충란 부유검사

해설

개 파보바이러스, 코로나바이러스 및 지알디아 키트검사는 분변을 이용한다. 개 회충, 구충 등의 충란 확인은 분변 부유검사를 통해 할 수 있다. 모낭충은 소파검사 및 조직검사 등으로 피부 조직을 이용한다.

정답 ③

★★☆
60 다음 중 귀 도말검사(Ear smear)에서 관찰할 수 없는 항목은?

① 허피스바이러스   ② 포도상구균

③ 간균   ④ 말라세치아

⑤ 염증 세포

해설

귀 도말검사에서는 세균(포도상구균, 간균), 세포(호중구, 대식세포), 효모균(말라세치아), 진드기 등이 관찰된다.

정답 ①

★★★
61 배란주기 검사는 가임기를 추정하는 목적으로 많이 사용된다. 다음 중 교미를 허용하는 황체형성호르몬(LH)의 최대 분비 기간에 가장 많이 보이는 세포는?

① 방기저세포(기저곁세포)   ② 중간세포

③ 표층세포   ④ 호중구

⑤ 적혈구

해설

발정기(Estrus)에는 표층세포가 90% 이상 보이게 된다.

정답 ③

★★☆
62 나열된 혈액 검체 튜브를 원심분리하였을 때, 상층액의 종류가 같은 것으로 짝지어진 것은?

① EDTA 튜브−Plain 튜브   ② Citrate 튜브−Plain 튜브

③ Heparin 튜브−SST 튜브   ④ Citrate 튜브−SST 튜브

⑤ Plain 튜브−SST 튜브

해설

EDTA 튜브, Citrate 튜브, Heparin 튜브는 항응고제가 있는 튜브로서, 상층액은 혈장(plasma)이다. SST(Serum separating tube) 튜브, Plain 튜브의 상층액은 혈청(serum)이라 부른다.

정답 ⑤

63 ALP(Alkaline Phosphatase)가 주로 생성되는 곳으로 올바르게 연결된 것은?

① Adult animals－골수, Young animals－신장

② Adult animals－간, Young animals－뼈

③ Adult animals－비장, Young animals－담낭

④ Adult animals－전립선, Young animals－난소

⑤ Adult animals－신경, Young animals－췌장

> **해설**
> Alkaline Phosphatase는 주로 Adult animal은 간, Young animal은 뼈에서 생성된다. 이외 장, 콩팥 등에서도 생성되며, Adult animal의 경우 간, 담도계 질환 시 정상범주보다 상승된 값을 보일 수 있다.

> **정답** ②

64 쿠싱 혹은 애디슨 질환의 진단검사 방법인 ACTH 자극검사의 검사 항목은?

① Cortisol   ② T4

③ TSH   ④ Sodium

⑤ Potassium

> **해설**
> ACTH 자극시험은 합성 ACTH 주사 전 및 1시간 후 채혈하여 혈청을 분리한 후 Cortisol을 측정한다.

> **정답** ①

65 다음 중 갑상선호르몬 검사에 대한 설명으로 옳은 것은?

① 혈청을 분리하여 검사한다.

② 냉동보관 후 검사는 유효성을 잃는다.

③ Glucocorticoid 약의 간섭이 없다.

④ Cortisol을 측정한다.

⑤ 이 검사를 통하여 애디슨을 진단할 수 있다.

> **해설**
> 혈청을 분리하여 fT3, tT4, TSH를 측정한다. 냉장(약 7일) 및 냉동(약 1개월) 보관 시에도 검사값이 유효하다.

> **정답** ①

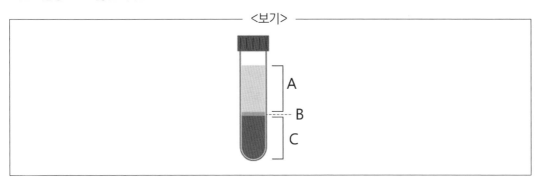

66 다음 <보기>는 혈액을 원심분리한 후 분리된 결과를 나타낸 모식도이다. A~C의 각 구성 성분에 대한 설명으로 옳은 것은?

① A: 혈장으로 혈액의 액체 성분이다.
② A: 백혈구와 혈소판을 포함한다.
③ B: 적혈구를 포함한다.
④ C: 혈장 성분으로 혈액의 약 45%를 포함한다.
⑤ C: 혈소판을 포함한다.

해설
A 부분은 혈장으로 액체 성분이며, B 부분에는 백혈구와 혈소판을 포함한다. C 부분에는 적혈구가 포함된다.

정답 ①

67 다음 중 항응고제에 대한 설명으로 옳지 않은 것은?

① 혈액이 응고되지 않도록 차단하는 물질을 항응고제라고 한다.
② EDTA 튜브의 항응고제는 혈액 중의 칼슘 이온과 착화 결합으로 제거되어 응고를 방지한다.
③ EDTA 튜브에 혈액을 너무 많이 넣으면 항응고제가 상대적으로 부족하여 항응고 효과가 떨어질 수 있다.
④ 헤파린 튜브의 항응고제는 혈액 응고 과정 중 트롬빈의 형성을 방해하거나 중화함으로써 응고를 방지한다.
⑤ SST 튜브 내의 젤은 혈액 중의 혈소판과 결합하여 응고를 방지한다.

해설
SST 튜브에는 혈청 분리 촉진제와 젤이 들어있다. 항응고제가 들어있지 않으므로 혈액이 응고된다.

정답 ⑤

68 ★☆☆ 다음 중 병원 내 소변검사로 확인할 수 있는 항목이 <u>아닌</u> 것은?

① 단백뇨 여부
② 비뇨기계 세균 감염 여부
③ 파보바이러스 감염 여부
④ 요결정체의 여부
⑤ 혈뇨 여부

해설
소변검사로 비뇨기계 감염 및 단백뇨, 혈뇨, 결정체 등을 확인할 수 있다.

정답 ③

69 ★☆☆ 현미경 관찰 시 유침(oil immersion)이 필요한 대물렌즈의 배율은?

① ×4
② ×8
③ ×10
④ ×40
⑤ ×100

해설
대물렌즈 ×100의 고배율에서는 유침이 필요하다. 유침이 필요한 대물렌즈에는 oil이라고 적혀 있다.

정답 ⑤

70 ★☆☆ 다음 중 혈구 성분이 <u>아닌</u> 것은?

① 요원주
② 혈소판
③ 단핵구
④ 호산구
⑤ 적혈구

해설
요원주는 소변에서 관찰된다.

정답 ①

71 당뇨 환자의 임상병리 검사 결과에서 혈청 화학검사 – 요검사의 순서로 수치가 상승하는 항목을
올바르게 연결한 것은?

① GLU(혈액) – 잠혈(요)

② GLU(혈액) – 포도당(요)

③ T-bil(혈액) – 빌리루빈(요)

④ T-bil(혈액) – 잠혈(요)

⑤ ALB(혈액) – 포도당(요)

당뇨 환자는 인슐린의 부족, 저항 등의 이유로 혈당 수치가 증가한다. 일정 수치 이상이면 요에서도 포도당이 검출된다.

정답 ②

72 다음 중 갑상선 기능항진증에서 상승하는 수치는?

① 코티솔

② GLU

③ WBC

④ T4

⑤ 빌리루빈

갑상선 기능항진증은 T4가 과도하게 분비되는 질환으로, 임상병리 검사에서 tT4, TSH, fT4 등을 확인한다.

정답 ④

73 갑상선 기능저하증 환자의 임상병리 검사 결과로 옳은 것은?

① HCT의 증가

② HCT의 감소

③ T4의 증가

④ T4의 감소

⑤ WBC의 증가

갑상선 기능저하증의 경우 T4가 감소하는 질환으로, 임상병리 검사 시 T4를 측정하면 낮은 값이 나온다.

정답 ④

PART 03

74 혈청 화학검사의 빌리루빈(Bilirubin)에 대한 설명으로 옳지 <u>않은</u> 것은?

① 헤모글로빈에서 생성된다.
② 빌리루빈은 간 질환에서 증가할 수 있다.
③ 빌리루빈은 용혈성 빈혈 시 증가할 수 있다.
④ 빌리루빈은 담도계 질환에서 증가할 수 있다.
⑤ 간에 특이적인 효소이다.

해설
혈청 빌리루빈은 간뿐만 아니라 다른 질환 시에도 상승할 수 있는 비특이적인 수치이다.

정답 ⑤

75 신부전증 환자의 임상병리 검사에 대한 설명으로 옳지 <u>않은</u> 것은?

① 혈청 화학검사 시 BUN이 상승할 수 있다.
② 혈청 화학검사 시 IP(Inorganic Phosphorus)가 상승할 수 있다.
③ Creatinine은 신장 손상 초기부터 상승하는 지표이다.
④ 요비중 및 UPC 검사는 신장기능에 대한 검사로 사용할 수 있다.
⑤ SDMA는 Creatinine에 비하여 상대적으로 먼저 상승한다.

해설
Creatinine은 신장의 약 2/3 이상 손상 시 상승한다.

정답 ③

76 다음 중 심장사상충 감염 키트 검사 시에 적합한 샘플은?

① 혈액   ② 분변
③ 소변   ④ 눈곱
⑤ 뇌척수액

해설
심장사상충은 혈관 내 기생충으로, 말초혈액 샘플로 키트 검사를 한다. 키트는 성충에 대한 검사이다.

정답 ①

77 수혈 전, 환자와 공혈견의 혈액이 적합한지 확인하는 검사법은?

① 혈액형 검사

② CBC 검사

③ 혈청 화학검사

④ 혈액 가스검사

⑤ 교차반응(Cross matching) 검사

해설

교차반응(Cross matching) 검사는 환자와 공혈견의 혈액이 잘 맞는지 확인하는 검사법이다. 수혈 전에는 보통 혈액형 검사 및 교차반응 검사를 한다.

정답 ⑤

78 임상병리 검사의 검체 용기와 검체 종류의 연결이 잘못된 것은?

① EDTA 튜브－EDTA 전혈

② Heparin 튜브－혈청

③ 미생물 수송 배지－환부 swab

④ Sodium citrate 튜브－혈장

⑤ 멸균시험관－CSF/Fluid 등

해설

Heparin 튜브의 상층 액은 혈장으로 분류한다.

정답 ②

79 피부 검사법 중 하나인 테이프 압인검사[셀로판테이프압인(TST)법]에 대한 설명으로 옳지 않은 것은?

① 투명한 셀로판테이프를 이용하는 검사법이다.

② 환자의 피부에 테이프를 탈부착한다.

③ 피부 부산물이 묻은 테이프를 그대로 슬라이드 글라스에 부착한다.

④ 슬라이드 염색 후 현미경으로 관찰하는 검사법이다.

⑤ 검사 시료 채취 후에는 간단한 봉합 시술이 필요하다.

해설

테이프 압인검사는 투명한 셀로판테이프를 병변에 탈부착 후, 묻어나온 피부 부산물을 슬라이드 글라스에 부착한 다음 염색하여 현미경으로 관찰하는 검사법으로, 봉합 등은 필요하지 않다.

정답 ⑤

80 다음 <보기>에서 설명하는 염색법의 명칭으로 옳은 것은?

———————————— <보기> ————————————

- 검체 슬라이드 글라스를 투명한 용액, 붉은색 용액, 파란색 용액 순서로 염색하는 방법
- 혈구뿐만 아니라 귀, 피부 도말슬라이드, 분변도말검사 등에 다양하게 이용

① 김자(Giemsa) 염색   ② 딥퀵(Diff-quik) 염색
③ 그람(Gram) 염색   ④ 항산화 염색
⑤ 도은(Silver) 염색

해설
딥퀵(Diff-quik) 염색법은 임상에서 가장 많이 쓰이며, 다양한 샘플에 적용한다. 투명색, 붉은색, 푸른색 순서로 염색한다.

정답 ②

memo

동물보건사 과목별 문제집

PART

04

동물보건·윤리 및
복지 관련 법규

CHAPTER 14 수의사법, 동물보호법

★★★
01 다음 중 <보기>의 빈칸에 들어갈 용어의 명칭으로 가장 적합한 것은?

─ <보기> ─

(   )은 동물의 생명보호, 안전 보장 및 복지 증진을 꾀하고 건전하고 책임 있는 사육문화를 조성함으로써, 생명 존중의 국민 정서를 기르고 사람과 동물의 조화로운 공존에 이바지함을 목적으로 한다.

① 동물책임법   ② 동물학대방지법   ③ 동물보건사법
④ 동물산업법   ⑤ 동물보호법

해설

제1조(목적) 이 법은 동물의 생명보호, 안전 보장 및 복지 증진을 꾀하고 건전하고 책임 있는 사육문화를 조성함으로써, 생명 존중의 국민 정서를 기르고 사람과 동물의 조화로운 공존에 이바지함을 목적으로 한다.

정답 ⑤

★★★
02 다음 중 <보기>의 빈칸에 들어갈 용어의 명칭으로 가장 적합한 것은?

─ <보기> ─

"(   )"란 동물을 대상으로 정당한 사유 없이 불필요하거나 피할 수 있는 고통과 스트레스를 주는 행위 및 굶주림, 질병 등에 대하여 적절한 조치를 게을리하거나 방치하는 행위를 말한다.

① 동물도살   ② 동물무시   ③ 동물공포
④ 동물학대   ⑤ 동물불안

해설

제2조
9. "동물학대"란 동물을 대상으로 정당한 사유 없이 불필요하거나 피할 수 있는 고통과 스트레스를 주는 행위 및 굶주림, 질병 등에 대하여 적절한 조치를 게을리하거나 방치하는 행위를 말한다.

정답 ④

★★★
03 다음 중 <보기>의 ㉠, ㉡에 들어갈 용어의 명칭이 올바르게 나열된 것은?

─────────────── <보기> ───────────────

"(㉠)"이란 동물의 보호, 유실·유기방지, 질병의 관리, 공중위생상의 위해 방지 등을 위하여 등록이 필요하다고 인정하여 (㉡)령으로 정하는 동물을 말한다.

① ㉠ 등록동물대상, ㉡ 대통령
② ㉠ 등록동물목록, ㉡ 농림축산식품부
③ ㉠ 등록보호동물, ㉡ 보건복지부
④ ㉠ 등록대상동물, ㉡ 대통령
⑤ ㉠ 동물보호등록, ㉡ 농림축산식품부

해설
제2조
8. "등록대상동물"이란 동물의 보호, 유실·유기(遺棄) 방지, 질병의 관리, 공중위생상의 위해 방지 등을 위하여 등록이 필요하다고 인정하여 대통령령으로 정하는 동물을 말한다.

정답 ④

★★★
04 "맹견"이란 사람의 생명이나 신체 또는 동물에 위해를 가할 우려가 있는 개로서 농림축산식품부령으로 정하는 개, 사람의 생명이나 신체 또는 동물에 위해를 가할 우려가 있어 시·도지사가 맹견으로 지정한 개를 말한다. 다음 중 농림축산식품부령으로 정하는 맹견이 아닌 것은?

① 도사견   ② 아메리칸 핏불테리어
③ 아메리칸 스태퍼드셔 테리어   ④ 로트와일러
⑤ 진돗개

해설
제2조(맹견의 범위)
「동물보호법」(이하 "법"이라 한다) 제2조 제5호 가목에 따른 "농림축산식품부령으로 정하는 개"란 다음 각 호를 말한다.
1. 도사견과 그 잡종의 개
2. 핏불테리어(아메리칸 핏불테리어를 포함한다)와 그 잡종의 개
3. 아메리칸 스태퍼드셔 테리어와 그 잡종의 개
4. 스태퍼드셔 불 테리어와 그 잡종의 개
5. 로트와일러와 그 잡종의 개

정답 ⑤

05 동물병원 내에서 수의사의 지도 아래 동물의 간호 또는 진료 보조 업무를 수행할 수 있는 직종은?

① 동물조무사
② 동물미용사
③ 동물보건사
④ 동물치료사
⑤ 동물조련사

해설

제2조(정의)

3의2. "동물보건사"란 동물병원 내에서 수의사의 지도 아래 동물의 간호 또는 진료 보조 업무에 종사하는 사람으로서 농림축산식품부장관의 자격인정을 받은 사람을 말한다.

정답 ③

06 동물실험시행기관의 장은 실험동물의 보호와 윤리적인 취급을 위하여 제53조에 따라 (   )를 설치 · 운영하여야 한다. 다음 중 빈칸에 들어갈 단어는?

① 동물복지위원회
② 동물윤리위원회
③ 동물실험윤리위원회
④ 농장동물복지위원회
⑤ 동물학대방지위원회

해설

제51조(동물실험윤리위원회의 설치 등)

① 동물실험시행기관의 장은 실험동물의 보호와 윤리적인 취급을 위하여 제53조에 따라 동물실험윤리위원회(이하 "윤리위원회"라 한다)를 설치 · 운영하여야 한다.

정답 ③

07 ★★☆ 「동물보호법」 제101조(과태료) 조항에 따라 다음 <보기>의 경우에 부과되는 과태료의 금액은?

───────── <보기> ─────────

1. 제11조 제1항 제4호 또는 제5호를 위반하여 동물을 운송한 자
2. 제11조 제1항을 위반하여 제69조 제1항의 동물을 운송한 자
3. 제12조를 위반하여 반려동물을 전달한 자
4. 제15조 제1항을 위반하여 등록대상동물을 등록하지 아니한 소유자
5. 제27조 제4항을 위반하여 정당한 사유 없이 출석, 자료제출요구 또는 기질평가와 관련한 조사를 거부한 자
6. 제36조 제6항에 따라 준용되는 제35조 제5항을 위반하여 교육을 받지 아니한 동물보호센터의 장 및 그 종사자
7. 제37조 제2항에 따른 변경신고를 하지 아니하거나 같은 조 제5항에 따른 운영재개 신고를 하지 아니한 자
8. 제50조를 위반하여 미성년자에게 동물 해부실습을 하게 한 자
9. 제57조 제1항을 위반하여 교육을 이수하지 아니한 윤리위원회의 위원
10. 정당한 사유 없이 제66조 제3항에 따른 조사를 거부·방해하거나 기피한 자
11. 제68조 제2항을 위반하여 인증을 받은 자의 지위를 승계하고 그 사실을 신고하지 아니한 자
12. 제69조 제4항 단서 또는 제73조 제4항 단서를 위반하여 경미한 사항의 변경을 신고하지 아니한 영업자
13. 제75조 제3항을 위반하여 영업자의 지위를 승계하고 그 사실을 신고하지 아니한 자
14. 제78조 제1항 제8호를 위반하여 종사자에게 교육을 실시하지 아니한 영업자
15. 제78조 제1항 제9호를 위반하여 영업실적을 보고하지 아니한 영업자
16. 제78조 제1항 제10호를 위반하여 등록대상동물의 등록 및 변경신고의무를 고지하지 아니한 영업자
17. 제78조 제3항 제2호를 위반하여 신고한 사항과 다른 용도로 동물을 사용한 영업자
18. 제78조 제5항 제2호를 위반하여 등록대상동물의 사체를 처리한 후 신고하지 아니한 영업자
19. 제78조 제6항에 따라 동물의 보호와 공중위생상의 위해 방지를 위하여 농림축산식품부령으로 정하는 준수사항을 지키지 아니한 영업자
20. 제79조를 위반하여 등록대상동물의 등록을 신청하지 아니하고 판매한 영업자
21. 제82조 제2항 또는 제3항을 위반하여 교육을 받지 아니하고 영업을 한 영업자
22. 제86조 제1항 제1호에 따른 자료제출 요구에 응하지 아니하거나 거짓 자료를 제출한 동물의 소유자등

23. 제86조 제1항 제2호에 따른 출입·검사를 거부·방해 또는 기피한 동물의 소유자등

24. 제86조 제2항에 따른 보고·자료제출을 하지 아니하거나 거짓으로 보고·자료제출을 한 자 또는 같은 항에 따른 출입·조사·검사를 거부·방해·기피한 자

25. 제86조 제1항 제3호 또는 같은 조 제7항에 따른 시정명령 등의 조치에 따르지 아니한 자

26. 제88조 제4항을 위반하여 동물보호관의 직무 수행을 거부·방해 또는 기피한 자

① 1,000만 원 이하 ② 500만 원 이하 ③ 300만 원 이하
④ 100만 원 이하 ⑤ 50만 원 이하

해설

제101조(과태료)
③ 다음 각 호의 어느 하나에 해당하는 자에게는 100만원 이하의 과태료를 부과한다.

정답 ④

★★★
08 「동물보호법」 제97조(벌칙) 조항에 따라 다음 <보기>의 경우에 부과되는 형량과 벌금의 금액이 올바르게 짝지어진 것은?

───── <보기> ─────

1. 제10조 제1항 각 호의 어느 하나를 위반한 자

제10조(동물학대 등의 금지)
① 누구든지 동물을 죽이거나 죽음에 이르게 하는 다음 각 호의 행위를 하여서는 아니 된다.
　1. 목을 매다는 등의 잔인한 방법으로 죽음에 이르게 하는 행위
　2. 노상 등 공개된 장소에서 죽이거나 같은 종류의 다른 동물이 보는 앞에서 죽음에 이르게 하는 행위
　3. 동물의 습성 및 생태환경 등 부득이한 사유가 없음에도 불구하고 해당 동물을 다른 동물의 먹이로 사용하는 행위
　4. 그 밖에 사람의 생명·신체에 대한 직접적인 위협이나 재산상의 피해 방지 등 농림축산식품부령으로 정하는 정당한 사유 없이 동물을 죽음에 이르게 하는 행위

2. 제10조 제3항 제2호 또는 같은 조 제4항 제3호를 위반한 자

제10조(동물학대 등의 금지)
③ 누구든지 소유자등이 없이 배회하거나 내버려진 동물 또는 피학대동물 중 소유자등을 알 수 없는 동물에 대하여 다음 각 호의 어느 하나에 해당하는 행위를 하여서는 아니 된다.

2. 포획하여 죽이는 행위

④ 소유자등은 다음 각 호의 행위를 하여서는 아니 된다.

　2. 반려동물에게 최소한의 사육공간 및 먹이 제공, 적정한 길이의 목줄, 위생·건강 관리를 위한 사항 등 농림축산식품부령으로 정하는 사육·관리 또는 보호의무를 위반하여 상해를 입히거나 질병을 유발하는 행위

　3. 제2호의 행위로 인하여 반려동물을 죽음에 이르게 하는 행위

3. 제16조 제1항 또는 같은 조 제2항 제1호를 위반하여 사람을 사망에 이르게 한 자

제16조(등록대상동물의 관리 등)

① 등록대상동물의 소유자등은 소유자등이 없이 등록대상동물을 기르는 곳에서 벗어나지 아니하도록 관리하여야 한다.

② 등록대상동물의 소유자등은 등록대상동물을 동반하고 외출할 때에는 다음 각 호의 사항을 준수하여야 한다.

　1. 농림축산식품부령으로 정하는 기준에 맞는 목줄 착용 등 사람 또는 동물에 대한 위해를 예방하기 위한 안전조치를 할 것

4. 제21조 제1항 각 호를 위반하여 사람을 사망에 이르게 한 자

제21조(맹견의 관리)

① 맹견의 소유자등은 다음 각 호의 사항을 준수하여야 한다.

　1. 소유자등이 없이 맹견을 기르는 곳에서 벗어나지 아니하게 할 것. 다만, 제18조에 따라 맹견사육허가를 받은 사람의 맹견은 맹견사육허가를 받은 사람 또는 대통령령으로 정하는 맹견사육에 대한 전문지식을 가진 사람 없이 맹견을 기르는 곳에서 벗어나지 아니하게 할 것

　2. 월령이 3개월 이상인 맹견을 동반하고 외출할 때에는 농림축산식품부령으로 정하는 바에 따라 목줄 및 입마개 등 안전장치를 하거나 맹견의 탈출을 방지할 수 있는 적정한 이동장치를 할 것

　3. 그 밖에 맹견이 사람 또는 동물에게 위해를 가하지 못하도록 하기 위하여 농림축산식품부령으로 정하는 사항을 따를 것

① 3년, 2,000만 원　　② 2년, 3,000만 원　　③ 3년, 3,000만 원

④ 2년, 2,000만 원　　⑤ 1년, 1,000만 원

해설

제97조(벌칙)

① 다음 각 호의 어느 하나에 해당하는 자는 3년 이하의 징역 또는 3천만원 이하의 벌금에 처한다.

정답 ③

★★☆
09 <보기>는 「동물보호법 시행령」[별표 4]에 근거한 과태료의 부과기준(제35조 관련)의 일부이다. 다음 중 빈칸에 들어갈 내용에 <u>해당되지 않는</u> 것은?

과태료의 부과기준(제35조 관련)
다. 부과권자는 다음의 어느 하나에 해당하는 경우에는 제2호의 개별기준에 따른 과태료
　　금액의 2분의 1의 범위에서 그 금액을 줄여 부과할 수 있다.
　　(　　　　　　　　　　　　　　　　　　　　　　　　　　　　　　　　　　　　　　　)

---

① 위반행위자가 위법행위로 인한 결과를 시정하거나 해소한 경우
② 위반행위자가 자연재해·화재 등으로 재산에 현저한 손실이 발생하거나 사업여건의 악화로
　　사업이 중대한 위기에 처하는 등의 사정이 있는 경우
③ 위반행위가 사소한 부주의나 오류 등 과실로 인한 것으로 인정되는 경우
④ 위반행위자가 같은 위반행위로 다른 법률에 따라 과태료·벌금·영업정지 등의 처분을 받은
　　경우
⑤ 그 밖에 위반행위자의 정도, 위반행위의 동기와 그 결과 등을 고려하여 그 금액을 줄일 필
　　요가 있다고 인정되는 경우(과태료를 체납하고 있는 위반행위자 포함)

해설
「동물보호법 시행령」[별표 4] 과태료의 부과기준(제35조 관련)에 의하면 과태료를 체납하고 있는 위반행위자에 대해서는 그렇지 않다.

정답 ⑤

★★★
10 「동물보호법」 제2조(정의)에 따라 동물의 소유자와 일시적 또는 영구적으로 동물을 사육·관리 또는 보호하는 사람을 <u>뜻하는 단어는?</u>

① 후견인　　　　　　　　　　　　② 임시책임자
③ 소유자등　　　　　　　　　　　④ 동물보호자
⑤ 동물책임자

해설
제2조(정의)
2. "소유자등"이란 동물의 소유자와 일시적 또는 영구적으로 동물을 사육·관리 또는 보호하는 사람을 말한다.

정답 ③

★★☆

11 「동물보호법」 제3조(동물보호의 기본원칙)의 "누구든지 동물을 사육·관리 또는 보호할 때에는 다음 각 호의 원칙을 준수하여야 한다."에 해당되지 않는 사항은?

① 동물이 본래의 습성과 몸의 원형을 유지하면서 정상적으로 살 수 있도록 할 것
② 동물이 갈증 및 굶주림을 겪거나 영양이 결핍되지 아니하도록 할 것
③ 동물이 불편함을 겪을지라도 정상적인 행동을 표현할 수 있도록 할 것
④ 동물이 고통·상해 및 질병으로부터 자유롭도록 할 것
⑤ 동물이 공포와 스트레스를 받지 아니하도록 할 것

해설
제3조(동물보호의 기본원칙) 누구든지 동물을 사육·관리 또는 보호할 때에는 다음 각 호의 원칙을 준수하여야 한다.
1. 동물이 본래의 습성과 몸의 원형을 유지하면서 정상적으로 살 수 있도록 할 것
2. 동물이 갈증 및 굶주림을 겪거나 영양이 결핍되지 아니하도록 할 것
3. 동물이 정상적인 행동을 표현할 수 있고 불편함을 겪지 아니하도록 할 것
4. 동물이 고통·상해 및 질병으로부터 자유롭도록 할 것
5. 동물이 공포와 스트레스를 받지 아니하도록 할 것

정답 ③

★★★

12 다음 <보기>의 빈칸에 들어갈 단어로 옳은 것은?

──────── <보기> ────────

「동물보호법」 제6조(동물복지종합계획)
① 농림축산식품부장관은 동물의 적정한 보호·관리를 위하여 (   )마다 다음 각 호의 사항이 포함된 동물복지종합계획(이하 "종합계획"이라 한다)을 수립·시행하여야 한다.
(…)

① 1년   ② 2년   ③ 3년
④ 4년   ⑤ 5년

해설
제6조(동물복지종합계획)
① 농림축산식품부장관은 동물의 적정한 보호·관리를 위하여 5년마다 다음 각 호의 사항이 포함된 동물복지종합계획(이하 "종합계획"이라 한다)을 수립·시행하여야 한다.

정답 ⑤

13 ★★☆ 「동물보호법」 제7조(동물복지위원회)에 따른 동물복지위원회의 역할과 구성에 대한 설명으로 **옳지 않은 것은?**

① 종합계획의 수립에 관한 사항의 자문

② 동물복지정책의 수립, 집행, 조정 및 평가 등에 관한 사항의 자문

③ 다른 중앙행정기관의 업무 중 동물의 보호·복지와 관련된 사항의 자문

④ 그 밖에 동물의 보호·복지에 관한 사항의 자문

⑤ 공동위원장 2명을 포함하여 최소 25명 이상의 위원으로 구성

> **해설**
> 제7조(동물복지위원회)
> ② 위원회는 공동위원장 2명을 포함하여 20명 이내의 위원으로 구성한다.

> **정답** ⑤

14 ★★☆ 다음 중 「동물보호법」 제11조(동물의 운송)에 따른 준수사항이 아닌 것은?

① 운송 중인 동물에게 적합한 사료와 물을 공급하고, 급격한 출발·제동 등으로 충격과 상해를 입지 아니하도록 할 것

② 동물을 운송하는 차량은 동물이 운송 중에 상해를 입지 아니하고, 급격한 체온 변화, 호흡곤란 등으로 인한 고통을 최소화할 수 있는 구조로 되어 있을 것

③ 병든 동물, 어린 동물 또는 임신 중이거나 포유 중인 새끼가 딸린 동물을 운송할 때에는 함께 운송 중인 다른 동물에 의하여 상해를 입지 아니하도록 칸막이의 설치 등 필요한 조치를 할 것

④ 동물을 싣고 내리는 과정에서 동물 또는 동물이 들어있는 운송용 우리를 던지거나 떨어뜨려서 동물을 다치게 하는 행위를 하지 아니할 것

⑤ 운송을 위하여 전기(電氣) 몰이도구를 사용할 것

> **해설**
> 제11조(동물의 운송)
> 5. 운송을 위하여 전기(電氣) 몰이도구를 사용하지 아니할 것

> **정답** ⑤

★★☆
15 다음 <보기>의 ㉠, ㉡에 들어갈 단어가 **올바르게 짝지어진** 것은?

─────────── <보기> ───────────

「동물보호법」 제12조(반려동물의 전달방법)
반려동물을 다른 사람에게 전달하려는 자는 (㉠) 전달하거나 제73조 제1항에 따라 (㉡)의
등록을 한 자를 통하여 전달하여야 한다.

① ㉠ 간접, ㉡ 동물판매업　　　　　② ㉠ 간접, ㉡ 동물장묘업
③ ㉠ 직접, ㉡ 동물위탁관리업　　　④ ㉠ 직접, ㉡ 동물운송업
⑤ ㉠ 직접, ㉡ 동물생산업

해설
제12조(반려동물의 전달방법) 반려동물을 다른 사람에게 전달하려는 자는 직접 전달하거나 제73조 제1항에 따라 동물운
송업의 등록을 한 자를 통하여 전달하여야 한다.

정답 ④

★★☆
16 다음 <보기>의 ㉠, ㉡에 들어갈 단어가 **올바르게 짝지어진** 것은?

─────────── <보기> ───────────

「동물보호법」 제14조(동물의 수술)
거세, 뿔 없애기, 꼬리 자르기 등 동물에 대한 (㉠) 수술을 하는 사람은 (㉡) 방법에 따라
야 한다.

① ㉠ 내과적, ㉡ 병리학적　　　　　② ㉠ 외과적, ㉡ 병리학적
③ ㉠ 내과적, ㉡ 수의학적　　　　　④ ㉠ 외과적, ㉡ 수의학적
⑤ ㉠ 외과적, ㉡ 생리학적

해설
제14조(동물의 수술) 거세, 뿔 없애기, 꼬리 자르기 등 동물에 대한 외과적 수술을 하는 사람은 수의학적 방법에 따라야
한다.

정답 ④

17

다음 <보기>의 ㉠, ㉡에 들어갈 숫자가 올바르게 짝지어진 것은?

─────────── <보기> ───────────

「동물보호법」 제15조(등록대상동물의 등록 등)
② 제1항에 따라 등록된 등록대상동물의 소유자는 다음 각 호의 어느 하나에 해당하는 경우에는 해당 각 호의 구분에 따른 기간에 특별자치시장·특별자치도지사·시장·군수·구청장에게 신고하여야 한다.
    1. 등록대상동물을 잃어버린 경우: 등록대상동물을 잃어버린 날부터 (㉠)일 이내
    2. 등록대상동물에 대하여 대통령령으로 정하는 사항이 변경된 경우: 변경 사유 발생일부터 (㉡)일 이내

① ㉠ 10, ㉡ 10   ② ㉠ 10, ㉡ 20   ③ ㉠ 10, ㉡ 30
④ ㉠ 30, ㉡ 10   ⑤ ㉠ 30, ㉡ 30

해설

제15조(등록대상동물의 등록 등)
② 제1항에 따라 등록된 등록대상동물(이하 "등록동물"이라 한다)의 소유자는 다음 각 호의 어느 하나에 해당하는 경우에는 해당 각 호의 구분에 따른 기간에 특별자치시장·특별자치도지사·시장·군수·구청장에게 신고하여야 한다.
1. 등록동물을 잃어버린 경우: 등록동물을 잃어버린 날부터 10일 이내
2. 등록동물에 대하여 대통령령으로 정하는 사항이 변경된 경우: 변경사유 발생일부터 30일 이내

정답 ③

18

다음 <보기>의 빈칸에 들어갈 숫자로 옳은 것은?

─────────── <보기> ───────────

「동물보호법」 제15조(등록대상동물의 등록 등)
③ 등록대상동물의 소유권을 이전받은 자 중 제1항에 따른 등록을 실시하는 지역에 거주하는 자는 그 사실을 소유권을 이전받은 날부터 (   )일 이내에 자신의 주소지를 관할하는 특별자치시장·특별자치도지사·시장·군수·구청장에게 신고하여야 한다.

① 10   ② 20   ③ 30   ④ 40   ⑤ 50

해설

제15조(등록대상동물의 등록 등)
③ 등록동물의 소유권을 이전받은 자 중 제1항 본문에 따른 등록을 실시하는 지역에 거주하는 자는 그 사실을 소유권을 이전받은 날부터 30일 이내에 자신의 주소지를 관할하는 특별자치시장·특별자치도지사·시장·군수·구청장에게 신고하여야 한다.

정답 ③

★★☆
19 다음 중 「동물보호법」 제21조(맹견의 관리)에 대한 내용으로 **옳지 않은** 것은?

① 맹견의 소유자등은 소유자등 없이 맹견을 기르는 곳에서 벗어나지 아니하게 해야 한다.

② 맹견의 소유자등은 월령이 3개월 이상인 맹견을 동반하고 외출할 때에는 농림축산식품부령으로 정하는 바에 따라 목줄 및 입마개 등 안전장치를 하거나 맹견의 탈출을 방지할 수 있는 적정한 이동장치를 해야 한다.

③ 맹견의 소유자등은 그 밖에 맹견이 사람 또는 동물에게 위해를 가하지 못하도록 하기 위하여 농림축산식품부령으로 정하는 사항을 따라야 한다.

④ 시·도지사와 시장·군수·구청장은 맹견이 사람에게 신체적 피해를 주는 경우 농림축산식품부령으로 정하는 바에 따라 소유자등의 동의 없이 맹견에 대하여 격리조치 등 필요한 조치를 취할 수 있다.

⑤ 맹견의 소유자는 맹견의 안전한 사육 및 관리에 관하여 농림축산식품부령으로 정하는 바에 따라 정기적으로 교육을 받으면 보험에 가입하지 않아도 된다.

해설

제18조(맹견사육허가 등)
① 등록대상동물인 맹견을 사육하려는 사람은 다음 각 호의 요건을 갖추어 시·도지사에게 맹견사육허가를 받아야 한다.
1. 제15조에 따른 등록을 할 것
2. 제23조에 따른 보험에 가입할 것
3. 중성화(中性化) 수술을 할 것. 다만, 맹견의 월령이 8개월 미만인 경우로서 발육상태 등으로 인하여 중성화 수술이 어려운 경우에는 대통령령으로 정하는 기간 내에 중성화 수술을 한 후 그 증명서류를 시·도지사에게 제출하여야 한다.

정답 ⑤

★★☆
20 「동물보호법」 제22조(맹견의 출입금지 등)에 따라 맹견의 출입이 **금지된 장소가 아닌** 것은?

① 「영유아보육법」 제2조 제3호에 따른 어린이집

② 「유아교육법」 제2조 제2호에 따른 유치원

③ 「초·중등교육법」 제2조 제1호에 따른 초등학교

④ 「초·중등교육법」 제2조 제4호에 따른 특수학교

⑤ 그 밖에 불특정 다수인이 이용하는 장소와 시·도의 조례로 정하지 않는 장소

제22조(맹견의 출입금지 등) 맹견의 소유자등은 다음 각 호의 어느 하나에 해당하는 장소에 맹견이 출입하지 아니하도록 하여야 한다.
1. 「영유아보육법」 제2조 제3호에 따른 어린이집
2. 「유아교육법」 제2조 제2호에 따른 유치원
3. 「초·중등교육법」 제2조 제1호 및 제4호에 따른 초등학교 및 특수학교
4. 「노인복지법」 제31조에 따른 노인복지시설
5. 「장애인복지법」 제58조에 따른 장애인복지시설
6. 「도시공원 및 녹지 등에 관한 법률」 제15조 제1항 제2호 나목에 따른 어린이공원
7. 「어린이놀이시설 안전관리법」 제2조 제2호에 따른 어린이놀이시설
8. 그 밖에 불특정 다수인이 이용하는 장소로서 시·도의 조례로 정하는 장소

정답 ⑤

★★★ 21 다음 <보기>의 ㉠~㉢에 들어갈 단어가 올바르게 짝지어진 것은?

─── <보기> ───

「동물보호법」 제34조(동물의 구조·보호)
② 시·도지사와 시장·군수·구청장이 제1항 제1호(㉠)및 제2호(㉡)에 해당하는 동물에 대하여 보호조치 중인 경우에는 그 동물의 등록 여부를 확인하여야 하고, 등록된 동물인 경우에는 지체 없이 동물의 (㉢)에게 보호조치 중인 사실을 통보하여야 한다.

① ㉠ 유실·유기동물, ㉡ 피학대 동물 중 소유자를 알 수 없는 동물, ㉢ 관리자
② ㉠ 유실·유기동물, ㉡ 피학대 동물 중 소유자를 알 수 없는 동물, ㉢ 보호자
③ ㉠ 유실·유기동물, ㉡ 피학대 동물 중 소유자를 알 수 없는 동물, ㉢ 소유자
④ ㉠ 피학대 동물 중 소유자를 알 수 없는 동물, ㉡ 유실·유기동물, ㉢ 관리자
⑤ ㉠ 피학대 동물 중 소유자를 알 수 없는 동물, ㉡ 유실·유기동물, ㉢ 소유자

해설

제34조(동물의 구조·보호)
② 시·도지사와 시장·군수·구청장이 제1항 제1호(유실·유기동물) 및 제2호(피학대 동물 중 소유자를 알 수 없는 동물)에 해당하는 동물에 대하여 보호조치 중인 경우에는 그 동물의 등록 여부를 확인하여야 하고, 등록된 동물인 경우에는 지체 없이 동물의 소유자에게 보호조치 중인 사실을 통보하여야 한다.

정답 ③

22 다음 <보기>의 빈칸에 들어갈 내용에 <u>해당되지 않는</u> 것은?

<보기>

「동물보호법」 제36조(동물보호센터의 지정 등)

④ 시·도지사 또는 시장·군수·구청장은 제1항에 따라 지정된 동물보호센터가 다음 각 호의 어느 하나에 해당하는 경우에는 그 지정을 취소할 수 있다.

(   )

---

① 거짓이나 그 밖의 부정한 방법으로 지정을 받은 경우
② 지정기준에 맞지 아니하게 된 경우
③ 보호비용을 거짓으로 청구한 경우
④ 동물학대 등의 금지의 규정을 위반한 경우
⑤ 특별한 사유 없이 유실·유기동물 및 피학대 동물에 대한 보호조치를 2회 거부한 경우

해설

제36조(동물보호센터의 지정 등)
④ 시·도지사 또는 시장·군수·구청장은 제1항에 따라 지정된 동물보호센터가 다음 각 호의 어느 하나에 해당하는 경우에는 그 지정을 취소할 수 있다. 다만, 제1호 및 제4호에 해당하는 경우에는 그 지정을 취소하여야 한다.
　7. 특별한 사유 없이 유실·유기동물 및 피학대동물에 대한 보호조치를 3회 이상 거부한 경우

정답 ⑤

---

23 다음 <보기>의 빈칸에 들어갈 내용에 <u>해당되지 않는</u> 것은?

<보기>

「동물보호법」 제39조(신고 등)

② 다음 각 호의 어느 하나에 해당하는 자가 그 직무상 제1항에 따른 동물을 발견한 때에는 지체 없이 관할 지방자치단체의 장 또는 동물보호센터에 신고하여야 한다.

(   )

---

① 지정된 동물보호센터의 장 및 그 종사자
② 동물실험윤리위원회를 설치한 동물실험시행기관의 장 및 그 종사자
③ 동물복지축산농장으로 인증을 받은 자
④ 반려동물과 관련된 영업허가를 받은 자(단, 종사자는 해당되지 않는다)
⑤ 수의사, 동물병원의 장 및 그 종사자

제39조(신고 등)

② 다음 각 호의 어느 하나에 해당하는 자가 그 직무상 제1항에 따른 동물을 발견한 때에는 지체 없이 관할 지방자치단체 또는 동물보호센터에 신고하여야 한다.

1. 제4조 제3항에 따른 민간단체의 임원 및 회원
2. 제35조 제1항에 따라 설치되거나 제36조 제1항에 따라 지정된 동물보호센터의 장 및 그 종사자
3. 제37조에 따른 보호시설운영자 및 보호시설의 종사자
4. 제51조 제1항에 따라 동물실험윤리위원회를 설치한 동물실험시행기관의 장 및 그 종사자
5. 제53조 제2항에 따른 동물실험윤리위원회의 위원
6. 제59조 제1항에 따라 동물복지축산농장 인증을 받은 자
7. 제69조 제1항에 따른 영업의 허가를 받은 자 또는 제73조 제1항에 따라 영업의 등록을 한 자 및 그 종사자
8. 제88조 제1항에 따른 동물보호관
9. 수의사, 동물병원의 장 및 그 종사자

④

★★★
24 다음 중 <보기>의 빈칸에 들어갈 숫자로 옳은 것은?

─── <보기> ───

「동물보호법」 제40조(공고)
시·도지사와 시장·군수·구청장은 제34조 제1항 제1호 및 제2호에 따른 동물을 보호하고 있는 경우에는 소유자등이 보호조치 사실을 알 수 있도록 대통령령으로 정하는 바에 따라 지체 없이 (   )일 이상 그 사실을 공고하여야 한다.

① 3   ② 4   ③ 5
④ 6   ⑤ 7

제40조(공고) 시·도지사와 시장·군수·구청장은 제34조 제1항 제1호 및 제2호에 따른 동물을 보호하고 있는 경우에는 소유자등이 보호조치 사실을 알 수 있도록 대통령령으로 정하는 바에 따라 지체 없이 7일 이상 그 사실을 공고하여야 한다.

⑤

★★★
25 「동물보호법」 제41조(동물의 반환 등)와 제42조(보호비용의 부담)에 대한 설명으로 <u>옳지 않은</u> 것은?

① 제34조 제1항 제1호 및 제2호에 해당하는 동물이 보호조치 중에 있고, 소유자가 그 동물에 대하여 반환을 요구하는 경우 시·도지사와 시장·군수·구청장은 제34조에 해당하는 동물을 그 동물의 소유자에게 반환해야 한다.

② 시·도지사와 시장·군수·구청장은 제41조 제1항 제2호에 해당하는 동물의 반환과 관련하여 동물의 소유자에게 보호기간, 보호비용 납부기한 및 면제 등에 관한 사항을 알려야 한다.

③ 제34조 제1항 제3호에 해당하는 동물의 보호비용은 농림축산식품부령으로 정하는 바에 따라 납부기한까지 그 동물의 소유자가 내야 한다.

④ 시·도지사와 시장·군수·구청장은 동물의 소유자가 제43조 제2호에 따라 그 동물의 소유권을 포기한 경우에도 보호비용을 면제할 수 없다.

⑤ 제1항 및 제2항에 따른 보호비용의 징수에 관한 사항은 대통령령으로 정하고, 보호비용의 산정 기준에 관한 사항은 농림축산식품부령으로 정하는 범위에서 해당 시·도의 조례로 정한다.

해설

제42조(보호비용의 부담)

② 제34조 제1항 제3호에 해당하는 동물의 보호비용은 농림축산식품부령으로 정하는 바에 따라 납부기한까지 그 동물의 소유자가 내야 한다. 이 경우 시·도지사와 시장·군수·구청장은 동물의 소유자가 제43조 제2호에 따라 그 동물의 소유권을 포기한 경우에는 보호비용의 전부 또는 일부를 면제할 수 있다.

정답 ④

★★★
26 「동물보호법」 제43조(동물의 소유권 취득)에 따라 시·도와 시·군·구가 동물의 소유권을 취득할 수 있는 경우가 <u>아닌</u> 것은?

① 「유실물법」 제12조 및 「민법」 제253조에도 불구하고 제40조에 따라 공고한 날부터 10일이 지나도 동물의 소유자등을 알 수 없는 경우

② 제34조 제1항 제3호에 해당하는 동물의 소유자가 그 동물의 소유권을 포기한 경우

③ 제34조 제1항 제3호에 해당하는 동물의 소유자가 제42조 제2항에 따른 보호비용의 납부 통지를 받은 날부터 10일 안에 보호비용을 납부하지 아니한 경우

④ 동물의 소유자를 확인한 날부터 10일이 지나도 정당한 사유 없이 동물의 소유자와 연락이 되지 아니한 경우

⑤ 동물의 소유자를 확인한 날부터 10일이 지나도 소유자가 반환받을 의사를 표시하지 아니한 경우

제43조(동물의 소유권 취득) 시·도 및 시·군·구가 동물의 소유권을 취득할 수 있는 경우는 다음 각 호와 같다.

3. 제34조 제1항 제3호에 해당하는 동물의 소유자가 제42조 제2항에 따른 보호비용의 납부기한이 종료된 날부터 10일이 지나도 보호비용을 납부하지 아니하거나 제41조 제2항에 따른 사육계획서를 제출하지 아니한 경우

정답 ③

★★★
27 다음 <보기>의 ㉠~㉣에 들어갈 단어가 올바르게 짝지어진 것은?

───── <보기> ─────

「동물보호법」 제46조(동물의 인도적인 처리 등)

① 제35조 제1항 및 제36조 제1항에 따른 동물보호센터의 장은 제34조 제1항에 따라 보호조치 중인 동물에게 질병 등 (㉠)령으로 정하는 사유가 있는 경우에는 (㉡)장관이 정하는 바에 따라 마취 등을 통하여 동물의 고통을 최소화하는 인도적인 방법으로 처리하여야 한다.

② 제1항에 따라 시행하는 동물의 인도적인 처리는 (㉢)가 하여야 한다. 이 경우 사용된 약제 관련 사용기록의 작성·보관 등에 관한 사항은 농림축산식품부령으로 정하는 바에 따른다.

③ 동물보호센터의 장은 제1항에 따라 동물의 사체가 발생한 경우 「폐기물관리법」에 따라 처리하거나 제69조 제1항 제4호에 따른 (㉣)업의 허가를 받은 자가 설치·운영하는 동물장묘시설 및 제71조 제1항에 따른 공설동물장묘시설에서 처리하여야 한다.

① ㉠ 대통령, ㉡ 농림축산식품부, ㉢ 수의사, ㉣ 동물장묘
② ㉠ 농림축산식품부, ㉡ 농림축산식품부, ㉢ 동물보건사, ㉣ 동물위탁관리
③ ㉠ 대통령, ㉡ 농림축산식품부, ㉢ 동물보건사, ㉣ 동물장묘
④ ㉠ 농림축산식품부, ㉡ 농림축산식품부, ㉢ 수의사, ㉣ 동물위탁관리
⑤ ㉠ 농림축산식품부, ㉡ 농림축산식품부, ㉢ 수의사, ㉣ 동물장묘

제46조(동물의 인도적인 처리 등)

① 제35조 제1항 및 제36조 제1항에 따른 동물보호센터의 장은 제34조 제1항에 따라 보호조치 중인 동물에게 질병 등 농림축산식품부령으로 정하는 사유가 있는 경우에는 농림축산식품부장관이 정하는 바에 따라 마취 등을 통하여 동물의 고통을 최소화하는 인도적인 방법으로 처리하여야 한다.

② 제1항에 따라 시행하는 동물의 인도적인 처리는 수의사가 하여야 한다. 이 경우 사용된 약제 관련 사용기록의 작성·보관 등에 관한 사항은 농림축산식품부령으로 정하는 바에 따른다.

③ 동물보호센터의 장은 제1항에 따라 동물의 사체가 발생한 경우 「폐기물관리법」에 따라 처리하거나 제69조 제1항 제4호에 따른 동물장묘업의 허가를 받은 자가 설치·운영하는 동물장묘시설 및 제71조 제1항에 따른 공설동물장묘시설에서 처리하여야 한다.

정답 ⑤

28 다음 중 「동물보호법」 제47조(동물실험의 원칙)에 대한 내용으로 **옳지 않은 것은?**

① 동물실험은 인류의 복지 증진과 동물 생명의 존엄성을 고려하여 실시하여야 한다.

② 동물실험을 하려는 경우에는 이를 대체할 수 있는 방법을 마지막으로 고려하여야 한다.

③ 동물실험은 실험동물의 윤리적 취급과 과학적 사용에 관한 지식과 경험을 보유한 자가 시행하여야 하며 필요한 최소한의 동물을 사용하여야 한다.

④ 실험동물의 고통이 수반되는 실험은 감각능력이 낮은 동물을 사용하고 진통·진정·마취제의 사용 등 수의학적 방법에 따라 고통을 덜어주기 위한 적절한 조치를 하여야 한다.

⑤ 동물실험을 한 자는 그 실험이 끝난 후 지체 없이 해당 동물을 검사하여야 하며, 검사 결과 정상적으로 회복한 동물은 분양하거나 기증할 수 있다.

해설

제47조(동물실험의 원칙)

② 동물실험을 하려는 경우에는 이를 대체할 수 있는 방법을 우선적으로 고려하여야 한다.

정답 ②

★★★
29 「동물보호법」 제49조 및 제50조에 따른 동물실험에 관한 내용으로 **옳지 않은 것은?**

① 유실·유기동물(보호조치 중인 동물을 포함한다)을 대상으로 하는 실험을 하여서는 아니 된다.

② 봉사동물을 대상으로 하는 실험을 하여서는 아니 된다.

③ 유실·유기동물 또는 봉사동물의 경우에도 인수공통전염병 등 질병의 확산으로 인간 및 동물의 건강과 안전에 심각한 위해가 발생될 것이 우려되는 경우 또는 봉사동물의 선발·훈련 방식에 관한 연구를 하는 경우로서 공용동물실험윤리위원회의 실험 심의 및 승인을 받은 때에는 동물실험을 할 수 있다.

④ 누구든지 미성년자뿐만 아니라 성인에게도 체험·교육·시험·연구 등의 목적으로 동물(사체를 포함한다) 해부실습을 하게 하여서는 아니 된다.

⑤ 「초·중등교육법」 제2조에 따른 학교 또는 동물실험시행기관 등이 시행하는 경우 등 농림축산식품부령으로 정하는 경우에는 미성년자인 경우에도 해부실습을 할 수 있다.

해설

제50조(미성년자 동물 해부실습의 금지) 누구든지 미성년자에게 체험·교육·시험·연구 등의 목적으로 동물(사체를 포함한다) 해부실습을 하게 하여서는 아니 된다. 다만, 「초·중등교육법」 제2조에 따른 학교 또는 동물실험시행기관 등이 시행하는 경우 등 농림축산식품부령으로 정하는 경우에는 그러하지 아니하다.

정답 ④

★★★
30 「동물보호법」에 따른 동물실험윤리위원회에 대한 설명으로 옳지 않은 것은?

① 동물실험시행기관의 장은 동물실험을 하려면 동물실험윤리위원회의 심의를 거쳐야 한다.

② 동물실험윤리위원회의 심의대상인 동물실험에 관여하고 있는 위원은 해당 동물실험에 관한 심의에 참여하여서는 아니 된다.

③ 동물실험윤리위원회의 위원은 그 직무를 수행하면서 알게 된 비밀을 누설하거나 도용하여서는 아니 된다.

④ 동물실험윤리위원회 위원 중에는 농림축산식품부령으로 정하는 자격기준에 맞는 수의사가 최소 2명 이상 포함되어야 하며, 동물실험윤리위원회 위원의 임기는 3년으로 한다.

⑤ 동물실험윤리위원회를 구성하는 위원의 3분의 1 이상은 해당 동물실험시행기관과 이해관계가 없는 사람이어야 한다.

해설

제53조(윤리위원회의 구성)
① 윤리위원회는 위원장 1명을 포함하여 3명 이상의 위원으로 구성한다.
② 위원은 다음 각 호에 해당하는 사람 중에서 동물실험시행기관의 장이 위촉하며, 위원장은 위원 중에서 호선한다.
   1. 수의사로서 농림축산식품부령으로 정하는 자격기준에 맞는 사람
   2. 제4조 제3항에 따른 민간단체가 추천하는 동물보호에 관한 학식과 경험이 풍부한 사람으로서 농림축산식품부령으로 정하는 자격기준에 맞는 사람
   3. 그 밖에 실험동물의 보호와 윤리적인 취급을 도모하기 위하여 필요한 사람으로서 농림축산식품부령으로 정하는 사람
③ 윤리위원회에는 제2항 제1호 및 제2호에 해당하는 위원을 각각 1명 이상 포함하여야 한다.
④ 윤리위원회를 구성하는 위원의 3분의 1 이상은 해당 동물실험시행기관과 이해관계가 없는 사람이어야 한다.
⑤ 위원의 임기는 2년으로 한다.
⑥ 동물실험시행기관의 장은 제2항에 따른 위원의 추천 및 선정 과정을 투명하고 공정하게 관리하여야 한다.
⑦ 그 밖에 윤리위원회의 구성 및 이해관계의 범위 등에 관한 사항은 농림축산식품부령으로 정한다.

정답 ④

31 「동물보호법」 제68조(인증의 승계)에 대한 설명으로 <u>옳지 않은</u> 것은?

① 인증농장 인증을 받은 사람이 사망한 경우 그 농장을 계속하여 운영하려는 상속인에게 그 지위를 승계한다.

② 인증농장 인증을 받은 사람이 그 사업을 양도한 경우 그 양수인에게 그 지위를 승계한다.

③ 인증농장 인증을 받은 법인이 합병한 경우 합병 후 존속하는 법인이나 합병으로 설립되는 법인에게 그 지위를 승계한다.

④ 인증농장 인증을 받은 자의 지위를 승계한 자는 10일 이내에 인증기관에 신고하여야 한다.

⑤ 인증농장 인증의 승계 신고에 필요한 사항은 농림축산식품부령으로 정한다.

해설

제68조(인증의 승계)

① 다음 각 호의 어느 하나에 해당하는 자는 인증농장 인증을 받은 자의 지위를 승계한다.
  1. 인증농장 인증을 받은 사람이 사망한 경우 그 농장을 계속하여 운영하려는 상속인
  2. 인증농장 인증을 받은 자가 그 사업을 양도한 경우 그 양수인
  3. 인증농장 인증을 받은 법인이 합병한 경우 합병 후 존속하는 법인이나 합병으로 설립되는 법인
② 제1항에 따라 인증농장 인증을 받은 자의 지위를 승계한 자는 그 사실을 30일 이내에 인증기관에 신고하여야 한다.
③ 제2항에 따른 신고에 필요한 사항은 농림축산식품부령으로 정한다.

정답 ④

32 「동물보호법」 제78조(영업자 등의 준수사항)에 따른 영업자의 준수사항이 <u>아닌</u> 것은?

① 동물을 안전하고 위생적으로 사육·관리 또는 보호할 것

② 동물의 건강과 안전을 위하여 보호센터와의 적절한 연계를 확보할 것

③ 노화나 질병이 있는 동물을 유기하거나 폐기할 목적으로 거래하지 아니할 것

④ 동물의 번식, 반입·반출 등의 기록 및 관리를 하고 이를 보관할 것

⑤ 동물에 관한 사항을 표시·광고하는 경우 이 법에 따른 영업허가번호 또는 영업등록번호와 거래금액을 함께 표시할 것

해설

제78조(영업자 등의 준수사항)

① 영업자(법인인 경우에는 그 대표자를 포함한다)와 그 종사자는 다음 각 호의 사항을 준수하여야 한다.
  1. 동물을 안전하고 위생적으로 사육·관리 또는 보호할 것
  2. 동물의 건강과 안전을 위하여 동물병원과의 적절한 연계를 확보할 것
  3. 노화나 질병이 있는 동물을 유기하거나 폐기할 목적으로 거래하지 아니할 것
  4. 동물의 번식, 반입·반출 등의 기록 및 관리를 하고 이를 보관할 것

5. 동물에 관한 사항을 표시·광고하는 경우 이 법에 따른 영업허가번호 또는 영업등록번호와 거래금액을 함께 표시할 것
6. 동물의 분뇨, 사체 등은 관계 법령에 따라 적정하게 처리할 것
7. 농림축산식품부령으로 정하는 영업장의 시설 및 인력 기준을 준수할 것
8. 제82조 제2항에 따른 정기교육을 이수하고 그 종사자에게 교육을 실시할 것
9. 농림축산식품부령으로 정하는 바에 따라 동물의 취급 등에 관한 영업실적을 보고할 것
10. 등록대상동물의 등록 및 변경신고의무(등록·변경신고방법 및 위반 시 처벌에 관한 사항 등을 포함한다)를 고지할 것
11. 다른 사람의 영업명의를 도용하거나 대여받지 아니하고, 다른 사람에게 자기의 영업명의 또는 상호를 사용하도록 하지 아니할 것

정답 ②

★★★
33 「동물보호법」 제88조(동물보호관)에 대한 설명으로 <u>옳지 않은</u> 것은?

① 농림축산식품부장관(대통령령으로 정하는 소속 기관의 장을 포함한다), 시·도지사 및 시장·군수·구청장은 동물의 학대 방지 등 동물보호에 관한 사무를 처리하기 위하여 소속 공무원 중에서 동물보호관을 지정하여야 한다.
② 동물보호관의 자격, 임명, 직무 범위 등에 관한 사항은 대통령령으로 정한다.
③ 동물보호관이 직무를 수행할 때에는 농림축산식품부령으로 정하는 증표를 지니고 이를 관계인에게 보여주어야 한다.
④ 누구든지 동물의 특성에 따른 출산, 질병 치료 등 부득이한 사유가 있는 경우를 제외하고는 동물보호관의 직무 수행을 거부·방해 또는 기피하여서는 아니 된다.
⑤ 동물보호관은 동물실험에 대한 심의뿐만 아니라 동물실험시행기관의 장에게 실험동물의 보호와 윤리적인 취급을 위하여 필요한 조치를 요구할 수 있다.

해설
제88조(동물보호관)
① 농림축산식품부장관(대통령령으로 정하는 소속 기관의 장을 포함한다), 시·도지사 및 시장·군수·구청장은 동물의 학대 방지 등 동물보호에 관한 사무를 처리하기 위하여 소속 공무원 중에서 동물보호관을 지정하여야 한다.
② 제1항에 따른 동물보호관(이하 "동물보호관"이라 한다)의 자격, 임명, 직무 범위 등에 관한 사항은 대통령령으로 정한다.
③ 동물보호관이 제2항에 따른 직무를 수행할 때에는 농림축산식품부령으로 정하는 증표를 지니고 이를 관계인에게 보여주어야 한다.
④ 누구든지 동물의 특성에 따른 출산, 질병 치료 등 부득이한 사유가 있는 경우를 제외하고는 제2항에 따른 동물보호관의 직무 수행을 거부·방해 또는 기피하여서는 아니 된다.

정답 ⑤

★★☆
34 다음 중 「동물보호법」 제97조(벌칙) 제2항에 따른 2년 이하의 징역 또는 2천만 원 이하의 벌금에 해당하지 <u>않는</u> 사람은?

① 제10조 제4항 제1호를 위반하여 맹견을 유기한 소유자등

② 제16조 제1항 또는 같은 조 제2항 제1호를 위반하여 사람의 신체를 상해에 이르게 한 자

③ 제15조 제3항을 위반하여 소유권을 이전받은 날부터 30일 이내에 신고를 하지 아니한 자

④ 제67조 제1항 제1호를 위반하여 거짓이나 그 밖의 부정한 방법으로 인증농장 인증을 받은 자

⑤ 제67조 제1항 제2호를 위반하여 인증을 받지 아니한 축산농장을 인증농장으로 표시한 자

해설

제97조(벌칙)

② 다음 각 호의 어느 하나에 해당하는 자는 2년 이하의 징역 또는 2천만원 이하의 벌금에 처한다.

1. 제10조 제2항 또는 같은 조 제3항 제1호·제3호·제4호의 어느 하나를 위반한 자
2. 제10조 제4항 제1호를 위반하여 맹견을 유기한 소유자등
3. 제10조 제4항 제2호를 위반한 소유자등
4. 제16조 제1항 또는 같은 조 제2항 제1호를 위반하여 사람의 신체를 상해에 이르게 한 자
5. 제21조 제1항 각 호의 어느 하나를 위반하여 사람의 신체를 상해에 이르게 한 자
6. 제67조 제1항 제1호를 위반하여 거짓이나 그 밖의 부정한 방법으로 인증농장 인증을 받은 자
7. 제67조 제1항 제2호를 위반하여 인증을 받지 아니한 축산농장을 인증농장으로 표시한 자
8. 제67조 제1항 제3호를 위반하여 거짓이나 그 밖의 부정한 방법으로 인증심사·재심사 및 인증갱신을 하거나 받을 수 있도록 도와주는 행위를 한 자
9. 제69조 제1항 또는 같은 조 제4항을 위반하여 허가 또는 변경허가를 받지 아니하고 영업을 한 자
10. 거짓이나 그 밖의 부정한 방법으로 제69조 제1항에 따른 허가 또는 같은 조 제4항에 따른 변경허가를 받은 자
11. 제70조 제1항을 위반하여 맹견취급허가 또는 변경허가를 받지 아니하고 맹견을 취급하는 영업을 한 자
12. 거짓이나 그 밖의 부정한 방법으로 제70조 제1항에 따른 맹견취급허가 또는 변경허가를 받은 자
13. 제72조를 위반하여 설치가 금지된 곳에 동물장묘시설을 설치한 자
14. 제85조 제1항에 따른 영업장 폐쇄조치를 위반하여 영업을 계속한 자

정답 ③

★★☆

35 「동물보호법」 제97조(벌칙) 제5항에 따라 다음 <보기>의 경우에 해당하는 벌칙으로 <u>옳은</u> 것은?

─── <보기> ───

1. 제10조 제4항 제1호를 위반하여 동물을 유기한 소유자등(맹견을 유기한 경우 제외)
2. 제10조 제5항 제1호를 위반하여 사진 또는 영상물을 판매·전시·전달·상영하거나 인터넷에 게재한 자
3. 제10조 제5항 제2호를 위반하여 도박을 목적으로 동물을 이용한 자 또는 동물을 이용하는 도박을 행할 목적으로 광고·선전한 자
4. 제10조 제5항 제3호를 위반하여 도박·시합·복권·오락·유흥·광고 등의 상이나 경품으로 동물을 제공한 자
5. 제10조 제5항 제4호를 위반하여 영리를 목적으로 동물을 대여한 자
6. 제18조 제4항 후단에 따른 인도적인 방법에 의한 처리 명령에 따르지 아니한 맹견의 소유자
7. 제20조 제2항에 따른 인도적인 방법에 의한 처리 명령에 따르지 아니한 맹견의 소유자
8. 제24조 제1항에 따른 기질평가 명령에 따르지 아니한 맹견 아닌 개의 소유자
9. 제46조 제2항을 위반하여 수의사에 의하지 아니하고 동물의 인도적인 처리를 한 자
10. 제49조를 위반하여 동물실험을 한 자
11. 제78조 제4항 제1호를 위반하여 월령이 2개월 미만인 개·고양이를 판매(알선 또는 중개를 포함한다)한 영업자
12. 제85조 제2항에 따른 게시문 등 또는 봉인을 제거하거나 손상시킨 자

① 3,000만 원 이하의 벌금   ② 500만 원 이하의 벌금
③ 300만 원 이하의 벌금   ④ 100만 원이하의 과태료
⑤ 50만 원 이하의 과태료

해설
「동물보호법」 제97조 제5항에 따라 <보기>의 어느 하나에 해당하는 자에게는 300만 원 이하의 벌금에 처한다.

정답 ③

★★★
36 「동물보호법」 제101조(과태료) 제4항에 따라 다음 <보기>의 경우에 해당하는 과태료의 금액으로 옳은 것은?

─────── <보기> ───────

1. 제15조 제2항을 위반하여 정해진 기간 내에 신고를 하지 아니한 소유자
2. 제15조 제3항을 위반하여 소유권을 이전받은 날부터 30일 이내에 신고를 하지 아니한 자
3. 제16조 제1항을 위반하여 소유자등 없이 등록대상동물을 기르는 곳에서 벗어나게 한 소유자등
4. 제16조 제2항 제1호에 따른 안전조치를 하지 아니한 소유자등
5. 제16조 제2항 제2호를 위반하여 인식표를 부착하지 아니한 소유자등
6. 제16조 제2항 제3호를 위반하여 배설물을 수거하지 아니한 소유자등
7. 제94조 제2항을 위반하여 정당한 사유 없이 자료 및 정보의 제공을 하지 아니한 자

① 300만 원 이하의 과태료
② 200만 원 이하의 과태료
③ 150만 원 이하의 과태료
④ 100만 원 이하의 과태료
⑤ 50만 원 이하의 과태료

해설
「동물보호법」 제101조 제4항에 따라 <보기>의 어느 하나에 해당하는 자에게는 50만 원 이하의 과태료를 부과한다.

정답 ⑤

★★★
37 다음 <보기>의 ㉠, ㉡에 들어갈 과태료의 금액이 올바르게 짝지어진 것은?

─────── <보기> ───────

동물보호법 제11조 제1항 제4호(동물을 싣고 내리는 과정에서 동물 또는 동물이 들어있는 운송용 우리를 던지거나 떨어뜨려서 동물을 다치게 하는 행위를 하지 아니할 것) 또는 제5호(운송을 위하여 전기(電氣) 몰이도구를 사용하지 아니할 것)를 위반하여 동물을 운송한 경우 2차 위반 시 과태료는 (㉠), 3차 이상 위반 시 과태료는 (㉡)이다.

① ㉠ 10만 원, ㉡ 20만 원
② ㉠ 20만 원, ㉡ 40만 원
③ ㉠ 40만 원, ㉡ 60만 원
④ ㉠ 40만 원, ㉡ 80만 원
⑤ ㉠ 60만 원, ㉡ 100만 원

해설
「동물보호법 시행령」 [별표 4]에 의하면 「동물보호법」 제11조 제1항 제4호 또는 제5호를 위반하여 동물을 운송한 경우에는 1차 위반 시 20만 원, 2차 위반 시 40만 원, 3차 이상 위반 시 60만 원의 과태료를 부과할 수 있다.

정답 ③

★★★
38 다음 <보기>의 조항을 위반하여 동물생산업, 동물수입업, 동물판매업, 동물장묘업의 동물을 운송한 경우 1차 위반, 3차 이상 위반하였을 때의 과태료가 <u>순서대로 짝지어진 것은?</u>

─── <보기> ───

「동물보호법」 제11조(동물의 운송)

① 동물을 운송하는 자 중 농림축산식품부령으로 정하는 자는 다음 각 호의 사항을 준수하여야 한다.

　1. 운송 중인 동물에게 적합한 사료와 물을 공급하고, 급격한 출발·제동 등으로 충격과 상해를 입지 아니하도록 할 것

　2. 동물을 운송하는 차량은 동물이 운송 중에 상해를 입지 아니하고, 급격한 체온 변화, 호흡곤란 등으로 인한 고통을 최소화할 수 있는 구조로 되어 있을 것

　3. 병든 동물, 어린 동물 또는 임신 중이거나 포유 중인 새끼가 딸린 동물을 운송할 때에는 함께 운송 중인 다른 동물에 의하여 상해를 입지 아니하도록 칸막이의 설치 등 필요한 조치를 할 것

　4. 동물을 싣고 내리는 과정에서 동물 또는 동물이 들어있는 운송용 우리를 던지거나 떨어뜨려서 동물을 다치게 하는 행위를 하지 아니할 것

　5. 운송을 위하여 전기(電氣) 몰이도구를 사용하지 아니할 것

① 10만 원, 30만 원　　　　② 10만 원, 40만 원
③ 20만 원, 60만 원　　　　④ 20만 원, 80만 원
⑤ 40만 원, 100만 원

해설
「동물보호법 시행령」 [별표 4]에 의하면 「동물보호법」 제11조 제1항을 위반하여 「동물보호법」 제69조 제1항의 동물을 운송한 경우에는 1차 위반 시 20만 원, 2차 위반 시 40만 원, 3차 이상 위반 시 60만 원의 과태료를 부과할 수 있다.

정답 ③

★★★
39 다음 <보기>의 조항을 위반하여 반려동물을 전달한 경우 2차 위반 시의 과태료는?

─────────── <보기> ───────────

「동물보호법」 제12조(반려동물의 전달방법)
반려동물을 다른 사람에게 전달하려는 자는 직접 전달하거나 제73조 제1항에 따라 동물운송
업의 등록을 한 자를 통하여 전달하여야 한다.

① 5만 원   ② 10만 원   ③ 20만 원
④ 30만 원   ⑤ 40만 원

해설

「동물보호법 시행령」 [별표 4]에 의하면 「동물보호법」 제12조를 위반하여 반려동물을 전달한 경우에는 1차 위반 시 20만
원, 2차 위반 시 40만 원, 3차 이상 위반 시 60만 원의 과태료를 부과할 수 있다.

정답 ⑤

─────

★★★
40 다음 <보기>의 조항을 위반하여 등록대상동물을 등록하지 않은 경우 3차 이상 위반하였을 때의
과태료는?

─────────── <보기> ───────────

「동물보호법」 제15조(등록대상동물의 등록 등)
① 등록대상동물의 소유자는 동물의 보호와 유실·유기 방지 및 공중위생상의 위해 방지 등
　을 위하여 특별자치시장·특별자치도지사·시장·군수·구청장에게 등록대상동물을 등록
　하여야 한다. 다만, 등록대상동물이 맹견이 아닌 경우로서 농림축산식품부령으로 정하는
　바에 따라 시·도의 조례로 정하는 지역에서는 그러하지 아니하다.

① 10만 원   ② 20만 원   ③ 40만 원
④ 50만 원   ⑤ 60만 원

해설

「동물보호법 시행령」 [별표 4]에 의하면 「동물보호법」 제15조 제1항을 위반하여 등록대상동물을 등록하지 않은 경우에는
1차 위반 시 20만 원, 2차 위반 시 40만 원, 3차 이상 위반 시 60만 원의 과태료를 부과할 수 있다.

정답 ⑤

***
41 다음 <보기>의 조항을 위반하여 정해진 기간 내에 신고를 하지 않은 경우 2차 위반, 3차 이상 위반하였을 때의 과태료가 순서대로 짝지어진 것은?

<보기>

「동물보호법」 제15조(등록대상동물의 등록 등)

② 제1항에 따라 등록된 등록대상동물(이하 "등록동물"이라 한다)의 소유자는 다음 각 호의 어느 하나에 해당하는 경우에는 해당 각 호의 구분에 따른 기간에 특별자치시장·특별자치도지사·시장·군수·구청장에게 신고하여야 한다.

  1. 등록동물을 잃어버린 경우: 등록동물을 잃어버린 날부터 10일 이내
  2. 등록동물에 대하여 대통령령으로 정하는 사항이 변경된 경우: 변경사유 발생일부터 30일 이내

---

① 7만 원, 10만 원　　　② 10만 원, 20만 원　　　③ 20만 원, 40만 원

④ 30만 원, 50만 원　　　⑤ 40만 원, 60만 원

해설

「동물보호법 시행령」 [별표 4]에 의하면 「동물보호법」 제15조 제2항을 위반하여 정해진 기간 내에 신고를 하지 않은 경우에는 1차 위반 시 10만 원, 2차 위반 시 20만 원, 3차 이상 위반 시 40만 원의 과태료를 부과할 수 있다.

정답 ③

***
42 다음 <보기>의 조항을 위반하여 소유권을 이전받은 날부터 30일 이내에 신고를 하지 않은 경우 3차 이상 위반하였을 때의 과태료는?

<보기>

「동물보호법」 제15조(등록대상동물의 등록 등)

③ 등록동물의 소유권을 이전받은 자 중 제1항 본문에 따른 등록을 실시하는 지역에 거주하는 자는 그 사실을 소유권을 이전받은 날부터 30일 이내에 자신의 주소지를 관할하는 특별자치시장·특별자치도지사·시장·군수·구청장에게 신고하여야 한다.

---

① 10만 원　　　② 20만 원　　　③ 40만 원

④ 50만 원　　　⑤ 60만 원

해설

「동물보호법 시행령」 [별표 4]에 의하면 「동물보호법」 제15조 제3항을 위반하여 소유권을 이전받은 날부터 30일 이내에 신고를 하지 않은 경우에는 1차 위반 시 10만 원, 2차 위반 시 20만 원, 3차 이상 위반 시 40만 원의 과태료를 부과할 수 있다.

정답 ③

43 소유자등이 다음 <보기>의 조항을 위반하여 소유자등이 없이 등록대상동물을 기르는 곳에서 벗어나게 한 경우 1차 위반, 3차 이상 위반하였을 때의 **과태료가 순서대로 짝지어진 것은?**

――――――――――― <보기> ―――――――――――

「동물보호법」제16조(등록대상동물의 관리 등)
① 등록대상동물의 소유자등은 소유자등이 없이 등록대상동물을 기르는 곳에서 벗어나지 아니하도록 관리하여야 한다.

① 5만 원, 10만 원　　　② 5만 원, 20만 원　　　③ 10만 원, 40만 원
④ 20만 원, 50만 원　　　⑤ 20만 원, 60만 원

해설
「동물보호법 시행령」[별표 4]에 의하면 소유자등이 「동물보호법」제16조 제1항을 위반하여 소유자등이 없이 등록대상동물을 기르는 곳에서 벗어나게 한 경우에는 1차 위반 시 20만 원, 2차 위반 시 30만 원, 3차 이상 위반 시 50만 원의 과태료를 부과할 수 있다.

정답 ④

44 소유자등이 다음 <보기>의 조항에 따른 안전조치를 하지 않은 경우 **2차 위반 시의 과태료는?**

――――――――――― <보기> ―――――――――――

「동물보호법」제16조(등록대상동물의 관리 등)
② 등록대상동물의 소유자등은 등록대상동물을 동반하고 외출할 때에는 다음 각 호의 사항을 준수하여야 한다.
　1. 농림축산식품부령으로 정하는 기준에 맞는 목줄 착용 등 사람 또는 동물에 대한 위해를 예방하기 위한 안전조치를 할 것

① 7만 원　　　② 10만 원　　　③ 20만 원
④ 30만 원　　　⑤ 40만 원

해설
「동물보호법 시행령」[별표 4]에 의하면 소유자등이 「동물보호법」제16조 제2항 제1호에 따른 안전조치를 하지 않은 경우에는 1차 위반 시 20만 원, 2차 위반 시 30만 원, 3차 이상 위반 시 50만 원의 과태료를 부과할 수 있다.

정답 ④

★★★
45 소유자등이 다음 <보기>의 조항을 위반하여 배설물을 수거하지 않은 경우 1차 위반, 2차 위반 시의 <u>과태료가 순서대로 짝지어진 것은?</u>

─────── <보기> ───────

「동물보호법」 제16조(등록대상동물의 관리 등)
② 등록대상동물의 소유자등은 등록대상동물을 동반하고 외출할 때에는 다음 각 호의 사항을 준수하여야 한다.
　　3. 배설물(소변의 경우에는 공동주택의 엘리베이터·계단 등 건물 내부의 공용공간 및 평상·의자 등 사람이 눕거나 앉을 수 있는 기구 위의 것으로 한정한다)이 생겼을 때에는 즉시 수거할 것

① 5만 원, 7만 원　　　② 5만 원, 10만 원　　　③ 10만 원, 20만 원
④ 20만 원, 30만 원　　⑤ 20만 원, 40만 원

해설
「동물보호법 시행령」 [별표 4]에 의하면 소유자등이 「동물보호법」 제16조 제2항 제3호를 위반하여 배설물을 수거하지 않은 경우에는 1차 위반 시 5만 원, 2차 위반 시 7만 원, 3차 이상 위반 시 10만 원의 과태료를 부과할 수 있다.

정답 ①

★★★
46 소유자등이 다음 <보기>의 조항을 위반하여 소유자등 없이 맹견을 기르는 곳에서 벗어나게 한 경우 1차 위반, 3차 이상 위반하였을 때의 <u>과태료가 순서대로 짝지어진 것은?</u>

─────── <보기> ───────

「동물보호법」 제21조(맹견의 관리)
① 맹견의 소유자등은 다음 각 호의 사항을 준수하여야 한다.
　　1. 소유자등이 없이 맹견을 기르는 곳에서 벗어나지 아니하게 할 것. 다만, 제18조에 따라 맹견사육허가를 받은 사람의 맹견은 맹견사육허가를 받은 사람 또는 대통령령으로 정하는 맹견사육에 대한 전문지식을 가진 사람 없이 맹견을 기르는 곳에서 벗어나지 아니하게 할 것

① 20만 원, 50만 원　　　② 20만 원, 60만 원　　　③ 30만 원, 100만 원
④ 50만 원, 200만 원　　⑤ 100만 원, 300만 원

해설
「동물보호법 시행령」 [별표 4]에 의하면 소유자등이 「동물보호법」 제21조 제1항 제1호를 위반하여 소유자등 없이 맹견을 기르는 곳에서 벗어나게 한 경우에는 1차 위반 시 100만 원, 2차 위반 시 200만 원, 3차 이상 위반 시 300만 원의 과태료를 부과할 수 있다.

정답 ⑤

★★★
47 소유자등이 다음 <보기>의 조항을 위반하여 월령이 3개월 이상인 맹견을 동반하고 외출할 때 적정한 안전장치 및 이동장치를 하지 않은 경우 3차 이상 위반하였을 때의 과태료는?

─────────────────── <보기> ───────────────────

「동물보호법」 제21조(맹견의 관리)
① 맹견의 소유자등은 다음 각 호의 사항을 준수하여야 한다.
　2. 월령이 3개월 이상인 맹견을 동반하고 외출할 때에는 농림축산식품부령으로 정하는 바에 따라 목줄 및 입마개 등 안전장치를 하거나 맹견의 탈출을 방지할 수 있는 적정한 이동장치를 할 것

① 50만 원　　　　② 60만 원　　　　③ 100만 원
④ 200만 원　　　　⑤ 300만 원

해설
「동물보호법 시행령」 [별표 4]에 의하면 소유자등이 「동물보호법」 제21조 제1항 제2호를 위반하여 월령이 3개월 이상인 맹견을 동반하고 외출할 때 적정한 안전장치 및 이동장치를 하지 않은 경우에는 1차 위반 시 100만 원, 2차 위반 시 200만 원, 3차 이상 위반 시 300만 원의 과태료를 부과할 수 있다.

정답 ⑤

★★★
48 소유자등이 다음 <보기>의 조항을 위반하여 사람에게 신체적 피해를 주지 않도록 관리하지 않은 경우 2차 위반 시의 과태료는?

─────────────────── <보기> ───────────────────

「동물보호법」 제21조(맹견의 관리)
① 맹견의 소유자등은 다음 각 호의 사항을 준수하여야 한다.
　3. 그 밖에 맹견이 사람 또는 동물에게 위해를 가하지 못하도록 하기 위하여 농림축산식품부령으로 정하는 사항을 따를 것

① 30만 원　　　　② 40만 원　　　　③ 50만 원
④ 100만 원　　　　⑤ 200만 원

해설
「동물보호법 시행령」 [별표 4]에 의하면 소유자등이 「동물보호법」 제21조 제1항 제3호를 위반하여 사람에게 신체적 피해를 주지 않도록 관리하지 않은 경우에는 1차 위반 시 100만 원, 2차 위반 시 200만 원, 3차 이상 위반 시 300만 원의 과태료를 부과할 수 있다.

정답 ⑤

★★★
49 소유자등이 다음 <보기>의 조항을 위반하여 맹견의 안전한 사육 및 관리에 관한 교육을 받지 않은 경우 <u>1차 위반 시의 과태료</u>는?

<보기>

「동물보호법」 제21조(맹견의 관리)
　③ 제18조 제1항 및 제2항에 따라 맹견사육허가를 받은 사람은 맹견의 안전한 사육·관리 또는 보호에 관하여 농림축산식품부령으로 정하는 바에 따라 정기적으로 교육을 받아야 한다.

① 100만 원　　　　　② 150만 원　　　　　③ 200만 원
④ 250만 원　　　　　⑤ 300만 원

해설
「동물보호법 시행령」 [별표 4]에 의하면 소유자등이 「동물보호법」 제21조 제3항을 위반하여 맹견의 안전한 사육 및 관리에 관한 교육을 받지 않은 경우에는 1차 위반 시 100만 원, 2차 위반 시 200만 원, 3차 이상 위반 시 300만 원의 과태료를 부과할 수 있다.

정답 ①

★★★
50 소유자등이 다음 <보기>의 조항을 위반하여 보험에 가입하지 않은 경우, <u>가입하지 않은 기간이 10일 이하인 경우의 과태료</u>는?

<보기>

「동물보호법」 제23조(보험의 가입 등)
　① 맹견의 소유자는 자신의 맹견이 다른 사람 또는 동물을 다치게 하거나 죽게 한 경우 발생한 피해를 보상하기 위하여 보험에 가입하여야 한다.

① 1만 원　　　　　　　　　② 5만 원
③ 10만 원　　　　　　　　④ 15만 원
⑤ 20만 원

해설
「동물보호법 시행령」 [별표 4]에 의하면 소유자등이 「동물보호법」 제23조 제1항을 위반하여 보험에 가입하지 않은 경우에는 가입하지 않은 기간이 10일 이하인 경우 10만 원, 10일 초과 30일 이하인 경우 10만 원에 11일째부터 계산하여 1일마다 1만 원을 더한 금액, 30일 초과 60일 이하인 경우 30만 원에 31일째부터 계산하여 1일마다 3만 원을 더한 금액, 60일 초과인 경우 120만 원에 61일째부터 계산하여 1일마다 6만 원을 더한 금액으로 한다. 다만, 과태료의 총액은 300만 원을 초과할 수 없다.

정답 ③

51 소유자등이 다음 <보기>의 조항을 위반하여 맹견을 출입하게 한 경우 1차 위반, 3차 이상 위반하였을 때의 <u>과태료가 순서대로 짝지어진 것은?</u>

<보기>

「동물보호법」 제22조(맹견의 출입금지 등)

맹견의 소유자등은 다음 각 호의 어느 하나에 해당하는 장소에 맹견이 출입하지 아니하도록 하여야 한다.

1. 「영유아보육법」 제2조 제3호에 따른 어린이집
2. 「유아교육법」 제2조 제2호에 따른 유치원
3. 「초·중등교육법」 제2조 제1호 및 제4호에 따른 초등학교 및 특수학교
4. 「노인복지법」 제31조에 따른 노인복지시설
5. 「장애인복지법」 제58조에 따른 장애인복지시설
6. 「도시공원 및 녹지 등에 관한 법률」 제15조 제1항 제2호 나목에 따른 어린이공원
7. 「어린이놀이시설 안전관리법」 제2조 제2호에 따른 어린이놀이시설
8. 그 밖에 불특정 다수인이 이용하는 장소로서 시·도의 조례로 정하는 장소

① 20만 원, 50만 원
② 20만 원, 60만 원
③ 30만 원, 100만 원
④ 50만 원, 200만 원
⑤ 100만 원, 300만 원

해설

「동물보호법 시행령」 [별표 4]에 의하면 소유자등이 「동물보호법」 제22조를 위반하여 맹견을 출입하게 한 경우에는 1차 위반 시 100만 원, 2차 위반 시 200만 원, 3차 이상 위반 시 300만 원의 과태료를 부과할 수 있다.

정답 ⑤

★★★
52 다음 <보기>의 조항을 위반하여 미성년자에게 동물 해부실습을 하게 한 경우 1차 위반, 2차 위반 시의 <u>과태료가 순서대로 짝지어진 것은?</u>

─────── <보기> ───────

「동물보호법」 제50조(미성년자 동물 해부실습의 금지)
누구든지 미성년자에게 체험·교육·시험·연구 등의 목적으로 동물(사체를 포함한다) 해부실습을 하게 하여서는 아니 된다. 다만, 「초·중등교육법」 제2조에 따른 학교 또는 동물실험시행기관 등이 시행하는 경우 등 농림축산식품부령으로 정하는 경우에는 그러하지 아니하다.

① 20만 원, 30만 원　　　　　　　② 20만 원, 40만 원
③ 30만 원, 50만 원　　　　　　　④ 50만 원, 100만 원
⑤ 100만 원, 200만 원

해설
「동물보호법 시행령」 [별표 4]에 의하면 「동물보호법」 제50조를 위반하여 미성년자에게 동물 해부실습을 하게 한 경우에는 1차 위반 시 30만 원, 2차 위반 시 50만 원, 3차 이상 위반 시 100만 원의 과태료를 부과할 수 있다.

정답 ③

★★★
53 동물실험시행기관의 장이 <보기>의 조항을 위반하여 윤리위원회를 설치·운영하지 않은 경우의 <u>과태료는?</u>

─────── <보기> ───────

「동물보호법」 제51조(동물실험윤리위원회의 설치 등)
① 동물실험시행기관의 장은 실험동물의 보호와 윤리적인 취급을 위하여 제53조에 따라 동물실험윤리위원회를 설치·운영하여야 한다.

① 100만 원　　　　　　　　　② 200만 원
③ 300만 원　　　　　　　　　④ 400만 원
⑤ 500만 원

해설
「동물보호법 시행령」 [별표 4]에 의하면 동물실험시행기관의 장이 「동물보호법」 제51조 제1항을 위반하여 윤리위원회를 설치·운영하지 않은 경우에는 500만 원의 과태료를 부과할 수 있다.

정답 ⑤

★★★
54 동물실험시행기관의 장이 <보기>의 조항을 위반하여 윤리위원회의 심의를 거치지 않고 동물실험을 한 경우 **2차 위반 시의 과태료는?**

<보기>

「동물보호법」 제51조(동물실험윤리위원회의 설치 등)
③ 동물실험시행기관의 장은 동물실험을 하려면 윤리위원회의 심의를 거쳐야 한다.

① 100만 원   ② 200만 원   ③ 300만 원
④ 400만 원   ⑤ 500만 원

해설

「동물보호법 시행령」 [별표 4]에 의하면 동물실험시행기관의 장이 「동물보호법」 제51조 제3항을 위반하여 윤리위원회의 심의를 거치지 않고 동물실험을 한 경우에는 1차 위반 시 100만 원, 2차 위반 시 300만 원, 3차 이상 위반 시 500만 원의 과태료를 부과할 수 있다.

정답 ③

★★★
55 동물실험시행기관의 장이 <보기>의 조항을 위반하여 정당한 사유 없이 실험 중지 요구를 따르지 않고 동물실험을 한 경우 **3차 이상 위반하였을 때의 과태료는?**

<보기>

「동물보호법」 제55조(심의 후 감독)
③ 제2항 본문에 따라 실험 중지 요구를 받은 동물실험시행기관의 장은 해당 동물실험을 중지하여야 한다.

① 100만 원   ② 200만 원   ③ 300만 원
④ 400만 원   ⑤ 500만 원

해설

「동물보호법 시행령」 [별표 4]에 의하면 동물실험시행기관의 장이 「동물보호법」 제55조 제3항을 위반하여 정당한 사유 없이 실험 중지 요구를 따르지 않고 동물실험을 한 경우에는 1차 위반 시 100만 원, 2차 위반 시 300만 원, 3차 이상 위반 시 500만 원의 과태료를 부과할 수 있다.

정답 ⑤

★★★
56 동물실험시행기관의 장이 다음 <보기>의 조항을 위반하여 개선명령을 이행하지 않은 경우 2차 위반, 3차 이상 위반하였을 때의 <u>과태료가 순서대로 짝지어진 것은?</u>

─────── <보기> ───────

「동물보호법」제58조(윤리위원회의 구성 등에 대한 지도·감독)
　② 농림축산식품부장관은 윤리위원회가 제53조부터 제57조까지의 규정에 따라 구성·운영 되지 아니할 때에는 해당 동물실험시행기관의 장에게 대통령령으로 정하는 바에 따라 기 간을 정하여 해당 윤리위원회의 구성·운영 등에 대한 개선명령을 할 수 있다.

① 30만 원, 50만 원　　② 50만 원, 100만 원　　③ 100만 원, 200만 원
④ 200만 원, 300만 원　　⑤ 300만 원, 500만 원

해설

「동물보호법 시행령」[별표 4]에 의하면 「동물보호법」동물실험시행기관의 장이 법 제58조 제2항을 위반하여 개선명령을 이행하지 않은 경우에는 1차 위반 시 100만 원, 2차 위반 시 300만 원, 3차 이상 위반 시 500만 원의 과태료를 부과할 수 있다.

정답 ⑤

★★★
57 다음 <보기>의 조항을 위반하여 영업자의 지위를 승계하고 그 사실을 신고하지 않은 경우 1차 위반, 3차 이상 위반하였을 때의 <u>과태료가 순서대로 짝지어진 것은?</u>

─────── <보기> ───────

「동물보호법」제75조(영업승계)
　③ 제1항 또는 제2항에 따라 영업자의 지위를 승계한 자는 그 지위를 승계한 날부터 30일 이내에 농림축산식품부령으로 정하는 바에 따라 특별자치시장·특별자치도지사·시장·군 수·구청장에게 신고하여야 한다.

① 10만 원, 100만 원　　② 30만 원, 100만 원　　③ 30만 원, 150만 원
④ 50만 원, 150만 원　　⑤ 50만 원, 200만 원

해설

「동물보호법 시행령」[별표 4]에 의하면 「동물보호법」제75조 제3항을 위반하여 영업자의 지위를 승계하고 그 사실을 신고하지 않은 경우에는 1차 위반 시 30만 원, 2차 위반 시 50만 원, 3차 이상 위반 시 100만 원의 과태료를 부과할 수 있다.

정답 ②

★★★
58 영업자가 다음 <보기>의 조항을 위반하여 교육을 받지 않고 영업을 한 경우 2차 위반, 3차 이상 위반하였을 때의 <u>과태료가 순서대로 짝지어진 것은?</u>

―――――――――――― <보기> ――――――――――――

「동물보호법」 제82조(교육)

① 제69조 제1항에 따른 허가를 받거나 제73조 제1항에 따른 등록을 하려는 자는 허가를 받거나 등록을 하기 전에 동물의 보호 및 공중위생상의 위해 방지 등에 관한 교육을 받아야 한다.

② 영업자는 정기적으로 제1항에 따른 교육을 받아야 한다.

③ 제83조 제1항에 따른 영업정지처분을 받은 영업자는 제2항의 정기 교육 외에 동물의 보호 및 영업자 준수사항 등에 관한 추가교육을 받아야 한다.

① 10만 원, 20만 원   ② 20만 원, 40만 원   ③ 30만 원, 50만 원

④ 40만 원, 60만 원   ⑤ 50만 원, 100만 원

해설

「동물보호법 시행령」 [별표 4]에 의하면 영업자가 「동물보호법」 제82조 제2항 또는 제3항을 위반하여 교육을 받지 않고 영업을 한 경우에는 1차 위반 시 30만 원, 2차 위반 시 50만 원, 3차 이상 위반 시 100만 원의 과태료를 부과할 수 있다.

정답 ⑤

★★★
59 동물의 소유자등이 다음 <보기>의 조항을 위반하여 자료제출 요구에 응하지 않거나 거짓 자료를 제출한 경우 1차 위반, 3차 이상 위반하였을 때의 <u>과태료가 순서대로 짝지어진 것은?</u>

―――――――――――― <보기> ――――――――――――

「동물보호법」 제86조(출입·검사 등)

① 농림축산식품부장관, 시·도지사 또는 시장·군수·구청장은 동물의 보호 및 공중위생상의 위해 방지 등을 위하여 필요하면 동물의 소유자등에 대하여 다음 각 호의 조치를 할 수 있다.

1. 동물 현황 및 관리실태 등 필요한 자료제출의 요구

① 5만 원, 10만 원   ② 5만 원, 20만 원   ③ 10만 원, 40만 원

④ 20만 원, 50만 원   ⑤ 20만 원, 60만 원

해설

「동물보호법 시행령」 [별표 4]에 의하면 동물의 소유자등이 「동물보호법」 제86조 제1항 제1호에 따른 자료제출 요구에 응하지 않거나 거짓 자료를 제출한 경우에는 1차 위반 시 20만 원, 2차 위반 시 40만 원, 3차 이상 위반 시 60만 원의 과태료를 부과할 수 있다.

정답 ⑤

PART 04

★★★
60 동물의 소유자등이 다음 <보기>의 조항을 위반하여 출입·검사를 거부·방해 또는 기피한 경우 __3차 이상 위반하였을 때의 과태료는?__

> ─────── <보기> ───────
>
> 「동물보호법」 제86조(출입·검사 등)
> ① 농림축산식품부장관, 시·도지사 또는 시장·군수·구청장은 동물의 보호 및 공중위생상의 위해 방지 등을 위하여 필요하면 동물의 소유자등에 대하여 다음 각 호의 조치를 할 수 있다.
>   2. 동물이 있는 장소에 대한 출입·검사

① 10만 원   ② 30만 원   ③ 50만 원
④ 60만 원   ⑤ 100만 원

해설

「동물보호법 시행령」 [별표 4]에 의하면 동물의 소유자등이 「동물보호법」 제86조 제1항 제2호에 따른 출입·검사를 거부·방해 또는 기피한 경우에는 1차 위반 시 20만 원, 2차 위반 시 40만 원, 3차 이상 위반 시 60만 원의 과태료를 부과할 수 있다.

정답 ④

★★★
61 다음 <보기>의 조항을 위반하여 시정명령 등의 조치에 따르지 않은 경우 __2차 위반 시의 과태료는?__

> ─────── <보기> ───────
>
> 「동물보호법」 제86조(출입·검사 등)
> ① 농림축산식품부장관, 시·도지사 또는 시장·군수·구청장은 동물의 보호 및 공중위생상의 위해 방지 등을 위하여 필요하면 동물의 소유자등에 대하여 다음 각 호의 조치를 할 수 있다.
>   3. 동물에 대한 위해 방지 조치의 이행 등 농림축산식품부령으로 정하는 시정명령
> ⑦ 농림축산식품부장관, 시·도지사 또는 시장·군수·구청장은 제2항부터 제4항까지의 규정에 따른 출입·검사등의 결과에 따라 필요한 시정을 명하는 등의 조치를 할 수 있다.

① 50만 원   ② 60만 원   ③ 70만 원
④ 100만 원   ⑤ 150만 원

해설

「동물보호법 시행령」 [별표 4]에 의하면 「동물보호법」 제86조 제1항 제3호 또는 제7항에 따른 시정명령 등의 조치에 따르지 않은 경우에는 1차 위반 시 30만 원, 2차 위반 시 50만 원, 3차 이상 위반 시 100만 원의 과태료를 부과할 수 있다.

정답 ①

★★★
62 다음 <보기> 조항에 따른 보고·자료제출을 하지 않거나 거짓으로 보고·자료제출을 한 경우 또는 같은 항에 따른 출입·조사·검사를 거부·방해·기피한 경우 1차 위반, 3차 이상 위반하였을 때의 과태료가 순서대로 짝지어진 것은?

─── <보기> ───

「동물보호법」 제86조(출입·검사 등)

② 농림축산식품부장관, 시·도지사 또는 시장·군수·구청장은 동물보호 등과 관련하여 필요하면 다음 각 호의 어느 하나에 해당하는 자에게 필요한 보고를 하도록 명하거나 자료를 제출하게 할 수 있으며, 관계 공무원으로 하여금 해당 시설 등에 출입하여 운영실태를 조사하게 하거나 관계 서류를 검사하게 할 수 있다.

1. 제35조 제1항 및 제36조 제1항에 따른 동물보호센터의 장
2. 제37조에 따른 보호시설운영자
3. 제51조 제1항 및 제2항에 따라 윤리위원회를 설치한 동물실험시행기관의 장
4. 제59조 제3항에 따른 동물복지축산농장의 인증을 받은 자
5. 제60조에 따라 지정된 인증기관의 장
6. 제63조 제1항에 따라 동물복지축산물의 표시를 한 자
7. 제69조 제1항에 따른 영업의 허가를 받은 자 또는 제73조 제1항에 따라 영업의 등록을 한 자

① 5만 원, 10만 원
② 5만 원, 20만 원
③ 10만 원, 40만 원
④ 20만 원, 50만 원
⑤ 20만 원, 60만 원

해설

「동물보호법 시행령」[별표 4]에 의하면 「동물보호법」 제86조 제2항에 따른 보고·자료제출을 하지 않거나 거짓으로 보고·자료제출을 한 경우 또는 같은 항에 따른 출입·조사·검사를 거부·방해·기피한 경우에는 1차 위반 시 20만 원, 2차 위반 시 40만 원, 3차 이상 위반 시 60만 원의 과태료를 부과할 수 있다.

정답 ⑤

★★★
63 다음 <보기>의 조항을 위반하여 동물보호관의 직무 수행을 거부·방해 또는 기피한 경우 2차 위반, 3차 이상 위반하였을 때의 **과태료가 순서대로 짝지어진 것은?**

───────────────── <보기> ─────────────────

「동물보호법」 제88조(동물보호관)
④ 누구든지 동물의 특성에 따른 출산, 질병 치료 등 부득이한 사유가 있는 경우를 제외하고는 제2항에 따른 동물보호관의 직무 수행을 거부·방해 또는 기피하여서는 아니 된다.

───────────────────────────────────────

① 7만 원, 10만 원　　② 10만 원, 20만 원　　③ 20만 원, 40만 원
④ 30만 원, 50만 원　　⑤ 40만 원, 60만 원

해설

「동물보호법 시행령」 [별표 4]에 의하면 「동물보호법」 제88조 제4항을 위반하여 동물보호관의 직무 수행을 거부·방해 또는 기피한 경우에는 1차 위반 시 20만 원, 2차 위반 시 40만 원, 3차 이상 위반 시 60만 원의 과태료를 부과할 수 있다.

정답 ⑤

★★★
64 다음 중 <보기>의 ㉠~㉣에 들어갈 단어가 **올바르게 나열된 것은?**

───────────────── <보기> ─────────────────

「수의사법」 제16조의2(동물보건사의 자격)
동물보건사가 되려는 사람은 다음 각 호의 어느 하나에 해당하는 사람으로서 동물보건사 (㉠)시험에 합격한 후 (㉡)령으로 정하는 바에 따라 (㉢)장관의 (㉣)인정을 받아야 한다.

───────────────────────────────────────

① ㉠ 면허, ㉡ 대통령, ㉢ 농림축산식품부, ㉣ 면허
② ㉠ 면허, ㉡ 농림축산식품부, ㉢ 농림축산식품부, ㉣ 면허
③ ㉠ 자격, ㉡ 대통령, ㉢ 농림축산식품부, ㉣ 면허
④ ㉠ 자격, ㉡ 대통령, ㉢ 농림축산식품부, ㉣ 자격
⑤ ㉠ 자격, ㉡ 농림축산식품부, ㉢ 농림축산식품부, ㉣ 자격

해설

제16조의2(동물보건사의 자격)
① 동물보건사가 되려는 사람은 다음 각 호의 어느 하나에 해당하는 사람으로서 동물보건사 자격시험에 합격한 후 농림축산식품부령으로 정하는 바에 따라 농림축산식품부장관의 자격인정을 받아야 한다.
　1. 농림축산식품부장관의 평가인증(제16조의4 제1항에 따른 평가인증을 말한다. 이하 이 조에서 같다)을 받은 「고등교육법」 제2조 제4호에 따른 전문대학 또는 이와 같은 수준 이상의 학교의 동물 간호 관련 학과를 졸업한 사람(동물보건사 자격시험 응시일부터 6개월 이내에 졸업이 예정된 사람을 포함한다)

정답 ⑤

★★★
65 다음 중 <보기>의 ㉠~㉢에 들어갈 단어가 올바르게 나열된 것은?

───── <보기> ─────

「수의사법」 제16조의2(동물보건사의 자격)

(…)

1. 농림축산식품부장관의 평가인증(제16조의4 제1항에 따른 평가인증을 말한다. 이하 이 조에서 같다)을 받은 「고등교육법」 제2조 제4호에 따른 전문대학 또는 이와 같은 수준 이상의 학교의 동물 간호 관련 학과를 졸업한 사람(동물보건사 자격시험 응시일부터 (㉠) 이내에 졸업이 예정된 사람을 포함한다)

2. 「초·중등교육법」 제2조에 따른 고등학교 졸업자 또는 초·중등교육법령에 따라 같은 수준의 학력이 있다고 인정되는 사람(이하 "고등학교 졸업학력 인정자"라 한다)으로서 농림축산식품부장관의 평가인증을 받은 「평생교육법」 제2조 제2호에 따른 평생교육기관의 고등학교 교과 과정에 상응하는 동물 간호에 관한 교육과정을 이수한 후 농림축산식품부령으로 정하는 동물 간호 관련 업무에 (㉡) 이상 종사한 사람

3. (㉢)장관이 인정하는 외국의 동물 간호 관련 면허나 자격을 가진 사람

	㉠	㉡	㉢
①	6개월	1년	교육부
②	6개월	1년	농림축산식품부
③	6개월	2년	농림축산식품부
④	12개월	1년	교육부
⑤	12개월	2년	농림축산식품부

해설

제16조의2(동물보건사의 자격)

① 동물보건사가 되려는 사람은 다음 각 호의 어느 하나에 해당하는 사람으로서 동물보건사 자격시험에 합격한 후 농림축산식품부령으로 정하는 바에 따라 농림축산식품부장관의 자격인정을 받아야 한다.

　1. 농림축산식품부장관의 평가인증(제16조의4 제1항에 따른 평가인증을 말한다. 이하 이 조에서 같다)을 받은 「고등교육법」 제2조 제4호에 따른 전문대학 또는 이와 같은 수준 이상의 학교의 동물 간호 관련 학과를 졸업한 사람(동물보건사 자격시험 응시일부터 6개월 이내에 졸업이 예정된 사람을 포함한다)

　2. 「초·중등교육법」 제2조에 따른 고등학교 졸업자 또는 초·중등교육법령에 따라 같은 수준의 학력이 있다고 인정되는 사람(이하 "고등학교 졸업학력 인정자"라 한다)으로서 농림축산식품부장관의 평가인증을 받은 「평생교육법」 제2조 제2호에 따른 평생교육기관의 고등학교 교과 과정에 상응하는 동물 간호에 관한 교육과정을 이수한 후 농림축산식품부령으로 정하는 동물 간호 관련 업무에 1년 이상 종사한 사람

　3. 농림축산식품부장관이 인정하는 외국의 동물 간호 관련 면허나 자격을 가진 사람

② 제1항에도 불구하고 입학 당시 평가인증을 받은 학교에 입학한 사람으로서 농림축산식품부장관이 정하여 고시하는 동물 간호 관련 교과목과 학점을 이수하고 졸업한 사람은 같은 항 제1호에 해당하는 사람으로 본다.

정답 ②

★★★

66 다음 중 「수의사법」 제16조의5에 따른 동물보건사의 업무에 대한 설명으로 <u>옳은</u> 것은?

① 동물보건사는 제10조(무면허 진료행위의 금지)에도 불구하고 동물병원 내에서 수의사의 지도 아래 진료 보조 업무는 수행할 수 없지만 동물의 간호 업무만을 수행할 수 있다.

② 동물보건사는 제10조(무면허 진료행위의 금지)에도 불구하고 동물병원 내에서 수의사의 지도 아래 동물의 간호 업무는 수행할 수 없지만 진료 보조 업무만을 수행할 수 있다.

③ 동물보건사는 제10조(무면허 진료행위의 금지)에도 불구하고 동물병원 내에서 수의사가 부재중인 경우 동물의 간호 또는 진료 업무를 수행할 수 있다.

④ 동물보건사는 제10조(무면허 진료행위의 금지)에도 불구하고 동물병원 내에서 수의사의 지도 아래 동물의 간호 또는 진료 업무를 수행할 수 있다.

⑤ 동물보건사는 제10조(무면허 진료행위의 금지)에도 불구하고 동물병원 내에서 수의사의 지도 아래 동물의 간호 또는 진료 보조 업무를 수행할 수 있다.

해설

제16조의5(동물보건사의 업무)
① 동물보건사는 제10조에도 불구하고 동물병원 내에서 수의사의 지도 아래 동물의 간호 또는 진료 보조 업무를 수행할 수 있다.
② 제1항에 따른 구체적인 업무의 범위와 한계 등에 관한 사항은 농림축산식품부령으로 정한다.

정답 ⑤

★★★

67 다음 중 「수의사법」 제5조(결격사유) 및 제16조의6(준용규정)에 따른 동물보건사의 결격사유에 해당하지 않는 사람은?

① 「정신건강증진 및 정신질환자 복지서비스 지원에 관한 법률」 제3조 제1호에 따른 정신질환자. 다만, 정신건강의학과전문의가 동물보건사로서 직무를 수행할 수 있다고 인정하는 사람은 그러하지 아니하다.

② 피성년후견인 또는 피한정후견인

③ 마약, 대마(大麻), 그 밖의 향정신성의약품(向精神性醫藥品) 중독자. 다만, 정신건강의학과전문의가 동물보건사로서 직무를 수행할 수 있다고 인정하는 사람은 그러하지 아니하다.

④ 「수의사법」, 「가축전염병예방법」, 「축산물위생관리법」, 「동물보호법」, 「의료법」, 「약사법」, 「식품위생법」 또는 「마약류관리에 관한 법률」을 위반하여 금고 이상의 실형을 선고받고 그 집행이 끝나지(집행이 끝난 것으로 보는 경우를 포함한다) 아니하거나 면제되지 아니한 사람

⑤ 부정한 방법으로 동물보건사 국가시험에 응시한 사람 또는 동물보건사 국가시험에서 부정행위를 한 사람에 대하여는 그 시험을 정지시키거나 그 합격을 무효로 하며, 시험이 정지되거나 합격이 무효가 된 사람이 바로 다음의 동물보건사 국가시험에 응시한 경우

해설

제9조의2(수험자의 부정행위)

① 부정한 방법으로 제8조에 따른 수의사 국가시험에 응시한 사람 또는 수의사 국가시험에서 부정행위를 한 사람에 대하여는 그 시험을 정지시키거나 그 합격을 무효로 한다.

② 제1항에 따라 시험이 정지되거나 합격이 무효가 된 사람은 그 후 두 번까지는 제8조에 따른 수의사 국가시험에 응시할 수 없다.

정답 ⑤

PART 04

68 다음 중 <보기>의 빈칸에 들어갈 단체의 명칭으로 가장 적합한 것은?

─── <보기> ───

「수의사법」 제14조(신고)
동물보건사는 농림축산식품부령으로 정하는 바에 따라 그 실태와 취업상황(근무지가 변경된 경우를 포함한다)등을 제23조에 따라서 설립된 (   )에 신고하여야 한다.

① 한국동물약품협회   ② 한국동물복지협회   ③ 한국반려동물협회
④ 대한수의사회   ⑤ 한국동물병원협회

해설
제14조(신고) 수의사는 농림축산식품부령으로 정하는 바에 따라 최초로 면허를 받은 후부터 3년마다 그 실태와 취업상황(근무지가 변경된 경우를 포함한다) 등을 제23조에 따라 설립된 대한수의사회에 신고하여야 한다.

정답 ④

69 다음 중 <보기>의 빈칸에 들어갈 단어로 가장 적합한 것은?

─── <보기> ───

「수의사법」 제32조(자격의 취소 및 자격효력의 정지)
③ 농림축산식품부장관은 제1항에 따라 자격이 취소된 사람이 다음 각 호의 어느 하나에 해당하면 그 자격을 다시 내줄 수 있다.
   1. 제1항 제1호의 사유로 자격이 취소된 경우에는 그 취소의 원인이 된 사유가 소멸되었을 때
   2. 제1항 제2호 및 제3호의 사유로 자격이 취소된 경우에는 자격이 취소된 후 (   )이 지났을 때

① 1년   ② 2년   ③ 3년   ④ 4년   ⑤ 5년

해설
제32조(면허의 취소 및 면허효력의 정지)
③ 농림축산식품부장관은 제1항에 따라 면허가 취소된 사람이 다음 각 호의 어느 하나에 해당하면 그 면허를 다시 내줄 수 있다.
   1. 제1항 제1호의 사유로 면허가 취소된 경우에는 그 취소의 원인이 된 사유가 소멸되었을 때
   2. 제1항 제2호 및 제3호의 사유로 면허가 취소된 경우에는 면허가 취소된 후 2년이 지났을 때

정답 ②

70 <보기>는 「동물보호법 시행령」 [별표 4]에 근거한 과태료의 부과기준(제35조 관련)의 일부이다. 다음 중 빈칸에 들어갈 단어로 <u>가장 적합한 것은?</u>

<보기>

과태료의 부과기준(제35조 관련)

1. 일반기준

　가. 위반행위의 횟수에 따른 과태료의 가중된 부과기준은 최근 (　　　)간 같은 위반행위로 과태료 부과처분을 받은 경우에 적용한다. 이 경우 기간의 계산은 위반행위에 대하여 과태료 부과처분을 받은 날과 그 처분 후 다시 같은 위반행위를 하여 적발된 날을 기준으로 한다.

① 1년　　　　　　　② 2년　　　　　　　③ 3년
④ 4년　　　　　　　⑤ 5년

해설

동물보호법 시행령 [별표 4] 과태료의 부과기준(제35조 관련)

1. 일반기준

　가. 위반행위의 횟수에 따른 과태료의 가중된 부과기준은 최근 2년간 같은 위반행위로 과태료 부과처분을 받은 경우에 적용한다. 이 경우 기간의 계산은 위반행위에 대하여 과태료 부과처분을 받은 날과 그 처분 후 다시 같은 위반행위를 하여 적발된 날을 기준으로 한다.

정답 ②

동물보건사 과목별 문제집

최신 복원문제

제1회 복원문제

001 다음 중 혈액에 대한 설명으로 옳지 <u>않은</u> 것은?

① 세포질 내에 과립이 없는 백혈구는 무과립구라 하며 림프구와 단핵구가 이에 속한다.

② 단핵구는 크기가 적혈구의 3배 이상인 가장 많은 백혈구로, 세포질이 풍부하고 포식작용(탐식작용)을 하며 조직으로 이동하면 대식세포라 부르고, 조직 손상 및 감염 시 1~2일 후 조직으로 이동한다.

③ 백혈구는 동물체에서 면역을 담당하는 세포들로, 세포질 내에 과립을 가진 백혈구를 과립구라 하며 호중구, 호산구, 호염구가 있다.

④ 호염구는 진한 푸른색의 큰 염기성 과립이 있으며 비만세포와 함께 히스타민을 방출하여 급성 알레르기 반응에 관여한다.

⑤ 호산구는 2개의 엽으로 분엽된 핵으로, 붉은색 산성 과립을 띠며 과립 내에는 단백분해효소가 함유되어 기생충 면역과 알레르기 반응에 관여한다.

002 심장에 대한 다음 설명 중 옳지 <u>않은</u> 것은?

① 심장은 근육성 기관으로, 혈액을 주기적으로 박출하여 전신을 순환할 수 있도록 도와주는 장기이며 혈관과 연결되어 있다.

② 심장은 심방중격과 심실중격에 의해 좌우로 나뉘어 있다.

③ 심장이 수축과 이완을 통해 혈액을 박출하기 위해서는 주기적인 수축신호가 필요하다.

④ 방실결절의 수축파동이 좌우 심방으로 퍼져 심방 수축이 일어난다.

⑤ 신경전달물질 없이 전기적 신호를 발생시켜 심장과 심실에 전달하는 근육조직이 변화되어 생긴 특수기관을 자극전도계라 한다.

003 소화기관 중 하나인 혀의 기능으로 옳지 <u>않은</u> 것은?

① 맛 감각 또는 미각 수용체인 맛봉오리를 포함한다.

② 음식물 섭취에 도움을 준다.

③ 체온 조절에 도움을 준다.

④ 유성생식을 통해 동물의 종이 지속적으로 영속할 수 있도록 한다.

⑤ 음식물의 식괴 형성에 도움을 준다.

004 비뇨기계통의 주요 기능에 대한 설명으로 옳지 않은 것은?

① 지용성 비타민 A, D, E, K와 지용성 노폐물의 배출을 진행한다.
② 체액량 및 화학적 조성 조절을 한다.
③ 질소 노폐물과 과도한 수분 제거를 하는 배설기능을 한다.
④ 에리스로포이틴을 분비하여 적혈구 형성기능을 한다.
⑤ 삼투압 조절을 한다.

005 다음 중 뇌하수체에서 분비되는 호르몬이 아닌 것은?

① Prolactin(젖분비자극호르몬)
② GH(성장호르몬)
③ Glucagon(글루카곤 혈당 증가호르몬)
④ TSH(갑상샘자극호르몬)
⑤ ACTH(부신피질자극호르몬)

006 다음 중 신경조직에 대한 설명으로 옳지 않은 것은?

① 세포체는 핵, 수상돌기, 수지상돌기가 다수 존재한다.
② 자극, 인지, 통합, 분석, 자극 생성 및 전달 역할을 위한 구조를 가지고 있다.
③ 축삭은 세포체에서 길게 뻗어 있고 끝에서 분지되어 축삭말단을 구성하고 있어 다른 세포에 정보를 전달하기에 적합하다.
④ 신경세포는 다른 신경세포나 조직에 정보를 전달한다.
⑤ 모든 신경세포는 세포체, 축삭, 감각수용기로 구성되어 있다.

007 해부학적 단면을 나타내는 용어에 대한 설명으로 옳지 않은 것은?

① 축: 몸통 또는 몸통의 어떤 부분의 중심선
② 단면: 해부학적으로 사용되는 동물 신체의 절단 면
③ 등단면: 긴 축에 대하여 직각으로 머리, 몸통, 사지를 가로지르는 단면
④ 정중단면: 머리, 몸통, 사지를 오른쪽과 왼쪽이 똑같게 세로로 나눈 단면
⑤ 시상단면: 정중단면과 평행하게 머리, 몸통, 사지를 통과하는 단면

008 다음 중 혈당조절에 대한 설명으로 옳은 것은?

① 혈당조절은 인슐린의 단독작용으로 작용한다.
② 혈당이 낮아지면 랑게한스섬 알파세포에 작용하여 글루카곤을 분비하고, 부신속질에 작용하여 아드레날린을 분비한다.
③ 혈당이 높아지면 연수에서 인지를 하게 된다.
④ 혈당이 낮아지면 뇌하수체의 ACTH호르몬으로 부신피질에서 무기질 코르티코이드를 분비하여 혈당을 증가시킨다.
⑤ 교감신경은 췌장의 랑게한스섬 베타세포를 자극하게 되어 인슐린이 분비되어 혈당을 감소시킨다.

009 다음 중 개의 영구치아 치식으로 옳은 것은?

	상악치	하악치
①	3142	3143
②	3142	3142
③	3133	3133
④	3143	3143
⑤	3131	3132

010 무릎관절에서 넓적다리를 정강이쪽으로 굽히고, 발을 발바닥쪽으로 펴는 작용을 할 수 있는 근육은?

① 상완두갈래근 ② 두힘살근
③ 익상근 ④ 장딴지근
⑤ 팔꿈치근

011 다음 중 염증 반응의 주된 증상이 아닌 것은?

① 발열 ② 발적
③ 부종 ④ 통증
⑤ 황달

012 개가 다음 <보기>의 증상을 보이는 경우 유추할 수 있는 질병으로 옳은 것은?

─── <보기> ───
• 신경: 신경친화성 바이러스로 뇌 침투 시 후구마비, 전신성 경련 등 신경증상 발생
• 호흡기: 노란 콧물과 눈곱, 결막염, 발열, 기침 발생
• 소화기: 식욕부진, 구토, 설사 발생
• 피부: 피부각질 발생

① 개 홍역(Canine Distemper)
② 파보 바이러스성 장염
   (Parvovirus Enteritis)
③ 개 허피스바이러스
   (Canine Herpes Virus)
④ 렙토스피라증(Leptospirosis)
⑤ 파라 인플루엔자 감염
   (Parainfluenza Infection)

013 다음 중 고양이 5종 종합백신으로 예방할 수 없는 질병은?

① 범백혈구 감소증
   (FPL, Feline Panleukopenia)
② 고양이 전염성 비기관지염
   (FVR, Feline Viral Rhinotracheitis)
③ 고양이 전염성 복막염
   (FIP, Feline Infectious Peritonitis)
④ 고양이 백혈병 바이러스
   (FeLV, Feline Leukemia Virus)
⑤ 칼리시 바이러스
   (FCV, Feline Calici Virus)

014 다음 <보기>에서 설명하는 질병의 명칭으로 옳은 것은?

<보기>

- 고양이 허피스 바이러스(Herpes virus)에 의해 발병한다.
- 급성 상부호흡기 증상이 나타나고 감염된 고양이의 분비물로 질병이 전파된다.
- 특히 어린 고양이에게 치명적인 질병이다.
---

① 클라미디아(Chlamydia)
② 고양이 전염성 비기관지염
   (FVR, Feline Viral Rhinotracheitis)
③ 고양이 백혈병 바이러스
   (FeLV, Feline Leukemia Virus)
④ 범백혈구 감소증
   (FPL, Feline Panleukopenia)
⑤ 칼리시 바이러스
   (FCV, Feline Calici Virus)

015 다음 <보기>에서 설명하는 질병의 명칭으로 옳은 것은?

<보기>

- 고양이 파보장염, 홍역으로 불리는 질병이다.
- 소장염증을 일으키며 전염성이 높고 백혈구가 급속도로 감소되는 바이러스성 장염으로, 감염된 고양이의 분비물로 질병이 전파된다.
- 특히 어린 고양이에게 치명적인 질병이다.
---

① 칼리시 바이러스
   (FCV, Feline Calici Virus)
② 고양이 백혈병 바이러스
   (FeLV, Feline Leukemia Virus)
③ 범백혈구 감소증
   (FPL, Feline Panleukopenia)
④ 클라미디아(Chlamydia)
⑤ 고양이 전염성 비기관지염
   (FVR, Feline Viral Rhinotracheitis)

016 다음 <보기>에서 고양이 3종 종합백신으로 예방할 수 있는 질병을 모두 고른 것은?

<보기>

ㄱ. 고양이 백혈병 바이러스(FeLV, Feline Leukemia Virus)
ㄴ. 고양이 전염성 비기관지염(FVR, Feline Viral Rhinotracheitis)
ㄷ. 클라미디아(Chlamydia)
ㄹ. 칼리시 바이러스(FCV, Feline Calici Virus)
ㅁ. 범백혈구 감소증(FPL, Feline Panleukopenia)
---

① ㄱ, ㄴ, ㄷ   ② ㄱ, ㄷ, ㄹ
③ ㄴ, ㄷ, ㄹ   ④ ㄴ, ㄹ, ㅁ
⑤ ㄷ, ㄹ, ㅁ

017 다음 <보기>에서 설명하는 질병의 명칭으로 옳은 것은?

— <보기> —

• 위와 인접한 중요 장기로, 소화효소와 혈당을 조절하는 인슐린을 분비하는 장기에 염증이 생겨서 발생하는 질병이다.
• 소화효소들이 복강 내에 새어나와 간, 담낭, 장 등 인접한 복강장기를 손상시켜 염증이 심화되며, 괴사뿐만 아니라 전신적인 합병증을 유발한다.

① 폐렴　　　　　② 간염
③ 위염　　　　　④ 장염
⑤ 췌장염

018 다음 <보기>에서 설명하는 질환의 명칭으로 옳은 것은?

— <보기> —

허벅지 앞쪽의 근육과 정강이뼈를 이어주는 역할을 담당하며, 넙다리뼈(femur)의 원위부에 위치한 V자 모양의 넙다리뼈 활차구(도르래고랑, femoral trochlear groove)와 닿아 있고, 무릎을 구부리거나 펴면 대퇴구의 활차구 안에서 앞뒤로 미끄러지며 관절의 움직임을 원활하게 해주는 뼈가 원래 위치에서 이탈하여 발생하는 질환이다.

① 슬개골 탈구　　② 고관절 이형성증
③ 고관절 탈구　　④ 십자인대 단열
⑤ 퇴행성 관절염

019 다음 중 patellar luxation에 대한 설명으로 옳지 <u>않은</u> 것은?

① 무릎관절의 안정성이 떨어져 앞십자인대 단열 등의 무릎질환의 위험성이 높다.
② 슬개골이 안쪽으로 빠지는 경우를 내측 탈구, 바깥쪽으로 빠지는 경우를 외측 탈구라 한다.
③ 슬개골 내측 탈구 환자에게는 다리 변형이 발생한다.
④ 대형견에서 주로 발생하며 노령일 때 급진적으로 진행된다.
⑤ 무릎뼈의 관절 마모로 인해 파행 증상을 보이는 환자에게는 수술을 권장한다.

020 다음 <보기>에서 설명하는 슬개골 탈구의 단계로 옳은 것은?

— <보기> —

• 무릎뼈가 항상 탈구되어 있으며 인위적인 힘을 가해도 원래 위치로 되돌릴 수 없다.
• 다리뼈와 관절의 이상이 현저하게 관찰된다.
• 환자는 무릎관절을 펼 수 없고, 뒷몸통의 1/4이 구부린 자세로 걷는다.

① 0단계　　　　② 1단계
③ 2단계　　　　④ 3단계
⑤ 4단계

021 다음 중 동물공중보건학의 영역으로 가장 거리가 먼 영역은?

① 역학
② 환경위생
③ 식품위생
④ 임상간호학
⑤ 인수공통전염병

022 대기 중 가장 높은 비율을 차지하고 있으며 다이빙을 할 때 발생되는 잠수병의 원인이기도 한 이 공기성분은?

① 산소
② 헬륨
③ 질소
④ 아르곤
⑤ 이산화탄소

023 다음 중 <보기>에서 설명하는 질병의 원인이 되는 금속은?

―――― <보기> ――――
일본의 도야마현에서 수질오염으로 인해 일어난 사고로서 이환되면 관절 등에 심한 통증을 수반하고 심하면 사망에 이르게 하는 질병으로, 이따이이따이 병이라고 부른다.

① 납
② 수은
③ 구리
④ 아연
⑤ 카드뮴

024 <보기>와 같은 식중독 사고가 발생한 경우 질병을 일으킨 것으로 가장 의심되는 식중독 세균은?

―――― <보기> ――――
철수는 6월에 등산을 가면서 오전 10시에 식당에서 김밥을 포장했다. 철수는 오후 2시경 산 정상에 올라 김밥을 먹고 하산하여 집으로 돌아왔다. 집으로 돌아온 철수는 오후 5시경부터 극심한 구토와 복통 증상을 보이며 응급실에 실려 가게 되었다.

① 캠필로박터 제주니
② 클로스트리듐 퍼프린젠스
③ 병원성 대장균
④ 황색포도상구균
⑤ 비브리오콜레라

025 다음 중 역학의 연구 범위와 가장 거리가 먼 것은?

① 집단의 건강상태에 관한 연구
② 전염병의 발생 양상에 관한 연구
③ 질병 발생의 결정인자에 관한 연구
④ 질병의 빈도 및 질병 발생의 분포에 관한 연구
⑤ 종양이 발생한 개인의 임상치료제에 관한 연구

026 다음 중 <보기>에서 설명하는 용어의 명칭으로 옳은 것은?

———— <보기> ————

어떤 질병의 발생률을 대상집단 중에서 일정기간에 새로 발생한 환축 수로 표시한 것으로, 이 질병에 걸릴 확률 또는 위험도의 직접 추정을 가능하게 하는 측정이다.

① 유병률
② 발생률
③ 이환율
④ 사망률
⑤ 발병률

027 다음 <보기>에서 모기가 질병을 매개하는 매개체(vector)를 <u>모두</u> 고른 것은?

———— <보기> ————

ㄱ. 서나일뇌염　　ㄴ. 라임병
ㄷ. 페스트　　　　ㄹ. 뎅기열

① ㄱ, ㄴ
② ㄱ, ㄷ
③ ㄱ, ㄹ
④ ㄴ, ㄷ
⑤ ㄴ, ㄹ

028 다음 중 질병을 일으키는 원인체가 <u>다른</u> 하나는?

① 코로나 19
② 광견병
③ 구제역
④ 유구조충증
⑤ 웨스트나일병

029 다음 <보기>에서 설명하는 질병의 명칭으로 옳은 것은?

———— <보기> ————

• 개, 고양이, 야생 너구리, 박쥐, 여우 등이 교상 시 침을 통해 중추신경계와 뇌에 바이러스가 도달하여 발생한다.
• 공격성, 동공 확장, 경련, 침 흘림의 증상을 보인다.
• 치사율 100%인 인수공통질병이다.

① 개 허피스바이러스(Canine Herpes Virus)
② 파보 바이러스성 장염(Parvovirus Enteritis)
③ 렙토스피라증(Leptospirosis)
④ 개 홍역(Canine Distemper)
⑤ 광견병(Rabies)

030 다음 중 노로바이러스에 관한 설명이 <u>잘못된</u> 것은?

① 사람에게 가장 흔하게 식중독을 일으키는 바이러스성 식중독이다.
② 세포배양에서 증식이 잘 되는 편이다.
③ 사람과 사람 간의 감염도 가능하다.
④ 한국에서는 겨울철 굴의 섭취를 주의해야 한다.
⑤ 노로바이러스 감염에 대한 백신을 만드는 것은 쉽지 않다.

031 다음 중 <보기>에서 설명하는 강아지의 품종으로 옳은 것은?

―― <보기> ――

이집트 원산의 사냥개로, 뛰어난 시각과 빠른 스피드로 동물을 탐지·추적·공격하는 수렵견으로 인기를 끌다가 중세 유럽에서는 왕족의 상징이 되기도 하였다.

① 세인트 버나드   ② 스탠다드 푸들
③ 그레이하운드   ④ 달마티안
⑤ 웰시코기

032 새로운 것을 경험하면서 알게 되는 것을 배우고 받아들이는 시기는?

① 노령기   ② 청년기
③ 청소년기   ④ 사회화기
⑤ 신생아기

033 다음 중 강아지 종합백신 DHPPL 예방접종의 병원체가 <u>아닌</u> 것은?

① 켄넬코프
② 개독감
③ 파보바이러스장염
④ 전염성간염
⑤ 홍역

034 다음 <보기>에서 설명하는 질환의 명칭으로 옳은 것은?

―― <보기> ――

• 눈꺼풀이 안쪽으로 말려들어가 있는 상태로, 털이 눈동자를 찌르고 자극하여 각막 표면에 통증을 일으킨다.
• 샤페이에게서 자주 볼 수 있는 안구 질환이다.

① 안검내번증   ② 제3안검 탈출증
③ 녹내장   ④ 결막염
⑤ 유루증

035 건강한 강아지를 선택하는 방법으로 적절하지 <u>않은</u> 것은?

① 잇몸은 냄새가 나지 않고 분홍빛을 띤다.
② 귀 안은 분비물이 없고 냄새가 나지 않는다.
③ 털에 윤기가 나며 탈모가 없고 항문 부위가 청결하다.
④ 눈곱이 없고 결막에 충혈이 없으며 맑고 총명한 눈을 가졌다.
⑤ 얌전하게 움직임 없이 가만히 있다.

036 다음 중 결핍 시 심근 비대증을 유발할 수 있는 고양이의 필수 영양소는?

① 비타민   ② 마그네슘
③ 타우린   ④ 미네랄
⑤ 단백질

037 다음 중 인수공통감염병에 해당하지 <u>않는</u> 것은?

① 톡소플라즈마
② 강아지 아토피
③ 브루셀라
④ 광견병
⑤ 클라미디아

038 다음 중 반려동물에 대한 설명으로 옳은 것은?

① 광고, 홍보 목적을 위해 사육하는 동물
② 사람에게 즐거움의 도구로 활용되기 위해 사육하는 동물
③ 반려 목적으로 동료, 가족의 일원으로 사람과 함께 사는 동물
④ 고기, 알 등을 얻기 위한 목적으로 사육하는 동물
⑤ 다양한 실험을 하기 위해 태어난 동물

039 다음 중 토끼의 품종과 사진이 바르게 연결된 것은?

①

Lionhead

②

Polish

③

Dutch

④

Dwarf

⑤

Lop ear

040 고양이의 3종 종합백신이 바르게 나열된 것은?

① 고양이 범백혈구 감소증, 고양이 바이러스성 비기관염, 고양이 칼리시 바이러스
② 고양이 바이러스성 비기관염, 고양이 칼리시 바이러스, 고양이 백혈병
③ 고양이 범백혈구 감소증, 고양이 바이러스성 비기관염, 클라미디아
④ 고양이 전염성 복막염, 클라미디아, 고양이 백혈병
⑤ 고양이 범백혈구 감소증, 고양이 전염성 복막염, 고양이 칼리시 바이러스

041 수분(물, Water)이 체내에서 산화작용으로 생성되는 열을 효과적으로 흡수할 수 있는 이유로 가장 적합한 것은?

① 비열이 가장 큰 물질이기 때문에
② 우수한 용매제이기 때문에
③ 동물 체중에서 물의 비중이 매우 작기 때문에
④ 영양소의 대사작용을 촉매하기 때문에
⑤ 물질의 이온화하는 힘이 우수하기 때문에

042 다음 중 공통적 기능을 가진 무기질(미네랄)의 연결이 잘못된 것은?

① AS, Mo – 필수무기질(미네랄)
② Na, Cl – 체액의 삼투압 조절
③ Mg, Mn – 효소의 활성화
④ Zn, Se – 적혈구의 구성
⑤ Ca, P – 골격의 주요 구성물질

043 다음 중 소장(Small intestine)에서의 칼슘의 흡수 및 골 조직의 칼슘 축적을 돕는 비타민으로, 결핍 시 구루병이 발생하는 비타민은?

① 비타민 B_{12}
② 비타민 E
③ 비타민 A
④ 비타민 K
⑤ 비타민 D

044 심장병이 있는 개와 고양이를 위한 식이권장량에 대한 설명으로 옳지 않은 것은?

① 개와 고양이 모두 20~40mg/kg/day의 마그네슘을 공급한다.
② 습식사료에는 2000~3000mg/kg/day DM의 타우린을 첨가한다.
③ 개와 고양이의 식이에 칼륨을 공급한다.
④ 개와 고양이의 식이에 옥살산염을 첨가한다.
⑤ 개는 0.07~0.25%, 고양이는 0.3%로 나트륨을 제한한다.

045 다음 중 세포호흡을 통해 세포가 활동할 수 있는 ATP를 생성하는 세포소기관은?

① 골지체
② 리보솜
③ 리소좀
④ 소포체
⑤ 미토콘드리아

046 다음 중 다량무기질이 아닌 것은?

① P
② Se
③ Ca
④ Na
⑤ Mg

047 인슐린을 만드는 베타세포가 있는 곳은?

① 랑게르한스섬　　② 십이지장

③ 샘꽈리　　　　　④ 담관

⑤ 담낭

048 소화기관의 명칭과 기능이 바르게 연결되지 **않은** 것은?

① 혀 – 음식물 식괴 형성 도움

② 인두 – 음식물을 식도로 이동

③ 어금니 – 체온조절

④ 위 – 소화액 분비

⑤ 쓸개 – 리파아제 활성화

049 비타민 D 결핍 시 나타나는 것으로 옳은 것은?

① 설염

② 야맹증

③ 각기병

④ 구루병

⑤ 불안정한 걸음걸이

050 체내 노폐물 제거, 미네랄 재흡수 및 배설을 조절하는 장기로 옳은 것은?

① 간　　　　　　　② 비장

③ 췌장　　　　　　④ 부신

⑤ 신장

051 반려견의 뒤통수와 코에 압력이 가해지게끔 함으로써 우위성 공격행동 및 낯선 반려견의 공격행동을 수정할 수 있는 도구는?

① 기피제　　　　　② DAP

③ 입마개　　　　　④ 짖음방지 목걸이

⑤ 헤드 홀터

052 푸들, 치와와, 비글, 테리어 등의 견종에서 나타나는 것으로서 부적절한 강화학습, 환경으로 인한 자극, 공포 등이 원인이 되는 문제행동은?

① 과잉 포효

② 우위성 공격행동

③ 특발성 공격행동

④ 영역성 공격행동

⑤ 가정 내 개들 간의 공격행동

053 동물행동과 그 의미가 바르게 연결되지 **않은** 것은?

① 그루밍 행동 – 피모의 건강 유지

② 배설 행동 – 둥지의 청결 유지

③ 그루밍 행동 – 성적 어필

④ 섭식행동 – 생존 유지

⑤ 배설 행동 – 영역 표시

054 이름 그대로 소형으로 머리가 둥글고 귀가 짧은 특징을 갖는 토끼는?

① 할리퀸　　　　　② 드워프

③ 히말라얀　　　　④ 라이언 헤드

⑤ 뉴질랜드 화이트

055 중장모를 가지며, 튼튼하고 호기심이 많아 목줄을 매고 산책을 하기도 하는 고양이는?

① 옥시켓
② 페르시안 고양이
③ 터키쉬 앙고라
④ 러시안 블루
⑤ 노르웨이 숲

056 반려견은 무리동물로서 사회적 경험을 하여 사회성을 기르는 것이 중요한데, 이때 가장 주의하여 사회화 훈련을 해주어야 하는 시기는?

① 생후 5일~8주
② 생후 20일~12주
③ 생후 18~40주
④ 생후 45~70주
⑤ 생후 65~90주

057 반려견의 위임신(거짓임신)에 대한 설명으로 옳지 <u>않은</u> 것은?

① 프로락틴의 급격한 감소로 일어난다.
② 젖을 자극하면 지속적으로 젖 분비가 되기도 한다.
③ 해결법으로는 중성화 수술이 있다.
④ 임신을 하지 않았어도 젖 부풂 등의 증상이 나타난다.
⑤ 예민하고 공격적인 증상을 보인다.

058 훈련자가 원하지 않는 행동을 했을 때 개가 좋아하는 간식이나 장난감을 제거하는 훈련법은?

① 조건반사법(Pavolv's Learning)
② 음성적 강화법(Negative Reinforcement)
③ 양성적 강화법(Positive Reinforcement)
④ 음성적 처벌법(Negative Punishment)
⑤ 양성적 처벌법(Positive Punishment)

059 건강한 반려견이 갖춰야 할 외모에 대한 설명으로 옳지 <u>않은</u> 것은?

① 눈이 깨끗해야 한다.
② 털에 윤기가 흘러야 한다.
③ 콧물이 눈에 띄지 않아야 한다.
④ 항문 부위가 청결해야 한다.
⑤ 가시점막 부위가 깔끔하고 창백해야 한다.

060 다음 중 단두종 증후군이 발생할 수 있는 품종이 <u>아닌</u> 것은?

① 시추
② 퍼그
③ 보르조이 하운드
④ 페키니즈
⑤ 보스턴테리어

061 다음 중 응급내원 환자의 도착 시 준비해야 할 내용으로 옳지 <u>않은</u> 것은?

① 통증상황에 대해 판단하고 환자의 안전과 자신의 안전을 확보한다.
② 위험성에 대한 의심이 들 때는 확신이 설 때까지 판단하고 관찰한다.
③ 우선순위에 따라 보호자를 포함한 기타 모든 사람들의 위험상황을 식별하고 공감하도록 한다.
④ 민첩하고 침착하게 대응한다.
⑤ 위험환자 내원 시 다른 스태프들에게 알린다.

062 쇼크환자에 대한 설명으로 옳지 <u>않은</u> 것은?

① 탈수 상태와 쇼크 상태는 동일한 현상이다.
② 쇼크는 조직으로의 산소 전달 부족으로 정의된다.
③ 평균 동맥 혈압이 60mmHg 미만일 경우 뇌, 심장, 중요장기에 손상이 있을 수 있다.
④ 쇼크의 종류로는 저혈량성, 심원성, 폐쇄성, 분포성 쇼크가 있다.
⑤ 쇼크의 존재를 감지해야 한다.

063 다음 중 Crash cart에 준비해 두는 것이 권장되는 비품이나 물품이 <u>아닌</u> 것은?

① 후두경
② 사이즈별 기관삽관 튜브
③ 석션유닛
④ 심폐소생 약물
⑤ 향정신성 의약품

064 다음 중 Crash cart에 준비해 두는 것이 권장되는 비품이나 물품이 <u>아닌</u> 것은?

① 마취기
② 종류별 주사기 및 주사바늘
③ 처치도구 세트
④ 심장 제세동기
⑤ 심폐소생 약물

065 다음 중 기관 내 삽관의 절차가 <u>아닌</u> 것은?

① 보조자는 기관 삽관을 할 수 있도록 보정
② 기관 튜브를 이용하여 기관 진입부 확인 후 후두경을 기관으로 삽입
③ 적절한 크기의 후두경 선택
④ 고정 후 기관 커프 팽창
⑤ 적당한 크기의 기관 내 튜브 선택

066 다음 중 개의 수혈에 관한 설명으로 옳지 <u>않은</u> 것은?

① 개의 혈액형은 염색체상의 우세한 특성으로 구별된다.
② 27kg 혹은 더욱 큰 공혈견은 부작용 없이 최소한 2년에 매 3주 정도 500ml의 혈액을 기증할 수 있다.
③ 조직에 산소공급이 어려울 정도로 떨어진 빈혈 환자에게는 전혈 혹은 농축적혈구 수혈이 필요하다.
④ 혈장, 냉동혈장, 냉동침전물의 수혈도 가능하다.
⑤ 응고부전이 있는 경우 수혈을 진행하면 수혈 팩의 항응고제로 인하여 위험해질 수 있다.

067 다음 중 수혈의 경로로 옳지 <u>않은</u> 것은?

① 동맥
② 경정맥
③ 복강
④ 골수강
⑤ 요골 피부정맥

068 다음 중 약물의 명칭과 사용법의 연결이 옳지 <u>않은</u> 것은?

① 미다졸람(Midazolam) – 최면 진정제, 항경련제
② 푸로세마이드(Furosemide) – 이뇨제
③ 노르에피네프린(Norepinephrine) – 마취제
④ 도부타민(Dobutamine) – 강심제
⑤ 베쿠로늄브롬화물(Vecuronium Bromide) – 근이완제

069 심폐소생술 중의 약물 투여 경로로 옳지 <u>않은</u> 것은?

① 안약 점안
② 정맥 내 투여
③ 골간 투여
④ 기관 내 투여
⑤ 심장 내 투여

070 다음 중 심박출과 혈압을 조절하는 약물이 <u>아닌</u> 것은?

① 디곡신(Digoxin)
② 도파민(Dopamine)
③ 리도카인(Lidocaine)
④ 도부타민(Dobitamine)
⑤ 글루콘산칼슘(Calcium gluconate)

071 백신을 맞고 알레르기 반응 등의 급성 염증을 보이는 환자가 내원했을 때 사용 가능한 제제로 가장 적절한 것은?

① 이뇨제
② 위보호제
③ 지사제
④ 항생제
⑤ 항히스타민제

072 심폐기능 정지가 발생한 환자에게 즉각적인 응급처치를 하지 않을 경우, 뇌 손상이 시작되는 평균 시간은?

① 1분
② 3분
③ 15분
④ 20분
⑤ 25분

073 반려동물의 기도가 막혔을 때, 이물이 보이지 않거나 제거되지 않을 경우 가장 적절한 응급처치는?

① 반려동물의 목을 가볍게 만진다.
② 반려동물의 등을 강하게 강타한다.
③ 하임리히법(복부 밀어내기)을 실시한다.
④ 물을 마시게 한다.
⑤ 이물이 제거될 때까지 기다린다.

074 호흡곤란을 겪고 있는 반려동물에게 산소를 효과적으로 전달하기 위해 사용하는 방법 중 적절하지 <u>않은</u> 것은?

① 산소마스크
② 비강 산소튜브
③ 선풍기
④ 산소케이지
⑤ 산소 후드

075 다음 중 승모판(이첨판) 폐쇄 부전 시 보이는 임상증상이 <u>아닌</u> 것은?

① 기침
② 호흡곤란
③ 피로감, 운동불내
④ 황달
⑤ 청색증

076 다음 중 고객불만 관리의 필요성에 대한 설명으로 옳지 <u>않은</u> 것은?

① 고객의 불만이 표출되지 않더라도 만족도 조사를 실시하여 관리할 필요가 있다.
② 고객불만 감소를 위해 CCTV 설치 확대, 위반사항 발생 시 즉시 징계 등 내부 통제를 강화한다.
③ 통상적으로 불만고객 1명은 다수의 예비고객에게 부정적 영향을 미친다.
④ 내부 직원들의 CS교육과 기본 인성 및 소양 교육을 실시할 필요가 있다.
⑤ 불만을 제기한 고객이 만족스러운 결과와 해결책을 얻을 경우 더욱 충성하게 된다.

077 다음 중 동물병원의 4P 마케팅 전략의 종류가 <u>아닌</u> 것은?

① Place(유통정책)
② Product(제품)
③ Promotion[촉진(유인)정책]
④ Price(가격)
⑤ People(인력)

078 다음 중 수의 의무기록의 기능에 대한 설명으로 적합하지 <u>않은</u> 것은?

① 법률로 작성이 의무화되어 있지 않으나, 법원에서 증거 채택이 가능한 법적 문서로 인정된다.
② 의사소통 수단으로 사용되어 정확한 진료, 중복된 치료 및 처치 등의 실수를 사전에 예방한다.
③ 수의 의무기록을 근거로 업무량, 매출 분석, 예산 편성, 재고 유지, 마케팅 전략을 수립할 수 있다.
④ 질병의 진단, 경과, 치료에 대한 진행과정을 문서로 기록하여 질병에 대한 정보를 제공한다.
⑤ 과거 질병 발병 및 치료에 대한 자료로 활용되어 질병 재발 시 유용한 정보를 제공한다.

079 다음 중 위해의료폐기물의 보관 및 처리에 대한 설명으로 옳지 <u>않은</u> 것은?

① 일반 폐기물이 의료 폐기물과 혼합되면 일반 폐기물로 간주된다.
② 폐기백신, 폐기약제 등 생물·화학 폐기물은 15일 동안 보관 가능하다.
③ 동물의 장기, 조직, 사체, 혈액, 고름 등 조직물류 폐기물은 4℃ 이하에서 15일 동안 보관가능하다.
④ 배양액, 배양용기, 시험관, 슬라이드, 장갑 등 병리계 폐기물은 15일 동안 보관 가능하다.
⑤ 주사바늘, 봉합바늘, 수술용 칼날, 깨진 유리 기구 등 손상성 폐기물은 30일 동안 보관 가능하다.

080 다음 중 의료용 폐기물의 보관에 대한 설명으로 옳지 <u>않은</u> 것은?

① 특히 주사기와 주사침을 분리하여 전용 용기에 배출하는 것을 습관화한다.

② 용기의 신축성을 감안하더라도 용량의 110%를 넘지 않고, 보관기간을 초과하여 보관을 금지한다.

③ 봉투형 용기＋상자에 규정된 Bio Hazard도형 및 취급 시 주의사항을 표시한다.

④ 냉장시설에는 온도계가 부착되어야 하며, 보관창고는 주 1회 이상 소독한다.

⑤ 폐기물 발생 즉시 전용용기에 보관하며 밀폐 포장하며 재사용을 금지한다.

081 다음 중 X선 촬영 시 발생하는 유해한 방사선을 차단하기 위한 보호복 제작에 주로 사용되는 금속은?

① 리튬(Li)
② 알루미늄(Al)
③ 철(Fe)
④ 구리(Cu)
⑤ 납(Pb)

082 다음 중 물질이 방출하는 복사 에너지가 온도에 따라 달라지는 원리를 이용하여 온도측정에 사용되는 전자기파는?

① 전파
② X선
③ 적외선
④ 자외선
⑤ 가시광선

083 차트에 사용되는 표준화된 의학용 약어 중 하루에 2번을 의미하는 것은?

① BID
② BW
③ BAR
④ BUN
⑤ BM

084 차트에 사용되는 표준화된 의학용 약어 중 교통사고를 의미하는 것은?

① DOA
② HCT
③ HWP
④ HBC
⑤ HW

085 다음 중 유기동물의 신고 및 대응 방법에 대한 설명으로 옳지 <u>않은</u> 것은?

① 공고 후 10일이 경과하여도 주인을 찾지 못한 경우, 지자체로 동물 소유권이 이전된다.

② 동물을 유기하거나 학대할 경우 2년 이하의 징역 또는 2천만 원 이하의 벌금이 부과된다.

③ 유실·유기된 동물들은 동물보호 관리시스템에 모두 등록하도록 되어 있다.

④ 유기동물을 발견할 경우 지자체 동물보호 관할 부서 또는 유기동물 보호센터에 신고한다.

⑤ 유기 고양이는 유기동물 신고 시에 출동 의무 대상은 아니다.

086 다음 중 내장형 또는 외장형 무선식별장치를 사용한 동물등록 방법에 대한 설명으로 옳지 않은 것은?

① 동물보호관리시스템에 접속하면 마이크로칩 번호의 조회가 가능하다.

② 작은 소형견 칩의 경우 살이 많은 대형견에게 삽입 시 칩 스캐너에 리딩이 되지 않기도 한다.

③ 동물의 체내에 마이크로 칩을 삽입할 경우 반영구적으로 사용 가능하다.

④ 삽입 시 부작용의 최소화를 위해 꼬리 부위에 삽입하며 시술은 동물보건사가 진행한다.

⑤ 해외 입국 동물의 경우, 대부분 15자리 숫자를 사용하며 그대로 등록 가능하다.

087 <보기>에서 동물등록 단계를 옳은 순서로 나열한 것은?

―――――――― <보기> ――――――――
ㄱ. 행정기관으로 보호자가 작성한 신청서를 팩스 또는 이메일로 전송하고, 원본은 직접 제출한다.
ㄴ. 동물보호관리시스템에 접속하여 신청서의 내용을 입력한다.
ㄷ. 신청서 작성 후 무선식별장치 중 내장형은 삽입하고, 외장형은 번호를 확인하여 등록한다.
ㄹ. 1개월 이내에 동물등록증이 나오면 보호자에게 배부한다.

① ㄱ-ㄹ-ㄷ-ㄴ   ② ㄷ-ㄱ-ㄹ-ㄴ
③ ㄷ-ㄴ-ㄱ-ㄹ   ④ ㄹ-ㄱ-ㄷ-ㄴ
⑤ ㄹ-ㄷ-ㄱ-ㄴ

088 다음 중 동물등록 방법에 대한 설명으로 옳지 않은 것은?

① 반려동물은 어린 시기에 백신접종을 하기 때문에 주로 동물병원에서 동물등록이 진행된다.

② 내장형 무선식별장치 개체 삽입과 외장형 무선식별장치 부착의 2가지 방법이 있다.

③ 유기와 분실 방지를 위해 내장형 무선식별장치를 사용하는 것을 권장한다.

④ 마이크로칩번호가 있는 경우 보호자가 직접 동물보호관리시스템에 접속하여 등록 가능하다.

⑤ 내장형 무선식별장치의 시술 시 부작용 비율이 매우 높기 때문에 미국, 유럽의 경우 외장형 무선식별장치의 부착을 권장한다.

089 다음 중 동물등록법에 대한 설명으로 옳지 않은 것은?

① 동물등록의 대상으로 대통령령으로 정하는 동물에는 "주택, 준주택에서 기르거나 반려의 목적으로 기르는 2개월령 이상의 개"가 해당된다.

② "등록대상동물"이란 동물의 보호, 유실·유기 방지, 질병의 관리, 공중위생상의 위해 방지 등을 위하여 등록이 필요하다고 인정하여 대통령령으로 정하는 동물이다.

③ 고양이는 지역에 따라 차이가 있으나, 반려의 목적으로 기르는 경우 2019년 2월부터 동물 등록이 의무화 되었다.

④ 동물병원에서 등록할 때 고양이는 기타에 "고양이"라고 기입하거나 반려견과 동일하게 신청하는 등의 방법을 사용한다.

⑤ 등록대상동물의 분실 시 10일 이내 신고하여야 하고, 변경사유가 발생한 경우 변경사유 발생일 30일 이내에 신고하여야 한다.

090 다음 중 동물등록제에 대한 설명으로 옳지 않은 것은?

① 3개월령 이상 강아지는 동물 등록이 의무이다.

② 등록대상 동물의 소유자가 미등록 시 과태료 부과가 가능하다.

③ 동물의 보호와 유실·유기 방지 등을 위하여 2014년 1월 1일부터 전국 의무 시행 중이다.

④ 반려동물을 잃어버렸을 때 동물보호관리시스템에 접속하여 등록정보를 통해 소유자를 쉽게 찾을 수 있다.

⑤ 동물등록의 대행자가 없는 시·도의 조례로 정하는 도서 지역 등의 경우 소유자의 선택에 따라 등록하지 않을 수 있다.

091 주사는 바늘이 삽입되는 부위에 따라 느끼는 통증의 정도가 다르다. 이 주사는 가장 통증이 높은 주사로서, 약자로는 IM을 쓴다. 이 주사는 어떤 주사인가?

① 정맥주사   ② 피내주사

③ 피하주사   ④ 근육주사

⑤ 경구주사

092 약물 재고관리에 대한 설명으로 옳지 않은 것은?

① 유통기한이 빨리 다가오는 것부터 판매한다.

② 약물의 보관방법에 대해 숙지하여 상온, 냉장, 냉동 등을 구분하여 보관한다.

③ 선입선출(First in, first out)이 원칙이다.

④ 병원 내에서 사용빈도가 높은 약물은 비축된 약물이 떨어지지 않도록 재고관리 및 약품주문에 신경써야 한다.

⑤ 케타민 등 향정신성 의약품은 높은 곳에 보관하여 다른 직원들의 손이 닿지 않게 한다.

093 백신을 맞고 알레르기 반응 등의 급성 염증을 보이는 환자가 내원했을 때 사용 가능한 제제로 가장 적절한 것은?

① 지사제   ② 위보호제

③ 항히스타민제   ④ 이뇨제

⑤ 항생제

094 경구용제의 일종으로 의약품을 낱알이나 알갱이 모양으로 만든 제제의 형태를 지칭하는 용어는?

① 과립제   ② 캡슐제

③ 액상제   ④ 산제

⑤ 정제

095 다음 중 국소제제(topical medication)에 대한 설명으로 옳지 <u>않은</u> 것은?

① 로션은 피부에 적용하는 콜로이드 현탁액으로서 연고에 비해서는 약효가 떨어진다.

② 연고는 바세린 같은 기름 성분에 약품을 섞어 놓은 반고형의 제제이다.

③ 주로 피부에 바르거나 뿌리는 형태가 많고 연고, 크림, 로션, 겔 등이 포함된다.

④ 시럽은 흡수율이 좋은 국소용제이다.

⑤ 크림은 피부 침투가 잘되므로 약물의 내용이 피부 안쪽까지 전달되어야 할 때 사용한다.

096 다음 중 의약품의 처방 및 보호자 교육 등에 있어 동물보건사의 영역이 <u>아닌</u> 것은?

① 백신을 접종한 개의 보호자에게 예상 가능한 부작용에 대해 설명한다.

② 백신을 접종하기 위해 방문한 개에게 백신을 직접 투여한다.

③ 경구투여 제제를 처방 받은 개의 보호자에게 투여간격에 대해 설명한다.

④ 경구투여 제제를 처방 받은 개의 보호자를 위해 투여방법을 직접 시범으로 보여준다.

⑤ 경구투여 제제를 처방 받은 개의 보호자에게 투여방법에 대해 설명한다.

097 처방전에 아래 <보기>와 같은 약물이 적혀 있다면, 관련된 환자는 어떠한 안구질환을 앓고 있을 확률이 높은가?

─────── <보기> ───────
Timolol(상품명: 티모프틱), latanoprost(상품명: 잘라탄) dorzolamide(상품명: 트루솝)

① 백내장   ② 각막궤양

③ 녹내장   ④ 안검내번

⑤ 유루증

098 기침을 막거나 억제하는 약물을 일컫는 말로서, 켄넬코프(Kennel cough)와 같이 마른기침 등이 있을 때 기침증상 완화를 위해 가장 선호되는 약물의 종류는?

① 기관지 이완제(bronchodilators)

② 마취제(anesthesia medications)

③ 거담제(expectorants)

④ 항생제(antibiotics)

⑤ 진해제(antitussives)

099 다음 중 삼투성 이뇨제의 종류는?

① 만니톨

② 토르세마이드

③ 푸로세마이드

④ 스피로노락톤

⑤ 하이드로 티아지드(hydrochlorothiazide)

100 다음 중 심혈관계에 작용하는 약물로 가장 거리가 <u>먼</u> 것은?

① 암로디핀
② 에피네프린
③ 피모벤단
④ 말로피탄트
⑤ 니트로프루사이드

101 다음 중 NSAIDs(비스테로이드성 항염증제)가 <u>아닌</u> 약물은?

① 피로콕시브
② 카프로펜
③ 멜록시캄
④ 데라콕시브
⑤ 프레드니솔론

102 다음 <보기>에서 개의 제산제로 옳은 것을 <u>모두</u> 고른 것은?

————— <보기> —————
| ㄱ. 라니티딘 | ㄴ. 파모티딘 |
| ㄷ. 말로피탄트 | ㄹ. 시메티딘 |

① ㄱ, ㄴ
② ㄱ, ㄴ, ㄷ
③ ㄱ, ㄴ, ㄹ
④ ㄴ, ㄷ, ㄹ
⑤ ㄱ, ㄴ, ㄷ, ㄹ

103 다음 중 <보기>에서 설명하는 주사방법의 명칭으로 옳은 것은?

————— <보기> —————
• 약물을 피부 아래 결합조직으로 직접 주사하는 방법으로서 흡수는 느리지만 일정하게 흡수된다.
• 강아지 및 고양이의 종합백신을 비롯하여, 동물병원에서 가장 흔하게 사용되는 투여경로의 일종이다.

① 복강내주사(intraperitoneal injection)
② 정맥주사(intravenous injection)
③ 근육주사(intramuscular injection)
④ 피내주사(intradermal injection)
⑤ 피하주사(subcutaneous injection)

104 처방전에 약물이 쓰여 있고 그 옆에 PRN이라는 용어가 있을 때, 해당 약물에 알맞은 복용간격은?

① 약물이 필요할 때마다
② 하루 한 번
③ 하루 두 번
④ 하루 세 번
⑤ 이틀에 한 번

105 다음 <보기>의 빈칸에 들어갈 숫자로 옳은 것은?

<보기>

체중이 20kg인 리트리버에게 10mg/kg, b. i.d로 약물을 투여하고자 한다. 이 개가 하루 동안 섭취하는 약물의 총량은 (   )mg이다.

---

① 500　　　② 400　　　③ 300
④ 200　　　⑤ 100

106 다음 중 자력에 의하여 발생하는 자기장을 이용하여 생체의 임의의 단층상을 얻을 수 있는 동물병원 의료장비는?

① CT　　　　　② MRI
③ I.C.U　　　　④ Nebulizer
⑤ Autoclave

107 다음 중 심장초음파에 관한 설명으로 바르지 **않은** 것은?

① 폐의 간섭을 최소화하기 위해 옆으로 누운 자세에서 검사를 진행한다.
② 옆으로 눕게 되는 횡와위의 경우 동물의 저항이 심한 경우가 많아 마취를 하고 검사하는 것이 선호된다.
③ 심장질환이 있을 때 가장 추천되는 검사 기법의 하나이다.
④ 간섭을 최소화하기 위해 검사할 부위를 삭모하는 것이 좋다.
⑤ 혈행을 관찰할 때 Doppler mode를 사용할 수 있다.

108 다음 중 Sector(소접촉면) 탐촉자의 초음파가 가장 유용하게 사용되는 장기는?

① 방광　　　② 신장　　　③ 심장
④ 간　　　　⑤ 뼈

109 다음 중 <보기>의 ㉠, ㉡에 들어갈 단어가 올바르게 짝지어진 것은?

<보기>

복부 방사선 촬영 시 촬영된 사진은 (㉠)에서부터 (㉡)까지가 반드시 포함되도록 찍는다.

	㉠	㉡
①	흉강 입구	폐의 끝부분
②	흉강 입구	마지막 요추
③	횡경막	비장
④	횡경막	마지막 요추
⑤	횡경막	엉덩이 관절(hip joint)

110 사람이 엑스레이 피폭될 경우 탈모, 구토 등의 증상을 보일 수 있으며 장기적으로 암을 비롯한 다양한 질환이 발생할 수 있기 때문에 연간 피폭량 등을 정량화하는 것이 중요하다. 다음 <보기> 중 엑스레이의 피폭 정도를 일컫는 단위가 올바르게 짝지어진 것은?

<보기>

ㄱ. 시버트(sievert, Sv)
ㄴ. 볼티지(voltage, V)
ㄷ. 렘(rem)
ㄹ. 밀리암페어(milliampere, mA)

---

① ㄱ, ㄴ　　　② ㄱ, ㄷ　　　③ ㄱ, ㄹ
④ ㄴ, ㄷ　　　⑤ ㄴ, ㄹ

111 다음 중 디지털 방사선에 대한 설명으로 옳지 <u>않은</u> 것은?

① 노동력이 절감되는 효과가 있다.

② 빠르고 간편한 촬영이 가능하다.

③ 해상도가 우수하며 원하는만큼 재촬영이 가능하다.

④ 전자차트에 바로 연결하여 진료실에서 즉각적인 확인이 가능하다.

⑤ 필름을 통해 현상하기 때문에 작업자의 경험과 능력이 중요하다.

112 780nm 이상의 긴 파장을 가진 광선을 무엇이라고 하는가?

① 적외선　　　　② 자외선
③ 가시광선　　　④ X선
⑤ Y선

113 x-ray 필름의 수동현상에 관한 설명으로 옳지 <u>않은</u> 것은?

① 현상 → 중간세척 → 고정 → 세척 → 건조의 순서로 진행된다.

② 여전히 많은 동물병원에서 주로 사용하고 있는 방식이다.

③ 빛이 들어오지 않는 암실이 필요하다.

④ 현상에 있어 시간과 온도의 조절이 중요하다.

⑤ 현상이 완료된 후에도 보관을 제대로 하지 못할 경우 물리적, 화학적 손상이 있을 수 있다.

114 <보기>에서 X선의 특징으로 옳은 것을 <u>모두</u> 고른 것은?

―――――― <보기> ――――――
ㄱ. 눈이나 냄새 등으로 느껴지지 않는다.
ㄴ. 지속적으로 노출되면 DNA가 손상되어 질병을 일으킬 수 있다.
ㄷ. 직선으로 주행한다.
ㄹ. X선은 물질의 밀도가 높을수록 잘 투과한다.

① ㄱ, ㄴ　　　　② ㄱ, ㄴ, ㄷ
③ ㄱ, ㄷ, ㄹ　　④ ㄴ, ㄷ, ㄹ
⑤ ㄱ, ㄴ, ㄷ, ㄹ

115 다음 중 X-ray의 가장 핵심적인 구성품으로서 광선을 실질적으로 발생하는 역할을 하는 것은?

① 튜브　　　　② 테이블
③ 그리드　　　④ 모니터
⑤ 시준기

116 다음 중 산란 등으로 생긴 상의 왜곡 등을 방지하고, 사진의 해상도와 선명도를 높이기 위해 사용하는 일종의 필터링 장치의 명칭은?

① 선관(tube)　　　② 필름(film)
③ 카세트(casset)　④ 그리드(grid)
⑤ 타겟(target)

117 다음 중 X선 촬영 시 발생하는 유해한 방사선을 차단하기 위한 보호복 제작에 주로 사용되는 금속은?

① 리튬(Li) ② 구리(Cu)
③ 철(Fe) ④ 알루미늄(Al)
⑤ 납(Pb)

118 다음 중 방사선 촬영과 비교하였을 때 초음파 검사의 장점이 아닌 것은?

① 뼈의 상태를 보는 데 유용하다.
② 검사의 준비가 쉽고 신속하고 간편한 검사이다.
③ 방사선을 사용하지 않기 때문에 피폭 우려가 없다.
④ 장기나 혈류의 상태 및 움직임을 실시간으로 확인할 수 있다.
⑤ 비침습적인 검사로서 합병증의 우려가 적다.

119 여러 각도에서 실시간 방사선 촬영이 가능한 다음 <보기> 영상장비의 명칭으로 옳은 것은?

<보기>

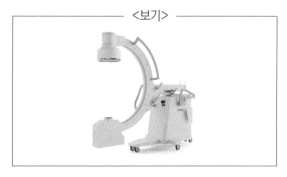

① MRI ② CT
③ C-arm ④ 초음파
⑤ 내시경

120 다음 중 일반적인 동물병원에서 다른 조영법에 비해 더 흔하게 사용하는 조영법은?

① 콩팥 조영 ② 방광 조영
③ 척수 조영 ④ 위장관 조영
⑤ 폐 혈관 조영

121 활력징후의 관찰 항목으로 옳지 않은 것은?

① CRT: 탈수 평가 지표 중 하나로 사용된다.
② T: 일반적으로 직장 내에서 측정한다.
③ P: 청진기를 이용하여 1분당 심박수를 파악한다.
④ R: 잇몸 점막 부위를 압박하여 혈류를 차단하고, 정상적인 색으로 돌아오는 시간을 평가한다.
⑤ BP: 환경에 따라 다른 값이 나올 수 있어 여러 번 측정하여야 한다.

122 다음 중 탈수(dehydration)의 평가 항목이 아닌 것은?

① CRT(Capillary Refilling Time, 모세혈관 재충만 시간)
② 피부 탄력의 회복 시간
③ 코에서 흘러나온 분비물의 정도
④ 안구 함몰 정도
⑤ 구강 점막의 건조 정도

123 개에게 수혈할 때 가장 적절한 혈액 성분과 그 사용 방법에 대한 설명으로 올바른 것은?

① 혈장은 혈액에서 적혈구와 백혈구를 제거한 후 사용되며, 주로 빈혈 치료에 사용된다.
② 신선동결혈장은 혈액의 모든 성분이 포함되어 있으며, 주로 대량 출혈 시 전체 혈액량을 보충하는 데 사용된다.
③ 적혈구 농축액은 응급 상황에서 혈액의 산소 운반 능력을 높이기 위해 사용된다.
④ 백혈구 농축액은 면역 시스템 강화와 감염 치료를 위해 사용되며, 가장 흔하게 사용되는 수혈 성분이다.
⑤ 혈소판 농축액은 출혈을 예방하고 치료하기 위해 사용되며, 상온에서의 안정성이 높다.

124 다음 중 수혈에 대한 내용으로 옳지 않은 것은?

① 수혈 부작용으로는 구토, 호흡곤란, 빈맥 등을 보일 수 있다.
② 공혈동물은 백신 접종을 규칙적으로 하였으며, 주혈기생충에 감염되지 않아야 한다.
③ 냉장 보관하던 혈액은 수혈 전 체온과 비슷한 온도로 천천히 데워야 한다.
④ 고양이에게는 1차 수혈에서는 치명적인 부작용이 잘 일어나지 않으나, 2차 수혈부터는 항체 생성으로 심각한 부작용이 발생한다.
⑤ 교차적합시험(Cross-matching)은 수혈 전 검사 항목이다.

125 수액에 대한 설명으로 옳은 것은?

① 장폐색이 있는 환자의 경우 정맥보다는 경구 수액법을 추천한다.
② 혈장보다 낮은 삼투압을 가진 용액을 고장액이라고 한다.
③ 입원이 어렵거나, 혈관 확보가 어려운 경우 정맥수액법을 이용한다.
④ 등장액의 종류 중 대표적으로 0.9% NaCl이 있다.
⑤ 자연낙하(drop)법은 인퓨전 펌프에 비하여 더 정확한 속도로 주입할 수 있다.

126 9단계로 나뉘는 신체충실지수(BCS, Body condition score)의 기준으로 분류할 때, 고도 비만 환자의 score로 적절한 것은?

① 1   ② 2   ③ 3
④ 5   ⑤ 9

127 다음 <보기>에서 설명하는 방법의 명칭으로 옳은 것은?

---- <보기> ----

• 주로 네뷸라이저 치료 후 시도하는 방법으로, 흉부순환을 도와주며 침하성 폐렴을 방지하는 방법
• 두 손을 컵 모양으로 모아 쥐고 양쪽 가슴을 뒤쪽에서 앞쪽으로 두드리는 방법

① 쿠파주   ② 압박배뇨
③ 비식도관   ④ 굴신운동
⑤ 완전비장관영양

128 다음 중 예방접종의 원리를 설명할 수 있는 것은?

① 자연 수동 면역
② 자연 능동 면역
③ 인공 수동 면역
④ 인공 능동 면역
⑤ 초기 염증 반응

129 개가 사람을 문 사고가 발생하였을 때 가장 유의하여야 하는 감염병은?

① 개 전염성 기관지염
② 개 코로나 장염
③ 광견병
④ 개 디스템퍼
⑤ 개 인플루엔자

130 감염병 환자의 간호에 대한 내용으로 옳지 않은 것은?

① 가능한 1회용 장갑을 착용한다.
② 각각의 환자에 대해 별도의 도구를 사용한다.
③ 퇴원 후 케이지 내부를 소독하고, 가능하다면 전체 격리실을 소독한다.
④ 청소 시에는 격리병동을 1차로 청소 후 청결한 영역을 청소한다.
⑤ 진료에 투입된 사람의 행동 범위와 동선을 제한한다.

131 기초 환자 평가와 간호 중재가 올바르게 연결되지 않은 것은?

① 과체중－1일 요구량에 따른 체중 감소를 위한 식이를 계산하고 적당한 운동을 실시한다.
② 식욕부진－스트레스가 적은 환경을 제공하고, 맛있거나 따뜻한 음식을 제공함으로써 식욕을 자극한다.
③ 고체온증－시원한 환경을 제공하고, 필요 시 처방된 해열제를 투여한다.
④ 구토－유동식 등 소화되기 쉬운 음식을 제공한다.
⑤ 심부전증－상대적으로 높은 염분의 음식을 제공한다.

132 심전도 검사에 대한 설명으로 옳지 않은 것은?

① 일반적으로 이마, 가슴, 배, 꼬리 순서로 일직선으로 전극(리드)을 장착한다.
② 사용 시 전극이 오염되었다면 즉시 닦아서 정리한다.
③ 전극을 장착하기 전에 알코올이나 젤 등을 바른다.
④ 심장의 박동 및 수축과 연관되는 전기적 활성도를 관찰하는 검사 방식이다.
⑤ 보정 시에 전극끼리 또는 전극과 손가락이 접촉되어서는 안 된다.

133 수액세트 20drops/ml을 이용하여 300ml을 10시간 동안 투여하고자 할 때의 올바른 속도는?

① 10drops/분 ② 20drops/분
③ 30drops/분 ④ 40drops/분
⑤ 50drops/분

134 설사 환자의 간호에 대한 내용으로 옳지 <u>않은</u> 것은?

① 변이 묻은 환자는 즉시 씻기고 건조한다.
② 분변은 발견 즉시 모두 치워서 일반쓰레기로 폐기한다.
③ 흡수성 패드와 보온을 포함한 안정된 환경을 제공한다.
④ 감염이 의심되면 격리 간호에 착수한다.
⑤ 체온, 심박수, 호흡수를 관찰·기록하며 탈수 상태를 평가한다.

135 신체검사의 종류와 방법이 올바르게 연결된 것은?

① 문진: 눈으로 관찰
② 타진: 청진기로 확인
③ 시진: 보호자와의 질의응답으로 확인
④ 촉진: 몸의 각 부분을 만져보며 확인
⑤ 청진: 몸의 각 부분을 손가락으로 두드리며 확인

136 동물환자 진료 시 동물병원에서 보정할 때 주의해야 할 사항으로 옳지 <u>않은</u> 것은?

① 고양이의 경우, 특성에 따라 최소한의 억제력을 사용해 스트레스를 줄인다.
② 이불이나 수건을 사용해 보정을 할 수 있다.
③ 동물환자가 숨을 쉬기 편하게 목과 가슴 부위를 지나치게 압박하지 않는다.
④ 고양이 보정은 머리와 앞발을 안정적으로 고정해 상체의 움직임을 제한한다.
⑤ 개의 경우 언어적 보정은 불가하다.

137 개, 고양이의 벼룩 감염증에 대한 설명 중 올바른 것은 무엇인가?

① 벼룩 감염은 주로 개의 눈에서 발견된다.
② 벼룩 감염은 개, 고양이의 콩팥에 영향을 미쳐 소화 불량을 일으킨다.
③ 벼룩 감염은 주로 개, 고양이의 구강과 치아를 통해 전파된다.
④ 벼룩 감염은 일반적으로 피부에 나타나는 가려움증과 발진을 유발한다.
⑤ 벼룩 감염은 주로 강한 근육통과 발열을 동반한다.

138 개에게 채혈을 할 때 가장 적절한 방법은 무엇인가?

① 개의 혈액 샘플 중 남은 혈액은 일반 멸균 수액팩에 저장하도록 한다.

② 채혈 전에 개를 강제로 눕힌다.

③ 채혈을 위해 개의 동·정맥을 동시에 압박해야 한다.

④ 채혈 후 바늘을 제거하고 즉시 압박을 하지 않는다.

⑤ 적절한 채혈 부위를 선택하고, 소독 후 바늘을 삽입하여 혈액을 채취한다.

139 내과질환에 따라 처방식이 필요할 때, 올바르게 고려한 것은?

① 알레르기가 있는 개에게는 다양한 종류의 단백질을 조합한 처방식을 권고한다.

② 당뇨병이 있는 개에게는 고단백, 저탄수화물 식이가 적합하다.

③ 콩팥 질환이 있는 개에게는 고단백 식이를 사용하여 신장 기능을 보충하고, 수분 섭취를 제한하여 무리가 가지 않도록 한다.

④ 심부전이 있는 개에게는 고염식이 적합하며, 체중 감소를 방지하기 위해 고지방식을 권장한다.

⑤ 간 질환이 있는 개에게는 고지방, 저단백 식이를 사용하여 간의 부담을 줄인다.

140 동물병원에서 소화기 질환 동물환자가 퇴원할 때 보호자 교육내용이 <u>아닌</u> 것은?

① 환자의 상태가 악화되거나 이상 징후가 나타날 경우 즉시 동물병원에 연락할 것

② 퇴원 후 약물 복용 스케줄과 용법을 정확히 이해하고, 모든 약물을 처방받은 대로 복용할 것

③ 퇴원 후 일상생활과 운동을 점진적으로 재개하되, 수의사의 지침을 따를 것

④ 퇴원 후 상태를 매일 점검하고, 필요한 경우 적절한 처치를 할 것

⑤ 퇴원 후 고지방 식이를 시도하도록 권장할 것

141 동물보건사는 ECG(electrocardio-gram, 심전도)를 촉자(lead)를 통해 동물의 몸에 연결하고, 이를 통해 마취 중의 심장기능을 평가한다. 동물병원에서 흰색, 검은색, 빨간색의 촉자가 있는 ECG를 사용하는 경우 이것을 신체에 바르게 연결한 것은?

① 흰색: 오른쪽 뒷다리, 검은색: 왼쪽 앞다리, 빨간색: 왼쪽 뒷다리

② 흰색: 왼쪽 앞다리, 검은색: 오른쪽 앞다리, 빨간색: 왼쪽 뒷다리

③ 흰색: 오른쪽 앞다리, 검은색: 왼쪽 앞다리, 빨간색: 왼쪽 뒷다리

④ 흰색: 왼쪽 앞다리, 검은색: 왼쪽 뒷다리, 빨간색: 오른쪽 뒷다리

⑤ 흰색: 오른쪽 앞다리, 검은색: 왼쪽 앞다리, 빨간색: 오른쪽 뒷다리

142 다음 <보기>에서 설명하는 측정 항목의 명칭으로 옳은 것은?

<보기>
- 헤모글로빈의 산소포화 비율을 나타내며 폐에서 적혈구로 산소가 공급되는 상태를 평가하는 항목
- 혓바닥이나 손, 귀, 잇몸 등 점막이 드러난 부위에 Pulse Oximeter라고 불리는 기계를 집게로 연결하여 측정

① 호기말 이산화탄소 농도($EtCO_2$)
② 산소포화도(SPO_2)
③ 심전도(ECG)
④ 호흡수
⑤ 심박수

143 최근 동물병원에서는 수술 시 혈관을 일일이 지혈하거나 결찰하는 대신 전기소작법(Electrocauterization)을 통해 빠르고 효율적으로 혈관을 지혈시킨다. 다음 중 전기소작법에 대한 설명으로 옳지 <u>않은</u> 것은?

① 사용 시 화상에 유의한다.
② 동물보건사는 수술 전 기계의 연결 상태와 기계 상태를 체크하는 것이 좋다.
③ 과하게 사용할 경우 치료가 지연되거나 괴사할 수 있다.
④ 리가슈어(LigaSure), 보비(Bovie) 등의 장비가 널리 이용된다.
⑤ 단극성과 양극성 장치가 있으며, 단극성이 더 안전하고 합병증이 적다.

144 플라즈마 멸균법에 대한 설명으로 옳지 <u>않은</u> 것은?

① 과산화수소를 사용한다.
② 유독한 기체를 뿜어내기 때문에 사용 후 환기가 매우 중요하다.
③ 오토클레이브(고압증기멸균)에 비하면 멸균 대상에 대한 열적 손상이 적다.
④ 안전하고 위험성이 낮은 멸균법이다.
⑤ 비교적 저온에서 단시간에 효과적 멸균이 가능하다.

145 다음 중 봉합사와 봉합침에 대한 설명으로 옳지 <u>않은</u> 것은?

① 봉합사는 상처나 수술한 자리 또는 피부가 찢어진 부위를 꿰매는 실이다.
② 환침의 단면은 둥글고, 각침의 단면은 삼각형이다.
③ 4-0 봉합사는 3-0에 비해 더 얇은 봉합사이다.
④ 흡수성 봉합사라고 해도 봉합사가 녹아서 흡수되는 기간은 각기 다르다.
⑤ 조밀하고 두꺼운 조직에는 각침보다 환침이 선호된다.

146 다음 <보기>에서 흡수성 봉합사(absorbable suture)에 해당하는 것을 모두 고른 것은?

─── <보기> ───
ㄱ. polydioxanone(상품명 PDS)
ㄴ. polyglactin 910(상품명 Vicryl)
ㄷ. 캣것(catgut)
ㄹ. 나일론(Nylon)

① ㄱ, ㄴ
② ㄱ, ㄷ
③ ㄱ, ㄴ, ㄷ
④ ㄱ, ㄷ, ㄹ
⑤ ㄱ, ㄴ, ㄷ, ㄹ

147 수술용 블레이드(혹은 메스)는 사이즈와 모양에 따라 번호가 매겨져 있다. 다음 <보기>에서 일반적으로 동물병원의 수술 및 처치 시에 가장 빈번하게 사용하는 메스를 모두 고른 것은?

─── <보기> ───
ㄱ. 20호   ㄴ. 15호
ㄷ. 12호   ㄹ. 11호
ㅁ. 10호

① ㄱ, ㄴ   ② ㄱ, ㄷ   ③ ㄱ, ㄹ
④ ㄴ, ㄷ   ⑤ ㄴ, ㅁ

148 다음 중 출혈 부위를 잡아 지혈하는 용도로 사용하는 겸자는?

① 유구겸자
② 무구겸자
③ 앨리스(Allis) 겸자
④ 밥콕(Babcock) 겸자
⑤ 모스키토(Mosquito) 겸자

149 세밀하고 얇은 조직에 적합하며, 피하조직을 박리하거나 얇은 조직을 절단하는 데 사용하는 가위는?

① 마요 가위(Mayo scissors)
② 발사가위
③ 메첸바움 가위(Metzenbaum scissors)
④ 붕대가위
⑤ blunt 가위

150 수술 중 뼈에서 골막을 분리하고 들어 올리는 데 사용되는 도구로서 치과, 정형외과, 그리고 기타 수술 분야에서 널리 사용되는 도구의 이름은?

① Kelly forceps
② Mosquito forceps
③ Periosteal elevator
④ Blade
⑤ Curved scissors

151 다음 중 수술팀과 비수술팀에 대한 설명으로 옳지 않은 것은?

① 수술팀의 모든 인원은 스크럽을 해서 일차적으로 손을 깨끗이 해야 한다.
② 비수술팀도 스크럽, 헤어캡, 마스크, 부츠 등은 착용하고 있어야 한다.
③ 마취팀은 비수술팀으로서 오염된 것을 만질 수 있다.
④ 비수술팀은 수술팀에 함부로 접촉해서는 안 되나, 수술팀은 비수술팀에 접촉할 수 있다.
⑤ 수술팀과 비수술팀은 서로간에 동선을 제한하여 오염을 방지해야 한다.

152 다음 <보기>의 밑줄 친 <u>이것</u>의 명칭으로 옳은 것은?

> ─── <보기> ───
> <u>이것</u>은 수술 전날 진행되어야 할 가장 중요한 절차 중 하나이다. 특히 수술환자가 사전 입원 없이 당일 방문하는 경우, 동물보건사가 관련하여 보호자에게 미리 안내해야 한다.

① 금식 및 금수   ② 수술 예약

③ 전염병검사   ④ 백신접종

⑤ 소변검사

153 마취 시 동물보건사의 역할로 적절하지 <u>않은</u> 것은?

① 응급상황이 생겼을 때 수의사를 보조하여 응급처치를 수행한다.

② 심박, 호흡 등 동물의 바이탈(vital)에 이상이 보이면 즉시 약물을 투여한다.

③ 마취 중에는 마취환자를 모니터링하며 중요한 수치를 점검한다.

④ 마취에 들어가기 전 주요 마취기구를 철저히 점검한다.

⑤ 마취 전날 고객에게 연락하여 절식을 요청한다.

154 스크럽(scrub)은 외과수술 등을 하기 전에 손을 깨끗이 씻는 행위를 말한다. 스크럽하는 동안에 손 끝이 항상 향해야 하는 방향은?

① 왼쪽   ② 위쪽

③ 몸쪽   ④ 아래쪽

⑤ 오른쪽

155 다음 마취제 중 호흡마취제로만 묶인 것은?

① 케타민, 프로포폴

② 이소플루란, 프로포폴

③ 케타민, 할로탄

④ 졸레틸, 세보플루란

⑤ 이소플루란, 세보플루란

156 다음 중 수술실 장갑 착용 방법에 대한 설명으로 옳지 <u>않은</u> 것은?

① 장갑을 벗을 때 경우에 따라 보조자가 도와줄 수 있다.

② 개방형 장갑 착용은 외과적 손씻기와 말리기를 한 후에 양손이 멸균가운에서 돌출되지 않은 상태에서 시작한다.

③ 손의 물기 제거가 완전히 된 상태에서 장갑을 착용하는 것이 좋다.

④ 수술자의 장갑 착용은 감염을 예방하고 환자 및 의료진의 안전을 확보하는 데 중요하다.

⑤ 멸균된 장갑을 착용하지만, 착용 전에 외과적 손씻기를 통해 오염물을 최대한 제거하는 것이 중요하다.

PART 05

157 다음 <보기>의 밑줄 친 이 단계의 명칭으로 옳은 것은?

———— <보기> ————

이 단계는 본격적인 마취에 앞서 환자를 진정시키고, 통증을 줄이며 근육을 이완하는 목적이다. 이 단계가 잘 수행되면 환자를 다루기 쉽게 만들어 이후의 마취 과정이 원활해지고, 마취에 사용하는 총 약물의 용량도 감소하는 장점이 있다.

① 마취 도입(induction) 단계
② 마취 유지(maintenance) 단계
③ 전마취(pre-anesthetic) 단계
④ 마취 회복(recovery) 단계
⑤ 마취 모니터링(monitoring) 단계

158 수술 후 입원환자의 관리에 대한 사항으로 옳지 않은 것은?

① 수술 후의 구토, 경련 등은 증상은 모두 진료기록지에 기록되기 때문에, 따로 수의사에게 보고할 필요는 없다.
② 케이지 내 분변 등을 청소할 때에는 동물을 옆 케이지에 살짝 옮기거나, 다른 동물보건사가 잡도록 한 후 청소한다.
③ 청결 및 감염 방지를 위해 패드 등을 수시로 확인하여 구토와 배설물 등의 여부를 체크한다.
④ 수술 후 회복이 끝나고 동물이 퇴원한 후에는 소독약을 사용해서 철저히 소독한다.
⑤ 수액을 맞고 있을 때에는 수액줄의 길이 및 끊어짐에 유의한다.

159 염증의 4대 징후를 짝지은 것으로 옳은 것은?

① 열, 통증, 부종, 출혈
② 냉감, 통증, 부종, 발적
③ 열감, 통증, 부종, 발적
④ 냉감, 고름, 부종, 발적
⑤ 열, 고름, 부종, 출혈

160 다음 <보기>에서 설명하는 방법의 명칭으로 옳은 것은?

———— <보기> ————

• 중력 및 체강 사이의 압력 차이를 이용하여 상처의 삼출물을 제거하는 배액법(drainage)의 일종
• 라텍스 등으로 된 고무관을 삽입하고 고정하여 삼출물을 배액하는 방법으로, 동물병원에서 가장 널리 사용하는 방법

① 잭슨 프랫(Jackson-Pratt) 배액법
② 카테터(catheter) 배액법
③ 흉관 삽입튜브(Thoracostomy tubes) 배액법
④ 펜로즈(Penrose) 배액법
⑤ 능동 배액법

161 요측피정맥의 정맥카테터 장착을 위한 보정 시 보정자는 채혈할 앞다리를 움직이지 않도록 지지하며, 엄지와 검지로 앞다리굽이(elbow)를 감싼다. 이후 엄지에 부드럽게 힘을 주고, 약간 바깥쪽으로 회전하는 이유는?

① 카테터 제거 이후 지혈을 빠르게 도와줄 수 있다.
② 회전을 하게 되면 채혈 시 통증을 줄일 수 있다.
③ 환자의 긴장도를 낮출 수 있다.
④ 보정자가 주사기에 의해 다칠 확률을 없앨 수 있다.
⑤ 혈관을 노장하는 역할을 하여 혈관 확보 시 잘 보일 수 있게 한다.

162 다음 주사기 바늘(needle) 중 가장 굵은 것은?

① 30G   ② 26G   ③ 23G
④ 21G   ⑤ 18G

163 채혈에 대한 설명으로 옳지 않은 것은?

① 항응고제가 처리된 튜브에 혈액을 정해진 용량 이상 넣으면 충분히 응고를 방지할 수 없다.
② 채혈 전 알코올로 소독한다.
③ 거품이 나지 않게 주의하며 항응고제와 섞어야 한다.
④ 채혈 후 주사기 내에서 혈구 안정화를 위해 2~3분 정도 후에 검체 튜브로 옮긴다.
⑤ 항응고제가 처리된 튜브에 혈액을 정해진 용량보다 너무 적게 넣으면 혈구에 장애를 일으킨다.

164 다음의 각 혈액검사 Tube에 있는 혈액을 원심분리 후, 상층 액을 채취했을 때의 용어가 올바르게 짝지어진 것은?

① SST-혈장, plasma
② Plain tube-혈장, plasma
③ EDTA tube-혈청, serum
④ Citrate tube-혈청, serum
⑤ Heparin(헤파린) tube-혈장, plasma

165 FNA(세침흡인세포검사) 검사 방법에 대한 설명으로 옳지 않은 것은?

① 피부 종괴에 대한 검사 방법으로는 적합하지 않은 방법이다.
② 검사 전 병변부 크기와 위치를 기록한다.
③ 검사 전 병변부를 삭모한다.
④ 주사기를 이용할 때 음압 상태로 검체를 채취하나, 상태에 따라 음압을 이용하지 않기도 한다.
⑤ 슬라이드는 염색 후 현미경으로 관찰한다.

166 파보 및 코로나 장염을 확인하기 위해 진단 키트를 사용할 때 활용해야 하는 시료는?

① 소변   ② 타액
③ 분변   ④ 콧물
⑤ 눈곱

167 고양이의 분변검사 슬라이드를 현미경으로 촬영한 다음 사진에서 가장 의심할 수 있는 질병은?

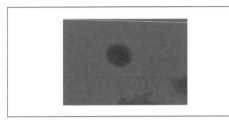

① 세균 감염　　② 바이러스 감염
③ 곰팡이 감염　　④ 내부기생충 감염
⑤ 외부기생충 감염

168 다음 중 현미경을 사용하는 방법으로 옳지 않은 것은?

① 이멀젼 오일은 고배율에서 사용한다.
② 미동 나사를 이용해 먼저 초점을 맞춘 후 조동 나사를 돌려 초점을 정확히 한다.
③ 가장 낮은 배율부터 관찰한다.
④ 대물렌즈가 슬라이드에 닿지 않도록 유의한다.
⑤ 슬라이드를 적절한 곳에 놓고 고정용 클립으로 고정하여여 한다.

169 요침사 방법에 대한 내용으로 옳지 않은 것은?

① 원주, 크리스탈 등을 관찰할 수 있다.
② 신선뇨를 사용한다.
③ 1000rpm으로 5분 정도 원심분리한다.
④ 원심분리 후 상층액을 버리고 침전된 시료를 섞어 검사한다.
⑤ 원심분리 후 침전된 시료는 요비중과 요스틱 검사에 이용한다.

170 분변 도말 검사에 대한 설명으로 옳지 않은 것은?

① 검사 후에는 감염성 폐기물에 준하여 처리한다.
② 분변을 생리식염수와 섞어 검사할 수 있다.
③ 관찰할 때는 커버글라스를 시료 위에 올려놓고 관찰한다.
④ 높은 배율에서 낮은 배율로 관찰한다.
⑤ 분변 시료는 보통 면봉을 이용해 항문에서 채취하거나, 대변에서 바로 채취한다.

171 다음 〈보기〉에서 설명하는 것의 명칭은?

┌─────── 〈보기〉 ───────┐
• 귀에서 가장 흔하게 보이는 효모 감염 중 하나임
• 정상적으로 귀에 살고 있지만, 어떠한 원인에 의하여 그 균형이 깨지며 귀에서 급속도로 증식하게 됨
• 현미경으로 관찰 시 눈사람 모양으로 보임
└─────────────────────┘

① 말라세치아
② 피부사상균
③ 황색포도상구균
④ 슈도모나스균
⑤ 대장균

172 분변 부유검사에 대한 설명으로 옳지 <u>않은</u> 것은?

① 현미경으로 검사한다.
② 장내 기생충 감염 여부를 진단하기 위한 검사법이다.
③ 기생충란의 비중이 무거운 원리를 이용한 검사법이다.
④ 황산 아연액, 포화 식염수액 등을 이용할 수 있다.
⑤ 부유액에 분변을 섞고 30분 정도 후 상층액을 이용한다.

173 다음 임상병리 및 진단 검사 중 검체의 종류가 <u>다른</u> 하나는?

① 개 모낭충 소파검사
② 개 지알디아 키트검사
③ 개 회충 충란 부유검사
④ 개 파보바이러스 키트검사
⑤ 개 코로나바이러스 키트검사

174 다음 중 귀 도말검사(Ear smear)에서 관찰할 수 <u>없는</u> 항목은?

① 포도상구균
② 염증 세포
③ 간균
④ 말라세치아
⑤ 허피스바이러스

175 배란주기 검사는 가임기를 추정하는 목적으로 많이 사용된다. 다음 중 교미를 허용하는 황체형성호르몬(LH)의 최대 분비 기간에 가장 많이 보이는 세포는?

① 호중구
② 적혈구
③ 표층세포
④ 중간세포
⑤ 방기저세포(기저곁세포)

176 다음 <보기>에서 설명하는 염색법의 명칭으로 옳은 것은?

<보기>
• 검체 슬라이드 글라스를 투명한 용액, 붉은색 용액, 파란색 용액 순서로 염색하는 방법
• 혈구뿐만 아니라 귀, 피부 도말슬라이드, 분변도말검사 등에 다양하게 이용

① 항산화 염색
② 딥퀵(Diff-quik) 염색
③ 김자(Giemsa) 염색
④ 도은(Silver) 염색
⑤ 그람(Gram) 염색

177 동물의 분변의 육안검사 상 색상이 평소보다 검은색으로 나왔을 때, 가장 의심해 볼 수 있는 것은?

① 방광 내 칼슘옥살레이트결석
② 정상 소화기 상태
③ 역류
④ 고나트륨혈증
⑤ 소화기 출혈

178 다음 임상병리 기기 중 혈구에 대한 검사를 실시하는 것은?

① 요비중계
② 전혈구검사
③ 혈청화학검사
④ 파보바이러스진단키트
⑤ 혈액가스분석기

179 공혈견으로부터 채취된 혈액 샘플을 수혈을 위해 기본 검사를 실시하려 한다. 다음 중 확인해야 할 중요한 사항이 아닌 것은?

① 주혈기생충 감염 여부
② 혈액형
③ 바이러스 감염 여부
④ 혈액의 적혈구 수치
⑤ 혈액의 pH 농도

180 입원환자 모니터링 중, 장착해둔 산소포화도의 수치가 하락하였다. 혈액 중 산소분압을 추가로 확인하고자 할 때, 가장 적절한 임상병리 기기로 알맞은 것은?

① 요비중계
② 혈액가스분석기
③ 전혈구검사
④ 혈청화학검사
⑤ 혈액도말검사

181 「동물보호법」에 따른 맹견에 해당하지 않는 품종은?

① 세퍼드와 그 잡종의 개
② 스태퍼드셔 불테리어와 그 잡종의 개
③ 도사견과 그 잡종의 개
④ 로트와일러와 그 잡종의 개
⑤ 아메리칸 핏불테리어와 그 잡종의 개

182 "맹견"이란 사람의 생명이나 신체 또는 동물에 위해를 가할 우려가 있는 개로서 농림축산식품부령으로 정하는 개, 사람의 생명이나 신체 또는 동물에 위해를 가할 우려가 있어 시·도지사가 맹견으로 지정한 개를 말한다. 다음 중 농림축산식품부령으로 정하는 맹견이 아닌 것은?

① 아메리칸 스태퍼드셔 테리어
② 아메리칸 핏불테리어
③ 진돗개
④ 로트와일러
⑤ 도사견

183 「동물보호법」 제97조(벌칙) 조항에 따라 다음 <보기>의 경우에 부과되는 형량과 벌금의 금액이 올바르게 짝지어진 것은?

―――――― <보기> ――――――
1. 제10조 제1항 각 호의 어느 하나를 위반한 자
2. 제10조 제3항 제2호 또는 같은 조 제4항 제3호를 위반한 자
3. 제16조 제1항 또는 같은 조 제2항 제1호를 위반하여 사람을 사망에 이르게 한 자
4. 제21조 제1항 각 호를 위반하여 사람을 사망에 이르게 한 자

① 1년, 1,000만 원　② 2년, 2,000만 원
③ 2년, 3,000만 원　④ 3년, 2,000만 원
⑤ 3년, 3,000만 원

184 다음 <보기>의 빈칸에 들어갈 내용에 해당 되지 <u>않는</u> 것은?

―――――― <보기> ――――――
「동물보호법」 제39조(신고 등)
② 다음 각 호의 어느 하나에 해당하는 자가 그 직무상 제1항에 따른 동물을 발견한 때에는 지체 없이 관할 지방자치단체의 장 또는 동물보호센터에 신고하여야 한다.
(　　　　　　　　　　　　　　　　)

① 동물실험윤리위원회를 설치한 동물실험시행 기관의 장 및 그 종사자
② 지정된 동물보호센터의 장 및 그 종사자
③ 반려동물과 관련된 영업허가를 받은 자(단, 종사자는 해당되지 않는다)
④ 수의사, 동물병원의 장 및 그 종사자
⑤ 동물복지축산농장으로 인증을 받은 자

185 다음 <보기>의 ㉠~㉣에 들어갈 단어가 올바르게 짝지어진 것은?

―――――― <보기> ――――――
「동물보호법」 제46조(동물의 인도적인 처리 등)
① 제35조 제1항 및 제36조 제1항에 따른 동물보호센터의 장은 제34조 제1항에 따라 보호 조치 중인 동물에게 질병 등 (㉠)령으로 정하는 사유가 있는 경우에는 (㉡)장관이 정하는 바에 따라 마취 등을 통하여 동물의 고통을 최소화하는 인도적인 방법으로 처리하여야 한다.
② 제1항에 따라 시행하는 동물의 인도적인 처리는 (㉢)가 하여야 한다. 이 경우 사용된 약제 관련 사용기록의 작성·보관 등에 관한 사항은 농림축산식품부령으로 정하는 바에 따른다.
③ 동물보호센터의 장은 제1항에 따라 동물의 사체가 발생한 경우 「폐기물관리법」에 따라 처리하거나 제69조 제1항 제4호에 따른 (㉣)업의 허가를 받은 자가 설치·운영하는 동물장묘시설 및 제71조 제1항에 따른 공설동물장묘시설에서 처리하여야 한다.

① ㉠ 농림축산식품부, ㉡ 농림축산식품부, ㉢ 수의사, ㉣ 동물장묘
② ㉠ 농림축산식품부, ㉡ 농림축산식품부, ㉢ 동물보건사, ㉣ 동물위탁관리
③ ㉠ 농림축산식품부, ㉡ 농림축산식품부, ㉢ 수의사, ㉣ 동물위탁관리
④ ㉠ 대통령, ㉡ 농림축산식품부, ㉢ 수의사, ㉣ 동물장묘
⑤ ㉠ 대통령, ㉡ 농림축산식품부, ㉢ 동물보건사, ㉣ 동물장묘

186 다음 중 「동물보호법」 제97조(벌칙) 제2항에 따른 2년 이하의 징역 또는 2천만 원 이하의 벌금에 해당하지 <u>않는</u> 사람은?

① 제10조 제4항 제1호를 위반하여 맹견을 유기한 소유자등

② 제15조 제3항을 위반하여 소유권을 이전받은 날부터 30일 이내에 신고를 하지 아니한 자

③ 제16조 제1항 또는 같은 조 제2항 제1호를 위반하여 사람의 신체를 상해에 이르게 한 자

④ 제67조 제1항 제1호를 위반하여 거짓이나 그 밖의 부정한 방법으로 인증농장 인증을 받은 자

⑤ 제67조 제1항 제2호를 위반하여 인증을 받지 아니한 축산농장을 인증농장으로 표시한 자

187 「동물보호법」 제97조(벌칙) 제5항에 따라 다음 <보기>의 경우에 해당하는 벌칙으로 옳은 것은?

───── <보기> ─────

1. 제10조 제4항 제1호를 위반하여 동물을 유기한 소유자등(맹견을 유기한 경우 제외)

2. 제10조 제5항 제1호를 위반하여 사진 또는 영상물을 판매·전시·전달·상영하거나 인터넷에 게재한 자

3. 제10조 제5항 제2호를 위반하여 도박을 목적으로 동물을 이용한 자 또는 동물을 이용하는 도박을 행할 목적으로 광고·선전한 자

4. 제10조 제5항 제3호를 위반하여 도박·시합·복권·오락·유흥·광고 등의 상이나 경품으로 동물을 제공한 자

5. 제10조 제5항 제4호를 위반하여 영리를 목적으로 동물을 대여한 자

6. 제18조 제4항 후단에 따른 인도적인 방법에 의한 처리 명령에 따르지 아니한 맹견의 소유자

7. 제20조 제2항에 따른 인도적인 방법에 의한 처리 명령에 따르지 아니한 맹견의 소유자

8. 제24조 제1항에 따른 기질평가 명령에 따르지 아니한 맹견 아닌 개의 소유자

9. 제46조 제2항을 위반하여 수의사에 의하지 아니하고 동물의 인도적인 처리를 한 자

10. 제49조를 위반하여 동물실험을 한 자

11. 제78조 제4항 제1호를 위반하여 월령이 2개월 미만인 개·고양이를 판매(알선 또는 중개를 포함한다)한 영업자

12. 제85조 제2항에 따른 게시문 등 또는 봉인을 제거하거나 손상시킨 자

① 50만 원 이하의 과태료

② 100만 원이하의 과태료

③ 300만 원 이하의 벌금

④ 500만 원 이하의 벌금

⑤ 3,000만 원 이하의 벌금

188 다음 <보기>의 조항을 위반하여 반려동물을 전달한 경우 2차 위반 시의 과태료는?

─── <보기> ───

「동물보호법」 제12조(반려동물의 전달방법)
반려동물을 다른 사람에게 전달하려는 자는 직접 전달하거나 제73조 제1항에 따라 동물운송업의 등록을 한 자를 통하여 전달하여야 한다.

① 40만 원　② 30만 원　③ 20만 원
④ 10만 원　⑤ 5만 원

189 다음 <보기>의 조항을 위반하여 정해진 기간 내에 신고를 하지 않은 경우 2차 위반, 3차 이상 위반하였을 때의 과태료가 순서대로 짝지어진 것은?

─── <보기> ───

「동물보호법」 제15조(등록대상동물의 등록 등)
② 제1항에 따라 등록된 등록대상동물(이하 "등록동물"이라 한다)의 소유자는 다음 각 호의 어느 하나에 해당하는 경우에는 해당 각 호의 구분에 따른 기간에 특별자치시장·특별자치도지사·시장·군수·구청장에게 신고하여야 한다.
　1. 등록동물을 잃어버린 경우: 등록동물을 잃어버린 날부터 10일 이내
　2. 등록동물에 대하여 대통령령으로 정하는 사항이 변경된 경우: 변경사유 발생일부터 30일 이내

① 40만 원, 60만 원　② 30만 원, 50만 원
③ 20만 원, 40만 원　④ 10만 원, 20만 원
⑤ 7만 원, 10만 원

190 다음 <보기>의 조항을 위반하여 소유권을 이전받은 날부터 30일 이내에 신고를 하지 않은 경우 3차 이상 위반하였을 때의 과태료는?

─── <보기> ───

「동물보호법」 제15조(등록대상동물의 등록 등)
③ 등록동물의 소유권을 이전받은 자 중 제1항 본문에 따른 등록을 실시하는 지역에 거주하는 자는 그 사실을 소유권을 이전받은 날부터 30일 이내에 자신의 주소지를 관할하는 특별자치시장·특별자치도지사·시장·군수·구청장에게 신고하여야 한다.

① 60만 원　② 50만 원　③ 40만 원
④ 20만 원　⑤ 10만 원

191 다음 중 <보기>의 ㉠~㉣에 들어갈 단어가 올바르게 나열된 것은?

─── <보기> ───

「수의사법」 제16조의2(동물보건사의 자격)
동물보건사가 되려는 사람은 다음 각 호의 어느 하나에 해당하는 사람으로서 동물보건사 (㉠)시험에 합격한 후 (㉡)령으로 정하는 바에 따라 (㉢)장관의 (㉣)인정을 받아야 한다.

① ㉠ 자격, ㉡ 농림축산식품부, ㉢ 농림축산식품부, ㉣ 자격
② ㉠ 자격, ㉡ 대통령, ㉢ 농림축산식품부, ㉣ 면허
③ ㉠ 자격, ㉡ 대통령, ㉢ 농림축산식품부, ㉣ 자격
④ ㉠ 면허, ㉡ 대통령, ㉢ 농림축산식품부, ㉣ 면허
⑤ ㉠ 면허, ㉡ 농림축산식품부, ㉢ 농림축산식품부, ㉣ 면허

192 다음 중 <보기>의 ⊙~ⓒ에 들어갈 단어가 올바르게 나열된 것은?

─── <보기> ───

「수의사법」 제16조의2(동물보건사의 자격)

(…)

1. 농림축산식품부장관의 평가인증(제16조의4 제1항에 따른 평가인증을 말한다. 이하 이 조에서 같다)을 받은 「고등교육법」 제2조 제4호에 따른 전문대학 또는 이와 같은 수준 이상의 학교의 동물 간호 관련 학과를 졸업한 사람(동물보건사 자격시험 응시일부터 (⊙) 이내에 졸업이 예정된 사람을 포함한다)

2. 「초·중등교육법」 제2조에 따른 고등학교 졸업자 또는 초·중등교육법령에 따라 같은 수준의 학력이 있다고 인정되는 사람(이하 "고등학교 졸업학력 인정자"라 한다)으로서 농림축산식품부장관의 평가인증을 받은 「평생교육법」 제2조 제2호에 따른 평생교육기관의 고등학교 교과 과정에 상응하는 동물 간호에 관한 교육과정을 이수한 후 농림축산식품부령으로 정하는 동물 간호 관련 업무에 (ⓒ) 이상 종사한 사람

3. (ⓒ)장관이 인정하는 외국의 동물 간호 관련 면허나 자격을 가진 사람

	⊙	ⓒ	ⓒ
①	12개월	2년	농림축산식품부
②	12개월	1년	교육부
③	6개월	1년	교육부
④	6개월	1년	농림축산식품부
⑤	6개월	2년	농림축산식품부

193 다음 중 「수의사법」 제16조의5에 따른 동물보건사의 업무에 대한 설명으로 옳은 것은?

① 동물보건사는 제10조(무면허 진료행위의 금지)에도 불구하고 동물병원 내에서 수의사의 지도 아래 동물의 간호 또는 진료 업무를 수행할 수 있다.

② 동물보건사는 제10조(무면허 진료행위의 금지)에도 불구하고 동물병원 내에서 수의사의 지도 아래 동물의 간호 또는 진료 보조 업무를 수행할 수 있다.

③ 동물보건사는 제10조(무면허 진료행위의 금지)에도 불구하고 동물병원 내에서 수의사의 지도 아래 동물의 간호 업무는 수행할 수 없지만 진료 보조 업무만을 수행할 수 있다.

④ 동물보건사는 제10조(무면허 진료행위의 금지)에도 불구하고 동물병원 내에서 수의사가 부재중인 경우 동물의 간호 또는 진료 업무를 수행할 수 있다.

⑤ 동물보건사는 제10조(무면허 진료행위의 금지)에도 불구하고 동물병원 내에서 수의사의 지도 아래 진료 보조 업무는 수행할 수 없지만 동물의 간호 업무만을 수행할 수 있다.

194 다음 중 동물보호법령상 반려동물에 속하지 않는 것은?

① 개   ② 고양이   ③ 햄스터
④ 페럿   ⑤ 도마뱀

195 다음 중 특별자치시장 · 특별자치도지사 · 시장 · 군수 · 구청장의 허가를 받아야 하는 영업이 <u>아닌</u> 것은?

① 동물장묘업
② 동물판매업
③ 동물생산업
④ 동물전시업
⑤ 동물수입업

196 동물보건사 자격대장에 등록해야 할 사항으로 옳지 <u>않은</u> 것은?

① 면허번호 및 면허 연월일
② 출신학교 및 졸업 연월일
③ 비자발급일 및 만료일(외국인의 경우)
④ 여권번호(외국인의 경우)
⑤ 면허취소 또는 면허효력 정지 등 행정처분에 관한 사항

197 정당한 사유 없이 동물의 고통을 줄이기 위한 조치를 하지 아니하고 시술하는 행위를 한 경우 받게 되는 처분으로 옳은 것은?

① 면허취소
② 1년 이내의 면허 효력 정지
③ 과태료 150만원
④ 과태료 200만원
⑤ 과태료 250만원

198 수의사법상 검안부에 기재하여 1년간 보존하여야 하는 사항이 <u>아닌</u> 것은?

① 동물의 품종 및 성별
② 동물소유자 등의 성명과 주소
③ 폐사 연월일
④ 동물등록번호
⑤ 주요소견

199 수의사법상 검사 · 측정기관에 대하여 농림축산식품부장관이 지정 취소 또는 6개월 이내의 기간의 업무 정지를 명할 수 있는 경우는 무엇인가?

① 검사·측정기관의 지정기준에 미치지 못하게 된 경우
② 거짓이나 그 밖의 부정한 방법으로 지정을 받은 경우
③ 고의로 거짓의 동물 진단용 방사선발생장치 등의 검사에 관한 성적서를 발급한 경우
④ 업무의 정지 기간에 검사를 한 경우
⑤ 업무의 정지 기간에 측정업무를 한 경우

200 수의법령상 동물진료업의 행위에 대한 진료비용에 속하지 <u>않는</u> 것은?

① 진찰에 대한 상담료
② 출장진료전문병원의 행위에 대한 진료비
③ 전혈구 검사비 및 해당 검사 판독료
④ 개 종합백신, 고양이 종합백신, 광견병백신, 켄넬코프백신, 개 코로나바이러스백신 및 인플루엔자백신의 접종비
⑤ 입원비

2022

제1회 복원문제 정답과 해설

⚡ 빠른 정답표

01	②	02	④	03	④	04	①	05	③	06	⑤	07	③	08	②	09	①	10	④
11	⑤	12	①	13	③	14	②	15	③	16	④	17	⑤	18	①	19	④	20	⑤
21	④	22	③	23	⑤	24	④	25	⑤	26	②	27	③	28	④	29	⑤	30	②
31	③	32	④	33	①	34	①	35	⑤	36	③	37	②	38	③	39	④	40	①
41	①	42	④	43	⑤	44	④	45	⑤	46	②	47	①	48	③	49	④	50	⑤
51	⑤	52	⑤	53	③	54	②	55	⑤	56	②	57	①	58	④	59	⑤	60	③
61	②	62	⑤	63	⑤	64	①	65	②	66	⑤	67	①	68	③	69	①	70	③
71	⑤	72	②	73	③	74	③	75	④	76	②	77	⑤	78	①	79	①	80	②
81	⑤	82	③	83	①	84	④	85	②	86	④	87	③	88	⑤	89	③	90	①
91	④	92	⑤	93	③	94	①	95	④	96	②	97	③	98	⑤	99	⑤	100	①
101	⑤	102	③	103	⑤	104	①	105	②	106	②	107	②	108	③	109	⑤	110	②
111	⑤	112	①	113	②	114	②	115	①	116	④	117	⑤	118	①	119	③	120	④
121	④	122	④	123	③	124	④	125	②	126	⑤	127	①	128	④	129	③	130	④
131	⑤	132	①	133	④	134	②	135	④	136	③	137	④	138	⑤	139	②	140	⑤
141	③	142	②	143	⑤	144	②	145	⑤	146	③	147	⑤	148	⑤	149	③	150	⑤
151	④	152	①	153	②	154	②	155	⑤	156	②	157	③	158	①	159	③	160	④
161	⑤	162	⑤	163	④	164	⑤	165	①	166	②	167	④	168	②	169	⑤	170	④
171	①	172	③	173	①	174	⑤	175	③	176	②	177	⑤	178	②	179	⑤	180	②
181	①	182	③	183	⑤	184	③	185	①	186	②	187	③	188	①	189	③	190	③
191	①	192	④	193	②	194	⑤	195	④	196	③	197	②	198	④	199	①	200	②

01 ②

단핵구는 총 백혈구의 약 1% 정도인 백혈구로 크기가 적혈구의 3배 이상이며, 세포질이 풍부하며 포식작용(탐식작용)을 한다.

02 ④

동방결절의 수축파동이 좌우 심방으로 퍼져 심방 수축이 일어나고, 심실사이중격의 상부에 위치한 방실결절로 흥분이 전달된다.

03 ④

유성생식을 통해 동물의 종이 지속적으로 영속할 수 있도록 하는 것은 생식기관이다.

04 ①

비뇨기계통은 수용성 비타민과 노폐물을 배출한다.

05 ③

글루카곤은 이자의 알파세포에서 생산되는 펩타이드 호르몬이다.

06 ⑤

감각수용기는 감각신경 말단에서만 존재하는 기관으로, 생명체 내·외부 환경의 자극에 반응하여 감각을 전달한다. 감각수용기는 각 수용기에 맞는 적합자극에 반응하여 신호 전달을 시작한다.

07 ③

가로단면에 대한 설명이다. 가로단면은 긴 축에 대하여 직각으로 머리, 몸통, 사지를 가로지르는 단면을 뜻하며, 등단면은 정중단면과 가로단면에 대하여 직각으로 지나는 단면이다.

08 ②

① 혈당의 조절은 인슐린의 단독작용으로만 이루어지는 것이 아니라 글루카곤, 아드레날린, 당질 코르티코이드 등 다양한 작용을 통해 이루어진다.

② 혈당이 낮아지면 간뇌에 인지되어 연수와 뇌하수체에 작용을 한다. 연수의 교감신경은 랑게한스섬 알파세포에 작용하여 글루카곤을 분비하고, 부신속질에 작용하여 아드레날린을 분비한다.
③ 혈당이 높아지면 간뇌에서 인지를 하고 연수에 작용하게 된다.
④ 혈당이 낮아지면 뇌하수체의 ACTH호르몬으로 부신피질에서 당질 코르티코이드를 분비하여 혈당을 증가시킨다.
⑤ 부교감신경은 췌장의 랑게한스섬 베타세포를 자극하게 되어 인슐린이 분비되어 혈당을 감소시킨다.

09 ①

개의 영구치아 치식은 상악치 3142, 하악치 3143이다.

10 ④

장딴지근에 대한 설명이다.

11 ⑤

황달은 눈의 흰자위나 피부, 점막에 빌리루빈이 과다하게 쌓여 노랗게 변하는 현상으로 간질환, 용혈성 빈혈, 패혈증 등이 주원인이다.

12 ①

디스템퍼(개 홍역)는 신경친화성 바이러스로, 뇌 침투 시 신경이상 증상이 발생한다.

13 ③

고양이 5종 종합백신은 전염성 비기관지염(FVR, Feline Viral Rhinotracheitis), 범백혈구 감소증(FPL, Feline Panleukopenia), 칼리시 바이러스(FCV, Feline Calici Virus), 고양이 백혈병 바이러스(FeLV, Feline Leukemia Virus), 클라미디아(Chlamydia)를 예방할 수 있다.

14 ②

고양이 전염성 비기관지염(FVR, Feline Viral Rhinotracheitis)은 허피스 바이러스(Herpes virus)에 의해 발병하며 고열, 재채기, 결막염, 기침, 콧물 등 급성 상부호흡기 증상이 나타난다. 감염된 고양이의 분비물로 질병이 전파되며 특히 어린 고양이에게 치명적이다.

15 ③

범백혈구 감소증(FPL, Feline Panleukopenia)은 고양이 파보장염, 홍역이라 불리며 소장염증을 일으키며 전염성이 높고 백혈구가 급속도로 감소되는 바이러스성 장염으로 감염된 고양이의 분비물로 질병이 전파되는, 특히 어린 고양이에게 치명적인 질병이다.

16 ④

고양이 3종 종합백신은 전염성 비기관지염(FVR, Feline Viral Rhinotracheitis), 범백혈구 감소증(FPL, Feline Panleukopenia), 칼리시 바이러스(FCV, Feline Calici Virus)를 예방할 수 있다.

17 ⑤

췌장은 소화효소와 혈당을 조절하는 인슐린을 분비하는 장기이다. 췌장에 염증이 생겨서 소화효소들이 복강 내에 새어나와 간, 담낭, 장 등 인접한 복강장기를 손상시켜 염증이 심화되며, 괴사뿐만 아니라 전신적인 합병증을 유발하는 질환을 췌장염이라 한다.

18 ①

슬개골이 활차구의 이상 혹은 외상에 의해 넙다리뼈의 활차구에서 이탈하게 되는 것을 슬개골 탈구(patellar luxation)라고 한다. 슬개골이 안쪽으로 빠지는 경우를 내측 탈구, 바깥쪽으로 빠지는 경우를 외측 탈구라고 부른다.

19 ④

슬개골 탈구(patellar luxation)는 소형견에서 주로 발생하며, 성장 중에 시작되어 일생 동안 점진적으로 진행된다.

20 ⑤

슬개골 탈구 단계는 총 4단계이며, <보기>의 설명은 4단계에 대한 설명이다.

21 ④

임상간호학을 제외하고는 모두 동물공중보건학의 중요한 영역이다. 이외에 사료위생, 도축위생, 사양위생, 방역, 해외전염병관리 등도 중요한 영역에 속한다. 공중보건은 개인의 치료보다는 집단의 예방을 중시하는데 임상간호학은 개인의 치료에 초점을 맞추기 때문에 성격상 가장 거리가 멀다.

22 ③

질소는 대기의 78%를 차지하고 있는 가장 높은 비율의 공기성분이다. 잠수병은 다이빙 시 급작스런 상승으로 인해 체내에 질소 기포가 생성되는 것으로서, 이러한 기포들이 미세한 모세혈관을 막아 혈류를 방해하는 현상이다.

23 ⑤

이따이이따이 병의 원인은 중금속인 카드뮴이다. 함께 언급되는 공해병으로는 미나마타 병이 있으며, 미나마타 병의 경우 수은이 질병의 원인이다.

24 ④

여름철 김밥, 초밥, 즉석조리식품 등에서 제조과정 중 오염되어 식중독을 일으키는 식중독균 중에서 가장 흔한 세균은 황색포도상구균이다. 이 균은 사람의 손에 많이 존재하기 때문에 사람의 손을 거치는 김밥, 초밥, 즉석식품 등에 오염되는 경우가 많다. 황색포도상구균으로 인한 식중독은 독소형 식중독이기 때문에 잠복기가 짧아서 섭취 후 3~4시간이 경과하면 증상을 보이기 시작하고, 주된 증상은 구토이다.

25 ⑤

역학은 질병 발생의 분포 및 결정인자에 관련된 연구로서 개인보다는 집단에, 치료보다는 진단과 예방에 더욱 초점을 맞춘다. 개인의 임상치료에 관련된 연구 또한 역학의 범위일 수는 있으나, 제시된 보기 중에서는 가장 거리가 멀다.

26 ②

유병률(prevalence rate)은 어느 시점 또는 일정기간 동안의 대상집단에 존재하는 환축의 비율이다. 이환율(morbidity rate)은 유병률과 거의 동일한 개념으로서, 현재는 유병률이라는 용어를 더 흔하게 사용한다. 사망률은 일정기간 내 발생한 사망건수, 즉 그 동물집단 내에 있는 동물들이 어떠한 질병에 이환되어 사망할 확률이다. 발병률(attack rate)은 폭발기간 중에 이환되는 특정한 동물의 비율에 사용하는 개념이다.

27 ③

진드기가 매개하는 인수공통전염병은 라임병, 쯔쯔가무시, louping ill 등이 있고, 모기가 매개하는 인수공통전염병은 서나일뇌염, 일본뇌염, 뎅기열, 황열, Eastern equine encephalomyelitis, Western equine encephalomyelitis, Venezuelian equine encephalomyelitis, Rift valley fever 등이 있다. 페스트는 쥐에 있는 벼룩이 매개체이다.

28 ④

유구조충증(갈고리촌충, Taenia solium)은 돼지에서 문제가 되며 원인체는 기생충이다. 보기의 다른 질병들은 모두 바이러스가 원인이다.

29 ⑤

광견병(Rabies)은 휴전선 인근 지역에서 너구리를 통해 개에게 주로 전염되며 치사율 100%의 인수공통전염병이다.

30 ②

노로바이러스는 세포배양이 어렵기 때문에 검출 및 백신 제조 등이 제한적이고 연구가 어려운 점이 있다. 노로바이러스는 식품을 통해서 많이 감염되나, 사람간의 토사물 등을 통한 감염도 가능하다. 겨울철에 가장 흔한 식중독이며 원인은 굴 등의 해산물 혹은 집단급식 등이다.

31 ③

<보기>는 수렵견에 해당하는 그레이하운드에 대한 설명이다.

32 ④

④ 외부자극에 반응하고 다양한 환경에 익숙하게 만들어주기 좋은 사회화기(감각기 시기)는 생후 20일~12주로, 애착 형성이 가능한 시기이다.
⑤ 신생아기에는 시각·청각의 기능은 갖추어져 있지 않지만 촉각·후각·미각이 갖추어져 있다.

33 ①

종합백신 DHPPL에는 홍역, 개전염성간염, 파보바이러스장염, 개독감, 렙토스피라 총 5개의 예방접종 병원체가 포함되며 그 중 렙토스피라는 인수공통감염병에 해당된다.

34 ①

<보기>는 안검내번증에 대한 설명이다.
② 체리아이(순막노출증)라고 부르며 매끄럽고 둥근 붉은색의 부위가 노출된 상태로 주로 눈이 돌출되어 있는 견종인 잉글리쉬 불독, 불테리어, 복서, 스파니엘, 페키니즈 및 비글 등에서 많이 발생한다.
③ 안압이 상승하여 나타난 질병이다.

35 ⑤

아파서 움직임이 없을 수 있기 때문에 다른 건강상태도 파악하도록 한다.

36 ③

고양이에게 타우린이 결핍되면 시력장애와 심근비대증과 같은 심장질환을 일으킬 수 있다.

37 ②

유전적 원인이나 음식, 환경 등에 대한 과민반응을 보이는 아토피는 전염성을 지닌 피부병이 아니다.

38 ③

사람과 동물과의 관계가 사람에게 일방적 관계에서 쌍방적 관계로 변화하기 시작한 개념으로 1983년 애완동물의 가치성을 재인식하여 사람과 더불어 사는 의미의 반려동물이라는 단어로 바꾸어 사용하도록 제안되었다.

39 ④

④ Dwarf는 집토끼 중 가장 작은 종류로 머리가 둥글고 귀가 짧고 작은 것이 특징이다.
① 사진의 토끼는 Lop ear로 길게 늘어진 귀가 특징이다.
② 사진의 토끼 Flemish giant는 집토끼 중 초대형에 속하며, Polish는 Dwarf와 같이 집토끼 중 가장 작은 종에 속한다.
③ 사진의 토끼는 Lionhead로 사자와 같이 갈기가 덥수룩한 머리털을 가지고 있다.
⑤ 사진의 토끼는 Dutch로 코와 신체의 앞부분은 하얗고 눈과 귀 주변, 몸 뒤쪽은 검정 또는 갈색인 것이 특징이다.

40 ①

고양이 3종 종합백신은 고양이 범백혈구 감소증(FPV), 고양이 바이러스성 비기관염(FVR), 고양이 칼리시 바이러스(FCV)의 3개 병원체에 대한 예방이다.

41 ①

동물체 내부에서 물은 차지하는 비중도 가장 높을 뿐만 아니라 생리적 기능이 매우 다양하다. 그중 하나가 물의 비열이 커서 대사열을 효과적으로 흡수하는 점이다. 따라서 산화작용을 통해서 생성되는 많은 열을 적절히 관리할 수 있다.

42 ④

동물체 내 영양소로서의 무기질(미네랄)은 하나하나가 독립적으로 기능하기도 하지만, 두 개 이상의 무기질(미네랄)들이 서로 협동적 또는 길항적으로 기능을 발휘하기도 한다. 아연(Zn)과 셀레늄(Se)은 서로 연관되는 기능이 없다. 아연은 정상적인 성장에 관여하는 무기질(미네랄)이다. 셀레늄은 비타민 E와 특별한 관계를 가지며, 이 비타민의 결핍을 예방하는 역할을 하기도 한다.

43 ⑤

비타민 D는 소장에서의 칼슘의 흡수 및 골 조직의 칼슘 축적을 돕는 비타민으로, 결핍될 경우 구루병이 발생한다.

44 ④

옥살산염은 개와 고양이의 요로결석증과 관련한 식이권장량에 이용된다.

45 ⑤

ATP(Adenosine Tri phosphate)는 인산화합물의 대표적 물질로 모든 생물의 세포 내 존재하여 에너지대사에 매우 중요한 역할을 한다. 미토콘드리아는 영양소와 산소를 사용하여 ATP를 생성한다.

46 ②

다량무기질과 미량무기질
• 다량무기질: 칼슘(Ca), 나트륨(Na), 마그네슘(Mg), 인(P), 칼륨(K), 염소(Cl), 황(S)
• 미량무기질: 망간(Mn), 철(Fe), 구리(Cu), 셀레늄(Se), 불소(F), 몰리브덴(Mo), 비소(As) 등

47 ①

베타세포는 이자(췌장)의 랑게르한스섬에 있다.

48 ③

어금니는 음식물 분쇄에 쓰인다.

49 ④

비타민 D 부족 시 구루병, 골연화증이 발생한다.
①번은 비타민 A, ②번은 비타민 B₁, ④번은 비타민 B₂, ⑤번은 콜린의 부족으로 인한 증상이다.

50 ⑤

신장은 체내 노폐물을 제거하며 혈압을 조절하는 호르몬을 분비하고, 혈구 생성을 조절하며, 미네랄 재흡수 및 배설을 조절하는 역할을 한다.

51 ⑤

① 개나 고양이가 선호하지 않는 냄새·맛이 느껴지는 분무제, 크림을 말한다.
② 개의 불안을 경감시키는 페로몬향 물질방산제이다.
③ 개의 입부분을 덮어 문제행동을 차단하는 도구를 말한다.
④ 개가 짖을 때 개가 선호하지 않는 냄새를 분사시켜 문제행동을 줄이는 도구를 말한다.

52 ①

② 테리어, 시베리안 허스키, 아프간하운드 등
③ 스프링거 스파니엘, 코카 스파니엘, 세인트버나드 등
④ 도베르만, 아키타, 로트와일러 등
⑤ 테리어, 차우차우, 저먼셰퍼드 등

53 ③

그루밍 행동을 통해 먼지, 기생충을 제거하고 방수기능을 더함으로써 피부 및 피모의 건강을 유지한다. 부모·자식·동료 간의 연대를 높이는 효과도 있다.

54 ②

① 몸 좌우의 털색이 완전한 대비를 이루는 특징이 있다.
③ 기온에 따라 귀, 코, 꼬리, 다리 등 몸의 끝부분의 색깔이 변하는 특징을 갖는다.
④ 얼굴 주변의 털이 마치 숫사자의 갈기 털을 닮아 있다.
⑤ 하얀 단모와 빨간 눈을 가진 토끼이다.

55 ⑤

① 옥시켓은 은색, 갈색 바탕에 반점 모양의 짧은 털을 가진 집고양이이다.
② 페르시안 고양이는 긴 털이 몸 전체를 덮고 있으며, 둥글고 큰 머리에 납작한 코가 특징이다.

③ 터키쉬 앙고라는 터키가 원산지이며 고양이 중에서 가장 영리한 품종이다.
④ 러시안 블루의 피모는 이중으로 구성되어 있고 고급 융단과 유사한 촉감이며 라이트 블루색이다.

56 ②

생후 20일~12주 사이에 겪는 사회적 경험이 오랜 기간 지속되므로 사회화 훈련 시 주의가 필요하다.

57 ①

젖 분비를 자극하는 프로락틴의 지나친 분비로 인해 나타난다.

58 ④

② 훈련자가 원하는 행동을 했을 때 개가 싫어하는 간식, 행동 등을 제거하여 행동의 비율을 높인다.
③ 훈련자가 원하는 행동을 했을 때 개가 좋아하는 간식이나 장난감을 제공하여 행동의 비율을 높인다.
⑤ 훈련자가 원하지 않는 행동을 했을 때 개가 싫어하는 것을 제공하여 행동의 비율을 낮춘다.

59 ⑤

건강한 반려견이라면 가시점막 부위가 분홍색을 띤다.

60 ③

보르조이 하운드는 장두종에 해당한다.

61 ②

위험성에 대한 어떠한 의심이라도 있다면 다른 스태프에게 도움을 요청하여 절대 위험에 빠지지 않도록 한다.

62 ①

쇼크 상태는 탈수와는 다른 상태이다. 탈수는 쇼크와 달리 매우 중증의 탈수가 아니라면 생명을 위협하는 경우가 드물다. 쇼크는 혈관계의 체액손실을 뜻하며, 탈수는 간질 및 세포 내 공간에서 체액손실을 의미한다.

63 ⑤

향정신성 의약품은 잠금장치가 설치된 장소에 보관해야 한다. 위급하게 필요한 경우가 있을 가능성이 높으므로 보관 위치를 항상 잘 숙지하여야 한다.

64 ①

마취기가 필요한 경우가 많으므로 마취기계는 가기 쉬운 곳 혹은 이동하기 쉬운 곳에 배치해야 한다. Crash cart에 마취기가 들어가기에는 부피가 부족하고 이동성이 떨어져 권장되지는 않는다.

65 ②

후두경을 이용하여 기관 진입부 확인 후 기관튜브를 기관으로 삽입해야 한다.

66 ⑤

응고인자가 부족하여 응고부전이 있는 경우에는 수혈이 필수적이다.

67 ①

수혈 경로로는 정맥, 골수강, 복강 투여가 있다.

68 ③

노르에피네프린은 도파민, L-도파(L-dopa)와 함께 카테콜아민 계열의 신경전달물질이다. 응급약물이며 혈압 하강 시 혈관 수축의 용도로 사용된다.

69 ①

안약 점안은 심폐소생술 중의 약물 투여 경로로 사용되지 않는다.

70 ③

리도카인은 국소마취제이자 항부정맥제이다.

71 ⑤

항히스타민제는 염증 매개물질인 히스타민에 의한 알레르기 증상을 완화시키는 약물로, 알레르기 등의 치료에 널리 사용해왔다. 아나필락시스(anaphylaxis) 등 백신에서의 알레르기 반응은 일반적으로 항히스타민과 더불어 스테로이드 제제를 함께 사용한다.

72 ②

뇌에 혈류가 3분 이상 흐르지 않게 되는 경우 뇌조직의 괴사가 시작된다.

73 ③

복부를 강하게 압박하여 기도 내 이물을 제거하는 방법을 하임리히법이라고 한다.

74 ③

선풍기는 체온을 떨어트릴 때 사용할 수 있지만 산소 공급을 위해 사용하지는 않는다.

75 ④

승모판 폐쇄 부전 시 주요 증상으로는 기침, 호흡곤란, 피로감 등이 나타날 수 있지만, 황달은 간담도계의 이상이 있을 때 발생한다.

76 ②

고객불만 감소를 위해서는 자율적인 내부 직원의 동기 부여, 권한 위임 등의 인적자원관리에 대한 강화가 필요하다.

77 ⑤

4P 마케팅 전략
• Product(제품): 제품의 품질, 선호, 브랜드(네이밍, 포장 등) 등 부가적 가치, 본질적 가치, 소비자의 니즈
• Price(가격): 가성비, 비교우위, 프리미엄, 박리다매
• Promotion[촉진(유인)정책]: SNS를 통한 라이브 광고, PPL, 방문판매, 1+1, 유머광고, 컨텐츠 광고, 뉴스 광고

- Place(유통정책): 온라인, 오프라인, 온오프 병행, 채널별 제품 구분, 구분한 유통망을 통해 가능한 수익 여부

78 ①

「수의사법」 및 「수의사법 시행규칙」 제13조에 의거하여 수의사는 진료부나 검안부를 갖추어 두고 진료내용을 기록하고 서명하여야 하며, 「전자서명법」에 따른 전자서명이 기재된 전자문서로 의무적으로 작성하여 1년 이상 보존해야 한다.

79 ①

일반 폐기물이 의료 폐기물과 혼합되면 의료 폐기물로 간주된다.

80 ②

폐기물이 넘치지 않도록 용량의 80% 이내로 넣고, 보관기간을 초과하여 보관을 금지한다. 조직류 폐기물은 4℃ 이하에서 냉장 보관한다.

81 ⑤

납(Pb)은 방사선 차폐가 가능하여 보호복 및 방사선 차폐시설의 설치 시 사용된다.

82 ③

적외선(IR, infrared light)은 보이지 않지만 열을 효과적으로 전달하는 전자기파이다. 열선이라고도 부르며 적외선 온도계를 통해 체온측정이 가능하다.

83 ①

- BID: 하루 2번(twice daily)을 의미한다.
- BW: body weigh의 약자로 체중을 의미한다.
- BAR: bright, alert and responsive의 약자로 밝고 활발하며 즉시 반응을 의미한다.
- BUN: blood urea nitrogen의 약자로 혈액, 요소, 질소를 의미한다.
- BM: bowel movement의 약자로 배변을 의미한다.

84 ④

- HCT: hematocrit의 약자로 적혈구용적을 의미한다.
- HBC: hit by car의 약자로 교통사고를 의미한다.
- H: heartworm의 약자로 심장사상충을 의미한다.
- HWP: Heart worm preventative의 약자로 심장사상충 예방약을 의미한다.
- DOA: dead on arrival의 약자로 도착 시 사망을 의미한다.

85 ②

2021년 2월 12일부터 동물을 유기하거나 학대할 경우 3년 이하의 징역 또는 3천만 원 이하의 벌금으로 처벌이 강화되었다.

86 ④

삽입 시 등 쪽 어깨 사이의 피부 아래 부위에 삽입하며 시술은 수의사가 진행한다.

87 ③

동물등록은 ㄷ → ㄴ → ㄱ → ㄹ의 순서대로 진행한다.

88 ⑤

내장형 무선식별장치 시술의 부작용 비율은 1% 미만이며 미국, 유럽의 경우 내장형 무선식별장치의 시술이 대세이다.

89 ③

고양이는 지역에 따라 차이가 있으나, 반려의 목적으로 기르는 경우 2019년 2월부터 동물등록 신청이 가능하게 되었으며 현재 반려견처럼 의무화 된 것은 아니다.

90 ①

2021년 2월 이후 2개월령 이상 강아지는 동물 등록이 의무이다.

91 ④

동물병원에서는 피하주사와 근육주사가 주로 사용된다. 이 중 근육주사는 IM(intramuscular)이라고 표기되며, 근육에 직접 주사되기 때문에 다른 주사에 비해 더 통증이 높다.

92 ⑤

향정신성 의약품은 높은 곳이나 손이 닿지 않는 곳이 아닌 잠금장치가 설치된 장소에 보관하여, 저장시설 등에 대한 이상 유무를 정기적으로 점검해야 한다.

93 ③

항히스타민제는 염증 매개물질인 히스타민에 의한 알레르기 증상을 완화시키는 약물로, 알레르기 등의 치료에 널리 사용해왔다. 아나필락시스(anaphylaxis) 등 백신에서의 알레르기 반응은 일반적으로 항히스타민과 더불어 스테로이드 제제를 함께 사용한다.

94 ①

• 캡슐제: 젤라틴 등의 캡슐에 약물과 첨가제를 넣은 형태
• 액상제: 액상의 형태로 투여하는 모든 약물
• 산제: 의약품을 분말상 혹은 미립상으로 만든 것
• 정제: 의약품에 첨가제를 가하여 일정한 형성으로 압축 제조한 것

95 ④

국소제제는 바르거나 뿌리는 형태로 사용되며, 주로 피부나 특정부위에 직접 적용되어 효과를 나타낸다. 시럽은 국소제제가 아닌 경구투여를 위한 액제에 포함된다. 설탕물이나 다른 수용성 액체의 농축용액에 약물과 향을 함유하고 있는 형태이다.

96 ②

경구투여 제제를 투약하거나 관련하여 보호자 교육을 시키는 것은 동물보건사의 직무 범위에 포함된다. 그러나 진단, 수술, 처방을 비롯하여 백신주사 등의 침습적인 행위는 수의사의 직무이다.

97 ③

해당 약물은 녹내장을 치료하기 위한 약물로 동물병원에서 높은 빈도로 사용되며, 안방수의 흐름이나 생성을 감소하고 안압을 감소하는 역할을 한다.

98 ⑤

진해거담제는 호흡기도의 분비물인 가래를 제거하고 기침을 진정시켜주므로 기침약으로 흔히 사용된다. 이것을 나누어 진해제와 거담제로 봤을 때, 마른기침 등에 직접적인 효과가 있는 것은 진해제이다. 거담제 역시 객담을 제거하여 기침을 해소하는 데 사용되지만 주로 젖은기침에서 사용된다.

99 ①

만니톨은 글리세롤 등과 함께 대표적인 삼투성 이뇨제이다. 토르세마이드와 푸로세마이드는 루프이뇨제, 스피로노락톤은 칼륨보존 이뇨제, 하이드로 티아지드(hydrochlorothiazide)는 티아지드계 이뇨제이다.

100 ④

말로피탄트(Maropitant)는 제토제로서, 동물병원에서는 세레니아(Cerenia®)라는 상품명으로 알려져 있다.

101 ⑤

프레드니솔론은 스테로이드 계열의 항염증제로 분류된다.

102 ③

말로피탄트는 구토를 억제하는 제토제이다. 다른 약물은 기전은 조금씩 달라도 모두 위산의 분비를 억제하는 역할을 한다.

103 ⑤

피부 아래쪽의 피하조직에 놓는 주사는 피하주사이다. 경구투여보다 빠른 효과를 보이는 것이 장점이고, 신체에 고루 발달된 조직이기 때문에 효과가 좋다. 또한 근육주사에 비해 신경이나 혈관의 손상 우려가 적고 통증이 적다.

104 ①

Pro re nata의 약자로서 필요 시(PRN, as needed)를 의미한다. 가령 진정제를 처방하면서 처방간격이 PRN으로 되어 있으면 일정시간마다 먹일 필요는 없고, 다만 약물이 필요한 것으로 판단될 때마다(개가 흥분하거나 하는 등) 약을 먹이라는 의미이다.

105 ②

체중이 20kg인 리트리버가 필요한 1회 복용당 약물의 양은 200mg이다(10mg/kg×20kg). b.i.d로 투여하면 하루 두 번 투여하므로 하루에 복용하는 양은 400mg이 된다.

106 ②

MRI는 Magnetic Resonance Imaging의 약어로, 자력에 의하여 발생하는 자기장을 이용하여 생체의 임의의 단층상을 얻을 수 있는 장치이다.

107 ②

마취제 등은 심장과 호흡 등 vital에 영향을 줄 수 있으며 검사결과에도 영향을 미치게 된다. 특히 심장이 좋지 않은 동물의 경우 마취 시 위험한 상황이 초래될 수 있다. 따라서 심장초음파 검사 시에는 진정제와 마취제는 제한하는 것이 좋으며, 오히려 크게 저항하거나 호흡을 헐떡이는 경우 안정될 때까지 검사를 미루는 것이 좋다.

108 ③

심장초음파 검사에 가장 유용하게 사용하는 탐촉자는 sector형 (소접촉면)이다. 복부의 다른 장기는 linear(선형) 및 convex (볼록면) 탐촉자로 확인 가능하다. 뼈의 경우 초음파보다는 X선이 더 효과적이다.

109 ⑤

복부촬영의 범위는 횡격막에서 엉덩이 관절(hip joint)까지이며, RL 및 VD 모두 동일하다. 복부촬영 시 이 범위가 모두 나오지 않으면 재촬영이 요구된다. 엉덩이 관절을 포함하기 위한 랜드마크(landmark)로 대퇴 큰돌기(혹은 대퇴전자, greater trochanter)가 사용된다.

110 ②

피폭량을 나타내는 단위는 시버트(Sv) 혹은 렘(rem) 등을 사용한다. 참고로 일반인의 인공 방사선에 의한 연간 피폭허용량은 1mSc이다.

111 ⑤

디지털 방사선을 사용할 경우 필름을 통한 현상과정이 불필요하며, 반복적인 촬영과 빠른 이미지화가 가능하기 때문에 시간과 노동력이 크게 절감되는 효과가 있다.

112 ①

380~780nm 가량의 파장을 가진 광선을 가시광선이라고 하며 이는 인간의 눈으로 볼 수 있는 광선이다. 이를 넘어서게 되면 적외선(Infrared, IR)으로 분류하며 사람의 눈으로 인식하지 못하는 영역이다.

113 ②

현재 많은 동물병원을 포함한 의료 기관들에서는 디지털 이미징 기술이 널리 보급되면서, 수동현상 방식보다는 디지털 X-ray 시스템을 주로 사용하고 있다. 디지털 X-ray는 이미지의 품질과 처리 속도가 더 우수하며, 화학물질을 사용하지 않아 환경적으로도 바람직하기 때문에 수동현상 방식은 점차 감소하는 추세이다.

114 ②

X선은 물질의 밀도가 높아지면 대상을 잘 투과하지 못한다. 따라서 밀도가 높은 뼈, 쇠 등은 투과하지 못하고 사진상에서 하얀색으로 나오게 된다. <보기>의 다른 설명은 모두 맞는 이야기이다.

115 ①

X-ray는 고전압을 사용하여 필라멘트에서 방출된 전자를 금속 타겟에 충돌시켜 광선을 발생시키는데 이 과정은 튜브에서 일어난다. 광선을 발생시키기 때문에 x-ray 장비의 가장 핵심이라고 볼 수 있다.

116 ④

문제는 그리드에 대한 설명이다. 방사선이 몸을 통과할 때 광선의 산란이 일어나는데, 이것을 최소화하여 필름이나 디텍터에 좋은 영상을 전달해주는 역할을 한다.

117 ⑤

납(Pb)은 방사선 차폐가 가능하여 보호복 및 방사선 차폐시설의 설치 시 사용된다.

118 ①

뼈를 보는 데는 방사선 촬영이 더 유용하다. 내부 장비 및 연부조직을 볼 때, 특히 특정 장기를 관찰할 때 초음파가 더 낫다고 할 수 있다.

119 ③

C–arm에 대한 설명과 사진이다. C–arm은 몸의 뼈와 관절 부위를 실시간으로 연속으로 투시할 수 있는 특수 영상장치의 일종이다.

120 ④

병원에 따라 다를 수 있지만, 위장관 조영이 다른 조영에 비해 흔하게 사용된다. 위장관 이물 등으로 동물이 내원하는 경우가 많기 때문이다.

121 ④

R은 respiration으로 1분당 호흡수를 뜻한다. 위 설명은 CRT(capillary refilling time)에 대한 설명이다.

122 ③

일반적으로 신체검사상 탈수평가는 모세혈관 재충만 시간(CRT)을 포함하여 안구 함몰 정도, 피부 탄력의 회복 시간, 구강 점막의 건조 정도 등으로 탈수 정도(%)를 추정한다.

123 ③

적혈구 농축액은 응급 상황에서 혈액의 산소 운반 능력을 높이기 위해 사용되며, 빈혈 등을 교정할 때 사용된다.

124 ④

해당 내용은 개에 해당하는 내용이다. 고양이는 자연발생 동종이 계항체를 가지므로 첫 수혈 시에도 교차적합시험을 반드시 실시하여야 한다.

125 ④

혈장의 삼투압보다 낮으면 저장액, 동일하면 등장액, 높으면 고장액이라고 부른다. 경구 수액법은 장폐색이 있거나 구토가 있는 환자에게는 사용할 수 없다.

126 ⑤

BCS는 1에서 9까지, 혹은 1에서 5까지로 나뉜다. 숫자가 클수록 비만함을 의미한다.

127 ①

쿠파주는 두 손을 컵 모양으로 모아 쥐고, 양쪽 가슴을 뒤에서 앞쪽으로 두드린다. 보통 5분 정도 반복하여 기침을 유발하고 흉부순환을 촉진하여 기관지 분비물의 배출을 도와준다.

128 ④

인공 능동 면역은 후천 면역의 일종으로, 불활성화 형태의 항원을 접종하여 항체 생산을 유도하여 면역을 생성하는 방법으로 예방 접종의 원리이다.

129 ③

광견병은 인수공통전염병이며, 교상 시 구강 내 침을 통하여 전파된다. 개에 의해 교상이 발생한 경우, 해당 개에게 광견병 증상이 관찰되지 않는지 모니터링해야 한다.

130 ④

감염을 최소한으로 하기 위하여 청소 및 처치는 다른 입원환자와 청결한 영역을 먼저 진행하고, 완료 후 감염병 환자의 병동을 다루어야 한다.

131 ⑤

심부전증의 간호 중재: 산소 공급을 하며 ECG와 산소포화도, 혈압 등을 통해 환자를 모니터링한다. 영양 공급 시 낮은 염분의 음식을 제공하도록 한다.

132 ①

일반적으로 오른쪽, 왼쪽 앞다리와 뒷다리에 장착한다.

133 ①

총 drops 수는 300ml×20drops/ml=6000drops이다. 이를 10시간 동안 투여하고자 한다면, 6000drops/600min (10hrs×60min)=10drops/분이다.

134 ②

설사환자의 분변은 감염원이 포함되어 있을 수 있으므로 검사를 위한 샘플을 제외하고는 의료폐기물로 처리한다.

135 ④

• 문진: 보호자와의 질의응답으로 확인
• 타진: 몸의 각 부분을 손가락으로 두드리며 확인
• 시진: 눈으로 관찰
• 촉진: 몸의 각 부분을 만져보며 확인
• 청진: 청진기로 확인

136 ⑤

개는 지능이 높은 동물로 언어적 보정이 보정 도구가 될 수 있다.

137 ④

벼룩 감염은 일반적으로 피부에 나타나는 가려움증과 발진을 유발한다.

138 ⑤

적절한 채혈 부위를 선택하고, 소독 후 바늘을 삽입하여 혈액을 채취한다.

139 ②

당뇨병이 있는 개에게는 고단백, 저탄수화물 식이가 적합하다.

140 ⑤

퇴원 후 기존 식이 유지, 혹은 상황에 맞는 처방식을 권고한다.

141 ③

흰색, 검은색, 빨간색의 촉자는 오른쪽 앞다리, 왼쪽 앞다리, 왼쪽 뒷다리에 각각 연결되고, 만약 녹색 촉자가 함께 있다면 오른쪽 뒷다리에 연결하면 된다. 이 방법은 미국에서 사용되는 AAMI(Association for the Advancement of Medical Instrumentation) 타입이다. 만약 동물병원에서 유럽용인 IEC(International Electro-technical Commission) 타입을 사용하고 있다면 부위가 다르게 연결된다. IEC 타입에는 노란색이 함께 구성되어 있어 구분이 가능하다.

142 ②

<보기>는 산소포화도에 대한 설명이다. 산소포화도는 적어도 95% 이상을 유지하는 것이 좋으며, 일반적으로 97~99% 수준으로 유지된다.

143 ⑤

더 안전하고 합병증이 적은 것은 양극성 장치이다.

144 ②

②번은 EO가스 멸균에 대한 설명이다. 플라즈마 멸균법은 과산화수소가 분해되어 배출되기 때문에 친환경적이면서, 열이나 유독가스의 배출이 없어 안전한 멸균방법으로 알려져 있다.

145 ⑤

환침은 바늘이 둥글고, 침이 조직을 통과 후 각진 부위가 생기지 않기 때문에 취약한 조직에서도 안전한 사용이 가능하여 복막, 소화관, 심장 등 내장기관에서 사용이 가능하다. 각침의 경우 바늘이 각져 있는 형태로서 각이 있어 날카로워 조직을 더 쉽게 관통할 수 있으며, 조밀하고 두꺼운 조직(근막, 힘줄, 피부 등)의 봉합에서 주로 사용된다.

146 ③

<보기> 중 나일론은 동물병원에서 가장 흔하게 사용하는 비흡수성 봉합사(non-absorbable suture)로서 피부 봉합 등을 할 때 사용한다. 나머지는 모두 흡수성 봉합사이다.

147 ⑤

블레이드는 수술의 종류와 목적에 따라 다양하게 사용되고 있으며, 일반적으로 동물병원에서 가장 빈번하게 사용되는 것은 10호와 15호이다.

148 ⑤

출혈 부위를 잡아 지혈하는 용도로 사용하는 겸자를 지혈겸자(Hemostat forceps)라고 부르며 모스키토 겸자, 켈리 겸자 등이 포함된다. 유구겸자는 단순히 이빨이 있는 겸자, 무구겸자는 이빨이 없는 겸자로서, 둘 다 물체나 작은 조직을 들어 올릴 때 사용한다. 앨리스 겸자와 밥쿡 겸자는 혈관을 잡기 위한 용도보다는 조직을 잡기 위한 조직겸자(Tissue clamp)에 속한다.

149 ③

문제는 메첸바움 가위에 대한 설명이다. 수술 시 메첸바움 가위와 마요 가위를 흔하게 사용하는데, 마요 가위의 경우 좀 더 큰 조직을 절개할 때 적합하다.

150 ③

문제에서 설명하는 도구는 periosteal elevator(골막박리기)이다. 골 표면 내 부착되어 있는 골막을 분리시키는 기구이며, 작은 숟가락 형태이다.

151 ④

보통 비수술팀은 오염으로 간주, 수술팀은 멸균으로 간주하고 동선 등을 제한하여 서로 접촉을 하지 않는다. 접촉할 때에는 멸균된 인원이 오염되는 것을 방지해야 한다.

152 ①

금식과 금수의 안내가 제대로 되지 않으면 당일 수술을 진행할 수 없다. 수술 중 음식물이 역류하면 응급상황이 발생하거나 오연성 폐렴이 발생할 수 있다.

153 ②

마취에 사용되는 약은 즉각적인 효과를 발휘할 수 있도록 대부분 주사제로 투여된다. 따라서 동물보건사보다는 수의사가 약물의 사용 여부를 판단하고 직접 투여하는 경우가 많다.

154 ②

손을 항상 위쪽에 두고 손의 위쪽부터 물이 아랫방향으로 흘러내리도록 스크럽을 해야 손쪽으로의 오염을 방지하며 손을 깨끗이 씻을 수 있다. 또한 스크럽을 한 이후에도 손 끝을 항상 위쪽에 두고 있어야 한다.

155 ⑤

이소플루란과 세보플루란은 대표적인 호흡마취제이다. 보기 ③번의 할로탄도 호흡마취제이나, 최근에는 많이 사용하지 않는다. 보기의 나머지 마취제는 모두 주사마취제이다.

156 ②

②번 보기의 설명은 폐쇄적 장갑 착용에 대한 방법으로, 멸균된 수술복 외로 손이 노출되지 않게 하여 장갑을 착용하는 방법이다.

157 ③

전마취 단계에서는 전마취 약물을 투여함으로써 환자를 다루기 쉽게 하고 이후의 과정을 원활하게 한다. 사용되는 약물에는 진통제, 진정제, 근육이완제 등이 있다. 이 단계에서 약물을 효과적으로 쓰면 본마취 때 사용하는 약물이 줄어들고, 전반적인 마취의 과정이 원활해진다.

158 ①

구토, 경련 등은 이상 증상이기 때문에 기록지에 기록할 뿐만 아니라 즉시 수의사에게 보고하는 것이 좋다. 이 경우 수의사는 제토제나 항경련제 등을 처방할 수 있다. 특히 경련은 응급상황일 수 있으므로 신속하게 알려주는 것이 좋다.

159 ③

염증이란 유해한 자극에 대한 생체반응 중 하나로 면역세포, 혈관, 염증 매개체들이 관여하는 보호반응이기 때문에 체내에서는 다양한 징후를 보이게 된다. 열감, 통증, 부종, 발적이 염증과 관련된 대표적인 징후이다.

160 ④

펜로즈 배액법은 수동 배액법의 일종으로서 간편하고 효율성이 좋아 가장 널리 사용되는 배액법이다. 라텍스 등의 길쭉한 고무관을 고정하여 삼출물을 외부로 배액한다.

161 ⑤

엄지에 부드럽게 힘을 주고, 약간 바깥쪽으로 회전하면 혈관의 위치가 더 쉽게 노출되며 노장된다. 압박대(tourniquet)의 역할을 하는 것이다.

162 ⑤

주사기 바늘은 게이지 단위 앞의 숫자가 작을수록 굵기가 두껍다.

163 ④

채혈 직후 튜브로 옮겨 혈액 샘플이 응고되지 않게 하여야 한다.

164 ⑤

Heparin tube, EDTA tube, Citrate tube는 각각 항응고제 처리가 되어 있고, 원심분리 후 상층 액을 혈장(plasma)이라고 부른다. Plain tube와 SST tube의 경우 항응고제 처리가 되어 있지 않으며, 원심분리 후 상층 액을 혈청(serum)으로 부른다.

165 ①

FNA 검사법은 체표 종괴에 접근하기 쉬운 검사법이다. 내부 장기의 종괴의 경우 초음파 가이드를 이용하여 진행하며, 너무 깊은 위치의 경우 검사가 어려울 수 있다.

166 ③

분변 검체를 이용하여 파보, 코로나, 지알디아 감염 여부를 키트로 확인한다.

167 ④

사진은 고양이 회충(Toxocara cati)의 충란이다. 내부기생충 질환에는 회충, 구충, 원충 등이 포함된다.

168 ②

조동 나사를 이용해 초점을 맞춘 후 미동 나사를 이용하여 섬세하게 초점을 정확히 맞춘다.

169 ⑤

요침사란 소변을 원심분리하여 무거운 성분을 현미경으로 관찰하는 검사법이다. 백혈구, 적혈구, 원주, 세균 등을 확인할 수 있다.

170 ④

모든 현미경 검사는 낮은 배율에서 높은 배율로 관찰한다.

171 ①

<보기>는 귀 내에 상재하고 있는 효모균인 말라세치아에 대한 내용이다. 아토피성 피부염, 음식 알레르기 등으로 피부장벽의 균형이 깨지면 과증식하여 외이염을 유발하며, 항진균제로 치료할 수 있다.

172 ③

기생충란의 비중이 가벼운 원리를 이용하여 부유액에 띄워 검사한다. 기생충란의 비중은 1을 약간 넘으며, 황산아연액 1.18, 포화식염수액 1.19 등으로 섞은 후 방치하게 되면 상층에 떠오르게 된다.

173 ①

개 파보바이러스, 코로나바이러스 및 지알디아 키트검사는 분변을 이용한다. 개 회충, 구충 등의 충란 확인은 분변 부유검사를 통해 할 수 있다. 모낭충은 소파검사 및 조직검사 등으로 피부 조직을 이용한다.

174 ⑤

귀 도말검사에서는 세균(포도상구균, 간균), 세포(호중구, 대식세포), 효모균(말라세치아), 진드기 등이 관찰된다.

175 ③

발정기(Estrus)에는 표층세포가 90% 이상 보이게 된다.

176 ②

딥퀵(Diff‑quik) 염색법은 임상에서 가장 많이 쓰이며, 다양한 샘플에 적용한다. 투명색, 붉은색, 푸른색 순서로 염색한다.

177 ⑤

소화기 출혈 발생시, 상부 출혈의 경우 분변이 평소보다 검정색으로 나타날 수 있으며, 하부 출혈의 경우 붉게 나올 수 있다.

178 ②

전혈구검사(CBC)는 백혈구, 적혈구, 혈소판을 분석하는 혈구분석기기이다.

179 ⑤

공혈견의 혈액 샘플은 적혈구 수치, 주혈기생충 및 바이러스 검사 등이 실시되어야 하며, 혈액형을 확인하여 수혈견의 샘플에 적절한지 정보를 제공해야 한다.

180 ②

혈액가스검사는 혈중 산소분압(pO_2)과 이산화탄소분압(pCO_2)을 측정하여 호흡 및 대사 상태를 평가할 수 있다.

181 ①

「동물보호법」에 따르면 세퍼드는 맹견에 해당하지 않는다. ②~⑤번과 함께 아메리칸 스태퍼드셔 테리어와 그 잡종의 개가 맹견에 포함된다.

182 ③

제2조(맹견의 범위) 「동물보호법」(이하 "법"이라 한다) 제2조 제5호 가목에 따른 "농림축산식품부령으로 정하는 개"란 다음 각 호를 말한다.
1. 도사견과 그 잡종의 개
2. 핏불테리어(아메리칸 핏불테리어를 포함한다)와 그 잡종의 개
3. 아메리칸 스태퍼드셔 테리어와 그 잡종의 개
4. 스태퍼드셔 불 테리어와 그 잡종의 개
5. 로트와일러와 그 잡종의 개

183 ⑤

제97조(벌칙) ① 다음 각 호의 어느 하나에 해당하는 자는 3년 이하의 징역 또는 3천만원 이하의 벌금에 처한다.

184 ③

제39조(신고 등) ② 다음 각 호의 어느 하나에 해당하는 자가 그 직무상 제1항에 따른 동물을 발견한 때에는 지체 없이 관할 지방자치단체 또는 동물보호센터에 신고하여야 한다.
1. 제4조 제3항에 따른 민간단체의 임원 및 회원
2. 제35조 제1항에 따라 설치되거나 제36조 제1항에 따라 지정된 동물보호센터의 장 및 그 종사자
3. 제37조에 따른 보호시설운영자 및 보호시설의 종사자
4. 제51조 제1항에 따라 동물실험윤리위원회를 설치한 동물실험시행기관의 장 및 그 종사자
5. 제53조 제2항에 따른 동물실험윤리위원회의 위원
6. 제59조 제1항에 따라 동물복지축산농장 인증을 받은 자
7. 제69조 제1항에 따른 영업의 허가를 받은 자 또는 제73조 제1항에 따라 영업의 등록을 한 자 및 그 종사자
8. 제88조 제1항에 따른 동물보호관
9. 수의사, 동물병원의 장 및 그 종사자

185 ①

제46조(동물의 인도적인 처리 등) ① 제35조 제1항 및 제36조 제1항에 따른 동물보호센터의 장은 제34조 제1항에 따라 보호조치 중인 동물에게 질병 등 농림축산식품부령으로 정하는 사유가 있는 경우에는 농림축산식품부장관이 정하는 바에 따라 마취 등을 통하여 동물의 고통을 최소화하는 인도적인 방법으로 처리하여야 한다.
② 제1항에 따라 시행하는 동물의 인도적인 처리는 수의사가 하여야 한다. 이 경우 사용된 약제 관련 사용기록의 작성·보관 등에 관한 사항은 농림축산식품부령으로 정하는 바에 따른다.
③ 동물보호센터의 장은 제1항에 따라 동물의 사체가 발생한 경우 「폐기물관리법」에 따라 처리하거나 제69조 제1항 제4호에 따른 동물장묘업의 허가를 받은 자가 설치·운영하는 동물장묘시설 및 제71조 제1항에 따른 공설동물장묘시설에서 처리하여야 한다.

186 ②

제97조(벌칙) ② 다음 각 호의 어느 하나에 해당하는 자는 2년 이하의 징역 또는 2천만원 이하의 벌금에 처한다.
1. 제10조 제2항 또는 같은 조 제3항 제1호·제3호·제4호의 어느 하나를 위반한 자
2. 제10조 제4항 제1호를 위반하여 맹견을 유기한 소유자등
3. 제10조 제4항 제2호를 위반한 소유자등
4. 제16조 제1항 또는 같은 조 제2항 제1호를 위반하여 사람의 신체를 상해에 이르게 한 자
5. 제21조 제1항 각 호의 어느 하나를 위반하여 사람의 신체를 상해에 이르게 한 자
6. 제67조 제1항 제1호를 위반하여 거짓이나 그 밖의 부정한 방법으로 인증농장 인증을 받은 자
7. 제67조 제1항 제2호를 위반하여 인증을 받지 아니한 축산농장을 인증농장으로 표시한 자
8. 제67조 제1항 제3호를 위반하여 거짓이나 그 밖의 부정한 방법으로 인증심사·재심사 및 인증갱신을 하거나 받을 수 있도록 도와주는 행위를 한 자
9. 제69조 제1항 또는 같은 조 제4항을 위반하여 허가 또는 변경허가를 받지 아니하고 영업을 한 자
10. 거짓이나 그 밖의 부정한 방법으로 제69조 제1항에 따른 허가 또는 같은 조 제4항에 따른 변경허가를 받은 자
11. 제70조 제1항을 위반하여 맹견취급허가 또는 변경허가를 받지 아니하고 맹견을 취급하는 영업을 한 자

12. 거짓이나 그 밖의 부정한 방법으로 제70조 제1항에 따른 맹견취급허가 또는 변경허가를 받은 자
13. 제72조를 위반하여 설치가 금지된 곳에 동물장묘시설을 설치한 자
14. 제85조 제1항에 따른 영업장 폐쇄조치를 위반하여 영업을 계속한 자

187 ③

「동물보호법」 제97조 제5항에 따라 <보기>의 어느 하나에 해당하는 자에게는 300만 원 이하의 벌금에 처한다.

188 ①

「동물보호법 시행령」 [별표 4]에 의하면 「동물보호법」 제12조를 위반하여 반려동물을 전달한 경우에는 1차 위반 시 20만 원, 2차 위반 시 40만 원, 3차 이상 위반 시 60만 원의 과태료를 부과할 수 있다.

189 ③

「동물보호법 시행령」 [별표 4]에 의하면 「동물보호법」 제15조 제2항을 위반하여 정해진 기간 내에 신고를 하지 않은 경우에는 1차 위반 시 10만 원, 2차 위반 시 20만 원, 3차 이상 위반 시 40만 원의 과태료를 부과할 수 있다.

190 ③

「동물보호법 시행령」 [별표 4]에 의하면 「동물보호법」 제15조 제3항을 위반하여 소유권을 이전받은 날부터 30일 이내에 신고를 하지 않은 경우에는 1차 위반 시 10만 원, 2차 위반 시 20만 원, 3차 이상 위반 시 40만 원의 과태료를 부과할 수 있다.

191 ①

제16조의2(동물보건사의 자격) ① 동물보건사가 되려는 사람은 다음 각 호의 어느 하나에 해당하는 사람으로서 동물보건사 자격시험에 합격한 후 농림축산식품부령으로 정하는 바에 따라 농림축산식품부장관의 자격인정을 받아야 한다.

1. 농림축산식품부장관의 평가인증(제16조의4 제1항에 따른 평가인증을 말한다. 이하 이 조에서 같다)을 받은 「고등교육법」 제2조 제4호에 따른 전문대학 또는 이와 같은 수준 이상의 학교의 동물 간호 관련 학과를 졸업한 사람(동물보건사 자격시험 응시일부터 6개월 이내에 졸업이 예정된 사람을 포함한다)

192 ④

제16조의2(동물보건사의 자격) ① 동물보건사가 되려는 사람은 다음 각 호의 어느 하나에 해당하는 사람으로서 동물보건사 자격시험에 합격한 후 농림축산식품부령으로 정하는 바에 따라 농림축산식품부장관의 자격인정을 받아야 한다.
1. 농림축산식품부장관의 평가인증(제16조의4 제1항에 따른 평가인증을 말한다. 이하 이 조에서 같다)을 받은 「고등교육법」 제2조 제4호에 따른 전문대학 또는 이와 같은 수준 이상의 학교의 동물 간호 관련 학과를 졸업한 사람(동물보건사 자격시험 응시일부터 6개월 이내에 졸업이 예정된 사람을 포함한다)
2. 「초·중등교육법」 제2조에 따른 고등학교 졸업자 또는 초·중등교육법령에 따라 같은 수준의 학력이 있다고 인정되는 사람(이하 "고등학교 졸업학력 인정자"라 한다)으로서 농림축산식품부장관의 평가인증을 받은 「평생교육법」 제2조 제2호에 따른 평생교육기관의 고등학교 교과 과정에 상응하는 동물 간호에 관한 교육과정을 이수한 후 농림축산식품부령으로 정하는 동물 간호 관련 업무에 1년 이상 종사한 사람
3. 농림축산식품부장관이 인정하는 외국의 동물 간호 관련 면허나 자격을 가진 사람
② 제1항에도 불구하고 입학 당시 평가인증을 받은 학교에 입학한 사람으로서 농림축산식품부장관이 정하여 고시하는 동물 간호 관련 교과목과 학점을 이수하고 졸업한 사람은 같은 항 제1호에 해당하는 사람으로 본다.

193 ②

제16조의5(동물보건사의 업무) ① 동물보건사는 제10조에도 불구하고 동물병원 내에서 수의사의 지도 아래 동물의 간호 또는 진료 보조 업무를 수행할 수 있다.
② 제1항에 따른 구체적인 업무의 범위와 한계 등에 관한 사항은 농림축산식품부령으로 정한다.

194 ⑤

반려동물의 범위에는 개, 고양이, 토끼, 페럿, 기니피그, 햄스터가 속한다(동물보호법 규칙 제3조).

195 ④

동물전시업은 농림축산식품부령으로 정하는 바에 따라 특별자치시장·특별자치도지사·시장·군수·구청장에게 등록하여야 한다(동물보호법 제73조 제1항 제1호).

196 ③

외국인은 성명·국적·생년월일·여권번호 및 성별을 등록하여야 한다(수의사법 규칙 제3조 제2항 제2호).

197 ②

- 과잉진료행위나 그 밖에 동물병원 운영과 관련된 행위로서 대통령령으로 정하는 행위를 하였을 때는 1년 이내의 기간을 정하여 농림축산식품부령으로 정하는 바에 따라 면허의 효력을 정지시킬 수 있다(수의사법 제32조 제2항).
- 과잉진료행위(수의사법 영 제20조의2)
  - 불필요한 검사·투약 또는 수술 등 과잉진료행위를 하거나 부당하게 많은 진료비를 요구하는 행위
  - 정당한 사유 없이 동물의 고통을 줄이기 위한 조치를 하지 아니하고 시술하는 행위나 그 밖에 이에 준하는 행위로서 농림축산식품부령으로 정하는 행위
  - 허위광고 또는 과대광고 행위
  - 동물병원의 개설자격이 없는 자에게 고용되어 동물을 진료하는 행위
  - 다른 동물병원을 이용하려는 동물의 소유자 또는 관리자를 자신이 종사하거나 개설한 동물병원으로 유인하거나 유인하게 하는 행위
  - 법 제11조(진료의 거부 금지), 제12조 제1항·제3항(진단서 등), 제13조 제1항·제2항(진료부 및 검안부) 또는 제17조 제1항(삭제)을 위반하는 행위

198 ④

진료부 및 검안부의 기재사항(수의사법 규칙 제13조)

진료부	검안부
• 동물의 품종·성별·특징 및 연령 • 진료 연월일 • 동물소유자 등의 성명과 주소 • 병명과 주요 증상 • 치료방법(처방과 처치) • 사용한 마약 또는 향정신성 의약품의 품명과 수량 • 동물등록번호	• 동물의 품종·성별·특징 및 연령 • 검안 연월일 • 동물소유자 등의 성명과 주소 • 폐사 연월일(명확하지 않을 때에는 추정 연월일) 또는 살처분 연월일 • 폐사 또는 살처분의 원인과 장소 • 사체의 상태 • 주요소견

199 ①

- 농림축산식품부령으로 정하는 검사·측정기관의 지정기준에 미치지 못하게 된 경우, 농림축산식품부장관이 고시하는 검사·측정업무에 관한 규정을 위반한 경우는 지정을 취소하거나 6개월 이내의 기간을 정하여 업무의 정지를 명할 수 있다(수의사법 제17조의5 제2항 제4호, 제5호).
- 검사·측정기관의 지정을 취소하여야 하는 경우(수의사법 제17조의5 제2항 제1호, 제2호, 제3호)
  - 거짓이나 그 밖의 부정한 방법으로 지정을 받은 경우
  - 고의 또는 중대한 과실로 거짓의 동물 진단용 방사선발생장치 등의 검사에 관한 성적서를 발급한 경우
  - 업무의 정지 기간에 검사·측정업무를 한 경우

200 ②

- 진찰, 입원, 예방접종, 검사 등 농림축산식품부령으로 정하는 동물진료업의 행위에 대한 진료비용에서 출장진료전문병원의 동물진료업의 행위에 대한 진료비용은 제외한다.
- 진료비용(수의사법 규칙 제18조의3 제1항)
  - 초진·재진 진찰료, 진찰에 대한 상담료
  - 입원비
  - 개 종합백신, 고양이 종합백신, 광견병백신, 켄넬코프백신, 개 코로나바이러스백신 및 인플루엔자백신의 접종비
  - 전혈구 검사비와 그 검사 판독료 및 엑스선 촬영비와 그 촬영 판독료

- 그 밖에 동물소유자 등에게 알릴 필요가 있다고 농림축산식품부장관이 인정하여 고시하는 동물진료업의 행위에 대한 진료비용
  ※ 법령 개정으로 ④번에 개 코로나바이러스백신이 추가되었다.

2023

제2회 복원문제

001 다음 중 머리뼈에 대한 설명으로 옳지 <u>않은</u> 것은?

① 두개골과 관절하여 움직임이 가능하다.

② 부비동은 머리의 무게를 가볍게 하고 호흡할 때 공기를 데워주는 환기작용 역할을 한다.

③ 하악골, 양쪽 턱뼈는 성장이 완료된 후 융합되어 하나의 뼈가 된다.

④ 턱관절은 볼록한 융기 부분이 반대쪽의 다소 편평한 뼈와 만나 접고 펴는 운동을 하는 관절이다.

⑤ 개의 경우 평균적으로 하악치 중 앞니 3개, 송곳니 1개, 작은어금니 4개, 큰어금니 3개가 존재한다.

002 다음 중 호흡에 대한 설명으로 옳지 <u>않은</u> 것은?

① 태아는 호흡을 하지 않는다.

② 내호흡을 통해서 동물체의 혈액 내 산소 및 이산화탄소 분압과 pH가 조절된다.

③ 외호흡은 폐환기를 통해 폐포와 폐포 모세혈관 사이에서 가스교환이 이루어지는 호흡이다.

④ 내호흡은 조직과 조직 모세혈관 사이에서 가스교환이 이루어지는 호흡이다.

⑤ 호흡은 가스교환 작용을 하며 혈액 내 산소와 이산화탄소 분압을 유지 및 조절하는 과정이다.

003 내분비계에 대한 설명으로 옳지 <u>않은</u> 것은?

① 부갑상샘에서 분비되는 파라토르몬(PTH)은 뼈에 칼슘을 저장한다.

② 부신은 콩팥 앞쪽 끝에 존재한다.

③ 부갑상샘에서 분비되는 파라토르몬(PTH)은 혈중 칼슘농도를 올린다.

④ 혈당이 높으면 인슐린 분비가 촉진된다.

⑤ 갑상샘에서 분비되는 칼시토닌은 혈중 칼슘농도를 낮춘다.

004 해부학적 단면을 나타내는 용어에 대한 설명으로 옳지 <u>않은</u> 것은?

① 등단면: 긴 축에 대하여 직각으로 머리, 몸통, 사지를 가로지르는 단면

② 정중단면: 머리, 몸통, 사지를 오른쪽과 왼쪽이 똑같게 세로로 나누는 단면

③ 시상단면: 정중단면과 평행하게 머리, 몸통, 사지를 통과하는 단면

④ 축: 몸통 또는 몸통의 어떤 부분의 중심선

⑤ 단면: 해부학적으로 사용되는 동물 신체의 절단 면

005 다음 <보기> 중 개의 정상적인 활력징후로 옳은 것을 <u>모두</u> 고른 것은?

<보기>
ㄱ. 심박수: 분당 60~120회
ㄴ. 점막 색: 촉촉한 핑크색
ㄷ. 모세혈관충만도: 2초 이내
ㄹ. 호흡수: 분당 40회

① ㄱ, ㄴ   ② ㄱ, ㄹ
③ ㄴ, ㄷ   ④ ㄱ, ㄴ, ㄷ
⑤ ㄴ, ㄷ, ㄹ

006 개와 고양이의 생식기관에 대한 설명 중 옳지 <u>않은</u> 것은?

① 개와 고양이 모두 정낭샘이 없다.
② 개와 고양이 모두 전립샘을 가지고 있다.
③ 고양이는 음경에 작은 가시 같은 돌기가 있다.
④ 개는 음경뼈가 없다.
⑤ 고양이는 망울요도샘을 가지고 있다.

007 췌장에서 분비하는 호르몬과 그 설명에 대한 내용 중 옳지 <u>않은</u> 것은?

① 인슐린은 혈당을 낮추는 역할을 한다.
② 글루카곤은 혈당을 높이는 역할을 한다.
③ 소마토스타틴은 인슐린과 글루카곤 분비를 억제하는 역할을 한다.
④ 글루카곤은 췌장의 알파(α) 세포에서 분비되고 식후에 분비가 활성화된다.
⑤ 인슐린은 췌장의 베타(β) 세포에서 분비된다.

008 심장의 자극전도계에서 일어나는 흥분 전도 순서로 옳지 <u>않은</u> 것은?

① 히스속 → 방실결절 → 동방결절 → 푸르키네 섬유
② 푸르키네 섬유 → 히스속 → 방실결절 → 동방결절
③ 동방결절 → 방실결절 → 히스속 → 푸르키네 섬유
④ 푸르키네 섬유 → 히스속 → 방실결절 → 동방결절
⑤ 동방결절 → 히스속 → 방실결절 → 푸르키네 섬유

009 다음 중 개의 앞다리에 있는 근육이 <u>아닌</u> 것은?

① 상완두갈래근   ② 상완세갈래근
③ 전완근   ④ 대퇴네갈래근
⑤ 팔꿈치근

010 응급상황에서 사용되는 의료기기와 그 용도가 바르게 짝지어지지 <u>않은</u> 것은?

① 산소 마스크: 호흡 곤란이 있는 환자에게 산소를 공급하기 위한 기구
② 제세동기: 심실세동 및 심실빈맥환자에게 전기 충격을 주어 정상 리듬으로 회복시키는 기구
③ 기관지 삽관 튜브: 기도를 확보하여 환자의 호흡을 돕기 위한 기구
④ 혈압계: 호흡이 없는 환자의 심박수를 측정하는 기구
⑤ 링거 세트: 수액을 환자에게 주입하기 위해 사용하는 기구

011 다음 중 선천적으로 태아 때 뚫린 난원공이 성장을 하여도 닫히지 않아 발생하는 심장질환으로, 무증상인 경우가 많지만 심장사상충 감염 시 치명적인 질환의 명칭으로 옳은 것은?

① 폐동맥 협착증 ② 동맥관 개존증
③ 승모판 폐쇄부전 ④ 심방중격 결손증
⑤ 심실중격 결손증

012 다음 중 심장사상충을 주로 감염시키는 매개체의 명칭으로 옳은 것은?

① 모기 ② 벼룩
③ 개선충 ④ 모낭충
⑤ 귀 진드기

013 개가 다음 <보기>의 증상을 보이는 경우 유추할 수 있는 질병으로 옳은 것은?

———————— <보기> ————————
• 3~8주령: 심근염, 급사
• 이유 후 연령층: 혈변, 심한 구토, 출혈성 설사, 탈수, 백혈구 감소
• 장점막상피세포 파괴, 융모 위축, 설사

① 개 홍역(Canine Distemper)
② 렙토스피라증(Leptospirosis)
③ 개 허피스바이러스(Canine Herpes Virus)
④ 파라 인플루엔자(Parainfluenza Infection)
⑤ 파보 바이러스성 장염(Parvovirus Enteritis)

014 다음 중 여러 마리의 개가 견사를 공유하는 환경에서 자주 발병하기 때문에 견사(Kennel)와 기침(Cough)이 합쳐진 "켄넬코프"라는 병명으로도 불리는 호흡기 질환의 명칭으로 옳은 것은?

① 렙토스피라증(Leptospirosis)
② 개 홍역(Canine Distemper)
③ 개 허피스바이러스(Canine Herpes Virus)
④ 파보 바이러스성 장염(Parvovirus Enteritis)
⑤ 개 전염성 기관 기관지염(Canine Infectious tracheobronchitis)

015 다음 <보기>에서 설명하는 질병의 명칭으로 옳은 것은?

———————— <보기> ————————
• 개, 고양이, 야생 너구리, 박쥐, 여우 등이 교상 시 침을 통해 중추신경계와 뇌에 바이러스가 도달하여 발생한다.
• 공격성, 동공 확장, 경련, 침 흘림의 증상을 보인다.
• 치사율 100%인 인수공통질병이다.

① 파보 바이러스성 장염(Parvovirus Enteritis)
② 개 허피스바이러스(Canine Herpes Virus)
③ 개 홍역(Canine Distemper)
④ 렙토스피라증(Leptospirosis)
⑤ 광견병(Rabies)

016 다음 중 장염(enteritis)에 대한 설명으로 옳지 않은 것은?

① 분변검사, 혈액검사, 복부 방사선검사 및 초음파 검사 등으로 진단한다.

② 이자, 간, 쓸개 등 주요 장기 이상 및 췌장염, 장중첩 등의 영향을 받는다.

③ 체력회복을 위해 지방 함량이 높은 사료를 자주 급여하고 간식을 주기적으로 제공한다.

④ 위장관의 출혈이 동반되는 경우 혈액이 섞인 구토나 검은색 변 또는 혈변이 발생한다.

⑤ 파보, 코로나바이러스 감염증, 기생충, 염증성 장질환, 위장관의 종양 등이 주 원인이다.

017 다음 중 둥근 공 모양의 넓적다리뼈 머리 부분(대퇴골두, femur head)과 골반뼈의 절구(관골구, acetabulum) 사이에 형성된 골반과 다리를 연결하는 관절이 외상에 의해 넙다리뼈 머리가 골반뼈의 절구에서 벗어나 발생하는 질환의 명칭으로 옳은 것은?

① 고관절 탈구

② 고관절 이형성증

③ 퇴행성 관절염

④ 십자인대 단열

⑤ 슬개골 탈구

018 다음 중 고관절 탈구에 대한 설명으로 옳지 않은 것은?

① 뒷다리 안정화를 위해 Ehmer slings를 통해 뒷다리에 체중이 실리는 것을 방지한다.

② 고관절 탈구 시 좌우 넙다리뼈 큰돌기가 비대칭으로 촉진된다.

③ 만성탈구 시 넙다리뼈 머리와 목절제술 또는 엉덩관절 치환술 등 수술적 치료가 필요하다.

④ 앞등쪽 엉덩관절 탈구에서는 발이 몸 바깥쪽으로, 무릎이 안쪽으로 회전된 자세를 보인다.

⑤ 급성탈구 시 폐쇄 조작으로 넙다리뼈 머리를 절구 안으로 되돌리거나 외과 수술이 필요하다.

019 다음 중 신장의 머리 쪽에 위치하며, 뇌하수체에서 분비된 자극호르몬에 의해 스테로이드 호르몬을 분비하는 기관의 호르몬이 과도하게 분비되어 발생하는 질병의 명칭으로 옳은 것은?

① 갑상선 기능항진증

② 갑상선 기능저하증

③ 쿠싱증후군

④ 당뇨병

⑤ 에디슨병

020 다음 중 부신피질 기능항진증에 대한 설명으로 옳지 <u>않은</u> 것은?

① 글루코코르티코이드 생성 세포를 파괴하는 약물을 사용하여 치료한다.
② 에디슨병이라 불리기도 한다.
③ 다음·다뇨, 다식, 팬팅(panting), 대칭형 탈모가 발생한다.
④ 뇌하수체의 종양, 부신의 종양, 스테로이드 호르몬의 다량 투여 시 발생한다.
⑤ 중년령~고연령의 개에게서 주로 발생한다.

021 소위 광우병으로도 알려져 있는 소해면상뇌증(BSE, Bovine Spongiform Encephalopathy)에 대한 설명으로 옳지 <u>않은</u> 것은?

① 광우병에 걸린 소는 대증요법과 항생제 투여를 통해 즉시 처치를 시작한다.
② 다른 질병에 비해 잠복기가 길어 쉽게 찾아내기 어렵다.
③ 양의 스크래피에서 기원한 것으로 추측되며, 소가 양의 육골분(meat and bone meal)을 섭취한 것이 원인이다.
④ 광우병에 걸린 소를 먹으면 사람도 비슷한 병변을 보이는 변형 크로이펠츠야콥병(vCJD) 질병에 걸릴 수 있는 것으로 보고되고 있다.
⑤ 확진은 사망한 후에야 가능하다.

022 동물에게서 동물 혹은 동물에게서 사람으로 광견병이 전파될 때 가장 흔한 전파경로는?

① 비말 전파
② 호흡 전파
③ 수직 전파
④ 식품매개 전파
⑤ 교상(물거나 할큄) 전파

023 다음 중 팬데믹(pandemic)에 대한 설명으로 옳지 <u>않은</u> 것은?

⑤ 2009년 신종플루 역시 WHO에서 팬데믹을 선언했던 질병이다.
② 팬데믹은 질병의 범세계적 유행을 의미한다.
③ 팬데믹은 WHO가 정의한 5가지 전염병 경보단계 중 최고단계인 5단계이다.
④ 팬데믹은 특정 질병이 전 세계적으로 유행하는 상태로, 2개 대륙 이상으로 확산했을 때 선언할 수 있다.
⑤ 팬데믹은 에피데믹(epidemic)보다 확산속도가 빠르다.

024 질병, 상해, 건강증진 등 인구집단의 건강상태의 분포와 그 결정요인을 탐구하는 학문을 무엇이라고 하는가?

① 역학
② 전염병학
③ 공중보건학
④ 환경위생학
⑤ 식품위생학

025 정상적인 공기 조성에서 가장 많은 비율을 차지하는 성분은?

① 산소
② 질소
③ 메탄가스
④ 일산화탄소
⑤ 이산화탄소

026 다음 중 인수공통감염병에 해당하지 <u>않는</u> 것은?

① 광견병
② 브루셀라
③ 톡소플라즈마
④ 강아지 아토피
⑤ 클라미디아

027 다음 중 예방접종의 원리를 설명할 수 있는 것은?

① 자연 수동 면역
② 자연 능동 면역
③ 인공 수동 면역
④ 인공 능동 면역
⑤ 초기 염증 반응

028 다음 중 <보기>에서 설명하는 연구의 명칭으로 옳은 것은?

―――――― <보기> ――――――
- 연구대상 집단을 질병 발생 이전에 확정하고, 관찰기간 중 집단에 발생하는 질병발생빈도 등과 같은 변동요인을 추적·관찰하는 연구이다.
- 같은 특성을 가진 집단을 의미하기도 한다.

① 코호트(Cohort) 연구
② 환축-대조군 연구
③ 현장추적 연구
④ 병행 연구
⑤ 단면 연구

029 다음 중 밀폐된 공간에서 군집독이 있을 때 증가되는 기체는?

① 이산화탄소
② 메탄
③ 질소
④ 산소
⑤ 아르곤

030 식중독 발생은 감염형과 독소형이 있다. 감염형과 독소형의 발생 양상을 고려할 때, 다음의 식중독 세균 중 식중독 발생의 양상이 <u>다른</u> 하나는?

① 살모넬라균
② 여시니아균
③ 캠필로박터균
④ 황색포도알균
⑤ 리스테리아균

031 다음 중 동물의 진화에 대한 설명으로 옳지 <u>않은</u> 것은?

① 동물은 수렵시대에서 정착 농경사회로 진입하면서 사람과 공생관계를 형성하였고 가축화되었다.
② 가축의 개념에서 정서적인 부분을 더하여 인간이 동물과 감정을 교류하는 존재로 인식되었다.
③ 개는 고양이에 비해 적응력이 부족하여 사람과의 유대관계를 형성하는 데 매우 오랜 시간이 걸렸다.
④ 인간의 목적에 맞게 선택적 교배가 이루어지면서 개의 다양성이 생겨났다.
⑤ 고양이는 곡물창고의 유해동물 퇴치용으로 인간에게 유입되기 시작했다.

032 다음 중 사회화 교육에 대한 설명으로 옳은 것은?

① 장기적으로 꾸준한 교육을 시행해야 한다.
② 선천적인 기질을 바꿀 수 있도록 교육을 강행해야 한다.
③ 문제 행동이 교정되면 교육시기가 끝난 것으로 보면 된다.
④ 모든 문제 행동을 예방할 수 있는 매우 중요한 시기이다.
⑤ 강한 자극에 노출시켜 처음부터 나쁜 습관을 갖지 않도록 교육한다.

033 다음 중 고양이의 습성에 대한 설명으로 틀린 것은?

① 단독생활을 좋아하나 상황에 따라 무리지어 생활하기도 한다.
② 정해진 곳에 배변하는 습성을 가지고 있다.
③ 세력권을 가지고 자신의 구역엔 자기 냄새를 표시한다.
④ 행동 개시를 할 때 발톱갈기를 한다.
⑤ 땀을 흘려 체온을 조절한다.

034 고양이의 신체적 특징으로 옳은 것은?

① 개보다 청력이 떨어진다.
② 고양이는 교미번식을 하는 동물이다.
③ 꼬리가 짧은 고양이는 높은 곳을 올라갈 수 없다.
④ 고양이의 긴 수염은 이동하는 데 불편할 수 있으므로 잘라준다.
⑤ 가까이 있는 것을 잘 본다.

035 개의 예방접종에 대한 설명으로 가장 적절한 것은?

① 아픈 증상이 나타났을 때 치료하기 위한 방법 중 하나이다.
② 예방접종이 끝날 때까지 외부 환경에 노출되지 않도록 집에만 있어야 한다.
③ 예방접종 후에도 항체가 생성되지 않았다면 해당 백신은 추가로 접종할 수 있다.
④ 예방접종은 태어나서 한 번만 해줘도 해당 질병을 예방할 수 있다.
⑤ 모견의 초유를 먹고 자란 강아지는 수동면역을 가지고 있기 때문에 예방접종을 따로 해주지 않아도 된다.

036 고양이나 토끼에게서 나타나는 헤어볼(모구증)의 원인으로 옳지 않은 것은?

① 헤어볼 예방을 위해 자주 빗질해준다.
② 단모종에게서는 볼 수 없는 질병이다.
③ 장 내에 남아 변비가 생기거나 식욕을 떨어뜨릴 수 있다.
④ 스스로 그루밍하는 고양이의 특성에 의한 질병이다.
⑤ 삼킨 털은 구토나 배설로 나온다.

037 다음 중 결핍 시 심근 비대증을 유발할 수 있는 고양이의 필수 영양소는?

① 타우린　　　　② 단백질
③ 미네랄　　　　④ 비타민
⑤ 마그네슘

038 고양이의 질병 예방을 위한 설명으로 옳지 않은 것은?

① 생후 6~8주령부터 3~4주 간격으로 3종 예방접종을 실시해준다.

② 고양이도 항문낭에 항문낭액이 축적되므로 염증이 발생하지 않도록 관리한다.

③ 산책을 하지 않는 고양이라면 따로 심장사상충 예방을 해주지 않아도 된다.

④ 그루밍을 하는 고양이는 구강 내 세균 번식이 쉬워 치아관리에 신경써줘야 한다.

⑤ 비뇨기계 질환 예방을 위해 신선한 물을 자주 섭취할 수 있도록 한다.

039 반려견의 생리에 대한 설명으로 옳은 것은?

① 체온(℃)은 약 36.5~37.0℃ 사이이다.

② 소형견이 대형견보다 맥박이 빠르다.

③ 정상 혈압은 수축기 120~170mmHg, 이완기 70~120mmHg이다.

④ 호흡수는 평균 5~10회/분이다.

⑤ 영구치는 총 30개로 상악과 하악의 개수가 다르다.

040 동물병원을 방문하는 반려동물의 스트레스를 줄이기 위한 방법으로 잘못된 것은?

① 동물병원의 냄새나 소리에 익숙해지도록 어려서부터 미리 경험을 하게 해준다.

② 집에서도 보호자가 눈, 귀, 치아, 털 등을 자주 만지고 검사해 동물병원에서 핸들링을 쉽게 받아들일 수 있도록 연습한다.

③ 집에서도 이동가방을 하우스처럼 사용함으로써 이동가방에 대한 두려움을 줄인다.

④ 동물병원이 아닌 다양한 곳으로의 외출을 시도해 두려움을 줄일 수 있도록 한다.

⑤ 어려서부터 동물병원에 대한 스트레스를 받지 않도록 가급적 동물병원에 가는 것을 늦춘다.

041 다음 <보기>에서 췌장에서 분비되는 호르몬을 모두 고른 것은?

<보기>

ㄱ. 무기질코르티코이드
ㄴ. 소마토스타틴
ㄷ. 글루카곤
ㄹ. 인슐린

---

① ㄱ, ㄴ 　　② ㄴ, ㄷ

③ ㄱ, ㄴ, ㄷ 　　④ ㄱ, ㄷ, ㄹ

⑤ ㄴ, ㄷ, ㄹ

042 고양이가 섭취하면 안 되는 음식에 해당하는 것은?

① 아보카도　② 닭가슴살　③ 고구마

④ 멜론　　　⑤ 수박

043 같은 양을 기준으로, 가장 칼로리가 높은 영양소로 옳은 것은?

① 탄수화물　　② 비타민

③ 단백질　　　④ 무기질

⑤ 지방

044 다음 중 지용성 비타민이 아닌 것은?

① 비타민 E　　② 비타민 A

③ 비타민 D　　④ 비타민 B

⑤ 비타민 K

045 어미 고양이의 젖에 풍부하게 함유되어 있으며, 반려견과 달리 고양이에게 필수적으로 요구되는 아미노산은?

① 류신　　　　② 발린

③ 타우린　　　④ 트립토판

⑤ 페닐알라닌

046 주로 간에서 생성되며, 삼투압을 유지하여 혈액 속의 수분이 혈관 밖으로 빠져나가는 것을 막는 역할을 하는 단백질은?

① 빌리루빈　　② 알부민

③ AST　　　　④ ALT

⑤ 크레아티닌

047 성장기에 있는 반려견과 고양이의 영양소 요구량에 대한 설명으로 옳은 것은?

① 반려견은 필수 아미노산이 11개, 고양이는 10개이다.

② 어릴수록 단백질의 필요량이 낮다.

③ 성장 중인 강아지는 리놀렌산이 약 1kg당 250mg 정도 요구된다.

④ 성장 중인 강아지에게 중요한 무기질은 마그네슘과 인이다.

⑤ 성장 중인 고양이는 특히 탄수화물의 필요량이 높다.

048 비만 반려견에게 특히 발생 확률이 높은 질병이 아닌 것은?

① 당뇨병　　　② 관절염

③ 기관 허탈　　④ 십자인대단열

⑤ 갑상샘 기능항진증

049 다음 중 습식 사료의 장단점으로 옳지 않은 것은?

① 기호성이 매우 높다.

② 급여와 보관이 편리하다.

③ 치과 질환 발생 가능성이 있다.

④ 요로질환이 있는 경우 권장된다.

⑤ 탄수화물 함유량이 적어 당뇨질환이 있는 경우 권장된다.

050 반려견의 임신 기간을 옳게 나타낸 것은?

① 평균 30일 　　② 평균 63일
③ 평균 87일 　　④ 평균 110일
⑤ 평균 137일

051 반려견의 임신 기간을 옳게 나타낸 것은?

① 평균 25일 　　② 평균 63일
③ 평균 90일 　　④ 평균 107일
⑤ 평균 131일

052 주인이 없을 때 또는 빈집에 있는 동안 불안감을 느껴서 짖거나 부적절하게 배설하는 등의 증상을 나타내는 문제 행동은?

① 과잉 포효 　　② 분리불안
③ 상동장애 　　④ 놀이 공격 행동
⑤ 인지장애증후군

053 고양이의 그루밍 행동과 관련이 <u>없는</u> 것은?

① 부모·자식·동료 간의 연대
② 몸의 냄새 제거
③ 피부 및 피모 건강 유지
④ 먼지 및 기생충 제거
⑤ 성적 어필

054 고양이의 스프레이 행동에 대한 설명으로 옳지 <u>않은</u> 것은?

① 배설량이 평소보다 적다.
② 앉아서 배설한다.
③ 본능적인 행동에 해당한다.
④ 일반적으로 수직면에 한다.
⑤ 번식기의 암컷 고양이가 주변에 있는 경우일 수 있다.

055 동물병원에 겁먹은 반려견이나 고양이가 방문했을 경우 적절한 대처 방법은?

① 주인과 계속 같이 있게 한다.
② 달래준다.
③ 더 무서운 자극을 준다.
④ 신경을 분산시킬 수 있는 행동을 한다.
⑤ 옳지 못한 행동이므로 처벌한다.

056 장모종에 속하며 성격이 차분하고, 굵고 짧은 다리와 꼬리를 가진 고양이는?

① 자바니즈 　　② 러시안 블루
③ 노르웨이 숲 　　④ 터키쉬 앙고라
⑤ 페르시안 고양이

057 티베트가 원산지이며, 기품 있는 분위기의 풍부한 피모를 가졌고 양쪽 눈 사이가 넓은 편인 소형견은?

① 시추 　　② 치와와
③ 말티즈 　　④ 비숑 프리제
⑤ 스탠다드 푸들

058 다음 <보기>의 설명에 해당하는 반려견과 고양이의 행동 발달 단계는?

─── <보기> ───
- 학습 능력이 높아져 여러 가지 경험을 시도하는 시기이다.
- 복잡한 운동패턴 사용이 가능하다.
- 종·개체에 따라 시기가 다르다.

① 신생아기 ② 약령기 ③ 이행기
④ 사회화기 ⑤ 성숙기

059 고양이의 습성에 대한 설명으로 옳지 <u>않은</u> 것은?

① 뒷발이 길어 도약력이 뛰어나다.
② 정해진 곳에 배변하는 습성이 있다.
③ 대부분 물을 두려워한다.
④ 이빨 갈기를 하는 습성이 있다.
⑤ 야행성 동물로 낮에는 자고 밤에 가장 활발하다.

060 반려견의 활력징후에 대한 설명으로 옳은 것은?

① 정상 혈압은 수축기 120~170mmHg, 이완기 70~120mmHg이다.
② 소형견은 대형견보다 흥분도가 낮다.
③ 소형견이 대형견보다 맥박이 빠르다.
④ 체온(℃)은 약 36.5~37.0℃ 사이이다.
⑤ 호흡수는 평균 5~10회/분이다.

061 다음 중 쇼크에 대한 설명으로 옳지 <u>않은</u> 것은?

① 쇼크 상태에서는 저체온을 유지하는 것이 생존에 도움이 된다.
② 쇼크증상을 호소하는 환자에게는 수액처치와 산소공급을 해주어 스트레스가 없는 편안한 환경을 제공해주어야 한다.
③ 분포형 쇼크는 심장의 박출력이 정상 이상인 경우에도 발생할 수 있다.
④ 심인성 쇼크는 신체에 필요한 혈액을 충족하기에 충분히 박출할 수 없는 생명을 위협하는 상태이다.
⑤ 폐쇄성 쇼크는 혈액의 흐름이 물리적으로 막혀 발생한다.

062 출혈 억제 방법으로 옳지 <u>않은</u> 것은?

① 냉찜질을 통해 혈관을 수축시켜 출혈을 줄인다.
② 직접적인 지압을 통해 최소 5분 이상 압박한다.
③ 출혈 확인 시 첫 번째로 지혈대를 사용하여 출혈 위쪽 팔다리를 피가 나지 않을 때까지 압박하며 동맥을 압박할 수 있을 정도로 조여 지혈한다.
④ 흡수 패드와 코반과 같은 점착 붕대로 출혈 부위를 직접 압박한다.
⑤ 혈관출혈점을 시각화 할 수 있는 경우 겸자로 직접 지혈한다.

063 다음 <보기>에서 개에게 중독증상을 일으킬 수 있는 물질로 옳은 것을 <u>모두</u> 고른 것은?

<보기>
ㄱ. 자일리톨	ㄴ. 수박
ㄷ. 포도	ㄹ. 초콜릿
---

① ㄱ, ㄴ　　　　② ㄱ, ㄷ
③ ㄴ, ㄹ　　　　④ ㄱ, ㄴ, ㄷ
⑤ ㄱ, ㄷ, ㄹ

064 응급실의 준비사항으로 옳지 <u>않은</u> 것은?

① 필수 스태프 외에는 출입의 제한이 가능해야 한다.
② 모든 구성원은 필요한 모든 응급장비 및 약품의 준비구역과 위치를 잘 알고 있어야 한다.
③ 질서정연하고 체계적인 방식으로 구성되어야 한다.
④ 다른 진료에 방해가 되지 않게 하거나 응급실 인원의 방해를 막기 위해 기본 진료공간과 최대한 떨어진 곳에 배치한다.
⑤ 조명이 밝고 환기가 잘되며 넓고 깔끔해야 한다.

065 다음 중 응급실 필수 비품이 <u>아닌</u> 것은?

① 석션기
② 초음파 진단기
③ 이송 및 구속도구
④ 보온 및 냉각도구
⑤ 포대비품

066 다음 중 Crash cart에 준비해 두는 것이 권장되는 약품이 <u>아닌</u> 것은?

① 향정신성 의약품　② 중탄산나트륨
③ 포도당 50%　　　④ 도파민
⑤ 에피네프린

067 다음 중 심폐소생술의 절차가 <u>아닌</u> 것은?

① 흉부압박은 분당 100~120회의 속도로 진행한다.
② 처치자의 입으로 동물의 입을 덮고 코로 1~1.5초간 숨을 불어넣는다.
③ 구강과 기도에 이물이 있다면 제거한다.
④ 의식의 유무와 상관없이 심장 혹은 호흡정지가 있다면 지체 없이 바로 실시한다.
⑤ 품종별 심장압박 위치는 다르다.

068 동물의 체온관리에 대한 설명으로 옳지 <u>않은</u> 것은?

① 고체온이라면 겨드랑이에 아이스팩, 물에 적신 수건을 올리거나 냉풍기를 이용하여 체온을 낮추어준다.
② 고체온 시에도 얼음 혹은 냉수를 뿌리는 등의 급격한 체온관리는 피한다.
③ 체온이 낮다면 핫팩, 수액 가온기, 온풍기를 이용하여 올려준다.
④ 체온을 올려줄 경우 화상에 주의한다.
⑤ 적정 체온이 되었다면 체온에 대한 모니터링은 중지한다.

PART 05

069 다음 중 개의 수혈에 관한 설명으로 옳지 않은 것은?

① 27kg 혹은 더욱 큰 공혈견은 부작용 없이 최소한 2년에 매 3주 정도 500ml의 혈액을 기증할 수 있다.

② 개의 혈액형은 염색체상의 우세한 특성으로 구별된다.

③ 조직에 산소공급이 어려울 정도로 떨어진 빈혈 환자에게는 전혈 혹은 농축적혈구 수혈이 필요하다.

④ 응고부전이 있는 경우 수혈을 진행하면 수혈팩의 항응고제로 인하여 위험해질 수 있다.

⑤ 혈장, 냉동혈장, 냉동침전물의 수혈도 가능하다.

070 다음 중 수혈속도에 대한 설명으로 옳지 않은 것은?

① 심부전 또는 신부전이 있다면 최대속도는 4ml/kg/h의 속도로 투여한다.

② 위급한 환자의 상태를 호전시키기 위하여 초기속도는 최대속도로 설정한다.

③ 쇼크 상태의 환자는 균형전해질액의 투여와 함께 22kg/h 이상의 정맥투여가 필요하다.

④ 성묘의 정맥을 통한 전혈투여는 30분 이상에 걸쳐 40ml 이상을 투여하는 것이 안전하다.

⑤ 정상 혈량을 가진 만성 빈혈환자에게는 맥관 과부하를 피하기 위해 4~5시간 이상 동안 4~5ml/kg/h의 정맥투여를 추천한다.

071 의약품의 보관에 대한 설명으로 옳지 않은 것은?

① 의약품 사용설명서나 약품용기에 표시된 보관기준에 따라 보관한다.

② 보관법이 다양하므로 올바른 보관방법을 숙지하고 지키는 것이 중요하다.

③ 의약품은 제품마다 보관장소, 보관온도가 다르다.

④ 본래의 효능과 효과를 위해서는 종류와 형태별로 올바르게 보관을 하는 것이 중요하다.

⑤ 보관법을 적절하게 지켰다면 표시된 유통기한보다 사용기한이 긴 점을 감안하여 유통기한이 지나도 사용 가능하다.

072 수액요법에 대한 설명으로 옳지 않은 것은?

① 현존결핍량, 유지용량, 상실량을 고려하여 투여한다.

② 현존결핍량은 질환의 경과 중에 구토, 설사 등으로 배설되는 수분량이다.

③ 유지량은 동물의 피부, 호흡, 분변, 소변 등으로 배설되는 정상적인 상실량이다.

④ 진정제나 마취제는 심수축력을 약화시키고, 혈관을 이완시켜 혈압이 감소하기 때문에 수액을 통해 혈류량을 유지해야 한다.

⑤ 탈수되거나 산염기평형의 불균형을 일으킨 동물에게 수분, 전해질 및 영양분을 공급한다.

073 다음 중 응급카트에서 보유하고 있는 응급 의약품의 종류가 <u>아닌</u> 것은?

① 파모티딘　　　② 에피네프린
③ 아트로핀　　　④ 바소프레신
⑤ 도부타민

074 약물 재고관리에 대한 설명으로 옳지 <u>않은</u> 것은?

① 유통기한이 빨리 다가오는 것부터 판매한다.
② 약물의 보관방법에 대해 숙지하여 상온, 냉장, 냉동 등을 구분하여 보관한다.
③ 케타민 등 향정신성 의약품은 높은 곳에 보관하여 다른 직원들의 손이 닿지 않게 한다.
④ 병원 내에서 사용빈도가 높은 약물은 비축된 약물이 떨어지지 않도록 재고관리 및 약품주문에 신경써야 한다.
⑤ 유통기한을 감안하여 선입선출(First in, first out)한다.

075 다음 중 수혈에 대한 내용으로 옳지 <u>않은</u> 것은?

① 고양이에게는 1차 수혈에서는 치명적인 부작용이 잘 일어나지 않으나, 2차 수혈부터는 항체 생성으로 심각한 부작용이 발생한다.
② 수혈 부작용으로는 구토, 호흡곤란, 빈맥 등을 보일 수 있다.
③ 교차적합시험(Cross-matching)은 수혈 전 검사 항목이다.
④ 공혈동물은 백신 접종을 규칙적으로 하였으며, 주혈기생충에 감염되지 않아야 한다.
⑤ 냉장 보관하던 혈액은 수혈 전 체온과 비슷한 온도로 천천히 데워야 한다.

076 다음 중 반려동물의 출입국 관리에 대한 설명으로 옳지 <u>않은</u> 것은?

① 동물검역 시 요구되는 사항은 국제 표준화 되어 있어 표준화된 매뉴얼을 준수해야 한다.
② 해외로 나가는 경우에는 반드시 동물검역을 받아야 한다.
③ 동물검역은 출국공항과 입국공항 양쪽에서 모두 이루어진다.
④ 대한민국은 광견병 발생 국가이며, 발생 위험도가 높은 비청정 국가로 분류된다.
⑤ 대한민국에서 광견병 비발생 국가 입국 시에는 검역조건이 엄격하다.

077 다음 중 반려동물의 출입국 관리 시 준비사항에 대한 설명으로 옳지 <u>않은</u> 것은?

① 내·외부 기생충 구제 증명서
② 내장형 또는 외장형 무선식별장치(마이크로칩) 삽입
③ 5종 종합백신 예방접종 및 건강진단서
④ 주요 전염병 검사 결과지
⑤ 광견병 접종 증명서

078 다음 중 동물보건사가 할 수 있는 업무가 <u>아닌</u> 것은?

① 원무관리　　　② 재활운동
③ 임상병리검사　④ 외래동물간호
⑤ 침습적 의료행위

079 다음 중 수의간호기록작성(SOAP법)에 대한 설명으로 적합하지 **않은** 것은?

① 계획은 환자가 불편해하지 않도록 환자의 회복을 도와주기 위한 보호자 교육, 투약, 일일산책 및 운동, 물리치료, 소독 및 붕대처치 등 간호중재 계획을 수립 및 실시한다.

② 객관적 자료는 체온, 맥박수, 호흡수, 체중, CRT, 배변 횟수 및 양, 소변 양, 혈액 현미경 검사 등 임상병리검사 결과를 기록하는 것이다.

③ 주관적 자료는 주 호소 내용(CC)을 신체검사 결과를 바탕으로 육안(눈)으로 주관적으로 관찰한 내용을 기록하는 것이다.

④ 평가는 주관적·객관적 자료를 바탕으로 환자의 생리, 심리, 환경 상태를 고려하여 전체적으로 평가를 실시하고, 환자의 문제점과 변화 상태를 의미한다.

⑤ SOAP는 Subscribe+Official+Attitude+Project의 이니셜을 의미한다.

080 다음 중 바이러스까지 사멸 가능하며 경제성까지 고려한 락스의 소독 배율로 가장 적정한 것은?

① 1:1   ② 1:5   ③ 1:30
④ 1:100   ⑤ 1:150

081 차아염소산 나트륨(락스)을 물과 희석 시 기화되어 동물보건사의 몸에 해로울 위험이 있기 때문에, 희석 시 주의해야 하는 물의 온도 범위 중 가장 위험한 범위는?

① 0℃ 이상   ② 10℃ 이상
③ 20℃ 이상   ④ 40℃ 이상
⑤ 60℃ 이상

082 다음 중 위해의료폐기물의 보관 및 처리에 대한 설명으로 옳지 **않은** 것은?

① 일반 폐기물이 의료 폐기물과 혼합되면 일반 폐기물로 간주된다.

② 폐기백신, 폐기약제 등 생물·화학 폐기물은 15일 동안 보관 가능하다.

③ 배양액, 배양용기, 시험관, 슬라이드, 장갑 등 병리계 폐기물은 15일 동안 보관 가능하다.

④ 주사바늘, 봉합바늘, 수술용 칼날, 깨진 유리 기구 등 손상성 폐기물은 30일 동안 보관 가능하다.

⑤ 동물의 장기, 조직, 사체, 혈액, 고름 등 조직물류 폐기물은 4℃ 이하에서 15일 동안 보관 가능하다.

083 다음 중 의료용 폐기물의 보관에 대한 설명으로 옳지 <u>않은</u> 것은?

① 특히 주사기와 주사침을 분리하여 전용 용기에 배출하는 것을 습관화한다.
② 용기의 신축성을 감안하더라도 용량의 110%를 넘지 않고, 보관기간을 초과하여 보관을 금지한다.
③ 봉투형 용기＋상자에 규정된 Bio Hazard도형 및 취급 시 주의사항을 표시한다.
④ 냉장시설에는 온도계가 부착되어야 하며, 보관창고는 주 1회 이상 소독한다.
⑤ 폐기물 발생 즉시 전용용기에 보관하며 밀폐포장하며 재사용을 금지한다.

084 다음 중 엑스선을 여러 각도에서 신체에 투영하고 이를 컴퓨터로 재구성하여 신체 단면을 영상으로 처리할 수 있는 동물병원 의료장비는?

① CT
② MRI
③ I.C.U
④ Nebulizer
⑤ Autoclave

085 다음 중 동물보건사가 할 수 있는 업무가 <u>아닌</u> 것은?

① 원무관리
② 외래동물간호
③ 임상병리검사
③ 재활운동
⑤ 침습적 의료행위

086 다음 중 적혈구, 백혈구, 혈소판 등 혈구 검사를 진행하는 혈액 검사기기로서 환자의 체액량의 변화, 염증, 혈액 응고 이상, 빈혈 등의 진단에 도움을 주는 동물병원 의료장비는?

① Nebulizer
② Biochemistry
③ CBC
④ Autoclave
⑤ I.C.U

087 차트에 사용되는 표준화된 의학용 약어 중 하루에 한 번을 의미하는 것은?

① TID
② SID
③ QOD
④ TPR
⑤ QID

088 차트에 사용되는 표준화된 의학용 약어 중 난소자궁절제술을 의미하는 것은?

① PHx
② NPO
③ PCV
④ OHE
⑤ OE

089 121~132℃에서 7~15분 동안 고온·고압의 증기를 이용하여 미생물의 단백질 파괴를 통해 사멸시키는 장비로, 금속 재질의 수술기구 멸균에 사용되며 고무, 플라스틱 제품은 고열로 인해 변형되므로 사용해서는 안 되는 동물병원 의료장비는?

① CBC
② Autoclave
③ Nebulizer
④ Biochemistry
⑤ I.C.U

090 차트에 사용되는 표준화된 의학용 약어 중 도착 시 사망을 의미하는 것은?

① DOA　　② HBC　　③ CPR
④ CRT　　⑤ BM

091 약물의 반감기(half time)에 대한 설명으로 옳은 것은?

① 약물의 반감기가 짧을수록 약물의 투여 간격은 길어진다.
② 약물의 반감기가 짧을수록 약물의 투여 간격은 짧아진다.
③ 약물의 반감기가 짧을수록 약물은 혈액에 오래 머물러 있다.
④ 약물의 반감기와 투여 간격은 관계가 없다.
⑤ 반감기가 짧은 약물의 경우 경구제제의 형태로만 투여되어야 한다.

092 와파린(Warfarin)은 쥐약(살서제)에 포함되어 있는 항응고제이다. 다음 중 와파린에 중독된 반려동물을 치료할 때 사용하는 비타민의 종류는?

① 비타민A　　② 비타민D
③ 비타민B　　④ 비타민C
⑤ 비타민K

093 다음의 NSAIDs(비스테로이드성 항염증제) 중 반려동물에서 금기인 진통제는?

① 아세트아미노펜　　② 피로콕시브
③ 데라콕시브　　④ 멜록시캄
⑤ 카프로펜

094 의약품 재고관리에 대한 설명으로 옳지 <u>않은</u> 것은?

① 주기적인 재고조사가 필요하다.
② 새로운 약품 입고 시, 거래명세 내역을 확인하고 수량과 품목을 정확하게 검수해야 한다.
③ 향정신성 의약품은 시건장치(잠금장치) 및 사용량 기록을 철저히 한다.
④ 백신은 직사광선이 들지 않는 서늘한 곳에 보관한다.
⑤ 선입선출(FIFO, First In First Out)을 하여 약품의 유효기간이 만료되기 전에 사용될 수 있도록 관리해야 한다.

095 처방전에 t.i.d라는 용어가 기재되어 있을 때 투여해야 하는 약의 하루 투여 횟수는?

① 두 번　　② 세 번　　③ 네 번
④ 다섯 번　　⑤ 수시 투여

096 다음 중 약물 내성과 관계있는 설명으로 옳지 <u>않은</u> 것은?

① 스테로이드 약물 복용 시 점감(tapering)을 하는 것은 부작용이나 내성을 막기 위해 점점 용량을 줄이면서 복용을 중단하는 것이다.
② 항생제 내성은 전세계적인 문제를 일으키고 있다.
③ 약물 섭취 후 설사나 구토 증상을 보인다면 약물 내성으로 인한 증상이다.
④ 내성이 있는 경우 약의 복용량을 늘려야 이전과 같은 효과가 발생한다.
⑤ 약물을 반복적으로 사용할 경우 그 유효성이 점점 감소하는 현상이다.

097 약물동태학은 약물을 환자 동물에게 투여한 후 체내에서 발생하는 복잡한 일련의 약물의 변화에 관련된 내용이다. 약물동태학의 관점에서 약물이 들어와서 나갈 때까지 겪게 되는 4가지의 과정을 바르게 묶은 것은?

① 투여, 분포, 대사, 배설
② 투여, 흡수, 변환, 배설
③ 투여, 분포, 변환, 분해
④ 흡수, 분포, 대사, 분해
⑤ 흡수, 분포, 대사, 배설

098 다음 중 약물의 생체이용률(bioavailability)이 가장 높은 형태는?

① 경구투여   ② 정맥투여
③ 국소투여   ④ 복강내투여
⑤ 피내투여

099 호흡기 약물에 대한 설명으로 옳지 <u>않은</u> 것은?

① 진해제는 기침을 막거나 또는 억제하는 약물이다.
② 천식 등의 질환에서는 기관지 확장제가 효과적이다.
③ 구아이페네신은 반려동물에서 널리 사용되고 있는 거담제이다.
④ 스테로이드 제제도 기침을 억제하는 진해효과가 있다.
⑤ 거담제는 마른 기침을 치료하는 데 효과적이며, 진해제는 젖은 기침을 억제하는 데 효과가 있다.

100 다음 중 마취에 사용되는 약제로 옳은 것은?

① 엔로플록사신
② 클린다마이신
③ 이트라코나졸
④ 이소플루란
⑤ 케토코나졸

101 다음 중 심장사상충 예방약이 <u>아닌</u> 것은?

① 이버멕틴(Ivermectin)
② 셀라멕틴(Selamectin)
③ 밀베마이신(Milbemycin)
④ 목시덱틴(Moxidectin)
⑤ 아폭솔라너(Afoxolaner)

102 백신을 맞고 알레르기 반응 등의 급성 염증을 보이는 환자가 내원했을 때 사용 가능한 제제로 가장 적절한 것은?

① 항생제
② 지사제
③ 이뇨제
④ 위보호제
⑤ 항히스타민제

103 경구투여에 대한 설명으로 옳지 <u>않은</u> 것은?

① 잘 먹기만 한다면 습식사료 등에 섞어서 줄 수 있다.
② 개의 경우 용이한 경구투여를 위해 단맛이 나는 부형제를 약에 섞기도 한다.
③ 개에게 액상약물을 투여하는 경우 송곳니 뒤쪽, 주둥이의 옆쪽으로 천천히 흘려보낸다.
④ 고양이의 경우 pill gun 혹은 pill popper를 활용하기도 한다.
⑤ 고양이에게는 가루약 형태로 투여하는 것이 가장 용이하다.

104 다음 중 스테로이드 약물에 대한 설명으로 옳지 <u>않은</u> 것은?

① 고용량으로 단기간 쓰고 즉각적으로 빠르게 단약하는 것이 중요하다.
② 장기간 복용 시 면역력이 저하되어 감염의 우려가 있다.
③ 항염증 효과가 우수하다.
④ 장기간 고용량으로 복용하는 경우 간 등이 손상될 수 있다.
⑤ 알레르기 반응의 치료에 효과적이다.

105 다음 중 약물로서 서방정의 의미는?

① 혀 밑에서 용해되는 정제
② 코팅이 되지 않은 정제
③ 약물이 서서히 방출되는 형태의 정제
④ 물과 접촉 시 발포하며 용해되는 정제
⑤ 설탕 등으로 코팅을 한 정제

106 200mA로 엑스레이를 0.1초간 촬영했을 때의 mAs는?

① 0.2   ② 2   ③ 20
④ 40   ⑤ 200

107 다음 중 <보기>의 ㉠, ㉡에 들어갈 영상진단장비가 올바르게 짝지어진 것은?

— <보기> —

(㉠) 촬영은 좁은 범위나 특정 기관을 자세하게 보는 데 유리하고 (㉡) 촬영은 넓은 범위를 한 번에 보는 데 유리하다. 일례로 동물의 임신 후반기에 태아를 관찰할 때, 개별 태아의 생존이나 심장박동 등을 관찰할 때에는 (㉠)가 효과적이지만, 전체 태아가 몇 마리인지 관찰할 때에는 (㉡)가 더 좋다.

	㉠	㉡
①	CT	X-ray
②	초음파	X-ray
③	내시경	X-ray
④	X-ray	초음파
⑤	MRI	내시경

108 아래의 영상진단 장비 중 방사선을 사용하지 않아 피폭의 우려가 <u>없는</u> 장비로 묶인 것은?

① CT, MRI   ② C-arm, 초음파
③ x-ray, 초음파   ④ 초음파, MRI
⑤ x-ray, CT

109 다음 중 엑스선을 여러 각도에서 신체에 투영하고 이를 컴퓨터로 재구성하여 신체 단면을 영상으로 처리할 수 있는 동물병원 의료장비는?

① CT
② I.C.U
③ Nebulizer
④ MRI
⑤ Autoclave

110 다음 중 엑스레이 광선의 발생에 대한 설명으로 옳지 <u>않은</u> 것은?

① 광선은 X선관이라고도 부르는 x-ray tube(튜브)에서 만들어진다.
② 튜브의 바로 아래쪽에 있는 물체는 1차적으로 광선에 노출된다.
③ 전자(electron)가 텅스텐 등으로 된 타겟을 충돌하면서 광선이 발생된다.
④ 투과력이 높기 때문에 방사선 안전에 항상 유의해야 한다.
⑤ 전자는 양극(anode)에서 음극(cathode)으로 진행한다.

111 다음 중 척추 촬영에 대한 설명으로 옳지 <u>않은</u> 것은?

① 척추에 문제가 있는 동물은 통증이 심한 경우가 많기 때문에 주의해야 한다.
② 반드시 경추, 흉추, 요추 등이 한 장에 모두 나오게 찍어야 한다.
③ 척추가 곧게 펴진 형태가 되도록 촬영하는 것이 좋다.
④ 기본 촬영은 RL와 VD이다.
⑤ 디스크 등을 진단할 때 활용 가능하지만, 확진을 위해서는 MRI 촬영 등이 필요하다.

112 막대 모양의 탐촉자로서 스캔면이 편평한 Linear형의 탐촉자에 대한 설명으로 옳지 <u>않은</u> 것은?

① 초음파가 직각으로 들어간다.
② 고주파로 스캔속도가 빠르고 해상도가 좋다.
③ 탐촉자 넓이만큼의 시야만 가질 수 있다.
④ 탐촉자의 머리 부분이 작고 접촉면이 좁다.
⑤ 깊이가 얕은 장기검사에 유용하다.

113 <보기>에서 엑스레이 피폭 정도를 일컫는 단위가 올바르게 짝지어진 것은?

──── <보기> ────

ㄱ. 렘(rem)
ㄴ. 시버트(sievert, Sv)
ㄷ. 볼티지(voltage, V)
ㄹ. 밀리암페어(milliampere, mA)

① ㄱ, ㄴ
② ㄱ, ㄷ
③ ㄱ, ㄹ
④ ㄴ, ㄷ
⑤ ㄴ, ㄹ

114 다음 <보기>의 밑줄 친 <u>이 영상진단검사</u>의 명칭으로 옳은 것은?

──── <보기> ────

주로 <u>이 영상진단검사</u>를 하고 있을 때 동물의 특정 장기에 직접 주사바늘을 넣어 미세바늘흡인세포검사인 FNA(fine needle aspiration cytology)를 하기도 한다.

① CT
② MRI
③ X-ray 촬영
④ 초음파 검사
⑤ 위장관 조영검사

115 다음 중 <보기>의 ㉠, ㉡에 들어갈 단어가 올바르게 짝지어진 것은?

<보기>

왼쪽 외측상(left lateral)은 동물 신체의 (㉠)이 바닥에 닿아있는 것이고, 배복상 (DV, dorso-ventral)은 몸의 (㉡)이 바닥에 닿아있는 것이다.

① ㉠ 좌측, ㉡ 배 부분
② ㉠ 우측, ㉡ 배 부분
③ ㉠ 좌측, ㉡ 등 부분
④ ㉠ 우측, ㉡ 등 부분
⑤ ㉠ 좌측, ㉡ 가슴 부분

116 다음 사진으로 제시된 영상진단기기의 명칭으로 옳은 것은?

<보기>

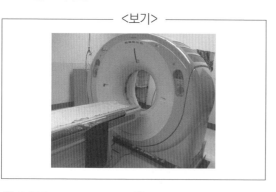

① MRI
② C-arm
③ CT
④ 초음파
⑤ X-ray 촬영

117 엑스레이는 까맣고 하얀 것의 조합으로 사진을 구분한다. 다음 중 가장 까만 부분과 가장 하얀 부분이 순서대로 나열된 것은?

① [까맣다] 가스→연부조직(물)→지방→뼈 →금속 [하얗다]
② [까맣다] 지방→가스→뼈→연부조직(물) →금속 [하얗다]
③ [까맣다] 가스→지방→연부조직(물)→금속→뼈 [하얗다]
④ [까맣다] 지방→연부조직(물)→가스→뼈 →금속 [하얗다]
⑤ [까맣다] 가스→지방→연부조직(물)→뼈 →금속 [하얗다]

118 다음 중 위장관 조영 시 황산 바륨(Barium sulfate) 조영제의 사용을 금해야 하는 경우로 옳은 것은?

① 위 이물
② 식도 이물
③ 식도 게실
④ 식도 천공
⑤ 식도 협착

119 다음 중 산란 등으로 생긴 상의 왜곡 등을 방지하고, 사진의 해상도와 선명도를 높이기 위해 사용하는 일종의 필터링 장치의 명칭으로 옳은 것은?

① 타겟(target)
② 필름(film)
③ 카세트(casset)
④ 선관(tube)
⑤ 그리드(grid)

120 흉부 방사선의 VD 촬영 시 보정자별 개를 잡는 부위가 올바르게 짝지어진 것은?

	앞쪽 보정자	뒤쪽 보정자
①	앞다리 및 머리(혹은 귀)	꼬리
②	앞다리 및 머리(혹은 귀)	뒷다리
③	앞다리	뒷다리
④	앞다리	꼬리
⑤	머리(혹은 귀)	꼬리

121 신체검사 항목 중 갈비뼈의 만져짐, 허리 모양 등으로 동물의 체형(비만도)을 1에서부터 9까지(혹은 1에서 5까지) 평가하는 항목은?

① Tx   ② CRT   ③ TPR
④ CBC   ⑤ BCS

122 체액 성분인 수분과 전해질 성분인 나트륨, 칼륨 등이 부족한 상태를 뜻하는 용어는?

① 탈수   ② 동통   ③ 순환
④ 유연   ⑤ 경련

123 피하주사(SC)에 대한 설명으로 옳지 <u>않은</u> 것은?

① 약물의 흡수는 30~45분 정도 서서히 흡수된다.
② 빠르고 상대적으로 통증이 적은 주사법이다.
③ 앉은 자세 혹은 엎드린 자세로 보정한다.
④ 약물을 주사하기 전, 피하 공간 삽입 후 음압을 확인하여야 한다.
⑤ 주사 과정 중 동물이 불안해하지 않도록 머리는 움직일 수 있도록 해주어야 한다.

124 다음 중 영양요법에 대한 설명으로 옳은 것은?

① 필수아미노산은 체내에서 자연적으로 생성되어 사료를 통한 공급이 필요하지 않은 아미노산을 뜻한다.
② 탄수화물은 소화과정을 통해서 다당류로 합성되어 소장 점막에서 흡수되어 에너지원으로 이용된다.
③ 질병 상태에서는 대부분 식욕이 증가하여 필수 영양분이 과다 공급되는 경향이 있어 식이 제한이 필요하다.
④ 고양이 사료에는 타우린이 포함되어 있어야 하며, 결핍 시 심장질환과 안과질환 가능성이 있다.
⑤ 섭취된 단백질은 필수지방산으로 분해되어 흡수된다.

125 다음 중 면역의 분류와 특징이 바르게 연결된 것은?

① 선천 면역-자연 수동 면역-초기의 염증반응으로 비만세포, 호중구, 자연살해세포, 기타 염증인자 등이 작용
② 후천 면역-인공 능동 면역-인공적으로 불활성화 형태의 항원을 접종하여 림프구의 항체 생산을 유도하여 면역을 생성하는 방법
③ 선천 면역-자연 능동 면역-인공적으로 공여 동물이 만든 항혈청이나 고면역혈청을 항체로 주입하는 것
④ 후천 면역-물리적 방어벽-피부, 점막, 털 등의 물리적 방어벽
⑤ 선천 면역-인공 수동 면역-실제로 감염되었다가 회복된 후 보유하고 있는 항체

PART 05

126 백신의 종류에 대한 설명으로 옳지 <u>않은</u> 것은?

① 불활성화 백신은 약독화 생백신에 비해 면역 지속시간이 짧다.
② 약독화 생백신이란 살아있는 병원체의 독성을 약화한 것이다.
③ 불활성화 백신은 면역결핍 환자의 경우 병원체에 의한 발병 가능성이 존재한다.
④ 약독화 생백신은 불활성화 백신보다 면역 형성능력이 우수하다.
⑤ 불활성화 백신이란 항원 병원체를 죽이고 면역 항체 생산에 필요한 항원성만 남긴 것이다.

127 다음 중 위생관리 용어의 뜻이 올바르게 연결된 것은?

① 세척(cleaning): 열, ethylenoxide, 방사선을 사용하여 모든 병원체와 세균의 아포까지 사멸
② 멸균(sterilization): 물과 세제를 사용하여 병원체 수를 줄이고 물리적 제거
③ 세척(cleaning): 소독약을 사용하여 세균의 아포를 제외한 모든 병원체 제거
④ 소독(disinfection): 열, ethylenoxide, 방사선을 사용하여 모든 병원체와 세균의 아포까지 사멸
⑤ 소독(disinfection): 소독약을 사용하여 세균의 아포를 제외한 모든 병원체 제거

128 감염병 환자가 내원한 경우 소독용 에탄올로 사멸할 수 <u>없는</u> 것은?

① 개 파보바이러스
② 개 코로나바이러스
③ 개 디스템퍼
④ 개 전염성 비기관지염
⑤ 고양이 전염성 비기관지염

129 활력징후(Vital sign)에 대한 설명으로 옳지 <u>않은</u> 것은?

① 도플러 혈압계로는 이완기 혈압만 확인할 수 있고, 수축기 혈압의 확인은 어렵다.
② 호흡수는 흉부와 복부의 움직임을 보고 측정한다.
③ 혈압은 순환 혈액량 감소, 심부전, 혈관 긴장도 변화에 의해 변동될 수 있다.
④ 체온은 일반적으로 직장 온도를 측정한다.
⑤ 소형견의 경우 맥박 수는 90~160회/분이 정상 범위이다.

130 수혈요법에 대한 설명으로 옳지 <u>않은</u> 것은?

① 수혈 시 칼슘(ca)이 함유된 수액과 혈액을 같은 관을 통해 동시에 주입해서는 안 된다.
② 수혈 전에 수혈bag을 여러 번 흔들어 준다.
③ 냉장 보관된 혈액은 가온하여 사용한다.
④ 수혈 속도는 높은 속도에서 시작하여 천천히 속도를 줄여나간다.
⑤ 농축적혈구를 수혈하는 경우 0.9% 생리식염수로 희석하여 사용한다.

131 기본 외래접수 및 문진 시, 보호자에게 필수적으로 제공받아야 할 정보가 <u>아닌</u> 것은?

① 내원하게 된 주증상
② 동물의 이름
③ 동물의 나이
④ 보호자의 연락처
⑤ 보호자의 주민등록번호

132 동물보건사의 업무범위가 <u>아닌</u> 것은?

① 진단 및 치료 보조
② 문진 및 환자 접수
③ 의료기기 및 장비관리
④ 동물의 수술 및 마취 보조
⑤ 정맥카테터 장착 및 주사 투여

133 동물의 앞다리에서 일반적으로 채혈 또는 정맥카테터 삽입 시 선택하는 혈관은?

① 요골쪽피부정맥
② 외측피부정맥
③ 대퇴 정맥
④ 목 정맥
⑤ 복부 정맥

134 동물의 RER(Rest Energy Requirement, 기초대사량)에 관한 내용으로 옳은 것은?

① 체중이 많이 나가는 동물은 적게 나가는 동물보다 RER값이 낮다.
② 질병이나 스트레스 상태에서는 RER값을 낮추어야 한다.
③ BCS 1/9로 평가되는 동물의 경우 RER값을 낮추어야 한다.
④ RER은 동물의 생명유지에 필요한 최대한의 에너지를 나타낸다.
⑤ 대사질환을 가진 경우, RER값을 기준으로 질환에 맞추어 공급에너지량을 조절해야 한다.

135 동물의 신체검사 시 촉진 및 시진을 이용할 때, 다음 중 올바른 설명이 <u>아닌</u> 것은?

① 시진과 촉진은 동물의 건강을 평가하는 데 필수적인 기본 검사 기법이다.
② 촉진 검사를 수행할 때 동물의 신체 부위를 적절히 눌러야 하며, 통증이나 불편감을 유발할 수 있으므로 주의가 필요하다.
③ 시진을 통해 확인할 수 있는 증상 중 하나는 심장 박동의 이상이며, 촉진을 통해서는 확인할 수 없다.
④ 시진은 동물의 외관, 행동, 체형, 피부 상태 등을 관찰하여 건강 상태를 평가하는 방법이다.
⑤ 촉진은 손으로 동물의 신체를 눌러서 조직의 상태, 통증, 부종 등을 평가하는 방법이다.

136 동물 환자가 내원 시 병원환경에 대한 긴장감을 가지는 경우 예측할 수 있는 활력징후의 변화로 옳지 <u>않은</u> 것은?

① 호흡수의 저하 ② 심박수의 상승
③ 체온 상승 ④ 평균 혈압의 상승
⑤ 수축기 혈압의 상승

137 수혈을 위한 수혈팩의 혈액을 다루는 내용 중 옳지 <u>않은</u> 것은?

① 농축 적혈구의 경우 생리식염수와 섞어 사용한다.
② 수혈 전 수혈팩의 내용물을 가볍게 흔들어 섞어준다.
③ 수혈팩이 강한 충격이 가해지는 경우 혈구가 손상될 수 있으므로 유의한다.
④ 혈구의 안정적인 보존을 위해 체온과 유사한 온도의 인큐베이터에 보관한다.
⑤ 수혈팩 내 혈액의 온도를 체온과 맞추어 주기 위해서 서서히 따뜻하게 데워준다.

138 쿠파주(coupage)는 주로 어떤 처치 후 실시하는가?

① 비강-식도 튜브 장착후
② 네뷸라이져 처치 후
③ 수혈 처치 후
④ 수액 처치 후
⑤ 요도카테터 장착 후

139 복부통증이 있는 개에서 나타날 수 있는 특징으로 볼 수 <u>없는</u> 것은?

① 평소보다 식욕이 감소한다.
② 복부를 만지는 것을 싫어한다.
③ 평상시에 비해 활동성이 증가한다.
④ 복부에서 과도한 공명음이 발생한다.
⑤ 구토, 설사 같은 소화기 증상을 보인다.

140 동물에서 허니아(탈장)와 관련된 설명 중 올바르지 <u>않은</u> 것은?

① 가장 일반적인 허니아 유형 중 하나는 제대탈장으로, 주로 태어날 때 발생한다.
② 허니아는 일반적으로 내과적으로 교정된다.
③ 허니아는 복부 내 장기나 조직이 원래 위치를 벗어나 다른 공간으로 밀려나는 상태를 의미한다.
④ 허니아는 통증, 구토, 복부 팽창 등의 증상을 유발할 수 있으며, 즉시 수술이 필요할 수 있다.
⑤ 외상이나 수술 후 발생할 수 있는 탈장은 후천적인 허니아로 분류된다.

141 다음 <보기>에서 설명하는 부품의 명칭으로 옳은 것은?

— <보기> —

호흡 마취기계에서 사용하고 남은 가스의 일부를 외부로 보내는 역할을 하며, 이것을 통해 과도한 압력이 폐로 유도되는 것을 방지하기 때문에 닫힌 상태로 오랜 시간 마취를 유지하면 환자에게 위험할 수 있다. 다음의 마취기 사진에서 원 모양으로 표시된 부품이다. 실수로라도 제때 열지 못하면 동물을 사망에 이르게 할 수 있기 때문에 마취 시 항상 신경 써야 하는 부품이기도 하다.

① 산소플러쉬(Oxygen flush) 버튼
② 팝오프(Pop-off) 밸브
③ 산소유량계
④ 기화기
⑤ 압력계

142 수술 시 사용하는 메첸바움 가위(Metzenbaum scissors)에 대한 설명으로 옳지 <u>않은</u> 것은?

① 마요 가위(Mayo scissors)에 비해 더 두껍고 짧은 블레이드를 가지고 있다.
② 연조직 절개에서 마요 가위보다 우선하여 사용한다.
③ 길고 가느다란 블레이드를 가지고 있는 것이 특징이다.
④ 정교하고 부드러운 절개가 필요한 부위에서 사용한다.
⑤ 강력한 절개에 있어서는 마요 가위에 미치지 못한다.

143 다음 <보기>의 밑줄 친 <u>이 지혈제재</u>의 명칭으로 옳은 것은?

— <보기> —

<u>이 지혈제재</u>는 반합성 밀랍(beewax)과 연화제의 혼합물로서, 뼈의 내강에 눌러 바르거나 출혈 억제를 위하여 뼈의 표면에 적용한다. 흡수가 불량하고 치유가 잘 안될 경우 감염을 촉진하므로 소량씩 사용하는 것이 좋다.

① 보비(Bovie)
② 젤폼(Gelform)
③ 써지셀(Surgicel)
④ 멸균거즈(gauze)
⑤ 본왁스(bone wax)

144 다음 <보기>에서 설명하는 방법은?

─── <보기> ───

라텍스 등으로 된 고무관을 삽입하고 고정하여 삼출물을 배액하는 방법으로, 동물병원에서 가장 널리 사용하는 방법이다. 중력 및 체강 사이의 압력 차이를 이용하여 상처의 삼출물을 제거하는 배액법(drainage)의 일종이다.

① 잭슨 프랫(Jackson-Pratt) 배액법
② 펜로즈(Penrose) 배액법
③ 카테터(catheter) 배액법
④ 흉관 삽입튜브(Thoracostomy tubes) 배액법
⑤ 능동 배액법

145 수술실 관리에 대한 설명으로 옳지 <u>않은</u> 것은?

① 수술에 맞는 수술도구를 미리 멸균하여 준비한다.
② 수술실 체크리스트를 만들어 관리할 필요가 있다.
③ 멸균구역의 인원만 헤어캡이나 수술모를 착용하면 된다.
④ 원활한 수술을 위해 온습도 관리가 필요하다.
⑤ 동물보건사는 마취가 있는 날 마취기 leakage test와 산소통 점검을 해야 한다.

146 빨간색, 노란색, 초록색, 검은색의 촉자를 가진 심전도를 환자에게 연결하려고 한다. 심전도 검사 시 촉자의 색과 부위가 바르게 연결된 것은?

① 빨간색: 오른쪽 앞다리, 노란색: 왼쪽 뒷다리,
   초록색: 왼쪽 앞다리, 검은색: 오른쪽 뒷다리
② 빨간색: 왼쪽 앞다리, 노란색: 오른쪽 앞다리,
   초록색: 왼쪽 뒷다리, 검은색: 오른쪽 뒷다리
③ 빨간색: 오른쪽 앞다리, 노란색: 왼쪽 앞다리,
   초록색: 왼쪽 뒷다리, 검은색: 오른쪽 뒷다리
④ 빨간색: 오른쪽 뒷다리, 노란색: 왼쪽 앞다리,
   초록색: 왼쪽 뒷다리, 검은색: 오른쪽 앞다리
⑤ 빨간색: 오른쪽 앞다리, 노란색: 왼쪽 앞다리,
   초록색: 오른쪽 뒷다리, 검은색: 왼쪽 뒷다리

147 다음 <보기> 중 EO가스멸균의 특징으로 옳은 것을 <u>모두</u> 고른 것은?

─── <보기> ───

ㄱ. 플라스틱 같은 물질의 멸균도 가능하다.
ㄴ. 유독성이 있는 가스를 사용하기 때문에 주의해야 한다.
ㄷ. 고온으로 멸균하는 방식이므로 위험하다.
ㄹ. 과산화수소를 사용하는 친환경적이고 안전한 멸균방법이다.

① ㄱ, ㄴ   ② ㄱ, ㄷ   ③ ㄱ, ㄹ
④ ㄴ, ㄷ   ⑤ ㄴ, ㄹ

148 다음 그림의 봉합사에 대한 설명으로 옳지 <u>않은</u> 것은?

<보기>

5-0 (1 Ph. Eur)	W98565A
PC-3 16mm 3/8c	**PDS*II** Polydioxanone Clear monofilament Absorbable suture
PRIME*	LOT. EJ5BCP
45cm	Exp. 2017-12

① 바늘이 달려있는 봉합사이다.
② 유통기한은 2017년 12월이다.
③ 흡수성 봉합사로서 녹는 실이다.
④ 5-0 두께의 실로서 4-0보다 두껍다.
⑤ 다사(multifilament)가 아닌 단사
　(monofilament)이다.

149 창상의 종류 중 뾰족한 물건이나 칼 등에 찔린 상처를 뜻하는 용어는?

① 열상　　　② 교상　　　③ 자상
④ 찰과상　　⑤ 타박상

150 다음 중 상처 세척에 대한 설명으로 옳지 <u>않은</u> 것은?

① 일정한 압력을 가하면 효과적일 수 있다.
② 과산화수소가 가장 추천된다.
③ 이상적인 세척액은 소독이 되면서도 치유조직에 독성이 적어야 한다.
④ 상처를 세척하면 조직의 박테리아 부하를 줄여 상처의 합병증을 줄일 수 있다.
⑤ 생리식염수는 소독능력이 없음에도 널리 사용된다.

151 수술 전 삭모 및 수술 부위의 소독으로 옳지 <u>않은</u> 것은?

① 수컷 개를 개복할 때에는 포피 세척을 해주는 것이 좋다.
② 삭모는 수술 부위보다 넓은 범위를 하는 것이 좋다.
③ 알코올, 클로르헥시딘 등을 각 3번 정도 번갈아가며 닦아낸다.
④ 삭모를 한 후에 술부를 소독한다.
⑤ 바깥쪽에서 안쪽으로 동심원을 그리며 소독한다.

152 수술실 관리 및 수술실 내 멸균 · 비멸균 구역에 대한 설명으로 옳지 <u>않은</u> 것은?

① 멸균구역의 인원과 비멸균구역의 인원은 직접적인 접촉이 제한된다.
② 마취를 관리하는 구역은 비멸균구역(오염구역)이다.
③ 비멸균구역의 보조자는 멸균구역의 수술복(가운) 착용을 보조할 수 있다.
④ 수술대 아래쪽 역시 철저히 멸균이 유지되어야 한다.
⑤ 수술 직전 최종적인 소독은 멸균장갑을 낀 상태에서 이루어진다.

153 아래의 사진은 몇 호 블레이드인가?

── <보기> ──

① 24호　　② 23호　　③ 15호
④ 11호　　⑤ 10호

154 다음 <보기>에서 설명하는 드레싱의 명칭으로 옳은 것은?

── <보기> ──

- 얇고 반투과성인 필름 접착제를 사용하는 방법으로서, 드레싱 제거 시 들러붙지 않으며 상처사정에 용이
- 세균과 수분의 침입을 방지하지만 흡수력이 없어 삼출물이 있으면 부적합

① 폼(foam) 드레싱
② 하이드로젤(Hydrogel) 드레싱
③ 투명(transparent) 필름드레싱
④ 하이드로콜로이드(Hydrocolloid) 드레싱
⑤ 칼슘 알지네이트(calcium alginate) 드레싱

155 가운을 먼저 입고 손을 빼지 않은 상태로 멸균장갑을 착용하는 장갑 착용 방법의 명칭은?

① 폐쇄형 장갑 착용
② 반폐쇄형 장갑 착용
③ 개방형 장갑 착용
④ 반개방형 장갑 착용
⑤ 보조자 장갑 착용

156 수술 후 입원환자의 관리에 대한 설명으로 옳지 <u>않은</u> 것은?

① 구토, 설사 등이 없는지 관찰한다.
② 수액의 종류와 속도를 관찰한다.
③ 자발식욕이 좋다면 회복의 증거가 될 수 있다.
④ 수술부의 염증, 붓기, 출혈 등의 상태를 관찰한다.
⑤ 마취에서 문제없이 각성되었다면 수술 후에는 건강 상태에 대해 크게 걱정할 필요가 없다.

157 동물병원에서 가장 널리 사용되는 멸균기법은 오토클레이브(autoclave, 고압증기멸균법)이다. 다음 <보기> 중 오토클레이브 사용 시 안전을 위해 주의할 점으로 옳은 것을 <u>모두</u> 고른 것은?

── <보기> ──

ㄱ. 물의 양은 최소한으로 넣는 것이 좋다.
ㄴ. 오토클레이브를 시작하기 전, 기계의 입구를 확실히 닫아야 한다.
ㄷ. 물건을 심하게 겹쳐서 넣거나 너무 많은 양을 넣지 않는다.
ㄹ. 멸균이 끝난 후 물건이 오래 내부에 방치되는 것을 방지하기 위해, 멸균이 끝나면 즉시 문을 열고 물건을 꺼낸다.
ㅁ. 동물병원의 기구 중 전력 소모가 많은 기구에 속하기 때문에 전기안전에 주의한다.

① ㄱ, ㄴ　　　　② ㄱ, ㄴ, ㄷ
③ ㄴ, ㄷ, ㄹ　　④ ㄴ, ㄷ, ㅁ
⑤ ㄱ, ㄴ, ㄷ, ㄹ

158 다음 중 써지셀(Surgicel)에 대한 설명으로 옳지 <u>않은</u> 것은?

① 국소출혈 방지용으로 많이 사용한다.
② 거즈 형태, 부직포 형태, 솜 형태 등이 있다.
③ 사용이 쉽고 지혈 효과가 좋으며 상처에 바로 적용이 가능하다.
④ 몸에서 흡수되지 않는다.
⑤ 경우에 따라 감염을 촉진시킬 수도 있으므로 주의한다.

159 기화기의 조절과 호흡마취제에 대한 설명으로 옳지 <u>않은</u> 것은?

① 마취가 끝난 후에는 꺼야 한다.
② 0부터 5까지 있으며, 0으로 갈수록 마취의 강도가 올라간다.
③ 가급적 0.5 단위로 조절하며 급격한 조절은 피하는 것이 좋다.
④ 동물보건사는 마취 전에 기화기 내의 마취제 양이 적절한지 반드시 체크한다.
⑤ Isoflurane은 동물병원에서 가장 흔하게 사용되는 호흡마취제이다.

160 다음 중 산소가 마취 기화기를 우회(bypass)하게 함으로써 환자에게 산소를 100% 공급하기 위한 장치는?

① 호흡백(reservoir bag)
② 산소유량계
③ 기화기
④ 압력계
⑤ 산소플러시(Oxygen flush) 버튼

161 혈액가스분석기(Blood gas analysis)로 파악할 수 있는 부분이 <u>아닌</u> 것은?

① 폐에서의 산소 교환능력
② 산 염기 불균형
③ 전해질 불균형
④ 급성 염증 수치
⑤ 산소 투여 시 치료 경과 및 모니터링

162 특정 질병에서 CBC 검사상으로 측정값이 정확하지 <u>않은</u> 경우 혹은 혈구의 정확한 형태를 파악하기 위한 검사 방법은?

① 급성염증수치검사
② 혈액호르몬검사
③ 혈액도말검사
④ 혈액가스검사
⑤ 혈청화학검사

163 혈액 도말검사, 피부 도말검사, 귀 도말검사 등 현미경 검사를 이용하는 다양한 임상병리검사에서 공통으로 Diff - Quik 염색 방법이 이용된다. 색깔별 염색 순서가 올바르게 배열된 것은?

① 빨간색 - 투명색 - 파란색
② 투명색 - 빨간색 - 파란색
③ 파란색 - 빨간색 - 투명색
④ 투명색 - 파란색 - 빨간색
⑤ 빨간색 - 파란색 - 투명색

164 분변검사에 대한 설명 중 옳지 않은 것은?

① 신선한 샘플을 이용하여야 한다.
② PCR 검사의 검체로 분변을 활용할 수 있다.
③ 소화기 질환 진단에 유용한 검사법이다.
④ 분변검사의 검체 자체에서 충란이나 바이러스 등 감염원이 포함되어 있을 수 있기 때문에 감염에 유의하여야 한다.
⑤ 여러 부분에서 샘플 채취 시 오염의 원인이 될 수 있기 때문에, 한 곳에서만 채취하여야 한다.

165 다음 중 조직검사에 관한 내용으로 옳은 것은?

① 통증이 없는 비침습적인 검사로 마취가 필요하지 않다.
② FNA(세침흡인세포검사) 검사에 비해 진단 정확도가 떨어진다.
③ 조직 샘플링 이후 알코올 고정액에 고정하여 의뢰한다.
④ 출혈이 발생하지 않는 비침습적 검사로 후속처치가 필요하지 않다.
⑤ 피부의 작은 종괴의 경우 종괴 제거와 동시에 검체를 채취하여 조직검사를 의뢰할 수 있다.

166 전혈구검사(CBC)에서 사용되며 용기 색상이 연보라색을 띠는 검체 튜브는?

① Heparin tube   ② SST tube
③ Citrate tube   ④ EDTA tube
⑤ Plain tube

167 피부의 외부기생충 감염 여부를 알기 위해 시행하는 검사법으로, 수술용 칼날의 뒷면으로 피부 표층을 긁어서 현미경으로 보는 방법은?

① 피부 소파법
② 슬라이드 압착법
③ 조직검사
④ 세침흡인세포검사
⑤ 셀로판테이프 압인법

168 현미경을 이용한 검사법으로, 세포에 따른 발정주기를 예측하여 가임기를 확인해 볼 수 있는 검사법은?

① Progesterone 농도 측정
② Estrogen 농도 측정
③ 질 도말검사
④ FNA 검사
⑤ 혈액 도말검사

169 다음 검사 항목 중 종류가 다른 하나는?

① Amylase
② ALB(Albumin)
③ WBC(White blood cells)
④ BUN(Blood Urea Nitrogen)
⑤ ALT(Alanine aminotransferase, GPT)

170 현미경의 구조에 따른 설명으로 옳지 **않은** 것은?

① 대물렌즈: 고배율일수록 렌즈의 길이가 짧아진다.

② 재물대: 고정용 클립이 있어서 슬라이드 글라스를 고정할 수 있다.

③ 조리개: 렌즈로 들어오는 빛의 양과 조리개 구멍의 크기를 조절하여 상의 밝기를 조절하는 장치이다.

④ 재물대: 가운데 구멍이 뚫려 있는 이유는 빛을 통과시키기 위함이다.

⑤ 조절 나사: 처음에 상을 찾아갈 때는 조동나사를, 초점을 정확히 맞출 때는 미동 나사를 이용한다.

171 다음 중 소변 검사법에 대한 설명으로 옳은 것은?

① 딥스틱 검사를 통하여 요원주, 요결정체, 진균 등을 확인할 수 있다.

② 굴절계 사용 시 알코올을 이용하여 굴절계 눈금을 조정한다.

③ 딥스틱 검사 시 요당, pH 등은 동물에서 적합하지 않아 해석하지 않는다.

④ 요비중 검사 시 굴절지수가 높을수록 소변이 농축되어 있다는 것을 의미한다.

⑤ 요침사 검사를 통하여 요당 검출 여부를 확인할 수 있다.

172 요침사 검사에서 나타난 다음 결과의 명칭으로 옳은 것은?

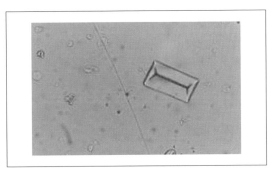

① 요당
② 요단백
③ 수산칼슘
④ 혈색소뇨
⑤ 스트루바이트

173 나열된 혈액 검체 튜브를 원심분리하였을 때, 상층액의 종류가 같은 것으로 짝지어진 것은?

① Plain 튜브-SST 튜브
② Citrate 튜브-SST 튜브
③ EDTA 튜브-Plain 튜브
④ Citrate 튜브-Plain 튜브
⑤ Heparin 튜브-SST 튜브

174 쿠싱 혹은 애디슨 질환의 진단검사 방법인 ACTH 자극검사의 검사 항목은?

① T4
② TSH
③ Sodium
④ Cortisol
⑤ Potassium

175 다음 중 항응고제에 대한 설명으로 옳지 않은 것은?

① 혈액이 응고되지 않도록 차단하는 물질을 항응고제라고 한다.

② SST 튜브 내의 젤은 혈액 중의 혈소판과 결합하여 응고를 방지한다.

③ EDTA 튜브의 항응고제는 혈액 중의 칼슘이온과 착화 결합으로 제거되어 응고를 방지한다.

④ EDTA 튜브에 혈액을 너무 많이 넣으면 항응고제가 상대적으로 부족하여 항응고 효과가 떨어질 수 있다.

⑤ 헤파린 튜브의 항응고제는 혈액 응고 과정 중 트롬빈의 형성을 방해하거나 중화함으로써 응고를 방지한다.

176 빈혈환자에서 나타날 수 있는 가장 적절한 결과를 고른 것은?

① CBC검사상에서 HCT가 저하되었다.

② CBC검사상에서 WBC가 상승하였다.

③ CBC검사상에서 PLT가 저하되었다.

④ 혈청화학검사상에서 ALT가 상승하였다.

⑤ 혈청화학검사상에서 Glucose가 저하되었다.

177 다음 중 광학현미경을 올바르게 사용하는 방법은?

① 현미경을 사용하기 전에는 접안렌즈에 이멀전 오일을 발라주어야 한다.

② 샘플을 관찰하기 전에 현미경의 조명 강도를 최대로 조절하여 낮추면서 관찰한다.

③ 현미경을 사용할 때는 가장 높은 배율의 렌즈를 먼저 사용하고, 낮은 배율로 조정하면서 샘플을 찾는다.

④ 조명 강도는 관찰할 샘플의 종류와 배율에 따라 조절하지 않고 동일한 강도로 유지하는 것이 원칙이다.

⑤ 샘플을 준비할 때는 슬라이드 위에 샘플을 놓고 커버 슬라이드를 부드럽게 덮으며, 공기 방울이 생기지 않도록 주의한다.

178 외이도 소양감으로 내원한 환자가 신체검사 시 외이도의 삼출물 및 악취가 확인되었다. 다음 중 가장 권장되는 검사는?

① 청력 검사   ② 혈액 도말검사

③ STT검사   ④ 귀 도말검사

⑤ DTM 배지검사

179 다음 혈구세포 중 핵이 있는 것으로 올바르게 연결된 것은?

① 적혈구

② 백혈구

③ 백혈구, 혈소판

④ 백혈구, 적혈구

⑤ 백혈구, 적혈구, 혈소판

180 동물병원에서는 환자 상태 모니터링 용도의 다양한 종류의 임상병리 검사가 있다. 이중, 인슐린을 처치한 동물에게 가장 필요한 검사의 종류를 고른 것은?

① ECG검사   ② 홀터 모니터 검사
③ 산소포화도 검사   ④ 동맥혈 가스 검사
⑤ 혈당곡선

181 등록대상동물에 대한 내용으로 옳지 않은 것은?

① 등록대상동물을 잃어버린 경우에는 등록대상동물을 잃어버린 날부터 10일 이내에 신고하여야 한다.
② 등록대상동물의 소유자는 동물의 보호와 유실·유기 방지를 위하여 동물등록대행기관, 관할 지자체에 등록대상동물을 등록 신청한다.
③ 소유자 등은 등록대상동물을 기르는 곳에서 벗어나게 하는 경우 소유자의 연락처 및 동물등록번호 등을 표시한 인식표를 등록대상동물에게 부착하여야 한다.
④ 고양이는 등록대상동물에 해당되지 않는다.
⑤ 등록대상동물의 소유권을 이전 받은 경우 소유권을 이전 받기 전 기존 주소지를 관할하는 지자체에 10일 이내 신고하여야 한다.

182 다음 중 동물등록법에 대한 설명으로 옳지 않은 것은?

① 고양이는 지역에 따라 차이가 있으나, 반려의 목적으로 기르는 경우 2019년 2월부터 동물등록이 의무화 되었다.
② 동물병원에서 등록할 때 고양이는 기타에 "고양이"라고 기입하거나 반려견과 동일하게 신청하는 등의 방법을 사용한다.
③ "등록대상동물"이란 동물의 보호, 유실·유기 방지, 질병의 관리, 공중위생상의 위해 방지 등을 위하여 등록이 필요하다고 인정하여 대통령령으로 정하는 동물이다.
④ 동물등록의 대상으로 대통령령으로 정하는 동물에는 "주택, 준주택에서 기르거나 반려의 목적으로 기르는 2개월령 이상의 개"가 해당된다.
⑤ 등록대상동물의 분실 시 10일 이내 신고하여야 하고, 변경사유가 발생한 경우 변경사유 발생일 30일 이내에 신고하여야 한다.

183 다음 중 동물등록제에 대한 설명으로 옳지 않은 것은?

① 반려동물을 잃어버렸을 때 동물보호관리시스템에 접속하여 등록정보를 통해 소유자를 쉽게 찾을 수 있다.

② 3개월령 이상 강아지는 동물 등록이 의무이다.

③ 등록대상 동물의 소유자가 미등록 시 과태료 부과가 가능하다.

④ 동물등록의 대행자가 없는 시·도의 조례로 정하는 도서 지역 등의 경우 소유자의 선택에 따라 등록하지 않을 수 있다.

⑤ 동물의 보호와 유실·유기 방지 등을 위하여 2014년 1월 1일부터 전국 의무 시행 중이다.

184 다음 중 <보기>의 ㉠, ㉡에 들어갈 용어의 명칭이 올바르게 나열된 것은?

─── <보기> ───

"(㉠)"이란 동물의 보호, 유실·유기방지, 질병의 관리, 공중위생상의 위해 방지 등을 위하여 등록이 필요하다고 인정하여 (㉡)령으로 정하는 동물을 말한다.

① ㉠ 동물보호등록, ㉡ 농림축산식품부

② ㉠ 등록대상동물, ㉡ 대통령

③ ㉠ 등록동물목록, ㉡ 농림축산식품부

④ ㉠ 등록보호동물, ㉡ 보건복지부

⑤ ㉠ 등록동물대상, ㉡ 대통령

185 "맹견"이란 사람의 생명이나 신체 또는 동물에 위해를 가할 우려가 있는 개로서 농림축산식품부령으로 정하는 개, 사람의 생명이나 신체 또는 동물에 위해를 가할 우려가 있어 시·도지사가 맹견으로 지정한 개를 말한다. 다음 중 농림축산식품부령으로 정하는 맹견이 아닌 것은?

① 진돗개

② 도사견

③ 로트와일러

④ 아메리칸 핏불테리어

⑤ 아메리칸 스태퍼드셔 테리어

186 동물병원 내에서 수의사의 지도 아래 동물의 간호 또는 진료 보조 업무를 수행할 수 있는 직종은?

① 동물조련사   ② 동물조무사

③ 동물치료사   ④ 동물미용사

⑤ 동물보건사

187 동물실험시행기관의 장은 실험동물의 보호와 윤리적인 취급을 위하여 제53조에 따라 (   )를 설치·운영하여야 한다. 다음 중 빈칸에 들어갈 단어는?

① 동물윤리위원회

② 동물복지위원회

③ 농장동물복지위원회

④ 동물실험윤리위원회

⑤ 동물학대방지위원회

188 「동물보호법」제7조(동물복지위원회)에 따른 동물복지위원회의 역할과 구성에 대한 설명으로 옳지 <u>않은</u> 것은?

① 공동위원장 2명을 포함하여 최소 25명 이상의 위원으로 구성

② 종합계획의 수립에 관한 사항의 자문

③ 다른 중앙행정기관의 업무 중 동물의 보호·복지와 관련된 사항의 자문

④ 동물복지정책의 수립, 집행, 조정 및 평가 등에 관한 사항의 자문

⑤ 그 밖에 동물의 보호·복지에 관한 사항의 자문

189 다음 <보기>의 빈칸에 들어갈 내용에 해당되지 <u>않는</u> 것은?

> ─────── <보기> ───────
> 「동물보호법」제39조(신고 등)
> ② 다음 각 호의 어느 하나에 해당하는 자가 그 직무상 제1항에 따른 동물을 발견한 때에는 지체 없이 관할 지방자치단체의 장 또는 동물보호센터에 신고하여야 한다.
> ( )

① 동물복지축산농장으로 인증을 받은 자

② 지정된 동물보호센터의 장 및 그 종사자

③ 동물실험윤리위원회를 설치한 동물실험시행기관의 장 및 그 종사자

④ 수의사, 동물병원의 장 및 그 종사자

⑤ 반려동물과 관련된 영업허가를 받은 자(단, 종사자는 해당되지 않는다)

190 다음 <보기>의 ㉠~㉣에 들어갈 단어가 올바르게 짝지어진 것은?

> ─────── <보기> ───────
> 「동물보호법」제46조(동물의 인도적인 처리 등)
> ① 제35조 제1항 및 제36조 제1항에 따른 동물보호센터의 장은 제34조 제1항에 따라 보호 조치 중인 동물에게 질병 등 (㉠)령으로 정하는 사유가 있는 경우에는 (㉡)장관이 정하는 바에 따라 마취 등을 통하여 동물의 고통을 최소화하는 인도적인 방법으로 처리하여야 한다.
> ② 제1항에 따라 시행하는 동물의 인도적인 처리는 (㉢)가 하여야 한다. 이 경우 사용된 약제 관련 사용기록의 작성·보관 등에 관한 사항은 농림축산식품부령으로 정하는 바에 따른다.
> ③ 동물보호센터의 장은 제1항에 따라 동물의 사체가 발생한 경우 「폐기물관리법」에 따라 처리하거나 제69조 제1항 제4호에 따른 (㉣)업의 허가를 받은 자가 설치·운영하는 동물장묘시설 및 제71조 제1항에 따른 공설동물장묘시설에서 처리하여야 한다.

① ㉠ 농림축산식품부, ㉡ 농림축산식품부, ㉢ 동물보건사, ㉣ 동물위탁관리

② ㉠ 대통령, ㉡ 농림축산식품부, ㉢ 수의사, ㉣ 동물장묘

③ ㉠ 농림축산식품부, ㉡ 농림축산식품부, ㉢ 수의사, ㉣ 동물장묘

④ ㉠ 대통령, ㉡ 농림축산식품부, ㉢ 동물보건사, ㉣ 동물장묘

⑤ ㉠ 농림축산식품부, ㉡ 농림축산식품부, ㉢ 수의사, ㉣ 동물위탁관리

191 「동물보호법」 제49조 및 제50조에 따른 동물실험에 관한 내용으로 옳지 <u>않은</u> 것은?

① 봉사동물을 대상으로 하는 실험을 하여서는 아니 된다.

② 누구든지 미성년자뿐만 아니라 성인에게도 체험·교육·시험·연구 등의 목적으로 동물(사체를 포함한다) 해부실습을 하게 하여서는 아니 된다.

③ 유실·유기동물 또는 봉사동물의 경우에도 인수공통전염병 등 질병의 확산으로 인간 및 동물의 건강과 안전에 심각한 위해가 발생될 것이 우려되는 경우 또는 봉사동물의 선발·훈련 방식에 관한 연구를 하는 경우로서 공용동물실험윤리위원회의 실험 심의 및 승인을 받은 때에는 동물실험을 할 수 있다.

④ 「초·중등교육법」 제2조에 따른 학교 또는 동물실험시행기관 등이 시행하는 경우 등 농림축산식품부령으로 정하는 경우에는 미성년자인 경우에도 해부실습을 할 수 있다.

⑤ 유실·유기동물(보호조치 중인 동물을 포함한다)을 대상으로 하는 실험을 하여서는 아니 된다.

192 「동물보호법」에 따른 동물실험윤리위원회에 대한 설명으로 옳지 <u>않은</u> 것은?

① 동물실험윤리위원회 위원 중에는 농림축산식품부령으로 정하는 자격기준에 맞는 수의사가 최소 2명 이상 포함되어야 하며, 동물실험윤리위원회 위원의 임기는 3년으로 한다.

② 동물실험윤리위원회를 구성하는 위원의 3분의 1 이상은 해당 동물실험시행기관과 이해관계가 없는 사람이어야 한다.

③ 동물실험시행기관의 장은 동물실험을 하려면 동물실험윤리위원회의 심의를 거쳐야 한다.

④ 동물실험윤리위원회의 심의대상인 동물실험에 관여하고 있는 위원은 해당 동물실험에 관한 심의에 참여하여서는 아니 된다.

⑤ 동물실험윤리위원회의 위원은 그 직무를 수행하면서 알게 된 비밀을 누설하거나 도용하여서는 아니 된다.

193 소유자등이 다음 <보기>의 조항을 위반하여 소유자등 없이 맹견을 기르는 곳에서 벗어나게 한 경우 1차 위반, 3차 이상 위반하였을 때의 과태료가 순서대로 짝지어진 것은?

───── <보기> ─────

「동물보호법」 제21조(맹견의 관리)

① 맹견의 소유자등은 다음 각 호의 사항을 준수하여야 한다.

  1. 소유자등이 없이 맹견을 기르는 곳에서 벗어나지 아니하게 할 것. 다만, 제18조에 따라 맹견사육허가를 받은 사람의 맹견은 맹견사육허가를 받은 사람 또는 대통령령으로 정하는 맹견 사육에 대한 전문지식을 가진 사람 없이 맹견을 기르는 곳에서 벗어나지 아니하게 할 것

① 100만 원, 300만 원
② 50만 원, 200만 원
③ 30만 원, 100만 원
④ 20만 원, 60만 원
⑤ 20만 원, 50만 원

194 동물실험시행기관의 장이 <보기>의 조항을 위반하여 윤리위원회를 설치·운영하지 <u>않은</u> 경우의 과태료는?

───── <보기> ─────

「동물보호법」 제51조(동물실험윤리위원회의 설치 등)

① 동물실험시행기관의 장은 실험동물의 보호와 윤리적인 취급을 위하여 제53조에 따라 동물실험윤리위원회를 설치·운영하여야 한다.

① 500만 원   ② 400만 원
③ 300만 원   ④ 200만 원
⑤ 100만 원

195 동물실험시행기관의 장이 <보기>의 조항을 위반하여 윤리위원회의 심의를 거치지 않고 동물실험을 한 경우 2차 위반 시의 과태료는?

───── <보기> ─────

「동물보호법」 제51조(동물실험윤리위원회의 설치 등)

③ 동물실험시행기관의 장은 동물실험을 하려면 윤리위원회의 심의를 거쳐야 한다.

① 500만 원   ② 400만 원
③ 300만 원   ④ 200만 원
⑤ 100만 원

196 다음 중 <보기>의 ㈀~㈂에 들어갈 단어가 올바르게 나열된 것은?

――――――― <보기> ―――――――

「수의사법」 제16조의2(동물보건사의 자격)
(…)

1. 농림축산식품부장관의 평가인증(제16조의4 제1항에 따른 평가인증을 말한다. 이하 이 조에서 같다)을 받은 「고등교육법」 제2조 제4호에 따른 전문대학 또는 이와 같은 수준 이상의 학교의 동물 간호 관련 학과를 졸업한 사람(동물보건사 자격시험 응시일부터 (㈀) 이내에 졸업이 예정된 사람을 포함한다)

2. 「초·중등교육법」 제2조에 따른 고등학교 졸업자 또는 초·중등교육법령에 따라 같은 수준의 학력이 있다고 인정되는 사람(이하 "고등학교 졸업학력 인정자"라 한다)으로서 농림축산식품부장관의 평가인증을 받은 「평생교육법」 제2조 제2호에 따른 평생교육기관의 고등학교 교과 과정에 상응하는 동물 간호에 관한 교육과정을 이수한 후 농림축산식품부령으로 정하는 동물 간호 관련 업무에 (㈁) 이상 종사한 사람

3. (㈂)장관이 인정하는 외국의 동물 간호 관련 면허나 자격을 가진 사람

	㈀	㈁	㈂
①	6개월	1년	농림축산식품부
②	6개월	1년	교육부
③	6개월	2년	농림축산식품부
④	12개월	1년	교육부
⑤	12개월	2년	농림축산식품부

197 다음 중 「수의사법」 제16조의5에 따른 동물보건사의 업무에 대한 설명으로 옳은 것은?

① 동물보건사는 제10조(무면허 진료행위의 금지)에도 불구하고 동물병원 내에서 수의사의 지도 아래 동물의 간호 또는 진료 업무를 수행할 수 있다.

② 동물보건사는 제10조(무면허 진료행위의 금지)에도 불구하고 동물병원 내에서 수의사의 지도 아래 진료 보조 업무는 수행할 수 없지만 동물의 간호 업무만을 수행할 수 있다.

③ 동물보건사는 제10조(무면허 진료행위의 금지)에도 불구하고 동물병원 내에서 수의사가 부재중인 경우 동물의 간호 또는 진료 업무를 수행할 수 있다.

④ 동물보건사는 제10조(무면허 진료행위의 금지)에도 불구하고 동물병원 내에서 수의사의 지도 아래 동물의 간호 또는 진료 보조 업무를 수행할 수 있다.

⑤ 동물보건사는 제10조(무면허 진료행위의 금지)에도 불구하고 동물병원 내에서 수의사의 지도 아래 동물의 간호 업무는 수행할 수 없지만 진료 보조 업무만을 수행할 수 있다.

198 다음 중 <보기>의 빈칸에 들어갈 단체의 명칭으로 가장 적합한 것은?

<보기>

「수의사법」제14조(신고)
동물보건사는 농림축산식품부령으로 정하는 바에 따라 그 실태와 취업상황(근무지가 변경된 경우를 포함한다)등을 제23조에 따라서 설립된 (   )에 신고하여야 한다.

① 대한수의사회
② 한국동물약품협회
③ 한국동물병원협회
④ 한국동물복지협회
⑤ 한국반려동물협회

199 수의사법령상 농림축산식품부장관은 다음 <보기>와 같은 업무를 행정기관에 위임할 수 있다. 해당 업무를 위임받는 행정기관으로 옳은 것은?

<보기>

• 등록 업무
• 검사
• 측정기관의 지정 업무
• 품질관리검사 업무
• 지정 취소 업무
• 휴업 또는 폐업 신고의 수리 업무

① 대한수의사회
② 농림축산검역본부
③ 질병관리청
④ 보건복지부
⑤ 고용노동부

200 다음 중 수의사법령상 3회 이상 위반 시 부과해야 하는 과태료가 100만원이 <u>아닌</u> 것은?

① 방사선 발생 장치의 안전관리기준에 맞지 않게 설치·운영한 경우
② 거짓으로 진단서, 검안서, 증명서 또는 처방전을 발급한 경우
③ 정당한 사유 없이 동물의 진료 요구를 거부한 경우
④ 정당한 사유 없이 수의사법에 따른 연수교육을 받지 않은 경우
⑤ 진료 또는 검안한 사항을 기록하지 않은 경우

2023

제2회 복원문제 정답과 해설

⚡ 빠른 정답표

01	④	02	①	03	①	04	①	05	④	06	④	07	④	08	③	09	④	10	④
11	④	12	①	13	⑤	14	⑤	15	⑤	16	③	17	①	18	④	19	③	20	②
21	①	22	⑤	23	③	24	①	25	②	26	④	27	④	28	①	29	①	30	④
31	③	32	①	33	⑤	34	②	35	③	36	②	37	①	38	③	39	②	40	⑤
41	⑤	42	①	43	⑤	44	④	45	③	46	②	47	③	48	⑤	49	②	50	②
51	②	52	②	53	⑤	54	②	55	④	56	⑤	57	①	58	②	59	④	60	③
61	①	62	③	63	⑤	64	④	65	②	66	①	67	④	68	⑤	69	④	70	②
71	⑤	72	②	73	①	74	③	75	①	76	①	77	②	78	⑤	79	⑤	80	③
81	⑤	82	①	83	②	84	①	85	⑤	86	③	87	②	88	④	89	②	90	①
91	②	92	⑤	93	①	94	④	95	②	96	③	97	⑤	98	②	99	⑤	100	④
101	⑤	102	⑤	103	⑤	104	①	105	③	106	③	107	②	108	④	109	①	110	⑤
111	②	112	④	113	①	114	④	115	①	116	③	117	⑤	118	④	119	⑤	120	②
121	⑤	122	①	123	⑤	124	④	125	②	126	③	127	⑤	128	①	129	①	130	④
131	⑤	132	①	133	①	134	②	135	③	136	①	137	④	138	②	139	③	140	②
141	②	142	①	143	⑤	144	②	145	③	146	③	147	①	148	④	149	③	150	②
151	⑤	152	④	153	③	154	③	155	①	156	⑤	157	④	158	④	159	②	160	⑤
161	④	162	③	163	②	164	⑤	165	⑤	166	④	167	①	168	③	169	③	170	①
171	④	172	⑤	173	①	174	④	175	②	176	①	177	⑤	178	④	179	②	180	⑤
181	⑤	182	①	183	②	184	②	185	①	186	⑤	187	④	188	①	189	⑤	190	③
191	②	192	①	193	①	194	①	195	③	196	①	197	④	198	①	199	②	200	③

01 ④

턱관절은 단지 한쪽 면으로 시계추 운동기능을 하는 경첩관절이다. 1축 관절이라고도 하며, 하나의 축 주위의 제한된 회전운동만이 가능하다. 경첩관절의 종류로는 턱관절, 팔꿈치, 무릎관절, 손마디관절이 있다.

02 ①

태아는 외호흡을 하지 않지만 내호흡을 진행할 수 있다.

03 ①

뼈에 칼슘을 저장하는 호르몬은 칼시토닌이다.

04 ①

가로단면에 대한 설명이다. 가로단면은 긴 축에 대하여 직각으로 머리, 몸통, 사지를 가로지르는 단면을 뜻하며, 등단면은 정중단면과 가로단면에 대하여 직각으로 지나는 단면이다.

05 ④

개의 정상 활력징후
심박수: 분당 60~120회, 점막 색: 촉촉한 핑크색, 모세혈관충만도: 2초 이내, 호흡수: 분당 15~30회여야 한다. 분당 40회는 이상이 있는 빠른 호흡수에 해당한다.

06 ④

① 개와 고양이는 정낭샘이 없다.
② 개는 전립샘을 가지고 있고, 고양이에게는 없다.
③ 고양이 음경에는 교미 유도 배란을 위한 가시 같은 돌기가 있다.
④ 개에게는 음경뼈가 있다.
⑤ 개는 망울요도샘이 없고, 고양이에게는 있다.

07 ④

식후에는 혈당이 올라가 인슐린의 분비가 활성화된다. 글루카곤은 혈당을 높이는 역할을 하며, 주로 식후가 아닌 공복 상태에서 분비가 활성화된다. 식후에는 혈당이 높아지므로 인슐린 분비가 증가하고, 글루카곤 분비는 억제된다.

08 ③

심장 자극전도계의 흥분 전도 순서는 동방결절 → 방실결절 → 히스속 → 푸르키네 섬유이다.

09 ④

대퇴네갈래근(대퇴사두근)은 뒷다리에 위치한다.

10 ④

혈압계는 혈압을 측정하는 기구이다.

11 ④

심방중격 결손증은 난원공이 닫히지 않아 발생하는 심장질환으로, 심장사상충 감염 시 심장 내에서 구멍을 통해 심장사상충이 이동하므로 매우 치명적이다.

12 ①

심장사상충에 감염된 개의 혈액을 모기가 흡혈할 때 자충을 함께 흡혈하고, 다른 개를 흡혈할 때 전염된다.

13 ⑤

파보 바이러스성 장염은 심한 혈변, 구토, 설사를 주 증상으로 한다.

14 ⑤

켄넬코프와 개 전염성 기관 기관지염은 동일한 질병이다.

15 ⑤

광견병(Rabies)은 휴전선 인근 지역에서 너구리를 통해 개에게 주로 전염되며 치사율 100%의 인수공통전염병이다.

16 ③

24시간 절식 후 소화가 잘되고 지방 함량이 적은 식이를 소량씩 여러 번에 걸쳐 급여한다.

PART 05

17 ①

고관절(엉덩관절, hip joint)은 둥근 공 모양의 넓적다리뼈 머리 부분(대퇴골두, femur head)과 골반뼈의 절구(관골구, acetabulum) 사이에 형성된 관절로, 골반과 다리를 연결한다. 고관절이 낙하 혹은 교통사고 등의 외상에 의해 넙다리뼈 머리가 골반뼈의 절구에서 벗어난 것을 고관절 탈구라고 부른다.

18 ④

앞등쪽 엉덩관절 탈구에서는 발이 몸 안쪽으로, 무릎이 바깥쪽으로 회전된 전형적인 자세를 보인다.

19 ③

부신(adrenal gland)은 신장의 머리 쪽(cranial)에 위치하며, 부신의 바깥층을 피질, 안쪽을 수질이라 부른다. 부신피질 기능항진증은 부신피질호르몬이 과도하게 분비되어 생기는 병으로, 다른 이름으로는 쿠싱증후군(Cushing's syndrome)이 있다.

20 ②

부신피질 기능항진증은 쿠싱증후군이라 불리며, 에디슨병은 부신피질 기능저하증의 다른 명칭이다.

21 ①

광우병의 잠복기는 2~8년 사이로 매우 긴 편이라 동물의 전염 여부를 쉽게 알 수 없으며, 사망 후 뇌의 빗장(obex) 부분에 대한 조직검사를 해봐야 확진할 수 있다. 소가 주저앉거나 (downer cow) 보행실조 등의 신경증상을 보이게 되면 해당 질병을 의심해볼 수 있다. 광우병이 의심되는 소는 별다른 치료 없이 즉시 살처분된다.

22 ⑤

광견병은 개는 물론 대부분의 온혈동물이 걸릴 수 있는 질병으로서, 주로 물려서 전파된다. 사람이 동물에 물려 광견병이 전파되면 되면 신경을 타고 머리쪽(위쪽)으로 전파된다. 만약 머리를 물리게 되면 질병의 경과가 짧아져 손이나 발을 물리는 것보다 위험하다.

23 ③

팬데믹은 질병의 범세계적 유행을 의미하며, 특정 질병이 전 세계적으로 유행하는 상태로, 2개 대륙 이상으로 확산했을 때 선언할 수 있다. 에피데믹(epidemic)은 국지적 유행을 의미하며 팬데믹에 비해 확산범위와 속도가 낮다고 볼 수 있다. 1968년 홍콩독감과 2009년 신종플루는 코로나19와 함께 팬더믹이 선포되었던 질병이다. 팬데믹은 전 세계 다른 대륙을 포함한 여러 지역에서 인간 간의 광범위한 전염이 확인된 상태이기 때문에 WHO가 정의한 6가지 전염병 경보단계 중 최고단계인 6단계라고 할 수 있다.

24 ①

문제는 역학에 대한 설명으로, 역학을 통해 질병의 분포와 발생패턴 등을 연구하게 된다. 코로나19와 같은 감염병뿐만 아니라 비만, 당뇨병, 암과 같은 비감염병의 분포와 결정요인에 대한 연구도 포함된다.

25 ②

공기의 성분은 대부분 질소(78%)와 산소(21%)로 이루어져 있으며, 가장 많은 비율을 차지하는 성분은 질소이다.

26 ④

유전적 원인이나 음식, 환경 등에 대한 과민반응을 보이는 아토피는 전염성을 지닌 피부병이 아니다.

27 ④

인공 능동 면역은 후천 면역의 일종으로, 불활성화 형태의 항원을 접종하여 항체 생산을 유도하여 면역을 생성하는 방법으로 예방접종의 원리이다.

28 ①

코호트는 집단을 의미하는 용어로서, 질병 발생 이전에 특정 코호트(집단)를 지정하고 향후 해당 집단의 질병 발생 연구를 추적하는 방법이다. 후향적 코호트 연구와 전향적 코호트 연구가 있으며 환축-대조군 연구, 단면 연구 등 다른 역학 연구에 비해 시간과 비용이 많이 들어간다.

29 ①

군집독이란 밀폐된 공간에 용적에 비하여 사람이 지나치게 모였을 때 위생학적인 조건이 나빠져서 생기는 현상이다. 사람은 많고 공간은 한정되어 있기 때문에 산소가 감소하고 이산화탄소가 증가한다.

30 ④

황색포도알균은 독소형 식중독으로, 독소 자체를 섭취하여 식중독 증상을 일으킨다. 감염형과 다르게 균이 체내에서 증식하는 시간이 필요하지 않으므로 잠복기가 훨씬 빠르고(최소 3~4시간) 구토를 주증상으로 한다. 보기의 나머지 세균은 모두 감염형이다.

31 ③

개들은 적응력이 뛰어난 동물로, 고양이들보다 먼저 인간과 유대관계를 형성하였다.

32 ①

개의 성격이 형성되는 사회화시기에는 감각기능 및 운동기능이 발달하며, 놀이 행동이 시작되고 성견의 행동을 모방하기 시작한다. 또한 동물과 사람, 사물과 환경에 애착 형성이 가능하기 때문에 무리 없이 자극적이지 않게 교육을 지속적으로 관리하는 것이 필요하다.

33 ⑤

고양이는 헐떡이거나 스스로 그루밍을 하여 체온을 조절한다.

34 ②

고양이는 사람이 들을 수 없는 소리까지도 들을 수 있으며 개보다 청력이 뛰어나다. 고양이는 계절 번식성 다발정 동물로 교미번식을 하며, 번식기 동안의 발정은 10~14일 주기로 반복된다.

35 ③

질병에 방어할 수 있는 항체를 생성하기 위해 예방접종을 하는 것이기 때문에, 방어항체가 생성되지 않았다면 추가로 접종해 인공능동면역을 생성시켜주는 것이 안전하다.

36 ②

모구증(헤어볼)은 섭취한 털이나 이물질 등이 배출되지 못하고 위를 막아 발생하는 질병으로 털 길이에 상관없이 털을 핥고 다듬는 고양이의 습성에 의해 털을 많이 삼켜서 나타나는 질병이다. 이로 인해 소화 기능을 멈추게 하여 식욕이 없어지며, 배변에도 이상이 나타난다.

37 ①

고양이에게 타우린이 결핍되면 시력장애와 심근비대증과 같은 심장질환을 일으킬 수 있다.

38 ③

중간 숙주인 모기나 유충에 의해 나타나는 혈액 내 기생충성 질환이기 때문에 집에서 기르는 고양이도 심장사상충에 대한 예방이 필요하다.

39 ②

① 체온(℃)은 약 38~39℃ 사이이다.
② 맥박은 소형견 80~120회/분, 대형견 60~80회/분으로 임신 중이거나 운동·흥분 상태에 따라 다를 수 있다.
③ 정상 혈압은 수축기 120~130mmHg, 이완기 80~90mmHg이다.
④ 호흡수는 평균 18~25회/분이다.
⑤ 영구치는 총 42개로 상악과 하악의 개수가 다르다.

40 ⑤

어려서부터 외부 자극이나 새로운 환경에 빨리 배우고 적응할 수 있도록 사회화 시기에 동물병원에 대한 긍정적인 경험을 할 수 있도록 한다.

41 ⑤

췌장(이자) 호르몬

소마토스타틴	• 췌장 랑게르한스섬의 델타세포에서 분비되며 인슐린 및 글루카곤의 분비를 약간 억제함 • 장에서 여러 영양분의 흡수 시간을 늦춰 혈당의 기복을 조절함
글루카곤	• 췌장 랑게르한스섬의 알파세포에서 분비되며 혈당치를 높임 • 인슐린과 길학작용을 함
인슐린	췌장 랑게르한스섬의 베타세포에서 분비되며 혈당치를 낮춤

42 ①

아보카도 과실, 씨앗 등에는 페르신이라는 물질이 포함되어 있어 사람 이외의 동물에게 주면 중독증상을 일으켜 구토, 설사 및 경련, 호흡곤란 등이 나타날 수 있다.

43 ⑤

지방은 소량의 섭취로도 많은 에너지를 얻을 수 있게 해주는 필수 영양성분이지만, 과다 섭취 시 높은 에너지로 인한 과체중(비만), 습진, 탈모가 생길 가능성도 있다.

44 ④

비타민 b(복합체)는 수용성 비타민에 해당하며 티아민, 리보플래빈, 나이아신, 비오틴, 엽산, 피리독신, 시아노코발라민 등이 있다.

45 ③

타우린은 정상적인 발달에 중요한 필수 아미노산으로, 어미 고양이의 젖에 풍부하게 함유되어 있다. 특히 반려견과 달리 고양이에게 필수적으로 요구되는 아미노산이며 부족할 시 시력 감소, 심장질환 발생, 면역력 감소 등의 증상이 나타난다.

46 ②

알부민은 세포의 기본 물질을 구성하는 단백질의 하나로, 혈관 속에서 체액이 머물게 하여 혈관과 조직 사이의 삼투압 유지에 중요한 역할을 한다. 또한 알부민은 간에서 생성되며, 간 기능 저하 · 신장질환 · 영양실조 · 염증 · 쇼크일 경우 농도가 감소할 수 있다.

47 ③

① 반려견은 필수 아미노산이 10개, 고양이는 11개이다.
② 어릴수록 단백질의 필요량이 높고, 나이가 들면서 차차 감소한다.
④ 성장 중인 강아지에게 중요한 무기질은 칼슘과 인이다.
⑤ 성장 중인 고양이에게 탄수화물의 필요량은 낮다.

48 ⑤

갑상샘 기능항진증은 갑상샘 호르몬이 과도하게 분비되는 질병이다. 갑상샘 증식 및 종양 등이 원인이며 비만견보다는 나이든 고양이에게서 주로 나타난다.

49 ②

급여와 보관이 편리한 사료는 건식 사료이다

50 ②

반려견의 임신 기간의 평균 63일(약 9주) 정도이다.

51 ②

개의 임신 기간의 평균 63일(약 9주) 정도이다.

52 ②

분리불안은 주인이 없을 때 또는 빈집에 있는 동안 불안감을 느껴서 짖거나 부적절하게 배설하거나 구토, 설사, 떨림, 지루성 피부염과 같은 생리학적 증상을 나타내는 것으로, 분리불안을 보이는 개는 주인에게 종종 과도한 애착을 보인다.

53 ⑤

그루밍은 몸을 단장하려고 자신의 혀나 발로 몸을 긁거나 핥는 행동으로, 성적 어필과는 거리가 멀다.

54 ②

스프레이 행동은 일반적으로 서서 한다.

55 ④

① 동물에게서 주인을 떨어뜨리는 것이 바람직하다.
② 달래는 행위는 목소리나 그 방법이 동물을 칭찬하는 행위와 비슷해서 겁먹은 동물에게 겁먹어도 좋다는 잘못된 메시지를 전달할 수 있다.
③ 무서워할 수 있는 자극을 주지 않는다.
⑤ 처벌은 겁먹은 동물의 불안과 공포를 증가시켜 문제를 더 크게 만들 수 있으므로 피한다.

56 ⑤

페르시안 고양이(Persian Cat)
• 원산지: 페르시아 – 영국
• 체형: 볼이 통통하고 다리와 꼬리는 짧고 굵음
• 빛깔: 흑색, 청색, 청황색, 황색, 백색, 회색 등 다양
• 눈색: 청동색
• 얼굴이 둥글어 친절하고 상냥한 분위기를 줌
• 놀기를 좋아하나 움직임이 많은 놀이를 즐기는 편은 아님

57 ①

시추
• 외모: 기품이 있는 분위기를 풍기는 풍부한 피모를 가졌고 국화와 같은 얼굴을 하고 있음
• 성격: 영리하고 매우 명랑하며 민첩하고, 독립적이고 친근한 느낌을 줌
• 두부: 폭이 넓고 둥글며 양쪽 눈 사이는 넓은 편이고, 턱수염과 구레나룻이 보기 좋게 있으며 코 위에 난 피모는 위를 향하며 자람

58 ②

대략 약령기(6~12개월)에 복잡한 운동패턴의 사용이 가능하며, 고양이는 보통 이때부터 그루밍(Grooming, 전신 몸단장)을 시작한다.

59 ④

고양이는 발톱 갈기를 하는 습성이 있다.

60 ③

① 반려견의 혈압은 90~120[평균 100~160(수축기), 60~110(이완기)]이다.
② 소형견은 대형견에 비해 활동성이 크고 흥분도가 높다.
③ 반려견의 맥박수는 90~160(소형), 70~110(중형), 60~90(대형)으로 소형견의 맥박이 대형견의 맥박보다 빠르다.
④ 반려견의 정상 체온(℃)은 대략 37.2~39.2℃ 사이이다.
⑤ 반려견의 정상 호흡수는 16~32회/분이다.

61 ①

심정지로 인한 뇌손상을 최소화하는 치료 방법이다. 쇼크환자의 경우 급격히 체온이 떨어질 수 있어 체온유지에 신경써야 하며, 수액으로 인한 체온저하를 막기 위해 수액가온기를 사용할 수 있다.

62 ③

지혈대는 이차적인 부작용이 많아 일반적 지혈방법이 듣지 않는 경우 최후로 사용한다.

63 ⑤

자일리톨은 저혈당의 위험성이 있으며, 포도는 신부전을 유발할 수 있다. 초콜릿의 테오브로민 성분은 침 흘림, 구토, 설사, 호흡수 증가, 체온 상승을 유발할 수 있다.

64 ④

영상진단 영역과 수술실에 쉽게 접근할 수 있는 위치에 있어야 한다.

65 ②

초음파 진단기와 같은 영상장비는 필수적이지만 반드시 응급실 내부에 존재할 필요는 없다.

66 ①

향정신성 의약품은 잠금장치가 설치된 장소에 보관해야 한다.

67 ④

의식의 확인 여부는 필수적이다.

68 ⑤

적정 체온 이후에도 과도한 처치로 고체온 혹은 저체온이 되지 않도록 체온을 지속적으로 모니터링한다. 체온조절능력이 떨어진 경우에는 다시 체온이상이 될 가능성이 높다.

69 ④

응고인자가 부족하여 응고부전이 있는 경우에는 수혈이 필수적이다.

70 ②

처음에는 부적합반응을 확인하기 위해 정맥투여 속도를 낮추고, 10~30분 후에 문제가 생기지 않는다면 속도를 높인다.

71 ⑤

유통기한이 지난 약품은 변질되어 부작용 혹은 원하는 약효가 일어나지 않을 수 있어 폐기한다.

72 ②

체액상실량은 질환의 경과 중에 구토, 설사 등으로 배설되는 수분량이다. 현존결핍량은 현재 탈수 등으로 잃어버린 체액량을 뜻한다.

73 ①

보기의 다른 약물은 심혈관계에 작용하는 약물로서, 응급카트에서 심박이나 혈압 등에 문제가 생겼을 때 사용 가능하다. 파모티딘은 위에 작용하는 약물로서 응급으로 사용되지는 않는다.

74 ③

향정신성 의약품은 높은 곳이나 손이 닿지 않는 곳이 아닌 잠금장치가 설치된 장소에 보관하여, 저장시설 등에 대한 이상 유무를 정기적으로 점검해야 한다.

75 ①

해당 내용은 개에 해당하는 내용이다. 고양이는 자연발생 동종이계항체를 가지므로 첫 수혈 시에도 교차적합시험을 반드시 실시하여야 한다.

76 ①

동물검역 때 요구되는 사항들은 국가별로 다르며, 단지 준비하면 되는 것이 아니라 해당 시술이나 증명이 이루어지는 방법, 순서, 횟수, 시기 등을 규정대로 준수해야 한다. 현재 표준화된 국제 매뉴얼은 없다.

77 ②

해외 출국을 위한 검역 시에는 내장형 무선식별장치를 삽입한 경우만 인정된다.

78 ⑤

현재 수의사법상 동물보건사의 침습적 의료행위는 법으로 금지되어 있다.

79 ⑤

수의간호기록 작성을 의미하는 SOAP는 Subjective(주관적 자료) + Objective(객관적 자료) + Assessment(평가) + Plan(계획)의 이니셜을 의미한다.

80 ③

락스는 바이러스 소독 시 30~40배, 일반 소독 시 150배 희석하여 사용한다.

81 ⑤

차아염소산 나트륨(락스)은 가격이 저렴하고 빠른 효과와 바이러스(파보) 사멸이 가능한 높은 소독력을 보유한 최고의 소독제이지만, 뜨거운 물(60도 이상)과 희석하거나 뜨거운 환경에 노출 시 염소가 기화되어 동물보건사의 몸에 해로우므로 주의해야 한다.

82 ①

일반 폐기물이 의료 폐기물과 혼합되면 의료 폐기물로 간주된다.

83 ②

폐기물이 넘치지 않도록 용량의 80% 이내로 넣고, 보관기간을 초과하여 보관을 금지한다. 조직류 폐기물은 4℃ 이하에서 냉장 보관한다.

84 ①

CT는 Computed Tomography의 약어로, 엑스선을 여러 각도에 신체에 투영하고 이를 컴퓨터로 재구성하여 신체 단면을 영상으로 처리하는 장치이다.

85 ⑤

현재 수의사법상 동물보건사의 침습적 의료행위는 법으로 금지되어 있다.

86 ③

자동혈구분석기(CBC)는 적혈구, 백혈구, 혈소판 등 혈구 검사를 진행하는 혈액 검사기기로서 환자의 체액량의 변화, 염증, 혈액 응고 이상, 빈혈 등을 진단하는 데 도움을 주는 장비이다.

87 ②

- TID: three times a day의 약자로 하루에 세 번을 의미한다.
- SID: once a day 의 약자로 하루에 한 번을 의미한다.
- QOD: every other day의 약자로 하루 걸러를 의미한다.
- TPR: Temperature, Pulse, Respiration의 약자로 체온, 맥박수, 호흡을 의미한다.
- QID: four times a day의 약자로 하루에 4번을 의미한다.

88 ④

- PHx: Past history의 약자로 과거병력을 의미한다.
- NPO: nothing per oral의 약자로 금식을 의미한다.
- PCV: packed cell volume의 약자로 적혈구 용적을 의미한다.
- OHE: ovariohysterectomy의 약자로 난소자궁절제술을 의미한다.
- OE: Orchidectomy의 약자로 고환절제술을 의미한다.

89 ②

고압증기멸균기(Autoclave)에 대한 설명이다. 해당 장비 사용 시 멸균 여부를 확인하기 위해 멸균소독테이프를 부착한다. 수술포 포장의 멸균 소독 시 2주 동안 유효하다.

90 ①

- DOA: dead on arrival의 약자로 도착 시 사망을 의미한다.
- HBC: hit by car의 약자로 교통사고를 의미한다.
- CPR: CardioPulmonary Resuscitation의 약자로 심폐소생술을 의미한다.
- CRT: capillary refill time의 약자로 모세혈관 재충만 시간을 의미한다.
- BM: bowel movement의 약자로 배변을 의미한다.

91 ②

약물의 반감기는 약물의 농도가 반으로 줄어드는 데 걸리는 시간이다. 반감기가 짧을수록 약물이 혈액에 짧게 머무르기 때문에, 일정한 약물 농도를 체내에서 유지하기 위해서는 약물의 투여 간격도 짧아져야 한다.

92 ⑤

1세대 살서제중 하나인 와파린은 실외에서 활동하는 반려견이 쥐약을 섭취했을 때 중독이 발생한다. 국내보다는 해외에서 흔한 중독증이다. 와파린은 응고인자 활성화에 필수적인 비타민K의 작용을 막아 지혈을 방해하고 출혈을 유발한다. 와파린 중독 시 구토 및 수액처치와 더불어 일정기간 동안 비타민K를 주사하여 치료한다.

93 ①

아세트아미노펜은 상품명 타이레놀의 성분으로서, 사람에서는 대표적인 NSAIDs 계열의 약물로 사용하여 문제가 없으나 반려동물에게서 간독성 및 메트헤모글로빈 혈증을 일으켜 중독증상을 보인다. 아세트아미노펜과 더불어 이부프로펜(Ibuprofen) 성분 역시 반려동물에게서 중독증상을 일으키기 때문에 주의해야 한다.

94 ④

백신은 냉장보관이 원칙이며, 상온에 1시간 이상 노출된 경우 사용하지 않는다.

95 ②

t.i.d(ter in die)는 1일 3회(three times a day)를 의미한다. s.i.d는 1일 1회, b.i.d는 1일 2회, q.i.d는 1일 4회이다.

96 ③

약물 섭취 후 설사나 구토 증상을 보이는 것은 내성이 아닌 부작용(side effect)으로 인한 것이다.

97 ⑤

약물은 흡수, 분포, 대사, 배설이라는 일련의 과정을 거쳐 체내에 들어와서 작용한 후 체외로 빠져나간다. 약물동태학 혹은 약동학은 약이 몸 안으로 흡수되고, 분포되었다가 대사, 배설을 통해 몸 밖으로 나갈 때까지 혈액과 각 조직에서 발견되는 약의 농도가 시간에 따라 변화하는 과정을 설명하는 방법이다. 약물동태학에서 흡수(absorption), 분포(distribution), 대사(metabolism), 배설(excretion)의 첫글자를 따서 ADME라고 지칭하기도 한다.

98 ②

약물을 정맥에 투여하면 곧바로 전신순환에 도달되며 모두 흡수되어 생체이용률이 100%이다. 정맥투여는 대사가 이루어지는 소장 및 간을 경유하지 않고 직접 전신혈관계로 유입되기 때문에 생체이용률이 높다.

99 ⑤

거담제는 호흡기계의 점액분비물을 액화하고 희석하여 분비물을 배출하는 기능을 하기 때문에 오히려 젖은 기침에 효과적이며, 진해제는 켄넬코프와 같은 마른 기침에 효과적이다.

100 ④

이소플루란은 호흡마취에 사용되는 약제이다. 엔로플록사신과 클린다마이신은 항생제이며, 이트라코나졸과 케토코나졸은 항진균제이다.

101 ⑤

①~④번은 대표적 심장사상충 예방약이다. 아폭솔라너는 진드기, 벼룩 등 외부기생충 제제로 상품명 넥스가드의 주성분이다. 다만 넥스가드가 업그레이드된 형태인 넥스가드 스펙트라의 경우 밀베마이신이 함께 포함되어 있어 외부기생충 외에 심장사상충 예방의 효과가 있다.

102 ⑤

항히스타민제는 염증 매개물질인 히스타민에 의한 알레르기 증상을 완화시키는 약물로, 알레르기 등의 치료에 널리 사용해왔다. 아나필락시스(anaphylaxis) 등 백신에서의 알레르기 반응은 일반적으로 항히스타민과 더불어 스테로이드 제제를 함께 사용한다.

103 ⑤

고양이는 캡슐 등의 형태로 투여하는 것이 바람직하다. 가루약 형태로 투여할 경우 쓴 맛 때문에 투여하기가 매우 힘들고, 고양이가 심하게 저항하거나 거품을 물기도 한다.

104 ①

스테로이드는 'tapering'이라고 하여 서서히 용량을 낮춰가면서 단약하는 것이 중요하다. 고용량으로 단기간 쓰고 즉각적으로 빠르게 단약하는 것은 가장 좋지 못한 방법으로, 내성 및 부작용을 일으킬 확률이 높다.

105 ③

• 서방정: 약물이 서서히 방출되어 약물효과가 오래 지속되도록 한 정제
• 설하정: 혀 밑에서 용해되는 정제
• 코팅정: 코팅이 되어 있는 정제
• 나정: 코팅이 되지 않은 정제
• 발포정: 물과 접촉 시 발포하며 용해되는 정제
• 당의정: 설탕 등으로 나정을 코팅한 정제

106 ③

mAs는 mA와 s를 곱한 값이다. 두 개를 곱하면 20이 된다.

107 ②

X선은 넓은 범위를 한 번에 보는 데 유리하고, 초음파는 개별 장기를 보는 데 유리하다. 케이스에 따라 다르지만 영상진단의 경우 일반적인 진료 순서는 X선을 통해 전반적인 이상을 살피고, 구조적인 이상이 있는 장기에 대해 개별적으로 초음파를 보게 된다.

108 ④

초음파와 MRI는 방사선을 사용하지 않아 피폭의 우려가 없으며, 이 두 장비를 제외한 보기의 다른 장비는 모두 방사선에 의해 피폭되기 때문에 방사선 안전에 유의해야 한다.

109 ①

CT는 Computed Tomography의 약어로, 엑스선을 여러 각도에 신체에 투영하고 이를 컴퓨터로 재구성하여 신체 단면을 영상으로 처리하는 장치이다.

110 ⑤

전자는 튜브 내의 음극에서 양극으로 진행하며 이때 텅스텐 등의 타겟을 충돌하며 아래쪽으로 X선이 산란된다. 이 광선을 통해 X선 촬영을 하게 된다.

111 ②

경추, 흉추, 요추는 사진 한 장에 나오게 하기가 어려울뿐더러 이렇게 찍는 것이 진단에 유리하지도 않다. 병변이 있는 곳을 중심으로 따로 촬영하는 것이 권장된다.

112 ④

Linear형은 탐촉자의 머리 부분이 다른 것에 비해 크고 접촉면이 넓다. 머리 부분과 접촉면이 좁은 것은 sector형이다. 보기의 다른 설명은 linear에 해당하는 설명이다.

113 ①

피폭량을 나타내는 단위는 시버트(Sv) 혹은 렘(rem) 등을 사용한다. 참고로 일반인의 인공 방사선에 의한 연간 피폭허용량은 1mSv이다.

114 ④

초음파 검사를 할 때 방광천자, FNA 검사를 같이 한다. 이를 초음파 유도(Ultrasound guided)라고 하는데 초음파를 통해 직접 바늘이 들어가는 것을 확인하면서 특정 장기에 바늘을 삽입하는 것이 가능하기 때문이다.

115 ①

외측상을 부를 때에는 바닥에 붙어있는 면이 동물의 어느 쪽인지를 기준으로 한다. 동물이 왼쪽 옆구리를 바닥에 대고 누웠으면 왼쪽 외측상이 된다. 배복상(DV)의 경우, 광선이 등에서 들어와서 배로 나가기 때문에 배를 바닥에 대고 누워있는 형태(엎드린 자세)가 된다.

116 ③

<보기> 사진의 영상진단기기는 CT 장비이다.

117 ⑤

가스 및 공기는 밀도가 낮기 때문에 X선이 잘 투과하여 가장 까맣게 나온다. 그 다음 순서가 지방, 연부조직(물과 동일), 뼈(혹은 미네랄), 금속 등이다.

118 ④

천공이 있을 때 흡수가 불량한 비요오드계 조영제인 바륨계 조영제의 사용은 권장되지 않는다. 천공된 곳을 중심으로 다른 기관에 영향을 줄 수 있기 때문이다. 이때는 요오드계 조영제인 가스트로그라핀을 사용하는 것이 추천된다.

119 ⑤

문제는 그리드에 대한 설명이다. 방사선이 몸을 통과할 때 광선의 산란이 일어나는데, 이것을 최소화하여 필름이나 디텍터에 좋은 영상을 전달해주는 역할을 한다.

120 ②

흉부 방사선을 위한 보정 시, 앞쪽에 있는 사람은 앞다리 외에 머리나 귀를 함께 잡아주어야 한다. VD 포지션에서 머리가 좌우로 움직일 경우 몸의 방향성이 틀어져 좌우 대칭적인 사진을 찍기 어렵다.

121 ⑤

BCS(Body condition score): 비만도를 숫자로 객관화한 지표, Tx(Treatment): 처치, CRT(Capillary refilling time): 탈수평가 지표, TPR: 체온, 맥박, 호흡수를 나타내는 vital sign, CBC: 혈구검사

122 ①

탈수(Dehydration)란 수분 및 전해질이 부족한 상태를 뜻한다.

123 ⑤

피하주사 시 머리를 움직이지 않도록 고정시켜서 보정해야 한다.

124 ④

고양이는 개와 다르게 반드시 타우린이 포함된 식이를 해야 한다.

125 ②

인공 능동 면역은 후천 면역의 일종으로, 불활성화 형태의 항원을 접종하여 항체 생산을 유도하여 면역을 생성하는 방법으로 예방접종의 원리이다.

126 ③

약독화 생백신은 살아있는 병원체의 독성을 약화한 것이기 때문에 병원성과 항원성을 모두 보유한다. 따라서 면역결핍 환자의 경우 병원체에 의한 발병 우려가 있다.

127 ⑤

- 세척(cleaning): 물과 세제를 사용하여 병원체 수를 줄이고 물리적 제거
- 멸균(sterilization): 열, ethylenoxide, 방사선을 사용하여 모든 병원체와 세균의 아포까지 사멸
- 소독(disinfection): 소독약을 사용하여 세균의 아포를 제외한 모든 병원체 제거

128 ①

개과 고양이의 파보바이러스는 소독용 에탄올로 소독되지 않는다. 차아염소산나트륨 등을 이용하여야 한다.

129 ①

도플러 혈압계로는 수축기 혈압만 확인할 수 있고 이완기 혈압의 확인은 어렵다. 오실로메트릭 혈압계의 경우 수축기, 이완기, 평균 혈압의 측정이 가능하다.

130 ④

수혈은 낮은 속도에서 시작하여 체온, 심박수, 호흡수, 점막 색깔 등을 확인하며 부작용을 체크하면서 천천히 속도를 높여나간다.

131 ⑤

보호자의 주민등록번호는 향정신성의약품의 사용 등의 특수한 경우를 제외하면 필수적으로 정보를 습득하지 않는다.

132 ⑤

정맥카테터 장착 및 주사 투여 등의 침습적 행위는 수의사의 업무이다.

133 ①

요골쪽피부정맥(cephalic vein)이 앞다리에서 가장 많이 이용되는 혈관이다.

134 ②

대사질환을 가진 경우, 환자의 현재 상태에 맞추어 에너지 공급량을 조절해야 한다.

135 ③

시진은 눈으로 확인하는 검사법으로 심박수나 심장박동의 이상 유무 평가에 적합하지 않다.

136 ①

일반적으로 긴장이나 스트레스 상태에서 교감신경계의 활성화 및 호르몬, 근육 긴장 등으로 전반적인 활력 징후들이 상승한다.

137 ④

혈액은 세균 증식 및 혈구 보존 및 안정화를 위해 냉장보관해야 한다.

138 ②

쿠파주는 주로 네불라이저 치료 후 흉부순환을 도와주며 침하성 폐렴을 방지하기 위해 실시한다.

139 ③

복부통증은 활동성을 저하시키는 주된 원인이다.

140 ②

허니아는 일반적으로 자연 치유는 드물며, 외과적 교정이 필요하다.

141 ②

팝오프 밸브는 평상시에 반드시 열린 상태로 두어야 한다. 호흡백을 짜거나 마취기계 누출 테스트(leakage test)를 하는 때에 열거나 닫을 수 있으나, 완전히 닫은 상태로 마취가 오래 유지되면 폐압이 올라가 동물이 사망하는 경우가 있으므로 동물보건사는 이 점에 반드시 유의해야 한다.

142 ①

마요 가위가 더 두껍고 짧은 블레이드를 가지고 있기 때문에 마요 가위는 견고하고 강력한 절개에서 사용하고, 메첸바움 가위는 부드럽고 정교한 연부조직 절개에서 우선하여 사용한다.

143 ⑤

<보기>는 본왁스에 대한 설명이다. 본왁스는 반투명한 상아색의 지혈물질로서 소량씩 잘라서 지혈에 사용한다.

144 ②

펜로즈 배액법은 수동 배액법의 일종으로서 간편하고 효율성이 좋아 가장 널리 사용되는 배액법이다. 라텍스 등의 길쭉한 고무관을 고정하여 삼출물을 외부로 배액한다.

145 ③

비멸균 구역이라고 할지라도 수술실은 기본적은 청결이 유지되어야 한다. 머리털이 날릴 수 있기 때문에 비멸균 구역이라고 할지라도 헤어캡이나 부트 등을 착용하여 먼지, 머리털 등을 최소화한다.

146 ③

- 빨간색, 검은색, 흰색의 촉자가 있을 경우 다음과 같이 연결한다.
  - 흰색 리드(RA; Right Arm): 오른쪽 앞다리에 부착
  - 검은색 리드(LA; Left Arm): 왼쪽 앞다리에 부착
  - 빨간색 리드(LL; Left Leg): 왼쪽 뒷다리에 부착
- 빨간색, 노란색, 초록색, 검은색의 촉자가 있을 경우 다음과 같이 연결한다.
  - 빨간색 리드(RA; Right Arm): 오른쪽 앞다리에 부착
  - 노란색 리드(LA; Left Arm): 왼쪽 앞다리에 부착
  - 초록색 리드(LL; Left Leg): 왼쪽 뒷다리에 부착
  - 검은색 리드(RL; Right Leg): 오른쪽 뒷다리에 부착

147 ①

EO가스는 오토클레이브 등에 비해 저온으로 멸균하는 방법이기 때문에 화상 등의 위험은 적으나, 유독성이 있는 가스를 사용하므로 환기에 충분히 신경을 써야 한다. 오토클레이브와는 달리 플라스틱 물질의 멸균도 가능하다. 과산화수소를 사용하는 방법은 플라즈마 멸균에 해당하는 사항이다.

148 ④

숫자가 작을수록 두께가 두꺼워진다. 따라서 5 – 0는 4 – 0보다 가늘다. PDS는 polydioxanone의 상품명으로서 동물병원에서 가장 널리 사용되는 흡수성 단사(monofilament) 중 하나로, 바늘이 달려있는 일회용 봉합사이다. 흡수성(absorable)인지, 단사(monofilament)인지 등의 정보가 포장지에 이미 기재되어 있다.

149 ③

금속, 칼 등 뾰족한 물건에 찔린 상처를 자상이라고 부른다.

150 ②

과산화수소는 조직 자극성이 있기 때문에 상처 세척에는 사용하지 않는 것이 좋다. 생리식염수 등을 사용하고, 여건이 따라주지 않으면 수돗물을 사용하는 경우도 있다.

151 ⑤

수술 부위 소독은 포비돈요오드나 알코올, 클로르헥시딘 등을 사용하여 안쪽에서 바깥쪽으로 동심원을 그리면서 한다.

152 ④

수술대의 아래쪽은 비멸균구역으로, 멸균이 유지되지 않아도 된다. 수술 시 버리거나 제거해야 하는 물품 등이 있는 경우 바닥에 떨어뜨리기도 한다.

153 ③

위의 사진은 15호 블레이드로서, 칼날이 작아 간단한 처치 및 시술에 사용된다.

154 ③

<보기>는 투명(transparent) 필름드레싱에 대한 설명이다.

155 ①

폐쇄형 장갑 착용(Closed gloving)은 수술실에서 사용되는 멸균 장갑 착용 기법 중 하나로서 수술복을 입은 상태에서 멸균 상태를 유지하며 장갑을 착용해야 할 때 사용된다. 멸균 수술복의 소매와 손목 부분이 외부와 접촉하는 것을 최소화하면서 장갑을 착용해야 한다.

156 ⑤

수술 후 환자는 합병증이 생길 수 있기 때문에 일반적으로 중환자에 준하여 관리한다. 수컷 중성화 수술 등의 아주 간단한 수술은 빠르게 퇴원할 수도 있지만, 대부분의 경우에는 완전히 회복될 때까지는 입원시켜 집중 관리하며 상태를 관찰하는 것이 좋다.

157 ④

물의 양이 적으면 내부의 물질이 타버리기 때문에 물의 양이 충분해야 한다. 오토클레이브가 끝나고 나서 반드시 압력과 온도를 낮춘 후 문을 열어야 하며, 이 과정은 보통 1시간가량 소요된다. 멸균 직후 그대로 문을 열면 폭발 및 화상의 위험이 있기 때문에 대단히 주의해야 한다. 또한 압력과 온도가 떨어진 후에 문을 열어도 내부의 물건은 여전히 뜨거운 경우가 많으므로, 두꺼운 장갑을 끼고 꺼내거나 물건이 완전히 식을 때까지 기다려야 한다.

158 ④

써지셀은 손상된 조직에 녹아들어가면서 작용하므로 몸에서 흡수된다.

159 ②

기화기는 0부터 5까지 있으나, 5로 갈수록 마취의 강도가 올라가며 0이 되면 꺼진다. 수의사와 동물의 상태에 따라 다르지만 보통 처음 호흡마취를 시작하는 단계에서는 기화기 2~4 수준으로, 이후 마취를 유지하는 단계에서는 기화기 1~3 수준으로 사용하며, 마취가 종료되면 기화기를 0으로 하여 기화기를 끈다.

160 ⑤

산소가 기화기를 우회하게 되면 마취제와 섞이지 않은 순수한 산소가 동물에게 공급되어 동물이 마취에서 깨어나게 된다. 이 버튼은 동물이 너무 깊게 마취되어 깨워야 할 때 사용하게 되는 버튼으로서, 단순히 호흡백을 부풀리기 위한 용도로서 함부로 사용하게 되면 의도치 않게 동물이 마취에서 깰 수 있다.

161 ④

혈액가스분석기는 주로 산 염기, 전해질 불균형 및 폐에서의 산소 교환능력, 혈액의 산소 운반능력, 산소 투여 시 치료 경과 및 모니터링에 이용하여 노령견, 응급환자, 수술 전후 환자에게 필수적이다.

162 ③

특정 질병에서 동물의 혈구가 조건에 맞지 않아서 자동 혈구분석기(CBC)의 측정값이 정확하지 않은 경우 또는 형태 파악이 필요한 경우는 슬라이드를 이용하여 혈액을 도말·염색 후 현미경으로 검사한다.

163 ②

Diff - Quik 염색법은 투명색 염색약(메탄올)으로 고정한 후 1번 염색약(빨간색), 2번 염색약(파란색) 순서로 염색한다. 그 다음에 흐르는 물에 뒷면을 헹구고 현미경으로 관찰한다.

164 ⑤

국소적으로 샘플링을 하게 되면 주요 세포나 감염원을 놓칠 수 있으므로, 여러 곳에서 샘플링하도록 한다.

165 ⑤

피부의 작은 종괴의 경우, 종괴 제거 후 조직검사를 의뢰한다. 정확도가 높지만 침습적이고 통증을 수반하는 검사이기 때문에 부분마취 혹은 상황에 따라 진정이 필요하다. 샘플링 후 크기에 따라 봉합이 필요할 수 있으며, 검체는 포르말린 고정액에 고정 후 이동한다.

166 ④

CBC 검사는 연보라색을 띠는 튜브인 EDTA tube를 이용한다. 혈구검사이기 때문에 원심분리하지 않고 전혈 그대로 이용한다.

167 ①

피부 소파법(Skin scraping)이란 피부 표층을 블레이드로 긁어내어 모낭충, 개선충 등을 확인하는 방법이다.

168 ③

질 부위에 0.9% 생리식염수를 도포한 면봉을 삽입한다. 이후 면봉을 회전하여 샘플을 얻고, 슬라이드 글라스에 도말하여 염색 후 관찰한다. 세포와 세균의 양상을 통해 배란주기를 예측할 수 있다.

169 ③

ALT, BUN, WBC, albumin 등은 혈청 화학검사 항목이다. 백혈구(WBC)는 CBC에서 측정할 수 있다.

170 ①

대물렌즈는 일반적으로 ×4, ×10, ×40, ×100배율의 4개의 렌즈로 구성되어 있고, 회전판이 있어 돌리며 배율을 바꿀 수 있다. 고배율일수록 렌즈의 길이가 길어지며, ×100배율은 유침오일을 사용하여 관찰한다.

PART 05

171 ④

굴절계 사용 시 증류수를 이용하여 눈금 보정을 한다. 딥스틱 검사 시 요당, pH, 케톤 등을 확인할 수 있으며, 요침사를 통하여 요원주, 요결정체 등을 관찰할 수 있다.

172 ⑤

요결정체(Crystal)가 모여 요결석을 생성한다. 사진의 길쭉한 모양은 스트루바이트를 나타낸다.

173 ①

EDTA 튜브, Citrate 튜브, Heparin 튜브는 항응고제가 있는 튜브로서, 상층액은 혈장(plasma)이다. SST(Serum separating tube) 튜브, Plain 튜브의 상층액은 혈청(serum)이라 부른다.

174 ④

ACTH 자극시험은 합성 ACTH 주사 전 및 1시간 후 채혈하여 혈청을 분리한 후 Cortisol을 측정한다.

175 ②

SST 튜브에는 혈청 분리 촉진제와 젤이 들어있다. 항응고제가 들어있지 않으므로 혈액이 응고된다.

176 ①

CBC검사의 HCT항목은 적혈구가 차지하는 비율로, 빈혈 환자의 경우 수치가 저하된다.

177 ⑤

현미경의 조명 강도는 낮은 곳에서 높은 곳으로, 배율은 낮은 배율에서 높은 배율로 조정하며 사용한다.

178 ④

귀 내부의 염증세포, 세균, 말라세치아 등의 미생물을 보기위한 검사법이다.

179 ②

적혈구는 성숙 과정에서 핵이 없어지며, 혈소판은 골수의 거대핵 세포에서 유래한 조각으로 핵이 없다. 백혈구에 속한 다양한 세포들은 모두 핵을 가지고 있다.

180 ⑤

정해진 시간마다 혈중 당 농도를 검사함으로써, 식사 및 인슐린에 혈당의 움직임을 파악하는 검사이다.

181 ⑤

등록대상동물의 소유권을 이전 받은 경우 소유권을 이전 받은 날로부터 30일 이내 자신의 주소지를 관할하는 지자체에 신고하여야 한다.

182 ①

고양이는 지역에 따라 차이가 있으나, 반려의 목적으로 기르는 경우 2019년 2월부터 동물등록 신청이 가능하게 되었으며 현재 반려견처럼 의무화 된 것은 아니다.

183 ②

2021년 2월 이후 2개월령 이상 강아지는 동물 등록이 의무이다.

184 ②

제2조 8. "등록대상동물"이란 동물의 보호, 유실 · 유기(遺棄) 방지, 질병의 관리, 공중위생상의 위해 방지 등을 위하여 등록이 필요하다고 인정하여 대통령령으로 정하는 동물을 말한다.

185 ①

제2조(맹견의 범위)「동물보호법」(이하 "법"이라 한다) 제2조 제5호 가목에 따른 "농림축산식품부령으로 정하는 개"란 다음 각 호를 말한다.
1. 도사견과 그 잡종의 개
2. 핏불테리어(아메리칸 핏불테리어를 포함한다)와 그 잡종의 개
3. 아메리칸 스태퍼드셔 테리어와 그 잡종의 개
4. 스태퍼드셔 불 테리어와 그 잡종의 개
5. 로트와일러와 그 잡종의 개

186 ⑤

제2조 3의2. "동물보건사"란 동물병원 내에서 수의사의 지도 아래 동물의 간호 또는 진료 보조 업무에 종사하는 사람으로서 농림축산식품부장관의 자격인정을 받은 사람을 말한다.

187 ④

제51조(동물실험윤리위원회의 설치 등) ① 동물실험시행기관의 장은 실험동물의 보호와 윤리적인 취급을 위하여 제53조에 따라 동물실험윤리위원회(이하 "윤리위원회"라 한다)를 설치·운영하여야 한다.

188 ①

제7조(동물복지위원회) ② 위원회는 공동위원장 2명을 포함하여 20명 이내의 위원으로 구성한다.

189 ⑤

제39조(신고 등) ② 다음 각 호의 어느 하나에 해당하는 자가 그 직무상 제1항에 따른 동물을 발견한 때에는 지체 없이 관할 지방자치단체 또는 동물보호센터에 신고하여야 한다.
1. 제4조 제3항에 따른 민간단체의 임원 및 회원
2. 제35조 제1항에 따라 설치되거나 제36조 제1항에 따라 지정된 동물보호센터의 장 및 그 종사자
3. 제37조에 따른 보호시설운영자 및 보호시설의 종사자
4. 제51조 제1항에 따라 동물실험윤리위원회를 설치한 동물실험시행기관의 장 및 그 종사자
5. 제53조 제2항에 따른 동물실험윤리위원회의 위원
6. 제59조 제1항에 따라 동물복지축산농장 인증을 받은 자
7. 제69조 제1항에 따른 영업의 허가를 받은 자 또는 제73조 제1항에 따라 영업의 등록을 한 자 및 그 종사자
8. 제88조 제1항에 따른 동물보호관
9. 수의사, 동물병원의 장 및 그 종사자

190 ③

제46조(동물의 인도적인 처리 등) ① 제35조 제1항 및 제36조 제1항에 따른 동물보호센터의 장은 제34조 제1항에 따라 보호조치 중인 동물에게 질병 등 농림축산식품부령으로 정하는 사유가 있는 경우에는 농림축산식품부장관이 정하는 바에 따라 마취 등을 통하여 동물의 고통을 최소화하는 인도적인 방법으로 처리하여야 한다.

② 제1항에 따라 시행하는 동물의 인도적인 처리는 수의사가 하여야 한다. 이 경우 사용된 약제 관련 사용기록의 작성·보관 등에 관한 사항은 농림축산식품부령으로 정하는 바에 따른다.

③ 동물보호센터의 장은 제1항에 따라 동물의 사체가 발생한 경우 「폐기물관리법」에 따라 처리하거나 제69조 제1항 제4호에 따른 동물장묘업의 허가를 받은 자가 설치·운영하는 동물장묘시설 및 제71조 제1항에 따른 공설동물장묘시설에서 처리하여야 한다.

191 ②

제50조(미성년자 동물 해부실습의 금지) 누구든지 미성년자에게 체험·교육·시험·연구 등의 목적으로 동물(사체를 포함한다) 해부실습을 하게 하여서는 아니 된다. 다만, 「초·중등교육법」 제2조에 따른 학교 또는 동물실험시행기관 등이 시행하는 경우 등 농림축산식품부령으로 정하는 경우에는 그러하지 아니하다.

192 ①

제53조(윤리위원회의 구성) ① 윤리위원회는 위원장 1명을 포함하여 3명 이상의 위원으로 구성한다.
② 위원은 다음 각 호에 해당하는 사람 중에서 동물실험시행기관의 장이 위촉하며, 위원장은 위원 중에서 호선한다.
1. 수의사로서 농림축산식품부령으로 정하는 자격기준에 맞는 사람
2. 제4조 제3항에 따른 민간단체가 추천하는 동물보호에 관한 학식과 경험이 풍부한 사람으로서 농림축산식품부령으로 정하는 자격기준에 맞는 사람
3. 그 밖에 실험동물의 보호와 윤리적인 취급을 도모하기 위하여 필요한 사람으로서 농림축산식품부령으로 정하는 사람
③ 윤리위원회에는 제2항 제1호 및 제2호에 해당하는 위원을 각각 1명 이상 포함하여야 한다.
④ 윤리위원회를 구성하는 위원의 3분의 1 이상은 해당 동물실험시행기관과 이해관계가 없는 사람이어야 한다.
⑤ 위원의 임기는 2년으로 한다.
⑥ 동물실험시행기관의 장은 제2항에 따른 위원의 추천 및 선정 과정을 투명하고 공정하게 관리하여야 한다.
⑦ 그 밖에 윤리위원회의 구성 및 이해관계의 범위 등에 관한 사항은 농림축산식품부령으로 정한다.

PART 05

193 ①

「동물보호법 시행령」 [별표 4]에 의하면 소유자등이 「동물보호법」 제21조 제1항 제1호를 위반하여 소유자등 없이 맹견을 기르는 곳에서 벗어나게 한 경우에는 1차 위반 시 100만 원, 2차 위반 시 200만 원, 3차 이상 위반 시 300만 원의 과태료를 부과할 수 있다.

194 ①

「동물보호법 시행령」 [별표 4]에 의하면 동물실험시행기관의 장이 「동물보호법」 제51조 제1항을 위반하여 윤리위원회를 설치·운영하지 않은 경우에는 500만 원의 과태료를 부과할 수 있다.

195 ③

「동물보호법 시행령」 [별표 4]에 의하면 동물실험시행기관의 장이 「동물보호법」 제51조 제3항을 위반하여 윤리위원회의 심의를 거치지 않고 동물실험을 한 경우에는 1차 위반 시 100만 원, 2차 위반 시 300만 원, 3차 이상 위반 시 500만 원의 과태료를 부과할 수 있다.

196 ①

제16조의2(동물보건사의 자격) ① 동물보건사가 되려는 사람은 다음 각 호의 어느 하나에 해당하는 사람으로서 동물보건사 자격시험에 합격한 후 농림축산식품부령으로 정하는 바에 따라 농림축산식품부장관의 자격인정을 받아야 한다.
1. 농림축산식품부장관의 평가인증(제16조의4 제1항에 따른 평가인증을 말한다. 이하 이 조에서 같다)을 받은 「고등교육법」 제2조 제4호에 따른 전문대학 또는 이와 같은 수준 이상의 학교의 동물 간호 관련 학과를 졸업한 사람(동물보건사 자격시험 응시일부터 6개월 이내에 졸업이 예정된 사람을 포함한다)
2. 「초·중등교육법」 제2조에 따른 고등학교 졸업자 또는 초·중등교육법령에 따라 같은 수준의 학력이 있다고 인정되는 사람(이하 "고등학교 졸업학력 인정자"라 한다)으로서 농림축산식품부장관의 평가인증을 받은 「평생교육법」 제2조 제2호에 따른 평생교육기관의 고등학교 교과 과정에 상응하는 동물 간호에 관한 교육과정을 이수한 후 농림축산식품부령으로 정하는 동물 간호 관련 업무에 1년 이상 종사한 사람

3. 농림축산식품부장관이 인정하는 외국의 동물 간호 관련 면허나 자격을 가진 사람
② 제1항에도 불구하고 입학 당시 평가인증을 받은 학교에 입학한 사람으로서 농림축산식품부장관이 정하여 고시하는 동물 간호 관련 교과목과 학점을 이수하고 졸업한 사람은 같은 항 제1호에 해당하는 사람으로 본다.

197 ④

제16조의5(동물보건사의 업무) ① 동물보건사는 제10조에도 불구하고 동물병원 내에서 수의사의 지도 아래 동물의 간호 또는 진료 보조 업무를 수행할 수 있다.
② 제1항에 따른 구체적인 업무의 범위와 한계 등에 관한 사항은 농림축산식품부령으로 정한다.

198 ①

제14조(신고) 수의사는 농림축산식품부령으로 정하는 바에 따라 최초로 면허를 받은 후부터 3년마다 그 실태와 취업상황(근무지가 변경된 경우를 포함한다) 등을 제23조에 따라 설립된 대한수의사회에 신고하여야 한다.

199 ②

권한의 위임(수의사법 시행령 제20조의4 제2항)
농림축산식품부장관은 법 제37조 제2항에 따라 다음 각 호의 업무를 농림축산검역본부장에게 위임한다.
• 등록 업무
• 품질관리검사 업무
• 검사·측정기관의 지정 업무
• 지정 취소 업무
• 휴업 또는 폐업 신고의 수리 업무

200 ③

정당한 사유 없이 동물의 진료 요구를 거부한 경우의 과태료는 1회 위반 시 150만 원, 2회 위반 시 200만 원, 3회 위반 시 250만 원이다(수의사법 시행령 별표 2).

2024

제3회 복원문제

001 다음 중 신경계통의 특징으로 옳지 **않은** 것은?

① 교감신경은 공포, 흥분과 관련된 신경이다.

② 부교감신경은 이완, 안정과 관련된 신경이다.

③ 뇌에서 31쌍의 뇌신경이 나오고, 척수에서 12쌍의 척수신경이 나온다.

④ 경수 6번부터 흉수 2번 분절에서 뻗어나온 척수신경은 상완신경얼기를 이룬 후 다시 분지하여 앞다리로 가는 신경가지를 만든다.

⑤ 요수 4번에서 천수 3번으로 뻗어나온 척수신경은 허리엉치신경얼기를 이룬 후 다시 분지하여 뒷다리로 가는 신경가지를 만든다.

002 심장에서 시작된 혈액의 순환으로 폐까지만 갔다가 다시 심장으로 돌아오는 순환을 뜻하는 폐순환(소순환)의 경로를 <보기>에서 순서대로 올바르게 나열한 것은?

```
──────── <보기> ────────
ㄱ. 폐          ㄴ. 좌심방
ㄷ. 우심실      ㄹ. 폐동맥
ㅁ. 폐정맥
```

① ㄱ → ㄴ → ㄷ → ㄹ → ㅁ

② ㄱ → ㄹ → ㄴ → ㄷ → ㅁ

③ ㄴ → ㅁ → ㄱ → ㄷ → ㄹ

④ ㄷ → ㄹ → ㄱ → ㅁ → ㄴ

⑤ ㄷ → ㅁ → ㄴ → ㄹ → ㄱ

003 해부학적 단면을 나타내는 용어에 대한 설명으로 옳지 **않은** 것은?

① 단면: 해부학적으로 사용되는 동물 신체의 절단 면

② 축: 몸통 또는 몸통의 어떤 부분의 중심선

③ 정중단면: 머리, 몸통, 사지를 오른쪽과 왼쪽이 똑같게 세로로 나눈 단면

④ 시상단면: 정중단면과 평행하게 머리, 몸통, 사지를 통과하는 단면

⑤ 등단면: 긴 축에 대하여 직각으로 머리, 몸통, 사지를 가로지르는 단면

004 중추신경계의 보호 시스템에 대한 설명으로 옳은 것은?

① 혈액뇌장벽은 물리적 자극으로부터 뇌를 보호하는 시스템이다.

② 뇌와 척수에는 혈관이 직접적으로 연결되어 영양을 공급한다.

③ 두개골은 척수를 보호하는 뼈이다.

④ 뇌척수막은 뇌와 척수 주변을 감싸고 있는 막으로 경막, 거미막, 연막, 횡격막으로 구성된다.

⑤ 뇌실계통에서 생성된 뇌척수액은 갑작스러운 움직임 또는 충격으로부터 뇌를 보호한다.

005 다음 중 앞다리 관절에 포함되지 <u>않는</u> 것은?

① 견관절　　　　② 주관절
③ 완관절　　　　④ 족근관절
⑤ 상완관절

006 독성물질의 위장 흡수를 억제하는 응급의약품으로 적절한 것은?

① 진통제　　　　② 활성탄
③ 진정제　　　　④ 항생제
⑤ 혈압강하제

007 다음 중 개의 앞다리 근육이 <u>아닌</u> 것은?

① 상완두갈래근　　② 상완세갈래근
③ 전완근　　　　　④ 대퇴네갈래근
⑤ 상완근

008 동물별 척주의 수로 옳지 <u>않은</u> 것은?

	동물	경추	흉추	요추	천추	미추
①	개	7	13	7	3	20~23
②	돼지	7	14~15	6~7	4	20~23
③	소	7	13	6	5	18~20
④	말	7	18	6	5	15~19
⑤	고양이	7	13	7	3	21~23

009 개에서 이마와 코의 중앙에 움푹 들어간 부분으로, 코이마각(Nasofrontal Angle)이라 불리는 곳은?

① 스톱　　　② 내이　　　③ 연구개
④ 경구개　　⑤ 눈꺼풀

010 다음 <보기>의 빈칸에 들어갈 기관은?

> ──── <보기> ────
>
> (　　)은 소화액을 분비하는 외분비샘과, 호르몬을 분비하는 내분비샘 역할을 동시에 하는 기관이다.

① 간　　　　② 췌장　　　③ 인두
④ 신장　　　⑤ 대장

011 다음 <보기>에서 세균의 특징으로 옳은 것을 <u>모두</u> 고른 것은?

> ──── <보기> ────
>
> ㄱ. 세포의 구조를 가지며 유전 물질로 DNA를 가진다.
> ㄴ. 스스로 에너지를 만들어낼 수 없으며 영양분이 포함된 배양액에서 증식이 불가하다.
> ㄷ. 세포 분열에 의해 증식하며 단독으로 단백질을 합성한다.
> ㄹ. 전자현미경으로만 관찰이 가능하다.

① ㄱ, ㄴ　　　　　② ㄱ, ㄷ
③ ㄴ, ㄷ　　　　　④ ㄴ, ㄹ
⑤ ㄱ, ㄴ, ㄷ

012 다음 <보기>에서 바이러스의 특징으로 옳은 것을 <u>모두</u> 고른 것은?

<보기>

ㄱ. 광학현미경으로 관찰 가능하다.
ㄴ. 유전물질로 DNA를 가진 것과 RNA를 가진 것이 있다.
ㄷ. 세포분열을 하지 않고 숙주세포를 이용하여 DNA를 복제한 후 숙주세포를 파괴하고 탈출하여 증식한다.
ㄹ. 단독으로 단백질을 합성할 수 없으며 스스로 에너지를 만들어낼 수 없고, 배양액에서는 증식할 수 없다.

① ㄱ, ㄴ   ② ㄱ, ㄷ   ③ ㄴ, ㄹ
④ ㄱ, ㄴ, ㄷ ⑤ ㄴ, ㄷ, ㄹ

013 다음 중 내부 기생충으로 옳은 것은?

① 개선충(Scabies)
② 모낭충(Demodex)
③ 지알디아(Giardiasis)
④ 벼룩(Pulex irritans)
⑤ 귀 진드기(Ear mite)

014 다음 중 <보기>에서 설명하는 질환의 명칭으로 옳은 것은?

<보기>

선천적으로 코가 짧아 입천장과 연구개가 늘어져 기도를 막는 증상으로 퍼그, 시츄, 페키니즈, 불독 등에게 자주 발병하는 질환

① 기흉   ② 비염
③ 폐렴   ④ 단두종 증후군
⑤ 기관 협착증

015 다음 중 개 종합백신(DHPPL)으로 예방할 수 <u>없는</u> 질병은?

① 개 홍역(Canine Distemper)
② 렙토스피라증(Leptospirosis)
③ 파라 인플루엔자(Parainfluenza Infection)
④ 파보 바이러스성 장염(Parvovirus Enteritis)
⑤ 개 허피스바이러스(Canine Herpes Virus)

016 다음 중 정강뼈(경골, tibia)가 앞쪽으로 전위되는 것을 방지하는 인대가 퇴행성 변화와 외부의 충격에 의해 부분적으로 혹은 완전히 파열되는 질환은?

① 고관절 탈구
② 슬개골 탈구
③ 십자인대 단열
④ 퇴행성 관절염
⑤ 고관절 이형성증

017 다음 중 앞쪽 미끄러짐 검사(cranial drawer test)와 정강뼈 압박 검사(tibial compression test)로 진단 가능한 질환은?

① 고관절 이형성증
② 슬개골 탈구
③ 고관절 탈구
④ 퇴행성 관절염
⑤ 십자인대 단열

PART 05

018 다음 중 목에 위치한 내분비샘으로 뇌하수체의 신호를 받아 요오드에 의해 만들어지는 호르몬을 분비하여 우리 몸의 기초대사와 성장발육을 조절하는 기관의 기능이 과도하여 다음, 다뇨 등의 증상이 나타나는 질환의 명칭으로 옳은 것은?

① 요독증
② 갑상선 기능항진증
③ 갑상선 기능저하증
④ 부신피질 기능저하증
⑤ 부신피질 기능항진증

019 다음 중 갑상선 기능항진증에 대한 설명으로 옳지 <u>않은</u> 것은?

① 다음·다뇨 증상이 발생한다.
② 부교감신경이 항진되어 호흡과 심박이 느려지고 무기력한 모습을 보인다.
③ 갑상선 호르몬이 과도하게 분비되는 질환으로, 나이 든 고양이에게서 주로 발생한다.
④ 요오드가 제한된 처방식(Hill's y/d)을 급여하여 갑상선 호르몬의 농도를 감소시킨다.
⑤ 갑상선 종양의 경우 수술적으로 갑상선을 제거하고 갑상선호르몬 약을 투여해야 한다.

020 다음 중 추간판탈출증(Intervertebral disk disease)에 대한 설명으로 옳지 <u>않은</u> 것은?

① 품종 소인(breed risk)은 닥스훈트, 페키니즈, 토이푸들, 비글 등이 있다.
② 척추사이원반의 탄력성이 떨어지고 내용물이 돌출되어 척수를 압박하는 질환이다.
③ 탈출된 디스크가 압박하는 신경의 위치 및 손상 정도에 따라 다양한 증상이 발현한다.
④ CT와 MRI를 통해 탈출된 위치와 신경 손상의 정도를 확진하고 수술적 교정을 실시한다.
⑤ 경추 추간판 탈출 시에는 하반신 마비증상을 보이며, 흉요추 추간판 탈출 시에는 사지 마비 증상을 보인다.

021 다음 중 감염형 식중독의 원인균이 올바르게 묶인 것은?

① 보툴리누스, 캠필로박터 제주니, 병원성 대장균
② 황색포도상구균, 살모넬라, 클로스트리듐 퍼프린젠스
③ 보툴리누스, 살모넬라, 바실러스 세레우스
④ 캠필로박터 제주니, 살모넬라, 리스테리아 모노사이토제네스
⑤ 황색포도상구균, 병원성 대장균, 바실러스 세레우스

022 다음 중 <보기>의 ㉠, ㉡에 들어갈 숫자가 올바르게 연결된 것은?

—— <보기> ——

해썹(HACCP)의 관리는 세계 공통으로 (㉠) 원칙 (㉡)절차에 의한 체계적인 접근 방식을 사용한다. (㉠)원칙은 HACCP 관리계획 수립에 있어 단계별로 적용되는 주요원칙이며, (㉡)절차는 준비단계와 본단계 (㉠) 원칙 등으로 구성된 HACCP의 관리체계 구축절차이다.

	㉠	㉡
①	3	8
②	5	10
③	5	12
④	7	12
⑤	7	15

023 다음 중 보툴리누스 중독(Botulism)에 관한 설명으로 옳지 <u>않은</u> 것은?

① 주로 강직되는 형태의 마비가 온다.
② 영아 보툴리누스의 경우 꿀이 원인이다.
③ 식품위생에 있어서는 통조림의 위생관리가 중요하다.
④ 클로스트리듐 보툴리눔(Clostridium botulinum)이 생성하는 독소가 원인이 된다.
⑤ 사람뿐만 아니라 소, 말, 양 등도 걸릴 수 있으며, 동물 등에서 감염되어 음식을 잘 씹지 못하거나 침을 흘리는 등의 증상을 보일 수 있다.

024 다음 중 제1종 법정가축전염병에 해당하는 것은?

① 브루셀라병 ② 탄저 ③ 구제역
④ 결핵병 ⑤ 광견병

025 소독, 세척, 살균, 멸균 등은 모두 미생물을 제어하는 기술이다. 다른 방법과 비교했을 때 멸균이 가지고 있는 차별점으로 옳은 것은?

① 위해세균만 사멸시킨다.
② 세균의 아포까지 사멸시킨다.
③ 세균은 물론 바이러스까지 사멸시킨다.
④ 물체의 표면에 있는 세균만 죽이는 방법이다.
⑤ 다른 방법에 비해 빠르고 간편한 방법이다.

026 다음 <보기> 빈칸에 들어갈 숫자로 옳은 것은?

—— <보기> ——

자외선 중 살균 작용이 있는 파장은 주로 UV-C 영역에 속한다. 살균효과가 높은 UV-C의 파장의 범위는 (   )nm이다.

① 100~120 ② 120~150
③ 150~180 ④ 200~280
⑤ 300~500

027 다음 중 수은의 중독으로 인한 질병은?

① 살모넬라증 ② 이따이이따이병
③ 미나마타병 ④ 쯔쯔가무시
⑤ 유행성출혈열

028 우유 속의 효소 중 저온살균처리 완전여부 검사에 이용하는 것은?

① 아밀라아제(amylase)

② 포스파타제(phosphatase)

③ 리파아제(lipase)

④ 카탈라제(catalase)

⑤ 갈락타제(galactase)

029 다음 중 수분활성도가 가장 높은 식품은?

① 신선야채　　　② 건조과일

③ 분유　　　　　④ 쿠키

⑤ 잼

030 다음 <보기>의 살균법은 어떤 식품을 살균할 때 사용하는 용어인가?

─── <보기> ───
- 저온 장시간 살균법(LTLT)
- 고온 단시간 살균법(HTST)
- 초고온 순간 살균법(UHT)

① 식육　　　　　② 계란

③ 우유　　　　　④ 수산물

⑤ 가공육

031 다음 중 <보기>에서 설명하는 고양이의 품종으로 옳은 것은?

─── <보기> ───
- 터키 앙카라 원산의 장모종 고양이로, 외향적이고 사교적이며 노는 것을 좋아한다.
- 늘씬하게 빠진 포린 타입의 체형을 가지고 있다.

① 먼치킨　　　　② 노르웨이숲

③ 페르시안　　　④ 러시안블루

⑤ 터키시앙고라

032 새로운 것을 경험하면서 알게 되는 것을 배우고 받아들이는 시기는?

① 노령기

② 청소년기

③ 청년기

④ 신생아기

⑤ 사회화기

033 개의 품종별 견종이 잘못 짝지어진 것은?

① 사역견-세퍼드

② 목양견-셔틀랜드 쉽독

③ 호위견-시츄

④ 수렵견-진돗개

⑤ 조렵견-포인터

034 다음 중 강아지 종합백신 DHPPL 예방접종의 병원체가 <u>아닌</u> 것은?

① 켄넬코프   ② 개독감

③ 전염성간염   ④ 홍역

⑤ 파보바이러스장염

035 다음 <보기>에서 설명하는 질환의 명칭으로 옳은 것은?

— <보기> —
- 눈꺼풀이 안쪽으로 말려들어가 있는 상태로, 털이 눈동자를 찌르고 자극하여 각막 표면에 통증을 일으킨다.
- 샤페이에게서 자주 볼 수 있는 안구 질환이다.

① 제3안검 탈출증

② 안검내번증

③ 유루증

④ 결막염

⑤ 녹내장

036 원충이나 감염된 쥐, 새 등에 의해 전염되며 사람과 고양이에게 공통으로 나타나는 인수공통감염병으로 옳은 것은?

① 콕시디움 감염증

② 전염성 복막염

③ 클라미디아

④ 톡소플라즈마

⑤ 범백혈구감소증

037 다음 중 반려견이 먹어도 되는 식재료는?

① 양파   ② 초콜릿

③ 블루베리   ④ 마카다미아

⑤ 포도

038 다음 <보기>와 같은 질병이 발생할 수 있는 품종이 <u>아닌</u> 것은?

— <보기> —
- 증상: 선천적으로 코가 짧아서 호흡하기 어렵고 숨을 쉴 때마다 코골이가 심하다.
- 원인: 선천적으로 코가 짧고 입천장과 목젖에 해당하는 연구개가 늘어져 숨을 막는다.

① 시추   ② 불독

③ 동경이   ④ 페키니즈

⑤ 보스턴테리어

039 다음 <보기>는 토끼의 어떤 질병에 대한 설명인가?

— <보기> —
- 소화시키기 힘든 이물을 먹거나 헤어볼 등의 원인으로 인해 장내 정상 미생물이 파괴되어 가스가 차고 장운동이 안 되는 질병이다.
- 충분한 건초를 급여해 예방하도록 한다.

① 고창증   ② 족피부염

③ 비절병   ④ HBS

⑤ 림프선염

040 다음 중 반려견 예방접종 시기로 옳은 것은?

① 2차(8주): 코로나 장염 백신 1차
② 3차(10주): 인플루엔자 백신 1차
③ 4차(12주): 인플루엔자 백신 2차
④ 5차(14주): 켄넬코프 백신 2차
⑤ 6차(16주): 광견병

041 다음 <보기>의 빈칸에 들어갈 기관으로 옳은 것은?

─────── <보기> ───────
( )은 소화액을 분비하는 외분비샘 조직과 호르몬을 분비하는 내분비샘 조직으로 이루어져 있다.

① 간   ② 췌장
③ 회장   ④ 인두
⑤ 십이지장

042 다음 중 중독성 질환이 아닌 것은?

① 사과 중독   ② 포도 중독
③ 양파 중독   ④ 초콜릿 중독
⑤ 자일리톨 중독

043 다음 <보기>의 ㉠과 ㉡에 들어갈 사료의 종류로 적절한 것은?

─────── <보기> ───────
• (㉠): 급여와 보관이 편하고 치아 위생에 도움이 되지만, 요로질환이 있는 반려동물의 경우 질병이 재발할 가능성이 있다.
• (㉡): 기호성이 매우 높고 탄수화물 함유량이 적어 당뇨질환이 있는 경우 권장되지만, 영양소의 불균형과 치과 질환 발생 가능성이 있다.

	㉠	㉡
①	생식사료	습식사료
②	건식사료	습식사료
③	반습식사료	건식사료
④	건식사료	생식사료
⑤	생식사료	건식사료

044 반려견의 필수아미노산으로 옳지 않은 것은?

① 타우린   ② 라이신
③ 아르기닌   ④ 트레오닌
⑤ 페닐알라닌

045 노령 반려견에게 필요한 단백질 요구량은?

① 1~5%   ② 7~15%
③ 15~23%   ④ 21~29%
⑤ 27~35%

046 다음 중 연조직의 구성 성분이 <u>아닌</u> 무기질 (미네랄)은?

① 황(S) ② 철(Fe)
③ 칼륨(K) ④ 요오드(I)
⑤ 마그네슘(Mg)

047 다음 중 아래 <보기> 설명에 해당하는 영양소는?

─── <보기> ───
• 혈액 응고 및 항상성을 유지하고 신경을 전달한다.
• 이 영양소의 저하로 인해 산욕열이 발생한다.

① 인 ② 칼륨
③ 칼슘 ④ 요오드
⑤ 마그네슘

048 다음 <보기>의 설명에 해당하는 비타민은?

─── <보기> ───
• 식물성 기름, 식물의 씨, 곡물 등에 많이 함유되어 있다.
• 세포막 손상을 막는 항산화제이며, 과산화물 생성에 의한 노화 방지가 가능하다.
• 부족할 경우 세포막이 산화로 인해 파괴되어 빈혈 증상이 발생한다.
• 결핍 시 근육퇴화(근이영양증), 번식장애 등을 유발할 수 있다.

① 비타민 K ② 비타민 A
③ 비타민 D ④ 비타민 E
⑤ 비타민 C

049 혈당의 급격한 변화를 방지하며 췌장의 델타세포에서 분비되는 것으로 옳은 것은?

① 인슐린 ② 글루카곤
③ 폴리펩티드 ④ 소마토스타틴
⑤ 마이오스타틴

050 반려견과 비교할 때 고양이에게만 필수적으로 요구되는 아미노산으로, 부족할 시 시력 감소, 심장질환 발생, 면역력 감소 등의 특징을 보이는 것은?

① 류신 ② 타우린
③ 트레오닌 ④ 아르기닌
⑤ 히스티딘

051 다음 <보기>에서 모성 행동으로 옳은 것을 <u>모두</u> 고른 것은?

─── <보기> ───
ㄱ. 새끼를 품어 새끼의 체온을 유지해 준다.
ㄴ. 새끼에게 젖을 먹인다.
ㄷ. 새끼를 자유롭게 나가게 한다.
ㄹ. 새끼의 생식기를 핥아 새끼가 배설할 수 있게 해 준다.

① ㄱ, ㄴ ② ㄴ, ㄷ
③ ㄱ, ㄴ, ㄷ ④ ㄱ, ㄴ, ㄹ
⑤ ㄴ, ㄷ, ㄹ

052 다음 <보기>에서 햄스터 습성에 대한 설명으로 옳은 것을 모두 고른 것은?

<보기>
ㄱ. 수명은 5~15년이다.
ㄴ. 설치목 쥐과에 속하는 포유류이다.
ㄷ. 낮에는 굴 속에 숨어서 수면을 취하고 저녁에 활동한다.
ㄹ. 하루에 15시간 정도 잠을 잔다.

① ㄱ, ㄴ
② ㄱ, ㄷ
③ ㄴ, ㄷ
④ ㄴ, ㄹ
⑤ ㄷ, ㄹ

053 반려견의 행동 발달에 대해 옳지 않은 것은?

① 신생아기에는 촉각, 후각, 미각이 갖추어져 있다.
② 성숙기에는 신체적 완성이 이루어진다.
③ 고령기에는 인지장애가 발생한다.
④ 이행기에는 배설이 불가능하다.
⑤ 사회화기에는 애착 형성이 가능하다.

054 반려견의 문제 행동의 원인이 아닌 것은?

① 안아주기
② 과잉보호
③ 빈번한 산책
④ 제2의 자극(아팠던 기억)
⑤ 사람의 공간인 침대에서의 잠자리

055 반려견과 사람의 통역기 역할을 하며, 적은 힘으로 반려견을 통제하는 역할을 하는 행동 교정 기구는?

① 입마개
② 초크체인
③ 방석(포인트)
④ 크레이트(개집)
⑤ 간식, 장난감

056 다음 중 토이그룹에 속하지 않는 견종은?

① 푸들
② 말티즈
③ 치와와
④ 비숑프리제
⑤ 포메라니언

057 반려동물의 문제 행동을 예방하는 방법으로 옳지 않은 것은?

① 반려동물 특유의 보디랭귀지를 배운다.
② 충분히 사회화를 경험할 수 있도록 한다.
③ 간식을 이용해 매일 20분간 훈련을 반복한다.
④ 문제 행동을 조기에 발견할 수 있도록 관련 정보를 취득한다.
⑤ 일상생활 속에서 많은 시간 동안 안아주며 생활한다.

058 '파블로프(Pavlov)의 개 실험'이란 개에게 종소리를 들려 준 후 먹이를 주면, 이후 종소리만 들려주어도 개가 침을 흘리는 실험이다. 여기서 무조건 자극과 조건 반응이 바르게 짝지어진 것은?

	무조건자극	조건 반응
①	먹이	종소리
②	먹이	종소리로 인해 나오는 침
③	먹이	먹이로 인해 나오는 침
④	종소리	종소리로 인해 나오는 침
⑤	종소리	먹이로 인해 나오는 침

059 섭식, 음식, 장소, 제공자 등에 예민한 성향이거나 질병이 있을 때 주로 발생하며, 정동반응이 나타나지 <u>않는</u> 특성이 있는 공격 행동은?

① 포식성 공격행동
② 특발성 공격행동
③ 영역성 공격행동
④ 우위성 공격행동
⑤ 공포성 공격행동

060 반려견의 부적절한 강화 학습, 환경으로 인한 자극, 공포 등이 원인이 되는 문제 행동은?

① 부적절한 발톱갈기 행동
② 놀이 공격 행동
③ 분리 불안
④ 상동장애
⑤ 과잉 포효

061 다음 중 Triage에 대한 설명으로 옳지 <u>않은</u> 것은?

① 의학적 심각성에 따라 응급실에 오는 동물을 분류하고 가장 아픈 동물을 먼저 돌보는 원칙이다.
② 기도, 호흡, 순환을 확인한다.
③ 응급환자의 객관적인 구분을 위해 필요하다.
④ 빠른 시간 내에 응급 정도의 파악을 위해 필요하다.
⑤ 응급실 내의 빠른 진료를 위해 먼저 온 환자 순서대로 처치한다.

062 다음 중 Triage에 대한 설명으로 옳은 것은?

① 실제 환자를 직접 확인해야만 가능하다.
② 호흡곤란, 발작, 출혈과 같이 즉각적인 진료가 필요한 경우 내원의 필요성을 안내한다.
③ 직관력이 중요한 상황이므로 조직화된 Triage 보다는 틀에 얽매이지 않은 사고가 중요하다.
④ 전화로 Triage를 한다면 직접 평가하기에 제한이 있으므로 시간을 들여 상세히 확인한다.
⑤ 빠른 판단과 처리를 위해 기록을 남기는 것은 불필요하다.

063 다음 보호자의 호소사항 중 가능한 빨리 병원에 내원하여 진료를 받아야 하는 상황이 <u>아닌</u> 것은?

① 과식, 식욕증진
② 호흡곤란
③ 난산
④ 광범위한 상처
⑤ 신경계증상 또는 발작

064 신체검사 시 관찰해야 하는 점막의 상태와 상황으로 옳지 <u>않은</u> 것은?

① 초콜릿 갈색: 양파 중독
② 파란색, 청색: 황달, 간부전
③ 창백한 색: 빈혈, 쇼크
④ 핑크색: 정상
⑤ 빨간색: 울혈성, 중독, 치은염, 패혈증

065 공혈 동물(Donor)의 조건으로 옳지 <u>않은</u> 것은?

① 혈액형 검사를 시행했다.
② 적혈구 용적률(PCV)이 35% 이상이다.
③ 심장사상충에 감염되지 않았다.
④ 백신 접종을 하지 않았다.
⑤ 임상적, 혈액 검사상 이상이 없다.

066 출혈에 대한 설명으로 옳지 <u>않은</u> 것은?

① 내부출혈은 창백한 점막, CRT 지연, 혼수상태가 나타날 수 있다.
② 육안으로 확인되지 않더라도 내부출혈이 가능하다.
③ 대부분의 보호자가 출혈의 정도를 과대평가한다.
④ 생명을 위협하는 출혈의 일반적인 징후로는 매우 붉은 점막, 느리고 강한 맥박, 정상 이하의 온도, 느린 모세관 충만 정도, 기립불가가 있다.
⑤ 출혈환자의 정보기록으로는 손상된 혈관 유형, 시작 시점, 출혈의 양상이 있다.

067 가습장치가 부착된 산소조절공급장치가 필요한 이유로 옳은 것은?

① 순수한 산소를 사용할 경우 고가의 산소를 많이 쓰게 되므로 수분을 섞어 쓴다.
② 정전기가 발생하게 되어 화재의 위험성이 있기 때문이다.
③ 순수한 산소를 공급할 경우 산소중독의 위험성이 있다.
④ 순수한 산소의 압력이 너무 높아 환자에게 손상을 입힐 수 있다.
⑤ 순수한 산소는 수분이 없어 환자에게 직접 제공 시 호흡기를 건조하게 한다.

068 다음 중 Crash cart에 준비해 두는 것이 권장되는 비품이나 물품이 <u>아닌</u> 것은?

① 심폐소생 약물
② 향정신성 의약품
③ 후두경
④ 사이즈별 기관삽관 튜브
⑤ 석션유닛

069 응급실의 준비과정으로 옳지 <u>않은</u> 것은?

① 입마개는 환자의 안전을 위하여 FDA와 같은 식품의약국에 허가받은 제품만을 사용한다.
② 비상상황에 대해 정기적으로 훈련되도록 조직해야 한다.
③ 소모품의 유통기간을 확인하여 사용기간이 지난 물품은 폐기한다.
④ 보호장비에는 가죽장갑, 일회용 장갑, 일회용 앞치마, 페이스바이저 등이 있다.
⑤ 응급동물환자는 극도의 흥분상태일 수도 있어 준비를 해야 한다.

070 응급실의 준비사항으로 옳지 <u>않은</u> 것은?

① 응급실의 스태프는 비상상황에 대해 정기적으로 훈련되도록 조직되어야 한다.
② Crash cart의 매 점검은 사용 후 혹은 사용하지 않더라도 매주 한 번 이상 해야 한다.
③ Crash cart의 위치를 누구나 알 수 있도록 공지하며, 필요시 바로 쓸 수 있도록 정해진 자리에 비치한다.
④ 환자의 체온이 낮다면 가습장치가 부착된 산소조절기에 온수를 채워 넣는다.
⑤ 응급약물 복용량 차트를 비치하는 것이 유용하다.

071 다음 중 응급처치의 개념이 <u>아닌</u> 것은?

① 처치자의 신속 정확한 행동이 중요하다.
② 의학적 심각성에 따라 응급실에 오는 동물을 분류하고 가장 아픈 동물을 먼저 돌보는 원칙이다.
③ 질병이나 외상으로 생명이 위급한 상황에 처해있는 대상자에게 행해지는 즉각적이고 임시적인 처치를 의미한다.
④ 응급처치에 따라 삶과 죽음이 좌우되거나 회복기간을 단축시킬 수 있다.
⑤ 정확한 응급처치를 위해 지속적인 교육과 훈련이 필요하다.

072 다음 중 심폐소생술의 절차가 <u>아닌</u> 것은?

① 의식의 유무와 상관없이 심장 혹은 호흡정지가 있다면 지체 없이 바로 실시한다.
② 흉부압박은 분당 100~120회의 속도로 진행한다.
③ 구강과 기도에 이물이 있다면 제거한다.
④ 처치자의 입으로 동물의 입을 덮고 코로 1~1.5초간 숨을 불어넣는다.
⑤ 품종별 심장압박 위치는 다르다.

073 다음 중 심정지 또는 부정맥에 사용하는 약물이 <u>아닌</u> 것은?

① 리도카인　　② 아데노신
③ 미다졸람　　④ 에피네프린
⑤ 아트로핀

074 다음 중 응급카트에서 보유하고 있는 응급 의약품의 종류가 <u>아닌</u> 것은?

① 에피네프린   ② 도부타민

③ 아트로핀   ④ 바소프레신

⑤ 파모티딘

075 덱스메데토미딘을 투여 받고 마취가 잘 깨지 않는 고양이 환자에게 가장 효과적으로 사용할 수 있는 투여제는?

① 날록손   ② 아티파메졸

③ 플루마제닐   ④ 프로포폴

⑤ 자일라진

076 다음 중 수의간호기록작성(SOAP법)에 대한 설명으로 적합하지 <u>않은</u> 것은?

① 평가는 주관적·객관적 자료를 바탕으로 환자의 생리, 심리, 환경 상태를 고려하여 전체적으로 평가를 실시하고, 환자의 문제점과 변화 상태를 의미한다.

② 객관적 자료는 체온, 맥박수, 호흡수, 체중, CRT, 배변 횟수 및 양, 소변 양, 혈액 현미경 검사 등 임상병리검사 결과를 기록하는 것이다.

③ 주관적 자료는 주 호소 내용(CC)을 신체검사 결과를 바탕으로 육안(눈)으로 주관적으로 관찰한 내용을 기록하는 것이다.

④ SOAP는 Subscribe+Official+Attitude +Project의 이니셜을 의미한다.

⑤ 계획은 환자가 불편해하지 않도록 환자의 회복을 도와주기 위한 보호자 교육, 투약, 일일 산책 및 운동, 물리치료, 소독 및 붕대처치 등 간호중재 계획을 수립 및 실시한다.

077 다음 <보기>에서 설명하는 소독제의 명칭으로 옳은 것은?

              <보기>

• 유기물이 있어도 소독력이 강하다.

• 금속을 부식시키지 않아 플라스틱, 고무, 카테터, 내시경 등 오토클레이브에 넣을 수 없는 물품을 소독한다.

• 낮은 수준의 소독이 필요한 경우 독성이 강하고 비경제적이기 때문에 권장되지 않는다.

---

① 글루타 알데하이드

② 차아염소산 나트륨

③ 크레졸 비누액

④ 과산화수소

⑤ 알코올

078 다음 <보기>에서 설명하는 소독제의 명칭으로 옳은 것은?

              <보기>

• 100%가 아닌 70~90%일 때 최적의 살균력을 보인다.

• 자극성이 강하여 상처 재생에 방해가 되므로 개방성 상처에는 분무하지 않는다.

• 주사 전 피부소독, 직장 체온계 등 기구소독에 사용하며 금속을 부식시킬 수 있으므로 주의한다.

---

① 차아염소산 나트륨

② 글루타 알데하이드

③ 포비돈 요오드

④ 과산화수소

⑤ 알코올

079 다음 중 위해의료폐기물의 보관 및 처리에 대한 설명으로 옳지 않은 것은?

① 주사바늘, 봉합바늘, 수술용 칼날, 깨진 유리 기구 등 손상성 폐기물은 30일 동안 보관 가능하다.

② 배양액, 배양용기, 시험관, 슬라이드, 장갑 등 병리계 폐기물은 15일 동안 보관 가능하다.

③ 일반 폐기물이 의료 폐기물과 혼합되면 일반 폐기물로 간주된다.

④ 폐기백신, 폐기약제 등 생물·화학 폐기물은 15일 동안 보관 가능하다.

⑤ 동물의 장기, 조직, 사체, 혈액, 고름 등 조직물류 폐기물은 4℃ 이하에서 15일 동안 보관 가능하다.

080 다음 중 의료용 폐기물의 보관에 대한 설명으로 옳지 않은 것은?

① 폐기물 발생 즉시 전용용기에 보관하며 밀폐 포장하며 재사용을 금지한다.

⑤ 특히 주사기와 주사침을 분리하여 전용 용기에 배출하는 것을 습관화한다.

③ 봉투형 용기＋상자에 규정된 Bio Hazard도형 및 취급 시 주의사항을 표시한다.

④ 냉장시설에는 온도계가 부착되어야 하며, 보관창고는 주 1회 이상 소독한다.

⑤ 용기의 신축성을 감안하더라도 용량의 110%를 넘지 않고, 보관기간을 초과하여 보관을 금지한다.

081 다음 중 자력에 의하여 발생하는 자기장을 이용하여 생체의 임의의 단층상을 얻을 수 있는 동물병원 의료장비는?

① CT   ② Autoclave

③ I.C.U   ④ Nebulizer

⑤ MRI

082 다음 중 엑스선을 여러 각도에서 신체에 투영하고 이를 컴퓨터로 재구성하여 신체 단면을 영상으로 처리할 수 있는 동물병원 의료장비는?

① Nebulizer   ② I.C.U

③ CT   ④ MRI

⑤ Autoclave

083 다음 중 병원성 미생물의 유전물질 변이와 파괴를 일으켜 성장 및 번식을 억제시키며, 제품의 변형이 없고 잔류물의 위험이 없으나 빛과 접촉한 부분만 살균이 되는 전자기파의 종류는?

① 적외선   ② X선

③ 전파   ④ 자외선

⑤ 가시광선

084 차트에 사용되는 표준화된 의학용 약어 중 모세혈관 재충만 시간을 의미하는 것은?

① BM   ② CRT

③ DOA   ④ CPR

⑤ HBC

085 차트에 사용되는 표준화된 의학용 약어 중 적혈구 용적을 의미하는 것은?

① PCV
② OE
③ NPO
④ PHx
⑤ OHE

086 차트에 사용되는 표준화된 의학용 약어 중 사료를 급여하지 <u>않는</u> 금식을 의미하는 것은?

① PHx
② OE
③ OHE
④ PCV
⑤ NPO

087 다음 중 수술 이후 호흡이 안 좋거나 경련 또는 산소치료가 필요한 중환자에게 필요한 항균, 항온, 항습, CO_2 자동 배출, 산소 공급이 가능한 격리된 공간을 제공하는 동물병원 의료장비는?

① CT
② I.C.U
③ Autoclave
④ Nebulizer
⑤ MRI

088 다음 중 반려동물에 의한 안전사고 예방에 대한 설명으로 옳지 <u>않은</u> 것은?

① 교상(물림)이 발생할 경우 흐르는 물에 수 분간 씻어 세균 감염의 위험성을 줄인다.
② 반려동물의 심리상태가 불안하면 반려동물에게 가까이 가거나 큰소리를 내지 않도록 하고 필요시 입마개 착용을 고려한다.
③ 상처를 압박·지혈하고 병원으로 신속히 이동하여 파상풍, 광견병의 감염 여부를 확인한다.
④ 사람의 파상풍 예방주사의 면역 유지기간은 1년 내외로, 안전을 위해 매년 접종을 권장한다.
⑤ 인수공통전염병에 감염되지 않도록 소독 및 안전장비를 착용하고 발적, 알레르기, 고열, 소양감 등의 증상이 발생할 경우 신속히 병원에서 감염 여부를 확인한다.

089 다음 중 동물병원의 4S 마케팅 전략의 종류가 <u>아닌</u> 것은?

① Satisfaction(만족)
② Spread(확산)
③ Speed(속도)
④ Strength(강점)
⑤ Sacrifice(희생)

090 다음 중 <보기>에서 설명하는 단어는?

―― <보기> ――
- 고객과의 첫인상의 중요성에 대한 심리학자 솔로몬 애쉬(Solomon Eliot Asch)의 주장이다.
- 처음 제시된 정보 또는 인상이 나중에 제시된 정보보다 기억에 더 큰 영향을 끼친다는 내용이다.

① 라포
② 최신효과
③ 초두효과
④ 빈발효과
⑤ 메라비언의 법칙

091 덱스메데토미딘을 투여 받고 마취가 잘 깨지 않는 고양이 환자에게 가장 효과적으로 사용할 수 있는 투여제는?

① 날록손
② 프로포폴
③ 자일라진
④ 플루마제닐
⑤ 아티파메졸

092 개와 고양이에서 소양감을 해소하기 위해 사용되는 약물은?

① 프레드니솔론(Prednisolone)
② 프로포폴(Propofol)
③ 멜록시캄(Meloxicam)
④ 메트로니다졸(Metronidazole)
⑤ 이트라코나졸(Itraconazole)

093 다음 중 호흡마취제에 대한 설명으로 옳지 않은 것은?

① 가장 널리 사용되는 마취제는 이소플루란이다.
② 이소플루란이 세보플루란에 비해 마취 후 회복 능력이 우수하다.
③ 기화기의 조절을 통해 호흡마취 강도 조절이 가능하다.
④ 세보플루란은 마취기계에서 노란색으로 표시된다.
⑤ 호흡마취제는 폐를 통해 배출된다.

094 다음 <보기>의 앰플(ampule)에는 약물이 갈색병에 들어 있다. 다음 중 갈색병을 사용하는 가장 큰 목적은?

―― <보기> ――

① 정맥주사제에 대한 표시를 위해
② 유통기한을 연장하기 위해
③ 향정신성 의약품에 대한 표시를 위해
④ 빛을 차단하기 위해
⑤ 다른 약물과 구분하기 위해

PART 05

095 경구투여 액제의 한 종류로, 좋은 냄새와 단맛이 있어 내복하기 쉽도록 만든 에탄올 함유 제제의 명칭은?

① 시럽(syrup)
② 엘릭서(혹은 엘릭시르, elixir)
③ 현탁액(suspension)
④ 유화액(혹은 에멀젼, emulsion)
⑤ 혼합제(mixture)

096 다음 중 근육투여 경로를 의미하는 의학용어는?

① IM   ② ID   ③ SC
④ IV   ⑤ IP

097 병원에서 일반적으로 사용하는 소독약이 아닌 것은?

① 포비돈   ② 에탄올
③ 과산화수소   ④ Triz−EDTA
⑤ 클로르헥시딘

098 다음 중 가루약에 대한 설명으로 옳지 않은 것은?

① 쓴맛이 있는 가루약의 경우 단맛의 부형제를 넣어 조제할 수 있다.
② 가루약은 조제 특성상 알약(tablet)보다 유효기간이 길다.
③ 고양이의 경우 가루약보다 캡슐이 선호된다.
④ 가루약의 경우 습기에 약하므로 건조한 곳에 보관한다.
⑤ 가루약에 일단 물을 탔다면 변질의 우려가 생길 수 있으므로 장기간 보관하는 것은 좋지 않다.

099 다음 중 기침을 억제시키는 약물을 뜻하는 명칭은?

① 진해제   ② 거담제
③ 항생제   ④ 강심제
⑤ 항진균제

100 다음 중 세균을 제거하는 약물을 지칭하는 용어는?

① 구충제   ② 항곰팡이제
③ 항바이러스제   ④ 소염제
⑤ 항균제

101 <보기>에서 지용성 비타민을 모두 고른 것은?

───── <보기> ─────	
ㄱ. 비타민C	ㄴ. 비타민A
ㄷ. 비타민D	ㄹ. 비타민B

① ㄱ, ㄴ   ② ㄱ, ㄷ
③ ㄱ, ㄹ   ④ ㄴ, ㄷ
⑤ ㄷ, ㄹ

102 개가 이물을 삼킨 것으로 의심될 때, 구토 유발을 위해 경구로 사용할 수 있는 약물은?

① 세레니아   ② 70% 알코올
③ 3% 과산화수소수 ④ 메트로니다졸
⑤ 트라넥삼산

103 약물을 1:8로 희석해서 새로운 용액을 만들고자 한다. 약물이 1ml일 때 섞어주어야 하는 생리식염수(희석액)의 양은?

① 16ml   ② 8ml

③ 7ml   ④ 3ml

⑤ 0.125ml

104 구매한 약용샴푸의 성분 중에 클로르헥시딘(chlorhexidine)이 있을 때, 이 성분의 사용 용도는?

① 탈모를 방지할 때

② 말라세치아 등의 효모를 죽일 때

③ 털에 엉긴 지저분한 물질을 씻어낼 때

④ 세균을 죽일 때

⑤ 피모를 윤기나게 할 때

105 약물을 기화기 또는 분무기를 사용하여 액체 형태를 기체 형태로 전환함으로써 약물을 흡기 공기로 환자에게 전달하는 투여경로는?

① 흡입(inhalation) 투여

② 정맥(intraveneous) 투여

③ 비경구(parenteral) 투여

④ 국소(topical) 투여

⑤ 경구(oral) 투여

106 식도 조영 시 조영제를 먹게 한 후 최초 촬영이 가능한 시기는?

① 조영제를 먹고 1시간 후

② 조영제를 먹고 30분 후

③ 조영제를 먹고 10분 후

④ 조영제를 먹고 5분 후

⑤ 조영제를 먹은 즉시

107 다음 <보기>에서 설명하는 것의 명칭으로 옳은 것은?

<보기>
이것은 X-ray 촬영에서 대조도 높은 영상을 얻기 위해 사용되는 도구로서 산란 방사선을 줄이는 역할을 해서 영상의 선명도와 대조도를 향상시키는 데 중요한 역할을 한다.

① 튜브   ② 페달

③ 카셋트   ④ 그리드

⑤ 컨트롤 패널

108 엑스레이를 찍을 때 광선의 범위를 설정하는 장치의 명칭은?

① 튜브(Tube)

② 필름(Film)

③ 시준기(collimator)

④ 필라멘트(Filament)

⑤ 디텍터(Detector)

109 다음 중 방사선 안전수칙에 관한 설명으로 옳지 <u>않은</u> 것은?

① 촬영 시에는 최소한의 인원만 있어야 한다.
② 선량한도를 초과하는 것을 피하기 위해 교대로 촬영하는 것이 좋다.
③ 2차 광선에 노출되는 경우에는 개인보호 장구 착용의 필요성이 없다.
④ 기형아 출산 등의 위험이 있으므로 임산부는 방사선에 노출되지 않는 것이 좋다.
⑤ 방사선 피폭의 안전한 농도라는 것은 없기 때문에 합리적으로 달성 가능한 가장 낮은 수준으로 유지해야 한다.

110 다음 <보기> 중 엑스레이 촬영의 원칙으로 옳은 것을 <u>모두</u> 고른 것은?

```
―――――― <보기> ――――――
ㄱ. 차폐를 해서 촬영자를 보호해야 한다.
ㄴ. 정자세로 촬영한다.
ㄷ. 평행이 되는 두 상을 촬영한다.
ㄹ. 보고자 하는 부위를 중앙에 놓고 촬영
   한다.
```

① ㄱ, ㄴ   ② ㄱ, ㄴ, ㄹ
③ ㄱ, ㄷ, ㄹ   ④ ㄴ, ㄷ, ㄹ
⑤ ㄱ, ㄴ, ㄷ, ㄹ

111 요오드계 조영제에 대한 설명으로 옳지 <u>않은</u> 것은?

① 체내에 흡수되지 않는 조영제이다.
② 대표적인 상품명으로 옴니파큐(Omnipaque)가 있다.
③ 양성 조영제의 일종이다.
④ 신장이나 척수 조영에 사용된다.
⑤ X−ray가 비투과되기 때문에 사진상에서 하얗게 나온다.

112 다음 중 Sector(소접촉면) 탐촉자의 초음파가 가장 유용하게 사용되는 장기는?

① 뼈   ② 간   ③ 심장
④ 방광   ⑤ 신장

113 초음파 기계 및 초음파 프로브의 관리에 대한 설명으로 옳지 <u>않은</u> 것은?

① 초음파 기계의 프로브는 매우 정밀한 고가의 의료 기기로, 올바른 관리가 필수적이다.
② 프로브의 끝 부분, 특히 센서가 손상되지 않도록 주의해야 한다.
③ 젤이 마르면 프로브의 성능에 영향을 줄 수 있으며, 센서 부분을 손상시킬 수 있으므로 사용 후 즉시 초음파 젤을 제거한다.
④ 프로브 표면을 아세톤이 포함된 세척제로 청소해야 한다.
⑤ 정기적으로 프로브 손상 여부를 점검하고, 센서나 케이블의 손상이 없는지 확인해야 한다.

114 다음 중 방사선 촬영과 비교하였을 때 초음파 검사의 장점이 <u>아닌</u> 것은?

① 뼈의 상태를 보는 데 유용하다.
② 검사의 준비가 쉽고 신속하고 간편한 검사이다.
③ 장기나 혈류의 상태 및 움직임을 실시간으로 확인할 수 있다.
④ 비침습적인 검사로서 합병증의 우려가 적다.
⑤ 방사선을 사용하지 않기 때문에 피폭 우려가 없다.

115 골절을 비롯하여 뼈의 이상을 확인하는 데 있어 가장 효율적인 장비는?

① CT ② MRI
③ 내시경 ④ x-ray
⑤ 초음파

116 다음 <보기>의 밑줄 친 <u>이 영상장비</u>의 명칭으로 옳은 것은?

— <보기> —
<u>이 영상장비</u>는 자석으로 구성된 장치에서 체내에 고주파를 쏘아 신체 부위에 있는 수소원자핵을 공명시켜 조직에서 나오는 신호의 차이를 디지털 정보로 변환하여 영상화한다.

① MRI ② CT
③ Fluoroscopy ④ X선 촬영
⑤ 초음파

117 종양이 발생하여 종양에 대한 형태 및 다른 기관으로의 전이 여부를 확인하고자 한다. 가격을 고려하지 않는다고 가정했을 때, 가장 정확하게 진단할 수 있는 영상 장비는?

① X선 촬영 ② CT
③ Fluoroscopy ④ 내시경
⑤ 초음파

118 갠트리가 회전함에 따라 Ct 테이블도 연속적으로 이동하면서 나선형의 경로로 환자를 스캔할 수 있으며 영상단면 획득이 빠르고 3D 영상을 얻을 수 있는 CT 스캔법은?

① PET-CT
② conventional CT
③ single-detector CT
④ double-detector CT
⑤ helical CT

119 x-ray를 사용하여 개의 머리를 촬영할 때에 대한 설명으로 옳지 <u>않은</u> 것은?

① 머리 촬영 시 움직이지 않도록 보정자가 강하게 누르고 있는 것이 중요하다.
② 사진을 찍는 개수가 제한되어 있다면 머리 배복상(DV)은 복배상(VD)보다 선호된다.
③ 복배상(DV)이나 배복상(VD)의 경우 머리가 좌우 대칭이 되도록 위치시켜야 한다.
④ 외측상은 코 내부, 코인두, 혀뼈장치, 이마굴, 치아, 아래턱, 턱관절, 고실융기 등을 평가할 수 있다.
⑤ 고실융기의 병변 평가를 위해 주둥이 뒤쪽 입이 열린 영상(rostrocaudal open-mouth view)를 촬영할 수 있다.

120 SID(Source-Image Distance)에 대한 설명으로 옳지 <u>않은</u> 것은?

① SID가 변경되면 mAs의 재조정이 필요하다.
② SID와 X선의 강도는 비례한다.
③ SID는 일반적으로 40인치(100cm)로 사용한다.
④ SID가 커질수록 피폭량은 감소한다.
⑤ X선 튜브의 초점으로부터 검출기까지의 거리이다.

121 청진기가 없을 경우 뒷다리 안쪽(사타구니)에 손을 대고 맥박수를 측정할 수 있는 혈관은?

① 목동맥(jugular artery)
② 목정맥(jugular vein)
③ 요골측피부정맥(cephalic vein)
④ 넙다리정맥(femoral vein)
⑤ 넙다리동맥(femoral artery)

122 다음 중 처치 용어와 뜻이 올바르게 연결된 것은?

① 수액처치-IO
② 경구투약-PO
③ 근육주사-IV
④ 피하주사-IM
⑤ 정맥주사-SC

123 다음 중 용어와 뜻의 연결이 올바르지 <u>않은</u> 것은?

① QID-1시간에 1번
② SID-1일 1회
③ BID-1일 2회
④ TID-1일 3회
⑤ EOD-2일 1회

124 모세혈관 재충만 시간(CRT)에 대한 설명으로 옳지 <u>않은</u> 것은?

① 측정 시간을 기록하여야 한다.
② 혈액순환의 적절성에 대한 지표로, 환자의 초기 평가에 사용될 수 있다.
③ 잇몸을 손가락으로 눌러, 다시 원래의 색으로 돌아오는 시간을 측정한다.
④ 저혈압에 의해 시간이 지연될 수 있다.
⑤ 탈수에 의해 시간이 단축될 수 있다.

125 다음 중 개 쿠싱에 대한 내용으로 옳지 <u>않은</u> 것은?

① 다음, 다뇨 증상을 보일 수 있다.
② Pot belly가 대표적인 증상이다.
③ 부신겉질호르몬이 부족해서 생기는 질환이다.
④ ACTH 자극검사를 통하여 혈액 중 코르티솔(cortisol) 농도를 검사한다.
⑤ 치료제 트릴로스탄(trilostane)은 사료와 함께 급여하는 것을 권장한다.

126 다음 중 중환자와 수술 후 환자의 산소 공급 방법으로 적절하지 <u>않은</u> 것은?

① 산소 입원실
② 인공호흡기 이용
③ 마스크를 이용한 산소 공급
④ 넥칼라에 랩을 씌워 산소 공급
⑤ 비강-식도 튜브를 이용한 산소 공급

127 백신 스케줄에 대한 설명으로 옳지 않은 것은?

① 백신 접종 간격은 최소 2~3주가 필요하다.
② 모체이행항체는 2개월 전후로 효력을 상실한다.
③ 신생동물의 경우 면역력이 부족하기 때문에 출생 직후 접종을 실시한다.
④ 보통 여러 번의 접종을 통해 더 신속하고 강력한 항체 생산이 가능하다.
⑤ 백신 접종의 간격이 짧으면 첫 번째 백신의 면역원이 두 번째 백신의 항체 형성을 방해한다.

128 백신관리와 스케줄에 대한 설명으로 옳지 않은 것은?

① 백신을 접종해도 항체가 생성되기까지는 지연기가 필요하다.
② 백신을 반복 처치할 경우 최대한의 항체 생성을 유도하기 위해 접종 간격을 가능한 짧게 하도록 한다.
③ 개체의 항체 생산 능력과 백신 제제의 특성을 고려한 스케줄 관리가 필요하다.
④ 스케줄 관리 시 모체이행항체의 간섭을 고려하여야 한다.
⑤ 보통 여러 번의 접종을 통해 좀 더 신속하고 강력한 항체 생산을 유도한다.

129 개 당뇨에 대한 주요 증상과 치료, 보호자 교육내용 등과 관련이 없는 것은?

① 인슐린 과다 분비가 원인이다.
② 임상병리 검사상 혈당이 증가한다.
③ 인슐린 투여가 필요하다.
④ 임상병리 검사상 요당이 검출된다.
⑤ 다음, 다뇨의 증상을 나타낸다.

130 마취 또는 질병 상태의 환자에게 매우 중요한 요소인 산소의 공급 방법에 대한 설명으로 옳지 않은 것은?

① 산소를 공급하는 경우 공기가 건조하지 않도록 주의하여야 한다.
② 산소 공급 시 주기적인 혈액 가스 분석을 통해 산소 농도를 조절하는 것이 좋다.
③ 비강에 산소카테터를 장착해서 산소를 투여할 수 있다.
④ 산소 공급은 산소 농도가 높을수록, 유량이 많을수록 안전하다.
⑤ 입원장에 직접 산소를 투여하는 경우, 입원장을 자주 열어서는 안 된다.

131 병원에서 일반적으로 사용하는 소독약이 아닌 것은?

① 클로르헥시딘　　② 에탄올
③ Triz-EDTA　　④ 과산화수소
⑤ 포비돈

132 인공호흡기의 사용에 대한 설명으로 옳은 것은?

① 인공호흡기 사용 환자는 저산소혈증 상태에 있으므로, 가능한 고농도의 산소를 공급하여야 한다.
② 심폐소생술 시 흉부가 물리적으로 압박되므로 인공호흡기를 사용하지 않는다.
③ 삽관 성공 후에는 감염 가능성을 낮추기 위하여 튜브를 교체하지 않는다.
④ 자발 호흡이 확인될 경우 빠르게 발관 후 흡입 산소의 농도 조절이 필요하다.
⑤ 인공호흡기 사용 환자는 안정화가 중요하므로, 자세 변경을 하지 않는다.

133 다음 <보기>에서 설명하는 용어는?

─── <보기> ───

• 혈관 속을 흐르는 혈액이 혈관에 미치는 압력을 뜻하며, 실제로 심장에서 밀어낸 혈액이 혈관에 와서 부딪히는 압력을 일컫는 용어
• 심박수와 전신 혈관저항, 일회박출량 등에 의해 결정됨

① 맥박
② 혈압
③ 체온
④ 호흡수
⑤ 모세혈관 재충만 시간

134 혈압계의 종류에 따른 특징으로 옳지 <u>않은</u> 것은?

① 오실로메트릭 혈압계는 상대적으로 도플러 혈압계에 비해 사용이 간편하다.
② 도플러 혈압계는 수축기, 이완기, 평균 혈압의 측정이 가능하다.
③ 오실로메트릭 혈압계는 수축기, 이완기, 평균 혈압의 측정이 가능하다.
④ 도플러 혈압계는 혈류의 소리를 증폭시켜 혈압을 측정하는 방법이다.
⑤ 오실로메트릭 혈압계는 혈류의 진동 변화로 혈압을 측정한다.

135 다음 기생충 감염병 중 내부기생충 감염병은?

① 벼룩　　　　　② 진드기
③ 개회충　　　　④ 개선충
⑤ 개모낭충

136 동물병원에 내원한 개의 신체검사 결과, 다음 <보기>와 같은 체형을 나타내었다. 올바른 차트 기록을 고른 것은?

─── <보기> ───

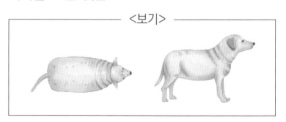

① BCS 1/9　　　② BCS 5/9
③ BCS 9/9　　　④ BP 1/9
⑤ BP 9/9

137 다음 중 등장성 수액에 해당하는 것은?

① 3% NaCl
② 0.9% NaCl
③ 10% Dextrose in water
④ 0.45% NaCl
⑤ 5% Dextrose in 0.9% NaCl

138 동물 환자가 쇼크 상태에 있을 때 올바른 대처 방법으로 가장 적절한 것은?

① 쇼크가 심각할 경우 수액 요법 없이 응급 수술을 진행한다.
② 쇼크 상태일 때 수액 요법을 중단하고, 환자의 안정화를 위해 진통제나 항생제를 먼저 투여한다.
③ 쇼크 상태에서는 우선적으로 수액 요법을 시행하고, 동시에 원인에 대한 정확한 진단을 위해 혈액 검사, 심전도, 초음파 등을 사용한다.
④ 쇼크 상태에서는 등장성 수액 요법은 금기이며, 저장성 수액요법이 필수이다.
⑤ 쇼크 상태에서는 강아지를 즉시 냉각시키고, 수액을 투여하기 전에 강아지를 식혀야 한다.

139 동물의 통증을 분석하고 평가하는 데 적절한 방법으로 올바른 것은?

① 동물의 통증을 평가할 때는 보호자의 주관적 평가를 배제하고, 병원 내 행동, 반응을 가지고 평가해야 한다.
② 동물의 통증을 정확히 분석하기 위해서는 항상 MRI나 CT 스캔과 같은 고해상도 영상진단검사가 필요하다.
③ 동물의 통증을 평가하기 위해 주로 혈액 검사와 생화학적 지표를 사용하는 것이 적절하다.
④ 통증 분석에는 동물의 소리나 울음소리는 성격을 반영하기 때문에 배제하여야 하는 지표이다.
⑤ 통증 평가를 위해 동물의 행동 변화, 예를 들어 회피 행동이나 식욕 감소 등을 관찰하는 것이 중요하다.

140 다음 중 중환자의 재활 운동에서 중요한 고려사항으로 올바른 설명은?

① 중환자의 상태가 걷지 못하는 경우, 산책을 유도하여 걷게 해야 한다.
② 중환자 재활 운동은 운동을 통해 근력 회복을 목표로 하며, 통증 관리나 기능 회복은 별도의 시스템으로 관리한다.
③ 중환자 재활 운동은 환자의 상태에 맞춰 개별화된 계획을 세우고, 점진적으로 운동 강도와 범위를 조절하는 것이 중요하다.
④ 중환자 재활 운동은 환자의 상태가 안정된 후 즉시 시작해야 하며, 운동 강도는 환자의 나이와 상관없이 동일하게 설정한다.
⑤ 중환자의 재활 운동은 입원장에서만 이루어지며, 실외 활동은 안전상의 이유로 피하는 것이 좋다.

141 다음 <보기>의 밑줄 친 이것의 명칭으로 옳은 것은?

———— <보기> ————

이것은 지혈제의 일종으로서, 흡수성 젤라틴 스폰지이며 출혈부에 적용시켰을 때 부풀면서 상처 부위를 압박한다. 자체적으로 체내에 흡수될 수 있으나 감염 부위, 뇌 혹은 감염 위험이 높은 부위에는 남겨두지 않아야 한다.

① 보비(Bovie)
② 본왁스(bone wax)
③ 써지셀(Surgicel)
④ 젤폼(Gelform)
⑤ 멸균거즈(gauze)

142 다음 <보기>의 ㉠~㉢에 들어갈 단어가 순서대로 나열된 것은?

———— <보기> ————

• 마취 상태에서 호흡수는 일반적으로 (㉠) 된다.
• 마취 상태에서 심박수는 일반적으로 (㉡) 된다.
• 마취 상태에서 혈압은 일반적으로 (㉢) 한다.

① ㉠ 감소, ㉡ 감소, ㉢ 상승
② ㉠ 증가, ㉡ 증가, ㉢ 상승
③ ㉠ 감소, ㉡ 감소, ㉢ 하강
④ ㉠ 증가, ㉡ 감소, ㉢ 하강
⑤ ㉠ 감소, ㉡ 증가, ㉢ 상승

143 다음 <보기>에서 스크럽에 많이 사용하는 세정제를 모두 고른 것은?

———— <보기> ————

ㄱ. 알코올   ㄴ. 포비돈요오드
ㄷ. 클로르헥시딘   ㄹ. 차아염소산나트륨

① ㄱ, ㄴ   ② ㄱ, ㄷ
③ ㄱ, ㄹ   ④ ㄴ, ㄷ
⑤ ㄷ, ㄹ

144 다음 <보기> 빈칸에 들어갈 단어로 옳은 것은?

———— <보기> ————

멸균은 세균의 ( )을 파괴시키는 역할을 하게 된다는 점에서 소독이나 세척과는 차이점이 있다.

① 아포   ② 세포핵
③ 미토콘드리아   ④ 세포막
⑤ 세포벽

145 다음 중 앞다리에 하는 붕대법으로서, 어깨 골절이나 어깨 탈골 등의 경우 앞다리의 체중 부하를 방지하기 위해 가장 널리 사용하는 붕대법은?

① 타이오버(tie-over) 붕대법
② 에머슬링(Ehmer sling) 붕대법
③ 벨푸슬링(Velpeau sling) 붕대법
④ 로버트 존스(Rober Jones) 붕대법
⑤ 스피카 스플린트(Spica splint) 붕대법

146 수술실에서 멸균구역과 비멸균구역(오염구역)에 있는 인원의 차이를 볼 수 있는 수술복장의 종류는?

① 스크럽(내피)　　② 수술가운(외피)

③ 마스크　　　　　④ 헤어캡

⑤ 일회용 부츠

147 멸균을 하기 위해 수술기구 팩을 준비하는 경우에 대한 설명으로 옳지 <u>않은</u> 것은?

① 수량을 확인한 거즈를 함께 넣어 같이 멸균되도록 한다.

② 수술기구는 같은 방향으로 배열한다.

③ 수술 순서에 따라 먼저 사용하는 수술기구는 위쪽에 배치한다.

④ 수술 종류와 목적에 맞는 적합한 수술기구를 수량에 맞게 넣는다.

⑤ 수술기구의 손잡이 잠금쇠는 모두 잠가놓는다.

148 'Autoclave'라고 불리는 고압증기 멸균법에 대한 설명으로 옳은 것은?

① 고무나 플라스틱 재질을 멸균할 때 활용 가능하다.

② 수술가위를 소독하기에 적합한 멸균법이다.

③ 과산화수소를 활용한 멸균법이다.

④ 멸균 종료 직후 문을 개방하여 열을 신속히 빼주는 것이 좋다.

⑤ 유독가스에 노출될 수 있기 때문에 유의해야 한다.

149 다음 <보기>의 형태가 봉합사 겉면에 그려져 있을 때, 이 봉합사에 포함된 봉합침에 대한 설명으로 옳은 것은?

<보기>

① '직침'이라 불리는 형태이다.

② 바늘이 각진 형태이다.

③ 흡수성 봉합사를 사용한다.

④ 소화관 봉합에 적합하다.

⑤ 피부 봉합에 선호되는 봉합침이다.

150 다음 중 비흡수성 봉합사로 옳은 것은?

① Catgut

② Nylon

③ polyglactin 910(Vicryl)

④ polyglycolic acid(Dexon)

⑤ polydioxanone(PDS)

151 다음 중 조직겸자(tissue forceps)에 속하는 것은?

① Crile forceps

② Kelly forceps

③ Mosquito forceps

④ Rochester-carmalt forceps

⑤ Brown-Adson forceps

152 마취 시 동물보건사는 동물에 맞는 적합한 호흡백(reservoir bag)을 준비해야 한다. 체중이 9kg인 웰시코기를 마취할 때 적합한 호흡백의 사이즈는?

① 0.3L
② 0.5L
③ 1L
④ 2L
⑤ 3L

153 다음 중 지혈에 관련된 설명으로 옳지 <u>않은</u> 것은?

① 혈관의 크기에 따라 사용되는 지혈겸자가 다르다.
② 전기소작법은 작은 혈관보다는 큰 혈관에 적합한 방법이다.
③ 혈관이 작거나 지혈 부위가 사소한 경우에는 거즈를 통해 압박 지혈할 수 있다.
④ 지혈 방법을 선택할 때에는 사용의 편의성, 제품의 비용, 출혈의 정도, 면역원성 등이 다양하게 고려되어야 한다.
⑤ 큰 혈관은 결찰이나 봉합을 이용한 방법이 효과적이다.

154 다음 <보기>의 ㉠, ㉡에 들어갈 단어가 올바르게 짝지어진 것은?

> ─── <보기> ───
> 석션을 활용하여 음압차에 의해 배액하는 방법을 (㉠)이라고 하며, 체강의 압력과 중력 등을 이용하여 배액하는 방법을 (㉡)이라고 한다.

① ㉠ 음압배액, ㉡ 중력배액
② ㉠ 능동배액, ㉡ 수동배액
③ ㉠ 음압배액, ㉡ 능동배액
④ ㉠ 수동배액, ㉡ 능동배액
⑤ ㉠ 석션배액, ㉡ 체강배액

155 마취 회로에서 가스가 샐 우려가 있는지 확인하는 방법인 마취기계의 누출테스트(Leakage test)에 대한 설명으로 옳지 <u>않은</u> 것은?

① 압력계의 바늘이 움직이는 여부로 공기가 새는 것을 판단하며, 손가락 등으로 튜브를 막았을 때 바늘이 서서히 떨어져야 정상이다.
② 마취 중 공기가 새면 수술실에 있는 인원이 위험할 수 있기 때문에 안전상 매우 중요한 테스트이다.
③ 동물보건사는 마취에 들어가기 전 반드시 테스트 해봐야 한다.
④ 팝오프(pop-off) 밸브를 닫고 테스트 한다.
⑤ 눈에 보이지 않는 마취 회로의 손상을 미리 알 수 있는 장점이 있다.

156 재활치료용 기구에 대한 설명으로 옳지 <u>않은</u> 것은?

① 레이저치료는 빛을 고강도로 증폭하여 치료에 사용하는 광선치료의 일종으로서 간질이나 악성종양 치료에 효과적이다.
② 중증의 심폐질환이 있는 경우 수중 트레드밀의 사용이 제한된다.
③ 경피신경전기자극기는 급성 및 만성통증을 호소하는 동물의 통증관리를 위해 사용된다.
④ 적외선 치료 시 화상 예방에 신경을 써야 한다.
⑤ 테라밴드는 특수한 재질로 만들어진 탄력성 밴드로 다리저항운동, 근력 증강, 단기기 훈련 등에 사용된다.

157 다음 <보기> 사진은 VD로 복부를 찍는 모습이다. 이 개의 자세에 대한 설명으로 가장 적합한 것은?

— <보기> —

① 등이 바닥에 맞닿는 sternal recumbency이다.
② 배가 바닥에 맞닿는 dorsal recumbency이다.
③ 등이 바닥에 맞닿는 dorsal recumbency이다.
④ 배가 바닥에 맞닿는 sternal recumbency이다.
⑤ 오른쪽 옆구리가 아래쪽으로 가는 우측 횡와위(right lateral)이다.

158 다음 중 수술 후 입원한 환자의 입원 및 관찰 기록에 대한 설명으로 옳지 <u>않은</u> 것은?

① 약물의 용량, 종류, 투여경로, 간격 등을 잘 기록한다.
② 통증이 심하거나 구토, 설사 등의 증상을 보이면 즉시 수의사에게 알려준다.
③ 수액을 맞을 때 배뇨량은 중요한 요소이므로 횟수와 양을 잘 기록한다.
④ 환자를 주기적으로 관찰하며 시간대별로 기록한다.
⑤ 활동성과 같이 주관적인 영역은 기록에서 배제한다.

159 붕대법에 대한 설명으로 옳지 <u>않은</u> 것은?

① 붕대는 상처를 보호하는 역할을 한다.
② 붕대는 지혈과 보온의 기능이 있다.
③ 붕대는 상처로 인해 드레싱한 부분을 고정시키는 역할도 한다.
④ 일반적으로 상처가 났을 때 붕대법 적용 시에는 2층으로 구성한다.
⑤ 붕대는 개방형 창상, 골절, 정형외과 수술 후 고정 등에 광범위하게 사용된다.

160 다음 중 목에 ET튜브(endotracheal tube)를 기관으로 넣는 과정으로서 기관을 통해 마취제와 산소를 주입하기 위한 목적으로 마취의 도입단계에서 수행하며, 동물보건사의 보정이 중요한 행위는?

① 인공호흡
② IV 카테터
③ 기계적 환기
④ 탈관(Extubation)
⑤ 삽관(Intubation)

161 빈혈 환자가 내원한 경우 결과값이 낮게 나올 것으로 예상되는 혈액검사 항목은?

① ALT　　② HCT　　③ GLU
④ BUN　　⑤ WBC

162 다음 중 간부전(liver failure) 환자에서 증가하는 수치가 <u>아닌</u> 것은?

① Bilirubin
② ALP(Alkaline phosphatase)
③ ALT(Alanine aminotransferase)
④ BUN(Blood urea nitrogen)
⑤ AST(SGOT, Aspartate aminotransferase)

163 다음 <보기>의 내용 중 빈칸에 들어갈 용어로 옳은 것은?

─── <보기> ───
SST 튜브(Serum separate tube)
• 튜브에 Silica particle이라는 작은 구슬이 있어 응고를 촉진한다.
• 내부에 겔이 들어 있다.
• (　)을 분리해내기 위해 사용한다.

① 혈장　　　　② 혈청
③ 항체　　　　④ 단백질
⑤ 응고인자

164 혈액 도말(Blood smear)검사의 평가 항목이 <u>아닌</u> 것은?

① 혈관 내 기생충
② 혈구의 구성 비교
③ 혈소판의 형태 평가
④ 혈액 내 빌리루빈 농도
⑤ 혈구 세포의 형태학적 이상 관찰

165 다음 <보기>의 상황에서 진단을 위해 가장 권장되는 검사는?

─── <보기> ───
9살 중성화된 암컷 푸들이 다음, 다뇨, 다식, 무기력의 증상이 나타나 병원에 내원하였다. 신체 검사상 좌우 대칭성 탈모와 Pot belly(올챙이 배), 피부가 얇아지고 근육량의 감소 등이 확인되었다.

① 요비중검사
② X-ray 촬영
③ 혈액 가스검사
④ ACTH 자극시험
⑤ 뇌척수액(CSF) 검사

166 다음 <보기>의 상황에서 추정되는 질환으로 가장 가능성이 높은 것은?

— <보기> —

8살 푸들이 허탈, 기면, 식욕부진으로 내원하였다. ACTH 자극검사 결과 코티솔(cortisol)이 2ug/dl 이하로 참조 범위보다 매우 낮게 측정되었다.

① 당뇨
② 갑상선 기능저하증
③ 갑상선 기능항진증
④ 부신겉질 기능항진증(쿠싱)
⑤ 부신겉질 기능저하증(애디슨)

167 다음 <보기>에서 설명하는 용기의 명칭으로 옳은 것은?

— <보기> —

• 혈액 검체 용기 중 혈장을 이용한 혈액 화학검사에 주로 사용
• 용기 색상은 녹색
• 혈액 응고 과정 중 트롬빈의 형성을 방해하거나 중화함으로써 응고를 방지

① SST 튜브
② 헤파린 튜브
③ 플레인 튜브
④ Citrate tube
⑤ EDTA 튜브

168 내부기생충 질환에 대한 설명으로 옳지 않은 것은?

① 지알디아의 증상은 썩는 냄새를 동반한 수양성 설사가 대표적이다.
② 개 회충(Toxocara canis)의 증상은 구토, 설사, 빈혈, 장폐색 등이다.
③ 개 구충(Ancylostoma caninum)의 증상은 소화기 증상에 국한되어 나타난다.
④ 개 회충(Toxocara canis)의 성충은 소장에 기생한다.
⑤ 지알디아는 분변검사 및 키트 검사 등을 통해 진단할 수 있다.

169 소변 딥스틱 검사의 결과와 원인이 올바르게 연결된 것은?

① 케톤 – 과식
② 포도당 – 저혈당성 쇼크
③ 케톤 – 혈뇨
④ 혈색소 – 감염
⑤ 포도당 – 진성당뇨병

170 다음 <보기>는 혈액을 원심분리한 후 분리된 결과를 나타낸 모식도이다. A~C의 각 구성 성분에 대한 설명으로 옳은 것은?

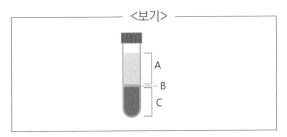

① A: 백혈구와 혈소판을 포함한다.
② A: 혈장으로 혈액의 액체 성분이다.
③ B: 적혈구를 포함한다.
④ C: 혈소판을 포함한다.
⑤ C: 혈장 성분으로 혈액의 약 45%를 포함한다.

171 현미경 관찰 시 유침(oil immersion)이 필요한 대물렌즈의 배율은?

① ×100 　　② ×40 　　③ ×10
④ ×8 　　⑤ ×4

172 당뇨 환자의 임상병리 검사 결과에서 혈청 화학검사–요검사의 순서로 수치가 상승하는 항목을 올바르게 연결한 것은?

① GLU(혈액)–잠혈(요)
② T–bil(혈액)–빌리루빈(요)
③ GLU(혈액)–포도당(요)
④ T–bil(혈액)–잠혈(요)
⑤ ALB(혈액)–포도당(요)

173 임상병리 검사의 검체 용기와 검체 종류의 연결이 잘못된 것은?

① Sodium citrate 튜브–혈장
② 멸균시험관–CSF/Fluid 등
③ 미생물 수송 배지–환부 swab
④ Heparin 튜브–혈청
⑤ EDTA 튜브–EDTA 전혈

174 FNA(Fine Needle Aspiration) 검사에 대한 올바른 설명은?

① FNA 검사의 샘플은 혈액이며, 종양의 크기와 위치를 측정한다.
② FNA는 방사선 촬영을 통해 종양의 위치를 확인한 후, 전신 마취하에 시행된다.
③ FNA는 조직 샘플을 얻기 위해 바늘을 사용하여 조직을 제거하는 수술적 절차이다.
④ FNA는 주로 대형 동물의 소화기계 질환 진단에 사용되며, 소형 동물의 피부 질환 진단에는 적합하지 않다.
⑤ FNA는 일반적으로 미세한 바늘을 사용하여 종양이나 비정상적인 덩어리에서 세포를 채취하고, 세포학적 분석을 통해 진단을 내리는 검사이다.

175 다음 중 EDTA, 헤파린 등의 항응고제가 주로 제거하거나 억제하는 이온은?

① 칼슘 이온(Ca^{2+}) 　② 나트륨 이온(Na^+)
③ 칼륨 이온(K^+) 　④ 염소 이온(Cl^-)
⑤ 마그네슘 이온(Mg^{2+})

176 조직 검사를 위해 포르말린을 사용하는 이유로 옳은 것은?

① 포르말린은 조직 샘플을 소독하여 미생물을 제거한다.
② 포르말린은 조직의 세포 성분을 제거하여 조직 샘플을 관찰하기 용이하게 만든다.
③ 포르말린은 조직의 세포 구조를 고정하여 변화를 방지하고, 장기 보존이 가능하게 한다.
④ 포르말린은 조직의 단백질을 제거하고, RNA와 DNA를 분해하여 분석을 용이하게 한다.
⑤ 포르말린은 조직의 세포 구조를 탈수시키고, 세포막을 제거하여 염색을 용이하게 한다.

177 Diff – Quik 염색의 주요 특징으로 올바른 것은?

① Diff-Quik 염색은 조직 내의 지방질을 염색하여 지방의 분포와 함량을 평가하는 데 사용된다.
② Diff-Quik 염색은 조직의 미생물을 배양하여, 감염 여부를 평가할 수 있는 염색법이다.
③ Diff-Quik 염색은 주로 미세한 세포 세포막을 염색하는 데 사용되며, 조직의 전체적인 구조는 평가는 어려우며, 전자현미경을 사용할 때 주로 사용한다.
④ Diff-Quik 염색은 세포의 핵과 세포질을 서로 다른 색으로 염색하여 세포의 모양과 구조를 빠르게 평가할 수 있다.
⑤ Diff-Quik 염색은 세포의 핵과 세포질을 제거하여 조직의 구조를 관찰하는 데 사용된다.

178 PCR(Polymerase Chain Reaction)의 진단적 의의에 관한 설명으로 옳은 것은?

① PCR은 특정 DNA 서열을 대량으로 증폭하여 감염병이나 유전적 질환의 진단에 도움을 준다.
② PCR은 세포의 구조를 관찰하여 질병의 유무를 판단하는 데 사용된다.
③ PCR은 RNA를 DNA로 변환하여 단백질의 구조를 분석하는 데 사용된다.
④ PCR은 조직을 분석하여 정확한 진단명을 제공하는 것이다.
⑤ PCR은 DNA를 염색하여 세포 내에서 유전자를 시각적으로 확인하는 데 사용된다.

179 동물의 소변 검사에서 specific gravity(비중)가 상승할 수 있는 주요 원인은?

① 비만　　　　　② 탈수
③ 심부전　　　　④ 간 질환
⑤ 콩팥 기능 부전

180 외과 수술 후 삼출물이 계속 발생하여 현미경 검사를 하고자 한다. 이를 통해 관찰할 수 있는 항목이 아닌 것은?

① 세균: 감염의 유무를 확인
② 적혈구: 출혈의 유무를 평가
③ 단백질 농도: 삼출물의 농도를 평가
④ 상피세포: 조직의 재생과 손상 정도를 평가
⑤ 백혈구: 염증 반응의 유무를 평가

181 다음 중 <보기>의 빈칸에 들어갈 용어의 명칭으로 가장 적합한 것은?

> ──── <보기> ────
>
> (   )은 동물의 생명보호, 안전 보장 및 복지 증진을 꾀하고 건전하고 책임 있는 사육문화를 조성함으로써, 생명 존중의 국민 정서를 기르고 사람과 동물의 조화로운 공존에 이바지함을 목적으로 한다.

① 동물학대방지법
② 동물책임법
③ 동물보호법
④ 동물보건사법
⑤ 동물산업법

182 「동물보호법」 제22조(맹견의 출입금지 등)에 따라 맹견의 출입이 금지된 장소가 <u>아닌</u> 것은?

① 「초·중등교육법」 제2조 제1호에 따른 초등학교
② 「초·중등교육법」 제2조 제4호에 따른 특수학교
③ 「영유아보육법」 제2조 제3호에 따른 어린이집
④ 「유아교육법」 제2조 제2호에 따른 유치원
⑤ 그 밖에 불특정 다수인이 이용하는 장소와 시·도의 조례로 정하지 않는 장소

183 다음 <보기>의 ㉠~㉣에 들어갈 단어가 올바르게 짝지어진 것은?

> ──── <보기> ────
>
> 「동물보호법」 제46조(동물의 인도적인 처리 등)
> ① 제35조 제1항 및 제36조 제1항에 따른 동물보호센터의 장은 제34조 제1항에 따라 보호 조치 중인 동물에게 질병 등 (㉠)령으로 정하는 사유가 있는 경우에는 (㉡)장관이 정하는 바에 따라 마취 등을 통하여 동물의 고통을 최소화하는 인도적인 방법으로 처리하여야 한다.
> ② 제1항에 따라 시행하는 동물의 인도적인 처리는 (㉢)가 하여야 한다. 이 경우 사용된 약제 관련 사용기록의 작성·보관 등에 관한 사항은 농림축산식품부령으로 정하는 바에 따른다.
> ③ 동물보호센터의 장은 제1항에 따라 동물의 사체가 발생한 경우 「폐기물관리법」에 따라 처리하거나 제69조 제1항 제4호에 따른 (㉣)업의 허가를 받은 자가 설치·운영하는 동물장묘시설 및 제71조 제1항에 따른 공설동물장묘시설에서 처리하여야 한다.

① ㉠ 농림축산식품부, ㉡ 농림축산식품부,
   ㉢ 수의사, ㉣ 동물장묘
② ㉠ 대통령, ㉡ 농림축산식품부,
   ㉢ 수의사, ㉣ 동물장묘
③ ㉠ 농림축산식품부, ㉡ 농림축산식품부,
   ㉢ 동물보건사, ㉣ 동물위탁관리
④ ㉠ 대통령, ㉡ 농림축산식품부,
   ㉢ 동물보건사, ㉣ 동물장묘
⑤ ㉠ 농림축산식품부, ㉡ 농림축산식품부,
   ㉢ 수의사, ㉣ 동물위탁관리

184 다음 중 「동물보호법」 제47조(동물실험의 원칙)에 대한 내용으로 옳지 <u>않은</u> 것은?

① 실험동물의 고통이 수반되는 실험은 감각능력이 낮은 동물을 사용하고 진통·진정·마취제의 사용 등 수의학적 방법에 따라 고통을 덜어주기 위한 적절한 조치를 하여야 한다.

② 동물실험은 인류의 복지 증진과 동물 생명의 존엄성을 고려하여 실시하여야 한다.

③ 동물실험은 실험동물의 윤리적 취급과 과학적 사용에 관한 지식과 경험을 보유한 자가 시행하여야 하며 필요한 최소한의 동물을 사용하여야 한다.

④ 동물실험을 한 자는 그 실험이 끝난 후 지체 없이 해당 동물을 검사하여야 하며, 검사 결과 정상적으로 회복한 동물은 분양하거나 기증할 수 있다.

⑤ 동물실험을 하려는 경우에는 이를 대체할 수 있는 방법을 마지막으로 고려하여야 한다.

185 다음 중 「동물보호법」 제97조(벌칙) 제2항에 따른 2년 이하의 징역 또는 2천만 원 이하의 벌금에 해당하지 <u>않는</u> 사람은?

① 제10조 제4항 제1호를 위반하여 맹견을 유기한 소유자등

② 제15조 제3항을 위반하여 소유권을 이전받은 날부터 30일 이내에 신고를 하지 아니한 자

③ 제16조 제1항 또는 같은 조 제2항 제1호를 위반하여 사람의 신체를 상해에 이르게 한 자

④ 제67조 제1항 제1호를 위반하여 거짓이나 그 밖의 부정한 방법으로 인증농장 인증을 받은 자

⑤ 제67조 제1항 제2호를 위반하여 인증을 받지 아니한 축산농장을 인증농장으로 표시한 자

PART 05

186 「동물보호법」 제97조(벌칙) 제5항에 따라 다음 <보기>의 경우에 해당하는 벌칙으로 옳은 것은?

───── <보기> ─────

1. 제10조 제4항 제1호를 위반하여 동물을 유기한 소유자등(맹견을 유기한 경우 제외)
2. 제10조 제5항 제1호를 위반하여 사진 또는 영상물을 판매·전시·전달·상영하거나 인터넷에 게재한 자
3. 제10조 제5항 제2호를 위반하여 도박을 목적으로 동물을 이용한 자 또는 동물을 이용하는 도박을 행할 목적으로 광고·선전한 자
4. 제10조 제5항 제3호를 위반하여 도박·시합·복권·오락·유흥·광고 등의 상이나 경품으로 동물을 제공한 자
5. 제10조 제5항 제4호를 위반하여 영리를 목적으로 동물을 대여한 자
6. 제18조 제4항 후단에 따른 인도적인 방법에 의한 처리 명령에 따르지 아니한 맹견의 소유자
7. 제20조 제2항에 따른 인도적인 방법에 의한 처리 명령에 따르지 아니한 맹견의 소유자
8. 제24조 제1항에 따른 기질평가 명령에 따르지 아니한 맹견 아닌 개의 소유자
9. 제46조 제2항을 위반하여 수의사에 의하지 아니하고 동물의 인도적인 처리를 한 자
10. 제49조를 위반하여 동물실험을 한 자
11. 제78조 제4항 제1호를 위반하여 월령이 2개월 미만인 개·고양이를 판매(알선 또는 중개를 포함한다)한 영업자
12. 제85조 제2항에 따른 게시문 등 또는 봉인을 제거하거나 손상시킨 자

① 50만 원 이하의 과태료
② 100만 원이하의 과태료
③ 300만 원 이하의 벌금
④ 500만 원 이하의 벌금
⑤ 3,000만 원 이하의 벌금

187 다음 <보기>의 조항을 위반하여 동물생산업, 동물수입업, 동물판매업, 동물장묘업의 동물을 운송한 경우 1차 위반, 3차 이상 위반하였을 때의 과태료가 순서대로 짝지어진 것은?

───── <보기> ─────

「동물보호법」 제11조(동물의 운송)
① 동물을 운송하는 자 중 농림축산식품부령으로 정하는 자는 다음 각 호의 사항을 준수하여야 한다.
  1. 운송 중인 동물에게 적합한 사료와 물을 공급하고, 급격한 출발·제동 등으로 충격과 상해를 입지 아니하도록 할 것
  2. 동물을 운송하는 차량은 동물이 운송 중에 상해를 입지 아니하고, 급격한 체온 변화, 호흡곤란 등으로 인한 고통을 최소화할 수 있는 구조로 되어 있을 것
  3. 병든 동물, 어린 동물 또는 임신 중이거나 포유 중인 새끼가 딸린 동물을 운송할 때에는 함께 운송 중인 다른 동물에 의하여 상해를 입지 아니하도록 칸막이의 설치 등 필요한 조치를 할 것
  4. 동물을 싣고 내리는 과정에서 동물 또는 동물이 들어있는 운송용 우리를 던지거나 떨어뜨려서 동물을 다치게 하는 행위를 하지 아니할 것
  5. 운송을 위하여 전기(電氣) 몰이도구를 사용하지 아니할 것

① 40만 원, 100만 원 ② 20만 원, 80만 원
③ 20만 원, 60만 원 ④ 10만 원, 40만 원
⑤ 10만 원, 30만 원

188 고양이 TNR(중성화)에 대한 설명으로 옳지 않은 것은?

① 포획한 후 만 24시간 이내에 실시한다.
② 수술 봉합사는 흡수성 재질로 봉합한다.
③ 방사 시 포획한 장소가 아닌 다른 곳에 방사한다.
④ 겨울철에는 암컷의 제모 면적을 최소화 한다.
⑤ 포획·방사 사업의 경우 동물보호단체, 민간사업자 등에게 대행 가능하다.

189 다음 <보기>의 ㉠, ㉡에 들어갈 말로 적절한 것은?

┌─────────── <보기> ───────────┐
│ 수의사법은 수의사(獸醫師)의 기능과 수의 │
│ (獸醫) 업무에 관하여 필요한 사항을 규정함으 │
│ 로써 동물의 (㉠), 축산업의 발전과 (㉡)의 │
│ 향상에 기여함을 목적으로 한다. │
└──────────────────────────────┘

	㉠	㉡
①	건강증진	공중위생
②	건강증진	동물보호
③	생명보호	동물의 안전
④	생명보호	동물의 안전
⑤	생명존중	동물보호

190 수의사법상 수의사 결격사유로 옳지 않은 것은?

① 면허증을 잃어버리고 재발급 받지 않은 사람
② 피성년후견인 또는 피한정후견인
③ 마약, 대마(大麻), 그 밖의 향정신성의약품(向精神性醫藥品) 중독자
④ 망상, 환각, 사고나 기분의 장애 등으로 인하여 독립적으로 일상생활을 영위하는 데 중대한 제약이 있는 사람
⑤ 「수의사법」, 「가축전염병예방법」, 「축산물위생관리법」, 「동물보호법」, 「의료법」, 「약사법」, 「식품위생법」 또는 「마약류관리에 관한 법률」을 위반하여 금고 이상의 실형을 선고받고 그 집행이 끝나지(집행이 끝난 것으로 보는 경우 포함) 아니하거나 면제되지 아니한 사람

191 수의사법 규칙상 동물보건사 간호 보조 업무로 옳지 않은 것은?

① 요양을 위한 간호
② 약물 도포
③ 심박수 측정
④ 체온 측정
⑤ 동물에 대한 관찰

192 수의사법상 정당한 사유 없이 진단서, 검안서, 증명서 또는 처방전의 발급을 거부한 경우 각각의 과태료로 옳은 것은?

	1차	2차	3차
①	5만원	10만원	15만원
②	30만원	50만원	70만원
③	50만원	75만원	100만원
④	75만원	90만원	120만원
⑤	100만원	200만원	300만원

193 다음 <보기>에서 수의사법상 진료부에 1년간 보존하여야 하는 사항을 <u>모두</u> 고른 것은?

——— <보기> ———

ㄱ. 사체의 상태
ㄴ. 동물의 품종
ㄷ. 치료방법(처방과 처치)
ㄹ. 주요 소견
ㅁ. 동물등록번호

① ㄱ, ㄴ, ㄷ   ② ㄱ, ㄷ, ㄹ
③ ㄴ, ㄷ, ㄹ   ④ ㄴ, ㄷ, ㅁ
⑤ ㄷ, ㄹ, ㅁ

194 수의사법상 동물병원을 개설할 수 <u>없는</u> 사람은?

① 동물진료업을 목적으로 설립된 법인
② 수의학을 전공하는 대학(수의학과가 설치된 대학 포함)
③ 수의사
④ 「민법」이나 특별법에 따라 설립된 비영리법인
⑤ 의사면허증을 소지하고 있는 사람

195 수의사법상 시장·군수가 농림축산식품부령이 정하는 바에 따라 동물병원에 대해 1년 이내의 기간을 정하여 동물진료업의 정지를 명할 수 있는 경우로 옳은 것은?

① 업무의 정지 기간에 검사업무를 한 경우
② 무자격자에게 진료행위를 하도록 한 사실이 있을 때
③ 농림축산식품부령으로 정하는 검사·측정기관의 지정기준에 미치지 못하게 된 경우
④ 거짓이나 그 밖의 부정한 방법으로 지정을 받은 경우
⑤ 고의 또는 중대한 과실로 거짓의 동물 진단용 방사선발생장치 등의 검사에 관한 성적서를 발급한 경우

196 다음 <보기>에서 수의사법상 500만원 이하의 과태료를 부과하는 경우에 해당하는 경우를 <u>모두</u> 고른 것은?

——— <보기> ———

ㄱ. 정당한 사유 없이 동물의 진료 요구를 거부한 사람
ㄴ. 진료부 또는 검안부를 갖추어 두지 아니하거나 진료 또는 검안한 사항을 기록하지 아니하거나 거짓으로 기록한 사람
ㄷ. 동물병원을 개설하지 아니하고 동물진료업을 한 자
ㄹ. 부적합 판정을 받은 동물 진단용 특수 의료장비를 사용한 자
ㅁ. 거짓이나 그 밖의 부정한 방법으로 진단서, 검안서, 증명서 또는 처방전을 발급한 사람

① ㄱ, ㄴ, ㄷ   ② ㄱ, ㄷ, ㄹ
③ ㄴ, ㄷ, ㄹ   ④ ㄴ, ㄷ, ㅁ
⑤ ㄷ, ㄹ, ㅁ

197 진료실·사육실·격리실 내에 개별 동물의 분리·수용시설 조건이 바르게 연결된 것은?

	동물의 종류	크기
①	소형견(5kg 미만)	50*30*50(cm)
②	중형견(5kg 이상 15kg 미만)	50*70*50(cm)
③	중형견(5kg 이상 15kg 미만)	80*100*60(cm)
④	대형견(15kg 이상)	100*150*100(cm)
⑤	고양이	50*50*50(cm)

198 다음 <보기>의 빈칸에 들어갈 숫자로 가장 적절한 것은?

─── <보기> ───

수의사법상 동물병원 개설자가 동물진료업을 휴업하거나 폐업한 경우에는 지체 없이 관할 시장·군수에게 신고하여야 한다. 다만, (　)일 이내의 휴업인 경우에는 그러하지 아니하다.

① 7　　　　② 15　　　　③ 30
④ 60　　　　⑤ 90

199 동물보호법상 영업의 허가가 필요한 업종으로 옳지 <u>않은</u> 것은?

① 동물판매업　　② 동물생산업
③ 동물수입업　　④ 동물미용업
⑤ 동물장묘업

200 동물보호법상 보호시설의 폐쇄를 명하는 경우로 옳은 것은?

① 중지명령이나 시정명령을 최근 3년 이내에 2회 이상 반복하여 이행하지 아니한 경우
② 변경신고를 하지 아니하고 보호시설을 운영한 경우
③ 거짓이나 그 밖의 부정한 방법으로 보호시설의 신고 또는 변경신고를 한 경우
④ 신고를 하지 아니하고 보호시설을 운영한 경우
⑤ 동물학대 등의 금지의 조항을 위반하여 금고 이상의 형을 선고받은 경우

2024 제3회 복원문제 정답과 해설

⚡ 빠른 정답표

01	③	**02**	④	**03**	⑤	**04**	⑤	**05**	④	**06**	②	**07**	④	**08**	⑤	**09**	①	**10**	②
11	②	**12**	⑤	**13**	③	**14**	④	**15**	⑤	**16**	③	**17**	⑤	**18**	②	**19**	②	**20**	⑤
21	④	**22**	④	**23**	①	**24**	③	**25**	②	**26**	④	**27**	③	**28**	②	**29**	①	**30**	③
31	⑤	**32**	⑤	**33**	③	**34**	①	**35**	②	**36**	④	**37**	③	**38**	③	**39**	①	**40**	⑤
41	②	**42**	①	**43**	②	**44**	①	**45**	③	**46**	⑤	**47**	③	**48**	④	**49**	④	**50**	②
51	④	**52**	③	**53**	④	**54**	③	**55**	②	**56**	⑤	**57**	⑤	**58**	②	**59**	①	**60**	⑤
61	⑤	**62**	②	**63**	①	**64**	②	**65**	④	**66**	④	**67**	②	**68**	②	**69**	①	**70**	④
71	②	**72**	①	**73**	③	**74**	⑤	**75**	②	**76**	②	**77**	①	**78**	⑤	**79**	③	**80**	⑤
81	⑤	**82**	③	**83**	④	**84**	②	**85**	①	**86**	⑤	**87**	②	**88**	④	**89**	⑤	**90**	③
91	⑤	**92**	①	**93**	②	**94**	④	**95**	②	**96**	①	**97**	④	**98**	②	**99**	①	**100**	⑤
101	④	**102**	③	**103**	③	**104**	④	**105**	①	**106**	⑤	**107**	④	**108**	③	**109**	③	**110**	②
111	①	**112**	③	**113**	④	**114**	①	**115**	④	**116**	①	**117**	②	**118**	⑤	**119**	①	**120**	②
121	⑤	**122**	②	**123**	①	**124**	⑤	**125**	③	**126**	⑤	**127**	③	**128**	②	**129**	①	**130**	④
131	③	**132**	④	**133**	④	**134**	②	**135**	②	**136**	⑤	**137**	⑤	**138**	③	**139**	⑤	**140**	④
141	④	**142**	③	**143**	④	**144**	①	**145**	③	**146**	②	**147**	⑤	**148**	②	**149**	④	**150**	②
151	⑤	**152**	③	**153**	②	**154**	②	**155**	①	**156**	①	**157**	③	**158**	⑤	**159**	④	**160**	⑤
161	②	**162**	④	**163**	②	**164**	④	**165**	④	**166**	⑤	**167**	②	**168**	③	**169**	⑤	**170**	②
171	①	**172**	③	**173**	④	**174**	⑤	**175**	①	**176**	③	**177**	④	**178**	①	**179**	②	**180**	③
181	③	**182**	⑤	**183**	①	**184**	⑤	**185**	②	**186**	③	**187**	③	**188**	③	**189**	①	**190**	①
191	②	**192**	③	**193**	④	**194**	⑤	**195**	②	**196**	②	**197**	④	**198**	③	**199**	④	**200**	③

01 ③

뇌에서 12쌍의 뇌신경이 나오고, 척수에서 31쌍의 척수신경이 나온다.

02 ④

폐순환은 우심실이 수축하여 혈액이 폐동맥으로 방출 → 폐(폐포 모세혈관) → 폐정맥 → 좌심방의 순서로 흐른다.

03 ⑤

가로단면에 대한 설명이다. 가로단면은 긴 축에 대하여 직각으로 머리, 몸통, 사지를 가로지르는 단면을 뜻하며, 등단면은 정중단면과 가로단면에 대하여 직각으로 지나는 단면이다.

04 ⑤

① 두개골, 뇌실계통, 뇌척수막이 물리적 충격으로부터 뇌를 보호한다면, 혈액뇌장벽은 화학적 자극으로부터 뇌를 보호한다.
② 뇌실계통에서 생성된 뇌척수액은 갑작스러운 움직임 또는 충격으로부터 뇌를 보호하고, 뇌와 척수에 영양을 공급하는 역할을 한다.
③ 두개골은 뇌를 보호하는 뼈이다.
④ 뇌척수막은 뇌와 척수 주변을 감싸고 있는 막으로 경막, 거미막, 연막 3개의 막으로 구성되어 있다.

05 ④

족근관절은 뒷다리 관절에 속한다.

06 ②

활성탄은 독성물질의 위장 흡수를 억제하기 위해 사용되는 응급처치 약품이다.

07 ④

대퇴네갈래근은 뒷다리 근육에 속한다.

08 ⑤

고양이의 미추의 수는 18~21이다.

09 ①

스톱은 개의 이마와 코가 만나는 부위이다.

10 ②

췌장은 소화액을 분비하는 외분비 기능과 인슐린, 글루카곤 등의 호르몬을 분비하는 내분비 기능을 동시에 수행하는 기관이다.

11 ②

세균은 스스로 에너지를 만들어낼 수 있으며, 영양분이 포함된 배양액에서 증식할 수 있고 크기는 보통 0.2~10nm 정도여서 일반적으로 광학현미경으로 관찰이 가능하다.

12 ⑤

바이러스는 크기가 매우 작아서 전자현미경으로만 관찰 가능하다.

13 ③

지알디아(Giardiasis)는 원충성 기생충으로, 감염 시 사람과 동물의 장내에 기생한다.

14 ④

단두종 증후군은 주둥이가 짧은 퍼그, 시츄, 페키니즈, 불독 등 단두종에게 호발하며 호흡장애가 주 증상이다.

15 ⑤

종합백신(DHPPL)의 이니셜 H가 지칭하는 질병은 전염성 간염(Infectious Hepatitis)이다.

16 ③

십자인대 단열은 정강뼈(경골, tibia)가 앞쪽으로 전위되는 것을 방지하는 인대로, 십자인대의 퇴행성 변화와 외부의 충격에 의해 십자인대가 부분적으로 혹은 완전히 파열되는 질환을 뜻한다.

17 ⑤

앞십자인대 파열은 뒷다리의 파행이 주 증상이며 신체검사, 방사선 사진, 앞쪽 미끄러짐 검사, 정강뼈 압박 검사를 통해 진단 가능하다.

18 ②

갑상선(thyroid gland)은 목의 배쪽 부위에 위치한 내분비샘으로, 뇌하수체에서 분비되는 갑상선 자극 호르몬의 신호를 받아 요오드에 의해 만들어지는 갑상선 호르몬인 티록신(Thyroxine; T4), 삼요오드티로닌(Triiodothyronine; T3)을 분비한다. 갑상선 기능항진증이 발병하면 식욕이 증가함에도 체중이 감소하며 다음·다뇨, 발열, 흥분, 심박증가 증상이 나타난다.

19 ②

갑상선 기능항진증이 발병하면 교감신경이 항진되고, 식욕이 증가함에도 체중이 감소하며 다음·다뇨, 발열, 흥분, 심박 증가 증상이 나타난다.

20 ⑤

경추 부위에 이상이 있는 경우 목통증과 함께 목을 아래로 내리고 있거나 사지 마비 등의 증상을 보일 수 있다. 흉요추 추간판 탈출 시에는 등을 구부리고 다니고, 안아 올릴 때 통증반응을 보이며 하반신 마비증상을 보일 수 있다.

21 ④

캠필로박터 제주니, 살모넬라, 리스테리아 모노사이토제네스, 병원성 대장균 등은 감염형 식중독 균이다. 황색포도상구균과 보톨리누스의 경우 독소형 식중독 균이며, 클로스트리듐 퍼프린젠스, 바실러스 세레우스의 경우 감염형과 독소형의 특징을 모두 가지고 있다.

22 ④

해썹(HACCP)은 준비단계 5절차와 본단계인 HACCP 7원칙을 포함한 총 12단계의 절차로 구성된다. 따라서 정답은 7원칙 12절차이다.

23 ①

클로스트리듐 보툴리눔(Clostridium botulinum)이 생성하는 신경독소(botulinum toxin)가 원인이 되는 질병으로, 사람과 동물 모두 이완되는 형태(flaccid)의 마비가 온다. 소, 말, 조류가 많이 걸리며, 사람과 동물 모두 경구감염이나 창상성 감염으로 감염된다. 사람은 특히 오염된 통조림의 섭취를 주의해야 하며 1살 이하의 어린이는 벌꿀을 섭취해서는 안 된다.

24 ③

구제역은 전염력이 매우 높아 제1종 법정가축전염병으로 분류된다. 보기에 있는 다른 질병들은 모두 제2종에 포함된다. 탄저, 광견병 등은 치사율이 높으나 법정가축전염병은 단순히 치사율로 1, 2종을 나누지는 않는다.

25 ②

아포는 특정 세균이 만들어내는 형태로서 열, 건조, 영양부족 등에 높은 내성을 가지고 있다. 멸균은 이러한 내열성 아포까지 사멸시키는 것을 의미한다.

26 ④

자외선의 살균효과는 자외선 파장대중에서도 주로 200nm에서 280nm 사이의 UVC 영역에 의해 발생한다. 이 범위 내의 자외선은 박테리아, 바이러스, 기타 미생물의 DNA를 손상시켜 살균 효과를 나타낸다. 그 중에서도 254nm 파장의 자외선은 살균에 매우 효과적으로 사용되며 공기, 물, 표면을 소독하는 데 널리 사용된다.

27 ③

미나마타병은 수은 중독이 원인이다. 이따이이따이 병은 카드뮴 중독이 원인이다.

28 ②

포스파타제는 우유 속에 자연적으로 존재하는 효소의 일종이다. 원유 내 함량은 다양하게 존재하며, 우유류 저온살균의 간접적인 지표로 사용된다.

29 ①

수분활성도는 식품 내 미생물이 이용 가능한 자유수를 나타내는 지표로서, 수분활성도가 높으면 미생물의 성장이 용이하다. 일반적으로 건조된 식품에서 낮고 야채, 과일 등 물기가 많은 식품에서 높다. 그러나 잼, 염장식품 등과 같이 소금이나 설탕 등이 들어가게 되면 수분활성도가 감소한다.

30 ③

<보기>에서 제시된 살균법은 우유 속의 세균을 살균할 때 사용하는 방법이다. LTLT법은 63~65℃에서 30분간 살균하며, HTST법은 72~75℃에서 15초 정도 살균한다. UHT법은 130~140℃ 사이에서 2~3초간 살균한다.

31 ⑤

<보기>는 터키시앙고라 고양이 품종에 대한 설명이다.
① 미국이 원산지이며 단모종으로 팔다리가 짧고 허리가 길다.
② 중장모를 가지며, 튼튼하고 호기심이 많아 목줄을 매고 산책을 하기도 한다.
③ 장모종에 속하며 성격이 차분하고, 굵고 짧은 다리와 꼬리를 가지고 있으며 코가 납작하다.
④ 피모는 이중으로 구성되어 있고 라이트 블루색으로 낯가림이 있지만 보호자에게 애교가 많다.

32 ⑤

④ 신생아기에는 시각·청각의 기능은 갖추어져 있지 않지만 촉각·후각·미각이 갖추어져 있다.
⑤ 외부자극에 반응하고 다양한 환경에 익숙하게 만들어주기 좋은 사회화기(감각기 시기)는 생후 20일~12주로, 애착 형성이 가능한 시기이다.

33 ③

시츄는 애완견으로 분류되며 치와와, 말티즈, 비숑, 푸들 등이 있다.

34 ①

종합백신 DHPPL에는 홍역, 개전염성간염, 파보바이러스장염, 개독감, 렙토스피라 총 5개의 예방접종 병원체가 포함되며 그 중 렙토스피라는 인수공통감염병에 해당된다.

35 ②

<보기>는 안검내번증에 대한 설명이다.
① 체리아이(순막노출증)라고 부르며 매끄럽고 둥근 붉은색의 부위가 노출된 상태로 주로 눈이 돌출되어 있는 견종인 잉글리쉬 불독, 불테리어, 복서, 스파니엘, 페키니즈 및 비글 등에서 많이 발생한다.
⑤ 안압이 상승하여 나타난 질병이다.

36 ④

문제는 톡소포자충에 감염된 쥐, 새 등에 의해 전염되는 톡소플라즈마에 대한 설명이다.

37 ③

항산화물질이 풍부한 블루베리는 건강한 반려견에게 적정량 급여가 가능한 식재료이다. 반려견의 소화를 돕기 위해 잘게 다져주거나 익혀주는 것이 좋다.

38 ③

① 시추는 티베트가 원산지이며 기품 있는 분위기의 풍부한 피모를 가졌고 양쪽 눈 사이가 넓은 편이다.
③ 동경이는 현재 경주에서 사육중인 천연기념물 540호로, 진돗개와 외모가 비슷한 편이지만 꼬리가 없거나 5cm로 짧은 것이 특징이다.

39 ①

고창증에 대한 설명이다. ③번은 얇은 털로만 되어 있는 토끼의 발바닥이 딱딱한 방바닥이나 철망 위에서 생활하게 될 경우, 토끼의 비절 부근이 빨개지고 염증이 생기는 질병을 말한다.

40 ⑤

- 1차(6주): 종합백신1차 + 코로나장염 백신1차
- 2차(8주): 종합백신2차 + 코로나장염 백신2차
- 3차(10주): 종합백신3차 + 켄넬코프(기관지염) 백신1차
- 4차(12주): 종합백신4차 + 켄넬코프(기관지염) 백신 2차
- 5차(14주): 종합백신5차 + 인플루엔자 백신 1차
- 6차(16주): 광견병 + 인플루엔자 백신 2차

41 ②

① 간: 소화작용에 필요한 담즙(Bile)을 분비하여 십이지장에 보낼 뿐만 아니라 물질대사, 해독작용 등 중요한 역할을 한다.
③ 회장: 소장의 끝부분으로, 공장과의 경계가 뚜렷하지 않으므로 공장과 회장은 함께 공회장으로 다루는 것이 일반적이다.
④ 인두: 구강과 식도의 사이에 있는 근육성의 주머니이며, 소화관과 호흡 기도의 교차점이다.
⑤ 십이지장: 유문에서 시작되는 소장의 첫 부분이다.

42 ①

반려견 금기 식품으로는 초콜릿, 양파, 포도, 건포도, 땅콩, 카페인, 닭뼈, 자일리톨 등이 있다.

43 ②

건식사료는 수분 함유량이 10% 내외인 사료이고, 습식사료는 수분 함유량이 약 75%인 사료이다.

44 ①

타우린은 고양이에게 필수적으로 요구되는 아미노산이다.

45 ③

노령 반려견에게 필요한 단백질은 고품질의 15~23%의 건조물이다.

46 ⑤

무기질의 기능에 따른 분류

골격 구조 형성	칼슘(Ca), 인(P), 마그네슘(Mg)
연조직 형성	철(Fe), 칼륨(K), 인(P), 황(S), 염소(Cl), 요오드(I)
체액의 삼투압 조절	나트륨(Na), 염소(Cl), 칼륨(K), 칼슘(Ca), 마그네슘(Mg)

47 ③

칼슘은 뼈나 치아 형성, 혈액 응고 및 항상성 유지, 근육의 수축·이완 작용, 신경 전달의 기능을 한다.

48 ④

비타민 E의 화학 명칭은 토코페롤(Tocopherol)이다. 유아기의 비타민 E 흡수 이상 시 발달 중인 신경계에 영향을 미친다. 조기 치료하지 않으면 신경 장애를 유발할 수 있다.

49 ④

①번은 베타세포, ②번은 알파세포, ③번은 PP세포에서 분비된다.

50 ②

필수아미노산
- 개(10종): 류신, 페닐알라닌, 발린, 트레오닌, 트립토판, 이소류신, 히스티딘, 메티오닌, 아르기닌, 라이신
- 고양이(11종): 류신, 페닐알라닌, 발린, 트레오닌, 트립토판, 이소류신, 히스티딘, 메티오닌, 아르기닌, 라이신, 타우린

51 ④

동물의 모성 행동
- 새끼를 품어서 새끼의 체온을 유지해 준다.
- 새끼에게 젖을 먹인다.
- 새끼를 나가지 못하게 막음으로써 위험하지 않게 해 준다.
- 새끼의 생식기를 할아 새끼가 배설할 수 있게 해 준다.
- 새끼의 몸을 핥아서 깨끗하게 해 준다.

52 ③

ㄱ. 5~15년은 기니피그의 수명으로, 햄스터의 수명은 평균 2~3년이다.
ㄹ. 15시간 정도 자는 것은 페럿의 습성으로, 햄스터의 수면시간은 평균 6~8시간이다.

53 ④

이행기 특징
- 시 · 청각이 발달한다.
- 배설이 가능하다.
- 동배종들과 놀이를 시도한다.
- 소리 · 행동 신호 표현이 시작한다.
- 걷기 시작한다.
- 눈을 뜨고 귓구멍이 열려 소리에 반응하고 행동적으로도 신생 아기의 패턴에서 강아지의 패턴으로 변화가 보이는 시기이다.

54 ③

문제 행동의 원인

일반적인 문제 행동의 원인	보호자와 보호자 가족의 일상생활 변화, 동물의 일상에서 꼭 필요한 행동(본능적 욕구 표출) 부족
개의 문제 행동의 원인	안아주기, 사람의 공간인 침대에서의 잠자리, 과잉보호, 제2의 자극(아팠던 기억)

55 ②

① 입마개: 개의 입 부분을 덮어 문제행동을 차단하는 도구이다.
③ 방석(포인트): 특정 공간을 알려주는 역할을 하며, 개를 기다리게 하거나 정해진 목표 지점 설정을 위해 사용하는 등 다용도로 쓰인다.
④ 크레이트(개집): 개가 가장 편안하게 쉴 수 있는 공간이다.
⑤ 간식, 장난감: 간식이나 좋아하는 장난감을 포상용으로 활용하며, 올바른 행동을 하였을 때 보상을 통해서 긍정적인 사고방식을 갖게 한다.

56 ⑤

포메라니언은 스피츠와 프리미티브 타입의 견종이다.

57 ⑤

안아주기는 개의 문제 행동의 원인으로, 일상생활 속에서 안고 생활하는 시간이 많으면 안아주기를 통해 짖는 것으로 발전하는 경우가 많다.

58 ②

파블로프(Pavlove)의 개 실험
- 무조건 자극: 먹이
- 무조건 반응: 먹이로 인해 나오는 침
- 중성(중립) 자극: 조건화되기 이전의 종소리
- 조건 자극: 조건화된 이후의 종소리
- 조건 반응: 종소리로 인해 나오는 침

59 ①

② 특발성 공격행동: 원인을 알 수도 없고, 예측하기도 어려운 공격행동이다.
③ 영역성 공격행동: 과도한 영역 방위 본능이 영역성 공격행동을 일으키는 주 원인으로 알려져 있는 공격행동이다.
④ 우위성 공격행동: 개가 인식하는 자신의 사회적 순위가 위협받을 때 그 순위를 과시하기 위해 보이는 공격행동이다
⑤ 공포성 공격행동: 과도한 공포나 불안, 선천적 기질, 사회화 부족, 과거의 혐오경험으로 인해 발생하는 공격행동이다.

60 ⑤

① 부적절한 발톱갈기 행동: 세력권의 마킹, 오래된 발톱의 제거, 수면 후의 스크래치, 소재의 선호성 등으로 나타날 수 있는 문제 행동으로 고양이에게서 나타난다.
② 놀이 공격 행동: 놀이시간이 부족하여 나타나는 문제 행동이다.
③ 분리 불안: 주인이 없을 때 또는 빈 집에 있는 동안 불안감을 느껴서 짖거나 부적절하게 배설하는 등의 증상을 나타내는 문제 행동이다.
④ 상동장애: 신체의 특정 부위를 끊임없이 물거나 핥기, 빙빙 돌면서 자신의 꼬리 쫓기, 꼬리 물기 등의 행동이 이상빈도로 또는 지속적으로 반복하여 일어나는 문제 행동이다.

61 ⑤

Triage는 즉각적인 개입이나 소생술이 필요한 심각성에 따라 응급실에 오는 동물을 분류하고 가장 아픈 동물을 먼저 돌보는 원칙이다.

62 ②

호흡, 발작, 출혈과 같이 즉각적인 진료가 필요한 경우 내원의 필요성을 안내한다. 실제 환자를 직접 확인하지 않아 제한되지만, 간략하고 조직화된 시스템화를 통해 필요한 정보를 통화로도 알 수 있다. 추후 사고 예방과 전달을 위한 기록이 필요하다.

63 ①

과식은 응급내원에 해당하는 사항이 아니다. 빠른 진료가 필요한 경우는 호흡곤란, 창백한 점막, 갑작스러운 쇠약, 빠른 복부팽만, 소변을 못 보는 경우, 독극물 섭취, 외상성 부상, 심한 구토, 혈액성 구토, 비생산적인 구역질, 신경계증상 또는 발작, 난산, 광범위한 상처, 출혈 등이 있다.

64 ②

점막색이 청색을 띠고 있다면 산소공급장애나 호흡곤란의 상황이다. 황달이나 간부전은 노란빛을 띤다.

65 ④

공혈 동물은 일반적으로 건강 상태가 양호해야 하며, 적절한 예방접종을 마친 동물이어야 한다.

66 ④

생명을 위협하는 출혈의 일반적인 징후로는 창백한 점막, 빠르고 약한 맥박, 정상 이하의 온도, 느린 모세관 충만 정도, 기립불가가 있다.

67 ⑤

순수한 산소는 수분이 없어 환자에게 직접 제공 시 호흡기와 안구를 건조하게 한다.

68 ②

향정신성 의약품은 잠금장치가 설치된 장소에 보관해야 한다. 위급하게 필요한 경우가 있을 가능성이 높으므로 보관 위치를 항상 잘 숙지하여야 한다.

69 ①

동물 간의 개체 차이로 인해 기성품의 장착이 어려울 수도 있으므로, 환자에게 상처나 위해를 입힐만한 재질이 아니라면 즉석에서 동원해 만들 수도 있다.

70 ④

산소조절기의 가습장치에는 증류수를 채워 넣어야 한다.

71 ②

이 설명은 응급환자의 내원 시 중증환자를 분류하는 방법이다.

72 ①

의식의 확인 여부는 필수적이다.

73 ③

미다졸람은 benzodiazepine 계열 CNS 억제제이다. 안정을 유도하고 단기간의 진단적 검사, 발작약물로 사용된다.

74 ⑤

보기의 다른 약물은 심혈관계에 작용하는 약물로서, 응급카트에서 심박이나 혈압 등에 문제가 생겼을 때 사용 가능하다. 파모티딘은 위에 작용하는 약물로서 응급으로 사용되지는 않는다.

75 ②

덱스메데토미딘, 메데토미딘 등은 알파2 아드레날린 수용체(alpha2-adrenoceptor)에 작용하여 진정효과를 유도한다. 이것의 길항제는 아티파메졸이 있으며, 덱스메데토미딘 등의 사용으로 인해 서맥(심장이 느리게 뜀)이 있거나 마취가 잘 깨지 않는 경우에 사용할 수 있다.

76 ④

수의간호기록 작성을 의미하는 SOAP는 Subjective(주관적 자료)+Objective(객관적 자료)+Assessment(평가)+Plan(계획)의 이니셜을 의미한다.

77 ①

글루타 알데하이드는 유기물이 있어도 소독력이 강하고 금속을 부식시키지 않아 플라스틱, 고무, 카테터, 내시경 등 오토클레이브에 넣을 수 없는 물품을 2% 용액에 10시간 침적(유효기간 약 2주)시킨다. 독성이 강하므로 마스크, 보호안경, 장갑 착용 후 피부에 닿지 않도록 주의해야 하며, 환기가 잘 되는 곳에서 잠금이 확실한 용기에 담아 흡입을 최소화한다.

78 ⑤

<보기>는 알코올에 관한 설명이다.

79 ③

일반 폐기물이 의료 폐기물과 혼합되면 의료 폐기물로 간주된다.

80 ⑤

폐기물이 넘치지 않도록 용량의 80% 이내로 넣고, 보관기간을 초과하여 보관을 금지한다. 조직류 폐기물은 4℃ 이하에서 냉장 보관한다.

81 ⑤

MRI는 Magnetic Resonance Imaging의 약어로, 자력에 의하여 발생하는 자기장을 이용하여 생체의 임의의 단층상을 얻을 수 있는 장치이다.

82 ③

CT는 Computed Tomography의 약어로, 엑스선을 여러 각도에 신체에 투영하고 이를 컴퓨터로 재구성하여 신체 단면을 영상으로 처리하는 장치이다.

83 ④

자외선(UV, ultraviolet light)에 대한 설명이다.

84 ②

• BM: bowel movement의 약자로 배변을 의미한다.
• CRT: capillary refill time의 약자로 모세혈관 재충만 시간을 의미한다.
• DOA: dead on arrival의 약자로 도착 시 사망을 의미한다.
• CPR: CardioPulmonary Resuscitation의 약자로 심폐소생술을 의미한다.
• HBC: hit by car의 약자로 교통사고를 의미한다.

85 ①

• PCV: packed cell volume의 약자로 적혈구 용적을 의미한다.
• OE: Orchidectomy의 약자로 고환절제술을 의미한다.
• NPO: nothing per oral의 약자로 사료를 급여하지 않는 금식을 의미한다.
• PHx: Past history의 약자로 과거병력을 의미한다.
• OHE: ovariohysterectomy의 약자로 난소자궁절제술을 의미한다.

86 ⑤

• PHx: Past history의 약자로 과거병력을 의미한다.
• OE: Orchidectomy의 약자로 고환절제술을 의미한다.
• OHE: ovariohysterectomy의 약자로 난소자궁절제술을 의미한다.
• PCV: packed cell volume의 약자로 적혈구 용적을 의미한다.
• NPO: nothing per oral의 약자로 사료를 급여하지 않는 금식을 의미한다.

87 ②

집중치료 부스(I.C.U)는 중환자의 집중치료를 위해 항균, 항온, 항습, CO_2 자동 배출, 산소 공급이 가능한 격리된 공간이다. 수술 이후 호흡이 안 좋거나 경련 또는 산소치료가 필요한 중환자에게 필요하다.

88 ④

파상풍 예방주사의 면역 유지기간은 약 10년 동안 유효하므로 매년 접종은 필수가 아니다.

89 ⑤

4S 마케팅 전략
- Speed(속도): 시장의 진입 속도
- Spread(확산): 사업의 확장 진행
- Strength(강점): 강점 강화
- Satisfaction(만족): 고객 만족 향상, 고객 불만 해소

90 ③

초두효과(Primacy effect)에 대한 설명이다.

91 ⑤

덱스메데토미딘, 메데토미딘 등은 알파2 아드레날린 수용체(alpha2-adrenoceptor)에 작용하여 진정효과를 유도한다. 이것의 길항제는 아티파메졸이 있으며, 덱스메데토미딘 등의 사용으로 인해 서맥(심장이 느리게 뜀)이 있거나 마취가 잘 깨지 않는 경우에 사용할 수 있다.

92 ①

소양감 해소를 위해서는 스테로이드 제제가 사용되며 프레드니솔론은 가장 대표적인 약제이다. 프로포폴은 마취제이며 멜록시캄은 비스테로이드성 소염제로 염증은 줄이지만 가려움을 줄이지는 않는다. 메트로니다졸은 항생제이고 이트라코나졸은 항진균제이다.

93 ②

세보플루란이 오히려 이소플루란에 비해 회복 능력 등이 우수하나, 가격 문제 등으로 인해 이소플루란이 더 널리 사용되고 있다.

94 ④

갈색병에 들어있는 제품은 차광이 목적이며, 보관 시에도 서늘하고 그늘진 곳에 보관해야 한다.

95 ②

어떤 약은 약물 성분이 물에는 잘 녹지 않기 때문에 소량의 알코올 성분을 가해서 제조할 수 있다. 이런 액체 형태의 약물을 엘릭서(Elixir)약 또는 엘릭시르 제라고 한다. 소량의 감미료 등을 함께 넣을 수 있다.

96 ①

- ID: intradermal, 피내주사
- SC: subcutaneous, 피하주사
- IV: intravenous, 정맥주사
- IP: intraperitoneal, 복강내주사

97 ④

Triz-EDTA는 귀 세정제로 이용된다.

98 ②

가루약은 기존의 제형보다 표면적이 넓어 변질될 가능성이 높아 유효기간이 짧다.

99 ①

기침을 억제하는 약물을 진해제라고 하고, 가래를 제거하는 약물을 거담제라고 한다.

100 ⑤

세균을 제거하는 약물은 항균제 또는 항생제라고 부른다. 항곰팡이제는 곰팡이를, 항바이러스제는 바이러스를 제거한다. 소염제는 염증을 완화시키며, 구충제는 기생충을 제거한다.

101 ④

A, D, E, K는 지용성 비타민이며 B, C는 수용성 비타민이다. 비타민B에는 시아노코발라민(Vit B_{12}), 리보플라빈(Vit B_2), 염산티아민(Vit B_1) 등이 있다.

102 ③

제조된 지 오래되지 않은 3% 과산화수소를 사용하여 구토를 유발할 수 있다. 트라넥삼산 역시 구토 유발이 가능하지만, 경구가 아닌 정맥투여를 통해 구토를 유발한다. 세레니아는 말로피탄트의 상품명으로서 오히려 구토를 억제하는 역할을 한다. 수의사에 따라 다르지만 과산화수소의 경구투여는 위나 식도에 자극을 주기 때문에 주사제제(트라넥삼산, 아포몰핀 등)를 먼저 시도하기도 한다.

103 ③

1:8 희석에서 8은 용액의 총량을 의미한다. 따라서 약물 1ml와 희석액 7ml를 섞으면 1:8 희석이 된다.

104 ④

클로르헥시딘은 소독제로도 사용되며 항생 및 항균의 목적으로 구균 등의 세균을 죽일 때 사용한다. 특히 피부 표면에 있는 세균 등을 죽일 때 사용한다.

105 ①

문제는 흡입 투여에 대한 설명이다.

106 ⑤

조영제는 식도를 금방 통과하여 위로 들어가게 된다. 식도의 이상을 관찰하기 위해서 조영을 하는 경우에는 조영제를 먹은 즉시 촬영을 하는 것이 좋다.

107 ④

그리드는 보통 매우 얇은 금속 띠(주로 납)와 방사선을 투과할 수 있는 재료(예 알루미늄)로 만들어진 여러 격자 또는 줄무늬로 구성되어 있다. 그리드는 X-ray 촬영에서 중요한 역할을 하는 도구로, 산란 방사선(scatter radiation)을 줄이는 데 사용된다. 산란 방사선은 X-ray가 환자의 몸을 통과할 때 다양한 각도로 흩어지게 되는데, 이러한 방사선은 영상의 선명도와 대조도를 저하시키는 원인이 된다. 그리드는 이러한 산란 방사선을 효과적으로 차단하여 더욱 선명하고 대조도가 높은 영상을 얻을 수 있도록 돕는다.

108 ③

시준기(collimator)란 X선관(튜브) 아래쪽에 위치하여 광선의 범위를 설정해주는 역할을 하는 장치이다. 이것을 잘 조절하여 동물의 크기에 맞춰 광선의 범위가 적절히 설정되어야 불필요한 피폭이 없고, 사진이 정확하게 나온다.

109 ③

1차 광선은 빔에 직접적으로 노출되는 광선이며, 2차는 간접적으로 노출되는 광선으로서 위해성은 2차 광선이 훨씬 덜하다. 그러나 1차든 2차든 피폭에 있어서 완전히 안전한 양이라는 것은 없다. 그러므로 2차 광선에 노출되는 때에도 반드시 동일하게 개인보호 장구를 착용해야 한다.

110 ②

X선 촬영 시의 중요 원칙 중의 하나는 반드시 직각이 되는 두 장의 사진을 촬영해야 한다는 점이다. 가령 흉부나 복부를 촬영할 때 VD(복배상)와 RL(오른쪽 외측상)을 함께 찍는 것이다. 이것을 통해 진단을 더 용이하게 할 수 있으며, orthogonal view(직각 촬영)라고도 부른다. <보기>의 다른 설명은 모두 옳은 원칙이다.

111 ①

요오드계 조영제는 체내에 흡수되며, 비요오드계 조영제는 체내에 흡수되지 않는다. 방사선의 투과력이 낮은 양성 조영제이기 때문에 사진상에서 하얗게 나온다.

112 ③

심장초음파 검사에 가장 유용하게 사용하는 탐촉자는 sector형(소접촉면)이다. 복부의 다른 장기는 linear(선형) 및 convex(볼록면) 탐촉자로 확인 가능하다. 뼈의 경우 초음파보다는 X선이 더 효과적이다.

113 ④

아세톤과 같이 강한 세제는 프로브의 표면을 손상시킬 수 있다.

114 ①

뼈를 보는 데는 방사선 촬영이 더 유용하다. 내부 장비 및 연부조직을 볼 때, 특히 특정 장기를 관찰할 때 초음파가 더 낫다고 할 수 있다.

115 ④

접근성과 가격을 고려했을 때 x-ray는 뼈의 이상 유무 체크에 가장 효율적인 장비이다. CT는 여러 각도에서 x-ray 이미지를 촬영하여 3차원 이미지를 생성한다. CT는 x-ray보다 훨씬 더 높은 해상도의 이미지를 생성하여 뼈의 구조를 자세히 볼 수 있게 하기 때문에 미세한 골절이나 뼈의 변형을 정확하게 파악하는 데 도움이 될 수 있다. 그러나 마취가 동반되고 비용이 많이 나가기 때문에 x-ray에 비해 효율적인 장비라고 볼 수는 없다. MRI와 초음파는 연부조직을 확인하는 데 특화된 장비이다.

116 ①

<보기>는 자기공명영상장치(MRI, Magnetic Resonance Imaging)에 대한 설명이다. 강력한 자석(마그넷)을 이용하기 때문에 사고의 우려가 있어 촬영 시 금속 등의 물질의 소지 여부를 반드시 체크해야 한다. 스캔하는 소리도 매우 커서 귀마개 등을 하고 있어야 한다.

117 ②

종양의 형태 파악 및 침습 여부의 확인은 CT가 가장 정확하다. 물론 초음파나 방사선으로도 확인이 가능하지만, CT에 미치지는 못한다.

118 ⑤

스캔방식 혹은 검출기에는 여러 종류의 CT가 있다. 문제는 helical CT에 대한 설명이다.

119 ①

머리 촬영은 보정이 쉽지 않고 촬영자의 손이 나올 수도 있기 때문에, 강한 보정보다는 마취나 진정을 하는 것이 필요하다.

120 ②

SID는 튜브(선관)로부터 검출기까지의 거리이기 때문에, 이 거리가 멀어질수록 X선의 강도는 낮아진다고 볼 수 있다.

121 ⑤

청진기를 이용하지 않을 때는 대퇴 부위 안쪽 넙다리동맥(femoral artery)에 손을 대어 맥박을 확인하고, 심박수를 측정한다.

122 ②

경구투약-PO, 근육주사-IM, 피하주사-SC, 정맥주사-IV

123 ①

QID는 1일 4회를 의미한다.

124 ⑤

탈수, 심부전, 저체온증, 전해질 이상, 저혈압 등에 의해 모세혈관 재충만 시간이 지연될 수 있다.

125 ③

쿠싱은 부신겉질기능항진증과 동의어로, 부신겉질호르몬 cortisol이 과다 분비되어 나타난다.

126 ⑤

비강 산소 카테터를 이용하여 산소를 공급할 수 있다. 비강-식도 튜브는 영양 공급을 위한 튜브이다.

127 ③

초유(출생 후 48시간 이내)에서 모체이행항체를 획득할 수 있다. 이는 백신의 항원을 제거하여 백신의 면역 형성을 방해할 수 있으므로(모체이행간섭), 6~8주령부터 접종을 시작한다.

128 ②

백신을 반복 처치할 경우의 접종 간격은 최소 2~3주가 필요하다. 백신 접종 간의 간격이 짧으면 첫 번째 백신의 면역원이 두 번째 백신의 항체 형성을 방해한다.

129 ①

당뇨의 원인은 인슐린 분비 감소 및 인슐린 저항성 증가이다.

130 ④

고농도의 산소 노출 시 독성이 있을 수 있으므로 적정한 속도와 양을 조절하여야 한다.

131 ③

Triz – EDTA는 귀 세정제로 이용된다.

132 ④

자발 호흡이 확인된 이후에는 인공호흡기를 더 이상 사용하지 않는다.

133 ②

혈압은 신체검사 시의 주요 측정 항목으로, 순환혈액량 감소 및 심부전, 혈관 긴장도의 변화에 의해 변동될 수 있다.

134 ②

도플러 혈압계는 환자의 수축기 혈압만 확인할 수 있고, 이완기 혈압의 확인은 어렵다.

135 ③

진드기, 벼룩, 개선충, 개모낭충 등은 외부기생충 감염병에 해당한다.

136 ③

체형은 body condition score(BCS)로 표기되며, 숫자가 클수록 비만에 가까움을 의미한다.

137 ②

0.9% NaCl은 대표적인 등장성 수액으로 생리식염수라고도 한다.

138 ③

쇼크 상태에서는 우선적으로 수액 요법을 시행하고, 동시에 원인에 대한 정확한 진단을 위해 혈액 검사, 심전도, 초음파 등을 사용한다.

139 ⑤

통증 평가를 위해 동물의 행동 변화, 예를 들어 회피 행동이나 식욕 감소 등을 관찰하는 것이 중요하며, 보호자의 문진 내용 등 주관적인 요소를 복합적으로 고려해야 한다.

140 ③

중환자 재활 운동은 환자의 상태에 맞춰 개별화된 계획을 세우고, 점진적으로 운동 강도와 범위를 조절하는 것이 중요하다. 특히 각 환자마다 상태가 다름에 유의하여, 적당한 운동을 병행할 것인지, 혹은 마사지 및 누운 자세에서 진행할 것인지 등을 평가해야 한다.

141 ④

<보기>는 흡수성 젤라틴 스폰지인 젤폼(Gelform)에 대한 설명이다.

142 ③

마취가 되면 vital이 전반적으로 감소되며, 마취가 너무 깊어지면 사망에 이르게 된다. 마취 시 호흡수, 심박수, 혈압은 전체적으로 감소하며, 체온도 하강된다.

143 ④

스크럽용 솔(brush)은 기포장되어 있는 경우가 많고 여기에는 이미 세정제가 묻어있다. 알코올, 차아염소산나트륨 등은 조직에 자극이 있어 스크럽용으로 적절하지 않다. 보통 포비돈요오드, 클로르헥시딘 등이 기반이 된 세정제가 많이 사용된다.

144 ①

바실러스 세레우스, 클로스트리듐 퍼프린젠스 등과 같은 일부 세균은 극한의 환경에서 살아남기 위해 아포(spore)를 만들어 생존하게 된다. 멸균은 이 아포까지 사멸시킨다. 일반적인 소독이나 세척은 세균 자체를 파괴할 수는 있으나, 아포를 사멸시키지는 못한다.

145 ③

벨푸슬링 붕대법은 앞다리의 체중 부하를 줄여주기 위해 붕대에 앞다리를 거는(현수) 방식으로 붕대를 하게 된다. 반면에 에머슬링, 로버트 존스 붕대법 등은 주로 뒷다리에 하는 방법이다.

146 ②

수술가운은 비멸균구역에 있는 인원은 착용하지 않는다. 마스크, 헤어캡, 일회용 부츠, 스크럽은 비멸균구역에 있는 인원도 위생을 위해 착용하게 된다.

147 ⑤

수술기구의 손잡이 잠금쇠는 모두 풀어놓은 채로 수술팩을 포장하고 멸균한다.

148 ②

⑤번은 EO가스 멸균법, ③번은 플라즈마 멸균법에 대한 설명이다. 고압증기 멸균법은 고무나 플라스틱을 녹이거나 변형시키기 때문에 이에 적합한 기법은 아니다. 또한 열과 압력이 강하기 때문에 멸균 종료 후에도 일정시간 열과 압력이 하강할 때까지 기다린 후 문을 개방해야 한다. 고압증기 멸균법은 수술가위 등 스테인리스 스틸 재질의 수술기구를 멸균하는데 유리하다.

149 ④

'환침'이라 불리는 형태로서 바늘이 둥근 형태이다. 그림은 봉합침에 관련된 내용으로서, 봉합사의 흡수성 여부는 추가적인 정보가 필요하다. 소화관이나 내장조직 등 취약한 조직에서 활용이 가능하다. 각진 형태의 각침은 근막이나 피부 봉합 등에서 선호된다.

150 ②

나일론은 비흡수성 봉합사로 피부 봉합 등에 활용되며 조직 내에서 영구적인 인장강도를 유지한다. 보기의 다른 봉합사는 모두 흡수성 봉합사이다.

151 ⑤

tissue forceps은 조직을 잡기 위한 겸자로서 핀셋과 유사하게 생겼다. Allis forceps, Babcock forceps, Brown-Adson forceps 등이 여기에 속한다. 보기 ①, ②, ③번은 모두 지혈겸자(hemostatic forceps)으로서 혈관을 잡을 때 사용하며 가위와 비슷하게 생겼다. curved forceps은 휘어진 형태의 겸자로, 특정 겸자를 나타내는 것이 아니라 겸자의 모양을 나타내는 용어이다.

152 ③

동물 1회 호흡량(tidal volume, TV)은 개와 고양이에서 10~15mL/kg 수준이다. 여기서 호흡백의 사이즈는 1회 호흡량의 최대 6배 가량으로 사용하게 된다(3~6배 정도의 넓은 범위로 잡기도 한다). 만약 개가 9kg이라면 TV는 90~135ml 수준이 되고 호흡백은 540~810ml보다 큰 것을 사용한다. 따라서 1L 호흡백이 추천된다. 절대적인 기준은 아니지만 보통 5kg 미만의 경우 0.5L, 5~9kg 정도 사이의 개는 1L, 10kg 이상의 개는 2L로 잡는다.

153 ②

보통 2mm 이하의 작은 혈관은 전기소작법을 사용한다. 혈관이 다소 크더라도 전기소작이 되기는 하지만, 확실하게 하기 위해서는 결찰(ligature)을 하는 것이 좋다.

154 ②

석션을 활용한 음압차에 의한 배액을 능동배액이라고 하고 Jackson-Pratt 배액 등이 대표적이다. 체강이나 중력에 의한 자연스러운 배액을 수동배액이라고 하고 Penrose 배액이 대표적이다.

155 ①

손가락 등으로 튜브를 막았을 때 게이지의 바늘이 떨어지지 않고 고정되어 있어야 누출이 없는 것이다. 바늘이 아래쪽으로 떨어지면 어딘지는 몰라도 공기가 누출되고 있다는 것을 의미한다.

156 ①

레이저 치료는 간질, 악성종양 등에서는 오히려 금기이다.

157 ③

VD로 촬영할 때에는 등이 아래쪽으로 가는 형태로 찍는다. 등 (dorsal)이 닿는다고 하여 이러한 형태를 dorsal recumbency라고 부른다. 반대 개념은 배를 대고 누운 형태인데, 흉골 (sternum)이 닿는다고 하여 sternal recumbency라고 부른다. 영문 표현이지만 동물병원에서 종종 사용하는 표현이다.

158 ⑤

활동성, 자발식욕, 자극에 대한 반응성 등은 주관적인 영역이지만 입원기록에 기록될 수 있다(QAR, BAR 등).

159 ④

붕대는 상처가 났을 때 일반적으로 3층으로 구성한다. 1차 층은 드레싱, 2차 층은 솜 붕대, 3차 층은 코반(Coban)과 같은 접착붕대를 사용한다.

160 ⑤

삽관은 프로포폴을 통해 동물의 의식을 잃게 만든 직후 실시된다. 동물은 의식이 없는 상태로서 몸을 제대로 가누지 못하기 때문에, 부상을 방지하고 정확한 삽관 유도를 위해서 동물보건사는 동물을 확실하게 보정해야 한다.

161 ②

CBC 검사상에서 빈혈 환자의 경우 HCT(헤마토크리토), HGB (헤모글로빈) 등이 낮게 나온다.

162 ④

간 질환에 걸린 경우 ALT, ALP, AST 등이 증가하며, 간부전의 경우 bilirubin이 증가하며 황달 증상이 나타날 수 있다. BUN 수치는 주로 신부전(콩팥 부전), 고단백 식이 등으로 증가한다.

163 ②

SST tube는 항응고 성분이 없으며, plain tube에 비해 빠르게 혈액을 굳히고 쉽게 분리할 수 있도록 만들어진 tube이다. 원심 분리 후 상층 액인 혈청을 이용하기 위해 사용한다.

164 ④

빌리루빈의 농도는 혈청 화학검사를 통해 알 수 있다. 도말검사는 현미경을 통한 검사로, 주로 혈구 세포의 비율이나 형태학적 이상 소견 등을 관찰할 수 있다.

165 ④

<보기>의 증상은 부신겉질 기능항진증(쿠싱)의 대표적인 증상이다. ACTH 자극시험이란 합성 ACTH를 주사하고, 주사 전 및 1시간 후에 채혈하여 혈청을 분리하여 코티솔(Cortisol)을 측정하는 부신겉질 기능항진증의 진단검사이다.

166 ⑤

부신겉질 기능저하증(애디슨)은 Glucocorticoid, Mineralocorticoid 분비 감소에 의한 질병이기 때문에, 진단검사 시 cortisol 농도가 2ul/dl 이하로 측정된다.

167 ②

헤파린 튜브는 초록색을 띠며, 주로 혈청 화학검사나 혈액 가스검사 등에 사용된다.

168 ③

개 구충의 경우 빈혈, 혈변, 점액변 등이 나타날 수 있다. 또한 자충의 폐 상해로 인하여 호흡기 증상이 발생하는 경우도 있다.

169 ⑤

포도당이 검출되는 소변은 신장 역치를 능가하는 고혈당증(진성 당뇨병, 쿠싱병) 혹은 세뇨관 질병 등이 원인이다.

170 ②

A 부분은 혈장으로 액체 성분이며, B 부분에는 백혈구와 혈소판을 포함한다. C 부분에는 적혈구가 포함된다.

171 ①

대물렌즈 ×100의 고배율에서는 유침이 필요하다. 유침이 필요한 대물렌즈에는 Oil이라고 적혀 있다.

172 ③

당뇨 환자는 인슐린의 부족, 저항 등의 이유로 혈당 수치가 증가한다. 일정 수치 이상이면 요에서도 포도당이 검출된다.

173 ④

Heparin 튜브의 상층 액은 혈장으로 분류한다.

174 ⑤

FNA는 일반적으로 미세한 바늘을 사용하여 종양이나 비정상적인 덩어리에서 세포를 채취하고, 세포학적 분석을 통해 진단을 내리는 검사이다. 일반적으로 전신 마취 없이 진행된다.

175 ①

칼슘 이온(Ca^{2+})은 혈액응고에 필수적인 역할로, 많은 항응고제가 칼슘의 작용을 차단하거나 칼슘이온의 농도를 감소시켜 응고를 억제한다.

176 ③

포르말린은 조직의 세포 구조를 고정하여 변화를 방지하고, 장기 보존이 가능하여, 조직검사를 의뢰할 때 주로 이용하는 용액이다.

177 ④

Diff-Quik은 세포질과 핵의 대비가 잘 나와 상대적으로 세포의 구조를 관찰하기 유용한 염색법이다.

178 ①

PCR은 특정 DNA 서열을 대량으로 증폭하여 감염병이나 유전적 질환의 진단에 도움을 준다. 적은양의 DNA로부터 필요한 유전자 정보를 증폭하는 원리이다.

179 ②

탈수는 소변의 농도를 높여 비중을 증가시킨다.

180 ③

현미경 검사는 주로 세포와 미생물의 존재 및 상태를 관찰하는 데 사용되며 백혈구, 적혈구, 세균, 상피세포는 현미경을 통해 관찰할 수 있다. 단백질 농도 등은 화학적 분석 검사가 별도로 필요하다.

181 ③

제1조(목적) 이 법은 동물의 생명보호, 안전 보장 및 복지 증진을 꾀하고 건전하고 책임 있는 사육문화를 조성함으로써, 생명 존중의 국민 정서를 기르고 사람과 동물의 조화로운 공존에 이바지함을 목적으로 한다.

182 ⑤

제22조(맹견의 출입금지 등) 맹견의 소유자등은 다음 각 호의 어느 하나에 해당하는 장소에 맹견이 출입하지 아니하도록 하여야 한다.
1. 「영유아보육법」 제2조 제3호에 따른 어린이집
2. 「유아교육법」 제2조 제2호에 따른 유치원
3. 「초·중등교육법」 제2조 제1호 및 제4호에 따른 초등학교 및 특수학교

4. 「노인복지법」제31조에 따른 노인복지시설
5. 「장애인복지법」제58조에 따른 장애인복지시설
6. 「도시공원 및 녹지 등에 관한 법률」제15조 제1항 제2호 나목에 따른 어린이공원
7. 「어린이놀이시설 안전관리법」제2조 제2호에 따른 어린이놀이시설
8. 그 밖에 불특정 다수인이 이용하는 장소로서 시·도의 조례로 정하는 장소

183 ①

제46조(동물의 인도적인 처리 등) ① 제35조 제1항 및 제36조 제1항에 따른 동물보호센터의 장은 제34조 제1항에 따라 보호조치 중인 동물에게 질병 등 농림축산식품부령으로 정하는 사유가 있는 경우에는 농림축산식품부장관이 정하는 바에 따라 마취 등을 통하여 동물의 고통을 최소화하는 인도적인 방법으로 처리하여야 한다.
② 제1항에 따라 시행하는 동물의 인도적인 처리는 수의사가 하여야 한다. 이 경우 사용된 약제 관련 사용기록의 작성·보관 등에 관한 사항은 농림축산식품부령으로 정하는 바에 따른다.
③ 동물보호센터의 장은 제1항에 따라 동물의 사체가 발생한 경우 「폐기물관리법」에 따라 처리하거나 제69조 제1항 제4호에 따른 동물장묘업의 허가를 받은 자가 설치·운영하는 동물장묘시설 및 제71조 제1항에 따른 공설동물장묘시설에서 처리하여야 한다.

184 ⑤

제47조(동물실험의 원칙) ② 동물실험을 하려는 경우에는 이를 대체할 수 있는 방법을 우선적으로 고려하여야 한다.

185 ②

제97조(벌칙) ② 다음 각 호의 어느 하나에 해당하는 자는 2년 이하의 징역 또는 2천만원 이하의 벌금에 처한다.
1. 제10조 제2항 또는 같은 조 제3항 제1호·제3호·제4호의 어느 하나를 위반한 자
2. 제10조 제4항 제1호를 위반하여 맹견을 유기한 소유자등
3. 제10조 제4항 제2호를 위반한 소유자등
4. 제16조 제1항 또는 같은 조 제2항 제1호를 위반하여 사람의 신체를 상해에 이르게 한 자
5. 제21조 제1항 각 호의 어느 하나를 위반하여 사람의 신체를

상해에 이르게 한 자
6. 제67조 제1항 제1호를 위반하여 거짓이나 그 밖의 부정한 방법으로 인증농장 인증을 받은 자
7. 제67조 제1항 제2호를 위반하여 인증을 받지 아니한 축산농장을 인증농장으로 표시한 자
8. 제67조 제1항 제3호를 위반하여 거짓이나 그 밖의 부정한 방법으로 인증심사·재심사 및 인증갱신을 하거나 받을 수 있도록 도와주는 행위를 한 자
9. 제69조 제1항 또는 같은 조 제4항을 위반하여 허가 또는 변경허가를 받지 아니하고 영업을 한 자
10. 거짓이나 그 밖의 부정한 방법으로 제69조 제1항에 따른 허가 또는 같은 조 제4항에 따른 변경허가를 받은 자
11. 제70조 제1항을 위반하여 맹견취급허가 또는 변경허가를 받지 아니하고 맹견을 취급하는 영업을 한 자
12. 거짓이나 그 밖의 부정한 방법으로 제70조 제1항에 따른 맹견취급허가 또는 변경허가를 받은 자
13. 제72조를 위반하여 설치가 금지된 곳에 동물장묘시설을 설치한 자
14. 제85조 제1항에 따른 영업장 폐쇄조치를 위반하여 영업을 계속한 자

186 ③

「동물보호법」제97조 제5항에 따라 <보기>의 어느 하나에 해당하는 자에게는 300만 원 이하의 벌금에 처한다.

187 ③

「동물보호법 시행령」[별표 4]에 의하면 「동물보호법」제11조 제1항을 위반하여 「동물보호법」제69조 제1항의 동물을 운송한 경우에는 1차 위반 시 20만 원, 2차 위반 시 40만 원, 3차 이상 위반 시 60만 원의 과태료를 부과할 수 있다.

188 ③

고양이 중성화 후 이상 징후가 없다면 수술한 때로부터 수컷은 24시간 이후, 암컷은 72시간 이후 포획한 장소에 방사한다.

189 ①

수의사법의 목적(수의사법 제1조) ① 수의사법은 수의사(獸醫師)의 기능과 수의(獸醫) 업무에 관하여 필요한 사항을 규정함으로써 동물의 건강증진, 축산업의 발전과 공중위생의 향상에 기여함을 목적으로 한다.

190 ①

결격사유(수의사법 제5조)
- 「정신건강증진 및 정신질환자 복지서비스 지원에 관한 법률」에 따른 정신질환자. 다만, 정신건강의학과전문의가 수의사로서 직무를 수행할 수 있다고 인정하는 사람은 그러하지 아니하다.
- 피성년후견인 또는 피한정후견인
- 마약, 대마(大麻), 그 밖의 향정신성의약품(向精神性醫藥品) 중독자. 다만, 정신건강의학과전문의가 수의사로서 직무를 수행할 수 있다고 인정하는 사람은 그러하지 아니하다.
- 「수의사법」, 「가축전염병예방법」, 「축산물위생관리법」, 「동물보호법」, 「의료법」, 「약사법」, 「식품위생법」 또는 「마약류 관리에 관한 법률」을 위반하여 금고 이상의 실형을 선고받고 그 집행이 끝나지(집행이 끝난 것으로 보는 경우를 포함한다) 아니하거나 면제되지 아니한 사람

191 ②

- 약물 도포는 동물의 진료 보조 업무에 해당한다.
- 동물보건사의 업무 범위와 한계(수의사법 시행규칙 제14조의 7)
  - 동물의 간호 업무: 동물에 대한 관찰, 체온 및 심박수 등 기초 검진 자료의 수집, 간호판단 및 요양을 위한 간호
  - 동물의 진료 보조 업무: 약물 도포, 경구 투여, 마취·수술의 보조 등 수의사의 지도 아래 수행하는 진료의 보조

192 ③

정당한 사유 없이 진단서, 검안서, 증명서 또는 처방전의 발급을 거부한 경우 1차 50만원, 2차 75만원, 3차 100만원에 해당하는 과태료를 지불해야 한다(수의사법 시행령 별표 2).

193 ④

진료부 및 검안부의 기재사항(수의사법 시행규칙 제13조)

진료부	검안부
• 동물의 품종·성별·특징 및 연령 • 진료 연월일 • 동물소유자 등의 성명과 주소 • 병명과 주요 증상 • 치료방법(처방과 처치) • 사용한 마약 또는 향정신성의약품의 품명과 수량 • 동물등록번호	• 동물의 품종·성별·특징 및 연령 • 검안 연월일 • 동물소유자 등의 성명과 주소 • 폐사 연월일(명확하지 않을 때에는 추정 연월일) 또는 살처분 연월일 • 폐사 또는 살처분의 원인과 장소 • 사체의 상태 • 주요 소견

194 ⑤

개설(수의사법 제17조 제2항)
- 수의사
- 국가 또는 지방자치단체
- 동물진료업을 목적으로 설립된 법인(이하 "동물진료법인"이라 한다)
- 수의학을 전공하는 대학(수의학과가 설치된 대학을 포함한다)
- 「민법」이나 특별법에 따라 설립된 비영리법인

195 ②

동물진료업의 정지(수의사법 제33조)
- 개설신고를 한 날부터 3개월 이내에 정당한 사유 없이 업무를 시작하지 아니할 때
- 무자격자에게 진료행위를 하도록 한 사실이 있을 때
- 변경신고 또는 휴업의 신고를 하지 아니하였을 때
- 시설기준에 맞지 아니할 때
- 동물병원 개설자 자신이 그 동물병원을 관리하지 아니하거나 관리자를 지정하지 아니하였을 때
- 동물병원이 명령을 위반하였을 때
- 동물병원이 사용 제한 또는 금지 명령을 위반하거나 시정 명령을 이행하지 아니하였을 때
- 동물병원이 시정 명령을 이행하지 아니하였을 때
- 동물병원이 관계 공무원의 검사를 거부·방해 또는 기피하였을 때

196 ②

제41조(과태료) ① 다음 각 호의 어느 하나에 해당하는 자에게
는 500만원 이하의 과태료를 부과한다.
1. 제11조를 위반하여 정당한 사유 없이 동물의 진료 요구를
   거부한 사람
2. 제17조 제1항을 위반하여 동물병원을 개설하지 아니하고
   동물진료업을 한 자
3. 제17조의4 제4항을 위반하여 부적합 판정을 받은 동물
   진단용 특수의료장비를 사용한 자

197 ④

진료실·사육실·격리실 내에 개별 동물의 분리·수용시설 조건

소형견(5kg 미만)	50*70*60(cm)
중형견(5kg 이상 15kg 미만)	70*100*80(cm)
대형견(15kg 이상)	100*150*100(cm)
고양이	50*70*60(cm)

198 ③

휴업 · 폐업의 신고(수의사법 제18조) 동물병원 개설자가 동물
진료업을 휴업하거나 폐업한 경우에는 지체 없이 관할 시장 · 군
수에게 신고하여야 한다. 다만, 30일 이내의 휴업인 경우에는
그러하지 아니하다.

199 ④

반려동물영업
• 영업의 허가(동물보호법 제69조): 동물생산업, 동물수입업,
  동물판매업, 동물장묘업
• 영업의 등록(동물보호법 제73조): 동물전시업, 동물위탁관리
  업, 동물미용업, 동물운송업

200 ③

거짓이나 그 밖의 부정한 방법으로 보호시설의 신고 또는 변경신
고를 한 경우(동물보호법 제38조 제2항 제1호)

참고문헌

- CDC(미국 질병통제예방센터)
- WHO(세계보건기구)

저자진 소개

동물보건사 자격시험은 동물간호 인력 수요가 증가함에 따라, 동물진료 전문 인력을 육성하여 수준 높은 진료서비스를 제공하기 위한 자격입니다. 국가공인 동물보건사 시험을 준비하는 수험생들을 돕기 위해 반려동물 분야의 전문가들이 한데 모였습니다. 동물보건사 자격시험 연구회는 본 교재가 수험생 여러분의 합격에 좋은 길라잡이가 될 수 있기를 진심으로 기원합니다.

한권완성 동물보건사 과목별 문제집

초 판 발 행	2022년 10월 5일
제3판발행	2025년 1월 10일
지은이	동물보건사 자격시험 연구회
펴낸이	노 현
편 집	김민경
기획/마케팅	김한유
표지디자인	권아린
제 작	고철민 · 김원표
펴낸곳	㈜ 피와이메이트
	서울특별시 금천구 가산디지털2로 53, 210호(가산동, 한라시그마밸리)
	등록 2014. 2. 12. 제2018-000080호(倫)
전 화	02)733-6771
f a x	02)736-4818
e-mail	pys@pybook.co.kr
homepage	www.pybook.co.kr
ISBN	979-11-7279-054-7 13520

정 가   37,000원

박영스토리는 박영사와 함께하는 브랜드입니다.